Agrégation de Mathématiques

Cours d'analyse

Alain POMMELLET
Agrégé de Mathématiques
Ancien élève de l'ENS St-Cloud
Professeur de Mathématiques spéciales M
au lycée Louis-le-Grand

All rights reserved. No part of this book may be reproduced or transmitted in any form or by any means, electronic or mechanical, including photocopying, recording or by any information storage and retrieval system, without permission in writing from the Publisher.

La loi du 11 mars 1957 n'autorise que les "copies ou reproductions strictement réservées à l'usage privé du copiste et non destinées à une utilisation collective". Toute représentation ou reproduction, intégrale ou partielle, faite sans le consentement de l'éditeur, est illicite.

© COPYRIGHT 1994

EDITION MARKETING
EDITEUR DES PREPARATIONS
GRANDES ECOLES MEDECINE
32, rue Bargue 75015 PARIS

ISBN 2-7298-9416-0

Introduction

Le cours de préparation aux épreuves d'analyse de l'Agrégation de mathématiques proposé par ce livre est issu de cours à l'ENS de Saint-Cloud de 1982 à 1987, des années de présence au jury du concours lui-même de 1989 à 1992, et d'une fructueuse expérience de préparation à l'écrit de l'agrégation interne durant l'été 1992.

Des cours en ENS n'ont été retenus que les résultats essentiels, fondements de l'analyse élémentaire. L'examen des lacunes des candidats, tant à l'écrit qu'à l'oral, m'a davantage guidé pour le choix du contenu de ce premier volume, volontairement restreint aux connaissances de base. Tout raffinement qui ne serait pas immédiatement profitable à l'étudiant, toute complication excessive ont donc été bannis, le point de départ d'une connaissance vraie des mathématiques étant la maîtrise des idées simples. On se reportera utilement à l'introduction du "Calcul Infinitésimal" de Dieudonné, qui reste d'actualité.

Ceux qui ont le goût de mathématiques plus fines pourront alors, les bases fermement acquises, trouver de nombreux thèmes susceptibles d'enrichir leurs connaissances, leurs leçons et plus tard leurs cours dans la bibliographie détaillée donnée à la fin de chaque chapitre.

Précisons aussi que ce livre *n'est pas* un traité de premier cycle, même s'il reprend les notions à leur début : l'exposé fait constamment référence à des résultats classiques prouvés plus loin, les preuves sont complètes mais concises, et s'étudient *plume en main*, enfin la lecture de chaque chapitre suppose une familiarisation élémentaire préalable. Les professeurs certifiés qui souhaitent d'abord effectuer une remise à niveau se tourneront avec profit vers des traités de premier cycle, de préférence pas trop ambitieux ! A chacun de choisir selon ses goûts dans la vaste littérature existante.

Par contre, tel qu'il est, ce livre pourra être utile aux étudiant de licence ; à ceux qui préparent le Capes, particulièrement l'épreuve écrite d'analyse ; et enfin, à condition qu'ils s'informent du programme officiel, aux candidats à l'X et aux écoles normales supérieures.

Les points de vue adoptés ici n'ont aucune prétention à l'universalité ; dans bien des cas, une présentation différente eût été aussi défendable ; les choix faits ne reflètent que le goût de l'auteur. La sélection a toutefois été menée de sorte que l'étudiant qui a, par son travail personnel, assimilé le contenu de ce livre ait retenu en même temps quelques idées mathématiques efficaces et fondées, idées qui pourront peut-être un jour contribuer à renforcer la qualité de ses cours.

Ce qui peut se trouver ici d'intéressant et de neuf doit beaucoup aux collègues professeurs de spéciales qui œuvrent depuis longtemps déjà pour l'amélioration de l'enseignement des mathématiques ; je tiens en particulier à citer Jean-Marie Exbrayat, Michel Wirth, Claude Deschamps et André Warusfel ; leur influence à été grande sur l'évolution des mathématiques en classes préparatoires et ailleurs. Enfin, Jean-Pierre Grivaux et Richard Antetomaso m'ont aidé à détecter une grande part des nombreuses erreurs de la frappe initiale, et à éclaircir plusieurs preuves ; qu'ils en soient ici remerciés.

Mon seul souhait est d'avoir écrit un texte qui malgré ses imperfections, rende un réel service aux candidats.

But de l'ouvrage et méthode de travail

Arrivé au stade de la préparation des concours de recrutement : Capes, Agrégation, l'étudiant se trouve en général perplexe devant la tâche qui l'attend : que lui demande-t-on ? Quelles sont les connaissances requises ? Comment organiser son travail ?
Ces questions peuvent se révéler plus aiguës encore pour un professeur certifié qui a depuis longtemps cessé de pratiquer les mathématiques de l'enseignement supérieur.

En vue d'apporter quelques éléments de réponse, nous dirons d'abord que l'on peut *grosso modo* séparer les obligations en deux parts : le contenu mathématique, et le déroulement du concours.

Le contenu mathématique

Agrégation externe
Il s'agit pour l'essentiel du programme de la licence pour l'écrit, auquel on enlève la théorie de la mesure et les fonctions analytiques lors des épreuves orales. L'esprit est toutefois bien différent, puisqu'il s'agit de maîtriser *l'ensemble des connaissances* — et non, de façon éparpillée, quelques thèmes précis, au moment du passage des UV et autres certificats. Il faut donc effectuer un travail de synthèse assez approfondi.

Le déroulement du concours

Épreuves écrites
Il s'agit pour l'agrégation externe de trois épreuves de six heures : une de mathématiques générales, d'inspiration essentiellement algébrique ; la deuxième d'analyse ; la troisième est une épreuve d'option choisie parmi : analyse numérique, probabilités, mécanique, informatique.
L'agrégation interne ne comporte que les deux premières épreuves, et le programme en est restreint.

• Épreuves orales

Agrégation externe
Il y a deux épreuves d'une heure, en algèbre (et géométrie) et en analyse, le jury se réservant quelques minutes à la fin de l'épreuve pour les délibérations. Le candidat doit présenter un plan (cf. ci-dessous) en moins de 20 minutes, puis proposer deux points de son plan (au moins) en démonstration. Le jury choisit l'un des deux points ; le candidat dispose alors d'une quinzaine de minute pour son exposé, qui est suivi de questions portant sur l'ensemble du programme.

Le plan consiste en une suite logiquement agencée de propositions mathématiques, illustrant un thème donné (le "titre de la leçon") *et ne comportant aucune démonstration* ; celles-ci sont réservées à l'exposé.

Agrégation interne
L'oral comporte aussi deux épreuves d'une heure, l'une est du type ci-dessus (attention : il peut s'agir d'algèbre ou d'analyse, la discipline est fixée par le tirage au sort) et l'autre consiste en la *présentation d'exercices* (4 au moins et de leurs solutions), accompagnée des usuelles questions du jury.

Présentons maintenant quelques suggestions pour une préparation efficace du concours.

Étude du livre
• Le contenu mathématique

La découpe d'un ouvrage de préparation à l'Agrégation n'est pas celle d'un livre traditionnel : il s'agit avant tout de réaliser la synthèse du savoir acquis depuis le premier cycle, en dégageant les grandes idées, celles qui traversent un programme d'un bout à l'autre, et les liens naturels qui apparaissent entre des parties à première vue très éloignées dans les cours classiques.

Il ne s'agit donc pas ici de reprendre les mathématiques, à leur début : il existe pour cela de très bons cours auxquels nous nous référerons fréquemment, le lecteur trouvera en fin d'ouvrage une bibliographie qui recouvre bien plus que le nécessaire. La difficulté est de se créer un stock de connaissances immédiatement disponibles mais dispersées dans le programme, afin d'aborder dans de bonnes conditions des questions qui sont toujours, que ce soit à l'écrit ou à l'oral, des questions de synthèse.

Les différentes parties du programme d'analyse sont donc regroupées par thèmes, souvent sous le nom d'un théorème précis : Point fixe, Riesz, Parseval..., suivant en cela d'assez près les titres des leçons d'oral. Chaque thème contient :
– les grands théorèmes et presque toujours leurs preuves ;
– les applications usuelles des théorèmes évoqués ainsi que plusieurs illustrations de leurs liens avec les autres chapitres du cours ;
– et se termine par quelques exercices et problèmes de révision (souvent difficiles mais dotés de références bibliographiques) permettant au lecteur de tester son assimilation et ses capacités. Ces derniers indiquent des voies dans lesquelles l'étudiant peut s'engager pour approfondir le chapitre étudié ; ils sont particulièrement importants pour la mise au point les leçons d'exemples ; dans ce but et pour la préparation à l'écrit il est prévu de faire suivre ce volume d'un recueil de travaux dirigés et problèmes d'analyse pour l'agrégation (détaillé, avec solutions, etc.).

Les preuves d'analyse dont la connaissance est exigible à l'oral sont données. L'exposé de la théorie de la mesure, sujet délicat, où les démonstrations sont longues, a été écourté : on admettra donc les principaux théorèmes, quitte à mettre l'accent sur leurs conditions d'utilisation et les applications. Il en est de même des fonctions analytiques, qui méritent depuis toujours un traitement autonome.

Cet ouvrage aidera (on l'espère) le candidat à s'approprier le contenu mathématique du programme, pourvu qu'il prenne en compte les observations suivantes : pour dominer la source vive de l'analyse, le calcul infinitésimal, qui représente l'essentiel du contenu de cet ouvrage, il faut savoir, comme le dit fort justement le regretté Dieudonné,

majorer — minorer — approcher

et ce lors de circonstances variées : évaluations d'intégrales, contrôle du terme général d'une série, etc.

Mais *avant* de dominer les techniques de base qui lui permettront d'effectuer des estimations pertinentes, l'étudiant doit apprendre que *l'analyse prend sa source dans la géométrie* : il s'agit en quelque sorte d'une intuition géométrique des objets qui "s'incarne" dans un langage logique formel. Sans la vision des phénomènes qui sous-tend *toutes* les preuves de l'analyse, l'exercice de cette discipline devient un exercice stérile et vide, la mémoire s'encombre de détails inutiles ; en bref, rien n'est véritablement *compris*.

Il s'agit donc, et les incitations nécessaires sont données, d'apprendre à retrouver les gestes simples, à *dessiner*, puis à *guider ses preuves par son dessin*. Une fois cette méthode de base acquise — et sur l'ensemble du programme — avec ses tâtonnements, ses autocritiques oublis, et autres errances, il devient possible d'aborder avec fruit les problèmes délicats de l'analyse asymptotique par exemple, et d'aller plus loin par une géométrisation plus subtile des objets : dans la direction de l'analyse fine (ensembles de Cantor, mesure, convergence des séries de Fourier etc.) ou, c'est un courant plus moderne, vers la géométrie différentielle et les systèmes dynamiques.

• Préparation des épreuves écrites

Le point de départ en est, bien évidemment, une bonne connaissance du cours. Celle-ci acquise, on s'exercera à la mise en œuvre des méthodes classiques : d'abord en reproduisant *ex nihilo* les exemples fournis dans le livre (usage des bornes supérieures, preuves par encadrement, par approximation ; méthodes de découpe ; transformation d'Abel, intégration par parties ; méthode de Weierstrass, utilisation de Parseval ; prolongement des solutions d'équations différentielles, et tant d'autres...), puis en rédigeant *avec le plus grand soin* des exercices classiques (attention : la qualité de la rédaction est primordiale, ne pas négliger les mises en garde données dans le texte !), et *enfin* en abordant les problèmes d'écrit. Pour ces derniers, il faut savoir que les candidats admissibles n'ont en général traité qu'une petite partie du texte (bien moins de la moitié, pour l'agrégation externe) et que l'absence de rigueur est lourdement sanctionnée.

• Préparation des épreuves orales

Généralités

Précisons que l'on ne trouvera pas ici de "plan type" des leçons d'oral ni même de suggestion pour structurer un tel plan : si le contenu de ce livre est réellement assimilé, des plans modestes mais sûrs se feront d'eux-mêmes sans difficulté (aucun livre ne peut se substituer au travail personnel !). Nous conseillons au lecteur de procéder comme suit :
– préparer, pour chacune des leçons, une feuille portant l'intitulé en tête ;
– au fil de la lecture, placer les éléments rencontrés sous les titres auxquels ils correspondent ; un même élément, par exemple le théorème de d'Alembert-Gauss, peut illustrer plusieurs leçons ;
– une fois la leçon suffisamment remplie, réfléchir à un plan (voir plus loin).

Un tel procédé, opposé à celui qui consisterait à chercher à toute force à écrire des plans de leçons dès le départ, donne au contraire une vue panoramique des connaissances de base qui garanti la solidité des acquisitions.

Leçons de cours

Articulées sur le thème mathématique correspondant ; comme exemples simples on peut citer (agrégation externe) : **9.** Espaces vectoriels normés. **23.** Fonctions convexes d'une variable réelle, applications. **27.** Fonctions différentiables définies sur un ouvert de R^n. Applications. **30.** Développement limités, applications. **32.** Intégrales impropres. Exemples. **38.** Séries, sommations par paquets. **42.** Exemple d'étude d'une fonction définie par une série. **43.** Différentes notions de convergence d'une suite de fonctions. Exemples. **44.** Séries de fonctions, convergence uniforme, convergence normale, exemples. **46.** Convergence d'une série entière, propriétés de la somme d'une telle série. **48.** Solutions des équations différentielles y' = f(x,y), solutions maximales. Exemples. **49.** Équations différentielles linéaires... On peut mettre à part les titres : **11.** Donner une construction de **R**, en déduire les principales propriétés de **R** : le déroulement des preuves n'est pas facile à saisir, et : **17.** Continuité et dérivabilité des fonctions réelles d'une variable réelle ; exemples et contre-exemples : la synthèse est difficile à réaliser.

Ces leçons demandent simplement une bonne assimilation du cours correspondant. Plusieurs d'entre elles peuvent être préparées très tôt dans l'année.

D'autres sont un peu plus délicate ; une notion étant introduite au chapitre n, il faut en chercher les applications dans les chapitres n+1, n+2, ...voire même dans certains exposés antérieurs ; ainsi : **1.** Compacité. Applications. **3.** Espaces homéomorphes. Exemples et contre-exemple. **4.** Connexité. Applications. **5.** Théorèmes du point fixe. Applications. **6.** Sous-espaces denses. Illustration par l'approximation des fonctions. **12.** Topologie de la droite numérique **R** et sous-ensembles remarquables de **R**.

15. Approximation d'un nombre réel. **18.** Continuité uniforme. Applications, exemples et contre-exemples. **19.** Applications réciproques : théorèmes d'existence, exemples. **21.** Applications du théorème des fonctions implicites. **41.** Comparaison d'une série et d'une intégrale. Applications. Etc.

A préparer dans un deuxième temps, donc.

Leçons d'exemples

Ce sont les plus difficiles à préparer, ce qui ne veut pas dire que l'on doit les éviter ! une bonne leçon d'exemple est souvent mieux appréciée du jury qu'une leçon généraliste. Ces leçons demandent de chercher la matière correspondante dans l'ensemble du cours, elles contribuent donc de façon essentielle à la formation et à la consolidation des acquis. Une fois les données réunies, encore faut-il les organiser : par exemple, un titre comme : "**39.** Illustrer par des exemples et des contre-exemples, la théorie des séries numériques" s'articule sur le cours correspondant ; "**2.** Exemples d'espaces compacts" est naturellement ordonné par les occurrences des espaces compacts en analyse : dans $\mathbb{R}$, $\mathbb{C}$, $\mathbb{R}^n$; dans les espaces de suites et de fonctions ; "**7.** Exemples d'applications linéaires continues d'un espace vectoriel normé dans un autre et de calcul de leurs normes" prend ses illustrations jusqu'aux séries de Fourier, et *dans le cours de mathématiques générales* ; "**10.** Exemples d'utilisation de la dénombrabilité en topologie ou en analyse (ou en probabilité)" couvre l'ensemble du programme.

✤ : Un plan de leçon d'exemples est en général plus court qu'un plan de leçon généraliste, n'en soyez pas embarrassé.

✤ : Une leçon d'exemple doit comporter le minimum de rappels de cours (si possible oraux) ; les propositions d'exposé doivent être choisies parmi les exemples.

Leçons spécialisées

Elles demandent une préparation spécifique. Les chapitres 44 à 47 fournissent le minimum vital en analyse numérique ; il ne faut pas les négliger, même si une autre option a été choisie : les résultats fournis permettent d'enrichir de nombreuses leçons généralistes.

• Conclusion

Pour l'essentiel, il est conseillé de ne pas rechercher d'emblée la mise en œuvre de la technique du concours dans sa forme finale : rédaction de problèmes d'écrit, de plans de leçons ; mais de consolider en premier lieu les connaissances de base (cf. les chapitres 1 à 29 de ce livre). La seconde phase du travail consiste en la mise au point, en alternance, des savoirs indispensables et des savoir faire particuliers liés à la forme du concours.

Liste des leçons d'analyse
Agrégation externe

1. Compacité. Applications.
2. Exemples d'espaces compacts.
3. Espaces homéomorphes. Exemples et contre-exemples.
4. Connexité. Applications.
5. Théorèmes du point fixe. Applications.
6. Sous-espaces denses. Illustration par l'approximation des fonctions.
7. Exemples d'applications linéaires continues d'un espace vectoriel normé dans un autre et de calcul de leurs normes.
8. Espaces vectoriels normés de dimension finie.
9. Espaces vectoriels normés.
10. Exemples d'utilisation de la dénombrabilité en topologie ou en analyse (ou en probabilité).
11. Donner une construction de **R**, en déduire les principales propriétés de **R**.
12. Topologie de la droite numérique **R** et sous-ensembles remarquables de **R**.
13. Exemples d'étude de suites réelles. Applications.
14. Étude, sur des exemples, de la rapidité de convergence d'une suite de nombres réels, calcul approché de la limite.
15. Approximation d'un nombre réel.
16. Étude, sur des exemples, de suites réelles ou complexes définies par divers types relation de récurrence.
17. Continuité et dérivabilité des fonctions réelles d'une variable réelle ; exemples et contre-exemples.
18. Continuité uniforme. Applications, exemples et contre-exemples.
19. Applications réciproques : théorèmes d'existence, exemples.
20. Exemple d'étude de fonctions définies implicitement.
21. Applications du théorème des fonctions implicites.
22. Exemples d'utilisation de changement de variables en analyse et en géométrie.
23. Fonctions convexes d'une variable réelle, applications.
24. Problèmes de prolongement des fonctions.
25. Exemple d'étude qualitative des solutions ou des courbes intégrales d'une équation différentielle.
26. Fonctions de plusieurs variables réelle : théorème des accroissement finis et applications.
27. Fonctions différentiables définies sur un ouvert de $\mathbf{R}^n$. Applications.
28. Différentes formules de Taylor. Majoration des restes. Applications.
29. Problèmes d'extremum.
30. Développement limités, applications.
31. Exemples de développements asymptotiques.
32. Intégrales impropres. Exemples.
33. Problèmes d'interversion d'une limite et d'une intégrale.
34. Problèmes de dérivabilité en calcul intégral.
35. Exemples d'étude de fonctions définies par une intégrale.
36. Exemples de calcul d'intégrales.
37. Méthodes de calcul approché d'intégrales.
38. Séries, sommations par paquets.
39. Illustrer par des exemples et des contre-exemples, la théorie des séries numériques.
40. Calcul approché de la somme d'une série.
41. Comparaison d'une série et d'une intégrale. Applications.
42. Exemple d'étude d'une fonction définie par une série.

43. Différentes notions de convergence d'une suites de fonctions. Exemples.
44. Séries de fonctions, convergence uniforme, convergence normale, exemples.
45. Exemples de problème d'interversion des limites.
46. Convergence d'une série entière, propriétés de la somme d'une telle série.
47. Exemples de développement d'une fonction en série entière. Applications.
48. Solutions des équations différentielles y' = f(x,y), solutions maximales. Exemples.
49. Équations différentielles linéaires.
50. Étude détaillée, sur un petit nombre d'exemples, d'équations différentielles non linéaires.
51. Exemples de problèmes conduisant à des équations différentielles.
52. Calculs approchées des solutions des équations $f(x) = 0$.
53. Approximation des fonctions numériques par des fonctions polynômiales.
54. Théorèmes limite en calcul des probabilités.
55. Le jeu de Pile ou face (variables de Berboulli indépendantes).
56. Probabilités conditionnelles, exemples.
57. Loi binômiale, loi de Poisson. Applications.
58. Étude locale des champs de vecteurs. Exemples.
59. Présenter, éventuellement sur des exemples, une ou plusieurs méthodes de résolution approchée d'équations différentielles.
60. Séries de Fourier. Applications.
61. Exemples d'applications des séries de Fourier.
62. Espaces de Hilbert. Applications.
63. Exemples d'extension au domaine complexe de fonctions de variable réelle.
64. Le modèle probabiliste : illustration par des exemples.
65. Exemple de passage du local au global.
66. Indépendance d'événements et de variables aléatoires. Exemples.
67. Exemples d'utilisation d'espaces complets.

Agrégation interne

Première épreuve

1. Suites de nombres réels.
2. Étude de suites définies par divers types relation de récurrence.
3. Étude du comportement asymptotique de suites ; rapidité de convergence
4. Approximation des solutions d'une équation numérique.
5. Espaces vectoriels normés de dimension finie, normes usuelles, équivalence des normes.
6. Parties compactes de **R** et fonctions continues.
7. Parties connexes de **R** et fonctions continues.
8. Théorèmes du point fixe pour les contractions des parties fermées d'un espace vectoriel normé complet et exemples d'applications.
9. Suites de fonctions de variable réelle : divers modes de convergence.
10. Fonctions numériques définies sur un intervalle : continuité, continuité uniforme.
11. Fonctions convexes d'une variable réelle.
12. Fonctions numériques définies sur un intervalle. Dérivabilité ; accroissements finis.
13. Calcul approché d'une intégrale définie.
14. Différentes formules de Taylor pour une fonction de variable réelle et applications.
15. Fonction réciproque d'une fonction continue, d'une fonction dérivable. Exemples. On se limitera aux fonctions numériques définies sur un intervalle de **R**.
16. Définition de l'intégrale sur un intervalle compact d'une fonction continue. Premières propriétés.
17. Continuité et dérivabilité des fonctions réelles d'une variable réelle ; exemples et contre-exemples.

18. Séries à termes positifs.
19. Séries à termes réels quelconques (les résultats relatifs aux séries à termes réels positifs étant supposés connus).
20. Séries de fonctions. Convergence uniforme. Convergence normale. Continuité de la somme.
21. Séries entières. Rayon de convergence. Propriétés de la somme.
22. Application des séries entières à la définition de l'exponentielle complexe et des fonctions trigonométriques ; nombre π.
23. Séries de Fourier.
24. Équations différentielles linéaires d'ordre 2 : $x'' + a(t)x' + b(t)x = c(t)$ où a, b, et c sont des fonctions continues.
25. Fonctions continûment différentiables de deux variables réelles, différentielle. Calcul sur les dérivées partielles.
26. Formule de Taylor pour les fonctions de deux variables réelles de classe C^2. Application à la recherche d'extrema.
27. Suites de variables aléatoires indépendantes de même loi de Bernoulli ; variable aléatoire de loi binomiale.
28. Probabilité conditionnelle et indépendance.
29. Espérance, variance, covariance, loi faible des grands nombres.

Deuxième épreuve

1. Exemples d'étude de suites réelles. Applications.
2. Exemples d'étude de suites ou de séries divergentes.
3. Exemples d'étude de suites définies par une relation de récurrence $u_{n+1} = f(u_n)$.
4. Exemples de résolution approchée d'équations.
5. Exemples de suites de polynômes orthogonaux et applications.
6. Comparaison sur des exemples de divers modes de convergence d'une suite ou d'une série de fonctions d'une variable réelle.
7. Exemples d'applications du théorème des accroissement finis pour une fonction numérique de la variable réelle.
8. Exemples d'encadrement de fonctions numériques.
9. Exemples d'utilisation d'intégrales pour l'étude de suites ou de séries.
10. Exemples de calcul d'intégrales définies.
11. Exemples d'utilisation des développements limités.
12. Exemples de développements asymptotiques.
13. Exemples d'étude de convergence et de convergence absolue d'intégrales impropres.
14. Exemples d'étude de fonctions définies par une intégrale.
15. Exemples d'étude de séries numériques.
16. Exemple d'étude de séries numériques réelles ou complexes non absolument convergentes.
17. Recherche de valeurs approchées de la somme d'une série convergente.
18. Exemples d'étude de fonctions définies par une série.
19. Exemples de développements en série entière.
20. Exemples d'emploi de séries entières ou trigonométriques pour la résolution d'équations différentielles.
21. Exemples de résolution d'équations différentielles ou de systèmes différentiels.
22. Exemples de recherche d'extremum d'une fonction numérique d'une variable ou de deux variables.
23. Exemples d'approximation d'un nombre réel.
24. Illustrer par des exemples la modélisation probabiliste de situations concrètes.
25. Exemples de situations menant à l'étude d'une variable aléatoire.
26. Exemples de problèmes de dénombrement.
27. Exemples d'études de fonctions.
28. Exemples de séries de Fourier et de leurs applications.

Table des matières

Introduction 3
But de l'ouvrage et méthode de travail 5
Liste des leçons d'analyse 9

Topologie

1. Les nombres réels 15
2. Topologie : généralités 28
3. Espaces métriques complets 44
4. Compacité 50
5. Continuité uniforme, applications uniformément continues, lipschitziennes 58
6. Applications linéaires continues, normes équivalentes 64
7. Connexité 71
8. Théorèmes de point fixe 75

Fonctions d'une variable réelle

9. Continuité, dérivabilité, accroissements finis 82
10. Suites récurrentes réelles 95
11. Formules de Taylor 100
12. Fonctions convexes 107
13. Le théorème de Césaro 115
14. Comparaison des fonctions 118

Processus sommatoires

15. Séries numériques 134
16. Intégrales généralisées 147
17. Comparaison série / intégrale 156

Convergence et approximation dans les espaces de fonctions

18. Convergence des suites de fonctions 164
19. Approximation par des polynômes 174
20. Convolution 181

Interversion des limites

21. Fonctions définies par une suite, une série ou par une intégrale 187
22. Interversion d'une limite et d'une série ou d'une intégrale 204

Séries entières
23. Rayon de convergence des séries entières 215
24. Fonctions définies par une série entière 218
25. Opérations sur les séries entières, développement en série entière 224
26. Problèmes au bord du disque de convergence 232

Analyse hilbertienne
27. Espaces préhilbertiens, théorème de Riesz 238
28. Polynômes orthogonaux 245
29. Séries de Fourier, théorème de Parseval 251

Fonctions de plusieurs variables
30. Différentiabilité 261
31. Différentielles d'ordre supérieur 272
32. Inversion locale, fonctions implicites 284
33. Problèmes d'extremum 294

Équations différentielles
34. Équations non linéaires ordinaires 301
35. Équations différentielles linéaires vectorielles 314
36. Équations différentielles linéaires scalaires 326

Intégration
37. Fonctions mesurables, théorèmes de convergence 337
38. Espaces L^p 341
39. Le Théorème de Fubini 343

Fonctions analytiques
40. Fonctions complexes usuelles 346
41. Fonctions holomorphes ; théorèmes de Cauchy 353
42. Prolongement analytique 356
43. Le théorème des résidus 359

Analyse numérique
44. Résolutions approchées des équations $f(x) = 0$ 363
45. Calculs approchés d'intégrales 369
46. Approximation de la somme d'une série 373
47. Résolution approchée d'équations différentielles 375

Bibliographie 379
Index 381

Topologie

1. Les nombres réels

1.1. Corps ordonnés

Tous les corps utilisés seront supposés *commutatifs*.

1.1.1. Définition : Un *corps ordonné* est un quadruplé $(K,+,\cdot,\leq)$ tel que :
i) L'ordre de **K** est total ;
ii) L'ordre de **K** est compatible avec les lois de **K**, c'est-à-dire compatibles avec l'addition et avec la multiplication par des éléments positifs (éléments ≥ 0).

Un corps ordonné est de caractéristique nulle (on a $1 > 0$ par élévation au carré puis par récurrence sur n, $n > 0$), nous considérerons désormais qu'il contient **Q**.

Dans un tel corps on définit la notion de *suite bornée* et de *suite convergente* par la même quantification que dans **R**

la suite (u_n) converge vers ssi $\forall \varepsilon > 0, \exists N \in \mathbb{N}, \forall n \geq N, |u_n - l| < \varepsilon$;

de même pour les suites de Cauchy

(u_n) est de Cauchy ssi $\forall \varepsilon > 0, \exists N \in \mathbb{N}, \forall n \geq N, \forall m \geq N, |u_n - u_m| < \varepsilon$;

En utilisant la compatibilité des lois et de l'ordre on montre que
– *toute suite de Cauchy est bornée* ;
– *toute suite convergente est de Cauchy* ;
– *la somme de deux suites convergentes est convergente* ;
– *le produit de deux suites convergentes est convergent* ;
– *le quotient de deux suites convergentes (u_n), (v_n), où la suite (v_n) des dénominateurs ne tend pas vers 0, est convergente*.

1.1.2. Définition : On dit que le corps ordonné **K** est *archimédien* si, pour tout a de **K** il existe un entier n tel que $n > a$.

1.1.3. Proposition : *Si **K** est un corps ordonné archimédien*
– *entre deux éléments distincts de **K** il y a un nombre rationnel* ;
– *tout point de **K** est limite d'une suite de nombres rationnels*.

1.1.4. Lemme : Soit ε un élément > 0 de **K**. Pour tout x de **K** il existe un nombre entier n tel que $n\varepsilon > x$, et pour tout $x > 0$ de **K** un nombre rationnel r tel que $0 < r < x$.

Démonstration : Puisque **K** est archimédien on peut trouver un entier n tel que $n > \dfrac{x}{\varepsilon}$ d'où le premier point. Pour le deuxième il suffit de choisir moyennant le caractère archimédien de **K** un nombre entier n tel que $n > \dfrac{1}{x}$.

Démonstration de la proposition : Maintenant si a < b sont deux éléments distincts de **K**, et si ε est un rationnel tel que 0 < ε < b - a, on sait qu'il existe des entiers m et n tels que nε > a et mε > -a.

L'ensemble des entiers p de **Z** tel que pε ≤ a est donc non vide, car il contient -m, et majoré par n ; il possède de ce fait un plus grand élément q. Il vient alors les inégalités
$$qε ≤ a < (q+1)ε ≤ a + ε < b-a$$
et le rationnel r = (q+1)ε convient.

De là, pour tout n de **N***, on trouve un nombre rationnel r_n tel que $a < r_n < a + \frac{1}{n}$.

Soit ε > 0. Par le lemme, $\frac{1}{n} < ε$ pour n assez grand, donc (r_n) converge vers a. QED.

Remarque : On montre de façon analogue l'existence de la partie entière d'un élément de **K**.

1.2. Construction de R

Deux notions essentielles sont à la base de tous les théorèmes de l'analyse :
– Le fait que *toute partie non vide majorée de **R** possède une borne supérieure* ;
– Le caractère *complet* de **R**.

1.2.1. **Q** ne possède aucune de ces deux qualités, on vérifie par exemple facilement que
1) *L'ensemble A des nombres rationnels x tels que $x^2 < 2$ ne possède pas de borne supérieure.*

En effet, notons en premier lieu il n'existe pas d'entiers p et q premiers entre eux tels que $p^2 = 2q^2$, sinon q divise p^2 donc p, d'où q = 1 et $p^2 = 2$, absurde. De là, si A possède une borne supérieure c on ne peut avoir $c^2 = 2$.

Si $c^2 < 2$ on a $(c + \frac{1}{n})^2 < 2$ dès que $\frac{1}{n}(2c + \frac{1}{n}) < 2 - c^2$ ce qui est réalisé, vu le caractère archimédien de **Q**, dès que $n > (2c + 1)(2 - c^2)^{-1}$: c n'est pas un majorant de A ; on montre de même, si $c^2 > 2$ que $(c - \frac{1}{n})^2 > 2$ pour n assez grand, c n'est pas le plus petit des majorants : il n'y a pas de borne supérieure pour A dans **Q**.

2) $u_n = 1 + \frac{1}{1!} + \frac{1}{2!} + \ldots + \frac{1}{n!}$ *est une suite de Cauchy de **Q** qui diverge* : la suite $v_n = u_n + \frac{1}{nn!}$ est décroissante (calculer $v_{n+1} - v_n$), de là pour tout couple m < n d'entiers ≥ 1 on a $u_n < u_m < v_m < v_n$ d'où $0 < u_m - u_n < v_n - u_n < \frac{1}{nn!}$.

La suite (u_n) est donc de Cauchy. Si la suite (u_n) converge vers un élément $e = \frac{p}{q}$ de **Q** on déduit des encadrements utilisés les inégalités $u_n < e < v_n$.

Comme pour n ≥ q, q divise n! et le rationnel e s'écrit : $e = \frac{a}{n!}$, on a aussi
$$u_n = \frac{b}{n!} \quad a,b \in \mathbf{N},$$

d'où
$$0 < e - u_n = \frac{a-b}{n!} < v_n - u_n < \frac{1}{nn!}$$
l'entier a - b vérifie alors $0 < a - b < 1$, ce qui est impossible.

On construit alors un corps — le *corps des réels* — qui possède *une* de ces deux qualités
– soit en quotientant l'anneau des suites de Cauchy par l'idéal des suites de limite nulle ;
– soit en introduisant la notion de *coupure* de **Q**, ce qui correspond aux "intervalles" illimités à gauche de **Q** ne possèdant pas de plus grand élément.

Conseil pratique : Ces constructions sont délicates, nous donnons en appendice une construction de **R** par les suites de Cauchy. (pour plus de détails voir par exemple [EM] analyse 1, [AF] tome 2 chap. 1, [LFA] tome 2 chap. 1 [RDO] tome 2 chap. 1, et d'autres... Les exposés de [LFA] et [RDO] sont plus élémentaires que ceux de [AF], celui de [EM], très détaillé et progressif, permet une assimilation en profondeur du sujet) ; les preuves ne s'improvisent pas un jour d'oral : il convient de les avoir assimilées en profondeur — les risques de confusion sont grands — si l'on doit traiter la leçon : construction de **R**.
Notons que la preuve la plus difficile (conceptuellement) est, selon les cas :
– dans la construction par les suites de Cauchy, celle du fait qu'une suite de Cauchy de nombres réels converge ;
– dans la construction par les coupures, la preuve du théorème de la borne supérieure.

La première construction donne alors un corps ordonné complet ; et la deuxième un corps ordonné possédant la propriété de la borne supérieure.

Nous allons comparer ces deux notions, en vérifiant que pour un corps ordonné contenant **Q** les deux propriétés sont les mêmes. Commençons par montrer une proposition préliminaire, appelée *théorème des intervalles emboîtés* :

1.2.2. Proposition : *Soit $[a_n, b_n]$ une suite décroissante de segments de **K**, telle que*
(H) $\lim b_n - a_n = 0$. *Il est équivalent de dire que*
(1) *l'ensemble $\{a_n\}$ possède une borne supérieure dans **K** ;*
(2) *il existe c dans **K** tel que : $\cap [a_n, b_n] = \{c\}$.*

Démonstration : Tout d'abord, on a facilement : $\forall (m,n) \in \mathbb{N}^2, a_n \leq b_m$ (∗).
(1) ⇒ (2). Soit c la borne supérieure de l'ensemble $A = \{a_n\}$. Avec l'inégalité (∗), chaque b_m est un majorant de A, d'où il résulte que $c \leq b_m$ pour tout m et donc :
$$c \in \cap [a_n, b_n].$$
Soit alors c' un autre élément de cette intersection, comme c' est un majorant de A on a : $c \leq c'$. Si $c < c'$ il vient $b_n - a_n \geq c' - c > 0$ pour tout n contrairement à l'hypothèse (H) ; donc c' = c ce qui achève la preuve de (2).
(2) ⇒ (1). Il est clair que c est un majorant de $\{a_n\}$. Si $c' < c$ est un autre majorant de $\{a_n\}$ on a $b_n - a_n \geq c - c' > 0$ pour tout n, ce qui contredit à nouveau (H), d'où (1).

1.2.3. Théorème : *Soit **K** un corps ordonné archimédien. Les deux propriétés suivantes de **K** sont équivalentes :*

a) **K** *vérifie la propriété* (bs) *de la borne supérieure* ;
b) *toute suite de Cauchy de* **K** *est convergente*.

Démonstration : a)⇒b). Soit donc (x_n) une suite de Cauchy de **K** ; on prouve sans peine que (x_n) est bornée, ce qui justifie l'introduction des suites : $a_n = \inf\{x_m | m \geq n\}$ et $b_n = \sup\{x_m | m \geq n\}$. Visiblement, (a_n) croît, (b_n) décroît, et du fait que (x_n) est de Cauchy, il vient : $\lim b_n - a_n = 0$.

Il résulte alors de la proposition précédente que $\cap [a_n, b_n]$ est réduite à un certain $\{\lambda\}$. Montrons pour finir que (x_n) converge vers λ :

Soit $\varepsilon > 0$ dans **K**, comme a_n croît vers sa borne supérieure λ, et de même b_n décroît vers sa borne inférieure λ, il existe un entier n_0 tel que $\lambda - \varepsilon < a_n \leq b_n < \lambda + \varepsilon$ pour tout $n \geq n_0$, par définition des suites a_n et b_n il vient : $\forall n \in \mathbb{N}, n \geq n_0 \Rightarrow \lambda - \varepsilon < x_n < \lambda + \varepsilon$.

b) ⇒ a) Soit A une partie non vide majorée de **K**. Pour tout n de **N** le caractère archimédien de **K** fait que $B_m = \{p \in \mathbb{Z} | p.2^{-m} \text{ majore } A\}$ est non vide et minoré. Posons
$$y_m = \min(B_m) - 1 \text{ puis } x_m = y_m.2^{-m}.$$

Par définition de y_n chaque $x_n + 2^{-n}$ est un majorant de A, comme tout x_n est majoré par un élément de A au moins, il en résulte déjà que : $x_{n+1} \leq x_n + 2^{-n}$ pour tout n. Supposons un instant : $x_{n+1} < x_n$, il vient $y_{n+1} < 2y_n$ d'où $y_{n+1} \leq 2y_n - 1$ et
$$(y_{n+1} + 1)2^{-n-1} \leq y_n 2^{-n} = x_n,$$
$(y_{n+1}+1)2^{-n-1}$ est donc majoré par un élément de A contrairement au fait que
$$y_{n+1} + 1 \in B_{n+1}.$$

En résumé nous avons :
$$\forall n \in \mathbb{N}, \; x_n \leq x_{n+1} \leq x_n + 2^{-n}.$$
K étant archimédien la suite (x_n) est de Cauchy.
$$(\; 0 \leq x_{n+p} - x_n \leq x_{n+p} - x_{n+p-1} + \ldots x_{n+1} - x_n \leq 2^{-n}(1 + 2^{-1} + 2^{-2} + \ldots) = 2^{1-n} \;).$$
Soit c sa limite, prouvons que $c = \sup A$: Si x est dans A, on a $x \leq x_n + 2^{-n}$ pour tout n donc $x \leq c$; enfin si a est un majorant de A, a majore tous les x_n donc aussi leur limite c.

Remarques : La proposition 1.2.3. nous dit que **R** vérifie le théorème des intervalles emboîtés ; d'autre part la démonstration de a) ⇒ b) ci-dessus montre que si un corps archimédien complet **K** vérifie la propriété des segments emboîtés, **K** est complet.

On dispose de plus d'une "unicité à isomorphisme près" :

1.2.4. Théorème : Deux corps ordonnés archimédiens complets sont isomorphes.
Voir pour cela les références évoquées ([EM], [LFA], [RDO], [AF], etc.).

N.B. : l'isomorphisme évoqué est un isomorphisme de corps *et* d'ensembles ordonnés.

Désormais nous *fixerons* un corps ordonné complet contenant **Q** qui sera noté **R**.

1.3. Propriétés de R

1.3.1. On rappelle d'abord que **R** est complet et que toute partie non vide majorée de **R** possède une borne supérieure (voir 1.2.3.). Il faut aussi retenir la propriété caractéristique suivante de la borne supérieure :

*Si A est une partie non vide majorée de **R** on a l'équivalence*
$$c = \sup(A) \Leftrightarrow (c \text{ majore } A \text{ et } \forall \varepsilon > 0, \exists x \in A, c - \varepsilon < x \leq c)$$
Bien comprendre la place des signes $<$ et $\leq$; on dispose évidemment d'une caractérisation analogue des bornes inférieures.

Cette traduction de la propriété de la borne supérieure montre que :

Toute suite monotone bornée de nombres réels converge.

Application : Limites inférieures et supérieures d'une suite bornée (u_n).

On pose $a_n = \sup\{u_m ; m \geq n\}$, la suite (a_n) est réelle car (u_n) est bornée, et visiblement décroissante. Un minorant de (u_n) est aussi un minorant de (a_n), donc (a_n) converge. Soit α est sa limite, on a $\alpha \leq a_n < \alpha + \varepsilon$; par définition des bornes supérieures il existe un entier $m \geq n$ tel que $\alpha - \varepsilon < u_m < \alpha + \varepsilon$ donc α est une valeur d'adhérence de (u_n), appelée *limite supérieure* de la suite (u_n) et notée $\limsup u_n$. On a mieux :

(∗) *Pour tout $\varepsilon > 0$, l'ensemble $A = \{n \in \mathbb{N} ; \alpha - \varepsilon < u_n\}$ est infini et l'ensemble $B = \{n \in \mathbb{N} ; \alpha + \varepsilon \leq u_n\}$ est fini.*

En effet, le caractère infini de A vient du raisonnement précédent, d'autre part $a_n < \alpha + \varepsilon$ pour n assez grand, et de ce fait $u_n < \alpha + \varepsilon$ pour n assez grand : B est fini.

On déduit immédiatement de (∗) que α est la la plus grande valeur d'adhérence de la suite (u_n)).

De la même façon, la suite $b = \inf\{u_m ; m \geq n\}$ croît vers une limite $\beta = \liminf u_n$ qui vérifie :

(∗∗) *Pour tout $\varepsilon > 0$, l'ensemble $D = \{n \in \mathbb{N} ; \beta + \varepsilon > u_n\}$ est infini et l'ensemble $D = \{n \in \mathbb{N} ; \beta - \varepsilon \geq u_n\}$ est fini.*

$\beta = \liminf u_n$ est alors la plus petite valeur d'adhérence de la suite (u_n).

Extension : Lorsque la suite (u_n) n'est pas majorée (resp. n'est pas minorée), sa limite supérieure est $+\infty$ (resp. $-\infty$).

1.3.2. Théorème de Cantor : *Le corps **R** n'est pas dénombrable.*

Preuve n° 1 : Elle repose sur la construction d'un nombre réel par segments emboités. Il suffit pour ce qui nous occupe de montrer qu'étant donné une suite réelle (a_n), il y a un nombre réel x qui n'appartient pas à l'image de (a_n). On construit un premier segment $[x_0, y_0]$ qui ne contient pas a_0, avec $x_0 < y_0$. Ce segment est ensuite divisé en trois segments de même longueur, et l'un au moins de ces trois segments ne contient pas a_1 ; on le nomme $[x_1, y_1]$. On itère alors le processus, construisant par récurrence une suite décroissante $[x_n, y_n]$ de segments tels que :

1– $[x_n, y_n]$ ne contient pas a_n - donc $a_0, \ldots, a_n$ non plus par décroissance de $[x_k, y_k]$;
2– La longueur de $[x_n, y_n]$ tend vers 0.

Le théorème des segments emboités nous dit alors que $\cap [x_n, y_n]$ est réduit à un point x qui visiblement n'est aucun des a_n.

Preuve n° 2 : C'est la preuve originale, elle s'appuie sur les développements décimaux. Supposons que l'on puisse indexer par $\mathbb{N}^*$ les points de l'intervalle $[0,1]$: $a_1 \ldots, a_n, \ldots$

Soit b_n le n-ième terme du développement décimal propre de a_n, b_n est un élément de $\{0,...,9\}$.
On choisit pour chaque n un nombre x_n de $\{0,...,8\}$ avec $x_n \neq b_n$. Soit x le nombre dont le développement décimal est $0,x_1x_2...x_n...$ (Ce développement est propre car $x_n \leq 8$). Il existe par hypothèse un p de $\mathbb{N}^*$ tel que $a_p = x$. Par unicité des développements propres il vient $b_p = x_p$, contradiction et résultat.

1.3.3. Cette non-dénombrabilité est à la source de résultats variés, vérifions par exemple que :

Il existe dans $\mathbb{R}$ des nombres transcendants.

Il suffit de montrer que l'ensemble A des réels algébriques, c'est-à-dire des nombres réels qui sont racine d'un polynôme non nul à coefficients rationnels, est dénombrable. En multipliant les coefficients d'un polynôme rationnel donné par un entier convenable, on voit qu'il suffit de prouver que l'ensemble des zéros des polynômes à coefficients entiers relatifs est dénombrable.
Si $P(X) = a_n X^n +...+ a_1 X + a_0$ est un tel polynôme, on désigne par $H(P)$ le nombre $|a_0|+...|a_n|$. Clairement, l'ensemble $\mathbf{P}_m$ des polynômes P de $\mathbb{Z}[X]$ tels que $H(P) \leq m$ est fini, donc aussi l'ensemble A_n de leurs racines réelles. Comme la réunion des A_n est justement A, l'ensemble A est dénombrable comme réunion dénombrable d'ensembles finis.

1.4. Approximation d'un nombre réel par un nombre rationnel

Nous avons déjà vu la densité de $\mathbf{Q}$ dans $\mathbf{R}$, valable dans tout corps archimédien. Sachant que e est irrationnel (cf. 1.2.) on en déduit que $\mathbf{R}\backslash\mathbf{Q}$, qui contient $\mathbf{Q} + e$, est dense dans $\mathbf{R}$. En fait on dispose du résultat plus fin suivant :

1.4.1. Théorème de Dirichlet : *Soit x un nombre irrationnel. Pour tout nombre $\varepsilon > 0$ et tout entier $M \geq 1$ il existe un nombre rationnel $r = \dfrac{p}{q}$, avec $p \wedge q = 1$, tel que*

$$|x - \frac{p}{q}| < \frac{\varepsilon}{q} \text{ et } q > M.$$

Lemme : *Soit x un nombre irrationnel, et soit N dans $\mathbb{N}$. Il existe $r = \dfrac{p}{q}$, $q \leq N - 1$, tel que*

$$|x - \frac{p}{q}| < \frac{1}{qN}.$$

Preuve : Considérons les $N + 1$ nombres $kx - [kx]$, $0 \leq k \leq N$. On constate d'abord que ces nombres sont distincts car $lx - [lx] = mx - [mx]$ entraîne $x = \dfrac{[mx] - [lx]}{l - m} \in \mathbf{Q}$, ce qui est absurde.
En outre, ceux-ci appartiennent tous à l'intervalle $[0,1[$, qui est la réunion des N intervalles $[\dfrac{k}{N}, \dfrac{k+1}{N}[$, $0 \leq k \leq N-1$. En vertu du principe des tiroirs, il y a un des intervalles $[\dfrac{k}{N}, \dfrac{k+1}{N}[$ qui en contient deux, soit $lx - [lx]$ et $mx - [mx]$, $l \neq m$. On obtient alors l'inégalité

$$|lx - [lx] - (mx - [mx])| < \frac{1}{N}$$

Topologie

d' où
$$|x - \frac{p}{q}| < \frac{1}{qN} \text{ avec } p = 1 - m \text{ et } q = [mx] - [lx].$$

Démonstration du théorème de Dirichlet : On se donne donc ε, M comme il est dit. Encadrons x par $\frac{n}{M} < x < \frac{n+1}{M}$. Quitte à diminuer ε nous pouvons supposer que
$$\varepsilon < \min(x - \frac{p}{M}, \frac{p+1}{M} - x).$$
Choisissons ensuite N tel que $\frac{1}{N} < \varepsilon$ puis $r = \frac{p}{q}$, $q \leq N - 1$, tel que
$$|x - \frac{p}{q}| < \frac{1}{qN}.$$
Nous pouvons supposer la fraction irréductible sans toucher à l'inégalité. On voit immédiatement que $|x - \frac{p}{q}| < \varepsilon$, ensuite $\frac{n}{M} < \frac{p}{q} < \frac{n+1}{M}$ ce qui impose $q > M$.

Développement des nombres réels en base p

On fixe un nombre entier $p \geq 2$ et un nombre réel x de $[0,1[$.

1.4.2. Théorème : *Il existe une unique suite* $(x_n)_{n \geq 1}$ *à valeurs dans* $\{0,...,p-1\}$ *telle que :*
1– *x est la somme de la série* $\sum x_n p^{-n}$;
2– *L'ensemble* $\{n \in \mathbb{N}^* \mid x_n \neq p-1\}$ *est infini.*

L'égalité $x = \sum_{k=1}^{+\infty} x_k p^{-k}$ est appelée *développement de x* en base p.

Démonstration : Posons, pour n entier ≥ 1, $y_n = E(p^n x)$. On a donc $y_n < p^n$ et les encadrements
$$\forall n \in \mathbb{N}^* \ y_n \leq p^n x < y_n + 1 \text{ et } p^{-n} y_n \leq x < p^{-n} y_n + p^{-n}$$
de là $py_n \leq p^{n+1} x < py_n + p$ et comme $y_{n+1} \leq p^{n+1} x < y_{n+1} + 1$ il vient
$$py_n \leq y_{n+1} \text{ et } y_{n+1} < py_n + p.$$
Si nous développons le nombre $y_n < p^n$ en base p, soit :
$$y_n = x_n + x_{n-1} p + ... + x_1 p^{n-1} \ x_i \in \{0,...,p-1\}$$
(attention à l'ordre !) les inégalités $py_n \leq y_{n+1} < py_n + p$ montrent que
$$y_{n+1} = x_{n+1} + x_n p + ... + x_1 p^n \ x_{n+1} \in \{0,...,p-1\}$$
ce qui définit correctement la suite x_n.
Puis, pour tout $n \geq 1$, $p^{-n} y_n$ est la n-ième somme partielle de la série $\sum x_k p^{-k}$ qui de ce fait converge vers x. Reste à prouver (2) et l'unicité : par l'absurde, si $x_k = p - 1$ pour $k \geq r$, on a pour $n \geq r$
$$p^{-n} y_n - p^{-r} y_r = (p - 1)(p^{-n} + ... + p^{-r-1}) = p^{-r} - p^{-n}.$$
La suite $p^{-n} y_n + p^{-n}$ est donc constante de valeur $y_r + p^{-r}$, et tend vers x ; par passage à la limite $y_r + p^{-r} = x$ ce qui contredit la définition de y_r d'où (2).
Enfin si (x_k) et (z_k) sont deux suites distinctes de $\{0,...,p-1\}$ vérifiant (2), on introduit $m = \min\{k \in \mathbb{N}^* \mid x_k \neq z_k\}$; supposons par exemple $x_m > z_m$, si
$$x = \sum_{k=1}^{+\infty} x_k p^{-k} \ \ z = \sum_{k=1}^{+\infty} z_k p^{-k}$$

Il vient
$$x - z = (x_m - z_m)p^{-m} + \sum_{k=m+1}^{+\infty} (x_k - z_k)p^{-k}$$
et dans la somme S de droite, l'un des $|x_k - z_k|$ au moins est $< p - 1$, donc
$$|S| < (p-1)(p^{-m-1}+p^{-m-2}+\ldots) < p^{-m}$$
et
$$|x - z| > |x_m - z_m|p^{-m} - p^{-m} \geq 0 . \text{ QED.}$$

1.5. Homomorphismes de R

1.5.1. Théorème : *Soit* $f : \mathbf{R} \to \mathbf{R}$ *est un morphisme de groupes additifs.*
1– *Si f est continu, f est de la forme :* $x \to ax$.
2– *Si f est borné au voisinage de 0, f est continu (et donc de la forme :* $x \to ax$).

Noter que l'hypothèse est en particulier vérifiée si f *est croissant*.

Démonstration : 1– Posons a = f(1). Pour tout entier relatif et tout nombre réel x on a f(nx) = nf(x) (récurence), en particulier f(n) = na. Si q est un entier $\neq 0$ on en déduit
$$a = f(q.\frac{1}{q}) = qf(\frac{1}{q}) \text{ d'où } f(\frac{1}{q}) = \frac{1}{q} a ,$$
finalement si $(p,q) \in \mathbf{Z} \times \mathbf{N}^*$ il vient
$$f(\frac{p}{q}) = p\, f(\frac{1}{q}) = \frac{p}{q} a .$$
Pour passer de **Q** à **R** on exploite alors la continuité de f et le fait qu'un nombre réel est limite d'une suite de rationnels.

2– En écrivant f(x + h) - f(x) = f(h) on voit qu'il suffit d'avoir la continuité en 0 pour l'obtenir partout. Soit $[-\alpha,\alpha]$ un voisinage de 0 sur lequel | f | est majoré, mettons par M > 0. Soit $\varepsilon > 0$.

Si N est choisit de sorte que $\frac{M}{N} < \varepsilon$ on aura pour tout x de $[-\frac{\alpha}{M}, \frac{\alpha}{M}]$, $Nx \in [-\alpha,\alpha]$ donc
$|f(Nx)| \leq M$, soit $N|f(x)| \leq M$, et finalement $|f(x)| \leq \varepsilon$. QED.

Conséquences : Par composition avec l'exponentielle ou le logarithme, on constate que :
– tous les morphismes continus de $(\mathbf{R},+)$ dans $(]0,+\infty[,*)$ sont des exponentielles ;
– tous les morphismes continus de $(]0,+\infty[,*)$ dans $(\mathbf{R},+)$ sont des logarithmes (sauf le morphisme nul).

La connexité montre qu'un morphisme continu de $(\mathbf{R},+)$ dans $(\mathbf{R},*)$ est partout > 0.

♛ : Il existe des homomorphismes de **R** qui ne sont pas des homothéties, pour en construire, il suffit de choisir une base du **Q** — espace vectoriel **R** — il en existe par le théorème de Zorn — et de définir une application — linéaire qui n'est pas une homothétie, par exemple en envoyant tous les vecteurs de la base sur 0 sauf un.

1.5.2. Théorème : *Le seul morphisme de corps de* **R** *est l'identité.*

Démonstration : Ici, il n'y a aucune hypothèse de continuité ! Sachant que **C** possède une infinité d'automorphismes (alors que seul deux d'entre eux sont continus : $z \to z$ et $z \to \overline{z}$) on peut se douter de ce que l'ordre joue un rôle essentiel dans le cas de **R**.

D'après la preuve de la proposition précédente, portant sur les morphismes de groupe, on constate que, pour tout r de **Q**, f(r) = r. Vérifions ensuite que f est croissant : comme f(x) - f(y) = f(x - y) il suffit de vérifier que f(z) ≥ 0 si z ≥ 0, or tout nombre réel positif z est un carré $z = t^2$, donc $f(z) = f(t^2) = f(t)^2 \geq 0$ puisque f est aussi un morphisme multiplicatif. On pourrait alors conclure moyennant la caratérisation des morphismes continus de **R** dans **R**, mais il y a plus simple : si x est un nombre réel tel que f(x) ≠ x on choisit un rationnel r entre x et f(x). Si x < r < f(x) la croissance de f amène f(x) ≤ f(r) = r, absurde ; de même si f(x) < x.

1.6. Sous-groupes additifs de R

Soit G un sous-groupe de (**R**,+).

1.6.1. Théorème : *Ou bien* $\overline{G}$ = **R**, *ou bien il existe un unique réel* a ≥ 0 *tel que* G = a**Z**.

Démonstration : Supposons G ≠ {0}, alors G∩**R**$^{+*}$ ≠ ∅ ; introduisons a = inf(G∩**R**$^{+*}$).
i) Si a > 0, on a d'abord a∈ G ; sans quoi, par définition de la borne inférieure, il existe x dans]a,2a[∩G, puis y dans]a,x[∩G, alors x - y est dans G∩]0,a[, contrairement à la définition de a. Ensuite pour tout x de G, l'élément $x - [\frac{x}{a}] = y$ de G vérifie 0 ≤ y < a donc y = 0 et G = a**Z**.
ii) Si a = 0, pour tout ε > 0 il existe a∈ G tel que 0 < a < ε. Comme **Z**a est contenu dans G, tout intervalle de **R** de longueur ≥ ε rencontre G, donc $\overline{G}$ = **R**.

1.6.2. Corollaire : *Si* G *est un sous-groupe fermé de* **R**, G = a**Z** *ou* G = **R**.

1.6.3. Applications :

a) *Périodes d'une fonction* : Soit f dans C(**R**,**R**) ; le groupe G des périodes de f, c'est-à-dire l'ensemble des réels τ tels que ∀x∈ **R**, f(x+τ) - f(x) = 0 est fermé : si (τ$_n$) est une suite de G, convergente de limite τ, la continuité de f impose à τ d'être dans G.
D'après les résultats précédents, ou bien G = {0} et f n'est pas périodique, ou bien G = **R** et f est constante, ou bien G = a**Z**, a > 0, et f est une fonction a-périodique.

b) *Si* θ∈ **R****Q**, *l'ensemble* $\{e^{i2\pi n\theta} \mid n\in \mathbf{Z}\}$ *est dense dans* S^1.
L'image par une application continue surjective d'une partie dense de la source étant dense dans le but (utiliser par exemple des suites) il suffit de montrer que G = **Z** + θ**Z** est dense dans **R**. Raisonner par l'absurde, c'est ici supposer qu'il existe un réel a > 0 tel que G = a**Z**, d'où p et q dans **Z** tels que θ = pa et 1 = qa. Il vient alors : $\theta = pa = \frac{p}{q} \in \mathbf{Q}$ ce qui est absurde.

On montre de même que les ensembles $\{\sin n | n \in \mathbf{Z}\}$ et $\{\cos n | n \in \mathbf{Z}\}$ sont dense dans $[-1,1]$.

1.7. Structure des ouverts de R

Le théorème de structure des ouverts de **R** s'appuie essentiellement sur le lemme suivant

1.7.1. Lemme : *Une partie de **R** est un intervalle ssi elle est convexe.*

Démonstration : Le sens direct est clair. Soit A une partie convexe non vide de **R**. Posons $a = \inf(A)$ et $b = \sup(A)$. Nous allons vérifier que $]a,b[$ contenu dans A et A contenu dans $[a,b]$, ce qui prouvera que A est un intervalle. Par définition de a et b, A est inclus dans $[a,b]$.

Soit maintenant $x \in]a,b[$, par définitions des bornes a et b il existe y et z dans A tels que $y < x < z$; comme A est convexe, $[y,z]$ est contenu dans A, et x est dans A, ce qui achève la preuve.

1.7.2. Théorème : *Tout ouvert Ω de **R** est réunion dénombrable d'intervalles ouverts deux à deux disjoints.*

Démonstration : Définissons sur Ω la relation R par xRy ssi il existe un intervalle ouvert I, contenu dans Ω et contenant à la fois x et y. R est clairement symétrique et comme Ω est ouvert, R est réflexive. La transitivité vient de ce que la réunion de deux intervalles ouverts ayant un point commun est un intervalle ouvert. Ainsi, R est d'équivalence ; soit $(I_a)_{a \in D}$ l'ensemble des classes d'équivalence (non vides) selon R.
Chaque I_a est un intervalle ouvert : en effet, I_a est ouvert comme réunion d'intervalles ouverts. D'autre part si x et y sont dans I_a il existe par définition un intervalle I ouvert contenu dans Ω tel que $x, y \in I$; si $z \in I$ on a xRz et donc I est contenu dans la classe I_a de x. De ce fait $[x,y]$ est inclus dans I, donc dans I_a, ce qui montre que I_a est convexe, donc est un intervalle.

Enfin, D est dénombrable car à chaque I_a on peut associer un rationnel r_a qui lui appartient, soit D l'ensemble qu'ils — les rationnels -forment. Comme les I_a sont deux à deux disjoints $a \to r_a$ est un injection de D dans **Q**.

1.7.3. Théorème : *Tout intervalle de **R** est connexe.*

Démonstration : Il suffit, moyennant le fait qu'une réunion de connexes ayant un point commun est connexe (§ 7.1), de montrer qu'un segment $[a,b]$ de **R** est connexe. Soit f une fonction continue de $[a,b]$ dans $\{0,1\}$. Supposons par exemple $f(1) = 1$. Raisonner par l'absurde c'est dire qu'il existe x dans $[a,b]$ tel que $f(x) = 0$; il est alors licite d'introduire
$$c = \sup\{x \in [a,b] \mid f(x) = 0\}.$$
Comme f est continue, $f(c) = 0$, donc $c < b$. On peut donc envisager l'étude de la limite à droite de f en c, par définition de c, celle-ci doit être égale à 1, ce qui contredit la continuité de f en c.

Nous avons montré en passant que les qualités : *être connexe, convexe, un intervalle* sont *équivalentes* pour une partie de **R**. Ce fait se révèlera très important lors de l'étude des fonctions de variable réelle.

APPENDICE : Construction de R

Notons C l'ensemble des suites de Cauchy de nombres rationnels ; la somme deux suites de Cauchy est une suite de Cauchy et, du fait qu'une suite de Cauchy est bornée, le produit de deux suites de Cauchy est une suite de Cauchy. Ainsi
L'ensemble C des suites de Cauchy de rationnels est un anneau pour les lois naturelles.

Soit I l'ensemble des suites de nombres rationnels qui tendent vers 0 ; visiblement, I est un idéal de C ; **R** est alors l'*anneau quotient* C/I. Si (r_n) est une suite de C nous désignerons par $cl(r_n)$ la classe de (r_n) dans **R**, c'est-à-dire l'ensemble des suites (s_n) de C telles que $(r_n - s_n)$ tende vers 0.

Théorème 1 : **R** *est un corps.*
Preuve : Soit (r_n) une suite de Cauchy de rationnels qui ne tend pas vers 0, il faut montrer que $cl(r_n)$ est inversible c'est-à-dire qu'il existe une suite (s_n) telle que $cl(r_n s_n) = (1)$, soit : $(r_n s_n - 1)$ tend vers 0.
Le fait que (r_n) ne tende pas vers 0 s'exprime par
$$\exists \rho > 0, \forall N \in \mathbf{N}, \exists n > N, |r_n| > \rho . \quad (1)$$
Exprimons que la suite (r_n) est de Cauchy avec $\varepsilon = \rho/2$:
$$\exists N_\rho \in \mathbf{N}, \forall n \geq N_\rho, \forall m \geq N_\rho, |r_n - r_m| < \rho/2 . \quad (2)$$
Prenons $N = N_\rho$ dans (1) et fixons $n > N$ tel que $|r_n| > \rho/2$. Pour tout $m \geq N$ nous aurons $|r_n - r_m| < \rho/2$ et donc
$$\forall M \geq N, |r_m| > \rho/2 . \quad (3)$$
(**Remarque :** nous constatons que tous les r_m sont du signe de r_n pour $m \geq N$.)
Posons enfin
$$s_m = 0 \text{ si } n < N \text{ et } s_n = \frac{1}{r_m} \text{ si } m \geq N .$$
La suite (s_m) est de Cauchy en vertu de (3), et l'on a $s_m r_m = 1$ pour $m \geq N$, ce qui montre bien que $cl(r_m) cl(s_m) = (1)$. QED.

Il s'agit maintenant de définir dans **R** une relation d'ordre compatible avec les lois de **R**. De façon plus générale, dans un anneau, on dispose du

Théorème 2 : *Soit A un anneau commutatif. Si P est une partie de A telle que*
i) $P + P$ *est contenu dans* P ii) $P.P$ *est contenu dans* P iii) $P \cap (-P) = \{0\}$
la relation $\leq$ *définie sur A par* $a \leq b$ *ssi* $b-a \in P$ *est une relation d'ordre compatible avec les lois de A, dont P est l'ensemble des éléments positifs ;* $\leq$ *est totale ssi*
iv) $P \cup (-P) = A$.

Preuve : Par (ii) 0 est dans P donc $\leq$ est réflexive, de (i) on déduit la transitivité enfin l'antisymétrie vient de (iii). (i) et (ii) donnent la compatibilité avec les lois de A. (iv) vient des définitions. QED.

Nous allons donc construire un tel ensemble P dans **R** (un "cône positif") ; de façon plus précise, soit $\prod$ l'ensemble des suites (r_n) de C telles que
$$\forall \rho > 0, \exists N \in \mathbf{N}, \forall n \geq N, r_n > -\rho . \quad (4)$$

On vérifie facilement que la propriété (4) est satisfaite par tous les éléments d'une classe, ou ne l'est jamais, on définit donc correctement l'ensemble P des classe de **R** = **C**/**l** dont un représentant au moins vérifie (4), dans ce cas tous les représentants d'une classe de P satisfont aussi à (4).

Théorème 3 : P vérifie dans A = **R** les propriétés (i) à (iv) du théorème 2.

Preuve : (i) et (ii) sont clairs ; (iii) vient du fait que, si (r_n) et $(-r_n)$ vérifient (4), (r_n) tend vers 0 ; (iv) est la propriété la plus délicate à établir. Soit (r_n) une suite qui n'est pas dans Π, ce qui s'exprime par

$$(*) \; \exists \rho > 0, \; \forall N \in \mathbb{N}, \; n > N, \; r_n < -\rho.$$

Reprenons la preuve du théorème 1 : nous voyons qu'il existe un rang N_ρ tel $\forall n \geq N_\rho, \; |r_n| \geq \rho/2$ et $\forall n, m \geq N_\rho, \; r_n$ et r_m sont de même signe.

(*) impose à ce signe d'être *négatif*, on constate donc que $-r_n > \rho/2 \geq 0$ pour $n \geq N$, ce qui montre que $(-r_n)$ vérifie (4) et que $cl(-r_n)$ est dans P. QED.

Ainsi, **R** muni de la relation $\leq$ définie par P est un *corps ordonné*.

Dans ce qui suit, nous désignerons, lorsque r est un nombre rationnel, par $\overline{r}$ la classe dans **R** de la suite constante de valeur r.

Théorème 4 : *L'application ϕ qui au nombre rationnel r fait correspondre $\overline{r}$ est un isomorphisme de $(\mathbb{Q}, \leq)$ sur un sous-corps de $(\mathbb{R}, \leq)$, et $(\mathbb{R}, \leq)$ est un corps ordonné archimédien.*

Preuve : Compte tenu de la définition de **R**, ϕ est un morphisme de corps donc est injectif : c'est un *isomorphisme algébrique* de **Q** sur $\phi(\mathbb{Q})$. Il faut ensuite montrer que ϕ est croissant : la définition de l'ordre sur **R** nous dit qu'il suffit de prouver que, pour tout r de **Q**, $r \geq 0$ entraîne $\overline{r} \in P$, ce qui est immédiat. Enfin, si $x = cl(r_n)$ est un nombre réel, la suite de Cauchy (r_n) est bornée dans le corps archimédien **Q** d'où un nombre entier N tel que

$$\forall n \in \mathbb{N}, \; r_n \leq N$$

ce qui montre que le nombre réel x est inférieur à l'image canonique $\overline{N}$ de N dans **R**.

Nous pouvons maintenant utiliser les résultats de 1.1.3 et 1.1.4 :

– Pour tout $\varepsilon > 0$ de **R** il existe un nombre rationnel ρ tel que $0 < \rho < \varepsilon$.

Cette propriété exprime que l'on peut écrire, dans **R**, le critère de Cauchy en se bornant aux majorants ε rationnels, voire même de la forme $\frac{1}{n}$. Enfin ce résultat amène la densité des rationnels dans **R** :

– *Entre deux éléments distincts de **R** il y a un nombre rationnel* ;
– *tout point de **R** est limite d'une suite de nombres rationnels.*

Prouvons ensuite que notre but est atteint, c'est-à-dire que toute suite de Cauchy de nombres réels converge. Il nous faut d'abord vérifier que notre construction est cohérente, c'est-à-dire que :

Lemme : *Dans le corps des réels, toute suite de Cauchy de nombres rationnels converge vers le nombre réel qu'elle représente.*

Démonstration : Soit $x = cl(r_n)$ un nombre réel, soit ρ un nombre rationnel > 0. Exprimons que la suite (r_n) est de Cauchy :

$$\exists N_\rho \in \mathbf{N},\ \forall n \geq N_\rho,\ \forall m \geq N_\rho,\ |r_n - r_m| < \rho/2.$$

Par définition de l'ordre sur $\mathbf{R}$ — bien y réfléchir ! — nous constatons que, pour tout $m \geq N_\rho$ on a

$$-\rho \leq x - \overline{r_m} \leq \rho.$$

Comme pour tout $\varepsilon > 0$ de $\mathbf{R}$ il y a un nombre rationnel ρ tel que $0 < \rho < \varepsilon$, nous obtenons la convergence de la suite $m \to \overline{r_m}$ vers x dans $\mathbf{R}$.

Théorème 5 : $(\mathbf{R}, \leq)$ est un corps ordonné archimédien complet.

Preuve : Reste la complétude, qui est le point le plus difficile de la construction ; repérez les confusions possibles ! La clé de la preuve en est le lemme ci-dessus. Soit $(x_p)_{p \in \mathbf{N}}$ une suite de Cauchy de $\mathbf{R}$. Par densité des rationnels, il existe pour tout p de $\mathbf{N}^*$ un rationnel r_p tel que

$$|x_p - r_p| < \frac{1}{p}.$$

On vérifie alors immédiatement que la suite (r_p) est de Cauchy, donc converge vers le nombre réel x qu'elle représente. Maintenant le choix de (r_p) fait que la suite (x_p) converge aussi vers x. QED.

EXERCICES

1) Étudier la continuité de l'application qui à x réel associe le n-ième terme de son développement décimal (vérifier que ce dernier est donné par $x_n = E(10^n x) - 10 E(10^{n-1} x)$).

2) Soit f une application continue admettant 1 et $\sqrt{2}$ pour période, montrer que f est constante.

3) Soient p_n et q_n ($q_n \geq 1$) deux suites d'entiers telles que les rationnels $\dfrac{p_n}{q_n}$ tendent vers un nombre réel x avec $x \neq \dfrac{p_n}{q_n}$ pour tout n. Prouver que la suite q_n tend vers $+\infty$.

4) Déterminer tous les homomorphismes continus ou monotones
a) de $(\mathbf{R},+)$ vers $(\mathbf{R}^{+*},\times)$, b) de $(\mathbf{R}^{+*},\times)$ vers $(\mathbf{R},+)$;
c) de $(\mathbf{R}^{+*},\times)$ vers $(\mathbf{R}^{+*},\times)$.

5) Soit $I_1, \ldots, I_n$ une famille d'intervalles ouverts recouvrant le segment $[a,b]$ dans $\mathbf{R}$. Montrer que la somme des longueurs de $I_1, \ldots, I_n$ est supérieure à $b - a$.

6) a) Montrer que $\ln_{10} 2$ est irrationnel. b) On note G le groupe des éléments inversibles > 0 de l'ensemble des nombres décimaux. Montrer que G est dense dans $\mathbf{R}^{+*}$.

7) Soit $I_n =]a_n, b_n[$ une suite décroissante d'intervalles réels bornés ouverts non vides. Trouver une condition nécessaire et suffisante portant sur les suites a_n et b_n pour que l'intersection des intervalles I_n soit non vide.

8) Déterminer toutes les isométries de $(\mathbf{R}, |\ |)$ sur lui-même.

9) Soient u_n et v_n deux suites réelles telles que :
i) $\lim u_n = \lim v_n = +\infty$ ii) $\lim u_{n+1} - u_n = 0$. Montrer que $\{u_n - v_m | (m,n) \in \mathbb{N}^2\}$ est dense dans $\mathbb{R}$. En déduire que : $\sin(\text{Log} n)$ est dense dans $[-1,1]$ (contrairement aux apparences, ce résultat est plus simple que : $\{\sin n | n \in \mathbb{N}\}$ est dense dans $[-1,1]$).

2. Topologie : Généralités

Avertissement : il s'agit ici d'un survol très rapide des notions de base, les preuves sont concises, et les résultats vraiment simples laissés au lecteur. Il s'agit en quelque sorte d'un "crash course" s'adressant à un étudiant qui a déjà suivi un cours de topologie détaillé, et qui a besoin de refaire une mise au point avant de se lancer dans une étude plus approfondie.

2.1. Généralités

2.1.1. Définition : On appelle *topologie* sur l'ensemble E la donnée d'une famille T de sous-ensembles de E, appelées *ouverts* de T, satisfaisant aux propriétés suivantes :
(T_1) E et $\emptyset$ sont des ouverts ;
(T_2) Toute réunion d'ouverts est un ouvert ;
(T_3) L'intersection d'une famille finie d'ouverts est un ouvert.

Le couple (E,T) est alors appelé *espace topologique*, on le notera le plus souvent E.

2.1.2. Exemples :
1) Les ouverts de $\mathbb{R}$ forment une topologie, dite topologie de l'ordre de $\mathbb{R}$, ou encore topologie usuelle.
2) *Topologie de* $\overline{\mathbb{R}}$: on ajoute aux voisinages dans $\mathbb{R}$ les voisinages de $+\infty$ et $-\infty$. Un sous-ensemble de $\overline{\mathbb{R}}$ est alors dit ouvert s'il est voisinage de chacun de ses points, les propriétés T_i sont alors clairement vérifiées.
3) *Topologie trace* : si A est une partie de l'espace topologique (E,T), les parties de A de la forme $\Omega \cap A$, où Ω est ouvert dans E, forment visiblement une toplogie T_A appelée *trace* de la topologie de E sur A. L'espace topologique (A,T_A) est appelé *sous-espace topologique* de A.

2.1.3. Définition : Soit (E,T) un espace topologique, et a un point de E. On appelle *voisinage* de a toute partie V de E telle qu'il existe un ouvert Ω contenant a et contenu dans V. Une *base de voisinages* de a est une famille $(U_i)_{i \in I}$ de voisinages de a telle que tout voisinage de a contienne au moins un élément U_i de la famille.

Notation : On note V(a) l'ensemble des voisinages d'un point a.

Les propriétés suivantes de voisinages découlent immédiatement des définitions :
1) Si $U \in V(a)$ et si U est contenu dans W, W est un voisinage de a.
2) L'intersection d'un nombre fini de voisinages de a est un voisinage de a.
3) Les voisinages ouverts de a forment une base de voisinages de a.

2.1.4. Proposition : *Une partie Ω de E est ouverte ssi Ω est voisinage de chacun de ses points.*

Démonstration : Il est clair qu'un ouvert est voisinage de chacun de ses points. En sens inverse, si Ω est voisinage de chacun de ses points, pour tout a de Ω on peut trouver un ouvert ω_a contenant a, inclus dans Ω. Il est alors clair, par double inclusion, que Ω est réunion de la famille ω_a.

N.B. : ceci procède "à l'envers" de la définition des ouverts de $\mathbf{R}$ ou $\overline{\mathbf{R}}$: en fait il y a deux façons de procéder ; on peut soit définir les ouverts puis les voisinages, soit définir les voisinages puis les ouverts, l'ordre "voisinage puis ouverts" est souvent employé dans l'étude élémentaire de la construction de $\mathbf{R}$.

2.1.5. Définition : Une partie F de E est dite *fermée* si le complémentaire de F est un ouvert.

Il résulte immédiatement de la définition d'une topologie que les fermés possèdent les propriétés suivantes :
(F_1) *E et $\emptyset$ sont des fermés.*
(F_2) *Toute intersection de fermés est fermée.*
(F_3) *Toute réunion finie de fermés est fermée.*

Exemple : Dans $\mathbf{R}$, un intervalle fermé est un fermé pour la topologie usuelle.

Rappelons qu'il existe des parties qui ne sont ni ouvertes, ni fermées. En fait la plupart (au sens des cardinaux) des parties de $\mathbf{R}$ ne sont ni ouvertes ni fermées (pas même boréliennes).

2.1.6. Définition : Un espace topologique est dit *séparé* si, pour tout couple (x,y) de points distincts de E, il existe V dans V(x) et W dans V(y) tels que $V \cap W = \emptyset$.

On constate immédiatement que tout sous-ensemble *fini* d'un espace séparé est fermé.

2.1.7. Définition : Une famille $(\omega_i)_{i \in I}$ d'ouverts de E est appelée *base d'ouverts* de la topologie T si tout ouvert de T est réunion d'ouverts de $(\omega_i)_{i \in I}$.

Exemple : La famille des intervalles $]p,q[$, avec p et q rationnels, forme une base de la topologie usuelle de $\mathbf{R}$. En effet, si Ω est un ouvert de $\mathbf{R}$ et $a \in \Omega$ on peut trouver deux nombres rationnels p et q tels que $p < a < q$ et que $]p,q[$ soit contenu dans Ω, l'ouvert Ω est alors la réunion de ces intervalles $]p,q[$.

2.2. Espaces métriques

Soit E un ensemble.

2.2.1. Définition : On appelle *distance* sur E toute application de E dans $[0,+\infty[$ satisfaisant aux trois propriétés suivantes :
(d_1) $\forall (x,y) \in E^2, d(x,y) \geq 0$ et $d(x,y) = 0$ ssi $x = y$;
(d_2) $\forall (x,y) \in E^2, d(x,y) = d(y,x)$;
(d_3) $\forall (x,y,z) \in E^3, d(x,y) \leq d(x,z) + d(z,y)$ (inégalité triangulaire).

Exemple : $(x,y) \to |x-y|$ est une distance sur $\mathbf{R}^2$, de même sur $\mathbf{C}^2$ avec le module.

D'ici au § 2.3, E est muni d'une distance d.

2.2.2. Définition : Soit a dans E et r un nombre réel > 0, on appelle *boule ouverte* de centre a et de rayon r l'ensemble des points x de E tels que : $d(a,x) < r$; on appelle *boule fermée* de centre a et de rayon r l'ensemble des points x de E tels que $d(a,x) \leq r$.

Notations : Boule ouverte : $B(a,r)$, boule fermée : $\overline{B}(a,r)$.

🌱! A l'écriture $\overline{B}(a,r)$: cette notation est nécessaire mais dangereuse, rien en effet ne dit que l'adhérence de la boule ouverte $B(a,r)$ est la boule fermée correspondante ; ce résultat est vrai si E est un *evn* (voir plus loin), mais faux en général.

2.2.3. Définition : On dit que le sous-ensemble Ω de E est un *ouvert* de E si, pour tout x de Ω, il existe un nombre réel $r > 0$ tel que : $B(x,r)$ soit contenu dans Ω.

– Un ouvert est donc une réunion arbitraire de boules ouvertes. On vérifie facilement que les ouverts ainsi définis forment une topologie sur E, dite *topologie métrique* de (E,d).

2.2.4. Proposition :
1) *Toute boule ouverte est ouverte.*
2) *Toute boule fermée est fermée.*

Démonstration : 1– Par le *dessin* et l'inégalité triangulaire: si $x \to B(a,r)$, et $\rho = r - d(a,x)$ on a $B(x,\rho)$ contenue dans $B(a,\rho)$.
2– On vérifie de même (faites !) que le complémentaire d'une boule fermée est ouvert.

2.2.5. Corollaire : *Un espace métrique est séparé.*

En effet, si a et b sont deux points distincts de E et $r = \frac{1}{2}d(a,b)$ les boules ouvertes $B(a,r)$ et $B(b,r)$ sont des voisinages disjoints de a et de b.

2.2.6. Théorème-définition : Soit A une partie de E, $E \neq \emptyset$. On dit que A est *bornée* si A vérifie l'une des conditions équivalentes suivantes :
1) *il existe un réel M tel que, pour tout couple (x,y) de A^2, $d(x,y) \leq M$;*
2) *il existe a dans E et un réel $R > 0$ tel que A soit contenue dans $B(a,R)$;*
3) *pour tout point a de E il existe un réel $R > 0$ tel que A soit contenue dans $B(a,R)$.*

Les équivalences sont immédiates par l'inégalité triangulaire.

2.2.7. Définition : Le *diamètre* de la partie A de E est la borne supérieure dans $[0,+\infty]$ de l'ensemble $\{d(x,y) | (x,y) \in A^2\}$.

Exemples : $\delta(\emptyset) = 0$; en *espace vectoriel normé non nul*, $\delta(B(a,r)) = 2r$ comme on le voit en considérant un diamètre ; et pour une partie quelconque $\delta(A)$ est fini ssi A est bornée.

2.3. Sous-espace d'un espace métrique, ouverts et fermés relatifs

2.3.1. Définition : Soit (E,d) un espace métrique. Si A est une partie de E, l'espace métrique (A,δ) où δ est la restriction de d à A est appelé *sous-espace métrique* de (E,d).

2.3.2. Théorème : *Soit A un sous-espace de l'espace métrique* (E,d).
– *une partie ω de A est ouverte ssi il existe un ouvert Ω de E tel que* $\omega = \Omega \cap A$;
– *une partie Φ de A est fermée ssi il existe un fermé F de E tel que* $\Phi = F \cap A$.

Démonstration : Par complémentarité (relative) il suffit de le montrer pour les ouverts de A. Observons d'abord, pour tout ce qui suit que, pour tout a de A et tout nombre r > 0

$$B(a,r) \cap A = B_A(a,r)$$

où $B_A(a,r)$ désigne la boule ouverte de centre a et de rayon r de l'espace métrique (A,δ). Soit Ω est un ouvert de E, et $\omega = \Omega \cap A$. Pour tout a de ω il existe un nombre réel r > 0 tel que B(a,r) soit contenue dans Ω. Avec ce choix de r, $B_A(a,r) = B(a,r) \cap A$ est contenue dans ω ce qui montre que ω est ouvert dans (A,δ).

Réciproquement, si ω est ouvert dans (A,δ) pour tout a de ω il existe r > 0 tel que $B_A(a,r) = B(a,r) \cap A$ soit contenue dans ω ; si Ω est la réunion des boules B(a,r) ainsi déterminées, il est clair que $\omega = \Omega \cap A$.

On voit donc que la topologie induite par la restriction de d à A est bien la *topologie trace* de E sur A. Donc :
– si A est ouvert, tout ouvert de A est ouvert dans E mais en général un fermé de A n'est pas fermé dans E ;
– si A est fermé, tout fermé de A est fermé dans E mais en général un ouvert de A n'est pas ouvert dans E.

Il convient de ne pas oublier ces difficultés lorsque l'on étudie des images réciproques d'ouverts ou de fermés par des fonctions continues qui ne sont pas définies sur l'espace tout entier ; ou encore en calcul différentiel, où les fonctions de plusieurs variables sont obligatoirement définies sur des ouverts, par exemple pour obtenir l'annulation de la différentielle aux points critiques.

2.4. Espaces vectoriels normés

2.4.1. Définition : Soit E un espace vectoriel sur **R** ou sur **C**. On appelle *norme* sur E toute application N de E dans **R**$^+$ satisfaisant aux propriétés suivantes :
(N1) $\forall x \in E$, $N(x) \geq 0$ et $N(x) = 0$ ssi $x = 0$;
(N2) $\forall (\lambda,x) \in K \times E$ $N(\lambda x) = |\lambda| N(x)$;
(N3) $\forall (x,y) \in E$, $N(x+y) \leq N(x) + N(y)$.

Un *espace vectoriel normé* (en abrégé *evn*) est un couple (E,‖ ‖) où E est un espace vectoriel sur **R** ou **C**, et ‖ ‖ une norme sur E ; une *algèbre normée* est un couple (A,‖ ‖) où A est une algèbre sur **R** ou **C**, ‖ ‖ une norme sur A satisfaisant à

$$\forall (x,y) \in A^2, \|x*y\| \leq \|x\|.\|y\| \quad (* \text{ est la loi multiplicative de A}).$$

2.4.2. Exemples :
1) Sur $\mathbf{R}^n$ ou $\mathbf{C}^n$ on dispose des trois normes :

$$N_1(x_1,\ldots,x_n) = \sum_{k=1}^{n}|x_i|\ ,\ N_2(x_1,\ldots,x_n) = (x_1,\ldots,x_n),\ N_\infty(x_1,\ldots,x_n) = \max(|x_1|,\ldots,|x_n|)$$

et plus généralement de la norme N_p définie pour p réel > 1 par

$$N_p(x_1,\ldots,x_n) = (\sum_{k=1}^{n}|x_i|^p)^{1/p}.$$

Le fait que N_p soit une norme n'est pas du tout trivial, l'inégalité triangulaire résulte de l'inégalité de Minkowski, cf. le § 11 "fonctions convexes".

2) Si X est un ensemble, l'algèbre $B(X,\mathbf{K})$ des fonctions bornées de X vers $\mathbf{K}$ muni de la norme $\|\ \|_\infty$ définie par $\|f\|_\infty = \sup_{x \in E}|f(x)|$ est une algèbre normée.

(Petit exercice : prouver sans omettre le moindre détail le fait que $\|\ \|_\infty$ est une norme).
On peut également munir l'algèbre des fonctions continues d'un compact X vers le corps $\mathbf{K}$, soit $C(X,\mathbf{K})$, de la même norme.

Tout sous-espace vectoriel d'un evn E est muni *par restriction* d'une norme, on l'appelle alors *sous-espace vectoriel normé* de E.

2.4.3. Propriétés particulières à la topologie d'un evn E :
– La topologie de E est invariante par translation et par homothétie.
– Le seul sev borné de E est 0.

2.5. Suites dans les espaces métriques

Dans tout ce qui suit, (E,d) est un espace métrique.

2.5.1. Définition : Soit (u_n) une suite de points de l'espace métrique (E,d). On dit que (u_n) *converge* vers le point a si, pour tout voisinage V de a, il existe un entier n_V tel que

$$\forall n \geq n_V,\ u_n \in V.$$

Traduction : La suite (u_n) converge vers a dans (E,d) ssi la suite $(d(u_n,a))$ tend vers 0.

2.5.2. Proposition : *Si la suite* (u_n) *converge vers les points* a *et* a', a = a'.

Par l'absurde, ce résultat provient immédiatement de la séparation de l'espace.

Cette unicité nous permet désormais de parler, le cas échéant, de *la limite* d'une suite convergente.

2.5.3. Opérations sur les suites convergentes dans un evn :
1) La somme de deux suites convergentes est convergente, la limite étant la somme des limites.
2) la multiplication par une suite scalaire convergente d'une suite convergente fournit une suite convergente, la limite étant le produit des limites.

Les démonstrations suivent celles du cas réel (c'est éventuellement l'occasion de les revoir).

2.5.4. Suites de Cauchy : A nouveau, la Définition est la même que dans **R**, au remplacement près de la valeur absolue par la distance :

(u_n) est *de Cauchy* ssi $\forall \varepsilon > 0, \exists N \in \mathbf{N}, \forall n \geq N, \forall m \geq N, d(u_n, u_m) < \varepsilon$.

Et l'on vérifie immédiatement que *toute suite convergente est de Cauchy*, sans réciproque bien sûr (cf. espaces complets). De plus, *toute suite de Cauchy est bornée*.

Valeurs d'adhérence

2.5.5. Théorème-Définition : *Soit (a_n) une suite de l'espace métrique (E,d) et soit a un point de E. Les trois propriétés suivantes sont équivalentes :*
1) *a est limite d'une extraction convergente de la suite (a_n) ;*
2) *pour tout nombre $\varepsilon > 0$ et tout N de **N** il existe n > N tel que $d(a_n, a) < \varepsilon$;*
3) *Pour tout nombre $\varepsilon > 0$ l'ensemble $A_\varepsilon = \{n \in \mathbf{N} \mid d(a_n, a) < \varepsilon\}$ est infini.*

Un point a satisfaisant l'une de ces trois propriétés est appelé *valeur d'adhérence* de la suite (a_n).

Démonstration : (2) et (3) sont équivalentes car, dans **N**, "non borné" est équivalent à "infini". Comme (1) implique visiblement (2) ou (3), il nous reste à montrer que (3) entraîne (1). Mais (3) nous permet de construire une suite d'entiers $\phi(n)$ strictement croissante telle que

$$\forall n \in \mathbf{N}, d(a_{\phi(n)}, a) < \frac{1}{n+1}.$$

Ayant construits $\phi(0) < ... < \phi(n-1)$, on pose $\varepsilon = \frac{1}{n+1}$ et l'on choisit $\phi(n) > \phi(n-1)$ dans l'ensemble infini A_ε ; la récurrence est achevée.

2.5.6. Proposition : *L'ensemble des valeurs d'adhérence d'une suite (u_n) est égal à l'intersection des $\overline{A_n}$ où $A_n = \{u_p \mid p \geq n\}$.*

Preuve : traduire l'appartenance à l'intersection des $\overline{A_n}$.

2.5.7. Corollaire : *L'ensemble des valeurs d'adhérence une suite est fermé.*

Preuve : Par intersection.

2.5.8. Proposition : *Toute suite de Cauchy qui possède une sous-suite convergente converge.* (Immédiate).

2.6. Intérieur, adhérence, frontière

2.6.1. Définition : Soit A une partie de l'e.m. E. On dit que le point a de E est :
1) un *point intérieur* à A s'il existe un ouvert ω contenu dans A et qui contient a, ce qui équivaut à dire que A est un voisinage de a ;
2) un *point adhérent* à A si tout voisinage de a rencontre A ;
3) un *point frontière* de A si a est adhérent à A et à son complémentaire.

L'*intérieur* de A est l'ensemble, noté $\mathring{A}$, des points intérieurs à A ; l'*adhérence* (aussi appelée *fermeture*) de A est l'ensemble, noté $\overline{A}$, des points adhérents à A ; la frontière de A est l'ensemble des points frontière de A et se note Fr(A).

Exemple : L'intérieur d'un intervalle réel est l'intervalle ouvert correspondant ; la fermeture d'un intervalle non vide est l'intervalle fermé correspondant.

2.6.2. Proposition : *L'intérieur de* A *est un ouvert, plus précisément, c'est le plus grand ouvert contenu dans* A.

Démonstration : L'intérieur de A est ouvert : soit a un point intérieur à A. Il existe un ouvert ω contenu dans A et qui contient a ; mais alors par définition chaque point de ω est dans Å, donc Å est un voisinage de a. Å, qui contient par définition tous les ouverts contenus dans A, est donc le plus grand ouvert contenu dans A.

Les énoncés suivants viennent alors par simples équivalences logiques :

2.6.3. Proposition : L'adhérence de A est l'intérieur du complémentaire de A.

2.6.4. Corollaire : L'adhérence de A est le plus petit fermé de E contenant A.
Le critère suivant, spécifique des espaces métriques, est souvent utile :

2.6.5. Théorème : Le point a de l'espace métrique (E,d) est adhérent à A ssi a est limite d'une suite de points de A.

Démonstration : Si a est limite d'une suite de points de A, tout voisinage de a contient les points de cette suite à partir d'un certain rang donc rencontre A et $a \in \overline{A}$.

En sens inverse, si $a \in \overline{A}$, chaque boule $B(a, \frac{1}{n+1})$ rencontre A, on choisit alors un point a_n de A dans cette intersection d'où une suite de points de A qui converge vers a.

2.6.6. Corollaire : *La partie* A *de* E *est fermée ssi toute limite de suite de points de A appartient à* A.

✋ : L'usage usuel de cette proposition est plutôt le sens : A fermée ⇒ une limite de points de A est dans A. *Par exemple*, si A est une partie fermée non vide majorée de **R**, la borne supérieure de A est dans A. *Ainsi*, dans un fermé, l'ensemble des zéros d'une fonction continue possède, lorsqu'elles existent, ses bornes inférieures et supérieures.

2.6.7. Exemples :
1) Soient E un evn de dimension ≥ 1, a dans E, r un réel > 0 ; alors :
a) *L'adhérence de* B(a,r) *est* $\overline{B}$(a,r).
b) *L'intérieur de* $\overline{B}$(a,r) *est* B(a,r).
c) *La frontière de* B(a,r) *est* S(a,r), *de même pour* $\overline{B}$(a,r).

Figure 1 :

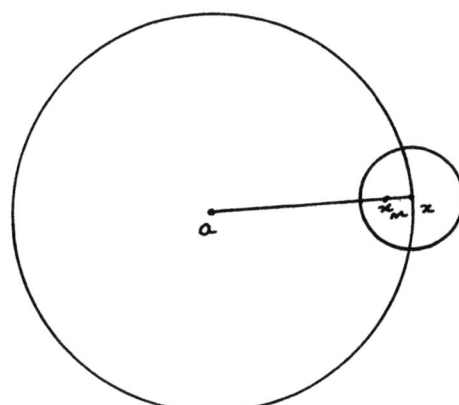

Démonstration : Comme toujours il s'agit de concevoir la preuve par la géométrie, puis de traduire ce qui a été vu en termes topologiques corrects.
a) L'adhérence de B(a,r) (= plus petit fermé contenant B(a,r)) est contenue dans le fermé $\overline{B}$ (a,r) ; réciproquement si x est dans $\overline{B}$ (a,r), x est limite de la suite de B(a,r)
$$x_n = (1 - \frac{1}{n}) x + \frac{1}{n} a .$$

b) L'ouvert B(a,r) est contenu dans $\overline{B}$ (a,r). Il suffit donc de prouver qu'un point x de $\overline{B}$ (a,r) \ B(a,r) cad un point x de S(a,r) n'est pas intérieur à B(a,r), ce qui revient à dire que toute boule B(x,r) rencontre le complémentaire de $\overline{B}$ (a,r), ce dernier point est clair si l'on considère la suite $a + (1 + \frac{1}{n}) (x - a)$.

Le reste suit alors aisément.

Contre-exemple lorsque E n'est plus supposé être un evn :

Il suffit de prendre pour E une *partie* d'un evn, par exemple {0,1} dans **R**, où B(0,1) est {0} qui est fermé alors que $\overline{B}$ (0,1) est ici {0,1}.

2.6.8. Parties convexes : Soit E un espace vectoriel normé. On rappelle que la partie C de E est dite *convexe* lorsque, avec deux points a et b elle contient le segment qui les joints, ce qui se traduit par
$$\forall (a,b) \in C^2, \forall t \in [0,1], ta + (1-t)b \in C .$$

Propriétés algébriques des convexes

On vérifie que l'ntersection d'une famille de convexes, que la somme convexe : aC+bC', a, b > 0 de deux convexes est convexe. On dispose aussi, pour construire des ensembles convexes, de l'image d'un convexe par une application affine, ou de son image réciproque ce qui donne en particulier comme exemples de telles parties les demi-espaces ouverts et fermés.

Propriétés topologiques

L'adhérence, l'**intérieur** d'un convexe C sont convexes.

Figure 2 :

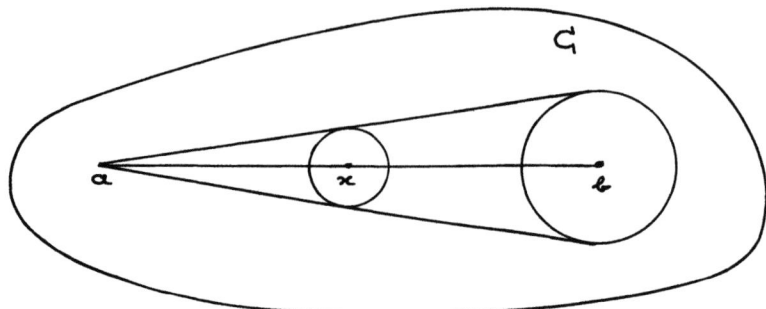

En effet, si a et b sont dans $\overline{C}$ et t dans [0,1], a et b sont limites respectives de suites (a_n) et (b_n) à valeurs dans C ; et la suite de points du convexe C, soit $ta_n + (1 - t)b_n$ converge vers $ta + (1-t)b$ qui est de ce fait dans $\overline{C}$.

Pour l'intérieur la situation est un peu plus subtile : on utilise le fait (simple à vérifier) que l'image par une homothétie h de rapport λ d'une boule $B(b,r)$ est la boule $B(h(b),|\lambda|r)$. Soit alors a un point de C, b un point intérieur à C, x un point de]a,b[, soit
$$x = a + t(b-a), t \in]0,1[.$$
Il existe par hypothèse un nombre $r > 0$ tel que $B(b,r)$ est contenu dans C. L'homothétie h de centre a et de rapport t envoie b sur x, la boule $B(b,r)$ sur $B(x,tr)$, et la convexité de C fait que l'image de C par cette homothétie est contenue dans C ; en particulier, l'image $B(x,tr)$ de $B(b,r)$ est contenue dans C, ce qui montre que x est intérieur à C.

2.6.9. Définition : Soit (E,d) un espace métrique. On dit que la partie A de E est *dense* dans E si l'adhérence de A est E.

2.6.10. Théorème : *Pour une partie A de E, il est équivalent de dire* :
1) *A est dense dans* E ;
2) *tout ouvert non vide de* E *rencontre* A ;
3) *toute boule ouverte de* E *rencontre* A ;
4) *tout point de* E *est limite d'une suite de points de* A.

Démonstration : (1) $\Rightarrow$ (2). Un ouvert est voisinage de chacun de ses points, et tout voisinage d'un point de E est supposé rencontrer A ; (2) $\Rightarrow$ (1) vient de ce qu'un voisinage d'un point de E contient toujours au moins un ouvert non vide.
(3) $\Leftrightarrow$ (2) par définition des ouverts dans un espace métrique (l'écrire) ;
(1) $\Leftrightarrow$ (4) résulte enfin de la caractérisation des adhérences par les suites.

2.6.11. Exemples :
1) Les parties $\mathbf{Q}$ et $\mathbf{R}\backslash\mathbf{Q}$ de $\mathbf{R}$ sont denses dans $\mathbf{R}$.
2) On montre aussi, avec ces critères, que $GL_n(\mathbf{R})$ est dense dans $M_n(\mathbf{R})$ où encore que l'ensemble des matrices complexes (n,n) possédant n valeurs propres distinctes est dense dans $M_n(\mathbf{C})$ (voir par exemple "Groupes de Lie Classiques" [M-T] chapitres un et deux).

Exercice : Montrer que l'espace métrique (E,d) possède une base dénombrable d'ouverts ssi E possède une partie dénombrable dense (*indication* : ⇒ : prendre un point dans chaque ouvert de la base ⇐ : Si A est dénombrable dense, la famille d'ouverts $(B(a,\frac{1}{n})$, $a \in A, n \in \mathbb{N}^*$) est dénombrable ; en jouant sur l'*indépendance* de a et de n on prouve qu'il s'agit d'une base d'ouverts).

2.6.12. Définition : Soit A une partie de E. Un point a de E est un *point isolé* de A s'il existe V dans V(a) tel que V∩A = {a}, on note leur ensemble A^i.
Au contraire, on dit que le point a de E est un *point d'accumulation* si, pour tout V de V(a) on a V\{a} ∩ A ≠ ∅, on note leur ensemble A^c.

2.6.13. Exemple :
1) Tous les points de $\mathbb{Z}$ sont isolés.
2) Tous les points de $\mathbb{R}$ sont d'accumulation de $\mathbb{Q}$.
3) une valeur d'adhérence d'une suite *injective* u_n est un point d'accumulation de A = u($\mathbb{N}$).

2.6.14. Propriétés :
- $\overline{A}$ est la réunion de A^i et A^c.
- En espace métrique, le point a est un point d'accumulation ssi tout V de V(a) est tel que V ∩ A est infini.

2.7. Limites, domination

Nous nous placerons dans le cadre des espaces topologiques, ce qui nous permettra de travailler sans problèmes dans $\overline{\mathbb{R}}$, $\mathbb{N} \cup \{\infty\}$, $\mathbb{C} \cup \{\omega\}$, etc.

2.7.1. Définition : Soit A contenu dans E espace topologique, a dans $\overline{A}$, f une application de E dans l'espace topologique F. On dit que f *admet l pour limite au point* a si, pour tout V∈ V(l), il existe U∈ V(a) tel que f(U∩A) est contenu dans V.

Traductions :
1) Lorsque E et F sont métriques, le fait que f admette la limite l en a selon A se traduit par
$$\forall \varepsilon > 0, \exists \delta > 0\ \forall x, x \in B(a,\delta) \cap A \Rightarrow f(x) \in B(l,\varepsilon).$$
On observe que f admet la limite l (en a) ssi d(f(x),l) tend vers 0 en a.

2) Lorsque $E = \overline{\mathbb{R}}$, a = +∞, et F est un evn, on obtient les caractérisations habituelles de limites à l'infini, etc.

Notons que l'existence d'une limite est une question locale (ceux qui souhaitent des éclaircissements peuvent consulter le début du § 13 "comparaison des fonctions"), et aussi que, si f admet une limite en a, f est bornée au voisinage de a.

On a, comme pour les suites, la

2.7.2. Proposition : Si F est séparé, f admet au plus une limite au point a.
ce qui nous permet d'introduire la notation $l = \lim_{x \to a} f(x)$.

2.7.3. Proposition : *Si f admet une limite en a selon A, et si $a \in A$, $f(a) = l$.*

Démonstration : Si V est un voisinage quelconque de l, V contient un ensemble de la forme $f(U \cap A)$, donc contient f(a), comme l'espace est séparé c'est que f(a) = l.

Cette proposition remet en ordre la confusion qui règne ici à cause de l'absurde programme du secondaire : le point a doit-il ou non appartenir à la partie A ? Il n'y a pas de règle stricte, c'est selon *le choix de* A ; mais si l'on impose $a \in A$ il *faut* que f(a) = l.

2.7.4. Opérations algébriques : Comme dans le cas des suites on dispose de la somme, du produit, de l'inverse pour les fonctions à valeurs dans $\mathbb{C}^*$.

2.7.5. Composition des limites : Commençons par un exemple. Que pensez-vous de la situation suivante :

f(x) est la fonction caractéristique de 0, donc f possède la limite 0 en 0 ;
$g(x) = x\sin\frac{1}{x}$ pour $x \neq 0$, $g(0) = 0$ est continue en 0.

Mais $f \circ g$ n'a pas de limite en 0 puisque la suite $f \circ g(\frac{1}{2n\pi})$ tend vers 0 et la suite $f \circ g(\frac{1}{2n\pi+\pi/2})$ tend vers 1 ?

L'explication est dans les *hypothèses* du théorème de composition des limites, f possède une limite *selon* $\mathbb{R}^*$, et l'image par g d'un voisinage de 0, même pointé, n'est jamais contenue dans $\mathbb{R}^*$.

Données : f va de A dans F et g va de B contenu dans F dans G, $a \in \overline{A}$ et $b \in \overline{B}$.

2.7.6. Théorème : *Si f admet une limite b en a selon* A, *si f(A) est contenu dans* B, *et si g admet une limite l en b selon* B, *$g \circ f$ admet la limite l en a selon* A.

N.B. : $l \in \overline{B}$ est clair...

Démonstration : On choisit W dans V(l), puis V dans V(b) tel que $f(V \cap B)$ soit contenu dans W, et enfin U dans V(a) tel que $f(U \cap A)$ contenu dans V. Comme f(A) est inclus dans B, $f(U \cap A)$ est inclus dans $V \cap B$, d'où $g(f(U \cap A))$ est inclus dans W.

2.7.7. Théorème : Soit $f : E \to F$ une application entre espaces métriques. f admet une limite au point a selon la partie A ssi, quelle que soit la suite (u_n) de A de limite a, la suite $f(u_n)$ converge. Dans ce cas, la limite de $f(u_n)$ est $\lim_{x \to a} f(x)$.

Démonstration : En premier lieu, si f possède la limite l en a, le résultat énoncé est une application immédiate des définitions.

Réciproque : Il n'est pas dit *a priori* que les suites doivent converger vers la même limite ! Nous commencerons donc par montrer cela. Soient donc (u_n) et (v_n) deux suites de A qui convergent vers a, les suites $f(u_n)$ et $f(v_n)$ sont alors convergentes par hypothèse, de limites respectives mettons b et b'. Introduisons la suite (u_n) définie pour n dans $\mathbb{N}$ par

$$w_{2n} = u_n \text{ et } w_{2n+1} = v_n.$$

Il est clair que (w_n) converge vers a ; à nouveau $f(w_n)$ converge mettons vers b", mais comme les suites $f(u_n)$ et $f(v_n)$ sont extraites de $f(w_n)$ on a b = b' = b". Soit désormais l la limite commune des suites $f(u_n)$ lorsque (u_n) converge vers a.

On raisonne maintenant par l'absurde, supposant que l n'est pas limite de f en a. Par les quantificateurs, ceci se traduit par

$$\exists \varepsilon > 0, \forall \delta > 0 \ \exists x, x \in B(a,\delta) \cap A \text{ et } f(x) \notin B(l,\varepsilon)$$

On reprend $\delta = \dfrac{1}{n}$, $n \in \mathbb{N}^*$, pour construire une suite (u_n) de A de limite a telle que la suite $f(u_n)$ ne converge pas vers l, contradiction et résultat.

N.B. : $\overline{\mathbb{R}}$ entre dans le cadre des espaces métriques (mais pas normés !) : il suffit de poser $d(x,y) = \dfrac{|x - y|}{1 + |x - y|}$, c'est facilement une distance qui induit la topologie canonique de $\overline{\mathbb{R}}$. On dispose donc d'un moyen intéressant de nier l'existence d'une limite dans $\overline{\mathbb{R}}$ ($\to$ raisonnement par l'absurde).

2.8. Continuité

2.8.1. Définition : Une application $f : E \to F$ topologiques est *continue* au point a de E ssi, pour tout voisinage de f(a), il existe un voisinage U de a dans E tel que : f(U) est inclus dans V.

Ceci équivaut à dire que : $\exists \lim_{x \to a} f(x) = f(a)$, la limite étant prise sur un voisinage de a.

On peut donc appliquer à la continuité toutes les propriétés des limites : somme, produit etc.

1) L'image réciproque d'un voisinage (quelconque…) de f(a) est un voisinage de a. En effet, si f(U) est inclus dans V, $f^{-1}(V)$ contient U ; et si $U = f^{-1}(V)$ est un voisinage de a, f(U) contenu dans V.
2) En termes métriques, par les "conditions de Cauchy"

$$\forall \varepsilon > 0, \exists \delta > 0 \ \forall x, x \in B(a,\delta) \cap A \Rightarrow f(x) \in B(f(a),\varepsilon)$$
$$d(a,x) < \delta \Rightarrow \partial(f(x),f(a)) < \varepsilon$$

Par transposition directe du théorème 2.7.7. on a le

2.8.2. Théorème : *Soient E et F deux espaces métriques. Soit f une application de E dans F, f est continue au point a de E ssi f transforme toute suite de E convergeant vers a en suite convergente.*

Exercice : Avec les données du théorème, on suppose, sans faire l'hypothèse : F complet, que l'application f envoie toute suite convergeant vers a sur une suite de Cauchy. Montrer que f possède une limite en a. (Indication : considérer les suites $(u_0, a, u_1, a, u_2, a, \ldots)$.)

2.8.3. Définition : On dit que f est *continue sur* E si f est continue en tout point de E.

Caractérisation par les images réciproques d'ouverts et de fermés

2.8.4. Théorème : *les trois propriétés suivantes sont équivalentes* :
1) *f est continue sur* E ;
2) *pour tout ouvert Ω de F, $f^{-1}(\Omega)$ est un ouvert de* E ;
3) *pour tout fermé Y de F, $f^{-1}(Y)$ est un fermé de* E.

Démonstration : 2) et 3) sont équivalentes, l'application ensembliste réciproque respectant les complémentaires.

Supposons (1). Soit Ω un ouvert de F. Si $a \in f^{-1}(\Omega)$, Ω est un voisinage de f(a) donc $f^{-1}(\Omega)$ est un voisinage de a, ainsi $f^{-1}(\Omega)$ qui est voisinage de chacun de ses points est ouvert.

Supposons (2). Soit a un point de E et V un voisinage de f(a). V contient un ouvert Ω, avec $f(a) \in \Omega$, $f^{-1}(\Omega)$ est alors par hypothèse un ouvert de E contenant a, donc $f^{-1}(V)$, qui contient $f^{-1}(\Omega)$ est un voisinage de a.

☝ : L'image directe d'un ouvert n'est pas nécessairement ouverte, pas plus que l'image directe d'un fermé n'est fermée. Par exemple, l'image par le sinus de $]0,\pi[$ est $]0,1]$, et celle de **N** par le cos est dense dans $[0,1]$ (cf. nombre réels).

2.8.5. Exemples et Applications :
1) On montre très souvent que certains ensembles sont ouverts ou fermés à partir d'inégalités entre fonctions continues ; si f et g sont continue de E vers **R**, $f^{-1}(\{a\})$ est fermé comme image réciproque du fermé $\{a\}$ par l'application continue f ;
$\{x \in E \mid f(x) \leq g(x)\}$ est fermé, comme image réciproque du fermé $]-\infty,0]$ par l'application continue $f - g$, $\{x \in E \mid f(x) \neq 0\}$ est ouvert comme image réciproque de l'ouvert **R*** par l'application continue f, par exemple si $f = \det$, $GL_n(\mathbf{R})$ est ouvert dans $M_n(\mathbf{R})$.

2) **Principe de prolongement des identités** :

Soient f et g deux fonction continues de l'espace topologique E dans l'evn F.
Si f et g coïncident sur une partie dense, f et g sont égales.

En effet, l'ensemble des points x de E tels que $f(x) = g(x)$ est fermé par continuité, contenant une partie dense c'est nécessairement E tout entier.

3) **Distance à une partie**, application à la topologie d'un espace métrique.

Soit A une partie non vide de l'espace métrique (E,d). lorsque a est dans E, on pose
$$d(a,A) = \inf_{x \in A} d(x,A).$$
1°) *Pour tout a de* E, $d(a,A) = 0$ *ssi a est dans* $\overline{A}$.

En effet, $d(a,A) = 0$ signifie exactement que, pour tout $\varepsilon > 0$, la boule $B(a,\varepsilon)$ rencontre la partie A.

2°) Soient x et y dans E. *On a l'inégalité* $d(x,A) \leq d(x,y) + d(y,A)$, *et l'application de* E *dans* $\mathbf{R}^+$ *définie par* $a \to d(a,A)$ *est 1– lipschitzienne*.

Pour l'inégalité, on écrit que, pour tout z de A, $d(x,z) \le d(x,y) + d(y,z)$ d'où correctement $d(x,A) \le d(x,y) + d(y,z)$, et ensuite $d(x,A) \le d(x,y) + d(y,A)$.
De là $d(x,A) - d(y,A) \le d(x,y)$, par symétrie des rôles $|d(x,A) - d(y,A)| \le d(x,y)$,
donc $d(.,A)$ est 1-lipschitzienne et de ce fait continue.
3°) Soient A et B deux parties disjointes non vides de E. *Il existe deux ouverts disjoints U et V de E tels que A est contenue dans U et B est contenu dans V.*

Preuve : On introduit la fonction $f : x \to d(x,A) - d(x,B)$. Avec 1°) et le fait que A et B sont fermés, on a $f(x) < 0$ pour tout x de A, $f(x) > 0$ pour tout x de B ; donc les ouverts $U = \{x; f(x) < 0\}$ et $V = \{x; f(x) > 0\}$ séparent A et B et sont disjoints.

2.8.6. Définition : Soient E et F deux espaces topologiques, on appelle *homéomorphisme* de E vers F toute bijection $f : E \to F$ continue ainsi que sa réciproque.

☛ : Il faut insister, dans le cas général, sur le caractère *continu* de la réciproque. Par exemple la fonction définie par $f(x) = x+1$ si $x \in [0,1]$, $f(x) = x$ si $x \in \,]2,3]$ est une bijection continue de $[0,1] \cup \,]1,2]$ sur $[0,2]$ dont la réciproque n'est pas continue.

Des propriétés supplémentaires de l'espace source permettent souvent de conclure à la continuité de la réciproque : compacité de E, intervalle de $\mathbf{R}$, ou plus difficile, application linéaire bijective continue entre espaces de Banach, application bijective continue entre ouverts de $\mathbf{R}^n$.

2.8.7. Exemples :
1) Les homéomorphismes entre intervalles de $\mathbf{R}$ sont les fonctions continues strictement monotones.
☛ : Ce résultat tombe en défaut si la source n'est plus un intervalle (donner un exemple).
2) les Homothéties-translations d'un evn sont des bijections continues dont les réciproques sont aussi des homothéties translations, ce sont donc des homéomorphismes.
3) Une isométrie *surjective* entre espaces métriques est un homéomorphisme.

Les *propriétés topologiques* de deux espaces homéomorphes doivent être *les mêmes* : compacité, connexité... On obtient souvent des renseignements plus précis en considérant des parties de la source et du but, la restriction d'un homéomorphisme f de E sur F à une partie A de E étant visiblement un homéomorphisme de A sur f(A).

2.8.8. Exemples :
1) $\mathbf{R}$ *n'est pas homéomorphe à* $\mathbf{R}^2$.

$\mathbf{R}$ et $\mathbf{R}^2$ ont à première vue les mêmes qualités : connexité, compacité locale... de plus il existe des bijections de $\mathbf{R}$ sur $\mathbf{R}^2$ (cf. Mathématiques générales, c'est assez simple avec les développements décimaux et Cantor-Bernstein).
Par l'absurde, on considère la restriction f d'un homéomorphisme f de de $\mathbf{R}$ sur $\mathbf{R}^2$ à $\mathbf{R}^*$, obtenant ainsi un homémorphisme de $\mathbf{R}^*$ sur $\mathbf{R}^2 \setminus \{a\}$, $a = f(0)$, ce qui est absurde puisque le premier n'est pas connexe alors que le second l'est (il est "flexé").

2) Le cercle unité S^1 n'est homéomorphe à aucune partie de $\mathbf{R}$.

On raisonne à nouveau par l'absurde en introduisant un tel homéomorphisme f. $f(S^1)$ est alors un compact connexe de $\mathbf{R}$, soit [a,b], avec a < b. Si c est dans]a,b[, [a,b]\{c} n'est pas connexe alors que $S^1 \setminus \{f^{-1}(c)\}$ l'est, par exemple en écrivant que

$$f^{-1}(c) = \exp(i\theta) \text{ et } S^1 \setminus \{f^{-1}(c)\} = \exp(]\theta,\theta+2\pi[)$$

Absurde.

On en déduit : *Toute injection continue de S^1 dans S^1 est un homéomorphisme.*

En effet, si j est une telle injection, il suffit de prouver que j est surjective : dans ce cas la compacité de S^1 assure que j est un homéomorphisme (cf. § 4.3.1.). Par l'absurde, si j n'est pas surjective, on fixe $z = \exp(i\theta)$ dans $S^1 \setminus j(S^1)$. On sait alors (cf. le § 40) c'est visible mais non trivial) que $t \to \exp(it)$ est un homéomorphisme h de $]\theta,\theta+2\pi[$ sur $S^1\setminus\{z\}$, et $h^{-1} \circ j$ réalise alors un homéomorphisme de S^1 sur une partie de $\mathbf{R}$, contradiction et résultat.

Remarque pratique pour l'oral : 2) constitue une bonne proposition d'exposé, qui peut de plus être utilisée dans plusieurs leçons : espaces homéomorphes, exponentielle complexe, etc. *Attention* à la continuité de la réciproque de $t \to \exp(it)$ sur $]0,2\pi[$, passage délicat !

Exercice : Montrer que deux ouverts de $\mathbf{R}$ sont homéomorphes ssi ils ont le même nombre de composantes connexes (simple si l'on a bien compris que la continuité est une notion locale).

2.9. Espaces produits

2.9.1. Définition : Soient $(E_1,d_1)\ldots(E_p,d_p)$ p espaces métriques. L'ensemble $E_1 \times E_2 \times \ldots \times E_p$ muni de la métrique définie par

$$d((x_1,\ldots,x_p),(y_1,\ldots,y_p)) = \max(d_1(x_1,y_1),\ldots,d_p(x_p,y_p))$$

est appelé *espace métrique produit* de $(E_1,d_1),\ldots,(E_p,d_p)$.

Il est clair que, pour tout réel r > 0, la boule ouverte $B((x_1,\ldots,x_p),r)$ est le produit des boules ouvertes $B_{d_1}(x_1,r),\ldots, B_{d_p}(x_p,r)$.

On construit de même l'espace *vectoriel normé produit* de $(E_1,\|\ \|_1),\ldots, (E_p,\|\ \|_p)$ en munissant $E_1 \times E_2 \times \ldots \times E_p$ de la norme $\|(x_1,\ldots,x_p)\| = \sup(|x_1|,\ldots|x_p|)$ (ou de toute autre norme équivalente). Il est clair que ce cas particulier entre, avec les métriques associées, dans le cadre des espaces métriques produits.

2.9.2. Théorème : *Si $\Omega_1,\ldots, \Omega_p$ sont des ouverts de $(E_1,d_1),\ldots,(E_p,d_p)$ respectivement, le produit $\Omega_1 \times \Omega_2 \times \ldots \times \Omega_p$ est un ouvert de $E_1 \times E_2 \times \ldots \times E_p$.*

Un tel ouvert est appelé *pavé ouvert* du produit $E = E_1 \times E_2 \times \ldots \times E_p$.

Démonstration : Soit $(x_1,\ldots,x_p)$ un point de $\Omega_1 \times \Omega_2 \times \ldots \times \Omega_p$. Pour chaque i de [1,p] il existe un réel $r_i > 0$ tel que $B(x_i,r_i)$ soit contenue dans Ω_i. On pose alors $r = \min(r_i)$. Manifestement, la boule $B((x_1,\ldots,x_p),r)$ est contenue dans $\Omega_1 \times \Omega_2 \times \ldots \times \Omega_p$.

2.9.3. Théorème : *Les ouverts de (E,d) de la forme $\Omega_1 \times \Omega_2 \times \ldots \times \Omega_p$, où $\Omega_1,\ldots, \Omega_p$ sont des ouverts de $(E_1,d_1),\ldots,(E_p,d_p)$ respectivement, forment une base de la topologie de E.*

Démonstration : Nous avons déjà vu, lors du théorème précédent, que tout produit $\Omega_1 \times \Omega_2 \times ... \times \Omega_p$ d'ouverts des E_i est un ouvert de l'espace produit $E = E_1 \times E_2 \times ... \times E_p$. D'autre part, toute boule de (E,d) est un produit d'ouverts des E_i, et comme tout ouvert de E est réunion de boules, c'est aussi une réunion de pavés d'ouverts.

Espaces produits et limites

On conserve les notations antérieures.

2.9.4. Théorème : 1– *Les projections π_i de $E_1 \times E_2 \times ... \times E_p$ sur E_i sont continues pour les distances* d *et* d_i *respectivement.*
2– *Si* $(a_1,...,a_p)$ *est fixé dans E, les applications* $x \to (a_1,...a_{i-1},x,a_{i+1},...,a_p)$ *sont continues.*

Démonstration : Toutes ces applications sont en fait 1-lipschitziennes (cf. § 5).

2.9.5. Théorème : *Soit X un espace topologique, et soit f une application de X dans l'espace métrique produit $E = E_1 \times E_2 \times ... \times E_p$, de composantes $(f_1,...f_p)$. Soit A une partie de X, et a un point adhérent à A. Alors f possède une limite au point* a *ssi chacune de* $f_1,...,f_p$ *en a une, soit* l_i*, et dans ce cas la limite de f en a est* $(l_1,...l_p)$*.m.*

Démonstration : Pour la condition nécessaire, il suffit d'appliquer le théorème de composition des limites à $f_i = \pi_i \circ f$. Réciproquement, si chaque f_i possède une limite l_i en a selon A, et si Ω est un ouvert de E contenant f(a), il existe un réel r > 0 tel que $B((l_1,...,l_p),r)$ soit contenu dans Ω ; on choisit alors pour chaque i un voisinage U_i de a tel que $f(U_i \cap A)$ soit contenu dans $B(l_i,r)$; si U est l'intersection des U_i, f(U) est contenue dans Ω.

On a bien sûr un énoncé analogue avec

1) Les fonctions continues : f *est continue au point* a *ssi chacune de ses composantes l'est* ;
2) Les suites: une suite de $E_1 \times E_2 \times ... \times E_p$ converge ssi ses composantes convergent.

2.9.6. Théorème : *Soit* f *une application de* $E_1 \times E_2 \times ... \times E_p$ *dans un espace topologique X. Si f est continue en a, chacune des applications partielles*
$$x \to f(a_1,...a_{i-1},x,a_{i+1},...,a_p) \text{ est continue au point } a_i.$$

Démonstration : Il suffit de composer f et l'application $x \to (a_1,...a_{i-1},x,a_{i+1},...,a_p)$.

☙ : Pas de réciproque ! nous verrons dans le § 30 (dérivées partielles) qu'il existe des fonctions possédant des dérivées dans toutes les directions en un point, et qui ne sont pas continues en ce point.

Exemple : Soit [A,|| ||) une algèbre normée. La loi ∗ est une application continue du produit A×A dans A.
En effet, fixons (a,b) dans A×A, pour tout (x,y) de A×A tel que $\|(x,y) - (a,b)\| \leq 1$
on a par définition d'une algèbre normée et la norme produit
$\|x*y - a*b\| = \| x*(y-b) + (x-a)*b\| \leq \|x\|.\|y-b\| + \|x-a\|.\|b\| \leq (\|a\|+1).\|y-b\| + \|x-a\|.\|b\|$.

Lectures supplémentaires : Il existe de très bons ouvrages de topologie : les classiques et remarquables cours de Choquet [CH] et Schwartz [SCH] par exemple. Pour ceux qui désirent vraiment acquérir des connaissances approfondies et complètes la lecture de Bourbaki [TG] reste fortement recommandée.

EXERCICES

1) Soit A une partie d'intérieur non vide de l'evn E. Montrer que vect(A) = E.

2) Soit A une partie de l'espace métrique E, et f une application de E dans l'espace métrique F. Rapports entre : (i) f est continue sur A et (ii) tout point de A est un point de continuité de f.

3) Soit D une partie dénombrable de $\mathbf{R}^n$. Montrer que $\mathbf{R}^n \backslash D$ est dense dans $\mathbf{R}^n$.

4) Montrer qu'un ouvert de $\mathbf{R}$ est réunion dénombrable d'une famille d'intervalles ouverts deux à deux distincts.

5) Soit (E,d) un espace métrique. Montrer l'équivalence entre :
(i) E contient une partie dénombrable dense ;
(ii) E possède une base dénombrable d'ouverts.

6) Trouver l'ensemble des points isolés et des points d'accumulation des ensembles suivants : $\mathbf{Q}$, $\mathbf{R}\backslash\mathbf{Q}$, $\{1/n | n \in \mathbf{N}^*\}$, $\{1/n + 1/m | (m,n) \in \mathbf{N}^{*2}\}$.

3. Espaces métriques complets

3.1. Définition, premiers exemples

3.1.1. Définition : Un espace métrique (E,d) est dit *complet* si toute suite de Cauchy de E converge. Un espace vectoriel normé complet s'appelle un *espace de Banach*.

L'intérêt de la complétude est, *grosso modo* :
1– de permettre de fabriquer de nouveaux objets à l'aide de processus sommatoires : séries absolument convergentes, transformation d'Abel ; ou d'approximations successives : point fixe, Cauchy -Lipschitz ;

2– de fournir des prolongements de fonctions, en vue par exemple de construire l'intégrale de Riemann, ou de trouver les intervalles de définition de solutions maximales d'équations différentielles.

☞ : Métrisable complet ne signifie rien. Ainsi, la métrique de $\mathbf{R}$ définie par
$$d(x,y) = |\text{Arctg}\,x - \text{Arctg}\,y|$$
a pour boules les intervalles ouverts de $\mathbf{R}$ donc définit sur $\mathbf{R}$ la topologie usuelle, tandis que la suite $n \to \text{Arctg}\,n$ est de Cauchy pour d, et diverge.

3.1.2. Premières propriétés : Soit Σu_n une série à valeurs dans l'espace vectoriel normé complet (E,|| ||) alors

$$\Sigma u_n \text{ converge} \Leftrightarrow \forall \varepsilon > 0,\ \exists n_\varepsilon \in N,\ \forall m > n > n_\varepsilon,\ \|\sum_{k=n+1}^{m} u_k\| < \varepsilon.$$

Ceci résulte immédiatement du fait que
$$\Sigma u_n \text{ converge} \Leftrightarrow \text{ la suite des sommes partielles de } \Sigma u_n \text{ est de Cauchy}.$$
On en déduit que $\Sigma\|u_n\|$ converge $\Rightarrow \Sigma u_n$ converge, c'est-à-dire que la *convergence absolue* entraîne la convergence.

3.1.3. Exemples :
1) $(\mathbf{R}, |\ |)$ est un espace métrique complet.
2) *Si X est un ensemble, Le $\mathbf{C}$ - ev $E = B(X, \mathbf{R})$ des fonctions bornées de X dans $\mathbf{C}$ est complet pour la norme* $\| f \|_\infty = \sup\{|f(x)| \mid x \in X\}$.

En effet, si f_n est une suite de Cauchy de E, on a pour tout x de X
$$|f_n(x) - f_m(x)| \le \| f_n - f_m \|_\infty$$
Donc $(f_n(x))$ est une suite de Cauchy de $\mathbf{C}$ et par suite converge. La suite (f_n) converge donc simplement, soit f sa limite. Il faut prouver deux choses :

α) *f est bornée.*
Pour cela on fixe N tel que, pour tout $m \ge N$ et $n \ge N$ on ait $\| f_n - f_m \|_\infty \le 1$.
De là pour tout x de X, $|f_N(x) - f_m(x)| \le 1$, en faisant tendre m vers $+\infty$:
$$\forall x \in X, |f_N(x) - f(x)| \le 1$$
d'où
$$\forall x \in X, | f(x) | \le 1 + |f_N(x)| \le 1 + \| f_N \|_\infty$$
et f est bornée.

β) (f_n) *converge uniformément vers f.*
Soit $\varepsilon > 0$ soit N tel que, pour tout $m \ge N$ et $n \ge N$ on ait $\| f_n - f_m \|_\infty \le \varepsilon$. Fixons $n \ge N$.
Pour tout x de X et tout $m \ge N$ on a $|f_n(x) - f_m(x)| \le \varepsilon$, en faisant tendre m vers $+\infty$:
$$\forall x \in X, |f_n(x) - f(x)| \le \varepsilon$$
d'où
$$\forall n \ge N \ \| f - f_n \|_\infty \le \varepsilon.$$

Application : *construction du complété d'un espace métrique* :
Si (X,d) est un espace métrique, il existe un espace métrique complet (Y, δ) et une application j de X dans Y tels que :
i) j est une isométrie ;
ii) l'image de X est dense dans Y.

Démonstration : On fixe d'abord un point a de X. L'*idée* est d'associer chaque point x de X on la fonction $f_x : y \to d(y,x) - d(y,a)$. La fonction f_x est bornée car
$$| d(y,x) - d(y,a) | \le d(x,a) \ ;$$
ainsi l'application $j : x \to f_x$ est bien définie de X dans $E = B(X, \mathbf{R})$. Vérifions qu'il s'agit d'une isométrie : si x et x' sont dans X on a, pour tout y de X (2.8.5 - 3)
$$|d(y,x) - d(y,x')| \le d(x,x')$$
avec égalité pour $y = x$ donc $\| f_x - f_{x'} \|_\infty = d(x,x')$ et j est une isométrie. Désignons enfin par Y l'adhérence de $j(X)$ dans E : Y est complet car fermé dans un espace complet, et Y convient. Le caractère "universel" du complété sera obtenu par le théorème de prolongement des applications uniformément continues entre parties denses d'espaces complet.

Remarque : Nous venons de voir que tout espace métrique est isométrique à une partie d'espace vectoriel normé. Il est donc *illusoire* de penser que l'on facilite l'étude de la topologie métrique en la restreignant aux sous-ensembles des espaces vectoriels normés.

3) Si $(E, \| \ \|_E)$ et $(F, \| \ \|_F)$ sont deux espaces normés, avec F complet

$L_c(E,F)$ *muni de la norme associée à* $\| \ \|_E$ *et* $\| \ \|_F$ $\| \ \|$ *est complet.*

En effet, soit (f_n) une suite de Cauchy de $(L_c(E,F), \| \ \|)$.

α) *La suite* (f_n) *est simplement convergente et sa limite simple* f *est linéaire.*
Pour tout x de E on a
$$\|f_m(x) - f_n(x)\|_E \leq \|f_n - f_m\|.\|x\|_E$$
et l'on constate que la suite $(f_n(x))$ est de Cauchy. Comme F est complet on a bien la convergence simple de la suite (f_n), mettons vers f. La linéarité de f est alors immédiate.

β) *La suite* (f_n) *converge vers* f *dans* $(L_c(E,F), \| \ \|)$.
Posons $X = \overline{B}(0,1)$. La convergence dans $(L_c(E,F), \| \ \|)$ équivaut, pour les applications linéaires, à la convergence uniforme sur X (cad pour $\| \ \|_\infty$). Mais nous avons vu en 2) qu'une suite de Cauchy de $B(X,\mathbf{R})$ pour $\| \ \|_\infty$ a une limite simple bornée et converge uniformément vers celle-ci. f est donc bornée sur la boule unité et par suite continue. La preuve est donc achevée.

4) *Le* **C***-evn* $l^2(\mathbf{N},\mathbf{C})$ *des suites complexes* (a_n) *telles que* $\displaystyle\sum_{n=0}^{+\infty}|a_n|^2$ *converge est complet pour la norme* :
$$\|(a_n)\|_2 = \left(\sum_{n=0}^{+\infty}|a_n|^2\right)^{1/2}.$$

Notons tout d'abord que $l^2(\mathbf{N},\mathbf{C})$ est bien un **C**-espace vectoriel : si (a_n) et (b_n) sont dans $l^2(\mathbf{N},\mathbf{C})$, l'inégalité $|a_n + b_n|^2 \leq 2(|a_n|^2 + |b_n|^2)$ montre que la somme (a_n+b_n) est dans $l^2(\mathbf{N},\mathbf{C})$; de même directement pour (λa_n). Ensuite, $\|(a_n)\|_2$ est bien une norme par passage à la limite dans l'inégalité de Minkowski. Passons à la complétude.

Soit $p \to (a_{np})$ une suite de Cauchy de $l^2(\mathbf{N},\mathbf{C})$, ce qui se traduit par
$$\forall \varepsilon > 0, \exists p_\varepsilon \in \mathbf{N}, \forall p \geq p_\varepsilon, \forall q \geq p_\varepsilon, \left(\sum_{n=0}^{+\infty}|a_{nq} - a_{np}|^2\right)^{1/2} \leq \varepsilon.$$
Comme $|a_{n,p} - a_{n,q}| \leq \|(a_{n,p} - a_{n,q})\|_2$ on constate que, pour chaque n fixé, la suite $p \to a_{np}$ est de Cauchy, donc converge, mettons vers a_n. On retrouve alors les deux problèmes usuels :

α) montrer que la suite (a_n) est dans $l^2(\mathbf{N},\mathbf{C})$;

β) vérifier que la suite $p \to (a_{,np})$ converge effectivement dans $l^2(\mathbf{N},\mathbf{C})$ vers (a_n).

Pour α) on écrit que, pour N fixé dans **N** :
$$\forall p \geq p_1, \forall q \geq p_1, \left(\sum_{n=0}^{N}|a_{n,q} - a_{n,p}|^2\right)^{1/2} \leq 1$$
On bloque $p \geq p_1$ et l'on passe de façon licite à la limite dans la somme finie pour obtenir
$$\forall p \geq p_1, \left(\sum_{n=0}^{N}|a_n - a_{n,p}|^2\right)^{1/2} \leq 1$$

d'où pour $p = p_1$ (en usant des propriétés de la norme euclidienne dans $\mathbf{R}^n$)

$$\left(\sum_{n=0}^{N}|a_n|^2\right)^{1/2} \leq 1 + \left(\sum_{n=0}^{N}|a_{n,p_1}|^2\right)^{1/2} \leq 1 + \|(a_{np_1})\|_2.$$

Les sommes partielles de la série à termes positifs $\sum_{n=0}^{N}|a_n|^2$ sont donc bornées donc la série converge.

β) Reprend en grande partie les idées ci-dessus. Bloquant $\varepsilon > 0$ puis p_ε et N on obtient

$$\forall p \geq p_\varepsilon, \forall q \geq p_\varepsilon, \left(\sum_{n=0}^{N}|a_{n,q} - a_{n,p}|^2\right)^{1/2} \leq \varepsilon$$

d'où par passage à la limite licite

$$\forall p \geq p_\varepsilon, \left(\sum_{n=0}^{N}|a_n - a_{n,p}|^2\right)^{1/2} \leq \varepsilon$$

puis en faisant tendre N vers $+\infty$

$$\forall p \geq p_\varepsilon, \left(\sum_{n=0}^{+\infty}|a_n - a_{n,p}|^2\right)^{1/2} \leq \varepsilon.$$

5) Si (E,B,μ) est un espace mesuré et p est un nombre réel ≥ 1, $L^p(E)$ est complet. Voir le § 38 pour davantage d'informations.

3.1.4. Théorème : *Un sous-espace complet d'un espace métrique est fermé.*

Démonstration : Avec des notations évidentes, soit a un point de l'adhérence de F dans E. Il existe une suite de points de F qui converge vers a, cette suite est alors de Cauchy dans F donc converge dans F, par unicité de la limite a est dans F.

3.1.5. Théorème : *Un sous-espace fermé d'un espace métrique complet est complet.*

Démonstration : Soit (x_n) une suite de Cauchy de F, sous-espace fermé de l'espace métrique complet E ; (x_n) converge alors dans E, mettons vers l. Comme F est fermé, l est dans F qui est par suite complet.

3.1.6. On dispose essentiellement de deux méthodes pour prouver qu'un espace est complet.

A– La preuve directe, c'est celle qui a adoptée dans les exemples ci-dessus. Notons aussi que l'on peut se contenter de montrer qu'une suite de Cauchy possède une sous-suite convergente ; ainsi, tout espace métrique compact est complet ; cette idée est souvent employée en théorie de la mesure, par exemple pour montrer la complétude des espaces L^p.

B– Montrer que l'espace qui nous intéresse est fermé dans un espace plus grand.

Exercice : Prouver pour illustrer cette idée que *le $\mathbf{R}ev$ des suites de limite nulle est complet pour* $\|\ \|_\infty$.

3.1.7. Proposition : *Un produit d'espaces métriques complets* $(E_1,d_1)\ldots(E_p,d_p)$ *muni de la distance produit* $d((x_1,\ldots,x_p),(y_1,\ldots,y_p)) = \max(d_1(x_1,y_1),\ldots,d_p(x_p,y_p))$ *est complet.*

Démonstration : Les composantes d'une suite de Cauchy du produit (E,d) sont de Cauchy par définition de d, donc convergent puisque $E_1,\ldots,E_p$ sont supposés complets. Ceci montre que la suite évoquée converge dans E.

3.2. Critère de Cauchy, Prolongements

3.2.1. Théorème : *Soit f une application de l'espace métrique* (E,d) *dans l'espace métrique* (F,δ). *Si f possède une limite au point a de E selon la partie A, on a*
(CC) $\forall \varepsilon > 0, \exists \alpha > 0, \forall x \in A, d(x,y) < \alpha \Rightarrow \delta(f(x),f(y)) < \varepsilon$.
Réciproquement, si F est complet, la propriété (CC) *(critère de Cauchy) entraîne l'existence d'une limite de f au point a.*

Démonstration : Le fait que (CC) est nécessaire est évident, nous supposerons donc cette dernière condition vérifiée, il faut alors montrer que f possède une limite en a. Mais le fait que f vérifie le critère de Cauchy en a entraîne visiblement que l'image d'une suite (a_n) de points de A qui converge vers a est une suite de Cauchy $(f(a_n))$ de F. Comme F est supposé complet, la suite $(f(a_n))$ converge, on peut alors appliquer le critère usant des suites qui fournit l'existence d'une limite en a (§ 2.7.7.).

Intuitivement, une "concentration" des images de la fonction en un point suffit à assurer l'existence d'une limite.

Application : Si a < b sont deux nombre réels, et si f est une application dérivable de]a,b[dans **R** qui possède une dérivée bornée sur]a,b[, f possède un prolongement continu en a et b.

En effet, soit K un nombre > 0 tel que $\forall x \in]a,b[, |f'(x)| \leq K$. Le théorème des accroissements finis nous dit alors que f est K-lipschitzienne. Mais alors f vérifie le critère de Cauchy en a et en b, car si l'on se donne $\varepsilon > 0$ et si $\alpha = \dfrac{\varepsilon}{K}$ il vient, pour tout couple (x,y) de $[b - \alpha, b[^2$:
$$|f(x) - f(y)| \leq K\alpha \leq \varepsilon$$
et de même en a, d'où l'existence des limites.

N.B : Le caractère lipschitzien de l'application suffit pour obtenir le prolongement.

Prolongement des applications uniformément continues définies sur une partie dense

3.2.2. Théorème : *Soient* (E,d) *et* (F,δ) *deux espaces métriques, F étant complet, A une partie dense de E et f une application uniformément continue de A dans F. Il existe une unique application continue g de E dans F qui prolonge f, de plus, g est uniformément continue.*

Démonstration : Écrivons d'abord la traduction de l'uniforme continuité de f :
$$\forall \varepsilon > 0 \ \exists \alpha > 0 \ \forall (x,y) \in A^2 \ d(x,y) < \alpha \Rightarrow \delta(f(x),f(y)) < \varepsilon.$$
Cette expression quantifiée montre que le critère de Cauchy est vérifié en tout point de E, f possède donc une extension naturelle g à E fournie par
$$g(x) = \lim_{a \to x} f(a).$$

Montrons que g est uniformément continue : soit (x,y) dans E×E tel que d(x,y) < α et soient (a_n) et (b_n) deux suites de points de A qui convergent vers x et y respectivement. La continuité de la distance fait que d(a_n,b_n) < α à partir d'un certain rang N, donc
$$\delta(f(a_n),f(b_n)) < \varepsilon \text{ pour } n \geq N$$
Comme par construction les suites f(a_n) et f(b_n) convergent vers f(x) et f(y) respectivement, il vient δ(f(x),f(y)) ≤ ε, d'où le résultat. L'unicité est donnée par le principe de prolongement des identités : égalité des fonctions définies sur une partie dense.

Application : Si f est une application linéaire continue définie sur une partie dense, f est toujours lipschitzienne donc uniformément continue, et le théorème s'applique dès que le but de f est complet, ce qui est toujours le cas si le dit est de dimension finie ; en particulier lorsque f est une forme linéaire.

On observe aussi que la norme reste la même, les bornes supérieures d'une fonction numérique continue sur une partie A et sur $\overline{A}$ étant égales.

3.2.3. Illustrations :
1) *Construction de l'intégrale de Riemann des fonctions réglées.*

Nous admettrons ici (voir le § 4.3.) que toute fonction réglée est limite uniforme de fonctions en escalier. L'intégrale d'une fonction en escalier φ du segment [a,b] de **R** dans l'espace de Banach E est donnée par la formule :

$$\int_a^b \phi = \sum_{i=0}^{n-1} (x_{i+1} - x_i)\lambda_i$$

où ($x_0,\ldots,x_n$) est une subdivision adaptée à φ et λ_i la valeur constante que prend φ sur l'intervalle ouvert]x_i,x_{i+1}[. On vérifie sans peine (en commençant par le cas où l'une des subdivision est plus fine que l'autre, puis en considérant leur réunion) que la valeur de cette intégrale ne dépend pas de la subdivision choisie, ce qui entraîne la linéarité de l'intégrale et le fait que

$$\left\| \int_a^b \phi \right\| \leq (b-a)\|\phi\|_\infty$$

L'intégrale se prolonge donc en une forme linéaire de même norme sur l'espace des fonctions réglées. Dans le cas des fonctions réelles on vérifie alors la conservation des caractères positifs, puis croissant, etc.

2) On obtient immédiatement l'unicité, à isométrie près, du complété d'un espace métrique (l'écrire).

3.3. Point fixe des applications strictement contractantes

3.3.1. Théorème : *Soit A une partie complète non vide de l'espace métrique (E,d), f une application de A dans E. Si f(A) est contenue dans A et si f est strictement contractante, f possède un point fixe unique l dans A. De plus, la suite récurrente donnée par :*
$$u_0 = a \in A, \, u_{n+1} = f(u_n)$$
converge vers l.

Pour la démonstration et les applications, voir le § 8 correspondant.

Lectures supplémentaires : Ceux qui sont intéressés par la topologie pourront se plonger dans l'étude des structures uniformes, très bien décrites dans Bourbaki [TG] I et II. On peut aussi étudier ce qui relève du théorème de Baire et de la catégorie (au sens topologique) : voir Schwartz [SC] pour un traitement détaillé, et le problème qui suit.

Problème (théorème de Baire) :

I. Dans tout ce qui suit, (E,d) désigne un em **complet**.

a) (Lemme de Baire) Soit (F_n) une suite décroissante de fermés de E non vides dont le diamètre tend vers 0. Montrer que l'intersection des F_n est un singleton.

b) Prouver par des exemples que toutes les conditions énoncées sont nécessaires.
(si (E,|| ||) est un evn de dimension finie, il faut prendre une suite de fermés non bornés (ici les fermés bornés sont compacts, et une suite décroissante de compacts non vides a une intersection non vide) ; par contre si E est de dimension infinie, on peut imposer dans notre contre-exemple aux fermés d'être bornés, se placer par exemple dans un espace de Hilbert de dimension inifinie et considérer les valeurs d'adhérence d'une suite orthonormée).

c) Soit Ω_n une suite d'ouverts denses de E. Montrer que l'intersection de (Ω_n) est une partie dense dans E.

d) Montrer que, si E est réunion d'une suite F_n de fermés, l'un des F_n est d'intérieur non vide.

e) Montrer que a), b), c) restent vrais si l'on remplace E par une partie complète A d'un evn.

f) Prouver que si E est réunion d'une suite F_n se fermés, la réunion des intérieurs des F_n est dense dans E.

II. On notera int(A) l'intérieur d'une partie A d'un espace métrique (E,d). Soit f une application de **R** dans **R**.

1°) Montrer que l'ensemble des points de continuité de f est l'intersection des ouverts :

$$\Omega_n = \bigcup_{y \in \mathbf{R}} \text{int}(f^{-1}(]y-1/n, y+1/n[)).$$

2°)a) Prouver que **Q** ne peut être intersection dénombrable d'ouverts de **R**.

b) Existe-t-il une fonction de **R** dans **R** admettant **Q** comme ensemble de points de continuité ?

3°) Soit Ω_n une suite décroissante d'ouverts denses de **R**. Montrer qu'il existe une fonction $f : \mathbf{R} \to \mathbf{R}$ admettant $A = \bigcap_{n \in \mathbf{N}} \Omega_n$ comme ensemble de points de continuité [on pourra considérer une série de fonctions bien choisie].

4. Compacité

4.1. Compacité par recouvrements

On rappelle qu'étant donné un ensemble E et un sous-ensemble X de E, un *recouvrement* de X est une famille de parties de E dont la réunion contient X. Si (E,T) est un espace topologique, le recouvrement est dit *ouvert* lorsque les parties qui le composent sont ouvertes. Un sous-recouvrement d'un recouvrement $(A_i)_{i \in I}$ de X est une sous-famille $(A)_{i \in J}$ telle que X soit contenu dans $\bigcup_{i \in J} A_i$; il est dit *fini* si J est *fini*.

4.1.1. Définition : L'espace topologique *séparé* X est dit *compact* lorsque de tout recouvrement ouvert de X on peut extraire un sous-recouvrement fini.

En notant que $(\cup \Omega_i) \cap X = \cap (\Omega_i \cap X)$ on voit que dans le cas où X est une partie de (E,T) munie de la topologie trace, dire que X est compact — ce qui s'exprime avec les ouverts induit — équivaut à dire que de tout recouvrement ouvert de X par des ouverts de E on peut extraire un sous-recouvrement fini. On dit alors que X est un *sous-espace compact* de E.

4.1.2. Exemples :
1) Tout sous-espace fini d'un espace séparé est compact.
2) Plus généralement, si (x_n) est une suite d'un espace métrique E, convergente de limite l, $X = \{x_n\} \cup \{l\}$ est compact : si $(\Omega_i)_{i \in I}$ est un recouvrement ouvert de X, l'un des Ω_i contient l donc contient tous les termes de la suite mettons pour $n \geq N$, et $\{x_0, \ldots, x_N\}$ est recouvert par un nombre fini des Ω_j ce qui fournit un sous-recouvrement fini de $(\Omega_i)_{i \in I}$.

4.1.3. Théorème : *Si a et b sont deux nombres réels, avec* $a < b$, *le segment* [a,b] *est un sous-espace compact de* **R**.

Démonstration : La preuve ci-dessous se lit en effectuant un dessin : on place d'abord [a,b] puis $a+\varepsilon$, ensuite c etc.

Soit $(\Omega_i)_{i \in I}$ est un recouvrement ouvert de [a,b] par des ouverts de **R**. Soit A l'ensemble des points x de [a,b] vérifiant la propriété (P) suivante : il existe un sous-ensemble fini J de I tel que [a,x] soit contenu dans la réunion de la famille $(\Omega_i)_{i \in J}$. Comme a est contenu dans l'un des ouverts Ω_i, il existe $\varepsilon > 0$ tel que $a+\varepsilon \in A$. On note alors c la borne supérieure de A (licite) et l'on montre successivement :

1– $c \in A$. En effet, c est dans un ouvert Ω_k, d'où $\alpha > 0$ tel que $\Omega_k \ldots]c-\alpha, c+\alpha[$. Par définition de la borne supérieure, $]c-\alpha, c]$ contient un point x de A ; [a,x] est alors recouvert par une sous-famille $(\Omega_i)_{i \in J}$ du recouvrement, donc [a,c] est contenu dans la réunion de Ω_k et $(\Omega_i)_{i \in J}$.

2– $c = b$. Si $c < b$ et si, avec les notations précédentes, on impose $\alpha < b-a$, le segment $[a, c+\alpha/2]$ est contenu dans la réunion d'une sous-famille finie de $(\Omega_i)_{i \in I}$, ce qui contredit la définition de c.

4.1.4. Théorème : *Soit* [a,b] *un segment de* **R** *et* f *une application réglée de* [a,b] *dans l'evn E. Alors f est limite uniforme d'une suite de fonctions en escalier sur* [a,b].

Démonstration : Il suffit de montrer qu'une fonction réglée peut être approchée à ε près par une fonction en escalier. C'est essentiellement une application de la propriété 4.1.3, l'idée étant d'exploiter le fait que la fonction "varie peu" au voisinage d'un point x pour l'approcher à gauche et à droite par une constante ; le théorème de Borel-Lebesgue intervient pour opérer une selection finie.

De façon plus précise, Soit $\varepsilon > 0$; introduisons pour chaque x de [,ab] un nombre $\alpha_x > 0$ tel que, pour tout y de $]x - \alpha_x, x[\cap [a,b]$ on ait $|f(y) - f(x-0)| < \varepsilon/2$, et pour tout y de $]x, x + \alpha_x[\cap [a,b]$, $|f(y) - f(x+0)| < \varepsilon/2$. Le théorème de Borel-Lebesgue nous permet

de recouvrir [a,b] par un nombre fini d'intervalles $]x - \alpha_x, x + \alpha_x[$, soit
$$]x_1 - \alpha_{x_1}, x_1 + \alpha_{x_1}[, \ldots,]x_p - \alpha_{x_p}, x_p + \alpha_{x_p}[.$$
Notons alors $(a_0, \ldots a_n)$ la subdivisions de [a,b] formée par les points
$$x_i - \alpha_{xi}, x_i, x + \alpha_{xi}, x_i$$
(du moins, ceux qui sont dans [a,b]), a et b. Le lecteur se persuadera de ce que tout intervalle $]a_i, a_{i+1}[$ est contenu dans l'un des $]x - \alpha_x, x[,]x, x + \alpha_x[$. On définit enfin une fonction en escalier ϕ par

$$\phi(a_i) = f(a_i), i = 0, \ldots, n \; ; \; \phi \text{ constante de valeur } f(\frac{a_i + a_{i+1}}{2}) \text{ sur }]a_i, a_{i+1}[.$$

Si $y \in]a_i, a_{i+1}[$, on choisit x de sorte que
$$]x - \alpha_x, x[\supset]a_i, a_{i+1}[\text{ (ou }]x, x + \alpha_x[\ldots]a_i, a_{i+1}[\text{)}$$
il vient
$$|f(\frac{a_i + a_{i+1}}{2}) - f(x-0)| \leq \varepsilon/2, \text{ et } |f(y) - f(x-0)| < \varepsilon/2,$$
ce qui amène $|\phi(y) - f(y)| < \varepsilon$. QED.

Présentons maintenant une autre application typique de la compacité par recouvrements, fondamentale dans la théorie des algèbres normées.

4.1.5. Théorème : *Soit X un espace compact. Soit I un idéal propre de l'anneau $C(X, \mathbf{R})$. Il existe a dans X tel que : $(\forall f \in I)(f(x) = 0)$.*

Démonstration : Rappelons que "I propre" signifie que I n'est pas l'anneau, ce qui se traduit par : $1 \notin I$. On raisonne par l'absurde en supposant que, pour chaque a de X, il existe une fonction f_a dans I telle que $f_a(a) \neq 0$. La continuité de f_a fait qu'il existe un voisinage ouvert V_a de a sur lequel f_a ne s'annule pas. La famille $(V_a)_{a \in X}$ est alors un recouvrement ouvert de X duquel on peut extraire un sous-recouvrement fini, soit $V_{a_1}, \ldots, V_{a_n}$. La fonction
$$f = f_{a_1}^2 + \ldots + f_{a_n}^2$$
est alors > 0 sur tous les V_{a_i} (car $f \geq f_{a_i}^2$), donc sur X, et appartient à l'idéal I. L'inverse $\frac{1}{f}$ de la fonction f est donc bien définie, continue sur X, et $1 = f \frac{1}{f}$ est dans I par définition d'un idéal ; mais un idéal qui possède l'unité 1 est égal à $C(X, \mathbf{R})$, contradiction et résultat.

4.1.6. Traduction en termes de fermés : Dire que $(\Omega_i)_{i \in I}$ est un recouvrement ouvert de X équivaut à dire que la famille $(F_i)_{i \in I}$, où $F_i = X \setminus \Omega_i$ est une famille de fermés d'intersection vide.

"X est compact"
est de ce fait équivalent à
" de toute famille de fermés d'intersection vide on peut extraire une sous-famille finie d'intersection vide" ;
ou encore par contraposition à
" toute famille de fermés dont les sous-familles finies ont une intersection non vide a une intersection non vide" ;

ce qui entraîne enfin que
" *dans un espace compact, toute suite décroissante de fermés non vides a une intersection non vide*".
Ceci est essentiel, entre autre, pour la preuve du théorème de Dini (§ 18.2).

Nous nous placerons désormais dans le cadre des *espaces métriques* ; même si plusieurs des résultats énoncés sont valables en toute généralité, nous avons délibérément choisit d'en écarter la preuve pour focaliser notre attention sur les processus d'extraction et en favoriser l'apprentissage. Les références données ([CH], [SC], etc.) permettront au lecteur soucieux d'hypothèses minimales de satisfaire sa curiosité.

4.2. Compacité dans les espaces métriques

4.2.1. Théorème : *Soit* (E,d) *un espace métrique compact. De toute suite de* E, *on peut extraire une sous-suite convergente.*

Démonstration : On sait que l'ensemble des valeurs d'adhérence d'une suite (u_n) est égal à l'intersection des $\overline{A_n}$ où $A_n = \{u_p \mid p \geq n\}$. Ces ensembles forment une suite décroissante de fermés non vides du compact E, donc leur intersection est non vide.

Application : Une suite réelle bornée est contenue dans un segment, donc possède, par compacité de ce dernier, une valeur d'adhérence ; ce que l'on a vu directement par les limites supérieures et inférieures.

4.2.2. Corollaire : *Un sous-ensemble infini d'un espace métrique compact possède au moins un point d'accumulation.*

Preuve : Soit A un tel sous-ensemble, on construit par récurence sur n une suite *injective* (a_n) à valeurs dans A, une valeur d'adhérence de (a_n) est alors visiblement un point d'accumulation de A.

Conséquence : Si A est un ensemble fermé de l'espace métrique compact (E,d) dont tous les points sont isolés, A est fini.

4.2.3. Corollaire : *Tout espace métrique compact est complet, et tout sous-espace compact d'un espace métrique est fermé et borné.*

Démonstration : On sait qu'une suite de Cauchy qui possède une sous-suite convergente converge, d'où le premier point. Le second vient de ce qu'un sous-espace complet d'un espace métrique est toujours fermé.

✤ : Pas de réciproque ! Pour le premier point c'est clair avec **R**. Pour le second, considérons par exemple la boule unité fermée B' de $l^2(\mathbf{N},\mathbf{C})$, et la suite (e_n) de B' définie par : $e_n(p) = 0$ si $n \neq p$, $e_n(n) = 1$. Il est visible que, pour tout $m \neq n$, $\|e_n - e_m\|_2 = \sqrt{2}$ et que de ce fait il n'y a pas de sous-suite convergente extraite de (e_n).

Ce phénomène se produit avec toute famille orthonormée infinie d'un espace préhilbertien. Voir aussi, au § 6.4, le théorème de Riesz.

Le théorème de Bolzano-Weierstrass

4.2.4. Théorème : *L'espace métrique* (E,d) *est compact ssi, de toute suite de points de* E *on peut extraire une sous-suite convergente.*

(En d'autres termes, E est compact ssi toute suite de points de E possède au moins une valeur d'adhérence).

Montrons d'abord le **lemme** suivant (dit "de Lebesgue") :

Si, de toute suite de points de E on peut extraire une sous-suite convergente, alors, pour tout recouvrement ouvert $(\Omega_i)_{i\in I}$ de E il existe un nombre $\rho > 0$ tel que, pour tout x de E, $B(x,\rho)$ est contenue dans l'un des ouverts Ω_i au moins.

Preuve du lemme : Elle est peu intuitive ! Raisonnons donc par l'absurde : pour tout $\rho > 0$ supposons que l'on puisse trouver x_ρ dans E tel que la boule $B(x,\rho)$ ne soit contenue dans aucun des ouverts Ω_i. Prenons $\rho = \frac{1}{n}$ et notons x_n le point correspondant. De la suite x_n on peut, selon l'hypothèse faite sur E, extraire une sous-suite convergente $x_{\phi(n)}$; soit l sa limite. Le point l appartient par hypothèse à un ouvert Ω_k au moins. Il existe de ce fait un réel $r > 0$ tel que $B(x,r)$ soit contenue dans Ω_k.
Pour $n \geq N$ convenable on a
$$\frac{1}{\phi(n)} < \frac{r}{2} \text{ et } d(x_{\phi(n)},l) < \frac{r}{2}$$
donc la boule $B(x,\frac{1}{\phi(n)})$ est contenue dans $B(l,r)$ et a fortiori dans Ω_k, *contrairement à la définition de l*.

Démonstration du théorème : Soit $(\Omega_i)_{i\in I}$ est un recouvrement ouvert de E. Notons ρ le "nombre de Lebesgue" introduit par le lemme. Vérifions que l'on peut recouvrir E par un nombre fini de boules de rayon ρ : sinon, il est possible de construire par récurrence une suite x_n de points E telle que, pour tout entier $n \geq 1$
$$x_n \notin B(x_0,\rho) \cup \ldots \cup B(x_{n-1},\rho)$$
Pour tout $p < q$ de N il vient $d(x_p,x_q) \geq \rho$ et l'on ne peut visiblement pas extraire de (x_n) une sous-suite convergente (essayez...), contrairement à l'hypothèse.
Il existe donc des points $x_1,\ldots,x_n$ de E tels que
$$E = B(x_1,\rho) \cup \ldots \cup B(x_n,\rho)$$
Si l'on note $\Omega_{i1},\ldots,\Omega_{in}$ certains des ouverts du recouvrement étudié qui contiennent respectivement les boules $B(x_1,\rho),\ldots,B(x_n,\rho)$, on aura $E = \Omega_{i1} \cup \ldots \cup \Omega_{ik}$ ce qui achève la preuve.

On dispose moyennant le théorème de Bolzano-Weierstrass de preuves simples et courtes des principales propriétés des compacts dans le cas métrique :

4.2.5. Théorème : *Un sous-espace fermé d'un espace métrique compact est compact.*

Démonstration : Si (x_n) est une suite de points de F on peut, selon l'hypothèse faite sur E, extraire une sous-suite convergente $x_{\phi(n)}$, soit l sa limite ; l appartient à F puisque F est fermé, donc F est compact.

4.2.6. Corollaire : *Les parties compactes de **R** sont les parties fermées et bornées.*

Démonstration : La condition est nécessaire dans tout espace métrique ; elle est ici suffisante car un fermé borné F est contenu dans un segment [a,b] compact, donc est fermé dans un compact.

✋ : Les compacts de **R** ne sont pas nécessairement des réunions finies d'intervalles ! considérer par exemple le cas de $\{\frac{1}{n}\}\cup\{0\}$ (voir 4.1).

4.2.7. Théorème : *Soit (x_n) une suite de points d'un espace métrique compact* (E,d). *La suite (x_n) converge ssi elle possède au plus une valeur d'adhérence.*

Démonstration : Si (x_n) converge, sa limite est sa seule valeur d'adhérence. En sens inverse, si (x_n) ne possède qu'une valeur d'adhérence a mais diverge, il existe $\varepsilon > 0$ tel que l'ensemble $A = \{n \in \mathbf{N} \mid d(a,x_n) \geq \varepsilon\}$ soit infini (nier la quantification de la convergence). Si ϕ est une bijection croissante de **N** sur A, $x_{\phi(n)}$ est une suite du fermé $E\backslash B(a,\varepsilon)$ qui possède dans ce compact une valeur d'adhérence b ; visiblement b est aussi une valeur d'adhérence de (x_n), contradiction et résultat.

4.2.8. Application : *Graphe fermé compact.*
Soient E et F deux espaces métriques, avec F compact, et soit f une application continue de F dans E. *f est continue ssi le graphe de f est fermé dans* ExF.

Démonstration : Si f est continue, son graphe est clairement fermé (il est souhaitable d'expliciter cette propriété facile pour saisir la suite). En sens inverse, pour montrer la continuité, il suffit de prouver qu'une suite convergente (x_n) de limite a dans E est envoyée sur une suite qui converge dans F. Il suffit pour cela de montrer que la suite $f(x_n)$ possède une seule valeur d'adhérence, soit $f(a)$, dans le compact F. Quitte à extraire, nous pouvons supposer que $f(x_n)$ converge. La suite $(x_n,f(x_n))$ est alors une suite convergente du graphe de f, si (a,l) est sa limite, (a,l) appartient à l'adhérence du graphe de f qui est par hypothèse fermé. Donc (a,l) est *dans le graphe* de f et $f(a) = l$: la seule valeur d'adhérence possible de $f(x_n)$ est $f(a)$, $f(x_n)$ converge et f est continue.

✋ : C'est le *but* et non *la source* qui doit être compact. Considérer par exemple sur [0,1] le cas de $f(x) = \frac{1}{x}$ si $x \neq 0$ et $f(0) = 0$.

4.3. Fonctions continues sur un compact

4.3.1. Théorème : *Soient* E *et* F *deux espaces métriques, avec* E *compact. Si f est une application continue de* E *vers* F, *f(E) est une partie compacte de* F.

Démonstration : Soit y_n une suite de f(E), il existe par définition une suite (x_n) de points de E telle que $f(x_n) = y_n$. Comme E est compact, on peut extraire de (x_n) une sous-suite convergente qui est envoyée par la fonction continue f sur une sous-suite convergente de y_n.

4.3.2. Théorème : *Soit f une bijection continue du compact* E *sur l'espace métrique* E'. *Alors f est un homéomorphisme.*

Démonstration : Pour montrer que f est un homéomorphisme il suffit de prouver que f est fermée i.e. que l'image par f d'un fermé de E est fermée. Si X est un fermé de E, c'est un compact et son image f(X) est un compact de E' donc un fermé de E'.

✋ : Ce résultat peut tomber en défaut si l'on ne suppose plus E compact.

4.3.3. Théorème : *Soit f une application continue du compact non vide E dans* **R** *; f est bornée et atteint ses bornes.*

En effet, L'image de f est un compact non vide de **R** c'est-à-dire un fermé borné.

Par exemple, une fonction continue sur un segment de **R** est bornée et atteint est bornes. On trouvera de nombreuses utilisations de ce résultat dans le § 33.

4.3.4. Application : *compacité et distances atteintes.*
Soit A une partie compacte non vide de l'espace métrique E.
a) *Il existe x dans A tel que* : $d(y,A) = d(x,y)$.
b) *Il existe a et b dans A tels que* $d(a,b) = \text{diam}(A)$.
c) *Soit F une partie fermée non vide de E evn de dimension finie ; pour tout y de E il existe x dans F tel que* $\|x-y\| = d(y,F)$.

En effet
a) La fonction $y \to d(x,y)$ est continue car 1-lipschitzienne (cf. § 2) donc atteint son minimum $d(x,A)$ sur le compact non vide A.
b) De même, l'application $(x,y) \to d(x,y)$ est continue sur $A \times A$ donc atteint son maximum.
c) **Figure 3 :**

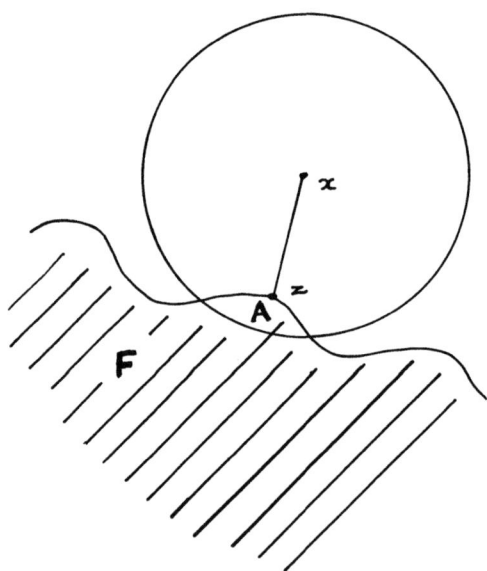

On se ramène à un compact par intersection : soit R un nombre $> d(x,F)$. L'intersection de $\overline{B}(x,R)$ avec F est un fermé borné A, donc est un compact, et A est non vide car $R > d(x,F)$. D'après le a) il existe y dans A tel que $d(x,y) = d(x,A)$. Vérifions que $d(x,y) = d(x,F)$: si z est dans F, on distingue deux cas :
Premier cas : $z \in A$. Par choix de y, $d(x,y) \le d(x,z)$.
Deuxième cas : $z \notin A$. Alors z est dans F mais pas dans $\overline{B}(x,R)$ donc
$$d(x,z) \ge R \ge d(x,y).$$
Ainsi, $d(x,y)$ est la plus petite valeur possible de $d(x,z)$, $z \in F$: $d(x,y) = d(x,F)$.

4.3.5. Théorème de Heine : *Soit f une application continue de l'espace métrique compact* (E,d) *dans l'espace métrique* (F,δ). *Alors f est uniformément continue.*

Démonstration : cf. le § 5, fonctions uniformément continues, avec de nombreuses illustrations.

4.4. Espaces produit

4.4.1. Théorème : *Tout produit fini de compacts est compact.*

Démonstration : (Cadre métrique). Par récurrence, on se ramène au cas de deux compacts E et F. Soit (x_n,y_n) une suite de points de E×F. On veut extraire une suite convergente de (x_n,y_n).
Extraire simultanément de (x_n) et (y_n) échoue car les extractions ne sont pas nécesairement les mêmes. On procède de ce fait consécutivement : soit $x_{\phi(n)}$ une sous-suite convergente de (x_n) soit a sa limite ; $(z_n) = (y_{\phi(n)})$ est une suite du compact F, il existe donc une injection croissante ψ de **N** dans **N** telle que $(z_{\psi(n)})$ converge, soit b sa limite. Alors le suites extraites

$$(x_{\phi(\psi(n))}) \text{ et } (y_{\phi(\psi(n))})$$

convergent, d'où la conclusion (**N.B.** : c'est bien φoψ et non ψoφ. Si.)

4.4.2. Application : On se place dans $\mathbf{R}^n$ muni de la topologie produit, donnée par la norme produit $\|(x_1,...,x_n)\|_\infty = \sup(|x_1|,...|x_n|)$ (attention ! la distance induite n'est pas quelconque). Alors *une partie de* $\mathbf{R}^n$ *est compacte ssi elle est fermée et bornée* : un compact est toujours fermé et borné ; en sens inverse, si K est une partie fermée, bornée mettons par M, K est un fermé du compact produit $[-M,M]^n$ et de ce fait est compact.

Lectures supplémentaires : On trouvera de nombreux exemples de compacts utiles et non triviaux dans le "Goupes de Lie Classiques" de Mneimné et Testard. Il me semble également très important d'améliorer sa connaissance des compacts et de la droite en étudiant en détail *l'ensemble de Cantor* : une bonne connaissance de ce dernier guérit définitivement de nombreuses idées fausses, et permet d'éviter de croire que les choses simples se présentent naturellement, en l'absence d'hypothèses explicites de régularité (c'est une tendance à la mode, qui vient d'un usage défectueux de la notion de généricité ; ni les mathématiques ni l'étude de la nature ne ressortent de lois triviales). Ce dernier est donné en exercice dans la majorité des livres de Topologie, dans [LFA], [AF], [RDO]... (l'étude en est prévue dans le volume de travaux dirigés).

EXERCICES

1) a) Soient X une partie compacte de l'evn E et Y une partie fermée de E. Montrer que X+Y est fermée dans E.
b) Prouver ce résultat ne subsiste pas si l'on suppose seulement X fermé (prendre les sous-groupes **Z** et π**Z** de **R**).

2) Soit X une partie compacte de l'evn E. Montrer que X contient une partie dénombrable dense (recouvrir X par un nombre fini de boules de rayon 1/n, prendre la réunion des centres quand n varie).

3) Soit f une isométrie du compact métrique (X,d) dans lui-même. Montrer que f est surjective (considérer, lorsque a est dans X, la suite $f^n(a)$).

Problème : Théorème de Carathéodory et enveloppe convexe des compacts

Dans tout ce qui suit, A désigne une partie non vide de $(E,<|>)$ espace vectoriel euclidien de dimension finie. On désigne par c(A) l'enveloppe convexe de A.

1°) Montrer que c(A) est le sous-ensemble de E :
$\{x \in E \mid$ il existe un entier naturel $p \geq 1$ et des réels positifs $\lambda_1,\ldots,\lambda_p$, de somme 1, et $a_1,\ldots,a_p$ dans A tels que $x = \lambda_1 a_1 + \ldots \lambda_p a_p \}$.

2°) Soient $a_1,\ldots,a_p$ p éléments de A, avec $p \geq n+2$, x dans c(A), $x = \lambda_1 a_1 + \ldots \lambda_p a_p$ avec $\lambda_1,\ldots,\lambda_p$ réels positifs, de somme 1.

a) Montrer qu'il existe $\alpha_1,\ldots,\alpha_p$ dans **R**, non tous nuls et de somme nulle, tels que
$$\alpha_1 a_1 + \ldots + \alpha_p a_p = 0$$

b) On introduit $F = \{t \in \mathbf{R} \mid t\alpha_i + \lambda_i \geq 0, i=1,\ldots,p\}$.

(i) Montrer que F est un fermé non vide de **R**.

(ii) Prouver que F possède au moins un point frontière τ et qu'en un tel point, il existe j tel que
$$\tau a_j + \lambda_j = 0 \ldots \text{ On a donc : } x = \sum_{j \neq i} \mu_i a_i \text{, avec les } \mu_i \geq 0 \text{ et de somme 1}.$$

Déduire de tout cela que c(A) est l'ensemble des points x de E tels qu'il existe des nombres réels positifs $\lambda_1,\ldots,\lambda_{n+1}$, de somme 1, et $a_1,\ldots,a_{n+1}$ dans A tels que
$x = \lambda_1 a_1 + \ldots \lambda_{n+1} a_{n+1}$.

3°) **Applications** :

a) Montrer que, si A est bornée, A et c(A) ont le même diamètre.

b) On suppose A compacte. Montrer que c(A) est compacte. On pourra introduire
$\Lambda = \{(\lambda_1,\ldots,\lambda_{n+1}) \in \mathbf{R}^{n+1} \mid \lambda_i \geq 0 \text{ pour } i=1,\ldots,p \text{ et } 1 = \lambda_1 + \ldots \lambda_{n+1}\}$, le compact A^{n+1}, et une application continue convenable.

4°) Trouver un fermé F de $\mathbf{R}^2$ dont l'enveloppe convexe n'est pas fermée.

Référence : [MT], ou encore le cours de géométrie de M. Berger vol. 3 (Cedic, Nathan).

5. Applications uniformément continues, lipschitziennes

5.1. Uniforme continuité

5.1.1. Définition : Soient (E,d) et (F,δ) deux espaces métriques. On dit que l'application f de E dans F est *uniformément continue* si l'on a :
$$\forall \varepsilon > 0 \ \exists \alpha > 0 \ \forall (x,y) \in A^2 \ d(x,y) < \alpha \Rightarrow \delta(f(x),f(y)) < \varepsilon.$$

Il convient d'analyser attentivement la définition.

– Tout d'abord, celle-ci dépend du choix des métriques sur E et sur F : changer d ou δ pour une métrique donnant la même topologie ne conserve pas l'uniforme continuité ; ce n'est pas une notion topologique (cherchez un exemple dans $(\mathbf{R},|\text{Arctg}x - \text{Arctg}y|)$).

— Ensuite, la quantification montre que le choix de α à ε donné ne dépend que de ε et non de x ou de y : il s'agit en quelque sorte d'un " ε passe partout ", et cette qualité nous sera indispensable en intégration, par exemple au moment de *l'étude de la convolution*.

5.1.2. Première note sur les quantificateurs : Ici apparait l'importance de la notion de "dépendance d'une variable par rapport à une autre" dans une quantification. Celle-ci est créée dès qu'une variable introduite par un $\exists$ en *suit* une autre introduite par un $\forall$. Par exemple dans l'expression de la continuité le α dépend du ε et du x qui le précédent.
Nous retrouverons cette dépendance à bien d'autres occasions, en particulier lors de l'étude de la convergence uniforme. Il est ainsi nécessaire de voir immédiatement dans une quantification quelles sont les dépendances des variables entre elles, et pour une bonne compréhension de l'analyse d'apprendre ensuite à repérer dans un énoncé moins formalisé les "dépendances cachées".

5.1.3. Négation de la continuité uniforme : Directement avec les quantificateurs, celle-ci s'exprime par :
$$\exists \varepsilon > 0 \ \forall \alpha > 0 \ \exists (x,y) \in E^2, (d(x,y) < \alpha \text{ et } \delta(f(x),f(y)) \geq \varepsilon.$$
En remplaçant les nombres $\alpha > 0$ par une suite qui tend vers 0, nous obtenons la traduction équivalente suivante :
$$\exists \varepsilon > 0 \ \exists (x_n),(y_n) \in E^{\mathbb{N}} \ ((d(x_n,y_n) \text{ tend vers } 0) \text{ et } \forall n, \delta(f(x_n),f(y_n)) \geq \varepsilon).$$

5.1.4. Exemples et contre-exemples :
1) Nous rencontrerons de nombreux exemples de fonctions uniformément continues tout au long de l'exposé: fonctions lipschitziennes, continues sur un compact...

2) La fonction $f : x \to \sin x^2$ n' est pas uniformément continue sur $\mathbb{R}$ (bien que C^∞ et bornée ; noter que le caractère C^∞ d'une fonction n'entraîne rien sur ses oscillations, problème que nous retrouverons souvent : convergence d'intégrales généralisée, comparaison série -intégrale).
Considérons en effet les suites $x_n = \sqrt{2n\pi}$ et $y_n = \sqrt{2n\pi + \pi/2}$, on a $|x_n - y_n| \leq \pi(\sqrt{n})^{-1}$ donc $|x_n - y_n|$ tend vers 0 mais $|f(x_n) - f(y_n)| = 1$; d'où la conclusion, visible sur une représentation graphique.
On dispose d'un exemple analogue avec $\sin\frac{1}{x}$ sur $]0,1]$, laissé au lecteur : la fonction est cette fois C^∞ et bornée sur un intervalle non borné, il manque ici le caractère compact, qui serait donné par la fermeture de l'intervalle borné.

3) Une combinaison linéaire de fonctions uniformément continues est aussi uniformément continue, mais pas nécessairement un produit : il suffit de considérer sur $\mathbb{R}$ le produit de : $x \to x$ par elle-même, en prenant $x_n = n$ et $y_n = n + \frac{1}{n}$ on constate que
$$y_n^2 - x_n^2 = 2 + \frac{1}{n^2}$$
ne tend pas vers 0, donc la fonction $x \to x^2$ n'est pas uniformément continue.

5.2. Fonctions lipschitziennes

5.2.1. Définition : Soient (E,d) et (F,δ) deux espaces métriques. On dit que l'application f de E dans F est *lipschitzienne* s'il existe un nombre réel k tel que
$$\forall (x,y) \in E,\ \delta(f(x),f(y)) \leq k\,d(x,y).$$

Traduction : Le caractère lipschitzien de f s'exprime par le fait que le rapport
$$\frac{\delta(f(x),f(y))}{d(x,y)}$$
est borné sur $E^2 \setminus \Delta$, où Δ est la diagonale de E^2 ; la borne supérieure de ces "taux d'accroissement" est alors appelée *rapport de Lipschitz* de f, il s'agit visiblement de l'inf. des nombres k vérifiant la propriété définissante.

☛ : Même si E^2 est compact $E^2 \setminus \Delta$ ne l'est pas en général, et notre borne supérieure n'est pas en général un maximum.

5.2.2. Exemples :
1) Toute application linéaire continue entre evn est lipschitzienne.
2) Si f est une application dérivable de l'intervalle I de **R** dans **R**, f est lipschitzienne dès que sa dérivée est bornée moyennant le théorème des accroissements finis ; *la réciproque est vraie* en écrivant la définition de la dérivée.
3) La fonction distance à une partie non vide est 1-lipschitzienne (§ 2.8.5. (3)).

5.2.3. Proposition : *Toute application lipschitzienne est uniformément continue.*

Preuve : Immédiate.

5.2.4. *Un exemple de fonction uniformément continue non lipschitzienne :*
Il suffit de penser qu'une fonction peut être continue sur un segment sans que nécessairement ses pentes soient bornées : on considère la fonction $f : x \to \sqrt{x}$ sur $[0,1]$. Pour $0 \leq x \leq y \leq 1$ on a $\sqrt{y} - \sqrt{x} \leq \sqrt{y-x}$, en prenant $\alpha = \varepsilon^2$ on trouve l'uniforme continuité de f. Mais f n'est pas lipschitzienne sinon les rapports définis pour $y > 0$
$$\frac{f(y) - f(0)}{y - 0} = \frac{1}{\sqrt{y}}$$
seraient bornés en 0 ce qui n'est pas (faire une figure).

5.3. Prolongement des applications uniformément continues définies sur une partie dense (rappel)

5.3.1. Théorème : *Soient (E,d) et (F,δ) deux espaces métriques, F étant complet, A une partie dense de E et f une application uniformément continue de A dans F. Il existe une unique application continue g de E dans F qui prolonge f, de plus, g est uniformément continue.*

Voir le § 3.2.2 : espaces complets, avec applications.

5.4. Théorème de Heine

5.4.1. Théorème (dit "de Heine") : *Soit f une application continue de l'espace métrique compact (E,d) dans l'espace métrique (F,δ). Alors f est uniformément continue.*

Démonstration : La plus rapide consiste à nier l'uniforme continuité de f à l'aide de suites :
$$\exists\, \varepsilon > 0 \ \exists (x_n),(y_n) \in E^{\mathbb{N}}\ ((d(x_n,y_n)\text{ tend vers }0)\text{ et }\forall n,\ \delta(f(x_n),f(y_n)) \geq \varepsilon).$$
Comme E est compact, nous pouvons extraire de (x_n) une sous-suite convergente, soit $(x_{\phi(n)})$, de limite a. Du fait que $d(x_n,y_n)$ tend vers 0 la suite $(y_{\phi(n)})$ converge aussi vers a. Comme la fonction f est continue en a, les suites $f((x_{\phi(n)}))$ et $f(y_{\phi(n)}))$ convergent vers le point f(a), ce qui est absurde puisque par hypothèse : $\forall n,\ \delta(f(x_n),f(y_n)) \geq \varepsilon$. QED.

En particulier, toute fonction continue d'un segment de **R** dans un espace métrique est uniformément continue.

5.4.2. Exemples importants :

1) *Toute fonction continue périodique f de **R** dans **C** est uniformément continue.*

Supposons la fonction f T-périodique, avec T > 0. Soit $\varepsilon > 0$. Utilisons l'uniforme continuité de f sur le segment [-T,2T] — *attention*, il faut déborder du segment de période !

Il existe $\alpha > 0$ tel que,
$$(*)\quad \forall\ (x,y) \in [-T,2T]^2,\ |x - y| < \alpha \Rightarrow |f(x) - f(y)| < \varepsilon.$$
Nous supposerons $\alpha < T$.

Soit maintenant (x,y) dans $\mathbf{R}^2$ tel que $|x - y| < \alpha$. Comme
$$x - T < y < x + T,$$
nous pouvons trouver un entier n tel que $x - nT$ et $y - nT$ soient tous les deux dans le segment [-T,2T]. En utilisant alors (*) pour $x - nT$, $y - nT$ et la périodicité de f nous obtenons :
$$|f(x) - f(y)| < \varepsilon.\ \text{QED}.$$

2) Soit f une application continue de **R** dans **R**, admettant des limites finies en $+\infty$ et en $-\infty$. Alors f est uniformément continue.

Figure 4 :

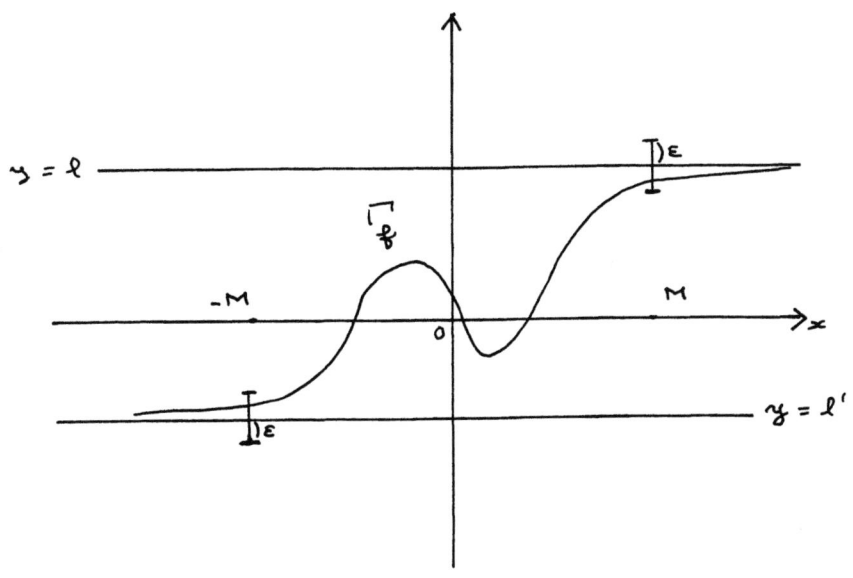

Soient l' et l les limites respectives de f en $-\infty$ et $+\infty$. Soit $\varepsilon > 0$. Choisissons $M > 0$ tel que, pour tout (x,y)
$$x \le -M < M \le y \Rightarrow |f(x) - l'| \le \varepsilon \text{ et } |f(y) - l| \le \varepsilon.$$
Introduisons pour ce ε le α de la continuité uniforme sur $[-M,M]$, nous pouvons imposer que $\alpha < M$. Soit enfin (x,y) dans $\mathbf{R}^2$, tel que $|x - y| < \alpha$. Comme $\alpha < M$ les nombres x et y ne peuvent être situés de part et d'autre du segment $[-M,M]$. Nous devons donc traiter trois cas :

Premier cas : x et y sont tous deux $> M$ (ou tous deux $< -M$). Alors
$$|f(x) - f(y)| \le f(x) - l'| + |l' - f(y)| \le \varepsilon + \varepsilon$$
(même résultat pour $x < -M$).

Deuxième cas : x et y sont dans $[-M,M]$. On applique la définition de α : $|f(x) - f(y)| < \varepsilon$.

Troisième cas : $x \in [-M,M]$, $y \notin [-M,M]$, ou inversement. On suppose par exemple $x \le M \le y$. Alors
$$|f(x) - f(y)| \le |f(x) - f(M)| + |f(M) - f(y)| \le 2\varepsilon$$
par les deux premiers cas. QED.

5.4.3. Application du théorème de Heine : *Une fonction continue f du segment [a,b] de $\mathbf{R}$ dans un evn E est limite uniforme d'une suite de fonctions affines par morceaux.*

Démonstration : Soit $\varepsilon > 0$. On écrit d'emblée
$$\exists \alpha > 0 \ \forall \ (x,y) \in A^2 \ \ d(x,y) \le \alpha \Rightarrow \delta(f(x),f(y)) \le \varepsilon,$$
puis l'on choisit une subdivision $(x_0,\ldots,x_n)$ de [a,b] de pas $< \alpha$, d'où $|f(x_{i+1}) - f(x_i)| \le \varepsilon$ et l'on désigne par ϕ la fonction affine sur chacun des $[x_i,x_{i+1}]$ qui prend la même valeur que f aux extrémités.

Figure 5 :

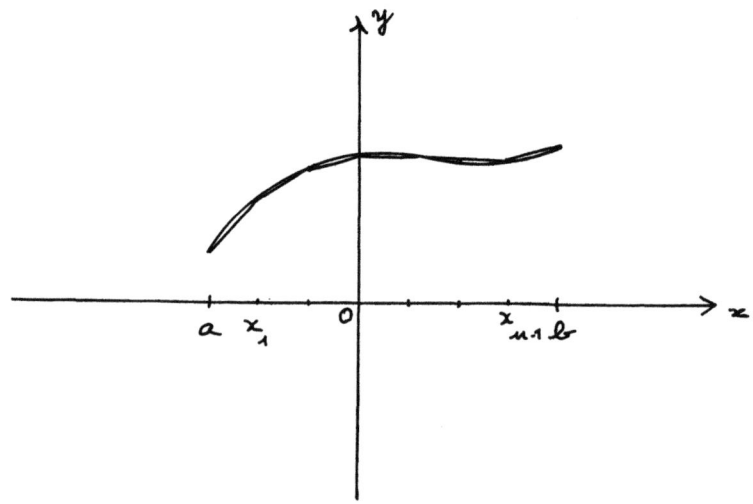

Comme ϕ est affine sur $[x_i,x_{i+1}]$ on observe que, pour tout x du dit :
$$\|\phi(x) - \phi(x_i)\| \le \|\phi(x_{i+1}) - \phi(x_i)\| = \|f(x_{i+1}) - f(x_i)\| \le \varepsilon.$$
Si x est dans $[x_i,x_{i+1}]$ on en déduit :
$$\|f(x) - \phi(x)\| \le \|f(x) - f(x_i)\| + \|\phi(x_i) - \phi(x)\| \le \|f(x) - f(x_i)\| + \varepsilon$$

or $|x - x_i| \leq \alpha$ donc $\|f(x) - f(x_i)\| \leq \varepsilon$, il en résulte
$$\|f(x) - \phi(x)\| \leq 2\varepsilon$$
cette inégalité est clairement indépendante de x. QED.

5.5. Module de continuité uniforme

Soient (E,d) et (F,δ) deux espaces métriques. Soit l'application f de E dans F, au nombre $\alpha > 0$ on associe l'élément de $[0,+\infty]$
$$\omega_f(\alpha) = \sup\{\delta(f(x),f(y)); d(x,y) \leq \alpha\}.$$
Si f est uniformément continue, en prenant $\varepsilon = 1$ et en notant α_0 le nombre α correspondant on constate que, pour $\alpha \leq \alpha_0$, $\omega_f(\alpha)$ est fini. Notons aussi que $\omega_f(0) = 0$.

Propriété : *Le module de continuité uniforme est croissant.*
(*Immédiate*).

Nous avons alors le

5.5.1. Théorème : *Soient (E,d) et (F,δ) deux espaces métriques. Si l'application f de E dans F est uniformément continue, l'application module de continuité uniforme ω_f est continue en 0.*

Démonstration : Soit $\varepsilon > 0$. Appliquons la définition de la continuité uniforme :
$$\forall \varepsilon > 0 \ \exists \alpha > 0 \ \forall (x,y) \in A^2 \ d(x,y) \leq \alpha \Rightarrow \delta(f(x),f(y)) < \varepsilon.$$
On a donc
$$\omega_f(\alpha) \leq \varepsilon$$
et de ce fait, la croissance de $\omega_f(\alpha)$ entraîne que, pour tout $\beta \leq \alpha$, $\omega_f(\beta) \leq \varepsilon$. QED.

Autres applications de la continuité uniforme

La continuité uniforme intervient de façon déterminante en intégration :
– comportement à l'infini des intégrales généralisées (§ 16) ;
– intégrales à paramètre (§ 22) ;

et dans les problèmes d'approximation :
– polynômes de Bernstein (§ 19) ;
– convolution, séries de Fourier (§ 20,29).

EXERCICES

1) Soit f une application uniformément continue de dans **R**. Montrer qu'il existe deux réels a et b tels que : $\forall x, |f(x)| \leq ax + b$. Y a-t-il une réciproque ?

2) Soit f une fonction de l'intervalle I de **R** dans **R** vérifiant :
$$(H_\alpha) \ \exists \alpha > 0 \ \exists C > 0 \ \forall (x,y) \in I \times I, |f(x) - f(y)| \leq C |x - y|^\alpha$$
a) Si $\alpha > 1$ montrer que f est constante.
b) Si $\alpha \leq 1$ vérifier que f est uniformément continue. Donner des exemples de telles fonctions non lipschitziennes avec $\alpha < 1$.
c) Trouver une fonction uniformément continue ne vérifiant aucune des conditions (H_α).

6. Applications linéaires continues, normes équivalentes

6.1. Continuité des applications linéaires

Dans ce paragraphe, $(E, \| \ \|_E)$ et $(F, \| \ \|_E)$ désigne deux espaces vectoriels normés sur $\mathbf{R}$ ou sur $\mathbf{C}$. On notera $L_c(E,F)$ l'espace vectoriel des applications linéaires continues de E dans F.

6.1.1. Théorème : *Soit f dans L(E,F). Les propriétés suivantes sont équivalentes :*
(1) *f est continue ;*
(2) *f est continue en un point au moins ;*
(3) *f est continue en 0 ;*
(4) *Il existe une constante $k \geq 0$ telle que, pour tout x de E, $\|f(x)\|_F \leq k \| x \|_E$;*
(5) *f est bornée sur la boule unité ;*
(6) *f est bornée sur la sphère unité.*

Démonstration : L'équivalence de (1), (2) et (3) provient de l'identité
$$\forall (x,h) \in E^2, f(x+h) - f(x) = f(h).$$
Puis visiblement (4) $\Rightarrow$ (5) $\Rightarrow$ (6). Pour (6) $\Rightarrow$ (4) : si k majore $\|f\|$ sur la sphère unité il vient pour tout x non nul de E :
$$\|f(\frac{x}{\|x\|_E})\|_F \leq k \text{ d'où } \|f(x)\|_F \leq k \| x \|_E.$$
On déduit immédiatement de (4) et de la linéarité qu'une application linéaire continue f entre evn est lipschtzienne, donc (4) $\Rightarrow$ (1).

Enfin (3) $\Rightarrow$ (6) car si f est continue en 0 il existe un réel $r > 0$ tel que f soit bornée par 1 sur la sphère $S(0,r)$, si x est dans $S(0,1)$ on aura $\|f(rx)\|_F \leq 1$ d'où $\|f(x)\|_F \leq \frac{1}{r}$, $k = \frac{1}{r}$ convient.

6.1.2. Exemples :

1) Sur $C([0,1], \mathbf{R})$ muni de $\| \ \|_\infty$, l'application $u : f \to \int_0^1 f(t)g(t)dt$ est linéaire et continue puisque : $|u(f)| \leq \| f \|_\infty \int_0^1 |g(t)|dt$.

2) L'application ϕ de l'espace E des fonctions continues 2π-périodiques de $\mathbf{R}$ dans $\mathbf{C}$ qui a une telle fonction associe la suite $(c_n)_{n \in \mathbf{Z}}$ de ses coefficients de Fourier est linéaire continue lorsque E est muni de la norme de la convergence uniforme (norme sup.) et l'espace c_0 des suites complexes doubles tendant vers 0 de la norme sup.

3) *Un exemple de forme linéaire non continue.*
On se place sur $\mathbf{R}[X]$ muni de $\| \ \|_\infty$, le sup. étant pris sur $[0,1]$. La suite de polynômes (x^n) est alors bornée. Si ϕ est la forme linéaire $P \to P(2)$, $\phi(x^n) = 2^n$ n'est pas bornée, donc ϕ n'est pas continue.

6.1.3. Proposition : *Une application linéaire entre espaces vectoriels normés $f : E \to F$ est continue si elle transforme toute suite de limite nulle en une suite bornée.*

Démonstation : La condition est évidemment nécessaire. En sens inverse, raisonnons par l'absurde : si u n'est pas continue, f n'est pas bornée sur la sphère unité. Il existe donc une suite (u_n) telle que, pour tout n, $\|u_n\| = 1$ et $\|f(u_n)\| \geq n^2$. La suite $v_n = \frac{1}{n} u_n$ tend alors vers 0 tandis que $\|f(v_n)\| \geq n$: contradiction et résultat.

6.1.4. Proposition : *Une forme linéaire u sur un espace vectoriel normé E est continue ssi son noyau est fermé.*

Démonstration : Si u est continue, le noyau de u, image réciproque par u du fermé {0}, est fermé. Réciproquement, si u est continue et non nulle, le noyau de u est un hyperplan H. Comme u est une forme linéaire $\neq 0$, u est *surjective*, on peut donc choisir a dans E tel que u(a) = 1. L'hyperplan affine fermé $H_a = H + a$ et ne contient pas 0, il existe donc r > 0 tel que la boule $\overline{B}(0,r)$ ne rencontre pas H_a.

Figure 6 :

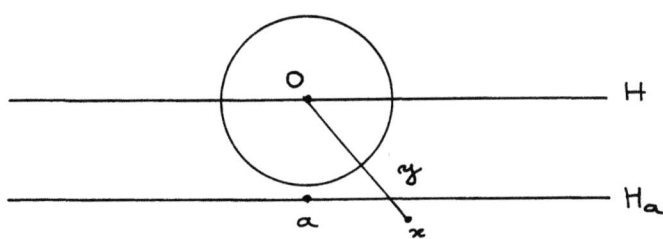

Vérifions enfin que, pour tout x de $\overline{B}(0,r)$, $|u(x)| \leq 1$: sinon, quitte à changer x en αx, avec $|\alpha| = 1$, il existe x dans $\overline{B}(0,r)$ tel que $\lambda = u(x)$ est réel et > 1. Le vecteur $y = \frac{x}{\lambda}$ est alors dans $\overline{B}(0,r)$ et vérifie u(y) = 1, contradiction et résultat. Par homothétie, u est bornée par $\frac{1}{r}$ sur la boule unité fermée, donc est continue.

Norme sur l'espace des applications linéaires continues.

6.1.5. Théorème-définition : *Soient $(E, \| \|_E)$ et $(F, \| \|_E)$ deux espaces vectoriels normés. Lorsque f est dans $L_c(E,F)$ on pose* $\| f \| = \sup_{x \in \overline{B}(0,1)} \| f(x) \|_F$.

Alors $\| \|$ est une norme sur $L_c(E,F)$, dite associée (ou subordonnée) aux normes $\| \|_E$ et $\| \|_F$ sur E.

En effet, si $\| f \| = 0$, f est nulle sur la boule unité, donc sur E tout entier par homothétie ; pour le reste on observe simplement qu'il s'agit de la norme sup. sur un espace de fonctions bornées.

Notation : Lorsque la distinction entre la norme sur $L_c(E,F)$ et celles de E ou F est cruciale, on écrit $\| \| \| \|$ au lieu de $\| \|$, par exemple en calcul différentiel, pour le théorème des accroissements finis.

6.1.6. Caractérisation : $\| f \|$ *est le plus petit nombre $k \geq 0$ tel que, pour tout x de E*
$$\| f(x) \|_F \leq k \| x \|_E$$

Revoyons la preuve du théorème : il est clair que $k = \|f\|$ vérifie a condition ci-dessus. D'autre part l'inégalité $\|f(x)\|_F \leq k\|x\|_E$, si elle est valable sur E, entraîne que $\|f(x)\|_F$ est borné par k sur la boule unité, donc par définition : $\|f\| \leq k$.

6.1.7. Exemples de calcul de norme :

1) Lorsque $E = C([0,1],\mathbf{R})$ est muni de la norme $\|\ \|_\infty$, les formes linéaires d'évaluation $a \to f(a)$, $a \in [0,1]$ ont pour norme 1.

2) L'application ϕ de l'exemple 2) ci-dessus a pour norme 1.

3) Pour de nombreux calculs de *normes matricielles*, on pourra consulter le chapitre un de [MT], avec les exercices. Voir aussi les exercices de ce paragraphe.

6.1.8. Proposition :
Soient E, F et G trois espaces vectoriels normés. Si $f \in L_c(E,F)$ *et* $g \in L_c(F,G)$ *on a* $\|g \circ f\| \leq \|g\|.\|f\|$.

(Ici $\|\ \|$ désigne les normes associées, calculées selon la source et le but des ALC.)

Démonstration : Pour tout x de E on a, par applications successives de la définition :
$$\|g \circ f(x)\|_G \leq \|g\|.\|f(x)\|_F \leq \|g\|.\|f\|.\|x\|_E$$
La caractérisation donnée ci-dessus de $\|g \circ f\|$ comme "plus petit nombre tel que..." amène alors $\|g \circ f\| \leq \|g\|.\|f\|$.

Conséquence : Lorsque $E = F$, $(L_c(E), \|\|\ \|\|)$ est une algèbre normée. *En particulier* — ceci nous sera utile à plusieurs reprises lors de l'étude du calcul différentie — pour a fixé dans $L_c(E)$ les applications $x \to a \circ x$ et $x \to x \circ a$ sont $\|\|a\|\|$ — lipschitziennes donc continues. (On a en effet $\|\|a \circ x - a \circ y\|\| = \|\|a \circ (x-y)\|\| \leq \|\|a\|\|.\|\|x-y\|\|$.)

6.1.9. Théorème :
Soient $(E, \|\ \|_E)$ *et* $(F, \|\ \|_F)$ *sont deux espaces normés, avec F complet,* $L_c(E,F)$ *muni de la norme* $\|\ \|$ *associée à* $\|\ \|_E$ *et* $\|\ \|_F$ *est aussi complet.*

La *preuve* en a été donnée dans le § 3.1. : espaces complets.

On déduit de ce théorème que, si E est un espace de Banach, $(L_c(E), \|\ \|)$ est une algèbre normée complète (une algèbre de Banach).

6.2. Prolongement des applications linéaires continues

Rappel : Si f est une application linéaire continue définie sur une partie dense de l'evn $(E, \|\ \|_E)$ à valeurs dans $(F, \|\ \|_E)$ *complet*, f est lipschitzienne donc uniformément continue, et le théorème de prolongement des applications uniformément continues à but complet s'applique : f possède un (unique) prolongement continu à E. On rappelle aussi que la norme reste la même, les bornes supérieures d'une fonction numérique continue sur une partie A et sur $\overline{A}$ étant égales.

On a en fait un résultat plus général pour les formes linéaires, que nous admettrons :

Théorème : (Hahn-Banach) *Soit* $(E, \|\ \|_E)$ *un espace vectoriel normé, F un sous-espace vectoriel de E, et f une forme linéaire continue de F dans le corps de base* $\mathbf{K}$. ($\mathbf{K} = \mathbf{R}$ *ou* $\mathbf{K} = \mathbf{C}$). *Il existe un prolongement linéaire continu g de f à la source E, de norme égale à celle de f.*

N.B. : g, ici, n'est pas nécessairement unique.

Application : Soit F un sous-espace vectoriel de l'espace vectoriel normé $(E, \| \ \|_E)$. F est dense dans E ssi toute forme linéaire qui s'annule sur F est nulle sur E.

Un sens est clair : si F est dense dans E, le principe de prolongement des identités (§ 2.8.5.) nous dit que f est identiquement nulle.

La *réciproque* est plus délicate, on la montre par contraposition: si F n'est pas dense dans E, son adhérence G est $\neq$ E. Soit a dans E\G, définissons une forme linéaire f sur la somme directe H = G$\oplus$Ka en posant f(x) = 0 si x est dans G, f(a) = 1. La forme linéaire f est continue sur H car son noyau G est fermé (6.1.4.) donc f admet un prolongement continu g à E ; g n'est pas nulle puisque g(a) = 1, pourtant g s'annule sur F, et la preuve par contraposition est achevée.

6.3. Équivalence des normes

6.3.1. Théorème : *Soient N_1 et N_2 deux normes sur l'espace vectoriel E. Les propriétés suivantes sont équivalentes* :
(1) *Tout ouvert de (E, N_2) est un ouvert de (E, N_1)* ;
(2) *l'application* $I : (E, N_1) \to (E, N_2)$ *est continue* ;
(3) *il existe une constante k > 0 telle que $N_2 \leq k N_1$* .

Démonstration : (1) et (2) sont équivalents par la caractérisations des applications continues par les images réciproques d'ouverts, et l'équivalence de (2) et (3) vient de 6.1.1.

La preuve ci-dessus est souvent un peu trop "algébrique" pour ceux qui préfèrent voir : on peut aussi noter que la contrainte "Il existe une constante k > 0 telle que $N_2 \leq k N_1$" amène l'inclusion $B_2(a,r) \ldots B_1(a, \frac{r}{k})$ (B_i = boule pour N_i) qui montre que toute boule de centre a pour N_2 est un voisinage de a pour N_1 , donc que tout ouvert pour N_2 est un ouvert pour N_1 .

6.3.2. Définition : Les normes N_1 et N_2 sur l'espace vectoriel E sont dites *équivalentes* s'il existe de constantes strictement positives α et β telles que, pour tout x de E
$$\alpha N_1(x) \leq N_2(x) \leq \beta N_1(x) .$$

Propriétés :
1) Visiblement, il s'agit d'une relation d'équivalence des normes.
2) Si deux normes sont équivalentes, leurs bornés, suites de Cauchy, etc. sont les mêmes.

6.3.3. Théorème : *Deux normes sont équivalentes ssi elles définissent la même topologie.*

Démonstration : Si les deux normes N_1 et N_2 sont équivalentes, nous voyons que l'identité $(E, N_1) \to (E, N_2)$ et $(E, N_2) \to (E, N_1)$ fournit deux applications continues, donc que les ouverts pour N_1 et N_2 sont les mêmes. En sens inverse, on applique le théorème ci-dessus 6.3.1. pour obtenir α et β.

Bien sûr, deux normes équivalentes fournissent les mêmes fermés, les mêmes fonctions continues, etc.

Exemples : En dimension finie, le théorème d'équivalence des normes (voir plus loin) ôte tout intérêt à l'étude de tel ou tel exemple (sauf en analyse numérique, où le choix d'une norme adaptée au problème est important). On se place donc en dimension infinie.

Comparons sur $C([0,1], \mathbf{R})$ les normes $\|\ \|_\infty$, $\|f\|_1 = \int_0^1 |f|$, $\|f\|_2 = \left(\int_0^1 f^2(x)dx\right)^{1/2}$

On a d'abord $\|\ \|_1 \leq \|\ \|_2 \leq \|\ \|_\infty$ la première inégalité provenant de l'inégalité de Schwarz. De là tout ouvert pour $\|\ \|_1$ l'est pour $\|\ \|_2$, et tout ouvert pour $\|\ \|_2$ l'est pour $\|\ \|_\infty$.
Mais les normes considérées ne sont pas équivalentes, l'idée étant qu'une fonction peut atteindre de grandes valeurs et son intégrale rester petite :
On reprend $f(x) = x^n$, $x \in [0,1]$. Alors $\|f_n\|_\infty = 1$, $\|f_n\|_2 = \frac{1}{\sqrt{2n+1}}$, $\|f_n\|_1 = \frac{1}{n+1}$

ce qui montre qu'il n'y a pas de constantes α ou $\beta > 0$ telles que $\|\ \|_\infty \leq \alpha \|\ \|_2$ ou $\|\ \|_2 \leq \beta \|\ \|_1$.

6.4. Espaces vectoriels normés de dimension finie

6.4.1. Théorème : *Si E est un espace vectoriel normé de dimension finie, toutes les normes sur E sont équivalentes.*

Démonstration : Nous la diviserons en deux cas.
Premier cas : $E = \mathbf{R}^n$. Comme la relation étudiée est d'équivalence, il suffit de montrer qu'une norme N et la norme particulière $\|(x_1,\ldots,x_n)\|_\infty$ sont équivalentes.
1) Il existe une constante $C > 0$ telle que, pour tout $x = (x_1,\ldots,x_n)$, $N(x) \leq C\|x\|_\infty$
Soit *en effet* $(e_1,\ldots,e_n)$ la base canonique de $\mathbf{R}^n$ on a
$$N(x) = N(x_1e_1+\ldots+x_ne_n) \leq |x_1|N(e_1)+\ldots+|x_n|N(e_n)$$
Si $K = \max(|N(e_i)|)$ nous trouvons
$$N(x) \leq K(|x_1|+\ldots+|x_n|) \leq nK\|(x_1,\ldots,x_n)\|_\infty$$
et $C = nK$ convient.
2) Il existe une constante C' telle que, pour tout x de $\mathbf{R}^n$ on ait
$$\|(x_1,\ldots,x_n)\|_\infty \leq C'N(x)$$
En effet, la première inégalité (1) montre que N vérifie
$$\forall (x,y) \in \mathbf{R}^n \times \mathbf{R}^n, N(x-y) \leq C\|x-y\|_\infty$$
N est donc C-lipschitzienne et par suite continue *pour la topologie définie par $\|\ \|_\infty$*. Mais la norme $\|\ \|_\infty$ définit la **topologie produit** : *pour cette topologie*, la sphère unité $\{x \in \mathbf{R}^n \mid \|x\|_\infty = 1\}$ est *compacte* car fermée et bornée dans le *produit de compacts* :
$$[-1,1] \times [-1,1] \times \ldots \times [-1,1] = \{x \in \mathbf{R}^n \mid \|x\|_\infty \leq 1\}$$
N est de ce fait une fonction continue sur un compact : elle atteint son minimum m en un point a du dit. On a donc $m = N(a) > 0$ ($a \neq 0$ car $a \in S$). Si y est un élément non nul de $\mathbf{R}^n$, $x = \frac{y}{\|y\|_\infty}$ est dans S donc $N(x) \geq m$ et par homogénéité de N, $N(y) \geq m\|y\|_\infty$

La constante $C' = \frac{1}{m}$ convient.

Deuxième cas : E est un espace vectoriel de dimension finie quelconque.
Si n est la dimension de E, il existe un isomorphisme ϕ de E sur $\mathbf{R}^n$. Soient alors N_1 et N_2 deux normes sur E. Les normes $N_1 \circ \phi^{-1}$ et $N_2 \circ \phi^{-1}$ sont équivalentes sur $\mathbf{R}^n$, donc aussi N_1 et N_2 par composition avec ϕ.

6.4.2. Théorème : *Soit (E,N) un espace vectoriel normé de dimension finie. Une partie X de E est compacte ssi elle est fermée et bornée.*

Démonstration : La condition est nécessaire dans tout espace métrique (§ 4.2.2.). Pour montrer qu'elle est suffisante, on choisit un isomorphisme ϕ de $\mathbf{R}^n$ sur E, l'application définie par $N'(x) = N(\phi(x))$ est alors une norme sur E, qui par le résultat précédent est équivalente à la norme $\| \ \|_\infty$. Les fermés bornés de N' et de $\| \ \|_\infty$ sont donc les mêmes. Mais ceux de $\| \ \|_\infty$ sont les compacts, car $\| \ \|_\infty$ définit la topologie produit. On revient à E en utilisant l'isométrie bijective ϕ (qui est aussi un homéomorphisme).

Application : Voir : dans le § 4 : *compacité*, les distances atteintes, et dans le § 33, problèmes d'extremum, l'existence d'un polynôme de meilleure approximation (§ 33.1.3.(3)).

6.4.3. Théorème : *Un espace vectoriel normé de dimension finie est complet.*

Démonstration : D'après le théorème précédent, les parties fermées et bornées de E sont compactes. On sait aussi qu'une suite de Cauchy de E est bornée ; elle est de ce fait contenue dans une boule fermée mettons $\overline{B}(a,r)$. La boule $\overline{B}(a,r)$ est alors compacte donc complète, et la suite de Cauchy considérée converge.

Application : Un espace vectoriel de dimension finie F est fermé dans tout evn $(E, \| \ \|_E)$ qui le contient.
En effet, F est complet pour toutes les normes, donc en particulier pour la norme qu'induit $\| \ \|_E$, F est par suite fermé dans E.

6.4.4 Théorème : *Si $(E, \| \ \|_E)$ et $(F, \| \ \|_F)$ sont deux espaces vectoriels normés, et si E est de dimension finie, toute application linéaire f de E dans F est continue.*

Démonstration : Par équivalence, le choix de la norme sur E est libre. On prend alors une base de E, soit $(e_1, \ldots, e_n)$, et l'on norme E par $\|x_1 e_1 + \ldots + x_n e_n\| = \sum_{k=1}^{n} |x_k|$.

Il vient pour $x = x_1 e_1 + \ldots + x_n e_n$ dans E :

$$\|f(x)\|_F = \|f(x_1 e_1 + \ldots + x_n e_n)\| \leq \sum_{k=1}^{n} |x_k| \|e_k\| \leq C \sum_{k=1}^{n} |x_k|$$

où $C = \max(\|f(e_1)\|, \ldots \|f(e_n)\|)$, d'où la continuité de f.

6.4.5. Théorème de Riesz : *Si la boule unité fermée d'un espace vectoriel normé $(E, \| \ \|_E)$ est compacte, E est de dimension finie.*

Démonstration : Nous savons que, pour tout $\rho > 0$, la boule unité fermée B peut être recouverte par un nombre fini de boules de rayon ρ (rappel : on extrait du recouvrement de B par toutes les boules de rayon ρ un sous-recouvrement fini). On introduit alors m vecteurs $a_1,\ldots,a_m$ de E tels que B soit contenue dans $B(a_1,\frac{1}{2}) \cup \ldots \cup B(a_m,\frac{1}{2})$, puis le sous-espace vectoriel de E engendré par $a_1,\ldots,a_m$. Prouvons que F = E : sinon, il existe x dans F\E ; comme F est fermé — il est de dimension fini — la distance de x à F, soit d, est > 0. Choisissons z dans F tel que $d \leq \|x - z\| < \frac{3}{2} d$. Posons $a = \frac{x - z}{\|x - z\|}$, le vecteur a est sur la sphère unité donc il existe a_i tel que $\|a - a_i\| \leq \frac{1}{2}$. Après multiplication par $\|x - z\|$ il vient $\|x - z - \|x - z\| a_i\| \leq \frac{1}{2} \|x - z\| \leq \frac{3}{4} d$, mais $z - \|x - z\| a_i$ est dans F, et l'on a contredit ainsi la définition de d. QED.

Ce résultat est crucial pour l'étude des opérateurs compacts dans les espaces fonctionnels.

Lectures supplémentaires : Très bons chapitres 4 et 5 de [RU], on peut laisser de côté les résultats difficiles usant de la théorie de la mesure. Voir aussi le livre de Brezis : [AFA] et [BU].

EXERCICES

1) Soit f une application linéaire de l'evn E dans l'evn F. On suppose qu'il existe $\lim_{x \to 0} \frac{\|f(x)\|}{\|x\|} = 0$. Montrer que f est nulle.

Calcul de normes d'applications linéaires continues

En dehors de cas triviaux, ou des exemples matriciels cités, les calculs de normes sont souvent difficiles. On en trouvera plusieurs exemples dans le tome 2, associés à la résolution de problèmes délicats d'analyse (divergence de séries de Fourier etc.)

2) Pour n dans $\mathbb{N}^*$ et f dans $C_{2\pi}(\mathbb{R},\mathbb{C})$ (fonctions continues 2π-périodique de $\mathbb{R}$ dans $\mathbb{C}$. On pose $u(f) (= S_n(0), \text{cf. } \S 29) = \frac{1}{\pi} \int_0^\pi \frac{\sin(n+1/2)u}{\sin u/2} f(u) du$. Calculer la norme de u lorsque l'espace de départ est muni de la norme $\|\ \|_\infty$.

3) On note : E l'evn $C([0,1],\mathbb{R})$, muni de $\|\ \|_\infty$, ϕ l'application de E dans E qui à f continue associe $\phi(f) : x \to \int_0^x f$, $[0,1] \to \mathbb{R}$. Trouver $\lim_{n \to \infty} \||\phi^n\||^{1/n}$. (On rappelle que la "formule de la primitive n-ième" provient de la formule de Taylor avec reste intégral).

Comparaison des normes

4) Comparer sur $C^1([0,1],\mathbb{R})$ les normes
a) $N_1(f) = \|f\|_\infty + \|f'\|_\infty$; $N_2(f) = |f(0)| + \|f'\|_\infty$ (pour montrer que N_1 et N_2 sont équivalentes on utilisera le théorème des accroissements finis).

b) $|f(0)| + \int_0^1 |f'(x)| dx$, $\|f\|_1 + \|f'\|_1$ (penser que f est l'intégrale de sa dérivée).

5) Soit E l'espace vectoriel des fonctions lipschitziennes de [0,1] dans **R**. Montrer que : $f \to N(f) = \|f\|_\infty + \sup_{x \neq y} |\frac{f(x) - f(y)}{x-y}|$ est une norme sur E. Est-elle équivalente à $\|f\|_\infty$, (E,N) est-il complet ? Est-il complet pour $\|\ \|_\infty$? (Pour le premier point, on regardera les pentes. En vue de montrer la complétude on pourra revoir les preuves du § 3.1.)

6) Soit P_n une suite de polynômes réels telle que : P_n converge uniformément vers 0 sur [0,1], $P_n(-1) = 1$ pour tout n. Que dire de la suite de leurs degrés ? (Indication : si la suite des degrés est bornée, on est en dimension finie, où toutes les formes linéaires sont continues.)

7) Soit E un evn. Montrer qu'il n'existe pas de couple (u,v) d'éléments de $L_c(E)$ tel que : $u \circ v - v \circ u = id$. (Montrer par récurrence sur n que $u \circ v^n - v^n \circ u = ?$ et regarder les normes).

7. Connexité
7.1. Généralités

7.1.1. Définition : Un espace topologique E est dit *connexe* s'il vérifie l'une des quatre propriétés équivalentes suivantes :
C_1 : *si E est réunion de deux ouverts disjoints, l'un de ces deux ouverts est vide ;*
C_2 : *si E est réunion de deux fermés disjoints, l'un de ces deux fermés est vide ;*
C_3 : *les seules parties ouvertes et fermées de E sont E et ø ;*
C_4 : *toute fonction continue de E dans {0,1} est constante.*

Équivalence des propriétés : C_2 et C_3 sont équivalentes par complémentarité ; C_3 est manifestement équivalente à C_2, enfin une fonction f de E dans {0,1} est continue ssi chacun des ensembles $f^{-1}(\{0\})$, $f^{-1}(\{1\})$ est ouvert.

Exemple : Nous avons vu dans le chapitre sur les nombres réels qu'une partie de **R** est connexe ssi il s'agit d'un intervalle.

7.1.2. Facilement, C_1 entraîne que si $(\Omega_i)_{i \in I}$ est une *partition ouverte* de E (c'est-à-dire que E est réunion disjointe des ouverts Ω_i), tous les Ω_i sont vides sauf peut-être un qui est égal à E (considérer un des Ω_i, et la réunion des autres pour obtenir une partition de E en deux ouverts). C_4 se généralise alors immédiatement en :
  "toute application continue de E dans un espace discret est constante".

7.1.3. Une conséquence importante de ces propriétés est le résultat suivant : nous dirons qu'une relation d'équivalence R sur un ensemble E est *ouverte* si, pour tout point a de E on peut trouver un voisinage V de a tel que : $\forall x \in V, xRa$. Cette propriété entraîne clairement que les *classes d'équivalence de R sont toutes ouvertes*. Nous en déduisons le :

7.1.4. Théorème : *Si E est connexe et si R est une relation d'équivalence ouverte sur* E, E *est la seule classe d'équivalence de R.*

En effet, les classes d'équivalence de R forment une partition ouverte de E.

Nous dirons qu'une *partie* d'un espace topologique (E,T) est *connexe* si la topologie trace de T en fait un espace connexe. Il faut donc dans les définitions ci-dessus remplacer les mots ouverts (resp.fermés) ouverts de A (resp.fermés de A), et dans la pratique écrire les dits ouverts (resp. fermés) sous la forme $\Omega \cap A$ (resp. $F \cap A$), avec Ω ouvert de E (resp. F fermé de E).

7.2. Premières propriétés des espaces connexes

7.2.1. Proposition : *L'adhérence d'une partie connexe est connexe.*
En effet, si f est une application continue de $\overline{A}$ dans {0,1}, f est constante sur A donc sur $\overline{A}$ par le principe de prolongement des identités.

Cela est en général faux pour l'intérieur (faire un dessin) : A est dans $\mathbf{R}^2$ la réunion de $\{(x,y)|\ x < 0\}$, $\{(x,y)|\ x > 0\}$ et $\{(0,0)\}$. Visiblement A est connexe par arcs grâce à la présence du point étoile" $\{(0,0)\}$, mais l'intérieur $\{(x,y)|\ x<0\}\cup\{(x,y)|\ x>0\}$ de A n'est pas connexe.

7.2.2. Proposition : *La réunion d'une famille de parties connexes ayant une intersection non vide est connexe.*

Démonstration : Soit $(C_i)_{i \in I}$ une famille de parties connexes ayant en commun le point a. Soit f une application continue de $\cup C_i$ dans {0,1}. f est constante sur chacune des connexes C_i de valeur f(a), donc f est constante sur $\cup C_i$.

☛ : L'intersection de deux parties connexes n'est pas nécéssairement connexe : considérer par exemple les deux "bananes" ci-dessous.

Figure 7 :

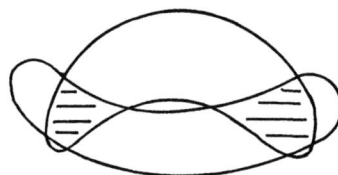

7.3. Composantes connexes

7.3.1. Théorème-Définition : *Soit* a *un point de l'espace topologique* E. *La réunion de l'ensemble des parties connexes de* E *qui contiennent* a *est une partie connexe fermée de* E *appelée composante connexe de* a *dans* E. *C'est la plus grande partie connexe de* E *contenant* a.

Démonstration : Les connexes de E contenant a ayant en commun le point a, leur réunion C(a) est connexe. C(a) est par construction le plus grand élément de la famille des parties connexes contenant a ; comme l'adhérence de C(a) est aussi une partie connexe contenant a, elle est contenue dans C(a), donc C(a) est fermé.

7.3.2. Remarque : Les composantes connexes de E sont les classes d'équivalence de la relation d'équivalence définie par "a et b appartienne à une même partie connexe de E" elles sont donc deux à deux disjointes.

7.3.3. Exemples :
– Les composantes connexes d'un ouvert de **R** sont des intervalles ouverts.
– Les composantes connexes de $GL_n(\mathbf{R})$ sont $GL_n^-(\mathbf{R})$ et $GL_n^+(\mathbf{R})$ (cf. Mathématiques générales, ou l'ouvrage de Mneimné et Testard, "Groupes de Lie Classiques").

7.4. Image continue d'un connexe

7.4.1. Théorème : *Si f est une application continue de l'espace topologique connexe* E *dans l'espace topologique* F, *l'image de* E *est une partie connexe de* F.

Démonstration : Soit g une application continue de f(E) dans {0,1}, gof est alors une application continue du connexe E dans {0,1} donc est constante. Ceci entraîne visiblement que g est constante sur f(E).

Espaces connexes par arcs

7.4.2. Définition : Soient a et b deux points d'une espace topologique E. Nous dirons que a et b peuvent être *joints par un arc* γ s'il existe une application continue γ de [0,1] dans E tel que γ(0) = a et γ(1) = b. L'espace topologique E est dit *connexe par arcs* si deux points quelconques de E peuvent être joints par un arc.

7.4.3. Proposition : *Tout espace connexe par arcs est connexe.*

Démonstration : On fixe un point a de E. A chaque point b de E on associe un arc γ de [0,1] dans E tel que γ(0) = a et γ(1) = b, puis le connexe γ([0,1]) noté C_b. C_b est connexe comme image continue d'un connexe. Comme E est la réunion des connexes C_b qui ont en commun le point a, E est connexe.

Ainsi, toute partie *convexe* d'un evn est *connexe*, en particulier, toute *boule* d'un evn est *connexe*.

Il existe des espaces qui sont connexes mais pas connexes par arcs, par exemple l'adhérence du graphe de $\sin\frac{1}{x}$. Ces exemples sont en général compliqués, pour les hypercubes lexicographiques et autres "snake-like continua" cf. Le volume de travaux dirigés.

7.4.4. Théorème : *Le produit d'une famille finie d'espace connexes est connexe.*

Démonstration : Le cas général est asez subtil ; dans la pratique on ne rencontre guère que des espaces connexes par arcs ; pour ceux-là, il suffit de considérer des arcs $(\gamma_1,\ldots,\gamma_n)$ où γ_i joint a_i à b_i, i = 1,...,n.

7.5. Passage du local au global

Les connexes sont les outils mathématiques élémentaires qui permettent d'étendre à l'espace tout entier des propriétés locales. Pour passer à l'espace ambiant le plus simple habituellement est d'introduire une relation d'équivalence dont le classes sont ouvertes, et de conclure par la connexité qu'il n'y a qu'une seule classe.

7.5.1. Théorème : *Tout ouvert connexe d'un espace vectoriel normé est connexe par arcs.*

Démonstration : Cette propriété est vraie localement, i.e. pour les boules ouvertes qui sont convexes. Soit R la relation
"les points a et b de Ω peuvent être joints par une arc polygonal"
(polygonal = affine par morceaux). Il est clair que R est réflexive, et en considérant, pour un arc γ, l'arc $t \to \gamma(1-t)$ on constate que R est symétrique. Pour vérifier que R est transitive on joint a à b par α puis b à c par β, a et c sont alors joints par l'arc polygonal γ défini par
$$\gamma(t) = \alpha(2t) \text{ si } t \in [0,1/2] \text{ et } \gamma(t) = \beta(2t-1) \text{ si } t \in [1/2,1] .$$
Ainsi, R est *d'équivalence*.

Vérifions que R est *ouverte*. Soit X une classe selon R, et soit $a \in X$. Comme Ω est ouvert il existe une boule B(a,r), r > 0, contenue dans Ω. Tout point b de B(a,r) peut être joint à a par le segment [a,b], donc est dans la classe de a c'est-à-dire dans X, donc X est un voisinage de a et par suite ouverte.

R est une relation d'équivalence dont les classes sont ouvertes, donc ne possède qu'une seule classe dans l'ouvert connexe Ω, ce qui amène le résultat demandé. QED.

7.5.2. Théorème : *Toute application localement constante sur un connexe est constante.*

Démonstration : Soit $f : E \to F$ une application localement constante sur l'espace connexe E. On donne une preuve similaire : si R est est la relation définie par
"aRb ssi f(a) = f(b)"
R est visiblement d'équivalence et le fait que f est localement constante se traduit par l'ouverture des classes, il n'y a donc qu'une seule classe et f est constante. QED.

Pour d'autres applications importantes de la connexité :
– le chapitre 34 "Cauchy-Lipschitz" sur les équations différentielles ;
– le chapitre 43 "Prolongement analytique".

7.6. Application de la connexité aux fonctions de variable réelle

7.6.1. Théorème : *Si f est une fonction continue, l'image par f de tout intervalle I de $\mathbf{R}$ est un intervalle de $\mathbf{R}$.*

En effet, l'image de I, qui est connexe, par f, qui est continue, est un connexe de $\mathbf{R}$ donc est un intervalle. QED.

L'énoncé topologique se traduit immédiatement par le théorème dit des *valeurs intermédiaires* :

Si f est une fonction numérique continue définie sur l'intervalle I de $\mathbf{R}$, si a et b sont deux points de I tout nombre y compris entre f(a) et f(b) est l'image d'un x de [a,b].

En effet, l'image par f du segment [a,b] est un intervalle contenant f(a) et f(b), donc possédant tou nombre compris entre f(a) et f(b).

Conséquences pour le signe : si f, fonction continue, change de signe sur l'intervalle I, f s'annule ; ou encore, si f continue ne s'annule pas sur l'intervalle I, f garde un signe constant sur I. Cette simple constatation est à la base de la méthode de dichotomie.

On déduit par exemple de ces résultats — en regardant les limites à l'infini — qu'un *polynôme réel de degré impair possède toujours une racine réelle.*

Le théorème suivant est aussi une application de la connexité, assez remarquable de simplicité, les preuves élémentaires étant compliquées voire insuffisantes.

7.6.2. Théorème : *Soit f une fonction continue de l'intervalle I de **R** dans **R**. Alors f est injective ssi f est strictement monotone.*

Démonstration : Dans l'ensemble totalement ordonné **R**, la stricte monotonie entraîne l'injectivité. Afin d'établir la réciproque, introduisons la partie de $I \times I$:
$$T = \{(x,y) \in I \times I \mid x < y\}$$
et la fonction g définie sur T par $g(x,y) = f(x) - f(y)$ (faire un dessin de T).
T est convexe (triangle, ou vérification directe) donc connexe, et g est continue. L'image g(T) de T par g est de ce fait un connexe J de **R** c'est-à-dire un *intervalle*. L'injectivité de f se traduit par le fait que 0 n'est pas dans J. De là deux cas :
Premier cas : J est contenu dans $\mathbf{R}^{+*}$. Alors f est strictement croissante
Deuxième cas : J est contenu dans $\mathbf{R}^{-*}$. Alors f est strictement décroissante. QED.

Lectures supplémentaires : Avant de rechercher des contre-exemples fins, il faut découvrir des exemples de connexes vraiment utilisés par les mathématiciens : on conseille pour cela les chapitres un et deux de l'ouvrage de Mneimné et Testard, "Groupes de Lie Classiques" [MT].

EXERCICES

1) Soit C une partie connexe de l'espace métrique E telle que C rencontre la partie A de E ainsi que son complémentaire. Montrer que C rencontre Fr(A).

2) Montrer que, pour $n \geq 2$, la sphère unité de $\mathbf{R}^n$ euclidien est connexe.

3) Soit K_n une suite décroissante de compacts connexes de l'espace métrique (E,d).
a) Montrer que l'intersection K des K_n est connexe (raisonner par l'absurde en écrivant l'intersection comme réunion de fermés disjoints non vides, de distance mutuelle d > 0, et prendre la trace des compacts K_n sur l'ensemble des points x tels que $d(x,K) \geq d/2$).
b) Donner un contre-exemple lorsque l'on remplace "compact" par "fermé".

4) (Assez difficile) Soit F un fermé de $[0,1] \times [0,1]$, tel que, pour tout x de [0,1], $\{y \in [0,1] \mid (x,y) \in F\}$ soit un segment (non vide) I_x de [0,1]. Montrer qu'il existe x dans [0,1] tel que $x \in I_x$.

5) Montrer que $E = \mathbf{R}^2 \setminus \mathbf{Q}^2$ est connexe par arcs (Soient $A \neq B$ deux points de E, considérer sur la médiatrice de [A,B] l'ensemble des points M tels que l'un des segments, [A,M], [M,B] contienne un élément de l'ensemble *dénombrable* $\mathbf{Q}^2$).

8. Théorèmes de point fixe

8.1. Généralités

De façon générale, les théorèmes de point fixe expriment qu'une application f d'un espace E dans lui même, l'une et l'autre possédant diverses qualités (en général décrites de façon topologique ou métrique) possède un point fixe. Le plus élémentaire est certainement le suivant :

8.1.1. Théorème : *Une application continue f d'un segment [a,b] de* **R** *dans lui-même possède au moins un point fixe.*

La *preuve* en est évidente moyennant le théorème des valeurs intermédiaires : la fonction $g(x) = f(x) - x$ est continue et vérifie Compte tenu des hypothèses faites sur f
$$g(a) \geq 0 \text{ et } g(b) \leq 0,$$
d'où l'existence de x dans [a,b] tel que $g(x) = 0$ i.e. $f(x) = x$. QED.

On observe ici que l'hypothèse faite sur f — la continuité est très faible, mais que l'espace topologique ambiant est très particulier — un segment [a,b] de **R**. Moins les hypothèses sur f sont fortes mieux il faut connaître l'espace ambiant, et plus la démonstration peut s'avérer délicate !

Notons en passant un résultat analogue et moins connu :

8.1.2. Proposition : *Soit f une application continue d'un segment [a,b] de* **R** *dans* **R** *telle que l'image de [a,b] par f contienne [a,b]. Alors f a un point fixe dans [a,b].*

La *preuve* procède du même principe : la fonction $g(x) = f(x) - x$ est continue, si g ne s'annule pas elle garde un signe constant, que nous supposerons, sans nuire à la généralité, strictement positif. Il vient alors $\forall x \in [a,b]$, $f(x) > x \geq a$ et de ce fait la valeur a n'est pas atteinte, contradiction et résultat. QED.

8.2. Applications contractantes

Nous commencerons par le classique théorème dit "de Picard", qui assure l'existence d'un point fixe pour les applications strictement contractantes d'un espace complet dans lui-même.

8.2.1. Théorème : (du point fixe dans un espace complet). *Soit A une partie complète non vide de l'espace métrique (E,d), f une application de A dans E. Si f(A) est contenue dans A et si f est strictement contractante, f possède un point fixe unique λ dans A. De plus, pour tout a de A la suite récurrente donnée par :*
$$u_0 = a \in A, \quad u_{n+1} = f(u_n)$$
converge vers λ.

Démonstration : La preuve procède en sens inverse de l'énoncé : on part d'un point a de A et de la suite donnée par $u_0 = a \in A$, $u_{n+1} = f(u_n)$. Cette suite est correctement définie et à valeurs dans A puisque f(A) est contenu dans A. Du fait que f possède un rapport de Lipschitz $k < 1$ il vient :
$$\forall n \in \mathbb{N}, \quad d(u_{n+1}, u_n) = d(f(u_n), f(u_{n-1})) \leq k\, d(u_n, u_{n-1})$$
et par une récurrence facile
$$\forall n \in \mathbb{N}, \quad d(u_{n+1}, u_n) \leq k^n d(u_1, u_0)$$
On en déduit, pour n et $p \geq 1$
$$d(u_{n+p}, u_n) \leq d(u_{n+p}, u_{n+p-1}) + \ldots + d(u_{n+1}, u_n)$$
$$\leq (k^{n+p} + \ldots + k^n) d(u_1, u_0) \leq (k^p + \ldots + 1) k^n d(u_1, u_0)$$
$$\leq \frac{1}{1-k} k^n d(u_1, u_0)$$

Comme $0 \leq k < 1$ la suite k^n tend vers 0 et l'on vérifie de là le critère de Cauchy : la suite (u_n) converge. Sa limite λ est dans $\overline{A} = A$, la continuité de f en λ donne alors

$f(\lambda) = \lambda$. Pour l'unicité on note enfin que $f(\lambda) = \lambda$ et $f(\lambda') = \lambda'$ impliquent
$$d(\lambda,\lambda') = d(f(\lambda),f(\lambda')) \leq kd(\lambda,\lambda') \text{ avec } k<1 \text{ donc } \lambda = \lambda'. \text{ QED.}$$

Notons que la preuve fournit une estimation numérique de la différence $d(u_n,\lambda)$. Dans le cas réel, avec de bonnes hypothèses de régularité sur f on a un équivalent de la différence $d(u_n, \lambda)$, cf. le § 44.

Ce théorème a été mis en évidence par le mathématicien français Emile Picard, la motivation première étant la résolution d'équations différentielles ou plus généralement fonctionnelles. (Voir au § 34, le théorème de Cauchy-Lipschitz.)

Il faut pour que ce résultat soit efficace disposer de moyens de s'assurer qu'une fonction donnée est strictement contractante ; dans **R** ou plus généralement dans $\mathbf{R}^n$ la vérification s'appuie souvent sur l'inégalité des accroissements finis : si, sur une partie convexe stable fermée non vide A, la dérivée (ou la différentielle) est majorée en valeur absolue (ou en norme) par un nombre k < 1, f est une contraction stricte de A. Réciproque partielle : en considérant les taux d'accroissement, une fonction k — lipschitzienne sur un intervalle I de **R** vérifie
$$\forall x \in I, \ |f'(x)| \leq k$$

Exercice : Trouver une application f de **R** dans **R** de classe C^1 sans point fixe qui n'est pas strictement contractante et qui vérifie
$$\forall x \in \mathbf{R}, \ |f'(x)| < 1 .$$

Exemple : Soit à étudier la suite récurrente réelle définie par la donnée de $a = u_0$ et la relation de récurence $u_{n+1} = \cos u_n$.

La fonction cos n'est pas strictement contractante, comme les remarques qui précédent le montrent : sa dérivée atteint la valeur 1. Mais $u_1 \in [-1,1]$, $u_2 = \cos u_1 \in [0,1]$, $\cos([0,1])$ est contenu dans $[0,1]$ et sur le segment $[0,1]$ la dérivée de cos est bornée par $\sin 1 < 1$. L'inégalité des accroissements finis montre alors que cos est là strictement contractante, donc la suite (u_n) converge vers l'unique point fixe l de cos sur $[0,1]$, qui est aussi l'unique point fixe de cos sur **R** (étude graphique).

(**Exercice :** Discuter de la qualité de l'approximation de l donnée par la suite u_n , cf. Le § 44).

8.3. Cas des espaces compacts

8.3.1. Examinons maintenant en détail le cas de la fonction $x \to \sin x$ sur $[0,1]$: pour tout $x < y$ de $[0,1] \times [0,1]$ on a
$$|\sin x - \sin y| = \cos(c)|y - x| < |y - x|$$
et nous savons par avance que, pour tout a de $[0,1]$, la suite récurrente définie par la donnée de $u_0 = a > 0$ et la relation : $u_{n+1} = f(u_n)$ converge vers l'unique point fixe de f sur $[0,1]$ c'est-à-dire 0 (voir § 12.2).

Peut -on en déduire que f est une contraction stricte ? Plus précisément, que pensez -vous du raisonnement suivant : "supposons que f ne soit pas une contraction stricte, il existe alors, pour tout entier n de $\mathbf{N}^*$, un couple $x_n < y_n$ tel que
$$|\sin x_n - \sin y_n| \geq (1 - \frac{1}{n})|x_n - y_n|$$

quitte à extraire on peut supposer que les suites x_n et y_n convergent, mettons vers x et y, on obtient après passage à la limite |sinx -siny| ≥ |x - y| contradiction."
Où est la faille ? Tout simplement dans le fait qu'après passage à la limite on a bien x ≤ y *sans exclusion du cas d'égalité*, où l'inégalité est triviale ! on peut rapprocher cette difficulté du fait que $[0,1]^2 \setminus \Delta$ n'est pas compact (voir le § 5 : continuité uniforme, fonction lipschitziennes ; il y a des fonctions continues sur un compact qui ne sont pas lipschitziennes). Pourtant, un théorème précis et correct généralise la situation étudiée :

8.3.2. Théorème : *Soit f une application de l'espace métrique compact non vide (E,d) dans lui-même telle que*

$$\forall (x,y) \in E \times E, \, x \neq y \Rightarrow d(f(x),f(y)) < d(x,y).$$

Alors f possède un point fixe unique l *dans* A. *De plus, pour a dans E, la suite récurrente donnée par :*

$$u_0 = a \in A, \, u_{n+1} = f(u_n)$$

converge vers l.

Démonstration : Ici l'*existence* du point fixe ne dépend pas de la convergence de la suite :

On introduit l'application continue g : x → d(f(x),x) (en vérifier la continuité). Si g ne s'annule pas, elle atteint un minimum m > 0 sur l'espace compact E, disons au point a. Traduisons : d(f(a),a) = m , donc f(a) ≠ a. Utilisons l'hypothèse, il vient

$$d(f^2(a),f(a)) < d(f(a),a)) = m$$

contrairement à la définition de m, contradiction et résultat. On vérifie comme dans le théorème du point fixe de Picard que l est unique.

Convergence de la suite (u_n) : Celle-ci est nettement plus délicate. Pour ε > 0, posons

$$X_\varepsilon = \{x,y) \in E^2 \mid d(x,y) \geq \varepsilon\}.$$

Figure 8 :

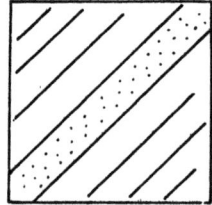

Non compact   Compact

Par continuité de la distance, X_ε est une partie fermée de E^2, comme E est compact, X_ε est compact. La fonction définie sur X_ε par

$$g(x,y) = \frac{d(f(x),f(y))}{d(x,y)}$$

est continue sur X_ε donc atteint son maximum k ; l'hypothèse sur f fait que ce dernier est < 1. On distingue maintenant deux cas :

Premier cas : Il existe N telque $u_N \in B(l, \varepsilon)$. Alors pour tout n ≥ N il vient

$$d(u_{n+1},l) = d(f(u_n),f(l)) \leq d(u_n,l)$$

et donc $u_n \in B(l,\varepsilon)$.

Deuxième cas : Pour tout n de $\mathbb{N}$, $u_n \notin B(l,\varepsilon)$. Le couple (u_n,l) est alors dans X_ε pour tout n, d'où, pour tout n $d(u_{n+1},l) = d(f(u_n),f(l)) \leq kd(u_n,l)$
et par récurrence $d(u_n,l) \leq k^n d(u_0,l)$.

Comme $k < 1$, u_n est dans $B(l,\varepsilon)$ à partir d'un certain rang ce qui est impossible. Seul subsiste le premier cas, ε étant arbitraire, la suite (u_n) converge vers l. QED.

Lectures supplémentaires : A titre culturel, il convient de citer le célèbre théorème de Brouwer : "toute application continue de la boule unité fermée de $\mathbb{R}^n$ dans elle-même possède un point fixe" ; il en existe de nombreuse preuves, toutes sont délicates, les plus simples font intervenir Stone-Weierstrass pour la passage aux fonctions C^∞ et un argument d'intégration. Des compléments sont donnés en problème.

EXERCICES

1) Montrer qu'une application croissante du segment [a,b] de $\mathbb{R}$ dans lui-même admet au moins un point fixe (considérer $\sup\{x; f(x) \geq x\}$).

2) Soient A une partie complète de l'evn E, B une partie de F, f une application continue de A×B dans A telle que :
$$\exists k \in [0,1[, \forall (a,a',\lambda) \in A \times A \times B, \|f(a,\lambda) - f(a',\lambda)\| \leq k \|a - a'\|.$$
On note (justifier) $a(\lambda)$ l'unique point fixe de l'application partielle $f(.,\lambda)$ de A dans A. Montrer que $\lambda \to a(\lambda)$ est continue.

3) Soit C une partie convexe compacte $\neq \emptyset$ de l'evn E, et f une application de C dans C telle que : $\forall (x,y) \in C^2$, $\|f(x) - f(y)\| \leq \|x - y\|$. Montrer que f possède au moins un point fixe. (Considérer, pour $\varepsilon > 0$ l'application $x \to \varepsilon a + (1-\varepsilon)f(x)$, avec a fixé dans C, qualités ? et faire tendre ε vers 0.)

Problème

Notations : dans tout ce qui suit, n est un entier ≥ 2, B_n désigne la boule unité fermée de l'espace vectoriel euclidien $\mathbb{R}^n$, S_n est la sphère unité du même. Le but du problème est d'étudier des conséquences et variantes du *théorème de Brouwer, qui dit que toute application continue d'un convexe compact non vide d'un evn de dimension finie dans lui-même admet au moins un point fixe.*
Les parties I et II donnent des conséquences du théorème de Brouwer, tandis que la partie III vise à établir quelques applications aux équations différentielles des théorèmes de point fixe. On admettra que, si C un convexe compact d'intérieur non vide de $\mathbb{R}^n$, il existe un homéomorphisme de $\mathbb{R}^n$ envoyant C sur la boule unité B_n.

I. Le théorème des trois fermés
L'espace ambiant est le plan $\mathbb{R}^2$, identifié au plan complexe dès que nécessaire. S^1 désigne le cercle de centre 0 et de rayon 1. Δ désignant un triangle de $\mathbb{R}^2$ (enveloppe convexe de trois points non alignés a,b,c), le théorème s'énonce :
"**si Δ est la réunion de trois fermés non vides F_a contenant [a,b], F_b contenant [b,c] et F_c contenant [c,a], F_a, F_b et F_c ont un point commun**".
Le but de cette partie est d'établir l'équivalence entre le théorème de Brouwer et le théorème des trois fermés en dimension 2.

1°) On se place dans les hypothèses du théorème des trois fermés, et l'on raisonne par l'absurde en supposant que l'intersection $F_a \cap F_b \cap F_c$ est vide.

a) Montrer que, pour tout h de $\mathbf{R}^2$, il existe un unique point g de $\mathbf{R}^2$ tel que :
$$d(h,F_a)(g - a) + d(h,F_b)(g - b) + d(h,F_c)(g - c) = 0.$$
On définit alors une application de $\mathbf{R}^2$ dans lui-même : $h \to g$, notée ϕ dans la suite.

b) Montrer que ϕ est continue et que $\phi(\Delta)$ est inclus dans Δ.

c) En admettant Brouwer en dimension 2, montrer le théorème des trois fermés.

2°) On suppose maintenant acquis le théorème des trois fermés, et l'on se donne une application continue f de B_2 dans B_2.

a) On suppose f sans point fixe. Montrer que l'application qui à x de B_2 associe l'intersection de la demi-droite (f(x),x) (f(x) exclu) avec la frontière S^1 de B_2, est une application continue de B_2 dans S_1 laissant chaque point de S_1 fixe.

b) On prend pour [a,b,c] un triangle équilatéral inclus dans B_2. Construire à l'aide de a) une application ϕ continue de Δ dans Δ telle que :
$\phi(x) = x$ si $x \in [a,b] \cup [b,c] \cup [c,a] = \partial$, et : $\phi(\Delta)$ est inclus dans ∂.

c) A l'aide de ϕ construire trois fermés mettant en défaut le théorème évoqué, et en déduire le théorème de Brouwer pour B_2.

d) Montrer qu'un convexe compact de $\mathbf{R}^2$ est homéomorphe à un segment de $\mathbf{R}$ ou à B_2, en déduire le théorème de Brouwer en dimension 2.

II. Le théorème de Schauder

En admettant ici le théorème de Brouwer, on se propose de prouver que :
Si C est un convexe compact non vide de l'espace vectoriel normé (E, ‖ ‖), et f est une application continue de C dans lui-même, f possède au moins un point fixe.

Dans tout ce qui suit, C désigne un convexe compact d'un evn (E, ‖ ‖), et f une application continue de C dans C.

1°) a) Soit ε un réel > 0. montrer qu'il existe $a_1,\ldots,a_N$ dans C tels que f(C) soit inclus dans la réunion des boules fermées de centre a_i et de rayon ε.

b) Dans ce qui suit, on pose $F : \text{vect}(a_1,\ldots,a_N)$ et $C' = C \cap F$. Montrer que C' est un convexe compact de F.

2°) Pour i dans [1,N] et x dans E, on pose :
$\phi_i(x) = 2\varepsilon - \|x - a_i\|$ si $\|x - a_i\| \leq 2\varepsilon$, $\phi_i(x) = 0$ sinon.

Montrer que chaque ϕ_i est continue, et que $\phi = \sum_{i=1}^{N} \phi_i$ est > 0 sur f(C).

3°) On définit une application p_ε de f(C) dans C par :
$p_\varepsilon(y) = \dfrac{1}{\phi(y)} \sum_{i=1}^{N} \phi_i(y) a_i$ montrer que p_ε est continue et que l'on a :
$$\forall y \in f(C), \ \|p_\varepsilon(y) - y\| \leq 2\varepsilon.$$

4°) En considérant $p_\varepsilon \circ f$, et en utilisant le théorème de Brouwer, montrer que f possède un point fixe dans C.

III. Applications aux équations différentielles

N.B. : aucune connaissance sur les équations différentielles n'est ici nécessaire.

Soit ϕ une application continue de l'ouvert non vide U de $\mathbf{R}^2$ dans $\mathbf{R}$ et (x_0,y_0) un point de U. On introduit un réel $r > 0$ tel que $K = [x_0 - r, x_0+r] \times [y_0 - r, y_0+r]$ soit inclus dans U, puis un réel $M > \sup|\phi(x,y)|$, $(x,y) \in K$ (justifier). On désigne par :

A l'ensemble des applications f continues de $[x_0-r/M, x_0+r/M]$ dans $[y_0-r, y_0+r]$ telles que $f(x_0) = y_0$;

C l'ensemble des applications f de $[x_0-r/M, x_0+r/M]$ dans $[y_0-r, y_0+r]$, telles que
(i) f est M-lipschitzienne et (ii) $f(x_0) = y_0$.

Il est enfin rappelé que l'algèbre des fonctions continues d'un segment S de $\mathbf{R}$ dans $\mathbf{R}$ est complète pour la norme $\| \ \|_\infty$ (relative à S).

On suppose ϕ continue. le but de cette partie est de prouver que *l'équation différentielle (E) $y' = \phi(x,y)$ admet une solution passant par le point (x_0,y_0) (théorème d'Arzéla)*.

1°) Soit f_n une suite de fonctions k-lipschitzienne, k réel fixé, d'un intervalle [a,b] de $\mathbf{R}$ dans $\mathbf{R}$ telle que, pour tout x de [a,b], $f_n(x)$ converge vers $f(x)$. Montrer que f est k-lipschitzienne, et que la convergence est uniforme, c'est-à-dire que, pour tout $\varepsilon > 0$, il existe un entier n_ε ne dépendant que de ε tel que, pour tout $n \geq n_\varepsilon$ et pour tout x de [a,b], $|f_n(x) - f(x)| \leq \varepsilon$.

2°) Montrer que C est compact pour $\| \ \|_\infty$.

3°) Montrer que T envoie C dans C, puis que T est continue pour $\| \ \|_\infty$.

4°) Conclure. Montrer par un exemple qu'il n'y a pas nécessairement unicité de la solution de (E) passant par (x_0,y_0), contrairement au cas où f est lipschitzienne.

Fonctions d'une variable réelle

9. Continuité, dérivabilité, accroissements finis
9.1. Continuité, monotonie

9.1.1. Définition : *Une fonction f de l'intervalle I de* **R** *dans l'espace vectoriel normé* E *possède au point* x_0 *de son domaine :*
– *une discontinuité de première espèce, si, dans la mesure où l'existence de celles-ci peut être envisagée, f admet une limite à droite et une limite à gauche en* x_0 ;
– *une discontinuité de deuxième espèce, si f est discontinue en* x_0, *la discontinuité n'étant pas de première espèce.*

Par exemple, une fonction monotone possède, en tout point a où l'existence de celle-ci peut être envisagée, une limite à droite et à gauche ; si f est croissante on a
$$f(a-0) = \sup\{f(x) \mid x < a\}, \quad f(a+0) = \inf\{f(x) \mid x > a\}$$
donc
$$f(a-0) \le f(a) \le f(a+0)$$
l'égalité des limites à droite et à gauche entraîne alors la continuité en a (ce qui n'est pas nécessairement le cas si f n'est pas supposée monotone, regarder $\chi_{\{0\}}$).

En revanche, la fonction $f(x) = \sin\frac{1}{x}$ possède une discontinuité de deuxième espèce en 0.

9.1.2. On rappelle qu'une fonction $I \to \mathbf{R}$ est
– *réglée*, si elle n'admet que des discontinuités de première espèce, c'est-à-dire si elle possède une limite à droite et une limite à gauche en tout point ;
– *continue par morceaux* si, dans chaque segment de I, la fonction f ne possède qu'un nombre fini de points de discontinuité, tous de première espèce.

9.1.3. Proposition : *L'ensemble des points de discontinuité d'une fonction monotone est dénombrable.*

Démonstration : Soit f une application croissante de l'intervalle ouvert I de **R** dans **R** (cas auquel on peut se ramener). A chaque point a de l'ensemble Δ des points de discontinuité de f on associe l'intervalle ouvert $I_a =]f(a-0),f(a+0)[$.

Ces intervalles ouverts sont non vides, et $a \ne b$ entraîne $I_a \cap I_b = \emptyset$ (9.1.1.). Les I_a forment donc une famille dénombrable (cf. § 1, choisir un nombre rationnel dans chaque pour obtenir une injection de Δ dans **Q**), il en va donc de même de Δ. QED.

Interprétation géométrique : si l'on regarde le graphe de f de côté "vers Oy" dans chaque trou du graphe (correspondant aux discontinuités de f) — on voit un rationnel (faîtes une figure !).

N.B. : les discontinuités d'une fonction monotone ne sont pas nécessairement isolées, elles peuvent même constituer un ensemble *dense* ; considérer par exemple
$$f(x) = \sum_{r_n < x} 2^{-n}$$

où r_n est une énumération de l'ensemble des rationnels : f est visiblement croissante, et tout nombre rationnel est un point de discontinuité, car pour $x < r_p$ on a *par définition* $f(x) \leq f(r_p) - 2^{-p}$. (Si ceci vous parait difficile, reportez-vous en 21.2.2).

On dispose en fait d'un énoncé plus général mais dont la preuve repose sur un principe différent :

9.1.4. Proposition : *L'ensemble des points de discontinuité d'une fonction réglée est dénombrable.*

Démonstration : Il suffit de noter qu'une fonction réglée est limite uniforme d'une suite ϕ_n de fonctions en escalier (cf. §) ; la réunion Δ des ensembles de discontinuité des fonctions ϕ_n est une réunion dénombrable d'ensembles finis donc est dénombrable, et hors de Δ la convergence uniforme des ϕ_n assure la continuité de la limite f. QED.

Exemple : La fonction définie sur [0,1] par
$$f(\tfrac{p}{q}) = \tfrac{1}{q} \text{ si } \tfrac{p}{q} \text{ est rationnel (écriture irréductible) et } f(x) = 0 \text{ sinon}$$
possède l'ensemble $\mathbf{Q} \cap [0,1]$ comme ensemble de points de discontinuité : étant nulle sur un ensemble dense, elle est discontinue en tout point a tel que $f(a) \neq 0$; et si x est irrationnel on a $0 \leq f(y) \leq \tfrac{1}{N}$ sur $\mathbf{R} \setminus \tfrac{1}{N}\mathbf{Z}$ qui est un voisinage de x, d'où l'existence d'une limite nulle en x.

Monotonie, continuité et fonctions réciproques

9.1.5. *Rappels* : Nous avons vu en application de la connexité (§ 7.6.) que :
– *Si f est une fonction continue, l'image par f de tout intervalle de* $\mathbf{R}$ *est un intervalle de* $\mathbf{R}$.
– *Si f est une fonction continue sur l'intervalle I, f est injective ssi f est strictement monotone.*

Nous allons utiliser ces propriétés pour donner un premier résultat concernant les fonctions réciproques. f est une fonction de $\mathbf{R}$ dans $\mathbf{R}$.

9.1.6. Théorème : (1) *Soit f une application croissante de l'intervalle I de* $\mathbf{R}$ *dans* $\mathbf{R}$. *Alors f est continue ssi l'image de f est un intervalle.*
(2) *Si f est une bijection continue de l'intervalle I sur l'intervalle J, f^{-1} est continue.*

Démonstration : (1) Si f est continue c'est usuel, avec ou sans la monotonie — inversement, si f n'est pas continue en un point au moins, f(I) n'est pas un intervalle : si par exemple f est croissante et c est un point de discontinuité de f qui n'est pas une extrémité de I, on a
$$f(c-0) < f(c+0)$$
et pour $x < y < c$
$$f(x) \leq f(c-0) < f(c+0) \leq f(y)$$
donc f(I) n'est visiblement pas un intervalle.
(2) On sait que f, et par suite f^{-1}, sont monotones. Comme l'image par f^{-1} de l'intervalle J est l'intervalle I, f^{-1} est continue (si !). QED.

9.2. Dérivabilité

9.2.1. Soient I un intervalle de **R**, a un point de I et f une application de I dans l'evn E. La définition classique de la dérivabilité en a comme existence de la limite d'un quotient est manifestement *équivalente* à la suivante :
$$f(a+h) = f(a) + h\lambda + o(h)$$
où λ est le nombre dérivé. Cette définition a souvent l'avantage d'être mieux manipulable, en particulier lorsqu'il s'agit d'établir des inégalités. Notons aussi que l'égalité différentielle entraîne immédiatement la continuité ; nous étudierons plus loin les rapports entre continuité et dérivabilité.

9.2.2. Opérations sur les dérivées : Les premières opérations sont issues de celles que l'on a prouvé pour les limites :
– Combinaison linéaire $(f+g)' = f' + g'$.
– Produit d'une fonction scalaire et d'une fonction vectorielle
$$(\lambda f)' = \lambda' f + \lambda f'.$$

Dérivation composée : La formule est usuelle : $(g \circ f)' = g' \circ f \cdot f'$.

✋ : La preuve n'est pas aussi simple qu'il y parait :
– On peut utiliser la composition des différentiablité, il s'agit alors de reproduire la preuve donnée pour les fonctions de plusieurs variables (30.1.6.), ce qui est long mais correct.
– Ou bien directement, supposant f dérivable a et g en $b = f(a)$, introduire la fonction h définie par
$$\text{si } y \neq b, h(y) = \frac{g(y) - g(b)}{y - b} \text{ et si } y = b, h(y) = g'(b).$$
Il est clair que h est continue au point b, l'avantage de la fonction h est que l'on a pour tout $x \neq a$ $\dfrac{g(f(x)) - g(f(a))}{x-a} = h(f(x)) \cdot \dfrac{f(x) - f(a)}{x-a}$
et l'on peut passer à la limite en a.

✋ : Ne pas utiliser une égalité $\dfrac{g(f(x)) - g(f(a))}{x-a} = \dfrac{g(f(x)) - g(b)}{f(x) - b} \cdot \dfrac{f(x) - f(a)}{x-a}$
Même si si f n'est pas constante, le graphe de f peut venir recouper indéfiniment l'axe $y = b$, par exemple avec $b = 0$ et $f(x) = x^2 \sin\dfrac{1}{x}$.

Composition avec une application multilinéaire.

Comme application de la règle de dérivation d'une application différentiable et d'une fonction dérivable (30.1.5. 3) et 4)) on obtient, les fonctions $f_1, \ldots, f_n$ étant dérivables au point a et p étant une application n-linéaire continue :
$$p(f_1, \ldots, f_n)'(a) = \sum_{i=1}^{n} p(f_1(a), \ldots, f'_i(a), \ldots, f_n(a)))$$
Cette identité a des applications variées : produit scalaire, produit vectoriel et surtout déterminant
$$\det(f_1, \ldots, f_n)'(a) = \sum_{i=1}^{n} \det(f_1(a), \ldots, f'_i(a), \ldots, f_n(a)))$$
formule qui est, entre autres, utile pour l'étude du wronskien.

9.2.3. Comparaison de la continuité et de la dérivabilité : On sait classiquement qu'une fonction continue n'est pas nécessairement dérivable, par exemple |x| en 0. Il est souhaitable d'avoir étudié des exemples un peu plus variés, ainsi :

Une fonction peut être dérivable en n points $x_1,\ldots,x_n$ et nulle part continue ailleurs.

Prenons $f = \chi_Q$ et multiplions f par $\prod_{i=1}^{n}(x-x_i)^2$.

Pour tout i de [1,n] nous avons : $f(x)-f(x_i) = O((x-x_i)^2)$ au voisinage de x_i, donc f est dérivable en x_i de dérivée nulle. Clairement f n'est pas continue ailleurs.

9.2.4. Une fonction continue nulle part dérivable : Un tel exemple est délicat à décrire : pour ce faire considérons la fonction 2-périodique g dont la restriction à [-1,1] est |x|, et posons

$$f(x) = \sum_{n=0}^{+\infty} (\frac{3}{4})^n g(4^n x)$$

Il est clair que, g étant bornée par 1, la série de fonction $(\frac{3}{4})^n f(4^n x)$ est normalement convergente; de là, f est continue.

Fixons maintenant x dans **R** et posons $h = \frac{\varepsilon}{2} 4^{-m}$, où le signe ε est choisi de sorte qu'il n'y ait pas d'entiers entre $4^m x$ et $4^m(x+h)$ (c'est possible). Considérons ensuite le rapport : $a_n = \frac{g(4^m(x+h))-g(4^m x)}{h}$

Pour n > m, $4^n h$ est entier donc $a_n = 0$ (périodicité) ; pour n ≤ m le caractère 1-lipschitzien de g fait que : $|a_n| \leq 4^n$. Enfin, Par construction de f et choix de ε, $|a_m| = 4^m$; donc :

$$|\frac{f(x+h)-f(x)}{h}| \geq (\frac{3}{4})^m . 4^m - \sum_{n=0}^{m-1}(3/4)^n 4^n = 3^m - \frac{3^m-1}{2} = \frac{3^m+1}{2}$$

qui tend vers +∞ avec m. Donc f n'est pas dérivable au point x.

Nous admettrons qu' *une fonction monotone est dérivable presque partout* (ce résultat sera prouvé dans le volume de travaux dirigés, sinon voir [RN] chap. 1). On en déduit alors qu'il existe des fonctions qui sont continues sur [0,1], et qui ne sont monotones sur aucun sous-intervalle non trivial.

Il n'est pas raisonnable d'aller plus loin dans l'étude fine de la dérivabilité en l'absence de connaissances plus approfondies de la topologie de **R**, en particulier celle de l'ensemble de Cantor, pour lequel nous renvoyons à nouveau à un ouvrage futur (qui finira bien par venir si vous êtes assez nombreux à acheter celui-ci !).

9.3. Rolle-Accroissements finis ponctués

Il faut absolument comprendre que les théorèmes d'accroissements finis ponctués sont spécifiques du but réel, et ne s'étendent pas aux fonctions à valeurs dans un espace vectoriel normé. La pierre angulaire de ces énoncés égalitaires est le théorème de Rolle.

9.3.1. Théorème : *Soit f une fonction continue de* [a,b] *dans* **R**, *dérivable sur*]a,b[. *Il existe alors c dans*]a,b[*tel que* f'(c) = 0.

Démonstration : Si f n'est pas constante, f est continue sur [a,b] donc atteint l'un de ses extrema en un point c de]a,b[(y réfléchir). Comme c est *intérieur* à l'intervalle, nous obtenons f'(c) = 0. QED.

9.3.2. Application : *Si P est un polynôme scindé sur* **R**, *P' est également scindé.*

L'idée est d'appliquer Rolle entre deux racines consécutives, sans oublier les racines doubles... de façon plus précise :

Preuve : Notons $x_1 < ... < x_p$ les zéros de P, $a_1,...,a_p$ leurs multiplicités respectives, et n le degré de p. Nous disposons tout d'abord des zéros $x_1,...,x_p$ de P' avec les multiplicités respectives $a_1-1,...,a_p-1$.

L'application correcte du théorème de Rolle à la fonction P entre x_i et x_{i+1} fournit ensuite des zéros y_i de P', avec $x_i < y_i < x_{i+1}$, i=1,...,p-1. Les y_i sont donc *distincts* des x_i.

Nous possédons donc un total de n-p + p-1 = n-1 zéros réels de P', comptés avec leurs mutiplicités.

Conseil : faire un dessin pour mémoriser la preuve.

9.3.3. Extension : *Rolle à l'infini.*

Soit f une application continue de $[a,+\infty[$ *dans* **R**, *nulle en a et possédant la limite 0 en* $+\infty$. *Si f est dérivable sur* $]a,+\infty[$, *f' s'annule dans* $]a,+\infty[$.

Preuve : La démonstration est entièrement guidée par le dessin.

Figure 9 :

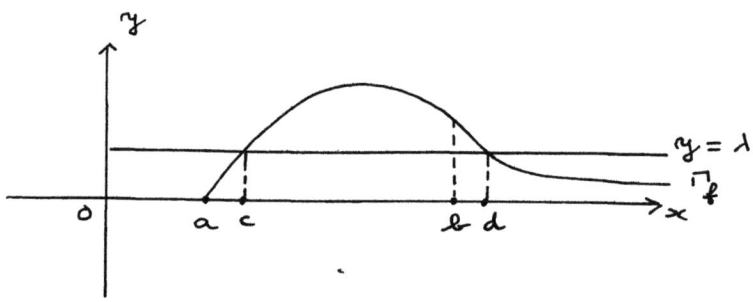

Si f est nulle c'est terminé. Quitte à changer f en -f on suppose donc que f prend une valeur > 0 en b. Soit λ un nombre de]0,f(b)[; il existe, par l'hypothèses et les valeurs intermédiaires, c dans [a,b[et d dans]b,+∞[tels que f(c) = f(d) = λ. On applique alors pour conclure le théorème de Rolle à f et au segment [c,d].

Exercice : Soit f une fonction numérique dérivable bornée ayant au moins n zéros sur **R**. Montrer que, pour tout α réel $\neq 0$, $\alpha f + f'$ possède au moins n zéros réels. (**Indication** : introduire $e^{\alpha x} f(x)$.)

Accroissements finis ponctués

9.3.4. Théorème : *Soit f une fonction numérique [a,b] définie sur le segment [a,b] de* **R**, *si f est dérivable sur [a,b] il existe un point c de]a,b[tel que*
$$f(b) - f(a) = f'(c)(b - a)$$

Démonstration : On se ramène au théorème de Rolle en retirant à f son interpolateur de Lagrange à l'ordre 1 en a et b, ce qui consiste en l'utilisation de la fonction auxiliaire

$$g(x) = f(x) - f(a) - \frac{f(b) - f(a)}{b - a}(x - a)$$

(l'opération revient à retirer la corde qui joint (a,f(a)) et (b,f(b)) pour se ramener au cas de figure du théorème de Rolle). QED.

ATTENTION : ce résultat, pas plus que le théorème de Rolle, ne s'étend pas aux fonctions à but vectoriel ; la généralisation correcte en est fournie après la preuve de l'inégalité vectorielle des accroissements finis.

Par exemple si

$$f(x) = \exp(ix) \; a = 0 \text{ et } b = 2\pi$$

il est clair que l'égalité f'(c)(b - a) = f(b) - f(a) n'est jamais réalisée.

9.3.5. Corollaire : *Soit f une fonction dérivable de l'intervalle I de* **R** *dans* **R**.
(1) *Si f' est positive, f croît.*
(2) *Si de plus l'ensemble A des zéros de f' est d'intérieur vide, f est strictement croissante.*

Démonstration : (1) est clair par l'égalité des accroissements finis.
(2) est un peu moins connu : le plus rapide est de raisonner par double contraposée. D'abord, f croît ; ensuite si f(a) = f(b) avec a < b la croissance amène le fait que f est constante sur [a,b] et donc f' nulle sur [a,b]: A, qui contient l'ouvert]a,b[, n'est pas d'intérieur vide. Réciproque immédiate, lorsque A n'est pas d'intérieur vide. QED.

Ce résultat permet entre autres d'obtenir des inégalités strictes. Comme illustration par étude de fonctions on prouve les inégalités suivantes (faites-le !) :
a) $(\forall x \in [0,\pi/2[) \; (x + x^3/3 \leq \text{tg} x)$ (et donc : $x \leq \text{tg} x$) b) $(\forall x \in \mathbf{R}^+) \; (1 - x^2/2 \leq \cos x)$
c) $(\forall x \in \mathbf{R}+) \; (x - x^3/3 \leq \sin x \leq x)$ d) $(\forall x \in \mathbf{R}^+) \; (x - x^2/2 \leq \text{Log}(1+x) \leq x.)$
e) $(\forall x \in \mathbf{R}) \; (1+x \leq e^x)$ f) $(\forall x \in \mathbf{R}^+) \; (\text{Arctg} x \leq x)$
avec égalité ssi x est nul.

9.4. Valeurs intermédaires, continuité et dérivabilité

9.4.1. Théorème de Darboux : *Soit f une application dérivable d' un intervalle I de* **R** *vers* **R**. *Alors f'(I) est un intervalle.*

On suppose d'abord I ouvert. Soient x et y dans l'image f'(I) de I par f', avec x < y, et z un réel tel que x < z < y. On pose

$$x = f'(t) \text{ et } y = f'(t'), \text{ avec t et t' dans I.}$$

Vérifions d'abord qu'il il existe un réel h > 0 tel que f(t+h)-f(t)/h < z < f(t'+h)-f(t')/h :
Lorsque h tend vers 0, (f(t+h)-f(t))/h tend vers x et (f(t'+h)-f(t'))/h tend vers y, comme x < z < y le résultat vient. On fixe alors un tel nombre h. La fonction de u définie sur un sous-intervalle de I possèdant t et t' par

$$g(u) = (f(u+h)-f(u))/h$$

vérifie alors

$$g(t) < z < g(t').$$

Comme g est continue le théorème des valeurs intermédiaires s'applique, d'où un réel t" dans [t,t'] tel que g(t") = z . L'*égalité* des accroissements finis montre alors qu'il existe c dans [t",t"+h] tel que f'(c) = g(t") = z , ainsi z est dans f'(I).

Si a est une extrémité inférieure de I, f'(a) est limite de $(f(a+h)-f(a))/h = f'(c_h)$, où c_h est intérieur à I donc f'(a) est adhérent à f'(I). De même, si b est une extrémité supérieure de I, f'(b) est adhérent à f'(I). Donc f'(I) est un intervalle. QED.

Ce théorème exprime qu'*une fonction dérivée possède la propriété des valeurs intermédiaires.*

9.4.2. Application à la séparation des branches dans les équations différentielles :

Considérons par exemple l'équation différentielle $y'^2 = 1 + y^2$, dont on cherche les solutions dérivables. Sur un intervalle I, on a

$$y'(x) = \varepsilon(x)\sqrt{1 + y^2}$$

où $\varepsilon(x) \in \{-1,1\}$. Si ε prend deux valeurs différentes, il est clair que y'(I) n'est pas un intervalle. On se ramène ainsi à la résolution des deux équations ordinaires

$$y'(x) = \sqrt{1 + y^2} \text{ et } y'(x) = -\sqrt{1 + y^2}$$

de solutions (locales) de la forme sh(x - c), sh(c - x).

Exercice : déterminer toutes les solutions maximale de l'équation ci-dessus.

9.5. Théorème des accroissements finis vectoriels

9.5.1. Théorème : *Soient g et f deux fonctions de [a,b] dans* **R** *et de [a,b] dans l'evn E resp ; avec f, g, dérivables sur]a,b[et continues sur [a,b].*
Si, pour tout t, $\|f'(t)\| \leq g'(t)$ alors $\|f(b) - f(a)\| \leq g(b) - g(a)$.

Démonstration : Soit ε un nombre réel > 0. l'idée est de prouver l'inégalité :

$$\|f(b) - f(a)\| \leq g(b) - g(a) + \varepsilon(b - a) + \varepsilon$$

valable pour tout $\varepsilon > 0$, celle-ci entraîne le résultat souhaité.
On introduit pour ce faire l'ensemble A des x de [a,b] qui vérifient l'inégalité large

$$\|f(x) - f(a)\| \leq g(b) - g(a) + \varepsilon(x - a) + \varepsilon$$

A est fermé (inégalité large entre fonctions continues) donc contient sa borne supérieure notée c. On a c > a car A contient un voisinage de a par continuité de f et g.

☛ : C'est ici que sert le $+\varepsilon$ final dans la définition de A, sa présence est indispensable !
Si c < b, nous, allons déboucher sur une contradiction en montrant que c+h est dans A pour h asssez petit : f et g sont dérivables en c d'où pour h > 0 convenable

$$f(c+h) - f(c) = hf'(c) + h\varepsilon(h),$$
$$g(c+h) - g(c) = hg'(c) + h\delta(h)$$

avec $\|\varepsilon(h)\| \leq \varepsilon/2$, $|\delta(h)| \leq \varepsilon/2$. on en déduit

$$\| f(c + h) - f(c) \| \leq h\| f'(c) \|+ h\|\varepsilon(h)\| \leq h\| f'(c) \|+ h\varepsilon/2$$
$$hg'(c) \leq g(c+h) - g(c) + h\varepsilon/2.$$

Comme par hypothèse $\|f'(c)\| \leq g'(c)$ il vient $\| f(c + h) - f(c) \| \leq g(c + h) - g(c) + \varepsilon h$
on obtient donc pour h assez petit > 0 les inégalités

$$\| f(c + h) - f(a) \| \leq \| f(c) - f(a) \| + \| f(c + h) - f(c) \| \leq g(c+h) - g(c) + g(c) - g(a)$$

soit

$$\| f(c + h) - f(a) \| \leq g(c+h) - g(c)$$

ce qui est contraire à la définition de c. QED.

9.5.2. Corollaire : *Soit f une fonction de [a,b] dans l'evn E, dérivable sur [a,b] et à dérivée bornée sur [a,b]. Alors f est lipschitzienne sur [a,b].*

Le résultat vient immédiatement en appliquant le théorème à $g(x) = Mx$.

Rappel : Si $f :]a,b[\to E$ evn complet possède une dérivée continue et bornée sur $]a,b[$, la fonction f admet un prolongement continu à [a,b] (c'est une application du critère de Cauchy puisque f est lipschitzienne, nous retrouverons cette idée lors de l'étude des solutions maximales d'une équation différentielle).

Comme on l'a vu, le cas réel comporte une égalité que l'on ne retrouve pas lorsque le but est de dimension ≥ 2. Mais on dispose du théorème de remplacement suivant :

9.5.3. Théorème : *Si la fonction dérivable $f : [a,b] \to E$ evn complet vérifie*
$$\forall x \in [a,b], f'(x) \in C,$$
où C est un convexe fermé, alors le rapport $\dfrac{f(b) - f(a)}{b - a}$ appartient à C

Donnons une solution simple pour f de classe C^1 : l'idée est de passer à la limite dans des sommes de Riemann de f'. En effet, les sommes de Riemann pour la subdivision régulière sont les

$$S_n = \frac{b-a}{n} \sum_{k=1}^{n} f'\left(a + k\frac{b-a}{n}\right)$$

et la convexité de C fait que chaque $\dfrac{1}{b-a} S_n$ est dans C. Comme C est fermé un passage à la limite licite montre que $\dfrac{1}{b-a} \int_a^b f' \in C$. QED.

9.6. Dérivées d'ordre supérieur

9.6.1. On note $\Delta^n(I,E)$ l'espace vectoriel des fonctions n fois dérivables de I dans **R** et $C^n(I,E)$ l'espace vectoriel des fonctions n fois continûment dérivables de I dans **R**, $C^\infty(I,E)$ est l'intersection de tous les $C^n(I,E)$ et $C^\omega(I,E)$ l'espace vectoriel des fonctions analytiques.

Inclusions des classes :
Réglées $\supset$ continues $\supset$ dérivables $\supset C^1 \supset \Delta^2 \supset \ldots \supset C^n \supset \Delta^{n+1} \supset \ldots \supset C^\infty = \Delta^\infty \supset C^\omega$.
Toutes les inclusions sont strictes.

9.6.2. Formule de Leibniz : Si f et g sont n fois dérivables en un point a, le produit fg aussi et l'on a

$$(fg)^{(n)}(a) = \sum_{k=0}^{n} C_n^k f^{(k)}(a) g^{(n-k)}(a).$$

La preuve, laissée au lecteur à titre d'exercice, s'organise comme celle du binôme.

9.6.3. Dérivées des fonctions réciproques : Si f, bijection continue strictement croissante de l'intervalle I de **R** dans **R**, admet une fonction réciproque f^{-1}, celle-ci n'est pas nécessairement dérivable même si f l'est ; on le voit avec l'exemple simple de $f(x) = x^3$ sur $\mathbf{R}$.

Par contre :

9.6.4. Théorème : *Si f' ne s'annule pas, f^{-1} est de même classe que f.*

Dérivabilité : le résultat vient facilement de la composition des limites. Nous le démontrerons dans le cadre des fonctions de classe C^1 du calcul différentiel.

Cas de la classe C^n : récurrence bien menée. Attention, elle ne s'improvise pas.

9.7. Prolongement des fonctions dérivables

9.7.1. Théorème : *Soit f une fonction continue de l'intervalle I de $\mathbf{R}$ dans l'evn E, et soit a un point de I. Si f est dérivable sur $I\setminus\{a\}$, et si f' possède une limite l au point a, f est dérivable en a, de dérivée l.*

Démonstration : C'est une application de l'IAF. Introduisons par commodité la fonction auxiliaire $g(x) = f(x) - f(a) - (x - a)l$. Il suffit de prouver que $g(x) = o(x-a)$ en a.
Soit $\varepsilon > 0$. Il existe par hypothèse un voisinage $V = [a-\alpha, a+\alpha]$ de a tel que
$$\forall t \in V, \ \|f'(t) - l\| \leq \varepsilon.$$
On aura donc
$$\forall t \in V, \ \|g'(t)\| \leq \varepsilon.$$
Nous sommes bien dans les conditions d'application de l'IAF à droite et à gauche de a, ce qui se traduit par
$$\forall x \in V, \ \|g(x) - g(a)\| \leq \varepsilon |x - a|$$
d'où la conclusion.

☛ : Ne pas oublier l'*hypothèse de continuité* de f : considérer par exemple la fonction qui vaut x pour $x \leq 0$, $x+1$ pour $x > 0$ en $a = 0$ (dessin).

Remarques :
– Le théorème s'adapte immédiatement au cas des dérivées à droite ou a gauche.
– La fonction dérivée ainsi obtenue sur I est alors continue en a — qualité indispensable à la poursuite d'une récurrence, cette remarque sera illustrée en 9.7.3.

9.7.2. Corollaire : *Une fonction dérivée ne possède que des discontinuités de première espèce.*

En effet, le théorème précédent montre que si f est dérivable (donc continue) et si la dérivée f' possède une limite à droite (resp. à gauche) en x, cette limite ne peut être que f'(x).

Ainsi, lorsqu'une une fonction dérivée f' possède une discontinuité ce ne peut être que de seconde espèce. C'est le cas par exemple de l'application f définie sur $\mathbf{R}^*$ par $f(x) = x^2 \sin\frac{1}{x}$ si $x \neq 0$, $f(0) = 0$ (cf. exemple 8 plus bas).

9.7.3. Proposition : *On pose* : $f(x) = \exp(-\frac{1}{x^2})$ *pour* $x \neq 0$, $f(0) = 0$. *Alors f est une fonction de classe C^∞ non nulle pour tout $x \neq 0$, et dont toutes les dérivées sont nulles en* 0.

Démonstration : Visiblement, f est continue en 0. On montre ensuite, par une récurrence facile que f est C^∞ sur $\mathbf{R}^*$ (composition), et que :
$$f^{(n)}(x) = \frac{P(x)}{x^{3n}} e^{\frac{-1}{x^2}}, P \in \mathbf{R}[X].$$

Supposons maintenant (hypothèse de récurrence) que f admette un prolongement C^{n-1} en 0, avec $f(0) = f'(0) = \ldots = f^{(n-1)}(0) = 0$. Pour $x \neq 0$ posons $y = x^{-1/2}$ dans l'expression de $f^{(n)}$, il vient :
$$f^{(n)}(x) = P(1/y^2) y^{3n/2} e^{-y},$$
Lorsque x tend vers 0, y tend vers $+\infty$ et $P(1/y^2) y^{3n/2} e^{-y}$ tend vers 0. Donc $f^{(n)}$ admet la limite 0 en 0, comme $g = f^{(n-1)}$ est continue en 0, g est continûment dérivable en 0, ce qui achève la récurrence.

Que pensez-vous de l'approximation d'une telle fonction par son développement limité en 0 ?

L'étude que nous venons de faire n'est pas gratuite, mais au contraire est fondamentale pour la théorie de la régularisation. Les exemples fournit ci-desous n'en sont que les prémisses, pour en savoir un peu plus lire le § 20 : convolution.

9.7.4. Existence de "bosses" : *Soit [a,b] un segment de* $\mathbf{R}$ *(a < b). Il existe une fonction de classe* C^∞ *de* $\mathbf{R}$ *vers* $\mathbf{R}$*, strictement positive sur]a,b[et nulle hors de]a,b[.*

Preuve : Considérons maintenant la fonction f qui vaut 0 hors de]a,b[et telle que :
$$f(x) = \exp\left(\frac{-1}{(x-a)(b-x)}\right)$$
pour x dans]a,b[. On prouve comme ci-dessus que f est C^∞ aux points "litigieux" a et b donc f convient.

9.7.5. Fonctions plateaux : *Soit [a,b] un segment de* $\mathbf{R}$ *(a < b) et soit ε un nombre réel > 0. Il existe une fonction* C^∞ *de* $\mathbf{R}$ *vers [0,1], constante égale à 1 sur [a,b] et nulle hors de]a - ε, b + ε[.*

Nous allons tout d'abord construire une fonction f_1 de classe C^∞ de $\mathbf{R}$ vers [0,1] telle que $f_1(x) = 1$ sur $[a, +\infty[$ et $f_1(x) = 0$ si $x \leq a-\varepsilon$.
Soit g une fonction de classe C^∞, > 0 sur $]a - \varepsilon, a[$ et nulle hors de $]a-\varepsilon, a[$ (cf.3)

$$\text{Soit C le réel} > 0 : C = \int_{a-\varepsilon}^{a} f \ . \ \text{Posons } f_1(x) = \frac{1}{C} \int_{a-\varepsilon}^{x} f(t) dt \ .$$

Il est clair que f_1 répond à la question.

On construit de même f_2 de classe C^∞ de $\mathbf{R}$ vers [0,1] telle que : $f_2(x) = 1$ sur $]-\infty, b]$, $f_2(x) = 0$ si $x > b+\varepsilon$. Il suffit maintenant de considérer le produit $f = f_1 f_2$.

9.8. Petit questionnaire sur les fonctions de variable réelle

1) Trouver une fonction de [0,1] dans $\mathbf{R}$, continue sur]0,1], mais non bornée sur [0,1].

2) Trouver une fonction partout discontinue mais dont la valeur absolue est partout continue.

3) Trouver une fonction continue de [0,1] dans **R** qui s'annule une infinité de fois sur [0,1], mais qui n'est identiquement nulle sur aucun sous intervalle de [0,1].

4) Soit f une fonction croissante dérivable de **R+** dans **R**. Si f admet une limite en $+\infty$, en va-t-il de même pour f' ?

5) Si les fonctions f et g strictement croissantes et continues sont équivalentes au voisinage de $+\infty$, f^{-1} et g^{-1} sont-elles équivalentes ?

6) Une fonction f : I $\to$ **R** telle que pour tout point x de I il existe un intervalle ouvert J contenu dans I centré en x tel que f soit bornée sur J, est-elle bornée sur I ?

7) Que dire d'une fonction dont la dérivée est réglée ?

8) Montrer que la fonction f : [0,1] $\to$ **R**, telle que f(0) = 0 et $f(x) = x^2 \sin\frac{1}{x}$ pour $x \neq 0$, est dérivable sur [0,1] mais que sa dérivée n'est pas continue en 0.

9) Trouver une fonction continue de [0,1] dans **R** n'admettant pas de demi-tangente (même verticale) en 0.

10) Trouver une fonction dérivable f de **R** dans **R** telle que f' possède l'unique racine 0 ; f ne possède aucun extrèmum relatif sur **R**.

11) Soit f la fonction : $x \to 2x$, montrer qu'il existe une primitive de f qui ne peut jamais s'écrire sous la forme : $x \to \int_a^x f(t)dt$, a dans **R**.

12) Donner une fonction C^∞ sur [0,1] dont les dérivées successives ne forment pas une suite bornée.

Réponses :

1) Il suffit de poser f(0) = 0, $f(x) = \frac{1}{x}$ si $x \neq 0$, ainsi une fonction continue sur un intervalle borné peut être non bornée.

2) Il suffit de modifier un peu la fonction caractéristique de **Q** : on pose f(x) = 1 si x est rationnel, f(x) = -1 sinon. Il est alors clair que f convient.

3) Prendre $f(x) = x\sin\frac{1}{x}$.

4) NON ! Il suffit de considérer une fonction g, continue positive non bornée sur **R+**, admettant une intégrale généralisée sur $[0,+\infty[$, et de poser $f(x) = \int_0^x g(t)dt$ (voir plus loin). Comme g est continue, f est dérivable de dérivée g, comme g est positive, f croît, et admet par construction une limite en $+\infty$. Mais f' = g n'a pas de limite.

5) NON ! Considérons $f(x) = e^x$ et $g(x) = e^{x-1} = \frac{ex}{e} = \frac{f(x)}{e}$, clairement f et g ne sont pas équivalentes en $+\infty$, mais $f^{-1}(y) = \ln y$ et $g^{-1}(y) = \ln(y) - 1$ le sont.

6) Un peu plus délicat : Si I est compact, on peut recouvrir J par un nombre fini d'intervalles J sur lesquels f est bornée, donc f est bornée ; sinon le résultat est faux prendre I = [0,+∞[et f(x) = x.

7) Une telle fonction f est de classe C^1. Pour comprendre d'où sort ce résultat, on observe que f' vérifie transforme tout sous-intervalle de I en intervalle, si f' est de plus réglée, elle est nécessairement continue (DESSIN, se placer "très près" d'une éventuelle discontinuité). Pour le trouver simplement, on observe que, si f' possède la limite l en a+0, la continuité de f permet d'appliquer le théorème de prolongement dérivable qui asssure alors que l = f'(a), de même à gauche.

8) La preuve est évidente, on note en passant que $f'(x) = -\cos\frac{1}{x} + 2x\sin\frac{1}{x}$ possède une discontinuité de *deuxième espèce* en 0.

9) $x\sin\frac{1}{x}$ for ever.

10) Il suffit de penser que f'(a) = 0 n'entraîne pas que f admet un extremum en 0, on prend alors $f(x) = x^3$.

11) Prendre $F(x) = x^2 + 1$, et remarquer que F ne s'annule jamais.

12) C'est le cas général ! considérons l'exemple simple de $f(x) = Ke^{2x}$, K > 0, f peut être rendue "aussi petite que l'on veut" mais dans tous les cas de figure $f^{(n)}(x) = 2^n f(x)$ tend uniformément vers +∞ sur [0,1].

Lecture supplémentaire : On ne saurait trop recommander l'étude du chapitre un de l'Analyse Fonctionnelle de Riesz et Nagy [RN], qui éclairera chacun des thèmes abordés dans ce chapitre. Il est toutefois conseillé de n'utiliser la preuve du théorème de dérivation presque partout des fonctions monotones que dans le cas des fonctions continues, les explications fournies pour le passage au cas général sont un peu obscures...

EXERCICES

1) Trouver toutes les applications continues f de **R** vers **R+** telles que :
$$\forall (x,y) \in \mathbf{R}^2, f(\frac{x+y}{2}) = \sqrt{f(x)f(y)}.$$

2) Trouver les fonctions f de $C^2(\mathbf{R},\mathbf{R})$ telles que: $f(x)f(y) = \int_{x-y}^{x+y} f(t)dt$.

3) Trouver les fonctions continues f: **R** → **R** telles que, pour tout (x,y) de $\mathbf{R}^2$,
f(x+y) + f(x-y) = 2f(x)f(y) *(intégrer pour dériver)*.

4) Soit f une fonction dérivable de [0,1] dans [0,1] telle que fof = f. Montrer que f est, soit la fonction identité, soit une fonction constante.

5) Touver toutes les applications continues f de **R** dans **R** telles que, pour tout (x,y) de $\mathbf{R}^2$: $f(x+y)f(x-y) = f^2(x)f^2(y)$.

6) Soit f une fonction croissante dérivable de **R+** dans **R**. Si f admet une limite en +∞, en est-il de même pour f' ? Montrer que c'est bien le cas si f est convexe.

7) Déterminer un équivalent en $+\infty$ de $(x+1)^{1/(x+1)} - x^{1/x}$ (utiliser les AF).

8) Soit f une application dérivable f non id. nulle de [0,1] dans **R**, telle qu'il existe M dans **R**$^+$ tel que, pour tout x de [0,1], $|f'(x)| \leq M|f(x)|$. Montrer que f ne s'annule pas sur [0,1].

9) Soit f une application définie au voisinage de 0, continue en 0. Montrer que f est dérivable ssi il existe $\lim_{\substack{h>0 \to 0 \\ k>0 \to 0}} \dfrac{f(h) - f(-k)}{h + k}$. Montrer que ce résultat tombe en défaut si l'on enlève l'hypothèse : $h > 0, k > 0$.

10) Soit f : [a,b] $\to$ **R**, dérivable, telle que f'(a) = f'(b) = 0. Montrer qu'il existe c dans]a,b[tel que $f'(c) = \dfrac{f(c) - f(a)}{c - a}$

11) Montrer que $f : x \to xe^x$ possède une réciproque ϕ C^∞ au voisinage de 0. Donner un développement limité de ϕ à l'ordre 3.

12) Règle de l'Hospital). Soient a < b deux réels, f et g dans $\Delta(]a,b],\mathbf{R})$ telles que : $\lim_{x \to a} f(x) = \lim_{x \to a} g(x) = 0$, g et g' ne s'annulent pas. On suppose que le quotient f'/g' admet la limite l au point a. Montrer que le quotient f/g admet la même limite l au point a.
Application : si $f \in C^1(\mathbf{R}+,\mathbf{R})$ et s'il existe $\lim_{x \to +\infty}(f(x) + f'(x)) = l$, alors il existe $\lim_{x \to +\infty} f(x) = l$.

13) Soit f une application continue de [-1,1] dans **R** telle qu'il existe
$$\lim_{x \to 0} \frac{1}{x}(f(2x) - f(x)).$$
Montrer que f est dérivable en 0.

TD : Fonctions à variation bornée

Soit I un intervalle de **R**, et f une application de I dans **R** (ou dans un evn E pour les premières questions), on dit que f est à *variation bornée* s'il existe un réel M telle que, pour toute subdivision $x_0 < ... < x_n$ à valeurs dans I, on ait

$$S_\sigma = \sum_{u=0}^{n-1} |f(x_{i+1}) - f(x_i)| \leq M.$$ On note alors $V_I(f)$ la borne supérieure des sommes S_σ.

On suppose dans toute la suite que I = [a,b] et que $x_0 = a$, $x_n = b$; f est une fonction donnée, à variation bornée sur [a,b].

a) Prouver qu'une fonction monotone, une fonction lipschitzienne sont à variation bornée, et que les fonctions à variation bornée forment un sev de $F(\mathbf{R},\mathbf{R})$.

b) La fonction $x \to x\sin 1/x$ est-elle à variation bornée sur [0,1] ?

c) Si $c \in]a,b[$, prouver que : $V_{[a,c]}(f) + V_{[c,b]}(f) = V_{[a,b]}(f)$.

d) Montrer que $x \to V_{[a,x]}(f) - f(x)$ est croissante. En déduire que toute fonction à variation bornée est différence de deux fonctions croissantes.

Problème : Régionnement des zéros des polynômes

(Référence principale : [PS] I p.105 à 107).
Soit n un entier ≥ 1. On considère la fonction polynôme complexe de degré n :
$z \to f(z) = z^n + a_1 z^{n-1} + ... + a_n$, avec $a_1,...,a_n$ non tous nuls ; $z_1,...z_n$ désignent les n zéros (distincts ou non) de f, et l'on pose : $R = \max_{1 \leq i \leq n} |z_i|$.

I. Estimations de R

1°) a) Soit r dans $\mathbb{R}^{+*}$ tel que : $r^n \geq |a_1|r^{n-1}+\ldots+|a_n|$. Montrer que $R \leq r$.

b) Prouver : $R \leq \max(1, \sum_{k=1}^{n}|a_k|)$

c) Soient $\lambda_1,\ldots,\lambda_n$ des réels > 0 tels que : $\sum_{k=1}^{n} 1/\lambda_k = 1$. Montrer que :
$$R \leq \max_{1\leq k\leq n}(\lambda_k|a_k|)^{1/k}.$$

d) On suppose ici $a_k \neq 0$ pour tout k. Prouver que $R \leq \max(2|a_1|, 2|\frac{a_2}{a_1}|,\ldots, 2|\frac{a_{n-1}}{a_{n-2}}|, |\frac{a_n}{a_{n-1}}|)$.

e) Prouver enfin que : $R \leq |a_1-1|+|a_2-a_1|+\ldots+|a_{n-1}-a_n|+|a_n|$ (considérer la fonction polynôme $z \to (z-1)f(z)$)

f) On suppose $a_1,\ldots a_n > 0$. Montrer que $R \leq \max(a_1, \frac{a_2}{a_1},\ldots, \frac{a_{n-1}}{a_{n-2}}, \frac{a_n}{a_{n-1}})$.

2°) Montrer que R est inférieur ou égal à chacun des trois réels suivants :

$$\sum_{k=1}^{n}(|a_k|)^{1/k}, \quad \sqrt{1+\sum_{k=1}^{n}|a_k|^2}, \quad \sqrt{1+|a_1-1|^2+|a_2-a_1|^2+\ldots+|a_{n-1}-a_n|^2+|a_n|^2}$$

II. Localisation

On garde les notations de I ; A désigne la matrice compagnon du polynôme f. En appliquant judicieusement le théorème d'Hadamard à la matrice A, montrer que l'ensemble des zéros de f est contenu dans $\overline{D}(0,1) \cup \overline{D}(-a_1; \sum_{k=2}^{n}|a_k|)$. Quel résultat retrouve-t-on ?

III. Localisation et irréductibilité

1°) Soient n dans $\mathbb{N}^*$, Q dans $\mathbb{Z}[X]$ tels que : $Q(n-1) \neq 0$, $Q(n)$ est un entier premier et $\forall z \in \mathbb{C}, Q(z) = 0 \Rightarrow \text{Re}(z) < n - 1/2$. Montrer que Q est irréductible dans $\mathbb{Z}[X]$.

2°) Soit n dans $\mathbb{N}^*$, $a_0,\ldots,a_m$ des entiers éléments de $\{1,\ldots,9\}$, avec $a_m \neq 0$; P le polynôme $a_0+a_1X+\ldots+a_mX^m$. Montrer qu'un zéro ζ de P, de partie réelle positive, vérifie : $2|\zeta| < 1 + \sqrt{37}$.

3°) On considère un entier premier écrit en base 10 : $p = a_m 10^m +\ldots+ a_0$, avec $a_m \neq 0$. Montrer que $P(X) = a_0+a_1X+\ldots+a_mX^m$ est irréductible.

10. Suites récurrentes réelles

Il existe une théorie très développée de la dynamique asymptotique des suites récurrentes réelles données par : $u_0 = a$, $u_{n+1} = f(u_n)$, où f est une application d'un segment $[a,b]$ de $\mathbb{R}$ dans lui-même. Le but de ce paragraphe n'est pas de donner une introduction aux résultats généraux, mais de fournir les idées élémentaires qui guident l'étude des cas simples, et sans l'assimilation desquelles tout exposé plus spécialisé serait inutile. Sur le sujet, on lira aussi avec profit le § 44, où les suites récurrentes jouent un rôle essentiel.

10.1. Usage de la monotonie

Soit, ici et dans la suite, A une partie de **R** et f une fonction *monotone* définie sur A et telle que f(A) soit contenu dans A. Les suites récurrentes données par :
$$u_0 = a, \ u_{n+1} = f(u_n)$$
sont alors correctement définies.

10.1.1. Proposition : *Si f est croissante, la suite récurrente donnée par :*
$$u_0 = a, \ u_{n+1} = f(u_n)$$
est monotone, et si f est décroissante, les suites des termes pairs et impairs de (u_n) *sont monotones.*

En effet, si $u_0 \leq u_1$ on vérifie par récurrence moyennant la croissance de f que (u_n) croît, et décroît lorsque $u_0 \geq u_1$. Maintenant si f est décroissante, fof croît, et le premier point montre que les suites des termes pairs et impairs de u_n sont monotones.

Exemple : Soit (u_n) la suite définie par $u_0 = a \in]0, \pi[$ et la relation : $u_{n+1} = \sin(u_n)$. Comme $I =]0, \pi[$ est stable par le sinus, la suite u_n prend ses valeurs dans I, intervalle sur lequel on a $\sin x < x$. La suite u_n décroît donc vers un point fixe du sinus appartenant à l'adhérence de I, donc (u_n) décroît vers 0.

(Pour un équivalent de (u_n), voir le § 12.3. : Césaro).

10.1.2. Proposition : *Soient f une application croissante continue de l'intervalle I de* **R** *vers* **R**, λ_1, λ_2 *deux points fixes consécutifs de f, et a dans* $]\lambda_1, \lambda_2[$ *; la suite récurrente donnée par :* $u_0 = a, \ u_{n+1} = f(u_n)$ *converge vers* λ_1 *ou vers* λ_2 *selon que le graphe de f est au dessus ou en dessous de la diagonale.*

En effet, l'intervalle $I = [\lambda_1, \lambda_2]$ est stable par f puisque la croissance de f impose, pour tout x de I
$$\lambda_1 = f(\lambda_1) \leq f(x) \leq f(\lambda_2) = \lambda_2$$
La suite (u_n) est monotone et avec ce qui précède elle croît si le graphe de f est au-dessus de la diagonale, et décroît sinon. Sa limite ne peut être, par continuité, qu'un point fixe de f, d'où la conclusion.

Il faut maintenant apprendre à mettre en œuvre par soi-même les principes exposés, par exemple en détaillant l'étude la suite récurrente définie par la donnée de $u_0 = a > 0$ et la relation
$$u_{n+1} = f(u_n) \text{ où } f(x) = \frac{1}{2 - \sqrt{x}} \ .$$

10.2. Stabilité des points fixes

10.2.1. Définition : Soient I un intervalle de **R** et f une application de classe C^1 de I dans I. Un point fixe λ de f est dit *stable* (resp. *quasi-stable, instable*) si l'on a :
$$|f'(\lambda)| < 1 \ (\text{ resp. } |f'(\lambda)| = 1; \ |f'(\lambda)| > 1).$$

10.2.2. Proposition : *Sous les hypothèses de la proposition précédente, soit* (u_n) *une suite récurrente satisfaisant à :*
$$u_0 \in I \text{ et pour tout } n \geq 1, \ u_{n+1} = f(u_n).$$

a) *Si* (u_n) *converge vers le point fixe* $\lambda \in I$ *de* f *et si* λ *est instable,* u_n *stationne à* λ.

b) *Si* λ *est un point fixe stable de* f *il existe un voisinage* V *de* λ *tel que, pour tout* u_0 *de* V, (u_n) *existe et converge vers* λ.

Démonstration : On suppose λ intérieur à I, le cas des extrémités se traite de même.

a) Comme l'existence d'un entier p tel que $u_p = \lambda$ amène $\forall\, n \geq p$, $u_n = \lambda = u_p$, raisonner par l'absurde revient à supposer que, pour tout n, $u_n \neq \lambda$. On introduit alors la suite $v_n = |u_n - \lambda|$. Puisque f est de classe C^1, il existe un réel $\alpha > 0$ tel que, pour tout x de $[\lambda - \alpha, \lambda + \alpha]$ on ait $|f'(x)| \geq 1$. (u_n) converge vers λ donc on peut trouver un entier N tel que, pour tout $n \geq N$, $u_n \in [\lambda - \alpha, \lambda + \alpha]$. De là, pour tout $n \geq N$, moyennant l'égalité des accroissements finis :

$$v_{n+1} = |u_{n+1} - \lambda| = |f'(c)|\,|u_n - \lambda| \geq |u_n - \lambda|$$

ce qui montre que la suite strictement positive v_n croît à partir du rang N et donc ne converge pas vers 0, contrairement à l'hypothèse.

b) Fixons un réel k tel que $|f'(\lambda)| < k < 1$. La continuité de f' entraîne qu'il existe un réel $\alpha > 0$ tel que, pour tout x de $[\lambda - \alpha, \lambda + \alpha]$ on ait $|f'(x)| \leq k$. Par l'inégalité des accroissements finis, f est alors k — lipschitzienne sur $J = [\lambda - \alpha, \lambda + \alpha]$, en particulier, pour tout x du dit :

$$|f(x) - f(\lambda)| \leq k|x - \lambda| \leq \alpha$$

donc J est stable par f.

Choisissons u_0 dans J. Une récurrence simple amène alors, pour tout n de N, l'inégalité

$$|f(u_n) - f(\lambda)| \leq k^n |u_0 - \lambda| \leq \alpha$$

et la suite (u_n) converge vers λ.

Exercice : Étudier la stabilité des points fixes de $f(x) = \alpha x(x - 1)$ sur $[0,1]$ lorsque α décrit $[0,4]$. Étudier les suites récurrentes correspondantes lorsque λ est dans $[0, 2+\sqrt{2}]$.

Question : Peut-on trouver une fonction continue f de **R** vers **R** telle que la suite récurrente $u_{n+1} = f(u_n)$ converge pour une valeur initiale u_0 et une seule ?

10.3. Théorème du point fixe

10.3.1. Théorème : *Soit A une partie fermée non vide de* **R**, f *une application de* A *dans* **R**. *Si* f(A) *est contenue dans* A *et si* f *est strictement contractante,* f *possède un point fixe unique* λ *dans* A. *De plus la suite récurrente donnée par* :

$$u_0 = a \in A, \; u_{n+1} = f(u_n)$$

converge vers λ.

Nous renvoyons au § 8 sur le point fixe pour les détails et exemples. Il convient de ne pas oublier le § 44 (analyse numérique) qui fournit, sous de bonnes hypothèses, un équivalent de la suite $u_n - \lambda$.

Remarque : de façon générale, l'étude du § 44 permet d'enrichir considérablement les leçons sur les suites récurrentes réelles. Ainsi, la méthode de Newton fournit d'intéressants exemples de suites récurrentes.

— Il faut aussi de revoir les *suites récurrentes homographiques,* dont la nature est donné par la réduction des homographies du plan complexe, et les suites récurrentes linéaires à coefficients constants. On rappelle le fait que les suites récurrentes linéaires complexes satisfaisant à la relation :

$$u_{n+p} = a_{p-1}u_{n+p-1} + a_{p-2}u_{n+p-2} + \ldots + a_0 u_n \quad (E) \quad (a_0,\ldots,a_p \text{ fixés})$$

forment un C-ev S de dimension finie p. Dans le cours de mathématiques générales il est prouvé que :

Théorème : *Soient $\rho_1,\ldots,\rho_r$ les racines de l'équation caractéristique associée à (E) et $a_1,\ldots,a_r$ leurs multiplicités respectives. Les suites*

$$\rho_1^n,\ldots,n^{a_1-1}\rho_1^n,\ldots, \rho_r^n,\ldots,n^{a_r-1}\rho_r^n$$

forment une base de S (étant entendu que, si $\rho = 0$, on selectionne les a_1 suites $(1,0,0,\ldots),\ldots(0,\ldots 0,1,0,\ldots)$).

(C'est une application de la décomposition des noyaux).

EXERCICES

1) Soient a_0 et b_0 deux réels > 0, avec $a_0 < b_0$. On définit deux suites récurrentes a_n et b_n par : $a_{n+1} = \sqrt{a_n b_n}$ et $b_{n+1} = 1/2(a_n+b_n)$. Montrer que ces deux suites sont adjacentes. (on utilisera l'inégalité $0 \le b_{n+1} - a_{n+1} \le b_{n+1} - a_n \le 1/2(b_n - a_n)$). Construction géomètrique ?

2) Soit (a_n) une suite réelle telle qu'il existe $\lim a_{n+1}-a_n = 0$.
a) Montrer que l'ensemble des valeurs d'adhérence de la suite (a_n) est dans un intervalle. (introduire α, la limite supérieure de la suite, β sa limite inférieure, prendre γ dans $]\alpha,\beta[$ et noter qu'il y a des termes d'indices arbitrairement grands dans $]\alpha,\gamma]$ et $[\gamma,\beta[$, et que l'on passe d'un terme à l'autre par des sauts de plus en plus petits, ce qui permet d'introduire des termes d'indices aussi grands que l'on veut dans tout voisinage de γ).
b) Soit f une application continue de $[0,1]$ dans $[0,1]$, soient u_0 dans $[0,1]$ et u_n la suite récurrente définie par la donnée de u_0 et la relation de récurrence : $u_{n+1} = f(u_n)$. Montrer que la suite u_n converge ssi $u_{n+1}-u_n$ tend vers 0. On commencera par prouver que toute valeur d'adhérence de u_n est un point fixe de f (ce qui n'est pas toujours le cas pour une suite récurrente !).
c) "Toutes les suites" sont-elles de la forme $u_{n+1} = f(u_n)$ avec f continue ?
d) Une valeur d'adhérence d'une suite récurrente donnée par : $u_0 = a$, $u_{n+1} = f(u_n)$ est-elle toujours un point fixe de f ?

Problème

(Réf. : RMS 92-93, n°8, rubrique "questions et réponses").

A) *Un critère de convergence général.*
Dans toute la suite, f désigne une application continue de $[0,1]$ dans $[0,1]$, x_0 est un point de $[0,1]$, (x_n) la suite récurrente donnée par $x_{n+1} = f(x_n)$. On dit que f possède un cycle d'ordre deux s'il existe deux éléments distincts a et b de $[0,1]$ échangés par f, c'est-à-dire tels que $f(a) = b$ et $f(b) = a$.

Dans tout ce qui suit, on suppose que f ne possède aucun cycle d'ordre 2. Le but du problème est de prouver qu'alors x_n converge quelle que soit la donnée de x_0. (Comme une application f qui possède un cycle d'ordre deux donne naissance à une suite divergente, on dispose d'une CNS universelle de convergence pour toute donnée initiale sur [0,1].)

Etant donné un élément m de $\mathbb{N}^*$ on note (H_m) l'ensemble des propriétés suivantes :
$$\forall c \in [0,1]\ f(c) < c \Rightarrow f^m(c) < c$$
$$\forall c \in [0,1]\ f(c) > c \Rightarrow f^m(c) > c$$
$$\forall c \in [0,1]\ f(c) = c \Leftrightarrow f^{m+1}(c) = c\ .$$

1°) Prouver que (H_1) est vraie.

On suppose dans les questions 2 à 5 que (H_m) est vraie (où m est fixé dans $\mathbb{N}^*$).

2°) Dans cette question on suppose qu'il existe $c \in [0,1]$ tel que $f^{m+1}(c) < c$ et $f(c) > c$. Prouver qu'il existe $d \in [0,c]$ tel que $f^{m+1}(d) = d$ et $\forall x \in\ ]d,c]$, $f^{m+1}(x) < x$. Comparer $f(x)$ puis $f^m(x)$ à x sur $]c,d[$, en conclure que la situation évoquée ne peut se produire.

3°) Prouver que, pour tout c de [0,1], $f^{m+1}(c) > c \Rightarrow f(c) > c$.

4°) Démontrer que, pour tout c de [0,1], $f(c) < c \Rightarrow f^{m+1}(c) < c$ et $f(c) > c \Rightarrow f^{m+1}(c) > c$

5°) En déduire enfin que H_m est vraie pour tout m (si $f^{m+2}(c) = c$ et par exemple $f(c) > c$, on montrera que $d = f^{m+1}(c)$ vérifie $c < d < f(c)$ puis l'on introduira
$$e = \inf\{x \mid c \leq x \leq d \text{ et } f(x) = d\}).$$

6°) On suppose que (x_n) diverge. Montrer que les ensembles $\{i \in \mathbb{N} \mid x_i > x_{i+1}\}$ et $\{j \in \mathbb{N} \mid x_j < x_{j+1}\}$ sont tous deux infinis. Étudier, à l'aide de (H_m), les suites extraites corespondantes. En déduire que x_n possède exactement deux valeurs d'adhérence.

7°) Conclure à la convergence de x_n.

8°) Prouver que, si f possède un cycle d'ordre p, f possède un cycle d'ordre 2.

9°) Appliquer ce qui précède lorsque $I = [0,1]$ et $f(x) = \lambda x(1 - x)$, $\lambda \in [0,4]$.

B) Dans tout le B) il est supposé que la suite x_n converge pour tout x_0 de [0,1].

On recherche alors une CNS pour que la suite f^n converge uniformément sur [0,1].

1°) a) Soit X_n une suite décroissante de compacts d'un espace métrique (E,d) et X leur intersection. Montrer que, si Ω est un ouvert de E qui contient X, Ω contient X_n à partir d'un certain rang.

b) Soit g une application continue de l'espace compact X dans lui-même. Soit Y l'intersection des ensembles $g^n(X)$. Montrer que $g(Y) = Y$. Donner un contre-exemple lorsque X n'est plus supposé compact.

2°) On suppose dans cette question que la suite f^n converge uniformément sur [0,1], soit h sa limite. Montrer que l'ensemble des points fixes de f est l'image de h. En déduire que

l'ensemble des points fixes de f est un intervalle.

3°) On suppose cette fois que l'ensemble des points fixes de f est un intervalle.

a) Montrer que l'intersection des $f^n([0,1])$ est un intervalle [a,b] et que $f([a,b]) = [a,b]$.

b) Prouver que tout élément de [a,b] est un point fixe de F (dans le cas contraire, on cherchera à construire un 2-cycle)

c) Montrer que la suite f^n converge uniformément. (On montrera qu'elle est uniformément de Cauchy.)

11. Formules de Taylor

Les formules de Taylor présentées ici sont relatives aux fonctions d'une variable réelle ; le cas des fonctions de plusieurs variables est traité dans le § 31, et au § 32 l'application qui en est faite à la recherche d'extremum (ces applications doivent être mentionnées dans la leçon "différente formules de Taylor..."). L'analyse numérique fait aussi grand usage des formules de Taylor, cf. les § 44, 45.

Données : dans tous les cas de figure, on dispose d'un intervalle I de $\mathbf{R}$, d'une fonction à but vectoriel (normé) n fois dérivable au point a de I (n entier ≥ 1) et l'on souhaite estimer de diverses façons la différence

$$R_n(f,a,x) = f(x) - f(a) - \sum_{k=1}^{n} \frac{f^{(k)}(a)}{k!} (x-a)^k$$

entre f et son polynôme de Taylor. Les motivations sont variées, nous en exposerons un certain nombre avec chaque formule.

11.1. Le reste de Lagrange (but réel)

11.1.1. Théorème : *Soit* [a,b] *un segment de* $\mathbf{R}$, *avec* a < b, *et soit f une application de classe* C^n *de* [a,b] *dans* $\mathbf{R}$, n+1 *fois dérivable sur*]a,b[. *Il existe alors un point* c *de*]a,b[*tel que*

$$f(b) = f(a) + \sum_{k=1}^{n} \frac{f^{(k)}(a)}{k!} (b-a)^k + \frac{f^{(n+1)}(c)}{(n+1)!} (b-a)^{n+1} .$$

Démonstration : Bien noter l'analogie des hypothèses avec celles du théorème de Rolle. Cela fait, introduisons la fonction obtenue en "faisant varier a " :

posons pour x dans [a,b] $\phi(x) = f(b) - f(x) - \sum_{k=1}^{n} \frac{f^{(k)}(x)}{k!} (b-x)^k - A \frac{(b-x)^{n+1}}{(n+1)!}$

où A est choisi de sorte que $\phi(a) = 0$. La fonction ϕ est continue sur [a,b] et dérivable sur]a,b[. Dérivons ϕ, les termes s'annulent deux à deux, et l'on trouve :

$\phi'(x) = - f'(x) + f'(x) - (b-x)f''(x) + (\frac{(b-x)^2}{2})'f''(x) + \frac{(b-x)^2}{2} f'''(x) - \ldots$

$= - \frac{(b-x)^n}{n!} [f^{(n+1)}(x) - A]$.

Comme la fonction ϕ satisfait aux hypothèses du théorème de Rolle, nous pouvons trouver c dans]a,b[tel que $\phi'(c) = 0$; de là $f^{(n+1)}(c) = A$. On réécrit alors $\phi(a) = 0$ pour trouver exactement l'égalité de Taylor-Lagrange. QED.

Remarques :
– *a posteriori*, la restriction : a < b n' a pas d'importance.
– Il s'agit d'une égalité différentielle donc d'un théorème *spécifique* du but réel.
– L'égalité de Lagrange *ne* montre *pas* que le reste tend vers 0 (sauf si l'on suppose $f^{(n+1)}$ bornée), ce que nous verrons avec des hypothèses plus faibles dans le cas de la formule d'Young.

11.1.2. Formule de Mac-Laurin : Il s'agit d'une écriture particulière de la formule de Taylor en 0, souvent agréable pour les développements en série entière. Sous les hypothèses du théorème, il existe un nombre θ dans $]0,1[$ tel que

$$f(x) = f(0) + \sum_{k=1}^{n} \frac{f^{(k)}(0)}{k!} x^k + \frac{f^{(n+1)}(\theta x)}{(n+1)!} x^{n+1}.$$

11.1.3. Applications :
1) *Inégalités entre dérivées.*
a) Soit f dans $C^2(\mathbf{R},\mathbf{R})$. Pour k dans $\{0,1,2\}$ on pose $M_k = \sup|f^{(k)}(x)|$. Alors
$$M_1 \leq \sqrt{2M_0 M_2}$$

Preuve : Pour tout (x,h) de $\mathbf{R} \times]0,+\infty[$ on a

$$f(x+h) = f(x) + hf'(x) + \frac{h^2}{2} f''(x + \theta_1 h) \quad (\theta_1 \in]0,1[)$$

et

$$f(x-h) = f(x) - hf'(x) + \frac{h^2}{2} f''(x - \theta_2 h) \quad (\theta_2 \in]0,1[).$$

De là :

$$2hf'(x) = (f(x+h) - f(x-h)) + \frac{h^2}{2} [f''(x - \theta_2 h) - f''(x + \theta_1 h)].$$

On en déduit :

$$|f'(x)| \leq \frac{M_0}{h} + \frac{h}{2} M_2$$

Déjà, f' est bornée. On cherche maintenant le minimum de l'application

$$h \to \frac{M_0}{h} + \frac{h}{2} M_2 \, ;$$

une simple étude de fonction montre que dernier est atteint pour $h = \sqrt{\frac{2M_0}{M_2}}$ et il suffit de remplacer h par sa valeur pour obtenir $|f'(x)| \leq \sqrt{2M_0 M_2}$.

b) Soit f une fonction de classe C^{n+1} de $\mathbf{R}$ dans $\mathbf{R}$. Si f et $f^{(n+1)}$ sont bornées, toutes les dérivée intermédiaires f',..., $f^{(n)}$ sont aussi bornées.

L'idée de la preuve que nous allons donner est d'exploiter l'équivalence des normes en dimension finie. Pour a dans $\mathbf{R}$ et x dans $[0,1]$ écrivons

$$f(a+x) - f(a) - \frac{f^{(n+1)}(c)}{(n+1)!} x^{n+1} = \sum_{k=1}^{n} \frac{f^{(k)}(a)}{k!} x^k = P_a(x) \, , \, c \in]a, a+x[.$$

Le membre de gauche est une fonction bornée sur $\mathbf{R}$, mettons par M. Les polynômes $P_a(x)$ forment donc une famille bornée (par M) de $\mathbf{R}_n[X]$ pour la norme $\| \ \|_\infty$ donnée par $\|P\|_\infty = \sup|P(x)|, x \in [0,1]$. $\mathbf{R}_n[X]$ est de dimension finie, $\| \ \|_\infty$ est de ce fait équivalente à la norme $\| a_n X^n + ... + a_1 X + a_0 \| = \max(|a_0|,...,|a_n|)$; il existe donc une constante C telle que, pour tout a de $\mathbf{R}$, $\|P_a(X)\| \leq CM$, ce qui montre que les $\frac{f^{(k)}(a)}{k!}$ sont bornés sur $\mathbf{R}$.

2) *Pour tout x réel positif* : $e^x > 1+x+\ldots+x^n/n!$.
Il suffit d'appliquer la formule de Mac-Laurin en 0 :
$$e^x = 1 + \frac{x}{1!} + \frac{x^2}{2!} + \ldots + \frac{x^n}{n!} + \frac{x^{n+1}}{(n+1)!} e^{\theta x}, \theta \in [0,1]$$
et le reste est > 0.

Remarques :

i) On déduit de l'inégalité précédente que, pour tout entier $n \geq 1$, $x^{n-1} = o(e^x)$ en $+\infty$, ce qui permet de retrouver les règles usuelles de domination des fonctions x^n, e^x et $(\ln x)^p$ (par changement de variable) en $+\infty$.

ii) Comme $e^{\theta x}$ est bornée par e^x, le reste de Taylor tend vers 0 et l'on retrouve le développement de e^x en série entière (de même pour $x \leq 0$).

3) *Développement en série entière des fonctions absolument monotones.*
Soient I un intervalle ouvert de $\mathbf{R}$, f une fonction de classe C^∞ de I dans $\mathbf{R}$ positive ainsi que toutes ses dérivées. Alors f est analytique.

Preuve : Nous allons montrer que, pour a dans I, et h assez petit, le reste de Taylor -Lagrange de f en a tend vers 0. Soit $r > 0$ tel que $a - r \in I$ et $a + 2r \in I$. On a

$$f(a+2r) = f(a+r) + \sum_{k=1}^{n} \frac{f^{(k)}(a+r)}{k!} r^k + \frac{f^{(n+1)}(d)}{(n+1)!} r^{n+1}, \ a+r < d < a+2r .$$

Les termes de la somme sont tous positifs. On en déduit que la suite $\frac{f^{(n+1)}(d)}{(n+1)!} r^{n+1}$ est *bornée*. Du fait que $f^{(n+1)}$ est croissante et positive il vient pour tout c de $]a-r,a+r[$

$$0 \leq \frac{f^{(n+1)}(c)}{(n+1)!} \leq \frac{f^{(n+1)}(d)}{(n+1)!} \leq M r^{-n-1},$$

donc si $|h| < r$, le reste de Taylor entre a et a+h, soit $\frac{f^{(n+1)}(c)}{(n+1)!} h^{n+1}$ est borné par $M(\frac{|h|}{r})^{n+1}$ et de ce fait tend vers 0. La suite $f(a) + \sum_{k=1}^{n} \frac{f^{(k)}(a)}{k!} h^k$ converge ainsi vers $f(a+h)$, et f est analytique.

Remarque : La preuve fournit une estimation du rayon de convergence R de la série de Taylor de f en a : tant que $r > 0$ et $a+2r \in I$, r minore R.

Exercice : (d'après l'American Monthly) : existe-t-il un nombre $c > 0$ tel que toutes les dérivées de la fonction $x \rightarrow x^x$ soit positives pour $x \geq c$?

11.2. L'inégalité de Taylor-Lagrange

11.2.1. Théorème : *Soit [a,b] un segment de $\mathbf{R}$, avec $a < b$, et soit f une application de classe C^n de [a,b] dans l'espace vectoriel normé E, n+1 fois dérivable sur]a,b[et telle que, pour tout* $t \in]a,b[$, $\|f^{(n+1)}(t)\| \leq M$. *Alors*

$$\| f(b) - f(a) - \sum_{k=1}^{n} \frac{f^{(k)}(a)}{k!} (b-a)^k \| \leq M \frac{(b-a)^{n+1}}{(n+1)!}.$$

Démonstration : Reprenons la fonction $g(x) = f(b) - f(x) - \sum_{k=1}^{n} \frac{f^{(k)}(x)}{k!}(b-x)^k$

g est continue sur [a,b] et la norme de sa dérivée sur]a,b[est majorées par $M\frac{(b-x)^n}{n!}$

Introduisons la fonction $h(x) = -M\frac{(b-x)^{n+1}}{(n+1)!}$. Pour tout t de]a,b[on a $\|g'(t)\| \leq h'(t)$; et l'application de l'inégalité (9.5.1.) des accroissements finis à g et h donne
$$\|g(b) - g(a)\| \leq h(b) - h(a)$$
d'où la conclusion.

11.3. Le reste intégral

11.3.1. Théorème : *Soit [a,b] un segment de* **R**, *avec* a < b, *et soit f une application de classe* C^{n+1} *de [a,b] dans l'espace vectoriel normé* E, *on a*
$$f(b) = f(a) + \sum_{k=1}^{n} \frac{f^{(k)}(a)}{k!}(b-a)^k + \frac{1}{n!}\int_a^b (b-t)^n f^{(n+1)}(t)dt$$

Démonstration : On reprend encore $g(x) = f(b) - f(x) - \sum_{k=1}^{n} \frac{f^{(k)}(x)}{k!}(b-x)^k$ qui est cette fois de classe C^1 sur [a,b], donc égale à l'intégrale de sa dérivée, comme
$$g'(x) = -\frac{(b-x)^n}{n!} f^{(n+1)}(x)$$
il suffit d'écrire
$$g(b) - g(a) = \int_a^b g'(t)dt \quad . \text{ QED.}$$

11.3.2. Application : *Le théorème de Bersntein* pour les développements en série entière. Soit a un nombre réel > 0 et f une fonction de classe C^∞ de [-a,a] dans **R**. Si, pour tout n de **N**, la fonction $f^{(2n)}$ est positive, f est développable en série entière sur l'intervalle]-a,a[.

Preuve : Premier cas : On suppose que est f paire. Nous convenons dans ce premier cas de noter g (au lieu de f) la fonction étudiée.
Chaque dérivée $g^{(2n+1)}$ est impaire et croissante, d'où $g^{(2n+1)}(0) = 0$ et par la formule de Taylor avec reste intégral, pour $x \geq 0$ nous obtenons

$$g(x) = g(0) + \ldots + \frac{g^{(2n)}(0)}{(2n)!}x^{2n} + I_n(x), \text{ où } I_n(x) = \int_0^x \frac{(x-t)^{2n+1}}{(2n+1)!} g^{(2n+2)}(t)dt \geq 0 \quad .$$

Notons alors que $\frac{x-t}{a-t}$ décroît (dérivée). En écrivant $x-t = \frac{x-t}{a-t}(a-t) \leq \frac{x}{a}(a-t)$ il vient

$$0 \leq I_n(x) \leq (\frac{x}{a})^n \int_0^x \frac{(a-t)^{2n+1}}{(2n+1)!} g^{(2n+2)}(t)dt \leq (\frac{x}{a})^n I_n(a) \leq (\frac{x}{a})^n g(a) \quad .$$

Ainsi $I_n(x)$ tend vers 0 sur $[0,a[$. Comme I_n est paire par différence (I_n est le reste de Taylor de g) il en est de même sur $]-a,0]$ et donc la série de Taylor de g converge vers g.

Deuxième cas : f quelconque. Introduisons la fonction paire $g(x) = f(x) + f(-x)$, ainsi $g^{(2n)}(x) = f^{(2n)}(x) + f^{(2n)}(-x) \geq f^{(2n)}(x) \geq 0$, et en particulier $g^{(2n)}(0) = 2f^{(2n)}(0)$.

Écrivons alors pour $x \in]-a,a[$ $\quad f(x) = f(0) + \ldots + \dfrac{f^{(2n+1)}(0)}{(2n+1)!} x^{2n+1} + J_n(x)$ où

$$0 \leq J_n(x) = \int_0^x \dfrac{(x-t)^{2n+1}}{(2n+1)!} f^{(2n+2)}(t)dt \leq I_n(x) \ .$$

Il en résulte déjà que $J_n(x)$ tend vers 0, mais *on ne peut en déduire pour l'instant que la série de Taylor de* f *converge vers* f : nous n'avons établi que la convergence des *sommes d'ordre impair* de la série de Taylor de f.

Pour conclure correctement il suffit de noter que $2\dfrac{f^{(2n)}(0)}{(2n)!} x^{2n} = \dfrac{g^{(2n)}(0)}{(2n)!} x^{2n}$; ce dernier terme tend vers 0 d'après le premier cas, donc la différence entre les sommes d'ordre pair et celles d'ordre impair tend vers 0, ce qui achève cette fois la preuve.

Illustration : La dérivée $1 + \text{tg}^2(x)$ de la fonction tgx remplit les conditions du théorème sur $]-\pi/2,\pi/2[$. On en déduit que tgx est développable en série entière sur $]-\pi/2,\pi/2[$.

11.4. La formule de Young

11.4.1. Théorème : *Si* f *est une fonction de l'intervalle* I *de* **R** *dans l'espace vectoriel normé* E, n *fois dérivable au point* a, *on a*

$$f(x) = f(a) + \sum_{k=1}^n \dfrac{f^{(k)}(a)}{k!} (x-a)^k + o((x-a)^n).$$

Démonstration : Cette fois, l'idée est d'utiliser une récurrence (l'ordre 1 est la dérivabilité) et le reste de Taylor : f est n -1 fois dérivable sur un voisinage de a et la dérivée de

$$R_n(f,a,x) = f(x) - f(a) - \sum_{k=1}^n \dfrac{f^{(k)}(a)}{k!} (x-a)^k$$

est

$$R_{n-1}(f',a,x) = f(x) - f(a) - \sum_{k=1}^n \dfrac{f^{(k)}(a)}{(k-1)!} (x-a)^{k-1} \ .$$

Appliquons l'hypothèse de récurrence : Soit $\varepsilon > 0$ il existe $\alpha > 0$ tel que, pour tout x de $]a-\alpha,a+\alpha[$ on ait $\| R_{n-1}(f',a,x) \| \leq \varepsilon |x - a|^{n-1}$. Prenons par exemple $x \geq a$ et considérons la fonction $g(x) = \varepsilon \dfrac{(x-a)^n}{n}$. Les fonctions $t \to R_n(f,a,t)$ et $g(t)$ vérifient les conditions d'application du théorème des accroissements finis, donc

$$\| R_n(f,a,x) - R_n(f,a,a) \| \leq g(x) - g(a)$$

ce qui se traduit par $\| R_n(f,a,x) \| \leq \varepsilon \dfrac{(x-a)^n}{n}$.

La preuve est la même lorsque $x < a$. QED.

11.4.2.: Applications :

1) *Développements limités.*
La formule d'Young fournit un développement limité au voisinage du point. Il faut comprendre qu'il s'agit — au contraire de la formule de Lagrange — *d'un résultat local*, qui ne donne que des renseignements sur les limites.

2) *Une approximation des dérivées secondes* : soit f une fonction à valeurs dans un evn E, définie au voisinage du réel a, deux fois dérivable au point a. On veut étudier la limite en 0 du rapport

$$\frac{f(a+h) + f(a-h) - 2f(x)}{h^2}$$

C'est f''(a) : il suffit d'écrire

$$f(a+h) = f(x) + hf'(a) + \frac{h^2}{2} f''(a) + o(h^2)$$

et

$$f(a-h) = f(x) - hf'(a) + \frac{h^2}{2} f''(a) + o(h^2)$$

Remplaçons dans le quotient : $\dfrac{f(a+h) + f(a-h) - 2f(x)}{h^2} = f''(a) + o(1)$.

(Ce résultat est souvent utilisé pour le calcul approché des dérivées secondes.)

Ordre des zéros des fonctions C$^\infty$

Soit f une fonction C$^\infty$ de l'intervalle I de **R** dans **R**, et a un zéro de f. On dit que a est *d'ordre infini* si toutes les dérivées de f s'annulent au point a. Sinon, a est dit *d'ordre fini* et le plus petit entier p tel que $f^{(p)}(a)$ soit $\neq 0$ est appelé *ordre* de a.

11.4.3. Proposition : *Tout zéro de f d'ordre fini est isolé.*

Démonstration : Écrivons la formule d'Young en a soit

$$f(x) = f(a) + \sum_{k=1}^{p} \frac{f^{(k)}(a)}{k!} (x-a)^k + \varepsilon(x)(x-a)^p$$

où $\varepsilon(x)$ tend vers 0 en a. Par hypothèse, toutes les dérivées de f a sont nulles sauf la p-ième et l'on peut écrire :

$$f(x) = (x-a)^p \left(\frac{f^{(p)}(a)}{p!} + \varepsilon(x)\right)$$

On choisit alors $\alpha > 0$ tel que, pour tout x de $]a-\alpha, a+\alpha[$ on ait $|\varepsilon(x)| < |\dfrac{f^{(p)}(a)}{p!}|$ et il est clair que a est le seul zéro de f sur $]a-\alpha, a+\alpha[$.

Corollaire : *Si f possède une infinité de zéros dans le compact* [a,b], *il en est au moins un qui est d'ordre infini.*

Preuve : Dans le cas contraire, on disposerait d'un sous-ensemble discret, infini et fermé dans le compact [a,b], ce qui est impossible d'après le théorème de Bolzano-Weierstrass.

Lectures supplémentaires : Demailly [DE] pour la formule d'Euler-Mac laurin, voir aussi [BFVR].

EXERCICES

1) Écrire explicitement la formule de Taylor-Lagrange pour $f(x) = \ln(1+x)$ à l'orde n est 0. En déduire la limite quand n tend vers $+\infty$ de $\sum_{k=1}^{n}(-1)^{k-1}/k$.

2) On suppose f de classe C^{n+2} de $[-\alpha,\alpha]$ dans $\mathbf{R}$, avec $f^{(n+2)}$ jamais nulle. Étudier la limite en 0 du terme θ_x de la formule de Mac-Laurin de f à l'ordre n.

3) Soient a un réel > 0, f dans $C^2([-a,a],\mathbf{R})$. Pour k dans $\{0,1,2\}$ on pose $M_k = \sup|f^{(k)}(x)|$. Montrer que, pour tout x de $[-a,a]$, $|f'(x)| \leq \frac{1}{a}M_0 + (x^2 + a^2)\frac{M_2}{2a}$. En déduire que, Si ϕ est une fonction bornée de classe C^2 de $\mathbf{R}$ dans $\mathbf{R}$, $M_1 \leq \sqrt{M_0 M_2}$, (M_k étant cette fois relatif à ϕ).

Problème

Notations : dans tout ce qui suit, f est une fonction de classe C^2 de $\mathbf{R}$ dans $\mathbf{R}$, m est un nombre entier ≥ 1, et E_m l'espace vectoriel des polynômes réels de degré $\leq m$, muni de son unique topologie d'evn de dimension finie.

Définitions : On dit que la fonction g de $A_m = C^m(\mathbf{R},\mathbf{R})$ est *m-plate* sur la partie P de $\mathbf{R}$ lorsque : $\forall x \in P$, $g(x) = \ldots g^{(m)}(x) = 0$, lorsque g est de classe C^∞ est m-plate sur P pour tout m on dit que f est *plate* sur P.

I. Lemme de Silov

Soient ϕ et φ dans A_m ; lorsque g est C^m au voisinage du point a de $\mathbf{R}$, $T(g,m,a)$ désigne le polynôme de Taylor d'ordre m de g au point a ; on note enfin P_a le polynôme $T(\varphi, m, a)$ lorsque a est dans Ω, et l'on pose $P_a = T(\phi,m,a)$ lorsque $a \in F$.
$P_a(x)$ est noté : $f_0(a) + f_1(a)x + \ldots + f_m(a)x^m$.
On suppose, dans tout le I, que $a \to P_a$ est une application de continue de $\mathbf{R}$ dans E_m. Sous les hypothèses faites, nous allons obtenir que *f_0 est de classe C^m sur $\mathbf{R}$, de polynôme $T(f_0,m, a) = P_a$ sur $\mathbf{R}$*.

1°) On suppose ici m=1
a) On fait l'hypothèse : f_1 est identiquement nulle. Montrer que f_0 est constante (on distinguera les cas : $a \in \Omega$, a est un point a isolé de F, est un point d'accumulation de F DESSIN !).
b) Conclure dans le cas m = 1.
2°) Démontrer le résultat anoncé pour tout $m \geq 2$ (Lemme de Silov).

II. Théorème de Glaeser

Le but final et de prouver le résultat suivant : *Si f est 2-plate sur l'ensemble v(f) de ses zéros, la fonction $\sqrt{f}$ est de classe C^1*.

1°) (Lemme de Malgrange) On suppose : $g \in A_2$, g positive, $g(0) = g'(0) = g''(0) = 0$, et pour tout x de $[-2c, 2c]$: $|g''(x)| \leq M$
a) Montrer que, pour tout x de $[-c,c]$, $|g'(x)| \leq Mc$
b) En déduire, sur $[-c,c]$: $g'^2(x) \leq 2Mg(x)$ (On commencera par prouver que le trinôme $f(x) + tf'(x) + t^2/2 M$ est positif pour *tout* t réel).

2°) Conclure en appliquant la partie I que f est de classe $\sqrt{f}$ est de classe C^1.

12. Fonctions convexes

12.1. Définition. Inégalités de convexité

12.1.1. Définition : Une fonction f de l'intervalle I de **R** dans **R** est dite *convexe* si, pour tout x,y de I, et tout λ de [0,1], on a : $f(\lambda x + (1-\lambda)y) \leq \lambda f(x) + (1-\lambda)f(y)$.

– f est dite *strictement convexe* si l'inégalité précédente est stricte dès que x < y et $0 < \lambda < 1$.

– On dit que f est *concave* si -f est convexe, les résultats démontrés ici s'appliquent avec les modifications nécessaires (sens des inégalités...) aux fonctions concaves.

Rappelons que la convexité d'une fonction se lit sur la partie du plan située au-dessus du graphe de f, l'*épigraphe* de f : épi(f) = $\{(x,y) \in I \times \mathbf{R} \mid f(x) \leq y\}$; f est convexe ssi épi(f) est une partie convexe du plan. La stricte convexité correspond au fait que le graphe de f ne contient pas trois points distincts alignés.

Vérifiez-le analytiquement ! De façon générale, l'étude des fonctions convexes est un excellent apprentissage de l'une des méthodes de découverte fondamentale en mathématiques : s'appuyer sur un dessin pour informer et guider une preuve. Il est indispensable de savoir passer d'une constatation géométrique à une démonstration d'analyse logiquement sans faille ; ce n'est pas toujours simple, il faut s'y exercer longuement.

12.1.2. Premières propriétés :

– La somme de deux fonctions convexes, le produit d'une fonction convexe par un scalaire positif sont des fonctions convexes (mais les fonctions convexes ne forment pas un espace vectoriel).

– La *borne supérieure* d'une famille majorée de fonctions convexes est convexe.

Nous disposons d'abord de l'inégalité fondamentale suivante :

12.1.3. Théorème : *Si f est une fonction convexe de I dans* **R**, *si* $x_1,...,x_n$ *sont dans I et si les réels positifs* $\lambda_1,..., \lambda_n$ *vérifient* $\lambda_1+...+\lambda_n = 1$, *nous avons* :
$$f(\lambda_1 x_1+...+\lambda_n x_n) \leq \lambda_1 f(x_1)+...+\lambda_n f(x_n).$$

Démonstration : Par récurrence sur n. le résultat, pour n = 2, vient de la définition de la convexité de f. supposons alors la proposition vraie de n, et donnons-nous n+1 scalaires positifs $\lambda_1,...,\lambda_{n+1}$ tels que $\lambda_1+...+\lambda_{n+1} = 1$. Si l'un des λ_i est nul, l'hypothèse de récurrence s'applique ; sinon $\lambda_1 > 0,...,\lambda_{n+1} > 0$ et l'on introduit

$$\alpha = \lambda_1+...+\lambda_n > 0 \ (1-\alpha = \lambda_{n+1}) \text{ puis } x = \frac{\lambda_1 x_1+...+\lambda_n x_n}{\alpha}.$$

Par convexité de f
$$f(\alpha x+(1-\alpha)x_{n+1}) \leq \alpha f(x) + (1-\alpha)f(x_{n+1})$$
ce qui s'écrit
$$f(\lambda_1 x_1+...+\lambda_{n+1} x_{n+1}) \leq \alpha\, f((\lambda_1 x_1+...+\lambda_n x_n)/\alpha)+\lambda_{n+1}f(x_{n+1}).$$

Appliquons l'hypothèse de récurrence à $f((\lambda_1 x_1+\ldots\lambda_n x_n)/\alpha)$, ce qui est licite puisque la somme des λ_i/α est 1, nous obtenons

$$\alpha\, f((\lambda_1 x_1+\ldots\lambda_n x_n)/\alpha) \leq \alpha(\lambda_1/\alpha)f(x_1)+\ldots+ (\lambda_n/\alpha)f(x_n)) = \lambda_1 f(x_1)+\ldots+\lambda_n f(x_n),$$

finalement

$$f(\lambda_1 x_1+\ldots+\lambda_{n+1} x_{n+1}) \leq \lambda_1 f(x_1)+\ldots+\lambda_{n+1} f(x_{n+1}) .\text{ QED}.$$

— La lecture de cette démonstration montre que l'inégalité obtenue est *stricte* si f est *strictement convexe* et si les nombres λ_i sont non nuls, et les x_i non tous égaux.

— Le cas le plus important est celui, le plus, simple, où $\lambda_1 =\ldots= \lambda_n =\dfrac{1}{n}$; si f est de plus une fonction strictement convexe, l'égalité équivaut au fait que les x_i sont tous égaux. On obtient ainsi nombre d'inégalités classiques, avec le cas d'égalité.

12.1.4. Nous allons utiliser les théorèmes précédent pour obtenir les premières inégalités de convexité. Il est admis pour l'instant qu'une fonction f deux fois dérivable vérifiant $f'' > 0$ est strictement convexe ; par exemple $f(x) = e^x$ est strictement convexe ; il en est de même, pour $r > 1$ de $f(x) = x^r$ sur $]0,+\infty[$.

1) *On a* $\sin x \geq \dfrac{2}{\pi} x$ *sur* $[0,\dfrac{\pi}{2}]$.

Il suffit de constater que le sinus est *concave* sur l'intervalle en question donc situé au-dessus de sa corde. Cette inégalité dite *de Jordan* permet des évaluations fines de certaines sommes trigonométriques.

2) *Inégalité arithmético-géométrique* :
Celle-ci s'énonce : pour tous réels positifs $x_1,\ldots,x_n$

$$\sqrt[n]{x_1\ldots x_n} \leq \dfrac{1}{n}(x_1+\ldots+x_n)$$

l'inégalité est stricte sauf si les x_i sont tous égaux.

Démonstration : Si l'un des x_i est nul, le résultat est clair. Sinon, une telle situation amène naturellement à passer à l'exponentielle, c'est-à-dire à poser : $x_i = e^{y_i}$. L'inégalité à démontrer équivaut alors à

$$e^{\frac{1}{n}(y_1+\ldots y_n)} \leq \dfrac{1}{n}(e^{y_1}+\ldots e^{y_n})$$

qui provient immédiatement de la convexité de l'exponentielle.

Cas d'égalité : La stricte convexité de l'exponentielle et le fait que les coefficients des x_i soient tous > 0 montre que l'égalité n'est réalisée qu'à la condition $x_1 =\ldots= x_n$.

Les applications de cette inégalité sont très nombreuses, en particulier en présence de symétries. Donnons une illustration géométrique, d'autres sont proposées en problème.

Application : On va déterminer le maximum du produit P des distances d'un point M intérieur à un tétraèdre régulier $T = (A_1,A_2,A_3,A_4)$ aux côtés de T. On note d_i la distance de M à la face opposée à A_i, etc. et S la surface commune des aires de T. Le volume du tétraèdre limité par la face opposée à A_i et M est alors $\dfrac{1}{3}d_i S$ (formule du tronc de cône) et de ce fait $S(d_1+\ldots+d_4) = 3V$, où V est le volume de T. La somme $d_1+\ldots+d_4$ est donc constante, et l'inégalité arithmético-géométrique nous dit que

$P \leq (\frac{d_1+...+d_4}{4})^4$, avec égalité ssi tous les d_i sont égaux, le maximum cherché est donc $(\frac{3V}{4S})^4$, atteint au centre du tétraèdre.

3) *Inégalité de Holdër* :

Soient $a_1,...a_n$ et $b_1,...b_n$ des nombres réels positifs, et p, q deux nombres réels > 1 tels que : $\frac{1}{p} + \frac{1}{q} = 1$ (on appelle un tel couple (p,q) une paire d'*exposants conjugués*). Alors :

$$\sum_{i=1}^{n} a_i b_i \leq (\sum_{i=1}^{n} a_i^p)^{1/p} (\sum_{i=1}^{n} b_i^q)^{1/q}$$

Preuve : On prouve tout d'abord que, pour tout nombres x et y positifs on a
$$xy \leq \frac{1}{p} x^p + \frac{1}{q} y^q.$$
C'est clair si l'un de x ou y est nul. Sinon, l'on écrit $x = e^u$, $y = e^v$, et l'inégalité à démontrer vient alors moyennant la convexité de l'exponentielle
$$e^{u+v} = e^{\frac{1}{p}(pu)+\frac{1}{q}(qv)} \leq \frac{1}{p} e^{pu} + \frac{1}{q} e^{qv}.$$
Cela fait, posons $A = (\sum_{i=1}^{n} a_i^p)^{1/p}$ et $B = (\sum_{i=1}^{n} b_i^q)^{1/q}$.

A nouveau, si l'un de A ou B est nul tout est clair; sinon soit
$$x_i = \frac{a_i}{A} \text{ et } y_i = \frac{b_i}{B} \qquad i = 1,...,n$$
D'après la première inégalité établie
$$x_i y_i \leq \frac{1}{p} x_i^p + \frac{1}{q} y_i^q \quad \text{pour} \quad i = 1,..., n$$
Après sommation et simplification, nous obtenons
$$\sum_{i=1}^{n} x_i y_i \leq \frac{1}{p} + \frac{1}{q} = 1$$
et l'on retombe sur l'inégalité à démontrer. QED.

On en déduit usuellement l'

4) *Inégalité de Minkowski* :

$$\sum_{i=1}^{n} (a_i+b_i)^p)^{1/p} \leq (\sum_{i=1}^{n} a_i^p)^{1/p} + (\sum_{i=1}^{n} a_i^p)^{1/p}.$$

Attention : il y une idée à retenir qui consiste à introduire le sous-ensemble de $\mathbf{R}^{+n}$:
$$B(q) = \{y = (y_1,...,y_n) \in \mathbf{R}^n | \sum_{i=1}^{n} |y_i|^q = 1 \}.$$
Soit ensuite $x = (x_1,...,x_n)$ dans $\mathbf{R}^n$, $x \neq 0$, on a
$$N_p(x) = (\sum_{i=1}^{n} |x_i|^p)^{1/p} = \max_{y \in B(q)} |\sum_{i=1}^{n} x_i y_i|$$
En effet, l'inégalité de Holder montre que le membre de droite est inférieur au membre de gauche ; l'égalité est obtenue en considérant $y_i = \frac{1}{N_p(x)} \varepsilon_i x_i^{p-1}$ $i=1,...,n$, où ε_i est le signe de x_i (le vérifier ! Ce n'est pas très difficile mais il vaut mieux l'avoir fait avant un

éventuel exposé). De là

$$N_p(x + z) = \max_{y \in B(q)} |\sum_{i=1}^{n}(x_i+z_i)y_i| \leq \max_{y \in B(q)} |\sum_{i=1}^{n}x_iy_i| + \max_{y \in B(q)} |\sum_{i=1}^{n}z_iy_i|$$

Soit
$$N_p(x + z) \leq N_p(x) + N_p(z).$$

Associée à l'inégalité de Minkowski, l'inégalité de Holder joue un rôle fondamental dans l'étude des espaces normés, en particulier dans le cadre des espaces mesurés, cf. les "espaces L^p" (§ 38).

Exercice : *Inégalité de Jensen.*

Soit ϕ une fonction convexe continue de l'intervalle I de **R**, et f une application réglée de [0,1] dans I. Montrer l'**inégalité de Jensen** :

$$\int_0^1 \phi \circ f \geq \phi(\int_0^1 f).$$

Indication : On peut ici utiliser des sommes de Riemann, l'inégalité vient alors immédiatement par passage à la limite.

12.2. Régularité des fonctions convexes

*Lorsque a est un point de I, on note p_a la pente de f en a : $I \setminus \{a\} \to \mathbf{R}$, $x \to \dfrac{f(x) - f(a)}{x - a}$

Il est clair que l'existence d'une limite à droite (resp. à gauche) de p_a en a équivaut, par définition, à l'existence d'une dérivée à droite (resp. à gauche) en a.

12.2.1. Théorème : *Pour que f soit convexe, il faut et il suffit que, pour tout a de I, la fonction p_a soit croissante.*

Démonstration : Montrons d'abord que, si f est convexe, p_a est croissante Soit $x < y$ dans $I \setminus \{a\}$, on distingue plusieurs cas :

Premier cas : $a < x < y$. L'idée est, dans tous les cas de figure, d'écrire le terme central comme combinaison barycentrique des deux autres. On détermine donc λ dans $]0,1[$ tel que :

$$x = \lambda a + (1-\lambda)y, \text{ ici } \lambda = \frac{y - x}{y - a}.$$

Comme f est convexe
$$f(x) = f(\lambda a + (1-\lambda)y) \leq \lambda f(a) + (1-\lambda)f(y).$$

En explicitant
$$f(x) \leq \frac{y - x}{y - a}f(a) + \frac{x - a}{y - a}f(y).$$

De là, en chassant les dénominateurs et en réorganisant $p_a(x) \leq p_a(y)$.

Les autres cas : $x < a < y$ et $x < y < a$ se traitent de même.

Supposons ensuite les pentes croissantes. Soient x et y dans I, $x < y$, λ dans $]0,1[$, et $a = \lambda x + (1-\lambda)y$. L'hypothèse se traduit par $p_a(x) \leq p_a(y)$, et comme $\lambda = \dfrac{y - a}{y - x}$ il vient en réorganisant à nouveau

$$f(\lambda x + (1-\lambda)y) \leq \lambda f(x) + (1-\lambda)f(y). \text{ QED.}$$

Interprétation géométrique : l'inégalité des trois pentes
Figure 10 :

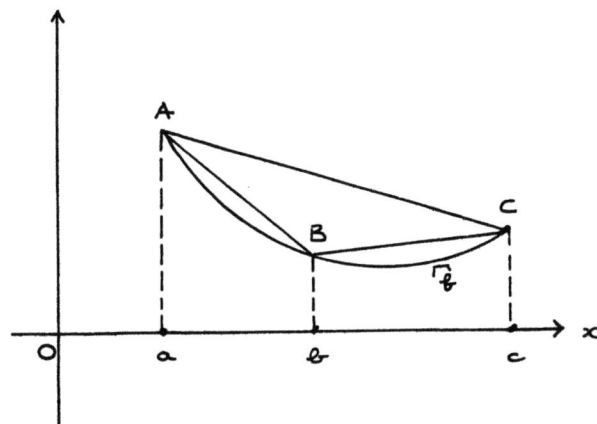

L'ordre dans lequel ces pentes se placent naturellement est la clé de l'étude de la régularité des fonctions convexes.

12.2.2. Corollaire : *La fonction convexe* $f : I \to \mathbf{R}$ *admet en tout point de l'intérieur de* I *des dérivées à droite et à gauche.*

Démonstration : Soit a un point intérieur à I. *Fixons* y > a (c'est possible...). Pour tout x < a on a, du fait de la croissance de la fonction p_a : $\dfrac{f(x) - f(a)}{x - a} \leq \dfrac{f(y) - f(a)}{y - a}$. Ceci montre que la fonction croissante p_a est majorée sur $I \cap]-\infty, a[$, donc admet une limite finie au point a.

Pour prouver l'existence d'une dérivée à droite en a l'idée est la même de bloquer un x < a, puis d'utiliser pour "butoir" $p_a(x)$ pour contrôler la fonction $p_a(y)$ pour y > a.

12.2.3. Corollaire : *La fonction convexe* $f: I \to \mathbf{R}$ *est continue sur l'intérieur de* I.
En effet, une fonction admettant une dérivée à droite est continue à droite ; de même à gauche.

☞! Comme le montre le cas de la fonction caractéristique de $\{0,1\}$ dans $[0,1]$ une fonction convexe sur un segment peut fort bien ne pas être continue en ses extrémités.

Si f est une fonction numérique définie sur l'intervalle I de **R**, nous appellerons *droite d'appui* de f en a toute droite D admettant une équation y = px + q telle que $f(a) = pa + q$ et, pour tout x de I, $px + q \leq f(x)$ (interpréter géométriquement).

12.2.4. Corollaire : *La fonction convexe* $f : I \to \mathbf{R}$ *admet en tout point de l'intérieur de* I *une droite d'appui pour son épigraphe.*

Démonstration : Soit a un point intérieur à I, on sait que f admet une dérivées à droite β et une dérivée à gauche α ; la construction même de ces dérivées montre que l'on a pour tout choix de x,y dans I tels que x < a < y
$$\dfrac{f(x) - f(a)}{x - a} \leq \alpha \leq \beta \leq \dfrac{f(y) - f(a)}{y - a}.$$

On choisit alors un nombre λ dans $[\alpha,\beta]$ pour obtenir, en distinguant les cas $z \le a$ et $z \ge a$
$$\forall z \in I, f(z) \ge f(a) + \lambda(z - a) = g(z).$$
Le graphe de g est alors une droite d'appui de l'épigraphe de f.

Figure 11 :

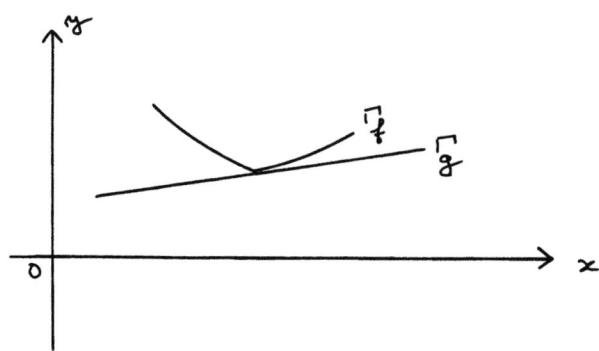

12.2.5. Proposition : *Une fonction convexe sur un intervalle ouvert est l'enveloppe supérieure d'une famille de fonctions affines.*

Démonstration : Choisissons en chaque point a de I une fonction affine d'appui pour l'épigraphe de f, soit g_a. La famille $(g_a)_{a \in I}$ est alors majorée par la fonction f, soit ϕ sa borne supérieure. On a $\phi \le f$ par construction, d'autre part si a est dans I,
$$\phi(a) \ge g_a(a) = f(a)$$
donc $\phi \ge f$ et de ce fait $\phi = f$.

Application : Retrouvons l'inégalité de Jensen dans le cas général : Soit f une fonction intégrable de [0,1] dans $\mathbf{R}$, à valeurs dans l'intervalle $]a,b[$, et soit ϕ une fonction convexe de $]a,b[$ dans $\mathbf{R}$. Le nombre $I = \int_0^1 f(x)dx$ est alors dans $]a,b[$ et l'on a
$$\phi\left(\int_0^1 f(x)dx\right) \le \int_0^1 \phi \circ f(x)dx.$$

Preuve : Par intégration des inégalités strictes $a < f(x) < b$ sur [0,1] il vient $I \in]a,b[$. Passons à l'inégalité : Dans le cas où la fonction est affine, l'inégalité à démontrer est en fait une égalité. Dans le cas général, soit $(\psi_i)_{i \in J}$ une famille de fonctions affines dont ϕ est la borne supérieure ; pour tout i de J nous disposons de l'inégalité
$$\psi_i\left(\int_0^1 f(x)dx\right) = \int_0^1 \psi_i \circ f(x)dx \le \int_0^1 \phi \circ f(x)dx.$$
En prenant la borne supérieure du membre de gauche
$$\phi\left(\int_0^1 f(x)dx\right) \le \int_0^1 \phi \circ f(x)dx. \text{ QED.}$$

12.2.6. Théorème : *Soit f dans* $\Delta^1(I,R)$; *f est convexe si et seulement si f' croît.*

Démonstration : Supposons d'abord f convexe, et soient x < y dans I. Pour tout z de]x,y[, f'(x) étant la limite à droite en x de la fonction croissante $p_x(z)$ il vient $f'(x) \leq p_x(z)$. De même, $p_x(z) \leq p_x(y) = p_y(x) \leq f'(y)$. Donc $f'(x) \leq f'(y)$.
Supposons réciproquement que f' croît. Si f n'est pas convexe, il existe a < b dans I et c dans]a,b[tel que (c,f(c)) soit strictement au dessus de la corde joignant (a,f(a)) et (b,f(b)) en procédant comme dans le théorème 11.2.1. (c = λa + (1-λ)b etc.) on voit que :
$$\frac{f(c) - f(a)}{c - a} > \frac{f(b) - f(c)}{b - c}.$$
L'application de l'égalité des accroissements finis dans]a,c[et]c,b[fournit des nombres α et β tels que :
$$a < \alpha < c < \beta < b, \frac{f(c) - f(a)}{c - a} = f'(\alpha), \frac{f(b) - f(c)}{b - c} = f'(\beta)$$
d'où $f'(\beta) < f'(\alpha)$, ce qui contredit la croissance de f'.

12.2.7. Corollaire : *Soit f dans* $\Delta^2(I,R)$. *f est convexe ssi f" est positive.*

Enfin revenu au point de départ !

Lectures supplémentaires : Tout livre de bon niveau sur les inégalités. L'ouvrage classique de Hardy, Littlewood et Polya [HLP] est un traité de base, mais les notations qui y sont employées sont anciennes et pesantes. Personellement je préfère le traité, moins complet mais plus agréable, de Bechenbach et Bellman [BB]. Pour une introduction claire aux fonctions convexes de plusieurs variables, voir Roberts [RO].

EXERCICES

1) Montrer que la borne supérieure d'une famille majorée de fonctions convexes est convexe. En déduire que, si f : I→R dérivable vérifie :
($\forall a \in I$)($\forall x \in I$)(f(x) ≥ f(a)+f'(a)(x-a)), alors f est convexe (ce résultat peut également être démontré en notant que, sous les hypothèses faites, la dérivée de f est croissante, mais on obtient ainsi une preuve plus naturelle de ce phénomème, et qui se généralise bien en dimension > 1).

2) Si la somme de deux fonctions convexes est affine, elles sont toutes les deux affines.

3) Soit f : I → R une fonction convexe.
a) Si f possède un maximum local en un point intérieur à I, f est constante au voisinage du dit maximum.
b) si f possède deux minima locaux, f est constante entre les points de minimisation. Conséquences ?

4) Soient f: I → R une fonction convexe dérivable, si c est un point d'annulation de la dérivée de f, f(c) est le minimum absolu de f sur I. Que se passe-t-il si l'on enlève l'hypothèse de convexité ?

5) Soit f une fonction **continue** sur un intervalle I de **R** satisfaisant à la relation :
$$\forall (x,y) \in I^2, f(\frac{x+y}{2}) \leq \frac{f(x)+f(y)}{2}.$$
Montrer que f est convexe. Fournir un contre-exemple si f n'est plus supposée continue.

Problème

A– Étude des moyennes

Soient f et g deux applications continues strictement croissantes de l'intervalle I de **R** dans **R**. Etant donné n nombres $x_1,\ldots,x_n$ de I, on appelle f-moyenne de $x_1,\ldots,x_n$ l'unique réel m (justifier) tel que : $f(m) = \frac{1}{n}(f(x_1) + \ldots + f(x_n))$. On notera M_f la fonction de $x_1,\ldots x_n$ ainsi obtenue.

a) Retrouver avec f convenable les notions de moyenne arithmétique, harmonique, géométrique et plus généralement d'ordre p. On notera M_p la moyenne d'ordre p.

b) Montrer que $M_f \leq M_g$ ssi, ou bien g est croissante et $g \circ f^{-1}$ convexe, ou bien g est décroissante et $g \circ f^{-1}$ concave ; à quelle condition a-t-on $M_f = M_g$?

c) Traduire les résultats de c) lorsque f et g sont munies de dérivées premières et secondes, avec f' et g' jamais nulles. Appliquer ce résultat à la comparaison des moyennes d'ordre p.

d) Soit f une fonction $\mathbf{R}^{+*}$ dans **R** telle que, pour tout $x_1,\ldots,x_n > 0$, et tout réel $k > 0$, $M_f(kx_1,\ldots kx_n)) = kM_f(x_1,\ldots,x_n)$. Montrer qu'il existe p tel que $M_f = M_p$.

B– Méthodes de quasi-linéarisation

Dans tout ce qui suit (p,q) est une paire d'exposants (>1) conjugués.

1°) Lorsque n est dans **N**, on note G(n) le sous-ensemble de $\mathbf{R}^{+n}$:

$\{ (y_1,\ldots,y_n) \in \mathbf{R}^{+n} | \prod_{i=1}^{n}(y_i)^{1/n} = 1 \}$. Vérifier, pour tout $(x_1,\ldots,x_n)$ de $\mathbf{R}^{+*n}$ que l'on a

$$\prod_{i=1}^{n}(x_i)^{1/n} = \inf\{\sum_{i=1}^{n} x_i y_i | (y_1,\ldots,y_n) \in G(n)\}$$

(utiliser l'inégalité arithmético-géométrique)

2°) Adapter la technique utilisée pour l'inégalité de Minkowski pour établir les inégalités suivantes sur $\mathbf{R}^{+n}$:

$$\prod_{i=1}^{n}(x_i + y_i)^{1/n} \geq \prod_{i=1}^{n}(y_i)^{1/n} + \prod_{i=1}^{n}(x_i)^{1/n}$$

et

$$(\sum_{i=1}^{n}(x_i + y_i)^p)/(\sum_{i=1}^{n}(x_i + y_i)^{p-1}) \leq \sum_{i=1}^{n} x_i^p / \sum_{i=1}^{n} x_i^{p-1} + \sum_{i=1}^{n} y_i^p / \sum_{i=1}^{n} y_i^{p-1}$$

3°) Montrer enfin que, pour des réels convenables :
$$((x_1+y_1)^p - (x_2+y_2)^p - \ldots - (x_n+y_n)^p)^{1/p} \geq$$
$$(x_1^p - x_2^p - \ldots - x_n^p)^{1/p} + (y_1^p - y_2^p - \ldots - y_n^p)^{1/p}$$

13. Le théorème de Césaro

Au départ, celui-ci se présente sous la forme suivante: si une suite u_n tend vers l, la suite des moyennes

$$\frac{u_0 + \ldots + u_n}{n+1}$$

tend vers aussi vers l. Il est aisé de reprendre le raisonnement "de découpe" qui conduit à la preuve du résultat évoqué, en remplaçant l'énoncé par le suivant :

13.1. Théorème : *Soit u_n une suite réelle tendant vers une limite l (éventuellement infinie), et soit $\alpha_0, \ldots, \alpha_n$ une suite de réels > 0 telle que $\sum \alpha_n$ diverge. La suite des moyennes α-pondérées :*

$$\frac{\alpha_0 u_0 + \ldots + \alpha_n u_n}{\alpha_0 + \ldots + \alpha_n}$$

tend aussi vers l.

On constate immédiatement que l'énoncé classique vient avec la suite constante $\alpha_n = 1$ comme de nombreuses utilisations demandent l'énoncé généralisé, c'est celui que nous démontrerons.

Preuve : Celle-ci se fait en deux étapes.

Remarquons tout d'abord que la suite $\alpha_0 + \ldots + \alpha_n$ est croissante par positivité des α_n et divergente par hypothèse, elle croît donc vers $+\infty$. On écrit ensuite

$$\frac{\alpha_0 u_0 + \ldots + \alpha_n u_n}{\alpha_0 + \ldots + \alpha_n} - l = \frac{\alpha_0(u_0 - l) + \ldots + \alpha_n(u_n - l)}{\alpha_0 + \ldots + \alpha_n}$$

et l'on procède par majorations *explicites* : Soit ε un nombre réel > 0. On choisit un premier entier n_0 pour que $\forall\, n \geq n_0,\, |u_n - l| \leq \varepsilon$, et l'on écrit pour $n > n_0$

$$v_n - l = \frac{\alpha_0(u_0 - l) + \ldots + \alpha_{n_0}(u_n - l)}{\alpha_0 + \ldots + \alpha_n} + \frac{\alpha_{n_0+1}(u_0 - l) + \ldots + \alpha_n(u_n - l)}{\alpha_0 + \ldots + \alpha_n} = s_n + r_n.$$

Chaque terme du numérateur de r_n étant borné (c'est-à-dire majoré en valeur absolue) par $\alpha_k \varepsilon$, le dernier terme est majoré en valeur absolue par ε.

A n_0 bloqué, le numérateur de s_n est constant, comme $\alpha_0 + \ldots \alpha_n$ tend vers $+\infty$, s_n tend vers 0 ; on peut de ce fait trouver $n_1 > n_0$ tel que, pour tout $n \geq n_1,\, |s_n| < \varepsilon$. De là :

$$\forall n \geq n_1,\, |v_n - l| < \varepsilon.\ \text{QED}.$$

Le cas où la suite tend vers l'infini se démontre de façon similaire, c'est un exercice important pour le lecteur que de le traiter.

13.2. Extension : Le théorème est bien sûr valable pour les suites à valeur dans un *evn*, en particulier pour les suites complexes, en remplaçant au besoin les valeurs absolues par des normes.

Faisons une *remarque d'ordre général* sur les preuves en analyse : le fait de donner au départ un nombre $\varepsilon > 0$ signifie que l'on va raisonner par approximation et encadrements. Les théorèmes fondateurs de l'analyse sont en général de cette nature (parfois de façon implicite lorsque les preuves sont basées sur la monotonie). Au contraire, les raisonnements catégoriels rattachent le problème posé a des résultats plus élaborés supposés acquis ; par exemple les raisonnements de convergence de séries en "$u_n = O(\frac{1}{n^2})$" où d'intégrales en "$f(x) = O(\frac{1}{x^2})$" qui, au fond, viennent du critère de Cauchy.

☞ : La réciproque de a) est fausse, c'est-à-dire que la suite v_n peut converger alors que u_n diverge : il suffit par exemple de prendre $u_n = (-1)^n$, et plus généralement toutes les suites divergentes dont les sommes partielles forment une suite bornée.

13.3. Applications : Elles sont nombreuses. Nous nous contenterons d'exposer ici les premières d'entre elles, se reporter aux § 14.6.1. "comparaison des fonctions ", et § 26 "problèmes de convergence radiale : étude asymptotique des séries entières" pour d'autres illustrations importantes. Quant au *principe de découpe* qui constitue le ressort essentiel de la preuve, il intervient encore dans bien d'autres lieux : intégration des relations de prépondérances (14.7.), transformations de Laplace (21.4.), etc.

1) *"D'Alembert implique Cauchy"*.
Le lecteur connait les critères de d'Alembert et de Cauchy pour les séries entières $\sum a_n z^n$:

– le premier s'exprime par : s'il existe $\rho = \lim_{+\infty} \frac{|a_{n+1}|}{|a_n|}$, le rayon de convergence de $\sum a_n z^n$ est $R = \frac{1}{\rho}$;

– le second est moins restrictif : si $\rho = \limsup |a_n|^{1/n}$, le rayon de le rayon de convergence de $\sum a_n z^n$ est $R = \frac{1}{\rho}$.

Le premier de ces critères suppose une plus grande régularité que le second, on s'attend donc naturellement à l'existence de liens entre ces deux résultats ; c'est exact et l'on a encore un résultat plus précis :

S'il existe $\rho = \lim_{+\infty} \frac{|a_{n+1}|}{|a_n|}$, la suite $|a_n|^{1/n}$ converge vers ρ.

Démonstration : Pour ramener ce problème de caractère multiplicatif à un problème additif, on introduit la suite $b_n = \text{Log} |a_n|$. L'hypothèse faite sur la suite (a_n) se traduit par la convergence de $v_n = b_{n+1} - b_n$ vers $\text{Log } \rho$ (le cas échéant, $+\infty$ ou $-\infty$). Appliquons le théorème de Césaro à la suite (v_n), nous constatons que $\frac{b_n}{n}$ tend $\text{Log}\rho$ (ou…), donc la suite $|a_n|^{1/n}$ converge vers ρ.

2) *Recherche d'un équivalent d'une suite récurrente* :
Il s'agit par exemple de donner un équivalent de la suite récurrente définie par la donnée de
$$u_0 = a \in \,]0, \pi[\text{ et la relation : } u_{n+1} = \sin(u_n).$$
On sait (cf. § 10 : suites récurrentes) que (u_n) décroît vers 0.
Du développement limité $\sin x = x - \frac{x^3}{6} + o(x^3)$ on déduit que le quotient
$$\frac{u_{n+1}}{u_n} = 1 - \frac{u_n^2}{6} + o(u_n^2)$$

tend vers 1. L'idée est maintenant d'utiliser le développement limité du sinus pour étudier les suites de la forme $v_n = \dfrac{1}{u_n^a} - \dfrac{1}{u_{n+1}^a}$: pour a bien choisi, v_n converge vers une limite non nulle donc aussi sa moyenne de Césaro, ce qui fournit un équivalent de u_n. On calcule donc

$$u_{n+1}^a = (u_n - \dfrac{u_{n+1}^3}{6} + o(u_n^3))^a = u_n^a (1 - u_n^2 + o(u_n^2))^a = u_n^a (1 - au_n^2/6 + o(u_n^2))$$

puis

$$v_n = \dfrac{1}{u_n^a} - \dfrac{1}{u_{n+1}^a} = \dfrac{u_{n+1}^a - u_n^a}{u_{n+1}^a u_n^a} = \dfrac{-au_n^2/6 + o(u_n^2)}{u_{n+1}^a}$$

v_n tend vers la limite finie $-\dfrac{1}{3}$ lorsque a = 2, ce que l'on choisit désormais. Le théorème de Césaro sous sa forme classique nous dit alors que

$\dfrac{1}{n}\displaystyle\sum_{k=0}^{n} v_k$ tend vers $-\dfrac{1}{3}$ mais $\displaystyle\sum_{k=0}^{n} v_k = \dfrac{1}{u_0^2} - \dfrac{1}{u_{n+1}^2}$, donc nu_{n+1}^2 tend vers 3 et par équivalence de u_n et de u_{n+1} :

$$u_n \sim \sqrt{\dfrac{3}{n}}$$

EXERCICES

Le but du petit texte qui suit est de tester la compréhension par le lecteur de la méthode de Césaro, ainsi que sa rigueur en analyse élémentaire. (Attention, il y a quelques épines cachées !)

On note E le Rev $C(\mathbf{R^+},\mathbf{R})$, et Φ l'application de E dans $F(\mathbf{R},\mathbf{R})$ qui à la fonction f de E associe l'application F: $\mathbf{R^+} \to \mathbf{R}$ définie par :

$$F(0) = f(0) \text{ et } F(x) = \dfrac{1}{x}\int_0^x f(x)dx \ \text{ si } x > 0.$$

a) Montrer que Φ est un endomorphisme de E.
b) Montrer que, si f possède une limite en $+\infty$, F aussi.
c) Déterminer les valeurs propres et les vecteurs propres de Φ.

Problème : Les transformations de Tœplitz

Dans toute la suite du problème, si l'on dispose d'une série réelle ou complexe, la lettre minuscule se rapporte au terme général de la série, et la lettre majuscule aux sommes partielles. Ainsi, pour la série de terme général u_n, on a : $U_n = u_0 + \ldots u_n$, U est la somme si elle existe. $l^\infty(\mathbf{N})$ désigne l'ensemble des suites réelles bornées, muni de la norme sup. $\| \ \|_\infty$; on rappelle que cet espace est complet.

L'objet du problème est l'étude de certains processus permettant d'associer une "somme" a une classe de séries plus large que la classe (C) des séries convergentes, de sorte que la condition de permanence suivante soit vérifiée : si Σu_n converge de somme S, le processus associe à la série Σu_n la même somme S. Par exemple, le procédé qui à la suite U_n associe la suite $\frac{1}{n+1}(U_0+\ldots+U_n)$ transforme une suite convergente U_n en une suite convergente de même limite, donc est permanent. Si $\frac{1}{n+1}(U_0+\ldots+U_n)$ converge on dit que la suite U_n, ou la série Σu_n, converge au sens de Césaro.

Soit $(c_{\mu n})$ une suite de réels indexée par $N\times N$. On suppose dans toute cette partie que $\sum_{n=0}^{+\infty}|c_{\mu n}|$ converge pour tout μ fixé dans N, de somme notée S_μ.

1°) Montrer que, pour tout μ, l'application : $((a_n) \to \sum_{n=0}^{+\infty} c_{\mu n} a_n , l^\infty(N) \to R)$ est correctement définie et continue. On la notera T_μ dans la suite.

2°) On suppose les conditions suivantes réalisées :

(P_1) la suite S_μ est bornée (P_2) pour tout n fixé, la suite $\mu \to c_{\mu n}$ tend vers 0

(P_3) si $s_\mu = \sum_{n=0}^{+\infty} c_{\mu n}$, la suite s_μ tend vers 1.

Montrer que, pour toute suite convergente $a = (a_n)$, la suite $\mu \to T_\mu(a)$ converge vers la même limite que a (on se ramènera d'abord au cas où la suite tend vers 0). Montrer que l'on retrouve ainsi le théorème de Césaro (généralisé).

3°) il s'agit de prouver la réciproque de 2°).

a) Préliminaire topologique : Soit u_n une suite de formes linéaires continues sur l'evn complet $(E,\|\ \|)$. On suppose que la suite $\|\|u_n\|\|$ n'est pas bornée.

(i) Montrer que, pour tout p de N, $F_p = \{x \in E|\ \forall n \in N , |u_n(x)| \le p\}$ est un fermé d'intérieur vide.

(ii) En déduire l'existence d'un point x de E en lequel la suite $u_n(x)$ n'est pas bornée (on pourra admettre le théorème de Baire -§ 3 exercices).

Quel énoncé obtient t-on si l'on suppose au contraire que la suite $(u_n(x))$ converge pour tout x de E ?

b) Montrer que le sous-espace c_0 de l^∞ formé des suites de limite nulle est complet pour $\|\ \|_\infty$.

c) Trouver la norme de T_μ sur c_0 (c_0 étant muni de $\|\ \|_\infty$).

d) On fait maintenant l'hypothèse que pour toute suite convergente $a = (a_n)$, la suite $\mu \to T_\mu(a)$ converge vers la même limite que a. Prouver que $(c_{\mu n})$ vérifie les propriétés (P_1), (P_2) et (P_3).

14. Comparaison des fonctions

14.1. Préliminaire : propriétés locales

L'expression "la propriété P est locale" est souvent employée à propos de nombreux problèmes relatifs aux fonctions: existence de limite, continuité, dérivabilité... et tout étudiant s'interroge un jour où l'autre sur la définition mathématique *exacte* du concept. Nous employerons dans ce livre la convention suivante :

Soient E un espace topologique, A une partie de E, a un point de $\overline{A}$ et F un ensemble.

On note ~ la relation définie sur l'ensemble F fonctions de A dans F par
"f ~ g ssi il existe un voisinage de a tel que les restrictions de f et de g à U coïncident"
~ est visiblement, compte tenu des propriétés des voisinages de a, une relation d'équivalence dans F.

Une propriété P définie sur l'ensemble F est dite *locale en a* si la relation f ~ g entraîne que P(f) et P(g) sont simultanément vraies, ou simultanément fausses.

Le lecteur a maintenant tout intérêt à reprendre de ce point de vue les propriétés évoquées
"avoir une limite en a", "être continue en a", "dérivable en a".

14.2. Comparaison, notations de Landau

Soient a un point d'un espace topologique X (en général $\overline{\mathbf{R}}$), U l'ensemble des voisinages pointés de a (voisinages de a privés de a), f une application d'un élément U de U dans l'evn (E, ∥ ∥), et g une application de U dans **R**.

14.2.1. Définition : On dit que :
1) f est *dominée* par g, ce que l'on note f = O(g), s'il existe un voisinage V de a et une constante M tels que, pour tout x de V\{a}, $\|f(x)\| \leq |g(x)|$.
2) f est *négligeable* devant g, ce que l'on note f = o(g) si, pour tout nombre $\varepsilon > 0$, il existe un voisinage V_ε de a tel que, pour tout x de V_ε, $\|f(x)\| \leq \varepsilon |g(x)|$.
3) On suppose f à *valeurs réelles*. On dit que f et g sont *équivalentes*, ce que l'on note f ~ g si f - g = o(g).

Il est clair que ces propriétés sont *locales*, au sens précisé ci-dessus.

14.2.2. Proposition : *On suppose f et g à valeurs réelles. Il est équivalent de dire, au voisinage de* a
1) f = O(g) et : *il existe* V *dans* U *et une fonction* h *bornée de* V *dans* **R** *telle que*
$$\forall x \in V, f(x) = h(x) g(x) ;$$

2) f = o(g) et : *il existe* V *dans* U *et une fonction* $\varepsilon(x)$ *de* V *dans* **R** *de limite nulle en* a *telle que*
$$\forall x \in V, f(x) = \varepsilon(x) g(x) ;$$

3) f ~ g et : il existe V dans U et une fonction $\varepsilon(x)$ de limite nulle en a telle que
$$\forall x \in V, f(x) = (1+\varepsilon(x))g(x).$$

Démonstration :
1) Il existe par hypothèse un voisinage V de a et une constante M tels que
$$\forall x \in V\setminus\{a\}, |f(x)| \leq M|g(x)|.$$
On pose alors h(x) = 0 si g(x) = 0 et $h(x) = \frac{f(x)}{g(x)}$ sinon, h convient. La réciproque est claire.

2) Avec $\varepsilon = 1$, on trouve V un voisinage de a tel que
$$\forall x \in V, |f(x)| \leq |g(x)|.$$
Posons comme ci-dessus $\varepsilon(x) = 0$ si g(x) = 0 et $\varepsilon(x) = \frac{f(x)}{g(x)}$ sinon ; il faut prouver que

$\varepsilon(x)$ tend vers 0 en a. Mais si l'on se donne $\varepsilon > 0$ et si l'on choisit V_ε dans U, contenu dans V, de sorte que
$$\forall x \in V, |f(x)| \leq \varepsilon |g(x)|.$$
Par construction il vient
$$\forall x \in V, |\varepsilon(x)| \leq \varepsilon$$
d'où la conclusion. Réciproque claire.

3) Il suffit d'appliquer 2) à f - g.

14.2.3. Exemples :

1) La relation $f = O(1)$ signifie que f est bornée au voisinage de a, la relation $f = o(1)$ que f tend vers 0 en a.

2) Si f admet la limite réelle finie l en a, avec $l \neq 0$, la relation $f \sim g$ équivaut au fait que g possède la même limite l en a. Ceci est bien sûr faux avec une limite nulle ou infinie : prendre x et x^2 en 0 et en $+\infty$.

3) Soit ω le point à l'infini de $\mathbb{C}$ et P dans $\mathbb{C}[z]$, $P(z) = a_n z^n + \ldots + a_1 z + a_0$ avec $a_n \neq 0$. Alors $|P(z)|$ est équivalent en ω à $|a_n||z|^n$: il suffit d'écrire
$$P(z) = a_n z^n (1 + a_{n-1} z^{-1} + \ldots + a_0 z^{-n}).$$

4) Si $(E, \|\ \|_E)$ est un evn on a, en 0, $\|x\| = o(\|x\|^\alpha)$ ssi $\alpha > 1$, et si ϕ est une application linéaire continue sur E on a $\|\phi(x)\| = O(\|x\|)$.

5) Sur $E = \mathbb{R}^2$ on a, en 0, et pour une norme quelconque N :
$$hk = o(N(h,k)).$$
En effet, comme les normes sont équivalentes on peut choisir $N(h,k) = \max(|h|,|k|)$ et dans ce cas
$$|h.k| \leq N(h,k)^2.$$

6) Avec $a = +\infty$, on a $x^n = o(e^{\alpha x})$, $e^{-x} = o(x^{-n})$, $(\ln x) = o(x^\alpha)$, etc. si $\alpha > 0$.

7) **Très important :** l'échelle $(\ln x)^\beta x^\alpha e^{\gamma x} = f_{\alpha,\beta,\gamma}$
on a $f_{\alpha',\beta',\gamma'} = o(f_{\alpha,\beta,\gamma})$ ssi $(\alpha',\beta',\gamma') < (\alpha,\beta,\gamma)$ pour l'ordre lexicographique.

Il suffit d'étudier le quotient de ces deux termes. Pour simple qu'il soit, ce résultat est fondamental, et exprime le fait qu'un facteur d'une échelle $(\ln x)^\beta$ influe très peu sur un terme x^α, qu'à son tour un facteur x^α influe très peu sur un facteur géométrique $e^{\gamma x}$ etc. Il permet d'étudier un grand nombre de séries et d'intégrales, et de comprendre le fonctionnement du rayon de convergence d'une série entière. Notons que la fonction x^x ne peut être évaluée sur cette échelle, par plus que n! (cf. Stirling).

8) Développement asymptotique de $x^{1/x}$ à la précision $\frac{1}{x^2}$.

On écrit $x^{1/x} = \exp(\frac{\ln x}{x}) = 1 + \frac{\ln x}{x} + \frac{1}{2}(\frac{\ln x}{x})^2 + O((\frac{\ln x}{x})^3)$
et avec ce qui précède $O((\frac{\ln x}{x})^3) = o(\frac{1}{x^2})$.

☙ : $o(g)$ (resp. $O(g)$) désigne un *ensemble* de fonctions négligeables devant g (resp. dominées par g), l'égalité dans $f = o(g)$ est symbolique d'une *appartenance* à cet ensemble (idem $f = O(g)$) ; on a conservé ces notations pour les facilités algébriques qu'elles procurent.

14.2.4. Premières propriétés :
– Si $f_1 = O(g)$ et $f_2 = O(g)$ on a $f_1 + f_2 = O(g)$, de même avec $o(g)$.
– Si $f = O(g)$ et si $g = o(h)$ on a $f = o(h)$.

On possède bien sûr des définitions analogues pour les suites (les écrire).

14.2.5. Théorème : *La relation ~ est d'équivalence.*
La démonstration, facile, est laissée au lecteur.

14.2.6. Propriété : *Deux fonctions numériques équivalentes en* a *ont le même signe au voisinage de* a.

Démonstration : On dispose d'un voisinage V de a et tel que, pour tout x de V,
$$\frac{1}{2}g(x) \le f(x) \le \frac{3}{2}g(x)$$
et V convient.

14.2.7. Exemples :
1) Signe des polynômes réels au voisinage d'un zéro. Soit P un tel polynôme non nul, et soit a un zéro de P. Si α est la multiplicité de a, on peut écrire, par définition
$P(x) = (x - a)^\alpha Q(x)$ avec $\lambda = Q(a) \ne 0$. Il vient alors, au voisinage de a :
$$P(x) \sim \lambda(x - a)^\alpha$$

Application : dans $\mathbf{R}[X]$, tout polynôme positif sur $\mathbf{R}$ est somme de deux carrés.

En effet, soit E l'ensemble des polynômes de $\mathbf{R}[x]$ qui sont somme de deux carrés.
i) E contient tous les polynômes de la forme : $(x-a)^{2n}$, $n \in \mathbf{N}$.
Ceci est clair puisqu'un tel polynôme est un carré.
ii) E est stable par mutiplication : on utilise pour cela l'identité de Lagrange, qui nous dit que :
$$(a^2+b^2)(c^2+d^2) = (ad+bc)^2 + (ac-bd)^2 .$$
iii) Un polynôme irréductible normalisé de degré 2 est dans E.
En effet, si x^2+ax+b est un tel polynôme, a^2-4b est < 0 d'où :
$$x^2+ax+b = (x-a/2)^2 + (\sqrt{b-a^2/4})^2 .$$
Nous sommes maintenant en mesure de conclure : soit P un polynôme positif sur $\mathbf{R}$. Le coefficient dominant de P est nécessairement positif (équivalent à l'infini). Ensuite si a est un zéro réel de P, de multiplicité n, $P(x)=(x-a)^n Q(x)$ avec $Q(a) \ne 0$, est équivalent à $c(x-a)^n$ au voisinage de a ($c \ne 0$). Pour que P soit positif il faut donc que n soit pair, donc que
$$(x - a)^n \in E.$$
Enfin les facteurs irréductibles de degré 2 de P sont dans E d'après ce qui précède ; compte tenu de la stabilité des éléments de E par produit P est dans E.

14.2.8. Opérations sur les équivalents :
Les opérations utiles sont essentiellement de type multiplicatif, toutes les fonctions en jeu sont supposées > 0.
1) Si $f \sim g$ et $h \sim k$ on a $fh \sim gk$ et $\dfrac{f}{h} \sim \dfrac{g}{k}$;
2) si $f \sim g$ et si $\alpha \in \mathbf{R}$ on a $f^\alpha \sim g^\alpha$.

Ces relations sont claires si l'on étudie les quotients. Il faut par contre se méfier des sommes, des *exponentielles* : en $+\infty$ par exemple $x \sim x + \ln x$, mais e^x n'est pas équivalent à $e^{x+\ln x} = xe^x$ (le quotient tend vers $+\infty$) ; et, dans une moindre mesure, des *logarithmes* : en 0 on a $1 + x \sim 1 + x^2$ mais $\ln(1 + x^2) \sim x^2$ qui n'est pas équivalent à $\ln(1 + x) \sim x$.

Plutôt que de retenir n! règles, sans grand intérêt pour la pratique, on emploie dans les cas douteux des *égalités* : $f \sim g$ est remplacé par l'égalité $f = g + o(g)$ etc. et des développements asymptotiques.

14.3. Développements limités

Rappelons qu'un fonction f de **R** dans **C** admet au point a un *développement limité à l'ordre* n s'il existe une fonction polynôme P de **R** dans **C**, de degré $\leq n$, telle que, au voisinage de a
$$f(x) = P(x) + o((x - a)^n).$$
Si f possède un développement limité à un ordre $n \geq 0$ en a, elle est *continue* en a, si f possède un développement limité à un ordre ≥ 1, elle est *dérivable* en a.

On se ramène par translation à l'étude en 0, où les notations sont claires. Par tris des puissances de x en jeu, on obtient alors les propriétés additives, multiplicatives, de division (suivant les puissances croissantes) etc.

Attention à la composition ; pour composer les développements limités en 0 de f et de g il faut bien s'assurer de ce que $f(0) = 0$.

Comme *applications* des développements limités, citons en vrac : la recherche d'équivalents, de limites, l'étude de la convergence de séries numériques et d'intégrales généralisées, dont les exemples sont à trouver tout au long du texte.

Bibliographie : L'exposé de [LFA] p. 146 et suivantes, est remarquable de clarté et d'efficacité.

14.4. Développements asymptotiques

Pour s'initier sérieusement aux développements asymptotiques, la lecture des premières pages du chapitre III de [DCI] semble indispensable. Rappelons qu'une *échelle de comparaison* au voisinage d'un point a de **R** consiste en la donnée d'une famille de fonctions soit E telle que, pour toute paire ϕ, ψ de fonctions de E on ait $\phi = o(\psi)$ où $\psi = o(\phi)$ (en d'autres termes, la relation $\phi = \psi$ ou $\phi = o(\psi)$ est une relation d'ordre total sur E). Comme premiers exemples, nous avons l'échelle des x^α en 0 ; ou encore, en $+\infty$, les fonctions $(\ln x)^\beta x^\alpha e^{\gamma x}$ (mieux encore avec $x \to (\ln x)^\beta x^\alpha e^{\gamma x^\delta}$ ($\delta > 0$)).

Un *développement asymptotique à la précision* ψ d'une fonction f définie au voisinage de a consiste en la donnée de p fonctions $\phi_1, \ldots, \phi_p$ de E et de p scalaires $\lambda_1, \ldots, \lambda_p$ tels que
$$1)\ \Phi_{i+1} = o(\phi_i)\quad 2)\ \psi = o(\phi_p)\quad 3)\ f = \lambda_1\phi_1 + \ldots + \lambda_p\phi_p + o(\psi).$$
Si les λ_i ne sont pas tous nuls, et si k est le plus petit indice tel que $\lambda_k \neq 0$, le terme ϕ_k est appelé *partie principale* de f sur l'échelle E.

La plupart des opérations sur les développements asymptotiques résultent du principe suivant : on effectue l'opération algébrique sur des égalités données par le développement asymptotique, puis l'on trie les termes pour ne garder que ceux qui sont significatifs.

Le lecteur aura alors intérêt à effectuer le développement asymptotique en $+\infty$ des fonctions suivantes, en gardant à l'esprit le fait que le point de départ des dits développements est la substitution dans un développement limité convenable :
$$(1+x)^{x^{-2}}, \frac{f(x+1)}{f(x)} \text{ où } f(x) = x\mathrm{Log}x, \exp(\sqrt{x}) \text{ à la précision } x^{-4}.$$

Remarque : La leçon dont le titre est "exemple de développements asymptotiques" est assez difficile à traiter. Comme dans toute leçon d'exemples, le plan doit être centré sur la mise en œuvre du cours et non sur le cours lui-même (il est souhaitable que les théorèmes illustrés ne soient évoqués qu'oralement). On pourra commencer par le cas particulier des développements limités avec leurs applications, puis donner des échelles de comparaison plus vastes et la déterminations de parties principales (i.e. d'équivalents décrits à l'aide des fonctions usuelles), de nombreux exemples sont donnés dans la suite comme dans les chapitres ultérieurs ; finir enfin par les développements à l'ordre n des intégrales de 14.7.2. Le sujet est plus qu'étendu, immense : la lecture de [DB] et [ERD] permet de s'en faire une première idée.

14.5. Questions sur les équivalents et les développements limités

1) Liens logique entre les affirmations suivantes, au voisinage de 0 :
   (i) $f(x) \sim x$ (ii) $f(x) \sim x + x^2$ (iii) $f(x) \sim x + x^3$.

2) Liens logiques entre
(i) $u_n \sim \mathrm{Log}n$ (ii) $u_n = \mathrm{Log}n + \varepsilon_n$, où ε_n tend vers 0 (iii) $u_n = \mathrm{Log}n + \alpha_n$ avec α_n bornée.

3) Si, au point a, f et g sont équivalentes et tendent vers $+\infty$, Logf et Logg sont-elles équivalentes ?

4) L'existence de développements limités à l'ordre ≥ 2 en 0 entraîne-t-elle – la continuité au voisinage de 0 ? – la dérivabilité au voisinage de 0 ?

Réponses :
1) Les trois propriétés sont équivalentes ! Les fonctions x et $x+x^2$ sont équivalentes donc les ensembles $o(x+x^2)$ et $o(x)$ sont égaux (plus généralement si $f = O(g)$ et $g = O(f)$ les ensembles $o(f)$ et $o(g)$ sont égaux, cf. 14.2.4.).
(ii) donne $f(x) = x + x^2 + o(x+x^2)$, comme $x^2 = o(x)$ et $o(x) = o(x+x^2)$ il vient
$$f(x) = x + o(x) \text{ d'où (i)},$$
et si (i) on a
$$f(x) = x + o(x) = x + x^2 + o(x) - x^2 = x + x^2 + o(x) = x + x^2 + o(x+x^2)$$
On procède de même pour les autres équivalences.

2) On a (ii) $\Rightarrow$ (iii) $\Rightarrow$ (i), il suffit de constater que le quotient par Logn tend vers 1, mais (i) n'entraîne pas (iii) : On a $\mathrm{Log}n + \mathrm{Log}(\mathrm{Log}n) = \mathrm{Log}n + o(\mathrm{Log}n)$ donc $\mathrm{Log}n + \mathrm{Log}(\mathrm{Log}n) \sim \mathrm{Log}n$ et $\mathrm{Log}(\mathrm{Log}n)$ ne tend pas vers 0.

3) *Oui.* On écrit $f(x) = g(x)(1 + \varepsilon(x))$, avec ε de limite nulle en $+\infty$, d'où
$$\text{Log} f(x) = \text{Log} g(x) + \text{Log}(1 + \varepsilon(x))$$
$\text{Log} g(x)$ tend vers $+\infty$ et $\text{Log}(1 + \varepsilon(x))$ vers 0 donc $\text{Log} f(x) \sim \text{Log}(g(x))$

4) Nous allons construire une fonction admettant des développements limités à tous ordres en 0 ; mais qui :
   1) n'est pas continue hors de 0, et donc 2) n'est pas deux fois dérivable en 0.

N.B. : *un tel exemple est optimal : une fonction admettant un développement limité à l'ordre ≥ 1 en x_0 est nécessairement dérivable en ce point.*

Considérons tout naturellement $f(x) = e^{\frac{-1}{x^2}} \cdot \chi_\mathbb{Q}(x)$, où $\chi_\mathbb{Q}$ est la fonction caractéristique de $\mathbb{Q}$. Comme est toujours ≥ 1 on voit sans peine que f n'est continue en aucun point de $\mathbb{R}^*$. D'autre part f est le produit de $e^{\frac{-1}{x^2}}$ par une fonction bornée ; donc :
$$f(x) = o(x^n)$$
pour tout n au voisinage de 0.

(comprendre l'idée de la construction ! on écrase f par une fonction très petite en 0, pour obtenir le $o(x^n)$ et l'on "brouille les cartes" hors de 0 pour défaire la régularité)

14.6. Équivalents des restes et sommes partielles de séries

De nombreux résultats sont fournis par la comparaison d'une série et d'une intégrale : voir le § 17.4 et 17.5 à ce sujet.

14.6.1. Théorème : *Soient $\sum u_n$ et $\sum v_n$ deux séries numériques, avec $v_n > 0$. On note U_n, V_n leurs sommes partielles respectives.*
a) *Si la série $\sum v_n$ diverge,*
$$u_n = O(v_n) \Rightarrow U_n = O(V_n)$$
$$u_n = o(v_n) \Rightarrow U_n = o(V_n)$$
$$u_n \sim v_n \Rightarrow U_n \sim V_n.$$
b) *Si la série $\sum v_n$ converge, $u_n = O(v_n) \Rightarrow \sum u_n$ converge (absolument) et si R_n et T_n désignent les restes d'ordre n de $\sum u_n$ et $\sum v_n$ resp. on aura*
$$u_n = O(v_n) \Rightarrow R_n = O(T_n)$$
$$u_n = o(v_n) \Rightarrow R_n = o(T_n)$$
$$u_n \sim v_n \Rightarrow R_n \sim T_n.$$

Démonstration : La seule preuve délicate est celle de la deuxième implication de a) (la troisième s'en déduit par différence, et b) se prouve directement). Comme $u_n = o(v_n)$ on dispose d'une suite ε_n telle que $u_n = \varepsilon_n v_n$ et $\lim \varepsilon_n = 0$. On doit alors montrer qu'il existe
$$\lim \frac{\varepsilon_0 v_0 + \ldots + \varepsilon_n v_n}{v_0 + \ldots + v_n} = 0$$
Mais ce résultat est exactement le théorème de Césaro généralisé (§ 13.1), aux notations près. QED.

14.7. Intégration des relations de comparaison

14.7.1. Théorème : *Soit* f *et* g *deux fonctions de* **R** *dans* **R**, *localement intégrables, avec* $g > 0$.

a) *Si* $\displaystyle\int_a^{+\infty} g$ *diverge*,
$$f = O(g) \Rightarrow \int_a^x f = O\left(\int_a^x g\right)$$

$$f = o(g) \Rightarrow \int_a^x f = o\left(\int_a^x g\right)$$

$$f \sim g \Rightarrow \int_a^x f \sim \int_a^x g.$$

b) *Si* $\displaystyle\int_a^{+\infty} g$ *converge*,
$$f = O(g) \Rightarrow \int_x^{+\infty} f = O\left(\int_x^{+\infty} g\right)$$

$$f = o(g) \Rightarrow \int_x^{+\infty} f = o\left(\int_x^{+\infty} g\right)$$

$$f \sim g \Rightarrow \int_x^{+\infty} f \sim \int_x^{+\infty} g.$$

Démonstration : A nouveau, seul le deuxième point de a) pose un problème. On utilise pour le prouver une méthode du type de Césaro : soit $\varepsilon > 0$. Il existe un réel $A > a$ tel que, pour tout $x \geq a$ on ait $|f(x)| \leq \varepsilon g(x)$. On écrit alors, pour $x \geq A$:

$$\left| \int_a^x f \right| \leq \int_a^A |f| + \int_A^x |f| \leq \int_a^A |f| + \varepsilon \int_a^x g.$$

A est fixé par ε, et par hypothèse la fonction $\displaystyle\int_a^x g$ tend vers $+\infty$ avec x, il existe donc un réel $B \geq A$ tel que, pour tout $x \geq B$, $\displaystyle\int_a^A |f| \leq \varepsilon \int_a^x g$

et alors
$$\forall\, x \geq B,\ \left| \int_a^x f \right| \leq 2\varepsilon \int_a^x g.\ \text{QED.}$$

14.7.2. Exemples :

1) Développement asymptotique en $+\infty$, à n termes, de $\int_2^x \frac{dt}{\text{Log}\,t}$.

Par n intégrations par parties consécutives on a

$$I(x) = \int_2^x \frac{dt}{\text{Log}\,t} = \frac{x}{\text{Log}\,x} + \frac{1!x}{(\text{Log}\,x)^2} + \ldots + \frac{(n-1)!x}{(\text{Log}\,x)^n} + \int_2^x \frac{n!\,dt}{(\text{Log}\,t)^{n+1}} + C$$

où est une constante.

En effet, $\int_2^x \frac{n!\,dt}{(\text{Log}\,t)^{n+1}} = \frac{n!x}{(\text{Log}\,x)^{n+1}} + C_0 + \int_2^x \frac{(n+1)!\,dt}{(\text{Log}\,t)^{n+2}}$ ($u = \frac{n!}{(\text{Log}\,x)^{n+1}}$ dv = dt)

une récurrence simple donne l'égalité annoncée.

Moyennant le théorème ci-dessus, la deuxième intégrale est négligeable devant la première; de plus toutes les intégrales en jeu divergent, donc la constante C est négligeable devant celles-ci et

$$\int_2^x \frac{n!\,dt}{(\text{Log}\,t)^{n+1}} \sim \frac{n!x}{(\text{Log}\,x)^{n+1}} \text{ et } \int_2^x \frac{dt}{\text{Log}\,t} = \frac{x}{\text{Log}\,x} + \frac{1!x}{(\text{Log}\,x)^2} + \ldots + \frac{(n-1)!x}{(\text{Log}\,x)^n} + O\left(\frac{x}{(\text{Log}\,x)^{n+1}}\right)$$

soit

$$I(x) = \frac{x}{\text{Log}\,x} + \frac{1!x}{(\text{Log}\,x)^2} + \ldots + \frac{(n-1)!x}{(\text{Log}\,x)^n} + o\left(\frac{x}{(\text{Log}\,x)^n}\right).$$

2) En utilisant cette fois le b) du théorème et le même principe (intégration par parties, comparaison des intégrales consécutives) on obtient de même le développement asymptotique :

$$\int_x^{+\infty} \frac{e^{-t}}{t}dt = \frac{1}{x} - \frac{1!}{x^2} + \frac{2!}{x^3} + \ldots + (-1)^{n-1}\frac{(n-1)!}{x^n} + (-1)^n n! \int_x^{+\infty} \frac{e^{-t}}{t^{n+1}}dt.$$

14.8. Équivalents intégraux

❦ : Il faut éviter de confondre la recherche d'un équivalent pour une intégrale dépendant de sa borne supérieure, et un problème similaire pour les intégrales à paramètre $\int_a^b f(x,t)dx$, dont on cherche un équivalent lorsque t tend vers le point a de $\overline{\mathbf{R}}$

(Attention ! Il vaut mieux, confronté à un exercice de ce genre, éviter les notations o, O, trop imprécises ! Nous préconisons de toujours préférer des majorations *explicites*, voir les exemples ci-dessous).

14.8.1. Équivalents de type affine : Commençons par donner un exemple. Il s'agit

a) d'étudier le comportement en $+\infty$ de $\phi(t) = \displaystyle\int_0^1 \dfrac{dx}{(1+x+x^2)^t}$;

b) d'en donner un équivalent.

Solution : a) Pour le comportement, on note que, pour tout $x > 0$, l'intégrande (i.e. la fonction intégrée) est bornée par 1 et tend vers 0, qui devrait être la limite. Afin de le vérifier, un simple encadrement suffit, on a en effet :
$$0 \le \Phi(t) \le \int_0^1 \dfrac{dx}{(1+x)^t} = \dfrac{1}{t+1}$$
donc la limite est nulle.

b) Pour trouver un équivalent de ϕ, on utilise une classique méthode de découpe. Posons pour x réel $f(x) = \dfrac{1}{1+x+x^2}$. Soit ε un nombre réel dans $]0,1[$. Comme au voisinage de 0, $f(x) = 1 - x + o(x)$, il existe un nombre $a > 0$ tel que, pour tout x de $[0,a]$
$$1 - (1+\varepsilon)x \le f(x) \le 1 - (1-\varepsilon)x .$$
Posons alors
$$u(t) = \int_0^a f(x)^t dx \text{ et } v(t) = \int_a^1 f(x)^t dx .$$
Nous obtenons les encadrements :
$$(1) \int_0^a (1-(1+\varepsilon)x)^t dx \le u(t) \le \int_0^a (1-(1-\varepsilon)x)^t dx \text{ et } (2)\; 0 \le v(t) \le \dfrac{1}{(1+a+a^2)^t}$$

(1) s'écrit, après calcul et multiplication par $t+1$:
$$\dfrac{1}{(1+\varepsilon)}[1 - (1-(1+\varepsilon)a)^t] \le (t+1)u(t) \le \dfrac{1}{(1-\varepsilon)}[1 - (1-(1-\varepsilon)a)^t]$$
Lorsque t tend vers $+\infty$, le membre de gauche tend vers $\dfrac{1}{1+\varepsilon}$ et celui de droite vers $\dfrac{1}{1-\varepsilon}$.

Il existe de ce fait un nombre t_0 tel que, pour tout $t \ge t_0$, on ait
$$\dfrac{1}{1+\varepsilon} - \varepsilon \le (t+1)u(t) \le \dfrac{1}{1-\varepsilon} + \varepsilon .$$
D'autre part (2) nous garantit que $(t+1)v(t)$ tend vers 0 en $+\infty$.

Finalement, nous obtenons un nombre $t_1 > t_0$ tel que, pour tout réel $t \ge t_1$, on ait :
$$\dfrac{1}{1+\varepsilon} - 2\varepsilon \le (t+1)(u(t)+v(t)) \le \dfrac{1}{1-\varepsilon} + 2\varepsilon,$$
ce qui montre que $(t+1)\phi(t)$ tend vers 1.

Remarque : L'idée ici, comme dans un grand nombre de problèmes de recherche d'équivalents, est de *remplacer une expression qui ne s'exprime pas à l'aide des fonctions usuelles par une autre équivalente et qui, elle, se calcule.* Le lecteur pourra vérifier l'utilité de ce principe, et consolider sa compréhension du procédé dans l'exemple ci-dessus en étudiant la *généralisation* suivante :

Soient a dans $\mathbf{R}^{+*}$ et f continue de $[0,a]$ dans $\mathbf{R}$, telle que :
$$f(0) = 1, \exists f'_d(0) = k < 0 \text{ et } \forall x \in]0,a], |f(x)| < 1.$$

Étudier la suite $u_n = n \int_0^a (f(x))^n g(x) dx$, où g est continue > 0.

14.8.2. Intégrales de Wallis : On va donner un équivalent des intégrales de Wallis :

$I_n = \int_0^{\pi/2} \sin^n x \, dx$. Commençons par établir une relation de récurrence entre I_n et I_{n-2} :

$$I_n = \int_0^{\pi/2} \sin^n x \, dx = \int_0^{\pi/2} \sin^{n-2} x (1 - \cos^2 x) dx = I_{n-2} - \int_0^{\pi/2} \sin^{n-2} x \cos^2 x \, dx.$$

On intègre par parties la dernière intégrale en posant : $u = \cos x$, $dv = \sin^{n-2} x \cos x$ il vient

$$\int_0^{\pi/2} \sin^{n-2} x \cos^2 x \, dx = \frac{1}{n-1} \int_0^{\pi/2} \sin^n x \, dx$$

et donc
$$(1 + \frac{1}{n-1}) I_n = I_{n-2} \text{ soit } I_n = \frac{n-1}{n} I_{n-2}.$$

De là, le produit $n I_n I_{n-1}$ est constant de valeur $\frac{\pi}{2}$. On note ensuite que

$I_n \sim I_{n-1}$ car $I_{n-1} \leq I_n \leq I_{n-2} = \frac{n}{n-1} I_n$. En remplaçant dans $n I_n I_{n-1}$

$$n I_n^2 \sim \frac{\pi}{2}$$

et de ce fait
$$I_n \sim \sqrt{\frac{\pi}{2n}}.$$

14.8.3. Equivalent de type parabolique : Soient a dans $\mathbf{R}^{+*}$ et f continue de $[0,1]$ dans $\mathbf{R}$, telle que f est de classe C^2 sur $[0,1]$, $f(0) = 1$, $f'(0) = 0$, $\alpha = -\frac{1}{2} f''(0) \neq 0$ et $\forall x \in]0,1], |f(x)| < 1$. Alors :

a) On a $\alpha > 0$.

b) Pour tout $a < 1$, $\int_0^a (1-u^2)^n du \sim_{n \to \infty} \frac{\sqrt{\pi}}{2\sqrt{n}}$.

c) $I_n = \int_0^1 f^n(x) dx$ est équivalent quand n tend vers $+\infty$ à $\frac{\sqrt{\pi}}{\sqrt{-2n f''(0)}}$.

d) La suite $u_n = \dfrac{1}{n!}\displaystyle\int_0^n e^{-x}x^n dx$ converge vers $\dfrac{1}{2}$.

Démonstration :

a) Sinon $f''(0) > 0$ et l'égalité $f(x) = 1 + \dfrac{1}{2}f''(0)x^2 + \varepsilon(x)\,x^2$ montre que $f(x) > 1$ pour $x > 0$ assez petit.

b) On écrit $\displaystyle\int_0^1 (1-u^2)^n du = \int_0^a (1-u^2)^n du + \int_a^1 (1-u^2)^n du$.

En posant $u = \cos t$ on constate que l'intégrale du membre de gauche n'est autre que l'intégrale de Wallis $I_{4n+1} \sim \dfrac{\sqrt{\pi}}{2\sqrt{n}}$, d'autre part

$$0 \leq \int_a^1 (1-u^2)^n du \leq (1-a^2)^n = o\!\left(\dfrac{\sqrt{\pi}}{2\sqrt{n}}\right)$$

donc $\displaystyle\int_0^1 (1-u^2)^n du$ et $\displaystyle\int_0^a (1-u^2)^n du$ sont équivalentes.

c) Nous appliquons ici le principe déjà évoqué : *remplacer f par une fonction calculable.*

Si tout va bien, du fait que "l'intégrale I_n est concentrée en 0 " on remplace f par son développement limité en ce point d'où $I_n \sim \displaystyle\int_0^a (1 - \alpha x^2)^n du$ pour a assez petit et avec b) et $u = \sqrt{\alpha}\,x$ il vient $I_n \sim \dfrac{\sqrt{\pi}}{\sqrt{-2nf''(0)}}$. Il reste à justifier correctement ce raisonnement "plausible" :

On pose $u_n = \left(\dfrac{\sqrt{\pi}}{\sqrt{-2nf''(0)}}\right)^{-1}$, et l'on se donne $\varepsilon > 0$, $\varepsilon \ll \alpha$. Le développement limité de f en 0 amène, pour a assez petit et $0 \leq x \leq a$: $1 - (\alpha+\varepsilon)x^2 \leq f(x) \leq 1 - (\alpha-\varepsilon)x^2$

On introduit ensuite le nombre $k = \sup\{|f(t)|;\ a \leq t \leq 1\}$. Par compacité de $[a,t]$ et continuité de f, le sup k est atteint, moyennant les hypothèses faites sur f on a donc $k < 1$ Nous déduisons de tout ceci les encadrements :

$$\int_0^a (1 - (\alpha+\varepsilon)x^2)^n dx - k^n \leq I_n \leq \int_0^a (1 - (\alpha-\varepsilon)x^2)^n dx + k^n$$

Attention ! ne pas conclure trop vite ! k^n est effectivement négligeable devant les intégrales de droite et de gauche mais k tend vers 1 lorsque ε tend vers 0, on n'est donc pas *assuré* de tenir l'équivalent de I_n en remplaçant les intégrales de droite et de gauche par leurs équivalents (cf. $(1 - \dfrac{1}{n})^n$ tend vers e^{-1}, et pas vers 0). Pour raisonner correctement, nous allons remplacer la recherche d'un *équivalent* par celle d'une *limite* en multipliant par u_n

$$u_n(\int_0^a (1-(\alpha+\varepsilon)x^2)^n dx - k^n) \leq u_n I_n \leq (\int_0^a (1-(\alpha-\varepsilon)x^2)^n dx + k^n)u_n$$

Le membre de gauche tend vers $\sqrt{\dfrac{\alpha}{\alpha+\varepsilon}}$ et celui de droite vers $\sqrt{\dfrac{\alpha}{\alpha-\varepsilon}}$ donc pour n assez grand :

$$\sqrt{\frac{\alpha}{\alpha+\varepsilon}} - \varepsilon \leq u_n I_n \leq \sqrt{\frac{\alpha}{\alpha-\varepsilon}} + \varepsilon$$

ce qui achève la preuve.

d) On fait le changement de variable $x = nu$ et $t = 1-u$:

$$\frac{1}{n!}\int_0^n e^{-x} x^n dx = \frac{n^{n+1}}{n!}\int_0^1 e^{-n(1-t)}(1-t)^n dt = e^{-n}\frac{n^{n+1}}{n!}\int_0^1 f^n(t)dt$$

avec $f(t) = e^t(1-t) = 1 - \dfrac{1}{2}t^2 + o(t^2)$, le résultat précédent s'applique avec $f''(0) = -1$:

$\int_0^1 f^n(t)dt \sim \sqrt{\dfrac{\pi}{2n}}$, d'après la formule de Stirling $e^{-n}\dfrac{n^{n+1}}{n!}$ est équivalent à $\dfrac{1}{\sqrt{2\pi n}}$

en remplaçant : l'intégrale tend vers $\dfrac{1}{2}$.

Lectures supplémentaires : Surtout le chapitre 3 de [DCI], ou bien Bourbaki [FVR] chap. V. Sinon, on trouve couramment d'excellents livres (pas cher !) chez DOVER, par exemple [DB] de de Bruijn, ou [ERD] de Edelyii.

EXERCICES

1) Trouver, par trois méthodes différentes, le DL de tgx à l'ordre 7 en 0.

2) Soit f la fonction : $x \to x\cos x$; montrer que f admet une réciproque C^∞ au voisinage de 0. Déterminer un DL à l'ordre 5 de celle-ci en 0.

3) Trouver le développement limité à l'ordre 6 en 0 de $f(x) = \text{Arcsin}(x - x^3/6 + x^5/120)$

4) Donner un développement limité à l'ordre n+1 en 0 de : $\text{Log}(\sum_{k=0}^{n} \frac{x^k}{k!})$.

5) Soit f une fonction numérique de classe C^1 sur $]0,1[$. On suppose qu'il existe un $\alpha > 0$ tel que $f(x) \sim_1 (1-x)^{-\alpha}$, et que f' est croissante. Trouver un équivalent de f'(x) lorsque x tend vers 1 (intégrer f').

6) Soit f dans $C^1(\mathbf{R}^+, \mathbf{R}^{+*})$, on suppose qu'il existe $\lambda = \lim_{+\infty} x\frac{f'(x)}{f(x)}$.

a) Montrer que, si $\lambda < -1$, $\int_0^{+\infty} f$ converge, si $\lambda > -1$, $\int_0^{+\infty} f$ diverge, et que l'on ne peut pas conclure lorsque $\lambda = -1$.

b) Si $\lambda < -1$, prouver : $\int_x^{+\infty} f$ équivalent en $+\infty$ à $-\frac{xf(x)}{\lambda+1}$, Si $\lambda > -1$, prouver :

$\int_0^x f$ équivalent en $+\infty$ à $\frac{xf(x)}{\lambda+1}$

7) (**Méthode de Laplace, difficile**) Soient $]a,b[$ un intervalle de $\mathbf{R}$, $c \in]a,b[$, g une fonction > 0 possédant une intégrale généralisée sur $]a,b[$, et enfin $f(x) = e^{h(x)}$ une application > 0 de $]a,b[$ dans $\mathbf{R}$, h de classe C^2 sur $]a,b[$, vérifiant :

i) pour tout n dans $\mathbf{N}$; $\int_a^b gf^n$ est absolument convergente

ii) $h''(c) < 0$ et pour tout $g > 0$: $\sup\{h(x) | x \in]a,c-g] \cup [c+g,b[\} < h(c)$.

Montrer que: $\int_a^b gf^n \approx g(c)(f(c))^n + \frac{1}{2} \cdot \sqrt{\frac{-2\pi}{nf''(c)}}$. Appliquer à $n! = \int_0^{+\infty} x^n e^{-x} dx$, que retrouve-t-on ?

Suites et analyse locale

8) Trouver : $\lim \frac{(n+1)^a - n^a}{(n+1)^{a-1}}$.

9) Étudier la suite de terme général : $u_n = \prod_{k=1}^{n} (1 + \frac{k^2}{n^3})$.

10) Montrer que l'équation $x^n + x^{n-1} + \ldots + x - 1 = 0$ possède une seule racine positive x_n, sens de variation ? Limite (notée l) ? Équivalent de $x_n - l$ (utiliser le TAF) ?

11) Soit f une application de classe C^1 : $[-1,1] \to \mathbf{R}$ telle que $f(0) = 0$. Étudier
$u_n = \sum_{k=1}^{n} f(k/n^2)$ (évitez absolument la sommation des o ou O).

12) Trouver un équivalent des suites suivantes quand n tend vers $+\infty$:
a) $1^1 + 2^2 + \ldots + n^n$
b) $1^n + 2^n + \ldots + n^n$
c) $\dfrac{1}{1^{1/n}} + \dfrac{1}{2^{1/n}} + \ldots + \dfrac{1}{n^{1/n}}$.

Problème : Développement asymptotique des fonctions arithmétiques

I. Fonctions multiplicatives

On dit qu'une application f de $\mathbf{N}^*$ dans $\mathbf{R}$ est **multiplicative** si, pour tout couple (m,n) d'entiers naturels $\neq 0$ et *premiers entre eux*, $f(mn) = f(m)f(n)$. (f est dite *totalement multiplicative* si $f(mn) = f(m)f(n)$ a lieu sans la restriction : m et n sont premiers entre eux). Dans ce qui suit, f désigne une fonction multiplicative.

a) Montrer qu'une fonction multiplicative est déterminée par les valeurs qu'elle prend sur les nombres de la forme p^α, p premier et $\alpha \in \mathbf{N}$. Pour n dans $\mathbf{N}^*$, on note $\phi(n)$ le nombre d'entiers de $[1,n]$ premiers avec n.

b) Calculer $\phi(n)$ lorsque $n = p^\alpha$, p premier.

c) Soient m et n deux entiers premiers entre eux, D resp. D' l'ensemble des diviseurs de m resp. n ; D" l'ensemble des diviseurs de mn. Montrer que l'application : $D \times D' \to D"$, $(d,d') \to dd'$ est bien définie et bijective.

d) Montrer que $F : n \to \sum_{d|n} f(d)$ est multiplicative, et prouver que, si $f = \phi$, F est l'identité.

e) Ici, μ désigne la fonction de Moëbius : $\mu(n) = 0$ si n est divisible par un carré non trivial, $\mu(p_1 \ldots p_s) = (-1)^s$ lorsque $p_1, \ldots, p_s$ sont des nombres premiers distincts. Appliquer d) lorsque $f = \mu$. En déduire la formule d'inversion de Moëbius : si h applique $\mathbf{N}^*$ dans $\mathbf{R}$ et si $k(n) = \sum_{d|n} h(d)$ alors $h(n) = \sum_{d|n} \mu(d) k(\frac{n}{d})$ (formule d'inversion de Moëbius).

II. Estimations concernant les fonctions arithmétiques (très difficile, voir [BA] ou [HW]).

Préliminaire : Montrer les identités (ζ est la fonction de Riemann). Vérifier successivement pour s réel > 1

$$\zeta(s) = \prod_{p \in P} \frac{1}{1 - p^{-s}} \text{ et } \frac{1}{\zeta(s)} = \sum_{n=1}^{+\infty} \frac{\mu(n)}{n^s}$$

On note $\sigma(n)$ la somme des diviseurs de l'entier n, et $\tau(n)$ leur nombre.

1°) a) Montrer que : $\tau(n) = o(n^\delta)$ pour tout $\delta > 0$ (fixé).
b) Prouver : $\sigma(n) \leq n(1 + \text{Log} n)$.

c) Montrer, pour tout entier $n \geq 2$: $\phi(n) \geq \dfrac{n}{4\text{Log}n}$.

2°)a) Démontrer que : $\displaystyle\sum_{n \leq x}\tau(n) = x\text{Log}x + O(x)$.

b) Prouver ensuite que : $\displaystyle\sum_{n \leq x}\sigma(n) = \dfrac{\pi^2}{12}x^2 + O(x\text{Log}x)$.

c) En déduire enfin que $\displaystyle\sum_{n \leq x}\phi(n) = \dfrac{6}{\pi^2}x^2 + O(x\text{Log}x)$; ainsi, la probabilité pour que deux entiers choisis au hasard soient premiers entre eux est $\dfrac{6}{\pi^2}$.

Processus sommatoires

15. Séries numériques
15.1. Définition et premières propriétés (K = R ou C)

15.1.1. Une *série* dont les termes sont dans **K** est un couple (u_n, U_n), où u_n est une suite à valeur dans **K** et U_n est la suite : $U_n = u_0 + \ldots + u_n$.
Les séries forment visiblement un **K**-espace vectoriel pour les lois naturelles.

15.1.2. Vocabulaire et notations : u_n est le *terme général* de la série, U_n en est la suite des *sommes partielles*, et la série (u_n, U_n) sera notée Σu_n. On dit que la série Σu_n est une *série convergente* lorsque U_n converge, et que Σu_n est *divergente* sinon. Dans le cas où Σu_n converge, la limite U de la suite est appelée *somme* de la série (✋ : les propriétés de cette somme ne sont pas identiques à celles des sommes finies), le reste d'ordre n est alors $U - U_n$. On note la somme $\displaystyle\sum_{n=0}^{+\infty} u_n$.

✋ : Ne pas confondre la série *posée comme problème*, et notée Σu_n, et sa *somme* éventuelle $\displaystyle\sum_{n=0}^{+\infty} u_n$.

15.1.3. Une condition nécessaire, mais non suffisante de convergence est que la suite $u_n = U_n - U_{n-1}$ tende vers 0.

15.1.4. Exemple des séries géométriques : La série de terme général q^n converge ssi $|q| < 1$.

Remarque : pour $|q| = 1$ et $q \neq 1$ la série diverge alors que ses sommes partielles sont bornées.

15.1.5. Équivalence suite-série : La suite x_n converge ssi la série de terme général $x_{n+1} - x_n$ converge, car la somme partielle d'ordre n de cette série est $x_{n+1} - x_0$.

15.1.6. On dit que deux séries sont *de même nature* lorsque ces séries sont simultanément convergentes, ou simultanément divergentes. Par exemple, on ne modifie pas la nature d'une série en changeant un nombre fini de termes, donc *la notion de convergence est asymptotique*.

15.1.7. Si Σu_n est une série la série Σu_{n+p} est appelée *série décalée* à l'ordre p de Σu_n. Les séries décalées sont *de même nature* que la série de départ. Le reste d'ordre p d'une série convergente est la somme de la série décalée Σu_{n+p}

15.1.8. Opérations algébriques : La somme, le produit par un scalaire, conservent la convergence, en d'autre termes, les séries convergentes forment un sous-espace

vectoriel de l'espace vectoriel des séries et les séries divergentes le complémentaire du dit.
Si $\lambda \neq 0$, on a les relations :
$\lambda \times DV = DV$ $CV + DV = DV$ mais on ne peut rien dire *a priori* de DV+DV.

15.2. Critère de Cauchy, convergence absolue

15.2.1. En écrivant le critère de Cauchy dans l'espace complet **K** pour la suite des sommes partielles de Σu_n on obtient le *critère de Cauchy pour les séries*

$$\Sigma u_n \text{ converge} \Leftrightarrow \forall \varepsilon > 0, \exists n_\varepsilon \in \mathbf{N}, \forall m > n \geq n_\varepsilon, |\sum_{k=n+1}^{m} u_k| < \varepsilon.$$

15.2.2. Applications :
1) Si la suite numérique (u_n) décroît et si Σu_n converge, la suite nu_n tend vers 0.
En effet, si l'on se donne $\varepsilon > 0$ le critère de Cauchy montre que pour $n > p \geq n_\varepsilon$ convenable $0 \leq u_{p+1}+\ldots u_n \leq \varepsilon$. Comme u_n décroît il vient $0 \leq (n-p) u_n \leq \varepsilon$; on choisit alors $p < n/2$ (ce qui est possible dès que $n > 2n_\varepsilon$) pour obtenir $nu_n < 2\varepsilon$.

Ce résultat est faux si u_n ne décroît pas : poser $u_n = \frac{1}{n}$ si n est un carré, $u_n = 0$ sinon.

2) Soit Σu_n une série divergente à termes > 0. La série de terme général $v_n = \frac{u_n}{U_n}$ diverge

Preuve : Comme la suite U_n croît on a la minoration
$$v_{n+p}+\ldots+ v_n \geq \frac{u_{n+p}}{U_{n+p}}+\ldots+\frac{u_n}{U_{n+p}} = \frac{U_{n+p} - U_{n-1}}{U_{n+p}}$$
Par hypothèse U_m croît vers $+\infty$. Prenons la limite du membre de droite lorsque p tend vers $+\infty$, il vient puisque U_{n-1} est fixe :
$$\frac{U_{n+p} - U_{n-1}}{U_{n+p}} \to 1$$
donc $v_{n+p}+\ldots+ v_n \geq \frac{1}{2}$ pour p assez grand, d'où la négation du critère de Cauchy.

Note : ce résultat montre qu'il n'y a pas de "série divergente limite" Σu_n : dans l'exemple ci-dessus, $v_n = o(u_n)$ et Σv_n est aussi divergente. On voit de même (cf. exercices) qu'il n'y a pas de "série convergente limite".

Séries absolument convergentes, convergence dans R et C

15.2.3. Définition : Une série Σu_n est dite *absolument convergente* si la série $\Sigma |u_n|$ converge. Si la série Σu_n converge mais n'est pas absolument convergente, on dit que la série est *semi-convergente*.

15.2.4. Théorème : *Soit (u_n) une suite numérique.*
a) *Si Σu_n est absolument convergente elle converge.*
b) *Si Σu_n est semi-convergente les séries Σu_n^+ et Σu_n^- divergent.*

Démonstration : a) Immédiate par le critère de Cauchy.
b) Rappelons que $u_n^+ = \sup(u_n,0)$ et $u_n^- = \sup(-u_n,0)$

d'où $|u_n| = u_n^+ + u_n^-$ et $u_n = u_n^+ - u_n^-$. Puisque $\sum|u_n|$ diverge, l'une des deux séries $\sum u_n^+$ ou $\sum u_n^-$ diverge, mettons que ce soit $\sum u_n^+$; mais alors $\sum u_n^-$ est différence de la série convergente $\sum u_n$ et de la série divergente $\sum u_n^+$ donc diverge.

15.3. Séries à termes positifs

15.3.1. Comme la suite des sommes partielles d'une série $\sum u_n$ à termes positifs est croissante, *la CNS de convergence d'une telle série est que la suite des sommes partielles soit majorée* (c'est bien sûr faux dans le cas général : cf. les séries géométriques).

15.3.2. Si la série à termes positifs $\sum u_n$ diverge, la suite des sommes partielles tend vers $+\infty$.

15.3.3. Théorème : a) *Toute série extraite d'une série convergente à termes positifs convergente converge, et sa somme est inférieure à celle de la série initiale.*
b) *Toute série déduite d'une série à termes positifs par une permutation des indices est de même nature que la série initiale, et a même somme en cas de convergence.*
c) *Ces résultats s'étendent aux séries absolument convergentes.*

Démonstration : a) Soit ϕ une injection croissante de $\mathbb{N}$ dans $\mathbb{N}$. Par récurence sur n, on a $\phi(n) \geq n$ pour tout n. De là, les termes de la série étant positifs :
$$u_{\phi(0)}+\ldots+u_{\phi(n)} < u_0+\ldots+u_{\phi(n)} \leq U$$
et la série $\sum u_{\phi(n)}$ converge de somme $\leq U$.
b) Si $\sum u_n$ converge, la série $\sum u_{\sigma(n)}$ converge en vertu de a). On obtient l'équivalence en considérant σ^{-1}. Pour montrer l'égalité des sommes, on note que a) fournit déjà
$$\sum_{n=0}^{+\infty} u_{\sigma(n)} \leq \sum_{n=0}^{+\infty} u_n$$
l'inégalité inverse vient en considérant σ^{-1}.
c) On écrit $u_n = u_n^+ - u_n^-$ où $u_n^+ \leq |u_n|$ et $u_n^- \leq |u_n|$. Les séries $\sum u_n^+$ et $\sum u_n^-$ convergent, il suffit donc de leur appliquer les résultats précédents. QED.

15.3.4. Théorème (de comparaison) : *Soient $\sum u_n$ et $\sum v_n$ deux séries telles que, pour tout n de $\mathbb{N}$, $0 \leq u_n \leq v_n$.*
a) *Si $\sum v_n$ converge, la série $\sum u_n$ converge.*
b) *Si $\sum u_n$ diverge, la série $\sum v_n$ diverge.*

Démonstration : Montrons a), b) suit par contraposition. Mais si l'on suppose que $\sum v_n$ converge, les sommes partielles de $\sum v_n$ sont majorées donc aussi celles de $\sum u_n$, d'où la conclusion.

15.3.5. Proposition : *Soit $\sum u_n$ et $\sum v_n$ deux séries avec $v_n \geq 0$. Si $\sum v_n$ converge et $u_n = O(v_n)$; la série $\sum u_n$ converge. En particulier, si $u_n \sim v_n$ les séries considérées sont de même nature.*

En effet, sous les hypothèses ci-desssus, $|u_n| \leq k |v_n|$ pour n assez grand, et $\sum u_n$ est *absolument convergente*.

Processus sommatoires

✋ : N'utiliser l'équivalence que pour les *séries de signe constant*.

Conséquence : les séries absolument convergentes forment un sous-espace vectoriel de l'espace vectoriel des séries convergentes.

15.3.6. Parmi les séries utilisées pour la comparaison on utilise le plus souvent les Séries de *Riemann* ou de *Bertrand* :

– Les séries de Riemann de terme général $u_n = \dfrac{1}{n^\alpha}$, il y a convergence ssi $\alpha > 1$;

– Les séries de Bertrand de terme général $\dfrac{1}{n^\alpha (\text{Log} n)^\beta}$, il y a convergence ssi $\alpha > 1$, ou $\alpha = 1$ et $\beta > 1$ (cf. § 17 : comparaison série-intégrale).

Toutes sortes de critères se ramènent aux deux résultats 15.3.4. et 15.3.5. ci-dessus : existence de $\lim \dfrac{u_n}{v_n} \neq 0$, étude de $n^\alpha u_n$...

15.3.7. Exemples : Étudions les séries de terme général :

$$\dfrac{1}{\sqrt{n}\text{Log} n}, \quad \int_0^{\sqrt{\pi/n}} \dfrac{1-\cos x}{1+x} dx, \quad \dfrac{P(n)}{Q(n)} \text{ où P et Q sont deux polynômes.}$$

Pour la première on choisit $\alpha : \dfrac{1}{2} < \alpha < 1$, la suite $n^\alpha u_n$ tend vers $+\infty$ donc $u_n \geq \dfrac{1}{n^\alpha}$ pour n assez grand et la série diverge.

Dans la deuxième, il faut observer que la fonction intégrée semble ne pas avoir de primitive (c'est le cas), on remplace donc cette fonction par une autre qui la majore et se calcule, soit $x \rightarrow \dfrac{x^2}{2}$, d'où $0 \leq u_n \leq (\pi/n)^{3/2}$ et la série converge. Enfin $\dfrac{P(n)}{Q(n)}$ est équivalent à λn^d où λ est le quotient des coefficients dominants et d la différence des degrés ; on a bien un équivalent de signe constant donc la série converge ssi $\deg Q \geq \deg P + 2$.

15.3.8. Corollaire : *Si $u_n \geq 0$ les séries $\sum u_n$, $\sum \text{Log}(1+u_n)$, $\sum \log(1-u_n)$ sont de même nature.*

Preuve : Montrons le par exemple pour les deux premières : Si u_n ne tend pas vers 0, $\text{Log}(1+u_n)$ non plus, et les deux séries considérées sont divergente. Si u_n tend vers 0, $\text{Log}(1+u_n) \sim u_n$ et, à nouveau, les séries considérées sont de même nature.

Application : Soit p_n la suite strictement croissante des nombres premiers. La série $\sum \dfrac{1}{p_n}$ diverge.

L'idée est d'utiliser le produit $\Pi_m = \displaystyle\prod_{n=1}^{m} \dfrac{1}{1-\dfrac{1}{p_n}}$ et un passage au Log : on a

$- \text{Log } \Pi_m = - \displaystyle\sum_{n=1}^{m} \text{Log}(1-\dfrac{1}{p_n})$ et $- \text{Log}(1-\dfrac{1}{p_n}) \sim \dfrac{1}{p_n}$ donc les séries de terme général

$-\operatorname{Log}(1 - \frac{1}{p_n})$ et $\frac{1}{p_n}$ sont de même nature. D'autre part

$$\frac{1}{1-\frac{1}{p_n}} = 1 + \frac{1}{p_n} + (\frac{1}{p_n})^2 + \ldots$$

Par développement du produit Π_m et décomposition des nombres $\leq m$ en facteurs premiers on constate que $\Pi_m \geq \sum_{n=1}^{m} \frac{1}{n}$ qui tend vers $+\infty$, donc Π_m tend vers $+\infty$ et la série étudiée diverge.

15.4. Critères mutiplicatifs

15.4.1. Théorème : *Soient $\sum u_n$ et $\sum v_n$ deux séries à termes > 0. On suppose que $\frac{u_{n+1}}{u_n} \leq \frac{v_{n+1}}{v_n}$ à partir d'un certain rang,*
– si $\sum v_n$ converge, alors $\sum u_n$ converge.
– si $\sum u_n$ diverge, alors $\sum v_n$ diverge.

Démonstration : Comme $u_n > 0$, il suffit de montrer qu'il existe $M \geq 0$ tel qu'à partir d'un certain rang, $u_n \leq M v_n$. Mais par hypothèses nous disposons de n_0 tel que, pour tout $n \geq n_0, \frac{u_{n+1}}{u_n} \leq \frac{v_{n+1}}{v_n}$. De ce fait $\frac{u_n}{v_n}$ décroît pour $n \geq n_0$, d'où l'on tire $0 \leq u_{n+p} \leq \frac{u_{n_0}}{v_{n_0}} v_{n+p}$ ce qui amène la convergence d'après 15.3.4. La deuxième affirmation suit par contraposition.

15.4.2. Corollaire (Critère de d'Alembert) : *Soient $\sum u_n$ une série à termes > 0, on suppose que la suite $\frac{u_{n+1}}{u_n}$ tend vers k.*
– si $k < 1$, la série $\sum u_n$ converge.
– si $k > 1$ la série $\sum u_n$ diverge.

Démonstration : Dans le premier cas, on choisit q tel que $k < q < 1$, et l'on introduit la suite $v_n = q^n$. L'hypothèse faite sur u_n entraîne $\frac{u_{n+1}}{u_n} \leq \frac{v_{n+1}}{v_n}$ pour n assez grand ; l'application du théorème ci-dessus à la série convergente $\sum v_n$ donne alors la convergence de $\sum u_n$. Dans le deuxième cas, on choisit q tel que $1 < q < k$ et l'on procède de même, en sens inverse.

☛ : Lorsque la limite est 1, par exemple avec les séries de Riemann, on ne peut rien dire : la série peut diverger ou converger.

Remarque : le critère de d'Alembert est surtout utile pour les séries entières, à la rigueur dans le cas des suites "à caractère géométrique" ; en fait, la bonne méthode générale de recherche de la nature d'une série à termes > 0 "donnée par une formule" est la recherche d'équivalent.

15.4.3. Théorème (règle de Cauchy) : *Soient $\sum u_n$ une série à termes > 0.*
Si $\limsup(u_n)^{1/n} = L < 1$, la série converge, si $\limsup(u_n)^{1/n} = L' > 1$, la série diverge.

(Rappelons que : d'Alembert implique Cauchy au § 13.3, c'est une application de Césaro ; on cherche donc le cas échéant, à appliquer d'abord d'Alembert puis Cauchy)

Démonstration : Si L < 1 on choisit q tel que L < q < 1. D'après les propriétés des limites supérieures, tous les $(u_n)^{1/n}$ sont < q pour n assez grand, d'où $0 < u_n < q^n$ et la convergence de $\sum u_n$.

Si L' > 1 la suite ne tend pas vers 0, car $(u_n)^{1/n} \geq 1$ pour une infinité d'entiers n, donc la série diverge. QED.

A nouveau, la règle de Cauchy est surtout employée pour les séries entières, où elle permet une définition directe du rayon de convergence.

Remarque : les règles de d'Alembert et Cauchy donnent, en considérant les valeurs absolues, des critères correspondants d'absolue convergence.

Méthode de Raabe-Duhamel.

15.4.4. Proposition : *Soit $\sum u_n$ une série à termes > 0 telle que $\dfrac{u_{n+1}}{u_n} = 1 - \dfrac{a}{n} + w_n$, la série $\sum |w_n|$ étant supposée convergente. Alors $u_n \sim \dfrac{K}{n^a}$, et la convergence de $\sum u_n$ est déterminée par le critère de Riemann.*

Démonstration : Il suffit de montrer que la suite $n^a u_n$ converge vers K > 0, ou encore que la suite $v_n = \text{Log}(n^a u_n)$ converge dans **R**, ou enfin que la série $x_n = v_{n+1} - v_n$ converge dans **R**. Mais

$$v_{n+1} - v_n = \text{Log}\left(\frac{u_{n+1}}{u_n}\right) + a\text{Log}\frac{n+1}{n} = \text{Log}\left(1 - \frac{a}{n} + w_n\right) + \frac{a}{n} + O\left(\frac{1}{n^2}\right)$$

soit

$$v_{n+1} - v_n = -\frac{a}{n} + w_n + O\left(-\frac{a}{n} + w_n\right)^2 + \frac{a}{n} + O\left(\frac{1}{n^2}\right) = w_n + O\left(\left(-\frac{a}{n} + w_n\right)^2\right) + O\left(\frac{1}{n^2}\right)$$

où $\left(-\dfrac{a}{n} + w_n\right)^2 = \dfrac{a^2}{n^2} - 2\dfrac{a}{n} w_n + w_n^2$. Comme $\left|\dfrac{a}{n} w_n\right| \leq \dfrac{1}{2}\left(\dfrac{a^2}{n^2} + w_n^2\right)$ toutes les séries en jeu sont absolument convergentes, donc x_n est abolument convergente, ce qui achève la preuve.

☛ : Nous avons rencontré une *difficulté classique* de l'étude des séries à termes quelconques : lorsque l'on effectue un développement limité généralisé (ou un développement asymptotique) il faut s'assurer du fait que le reste conservé est *absolument convergent*.

Application : Étude de la série de terme général $u_n = \dfrac{1}{n!} \dfrac{1.1.3\ldots 2n-3}{2.2.2\ldots 2}$ (n ≥ 2), $u_1 = \dfrac{1}{2}$

Sans difficulté : $\dfrac{u_{n+1}}{u_n} = \dfrac{2n-1}{2n+2} = 1 - \dfrac{3}{2n} + O\left(\dfrac{1}{n^2}\right)$, donc $u_n \sim \dfrac{1}{n^{3/2}}$ et la série converge.

N.B. : cette série provient du développement en série entière, valable sur]-1,1[:

$$1 - \sqrt{1-x^2} = \sum_{n=1}^{+\infty} u_n x^n$$

L'évaluation ci-dessus montre que la série entière est *normalement convergente* sur [-1,1]. Ce résultat nous servira pour la recherche de racines carrées d'opérateurs auto-adjoints positifs dans un espace de Hilbert.

15.4.5. Variante (laissée à titre d'exercice) : Soit u_n une suite à valeurs dans $\mathbf{R}^{+*}$ telle que : $\frac{u_{n+1}}{u_n} = 1 - \frac{a}{n} + o(1/n)$. Si $a > 1$ montrer que $\sum u_n$ converge, si $a < 1$ montrer que $\sum u_n$ diverge, et que l'on ne peut conclure si $a=1$ (indication : prendre $v = n^{-b}$ et comparer, pour b compris entre 1 et a, $\frac{u_{n+1}}{u_n}$ et $\frac{v_{n+1}}{v_n}$). Comparer avec la règle de Duhamel.

15.4.6. Comme autre illustration de la technique "à la Raabe-Duhamel" nous allons démontrer la *formule de Stirling* : $n! \sim (\frac{n}{e})^n \sqrt{2\pi n}$.

a) Expression des intégrales de Wallis : $I_n = \int_0^{\pi/2} \sin^n x \, dx$.

Rappelons les expressions prouvées dans le § 14.7.2. (comparaison):
$$I_n = \frac{n-1}{n} I_{n-2} \quad I_0 = \frac{\pi}{2} \quad I_1 = 1 \text{ et } I_n \sim \sqrt{\frac{\pi}{2n}}.$$

Il en résulte, par récurrence sur n que
$$I_{2n} = \frac{(2n!)}{2^{2n}(n!)^2} \frac{\pi}{2} \text{ et } I_{2n+1} = \frac{2^{2n}(n!)^2}{(2n+1)!}.$$

b) On va montrer que *la suite de terme général* $\frac{n!}{n^n e^{-n}\sqrt{n}} = v_n$ *converge, et trouver sa limite*. Pour cela, introduisons les suites $s_n = \text{Log} v_n$ et $u_n = s_n - s_{n-1}$. La série $\sum u_n$ converge, car après simplification des factorielles :

$$u_n = \text{Log}(e\sqrt{\frac{n}{n-1}}(\frac{n-1}{n})^{n-1}) = 1 + (n - \frac{1}{2})\text{Log}(1 - \frac{1}{n})$$
$$= 1 + (n - \frac{1}{2})(-\frac{1}{n} - \frac{1}{2n^2} + O(\frac{1}{n^3})) = O(\frac{1}{n^2}).$$

(Attention ! il faut développer jusqu'à l'ordre 3 pour avoir un reste absolument convergent, à cause de la présence du terme en n). On en déduit que la suite v_n converge dans $]0,+\infty[$. Il reste à identifier la limite σ de v_n, dans ce but considérons le quotient

$$\frac{\sqrt{2}.v_{2n}}{v_n^2} = \sqrt{n} \frac{(2n!)}{2^{2n}(n!)^2} = \sqrt{n} \frac{2}{\pi} I_{2n}.$$

Le terme de droite tend vers $\frac{1}{\sqrt{\pi}}$, en passant aux inverses il vient $\sigma = \sqrt{2\pi}$. QED.

15.5. Séries semi-convergentes

15.5.1. Critère de Leibniz (des séries alternées) : *Soit* (a_n) *une suite réelle positive. Si la suite* (a_n) *est décroissante et tend vers 0, la série de terme général* $u_n = (-1)^n a_n$ *converge, la somme U de* $\sum u_n$ *vérifie, pour tout p de* $\mathbf{N}$*, l'encadrement* $U_{2p+1} \leq U \leq U_{2p}$ *et le reste d'ordre* n *de la série est majoré par* $|u_{n+1}|$.

Démonstration : Pour p dans $\mathbb{N}^*$ on a
$$U_{2p+1} = U_{2p-1} + a_{2p} - a_{2p+1} \text{ et } U_{2p+2} = U_{2p} - a_{2p+1} + a_{2p+2}$$
Comme (a_n) décroît vers 0, la suite U_{2p+1} croît, la suite U_{2p} décroît et la différence $U_{2p} - U_{2p+1} = a_{2p+1}$ est positive et tend vers 0. Les deux suites considérées sont donc adjacentes et de ce fait convergent vers la même limite U, qui de plus vérifie :
$$\forall p \in \mathbb{N}, U_{2p+1} \leq U \leq U_{2p}.$$
On contrôle enfin le reste en disant que, si $n = 2p$,
$$|U - U_{2p}| \leq U_{2p} - U_{2p+1} = |u_{n+1}|$$
et si $n = 2p+1$,
$$U_{2p+1} \leq U \leq U_{2p+2}$$
d'où l'encadrement final
$$0 \leq U - U_{2p+1} \leq U_{2p+2} - U_{2p+1} = |u_{n+1}|. \text{ QED.}$$

N.B. : les sommes sont ici prises *à partir de 0*.

Applications :

1) Séries en $\dfrac{(-1)^n}{n^\alpha (\text{Log} n)^\beta}$: elles sont toutes convergentes dès que $\alpha > 0$, ou $\alpha = 0$ et $\beta > 0$, car le terme général décroît à partir d'un certain rang.

Note : La série $u_n = \dfrac{(-1)^n}{\text{Log} n}$ est un exemple de série convergente telle que, pout tout $\alpha > 0$, la série $\sum |u_n|^\alpha$ diverge.

2) Montrons d'abord la formule de Machin (astronome du XVIe siècle). Elle s'écrit :
$$\frac{\pi}{4} = 4\text{Arctg}(\frac{1}{5}) - \text{Arctg}(\frac{1}{239})$$

En effet, tant que $x \geq 0$, $y \geq 0$ et $\text{Arctg} x + \text{Arctg} y < \dfrac{\pi}{2}$ on a
$$\text{Arctg} x + \text{Arctg} y = \text{Arctg}(\frac{x+y}{1 - xy})$$
Par applications successives de cette formule nous trouvons
$$4\text{Arctg}(\frac{1}{5}) - \text{Arctg}(\frac{1}{239}) = \text{Arctg} 1 .$$

Le développement en série entière de $\text{Arctg} x$ pour $|x| < 1$, soit $\text{Arctg} x = \sum_{k=0}^{+\infty} \dfrac{(-1)^k x^k}{2k+1}$ fournit une série alternée lorsque $0 \leq x < 1$, dont on sait ainsi majorer le reste. De là, une approximation rapide de π par développement en série de la formule de Machin (faire un calcul de π avec trois décimales exactes pour vous en convaincre). (Cet exemple peut enrichir la leçon : fonctions réciproques).

☛ : Aux fausses séries alternées ! il faut en particulier vérifier le caractère *décroissant* de la suite a_n. Par exemple, si $u_n = \dfrac{(-1)^n}{(-1)^n + \sqrt{n}}$ ($n \geq 2$), $\sum u_n$ est de signe alterné mais diverge, bien que $u_n \sim \dfrac{(-1)^n}{\sqrt{n}}$, terme général d'une série convergente : il suffit de "faire un éclatement de u_n"
$$u_n = \frac{(-1)^n}{\sqrt{n}}(1 + \frac{(-1)^n}{\sqrt{n}})^{-1} = \frac{(-1)^n}{\sqrt{n}} - \frac{1}{n} + O(\frac{1}{n^{3/2}}) = CV + DV + ACV ;$$
la série diverge.

15.6. Méthode d'Abel

Il s'agit typiquement d'une utilisation de la complétude.

15.6.1. Théorème : *Soit ε_n une suite de nombres réels qui décroît vers 0, et $\sum v_n$ une série dont les sommes partielles sont bornées. Sous ces hypothèses, la série de terme général $\varepsilon_n v_n$ converge.*

Démonstration : Commençons par décrire la *transformation d'Abel* :
on se donne deux entiers m et n avec n > m, et l'on écrit $v_k = V_k - V_{k-1}$ (différence des sommes partielles, avec $V_{-1} = 0$) la "tranche de Cauchy" de la série considéré devient

$$\sum_{k=m}^{n} \varepsilon_k v_k = \sum_{k=m}^{n} \varepsilon_k (V_k - V_{k-1}) = \sum_{k=m}^{n} \varepsilon_k V_k - \sum_{k=m}^{n} \varepsilon_k V_{k-1}.$$

Le décalage des indices dans la deuxième somme amène l'égalité

$$\sum_{k=m}^{n} \varepsilon_k v_k = \sum_{k=m}^{n} \varepsilon_k V_k - \sum_{k=m-1}^{n-1} \varepsilon_{k+1} V_k = \varepsilon_n V_n + \varepsilon_m V_{m-1} + \sum_{k=m}^{n-1} (\varepsilon_k - \varepsilon_{k+1}) V_k.$$

Passons maintenant aux majorations. M désignant un majorant de la suite $|V_n|$:

$$|\varepsilon_n V_n + \varepsilon_m V_{m-1}| \leq M(\varepsilon_n + \varepsilon_m) \text{ et } |\sum_{k=m}^{n-1} (\varepsilon_k - \varepsilon_{k+1}) V_k| \leq M \sum_{k=m}^{n-1} (\varepsilon_k - \varepsilon_{k+1})$$

(car $\varepsilon_k - \varepsilon_{k+1} \geq 0$), en simplifiant :

$$|\sum_{k=m}^{n} \varepsilon_k v_k| \leq M(\varepsilon_m + \varepsilon_n) + M((\varepsilon_m - \varepsilon_n) \leq 2M\varepsilon_m.$$

Comme par hypothèse la suite ε_n tend vers 0, le critère de Cauchy s'applique, et la série étudiée converge.

Remarque : La preuve nous donne "en prime" le *contrôle abélien du reste* obtenu en faisant tendre n vers $+\infty$ dans la majoration finale:

$$\forall m \in \mathbb{N} \; |R_{m-1}| \leq 2M\varepsilon_m.$$

Cette estimation nous servira lors des études de convergence uniforme.

15.6.2. Exemple : l'utilisation des méthodes d'Abel est essentielle pour les séries trigonométriques : Soit x dans $\mathbb{R}$, $x \notin 2\pi\mathbb{Z}$. Si la suite ε_n décroît vers 0, la série $\sum \varepsilon_n e^{inx}$ converge : il suffit de montrer que les sommes partielles de $\sum e^{inx}$ sont bornées, mais par sommation d'une suite géométrique

$$|1 + e^{ix} + \ldots e^{inx}| = \left|\frac{1 - e^{i(n+1)x}}{1 - e^{ix}}\right| \leq \frac{2}{|1 - e^{ix}|} \leq \frac{2}{|\sin x/2|}$$

d'où la conclusion.

15.6.3. Variante : *Méthode de Dirichlet (laissée à titre d'exercice) : Soit ε_n une suite de nombres complexes telle que la série $\sum |\varepsilon_n - \varepsilon_{n+1}|$ converge, et $\sum v_n$ une série dont les sommes partielles sont bornées. Alors la série de terme général $\varepsilon_n v_n$ converge.*
(A nouveau, c'est la transformation d'Abel qui est la clé du problème, on applique ensuite le critère de Cauchy à la série $\sum |\varepsilon_n - \varepsilon_{n+1}|$).

15.7. Groupements de termes

15.7.1. En général, la série obtenue en groupant des termes d'une série donnée peut converger sans que ce soit le cas de la série initiale : les sommes partielles de la série obtenue après groupement ne forment qu'une *suite extraite* de la suite des sommes partielles de départ. Il faut donc contrôler la différence, c'est ce qu'exprime le théorème suivant :

15.7.2. Théorème : *Soit ϕ une application strictement croissante de $\mathbb{N}$ dans $\mathbb{N}$ telle que $\phi(0) = 0$, et u_n une suite à valeurs dans $\mathbb{R}$ ou $\mathbb{C}$. Les deux conditions suivantes étant réalisées :*
i) *la série de terme général $v_n = u_{\phi(n)}+\ldots+u_{\phi(n+1)-1}$ est convergente*
ii) *la suite $d_n = |u_{\phi(n)}|+\ldots+|u_{\phi(n+1)-1}|$ tend vers 0*
la série $\sum u_n$ converge et les séries $\sum u_n$ et $\sum v_n$ ont même somme.

Démonstration : Si $\sum v_n$ converge la suite $V_p = U_{\phi(p+1)-1}$ converge aussi, mettons vers V, et il faut obtenir la convergence de U_n vers V. Soit $\varepsilon > 0$. Choisissons p_0 tel que, pour tout $p \geq p_0$, $d_p \leq \varepsilon$ et $|V_p - V| \leq \varepsilon$. Posons $N = \phi(p_0+1)-1$.
Pour tout $n \geq N$ il existe $p \geq p_0$ tel que $\phi(p) \leq n \leq \phi(p+1)-1$, on écrit alors
$$|U_n - V| \leq |U_n - V_p| + |V_p - V| \leq |U_n - V_p| + \varepsilon$$
le choix de p donne $|U_n - V_p| \leq d_p \leq \varepsilon$, et de ce fait $|U_n - V| \leq 2\varepsilon$.

Remarques :
1) Si $\sum u_n$ converge, avec les notations du théorème et i) on a $V_n = U_{\phi(n+1)-1}$; donc si la série $\sum u_n$ converge, la suite V_n, extraite d'une suite convergente, converge aussi : $\sum v_n$ converge.
2) Si $\sum u_n$ est à termes positifs la condition ii) est inutile car automatiquement vérifiée : $v_n = |u_{\phi(n)}+\ldots+u_{\phi(n+1)-1}|$ car les termes sont positifs et v_n tend vers 0 sous l'hypothèse i).
3) Si $\phi(n+1) - \phi(n)$ est bornée et si (u_n) tend vers 0, la condition (ii) est vérifiée.

Application : Règle de "la loupe" : soit u_n une suite décroissante de réels > 0. Les propriétés suivantes sont équivalentes : i) $\sum u_n$ converge et ii) $\sum 2^n u_{2^n}$ converge.
Il suffit d'écrire : $\frac{1}{2} 2^{n+1} u_{2^{n+1}} \leq u_{2^n+1} +\ldots+ u_{2^{n-1}} \leq 2^n u_{2^n}$, ce qui montre que les séries $\sum 2^n u_{2^n}$ et $\sum u_{2^n+1} +\ldots+ u_{2^{n-1}}$ sont de même nature, puis de noter que, u_n étant à termes positifs, les séries de terme général respectifs u_n et $u_{2^n+1} +\ldots+ u_{2^{n-1}}$ sont aussi de même nature.

Remarque : On retrouve ainsi les critères de Riemann et de Bertrand :
si $u_n = \frac{1}{n^a}$, $2^n u_{2^n} = 2^{(1-a)n}$
qui converge ssi $a > 1$; et si $u_n = \frac{1}{n(\text{Log} n)^a}$, $2^n u_{2^n} = \frac{1}{(n \text{Log} 2)^a}$
qui converge ssi $a > 1$.

Exemple : On pose : $u_n = 0$ si 9 intervient dans l'écriture décimale de n, $u_n = \frac{1}{n}$ sinon. Nature de $\sum u_n$?

En fait, cette série est, contrairement à l'intuition immédiate, *convergente.* Notons a_n le nombre de nombres m tels que : 9 n'intervient pas dans l'écriture décimale de n, $10^n \le m < 10^{n+1} - 1$. Vérifions que $a_n \le 9^{n+1}$: l'écriture décimale d'un tel m comporte n+1 chiffres, et pour chacun d'entre eux il n'y a que 9 choix possibles, d'où le résultat. On effectue maintenant un regroupement des termes de la série avec $\phi(n) = 10^n$ il vient

$$u_{10^n} + \ldots + u_{10^{n+1}-1} \le \frac{9^{n+1}}{10^n} = \frac{1}{10}(\frac{9}{10})^n$$

La série majorante est géométrique convergente, comme les u_n sont positifs, Σu_n converge.

15.8. Produit de Convolution

15.8.1. Définition : Soit Σu_n et Σv_n deux séries. Le *produit de convolution* des séries de terme général Σu_n et Σv_n est la série de terme général Σw_n où

$$w_n = u_0 v_n + u_1 v_{n-1} + \ldots u_n v_0 = \sum_{k=0}^{n} u_k v_{n-k}$$

Ce produit se forme naturellement dès que l'on s'intéresse au produit de deux séries entières, qui généralise celui des polynômes.

15.8.2. Théorème : *Soit Σu_n et Σv_n deux séries absolument convergentes. Le produit de convolution de Σu_n et Σv_n est alors absolument convergent et l'on a* :

$$(\sum_{n=0}^{+\infty} u_n)(\sum_{n=0}^{+\infty} v_n) = (\sum_{n=0}^{+\infty} w_n)$$

Démonstration : Nous emploierons les notations usuelles : U_n, V_n, U, V, W_n…
Premier cas : Les séries sont supposées à termes positifs. On vérifie alors, en regardant avec soin les indices que $W_n \le (\sum_{k=0}^{n} u_k)(\sum_{k=0}^{n} v_k) \le W_{2n}$

Il en résulte d'abord que la suite des sommes partielles de la série à termes positifs Σw_n est majorée par UV, donc converge, puis que sa somme W satisfait à $W \le UV \le W$ donc $UV = W$.

Deuxième cas : L'idée est d'utiliser le premier cas pour les séries de terme général $a_n = |u_n|$ et $b_n = |v_n|$: si c_n est leur produit de convolution, on a visiblement $|w_n| \le c_n$ donc Σw_n est absolument convergente, puis l'on vérifie ensuite que

$$|U_n V_n - W_n| \le A_n B_n - C_n$$

(les indices manquants sont les mêmes) et le membre de droite tend vers 0, d'où à nouveau $UV = W$. QED.

✋ : Le produit de convolution de deux séries convergentes n'est pas nécessairement convergeant : prenons le cas où $u_n = v_n = \frac{(-1)^n}{\sqrt{n}}$, la définition amène :

$$w_n = u_1 v_n + u_1 v_{n-1} + \ldots u_{n-1} v_1 = (-1)^n \sum_{k=1}^{n} \frac{1}{\sqrt{k(n-k)}}$$

mais $k(n-k) \le n^2$ donc $\frac{1}{\sqrt{k(n-k)}} \ge \frac{1}{n}$ et $|w_n| \ge 1$, w_n ne tend pas vers 0.

15.8.3. Théorème (Cauchy-Mertens) : *Soit Σu_n et Σv_n deux séries convergentes, la série Σu_n étant absolument convergente. Le produit de convolution de Σu_n et Σv_n est alors convergeant et* $(\sum_{k=0}^{+\infty} u_n)(\sum_{k=0}^{+\infty} v_n) = (\sum_{k=0}^{+\infty} w_n)$.

Démonstration : On procède cette fois de façon différente, utilisant une technique "à la Césaro". Commençons par nous ramener au cas plus simple où $V = 0$: le remplacement de v_0 par $v_0 - V$ change w_n en $w_n - Vu_n$ donc ne modifie pas le problème posé. La suite V_n est bornée mettons par M. De $w_n = u_0v_n + u_1v_{n-1} + \ldots u_n v_0$ on tire
$$w_0 + \ldots + w_n = u_0 V_n + u_1 V_{n-1} + \ldots + u_{n-1} V_1 + u_n V_0$$

Soit $\varepsilon > 0$, choisissons N tel que, pour tout $n \geq N$, $\sum_{k=N}^{+\infty} |u_n| \leq \varepsilon$ et, pour $n > N$, coupons la somme ci-dessus à N, il vient
$$|w_0 + \ldots + w_n| \leq |u_0 V_n| + \ldots + |u_N V_{n-N}| + |u_{N+1} V_{n-N-1}| + \ldots + |u_{n-1} V_1| + |u_n V_0|$$
$$|w_0 + \ldots + w_n| \leq |u_0 V_n| + \ldots + |u_N V_{n-N}| + \varepsilon M$$

N étant fixé, la suite $|u_0 V_n| + \ldots + |u_N V_{n-N}|$ tend vers 0 car V_n tend vers 0 ; pour n assez grand $|w_0 + \ldots + w_n| \leq (M+1)\varepsilon$, ce qui achève la preuve.

Remarque : Si Σu_n et Σv_n sont deux séries dont le produit de convolution converge, la relation $(\sum_{n=0}^{+\infty} u_n)(\sum_{n=0}^{+\infty} v_n) = (\sum_{n=0}^{+\infty} w_n)$ reste vraie :

on vérifie d'abord l'identité : $U_0 V_n + \ldots U_n V_0 = W_0 + \ldots + W_n$ (compter les indices). Ensuite, divisant par $\frac{1}{n+1}$ nous trouvons que le membre de droite tend, avec le théorème de Césaro, vers la somme W de la série convolée, et que celui de gauche tend vers le produit UV (c'est encore une application des idées de Césaro), d'où la conclusion.

N.B. : Il y a une autre preuve de ce résultat, avec les séries entières : voir le § 26, application du *théorème d'Abel*.

EXERCICES

Comparaison, développements limités, asymptotiques

1) Étudier les séries de terme général : $\sqrt{1-\cos\frac{1}{\sqrt{n}}}$, $\text{Log} n.\text{Argth}\frac{1}{n^2}$, $\frac{n^2}{(\log(\log n))^{\log(\log n)}}$.

2) Soit a dans $]0,1[$ et u_n une suite réelle > 0 telle que : $(\forall n \in \mathbb{N})$ ($u_n^{1/n} \leq 1 - \frac{1}{n^a}$). Montrer que la série Σu_n converge.

3) Soit $u_0 > 0$ et $u_{n+1} = \sin u_n$. Nature de $\Sigma (u_n)^\alpha$ selon α réel. équivalent de S_n (utiliser le § 13.3).

4) Soit Σu_n une série convergente à termes positifs. Montrer que les séries $\Sigma \sqrt{u_n u_{n+1}}$ et $\Sigma \frac{1}{n}\sqrt{u_n}$ convergent.

5) Soient Σa_n et Σb_n deux séries convergentes réelles, et Σc_n une série telle que :
$\forall n \in \mathbb{N}, a_n \leq c_n \leq b_n$. Que dire de Σc_n ?

Critère de Cauchy

6) Soit Σu_n une série convergente à termes > 0. On note R_n le reste : $R_n = \sum_{k=n+1}^{+\infty} u_n$.
Montrer que la série de terme général $\dfrac{u_n}{R_{n-1}}$ diverge (user d'une méthode semblable celle de 15.2.1.2.)

7) Soit Σu_n une série à termes > 0.
a) Montrer que si Σu_n converge, pour tout $a \in]0,1[$, la série de terme général
$v_n = \dfrac{u_n}{R_{n-1}^a}$ diverge.
b) Montrer que, si Σu_n diverge, pour tout nombre $a > 1$ la série de terme général :
$v_n = \dfrac{u_n}{S_n^a}$ converge. (Utiliser le théorème des accroissements finis pour encadrer $(S_{n+1})^\alpha - (S_n)^{\alpha-1}$.)

Équivalence suites-séries

8) Soit x_n une suite de réels tels que : $\forall n \in \mathbb{N}, 2x_n \leq x_{n-1} + x_{n+1}$.
Si x_n est bornée et si $x_{n+1} - x_n$ tend vers 0, la suite x_n converge.

9) Soit a_n une suite de réels > 0. Montrer que la série Σa_n et la suite x_n :
$x_0 = 0, 2x_{n+1} = x_n + \sqrt{x_n^2 + a_n}$ sont de même nature.

Applications de la méthode d'Abel

10) Si $x \in \mathbb{R}\backslash 2\pi\mathbb{Z}$, la série $\Sigma \dfrac{\cos nx}{n}$ converge.

11) Soit Σu_n une série convergente. Montrer que $e^{1/n} u_n$ converge.

12) Nature des séries de terme général : $\dfrac{\sin^2 n}{n}$ (linéariser), $\dfrac{|\sin n|}{n}$ (y a-t-il un rapport avec la précédente ?)

Méthodes d'éclatement

13) Étudier la nature des séries de termes généraux : $\text{sh}(\dfrac{(-1)^n}{\text{Log} n})$, $\text{Log}(1+\dfrac{(-1)^n}{n^a})$ a = 2/3, 1/2 ,1/3 (pour la première utiliser la monotonie, la deuxième se traite à l'aide de développements limités, attention au reste !).

14) Étudier la nature des séries de terme général : $u_n = \dfrac{1}{1+(-1)^n n^a}$; $\dfrac{\cos nn}{(-1)^n + n^a}$ (convergence absolue ?).

15) Nature de la série $\text{tg}(\pi\sqrt{n^2+1})$.

Groupement de termes

16) Soit p un entier ≥ 2, on pose : $u_n = \dfrac{1-p}{n}$ si $n \equiv 0\ [p]$, et $u_n = \dfrac{1}{n}$ sinon. Nature de la série Σu_n ?

17) Nature de la série de terme général $\dfrac{(-1)^{E\sqrt{n}}}{\sqrt{n}}$?

Problème

Dans tout ce qui suit, Σu_n désigne une série à termes réels ou complexes, et σ une permutation de $\mathbf{N}$.

1°) Si Σu_n est absolument convergente, montrer que la série $\Sigma u_{\sigma(n)}$ est convergente et de même somme que Σu_n. Montrer que l'hypothèse Σu_n AC est indispensable, en considérant l'exemple de $\Sigma \dfrac{(-1)^{n-1}}{n}$

2°) On suppose que Σu_n est semi-convergente et réelle. Soit a un nombre réel; montrer qu'il existe une permutation σ de l'ensemble de entiers telle que $\Sigma u_{\sigma(n)}$ converge vers a. On utilisera, après preuve, le fait que les séries Σu_n^+ et Σu_n^- divergent, et un encadrement récurrent.

3°) a) Lorsque p est entier, on note $\phi(p)$ le plus grand entier m tel que $[0,m]$ soit contenu dans $\sigma([0,p])$. Montrer que $\phi(p)$ tend vers $+\infty$ avec p.

b) Si $\sigma(n) - n$ est bornée, montrer que la convergence de Σu_n entraîne celle de $\Sigma u_{\sigma(n)}$, la somme étant conservée.

4°) (Théorème de Levy)

a) On suppose cette fois qu'il existe un nombre M tel que, pour tout n de $\mathbf{N}$, $\sigma([0,n])$ est réunion d'au plus M intervalles (maximaux pour l'inclusion). Montrer que la convergence de Σu_n entraîne celle de $\Sigma u_{\sigma(n)}$, la somme étant conservée.

b) Lorsque n est dans $\mathbf{N}$, on pose
$$O_n = \{j \in \mathbf{N} \mid j \leq n \text{ et } \sigma^{-1}(j) > n\} \text{ et } I_n = \{j \in \mathbf{N} \mid j > n \text{ et } \sigma(j) < n\}.$$
Montrer que la condition de a) est satisfaite ssi il existe un nombre fixe P tel que O_n et I_n soient réunion d'au plus P intervalles maximaux.

16. Intégrales généralisées

Toutes les fonctions sont ici supposées localement intégrables (ou au moins réglées) et tous les evn complets, qualité indispensable à la construction de l'intégrale.

16.1. Définition et premières propriétés

16.1.1. Soit $[a,b[$ un intervalle de $\mathbf{R}$, $a \in \mathbf{R}$ et $b \in \overline{\mathbf{R}}$. Si f est une fonction de $[a,b[$ dans l'espace de Banach $(E, \|\ \|)$, nous dirons que f admet une *intégrale généralisée* sur $[a,b[$ s'il existe $\lim_{x \to a} \int_a^x f(t)dt = \int_a^b f$; on dit aussi que $\int_a^b f$ converge.

Pour une intégrale généralisée, il faut distinguer deux emplois du symbole $\int_a^b f$:

– l'intégrale *en tant que problème* : existence d'une limite ;
– le *vecteur* ou le *nombre* obtenu après passage à la limite, il faut dans ce cas avoir préalablement prouvé la convergence.

Attention : on peut avoir deux bornes d'intégration généralisée, par exemple -∞ et +∞, il faut alors couper l'intégrale et faire l'étude séparée des bornes ! (se méfier aussi des "bornes masquées"). On peut également, le lecteur s'en persuadera, étudier la fonction de deux variables *indépendantes* $(x,y) \to \int_x^y f$.

16.1.2. Premières propriétés : Il s'agit d'une limite d'intégrale simple donc on *doit* retrouver toutes les précautions relatives aux limites, en particulier pour les opérations algébriques.

Une *combinaison linéaire* de fonctions dont l'intégrale converge fournit une intégrale convergente.

16.2. Intégrale des fonctions positives

16.2.1. Le comportement de l'intégrale d'une fonction positive est plus simple Compte tenu du fait que *la fonction* $F : x \to \int_a^x f$ croît ; F possède de ce fait une limite en b ssi F *est majorée*, et si l'intégrale diverge c'est vers +∞.

On en déduit immédiatement un premier

16.2.2. Théorème de comparaison : *Si* $0 \leq f \leq g$, *la convergence de entraîne celle de* $\int_a^b f$, *la divergence de* $\int_a^b f$ *entraîne celle de* $\int_a^b f$.

D'où suit immédiatement, par encadrement, le critère suivant :

16.2.3. Equivalents : *Si, au voisinage de* b, *les fonctions **positives** f et g vérifient* $f \sim g$, *les intégrales* $\int_a^b f$ *et* $\int_a^b g$ *sont de même nature.*

Noter l'analogie avec les séries, ainsi que la nécessité du caractère positif.

16.3. Critère de Cauchy

La traduction du critère de Cauchy en termes de la fonction $x \to \int_a^x f$ nous donne immédiatement, Compte tenu du fait que E *est complet*, le :

16.3.1. Théorème : Pour que f possède un intégrale généralisée sur [a,b[, il faut et il suffit que, pour tout $\varepsilon > 0$ il existe c_ε dans [a,b[tel que, pour tout u et v dans $[c_\varepsilon,b[$ on ait :

$$\left\| \int_u^v f \right\| \leq \varepsilon .$$

Application : Une fonction **bornée** sur un intervalle **borné** fournit une intégrale convergente. Si $M > 0$ majore $\|f(x)\|$ sur [a,b[, il suffit de prendre $c_\varepsilon = b - \dfrac{\varepsilon}{M}$

16.4. Convergence absolue, domination

16.4.1. Définition : On dit que l'intégrale $\int_a^b f$ est *absolument convergente* lorsque

$$\int_a^b \| f \| \text{ converge.}$$

16.4.2. Théorème : *Toute intégrale absolument convergente converge.*

Le critère de Cauchy est vérifié pour $\int_a^b \| f \|$ donc aussi pour $\int_a^b f$ car pour $u \leq v$

$$\left\| \int_u^v f \right\| \leq \int_u^v \| f \| .$$

16.4.3. Théorème (Domination) : *Si g est une fonction numérique à valeurs positives dont l'intégrale généralisée converge sur [a,b[, et si, au voisinage de b, $f = O(g)$, l'intégrale $\int_a^b f$ converge absolument.*

En effet, l'hypothèse entraîne que $\int_a^b \| f \|$ converge par domination, l'intégrale étudiée est par suite absolument convergente, donc convergente.

Remarques :
1) Sur la rédaction des preuves par comparaison ou domination : une fois les théorèmes démontrés, les preuves de convergence absolue se font par encadrement des fonctions

données par des fonctions connues ("intégrales-étalon") le signe $\int$ n'a donc aucune raison d'apparaître (si ce n'est pour fausser le raisonnement, en faisant considérer comme acquise une convergence à démontrer).

2) Nous entrons ici, comme avec les séries, dans le domaine des *raisonnements catégoriels* ou encore *de classification*, le but étant de placer une fonction inconnue par rapport à une échelle de comparaison. Pas de $\varepsilon > 0$: ceux-ci sont déjà apparus lors des preuves des théorèmes fondateurs : critère de Cauchy, convergence absolue.

16.4.4. Intégrales-étalon : Les plus courantes des fonctions utilisées comme *base de comparaison* sont *pour la borne* $+\infty$:

$f(x) = \dfrac{1}{x^a}$ donne une intégrale est convergente pour $a > 1$, divergente pour $a \leq 1$

(on a donc la convergence de $e^{-cx}P(x)$, P polynôme, pour $c > 0$ car $x^2 e^{-cx}P(x) \to 0$ entraîne que $e^{-cx}P(x) = O(x^{-2})$) .

$f(x) = \dfrac{1}{x(\ln x)^b}$ donne une intégrale est convergente pour $b > 1$, diverge pour $b \leq 1$.

En effet, f admet pour $b \neq 1$ la primitive $\dfrac{1}{1-b}[\ln x]^{1-b}$ et pour $b = 1$, $x \to \ln(\ln x)$.

N.B. : le cas de $\dfrac{1}{x^a(\ln x)^b}$ se ramène, en choisissant b entre a et 1, à une intégrale du type précédent.

Pour la borne 0 :

$f(x) = \dfrac{1}{x^a}$ donne une intégrale convergente pour $a < 1$, divergente pour $a \geq 1$

$f(x) = |\ln x|^a$ donne une intégrale toujours convergente ($f(x) = O((\sqrt{x})^{-1})$).

16.5. Intégrales semi-convergentes

16.5.1. Définition : On dit que l'intégrale *convergente* $\int_a^b f$ est *semi-convergente*

lorsque $\int_a^b \|f\|$ diverge.

16.5.2. Remarque : les intégrales absolument convergentes fournissent, pour ce qui est des fonctions numériques, des intégrales convergentes au *sens de Lebesgue* (les fonctions sont réglées donc mesurables ; et pour l'appartenance à L^1 on peut appliquer par exemple le théorème de convergence dominée aux fonctions f_n :

$f_n(x) = f(x)$ si $x \in [a,b_n]$, $f_n(x) = 0$ sinon; où b_n tend vers b).

Ce n'est plus le cas des intégrales semi-convergentes, définies comme limites de fonctions ; il convient donc de redoubler de prudence et d'avoir à l'esprit toutes les précautions qu'imposent la manipulation des limites.

16.5.3. Les outils pour l'étude des intégrales semi-convergentes, sont essentiellement :
– L'intégration par parties,
– La comparaison avec une série.

Nous donnons ici pour mémoire la deuxième formule de la moyenne et la règle d'Abel, dans la pratique presque toujours remplacée par l'une des deux méthodes déjà citées.

16.5.4. Deuxième formule de la moyenne : Soient f et g deux fonctions réglées numériques sur l'intervalle [a,b], la fonction g étant supposée positive et décroissante.
Il existe alors un point c de [a,b] tel que l'on ait :
$$\int_a^b f(x)g(x)dx = f(a)\int_a^c g(x)dx$$

Pour la preuve on renvoie à [RDO], [LFA], [AF] etc.

16.5.5. Règle d'Abel : Si f est une fonction numérique décroissante de limite nulle en $+\infty$ et si g est une fonction numérique telle que la fonction $x \to \backslash I(a;x;g)$ soit bornée, l'intégrale $\int_a^{+\infty} f(x)g(x)dx$ converge.

La *preuve* en est immédiate moyennant la deuxième formule de la moyenne et le critère de Cauchy.

Intégration par parties

Il s'agit d'une méthode efficace souvent sous-estimée par les candidats.

16.5.6. Théorème : *Soient* u *et* v *deux fonctions à but complexe, de classe* C^1. *On suppose que le produit* uv *possède une limite en* b. *Alors les intégrales*
$$I = \int_a^b u(x)v'(x)dx \text{ et } J = \int_a^b u'(x)v(x)dx .$$
sont de même nature, et, en cas de convergence
$$I = \lim_{x \to b} u(x)v(x) - u(a)v(a) - J .$$

Démonstration : Il suffit d'intégrer l'identité $(uv)' = u'v + uv'$.

16.5.7. Applications :

1) *Calcul de* $I_n = \int_0^{+\infty} x^n e^{-x} dx$.

On intègre par parties : $u(x) = x^n$, $v'(x) = e^{-x}$ pour obtenir $I_{n+1} = (n+1)I_n$ et comme $I_0 = 1$ il vient $\forall n \in \mathbb{N}, I_n = n!$.

2) *Renforcement de la convergence.* Traitons le cas de $\int_1^{+\infty} \frac{\sin x}{x^a} dx$: l'intégrale converge absolument pour $a > 1$, est semi-convergente pour $0 < a \leq 1$ et diverge lorsque $a \leq 0$.

Cas où $a > 1$: C'est une simple domination (en valeur absolue) par x^{-a}.
Cas où $0 < a \leq 1$: L'idée est d'intégrer parties avec $f(x) = x^{-a}$ (pour augmenter le degré du dénominateur) et $v'(x) = \sin x$; il vient $u(x)v(x) = -x^{-a}\cos(x)$ qui tend vers 0 en $+\infty$,

l'intégrale étudiée est donc de même nature que $\int_{1}^{+\infty}\frac{\cos x}{x^{a+1}}dx$ qui converge absolument par comparaison à l'intégrale de $x^{-(a+1)}$.

Cas de $a \leq 1$, *divergence absolue* : voir la fin du § 17-II "séries-intégrales, les intégrales".

Enfin *l'intégrale diverge* pour $a \leq 0$: il suffit d'utiliser la *négation du critère de Cauchy* sur les intervalles $[n\pi,(n+1)\pi]$.

16.5.8. Changement de variable :

Théorème : *Soit ϕ une bijection de classe C^1 de l'intervalle ouvert $]a,b[$ sur l'intervalle ouvert $]\alpha,\beta[$, et soit f une fonction continue sur $]\alpha,\beta[$. L'intégrale de f sur $]\alpha,\beta[$ converge ssi celle de $(f\circ\phi)'$ converge sur $]a,b[$, et dans ce cas les intégrales sont égales.*

Démonstration : Pour tout u,v de $[a,b]$ on a par changement de variable simple

$$\int_u^v (f\circ\phi)\phi' = \int_{\phi(u)}^{\phi(v)} f$$

Comme ϕ est une bijection continue entre intervalles réels c'est un homéomorphisme et l'existence d'une limite du membre de gauche lorsque $(u,v) \to (a,b)$ est équivalente à l'existence d'une limite en (α,β) pour $\int_x^y f$. QED.

Ce théorème est souvent employé pour ramener le problème posé à un autre mieux connu, voir par exemple la fin de ce paragraphe.

16.6. Comportement aux bornes et convergence des intégrales généralisées

16.6.1. La *première constatation* est que *l'on ne peut rien dire du comportement aux bornes d'une fonction dont l'intégrale généralisée converge*. Nous donnons ci-dessous une liste d'exemples en $+\infty$; un changement de variable amène des contre-exemples de même nature en un point quelconque de $\overline{R}$. Une première idée vient de l'exemple suivant :

Une fonction non bornée positive sur $[0,+\infty[$ *telle que :* $\int_0^{+\infty} f$ *converge.*

On considère la fonction suivante : $f(1/n) = n$, f est affine par morceaux, la base du triangle est $1/2n^3$.

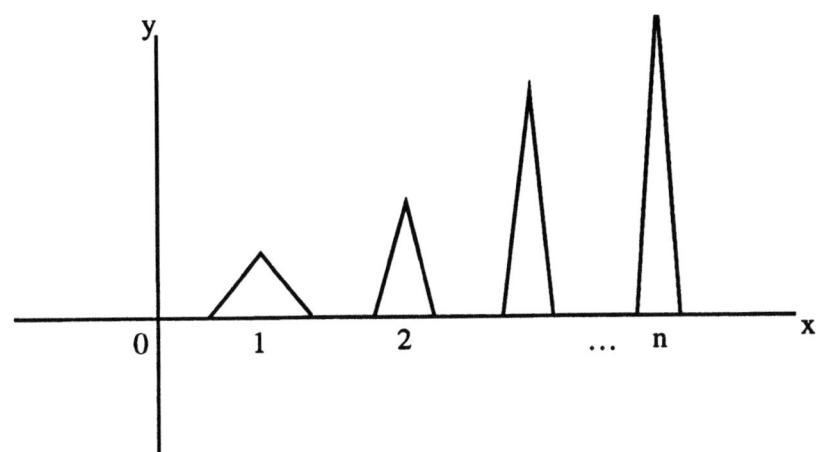

Il est alors clair que, la fonction intégrée étant positive, $F(x) = \int_0^x f$ croît, pour prouver l'existence de l'intégrale généralisée de f, il suffit donc de montrer que F est bornée. Mais on voit immédiatement que, pour tout x réel positif, $F(x) \leq \sum_{n=1}^{+\infty} 1/n^2$ (somme d'une série convergente, dont on verra qu'elle vaut $\pi^2/6$) donc F est bornée et f possède une intégrale généralisée sur $\mathbf{R}^+$.

On montre ensuite que *les intégrales* $\int_0^{+\infty} \sin x^2 dx$ *et* $\int_0^{+\infty} x\sin e^x dx$ *convergent* :

Dans le premier cas, le changement de variables licite $x = \sqrt{u}$, $u \geq 1$ (l'étude en 0 est inutile) ramène à la convergence de $\int_1^{+\infty} \frac{\sin x}{x^{1/2}} dx$ qui a été traitée ci-dessus par intégration par parties.

Le deuxième cas se fait de même : en posant $x = \ln y$, $y \geq 1$, on se ramène à

$$\int_1^{+\infty} \frac{\ln y \cdot \sin y}{y} dx$$

qui converge absolument par intégration par parties (dériver $(\ln y) y^{-1}$ et comparer à $y^{-3/2}$).

L'idée ici est que l'oscillation de plus en plus grande des fonctions considérées amène les morceaux d'intégrales à se compenser. On vérifie assez facilement que les intégrales en jeu sont semi-convergentes (cf. comparaison séries-intégrales, considérer la série obtenue en coupant à $n\pi$).

Nous disposons donc d'exemples de fonctions possédant une intégrale convergente sur $\mathbf{R}^+$, et de comportement erratique en $+\infty$. Ce qui compte en fait n'est pas la régularité de f : caractère $C^1,\ldots,C^\infty$, ...mais, en un sens étendu, sa *variation* sur l'intervalle d'étude, les cas traités ci-dessous permettent de s'en faire une première idée.

16.6.2. Les résultats positifs : Par séparation des parties réelles et imaginaires, 1) et 2) ci-après s'étendent au cas des fonctions complexes.

1) Soit f une fonction réglée de $[0,+\infty[$ dans **R**, *possédant une limite l en* $+\infty$, et telle que $\int_0^{+\infty} f$ converge. *f tend vers 0 en* $+\infty$.

Par l'absurde, on suppose $l \neq 0$. Quitte à changer f en -f on suppose $l > 0$, il vient donc $f(x) \geq l/2$ pour $x \geq M$ de là pour $v > u \geq M$

$$\int_u^v f \geq l/2(v-u),$$ négation du critère de Cauchy.

Application : si f est C^1, et si $\int_0^{+\infty} f$, $\int_0^{+\infty} f'$ convergent, la fonction f tend vers 0 en $+\infty$: *En effet*, la convergence de l'intégrale de f' entraîne par primitivation l'existence d'une limite pour f. On utilise ce qui précède.

2) *Soit f une application uniformément continue de* **R+** *dans* **R** *telle que* $\int_0^{+\infty} f(t)dt$ *converge. Alors f possède la limite 0 en* $+\infty$.

Raisonner par l'absurde amène l'existence d'un réel $\varepsilon > 0$ et d'une suite x_n tendant vers $+\infty$ telle que pour tout n, $|f(x_n)| \geq \varepsilon$. Comme f est uniformément continue, il existe un réel $\alpha > 0$ tel que :

$$\forall (x,y) \in [0,+\infty[^2 \ |x-y| < \alpha \Rightarrow |f(x) - f(y)| < \varepsilon/2.$$

Il vient alors, pour tout n et tout x réel ≥ 0 :

$$|x - x_n| < \alpha \Rightarrow |f(x)| \geq \varepsilon/2$$

f garde alors un signe constant sur $[x_n - \alpha, x_n + \alpha]$ et de ce fait $\left| \int_{x_n-\alpha}^{x_n+\alpha} f \right| = \int_{x_n-\alpha}^{x_n+\alpha} |f| \geq \alpha\varepsilon$ ce qui réalise la négation du critère de Cauchy : l'intégrale diverge.

Application : Soit f une application de classe C^1 telle que $\int_0^{+\infty} f$ et $\int_0^{+\infty} f'^2$ convergent. Alors f tend vers 0 en $+\infty$.

En effet, on a pour tout $0 \le x \le y$ les inégalités

$$|f(x) - f(y)| = \left|\int_x^y f'\right| \le \sqrt{y-x}\left(\int_x^y f'^2\right)^{1/2} \le C\sqrt{y-x}$$

par l'inégalité de Schwarz, où C est une constante. Donc f est uniformément continue (prendre $\alpha = \varepsilon^2$) et la convergence de l'intégrale fait que f tend vers 0 en $+\infty$.

3) *Soit f une fonction décroissante de $\mathbf{R}+$ dans $\mathbf{R}$ telle que $\int_0^{+\infty} f(t)dt$ converge. On a* $\lim_{+\infty} xf(x) = 0$.

C'est encore une application du critère de Cauchy : par décroissance de la fonction $f \ge 0$

$$\int_{x/2}^x f \ge x/2 f(x)$$

d'où la conclusion.

N.B. : ces résultats ne sont pas gratuits : convenablement généralisés, il servent entre autres dans l'étude des espaces de Sobolev.

EXERCICES

1) Étudier $\int_0^{+\infty} \dfrac{\cos x}{x^{1/2} + \cos x} dx$ et $\int_1^{+\infty} \dfrac{\cos x}{x^{1/2} + \sin x} dx$

2) Étudier la fonction $x \to \int_x^{+\infty} \sin t/t^2 dt$ sur $\mathbf{R}^{+*}$, comportement en 0 et en $+\infty$, existence de l'intégrale $\int_0^{+\infty} xf(x)dx$

3) Soit f une application de $\mathbf{R}^+$ dans $\mathbf{R}$, de classe C^2.

a) On suppose que $\int_0^{+\infty} f(t)dt$ et $\int_0^{+\infty} f''(t)dt$ convergent. Prouver qu'il existe $\lim_{t\to +\infty} f(t) = 0$ et $\lim_{t\to +\infty} f'(t) = 0$ Montrer que $\int_0^{+\infty} f'(t)dt$ converge.

b) On suppose que $\int_0^{+\infty} f(t)dt$ et $\int_0^{+\infty} |f''(t)|dt$ convergent.

Montrer que pour tout n de $\mathbf{N}$, $\int_0^{+\infty} f(t)\cos nt\, dt$ converge. Ce résultat est-il vrai avec les hypothèses de 1°) ?

4) Nature de l'intégrale : $\int_0^{+\infty} \dfrac{e^x}{e^{-x}+e^{2x}|\sin x|}dx$ (comparer à une série).

5) Soit f dans $C^1(\mathbf{R},\mathbf{R})$ telle que $\int_0^{+\infty} f^2$ et $\int_0^{+\infty} x^2 f^2(x)dx$ convergent. Montrer que $xf^2(x)$ tend vers 0 en $+\infty$.

17. Comparaison série / intégrale

I. Les séries

17.1. Le but de ce paragraphe I est, f étant une fonction de l'intervalle $[a,+\infty[$ dans $[0,+\infty[$, de *comparer les suites* $\int_a^n f$ et $\sum_{k=a}^n f(k)$ en vue d'obtenir des renseignements sur la nature et les propriétés de la série de terme général $\sum f(k)$ à partir de la connaissance de l'intégrale $\int_a^{+\infty} f(t)dt$; l'idée générale étant qu'une intégrale, objet continu, se prête plus facilement à un calcul ou à une estimation asymptotique que les sommes partielles de la série. On introduira le processus "inverse" de celui-là dans le paragraphe suivant. Étudions d'abord un cas facile, nous prendrons $a = 0$ pour simplifier les notations.

17.2. Cas où f est décroissante

17.2.1. La fonction f, minorée par 0, décroît vers une limite $l \geq 0$, donc aussi les suites $f(k)$ et $\int_k^{k+1} f(t)dt$; on peut partir de *l'encadrement*

$$(F) \quad f(k) \geq \int_k^{k+1} f(t)dt \geq f(k+1)$$

Figure 12 :

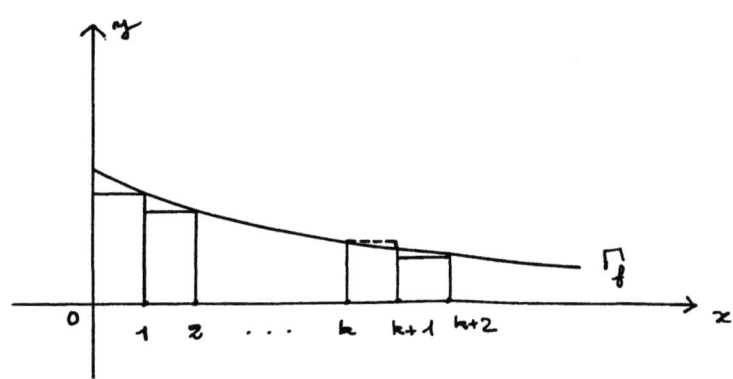

Par sommation de 0 à n, il vient : $\sum_{k=0}^{n} f(k) \geq \int_{0}^{n+1} f(t)dt \geq \sum_{k=1}^{n+1} f(k)$

En outre
$$\int_{0}^{+\infty} \text{converge} \Leftrightarrow \int_{0}^{n} f \text{ est bornée}$$

car f est positive et donc
$$\sum_{k=0}^{n} f(k) \text{ converge} \Leftrightarrow \sum_{k=0}^{n} f(k) \text{ est bornée}$$

toujours par le caractère positif de f ;
finalement
$$\int_{0}^{+\infty} f \text{ converge} \Leftrightarrow \sum_{k \geq 0} f(k) \text{ converge.}$$

17.2.2. Applications :

1) On retrouve immédiatement le critère de convergence des séries de Riemann avec $f(x) = \dfrac{1}{x^a}$.

2) **Séries de Bertrand :** On traite moyennant les séries de Riemann le cas de $\dfrac{1}{n^\alpha (\text{Log} n)^\beta}$ lorsque $\alpha > 1$ ou $\alpha < 1$: si $\alpha > 1$ il suffit de choisir un nombre β tel que $1 < \beta < \alpha$, à l'infini $n^\beta . u_n$ tend vers 0 donc pour n grand $0 \leq u_n \leq \dfrac{1}{n^\beta}$ ce qui assure la convergence ; de même avec $\alpha < 1$ la série diverge. Le cas douteux est celui où $\alpha = 1$: $x \to \dfrac{1}{x(\text{Log} x)^\beta}$ admet pour primitive

– si $\beta = 1$, $\ln(\ln x)$, qui tend vers $+\infty$ en $+\infty$
– si $\beta \neq 1$, $\dfrac{1}{1-\beta} (\ln x)^{1-\beta}$ qui tend vers 0 où $+\infty$ selon que $\beta > 1$ ou $\beta < 1$.

Comme $\dfrac{1}{x(\text{Log}x)^\beta}$ décroît pour x assez grand, le théorème de comparaison nous dit que la série de Bertrand $\dfrac{1}{n(\text{Log}n)^\beta}$ converge ssi $\beta > 1$.

17.2.3. Généralisation : λ étant un nombre > 0 fixé, on obtient bien sur les mêmes résultats en considérant la série $\Sigma f(\lambda k)$, en travaillant sur les intervalles $[\lambda k, \lambda(k+1)]$: lorsque f décroît la série $\Sigma f(\lambda k)$ converge si, et seulement si l'intégrale $\int_0^{+\infty} f(t)dt$ converge, mais l'encadrement obtenu est cette fois

$$\sum_{k=0}^{n} f(\lambda k) \geq \lambda \int_0^{n+1} f(t)dt \,) \geq \sum_{k=1}^{n+1} f(\lambda k).$$

17.3. Cas général

17.3.1. ✽ : *Sans hypothèses sur f, les suites* $\int_a^n f$ *et* $\sum_{k=a}^{n} f(k)$ *ne sont pas en général de même nature.*

Il suffit de prendre $f(t) = |\sin t|$ pour obtenir la divergence de l'intégrale et la convergence de la suite des sommes partielles de $\Sigma f(k)$; inversement, une fonction avec "pics" fournit une intégrale convergente et une série divergente (voir le § 16.6.1., convergence des intégrales généralisée).

La question naturelle est : *Quelles hypothèses de régularité peut-on mettre sur f pour obtenir un résultat positif* (dans un sens ou l'autre) ? f de classe C^∞ ? *non* ; on peut remplacer dans le premier contre-exemple donné ci-dessus $|\sin t|$ par $\sin^2(t)$; et régulariser de même la fonction du second contre-exemple (16.6.1.) en "lissant les pics" (grâce à 9.7.4. par exemple). (**N.B.** : *le caractère C^∞ n'influe pas sur les oscillations*).
La question se ramène en fait au problème de la comparaison d'une aire délimitée par une fonction f et de la valeur de f en un point, ce qui dépend visiblement de "la variation de f" (on peut par exemple montrer que la suite et l'intégrale étudiées sont de même nature lorsque f est à variation bornée).

L'hypothèse : f monotone donne, comme nous l'avons vu en 17.2., toute satisfaction ; mais la recherche de conditions plus faibles est délicate ; nous en ferons une étude plus approfondie dans le volume de travaux dirigés, étude basée entre autres sur les *formules d'Euler-Mac Laurin et de Poisson*.

17.4. Complément : recherche de limites et d'équivalents

Nous supposerons dans le 17.4. : *f décroissante positive*. Les deux suites $\int_a^n f$ et $\sum_{k=a}^{n} f(k)$ sont donc de même nature ; la première suite étant supposée connue ou du moins repérable sur une échelle de comparaison (usuellement l'intégrale s'estime plus facilement que la somme de la série, grâce au calcul des primitives, outil continu dont on ne possède pas d'analogue discret).

L'objet de ce paragraphe est d'affiner notre connaissance des sommes partielles de la série $\Sigma f(k)$ lorsque cette dernière diverge, et d'estimer le reste lorsque $\Sigma f(k)$ converge.

17.4.1. Théorème : *La suite* $u_n = \sum_{k=0}^{n} f(k) - \int_0^{n+1} f(t)dt$ *converge dans* $\mathbf{R}^+$.

Démonstration : La suite (u_n) étant positive, il suffit de prouver qu'elle décroît. Mais l'on a :

$$u_n - u_{n+1} = f(n+1) - \int_{n+1}^{n+2} f(t)dt \geq 0$$

d'où la conclusion.

17.4.2. Applications : *Constante d'Euler*

Avec $f(t) = \dfrac{1}{t+1}$, les hypothèses du théorème 17.4.1. sont clairement vérifiées, et de ce fait la suite

$$1 + \frac{1}{2} + \ldots + \frac{1}{n} - \text{Log} n$$

converge vers un nombre réel > 0, noté γ et appelé constante d'Euler.

17.4.3. Corollaire : *On suppose que la série* $\sum_{k \geq 0} f(k)$ *diverge (donc aussi* $\int_0^{+\infty} f$ *). Les suites*

$$\sum_{k=0}^{n} f(k) \quad et \quad \int_0^{n+1} f(t)dt$$

sont équivalentes.

Démonstration : Comme la série $\Sigma f(k)$ est à termes positifs et divergente, la suite $\sum_{k=0}^{n} f(k)$ tend vers $+\infty$. D'après le théorème précédent 17.4.1. la différence $\sum_{k=0}^{n} f(k) - \int_0^{n+1} f(t)dt$ est convergente, d'où la conclusion.

17.4.4 . *Cas où la série* $\Sigma f(k)$ *converge* : L'intérêt est alors d'estimer le reste R_n. Par sommation de la relation fondamentale (F), il vient :

$$R_{n-1} \geq \int_n^{+\infty} f(t)dt \geq R_n$$

d'où un encadrement du reste.

✋ : La recherche d'un équivalent du reste est souvent délicate ! *Rien* ne dit que le reste est *équivalent* à $\int_n^{+\infty} f(t)dt$, étudier *par exemple* le cas des séries géométriques q^n, avec $0 < q < 1$ et de $f(t) = \exp(-\lambda t)$, $\lambda = -\text{Log}\, q > 0$: le reste d'ordre n de la série, soit $\frac{q^{n+1}}{1-q}$ et l'intégrale de n+1 à l'infini de f soit $\frac{q^{n+1}}{-\text{Log}\, q}$ ne sont pas équivalents.

Une condition suffisante utile est : $u_n = o(R_n)$, dans ce cas R_n et $R_{n-1} = R_n + u_n$ *sont équivalents*, et l'encadrement de 17.4.3. Montre que R_n est équivalent à $\int_n^{+\infty} f(t)dt$.

17.4.5. Exemple : cas des restes des séries de Riemann $\sum \frac{1}{n^\alpha}$, $\alpha > 1$.

le reste R_n est équivalent à

$$\int_n^{+\infty} f(t)dt = \int_n^{+\infty} \frac{dt}{t^\alpha} = \frac{1}{(\alpha-1)n^{1-\alpha}}$$

Voir également en § 21.2.7 - c la recherche d'un équivalent de ζ en 1+0.

17.5. Complément : cas où la fonction f est croissante positive

Cette étude est sans intérêt pour la pratique de la convergence des séries : sauf si la fonction f est identiquement nulle, la série $\Sigma f(k)$ et l'intégrale de f sur $[0,+\infty[$ divergent toutes les deux. Il s'agit ici d'utiliser *l'idée d'encadrement* pour la *recherche d'équivalents* de sommes de séries, le but étant comme toujours d'estimer

$$\sum_{k=0}^{n} f(k) \text{ à l'aide de } \int_0^n f(t)dt .$$

Dans ce cas, l'encadrement de départ devient

$$f(k) \leq \int_k^{k+1} f(t)dt \leq f(k+1)$$

Une question naturelle se pose alors : S_n et I_n *sont-elles équivalentes en* $+\infty$?

En général *ce résultat est faux* : prendre $f(t) = e^t$, $a = 0$, il vient alors :

$$I_n = e^n \text{ et } S_n = \frac{e^{n+1} - 1}{e - 1}$$

est équivalente à $\alpha . e^n$ où $\alpha = \frac{e}{e-1} > 1$, donc S_n n'est pas équivalente à I_n. Quel est le défaut ? Le mal vient de la très rapide croissance de f ; si celle-ci est moins brutale, en un sens à préciser, on a bien l'équivalence souhaitée ; un bon critère est

$f(n)$ *est négligeable devant* I_n *(ou S_n)*

car dans ce cas l'encadrement

$$\sum_{k=0}^{n} f(k) \leq \int_{0}^{n+1} f(t)dt \leq \sum_{k=1}^{n+1} f(k)$$

fournit alors immédiatement l'équivalence souhaitée.

Exemple : Déterminons un équivalent de $\sum_{k=1}^{n} n^\alpha$, avec $\alpha > 1$: on trouve par intégration

$$\sum_{k=1}^{n} n^\alpha \sim \frac{n^{\alpha+1}}{\alpha+1}.$$

II. Les intégrales

17.6.1. Il s'agit cette fois d'étudier la nature d'une intégrale $\int_{a}^{+\infty} f$ à l'aide de la série de terme général $u_n = \int_{x_n}^{x_{n+1}} f$ où x_n est une suite qui croît vers $+\infty$, telle que $x_0 = a$.

17.6.2. Proposition : *La convergence de l'intégrale entraîne celle de la série Σu_n.*

En effet, la somme partielle de la série évoquée soit $\sum_{k=0}^{n} u_n = \int_{a}^{x_{n+1}} f$ possède une limite en $+\infty$.

☞ : En général la réciproque est fausse, prenons l'exemple de $f(t) = \sin t$ et de $x_n = 2n\pi$; notons qu' il est irréaliste d'espérer contrôler, dans le cas général, le comportement d'une fonction en $+\infty$ - ici $x \to \int_{a}^{x} f$ — grâce à la connaissance de la seule suite $\int_{a}^{x_{n+1}} f$!

Il y a un rapport avec le problème de la sommation par paquet dans les séries : dans cette dernière on ne connaît que le comportement d'une sous-suite de la suite des sommes partielles, et il faut-sous des hypothèses convenables-en déduire celui de la série i.e. de *toutes* les sommes partielles.

17.6.3. Proposition : *Avec les mêmes notations, et l'hypothèse suplémentaire*

$$\text{la suite } v_n = \int_{x_n}^{x_{n+1}} |f| \text{ tend vers } 0$$

la convergence de la série Σu_n entraîne celle de l'intégrale.

Démonstration : Elle suit de près celle qui a été donnée pour la sommation par paquets. Soit I la somme de la série Σu_n. Soit ε un nombre réel > 0. Il existe N dans **N** tel que, pour tout $n \geq N$,

$$|\sum_{k=0}^{n} u_n - I| < \varepsilon.$$

On peut supposer aussi que N a été choisi de sorte que, pour $n \geq N$, $v_n < \varepsilon$. Il vient alors, si $x > x_N$ et $x_n < x < x_{n+1}$ (nécessairement $n \geq N$)

$$\left| \int_a^x f - \sum_{k=0}^n u_n \right| \leq \int_{x_n}^x |f| \;) \leq v_n \leq \varepsilon$$

d'où, pour $x \geq N$:

$$\left| \int_a^x f - I \right| \leq \left| \int_a^x f - \sum_{k=0}^n u_n \right| + \left| \sum_{k=0}^n u_n - I \right| \leq 2\varepsilon$$

ce qui achève la preuve.

17.6.4. Application : *Soit f une fonction positive décroissante de limite nulle en $+\infty$. L'intégrale*

$$\int_0^{+\infty} f(t) \sin t \, dt$$

converge. (N.B. : La deuxième formule de la moyenne n'est pas au programme).

Preuve : On emploie ici de façon naturelle la suite $x_n = n\pi$. Il s'agit donc de vérifier les deux propriétés :

(1) La série de terme général $u_n = \int_{x_n}^{x_{n+1}} f$ converge ;

(2) La suite $v_n = \int_{x_n}^{x_{n+1}} |f|$ tend vers 0.

On observe d'abord que le sinus garde un signe constant sur $[n\pi,(n+1)\pi]$, d'où, la fonction f étant positive et décroissante :

$$|u_n| = \int_{n\pi}^{(n+1)\pi} f(t) |\sin t| dt$$

En outre, la fonction $|\sin x|$ est π-périodique. Comme f décroît on a

$$|u_n| \geq 2f((n+1)\pi) \geq \int_{(n+1)\pi}^{(n+2)\pi} f(t) |\sin t| \, dt \geq |u_{n+1}|$$

donc $|u_n|$ décroît et tend vers 0 ce sui donne déjà (2). Comme le signe du sinus est alterné sur les intervalles $[n\pi,(n+1)\pi]$, la série $\sum u_n$ est alternée et de ce fait converge.

2) Divergence de $\int_0^{+\infty} \left| \dfrac{\sin x}{x^a} \right| dx$: *l'intégrale diverge si $a \leq 1$.*

Notons f la fonction intégrée on a pour $n \geq 1$

$$\int_{n\pi}^{(n+1)\pi} f \geq \frac{1}{(n+1)\pi} \int_{n\pi}^{(n+1)\pi} |\sin t| dt \geq \frac{2}{(n+1)\pi}$$

comme la série dominée diverge, l'intégrale aussi.

Lectures supplémentaires : On trouvera des énoncés désormais classiques dans [DCI] chap. 3. Ensuite, il faut donner la priorité à la formule d'Euler-Mac Laurin, très clairement traitée dans [DE] par exemple. Nombreux compléments sur la comparaison d'une série et d'une intégrale dans dans [DB] (premiers chapitres).

EXERCICES

1) Donner un équivalent de $\sum_{1}^{n} E(\sqrt{k})$ en $+\infty$.

2) Soit $f : [0,+\infty[$ dans $\mathbf{R}$, monotone et telle que $\int_{0}^{+\infty} f(t)dt$ converge.

Montrer que $\lim_{0+} h \sum_{n=0}^{+\infty} f(nh) = \int_{0}^{+\infty} f(t)dt$ en déduire un équivalent de $\sum_{k=0}^{+\infty} t^{k^2}$ en $1-0$.

3) Étudier la convergence de l'intégrale $\int_{0}^{+\infty} dx/(1+x^{\alpha}\sin^2 x)$ (utiliser la série obtenue en intégrant sur $[n\pi,(n+1)\pi]$, et encadrer convenablement u_n par des intégrales qui se calculent).

4) Soit f une application de classe C^2 de $\mathbf{R}^+$ dans $\mathbf{R}$. On suppose que $\int_{0}^{+\infty} f$ et $\int_{0}^{+\infty} |f''|$ convergent. Montrer que f et f' tendent vers 0, et que les séries $\Sigma f(n)$ et $\Sigma f'(n)$ convergent.

Convergence et approximation dans les espaces de fonctions

18. Convergence des suites de fonctions

18.1. Convergence simple, convergence uniforme d'une suite de fonctions

18.1.1. Définition : Soient X un ensemble, E un espace métrique, et (f_n) une suite d'applications de X dans E. On dit que la suite f_n *converge simplement* si, pour tout x de X, la suite $(f_n(x))$ converge dans E. Dans ce cas, la fonction f définie sur X par $f(x) = \lim f_n(x)$ est appelée la *limite simple* de la suite f_n, et l'on dit aussi que f_n converge simplement vers f.

Quantification de "f_n converge simplement vers f"

$$\forall x \in X, \forall V \in \mathcal{V}(f(x)), \exists N \in \mathbb{N}, \forall n \geq N, f_n(x) \in V$$
$$\forall x \in X, \forall \varepsilon > 0, \exists N \in \mathbb{N}, \forall n \geq N, d(f_n(x), f(x)) \leq \varepsilon$$

☛ : L'entier N dépend de V *et de* x, ou encore de N et de ε.

18.1.2. Définition : Soit X un ensemble, E un espace métrique, et (f_n) une suite d'applications de X dans E. On dit que la suite f_n *converge uniformément* s'il existe une fonction f définie sur X telle que, pout tout ε > 0, on puisse trouver N dans **N** vérifiant pour tout n ≥ N et tout x de X, $d(f_n(x), f(x)) \leq \varepsilon$.

La fonction f est appelée la *limite uniforme* de la suite f_n, et l'on dit aussi que f_n *converge uniformément* vers f.

Quantification de "f_n converge uniformément vers f"

$$\forall \varepsilon > 0, \exists N \in \mathbb{N}, \forall n \geq N, \forall x \in X, d(f_n(x), f(x)) \leq \varepsilon.$$

Bien noter la place des quantificateurs : le $\forall x$ est introduit *après* le $\exists N$, de ce fait N ne dépend pas de $x \in X$. Il y a donc une différence essentielle entre la convergence uniforme et la convergence simple, la convergence uniforme entraînant la convergence simple; la réciproque est fausse même avec de très bonnes propriétés de X (segment de **R**, fonctions C^∞...).

18.1.3. Interprétation graphique : Il faut imaginer, lorsque f_n converge uniformément vers f, que les graphes des fonctions f_n entrent tout entiers à partir d'un certain rang, dans un tube de centre le graphe de f et de rayon ε.

Figure 13 :

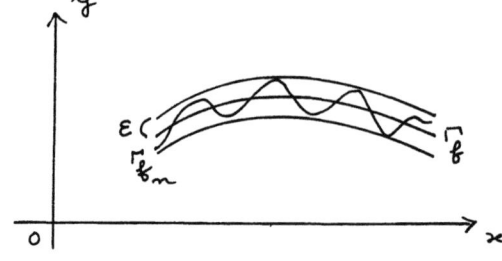

Ainsi, la suite x^n qui converge sur [0,1[vers la fonction nulle ne converge pas uniformément vers celle-ci car on ne peut faire entrer le graphe dans la bande de rayon 1/2 centrée sur $[0,1[\times\{0\}$: comme, pour chaque n la limite de f_n en 1- 0 est 1, il y aura toujours un x < 1 assez proche de 1 pour que $f_n(x) > 1/2$.

18.1.4. Exemples :
1) (§ 5.4.3.) Toute fonction continue sur un segment de **R** est limite uniforme de fonctions affines par morceaux. Comme application, on a la densité des polynômes trigonométriques : § 19.4. et 29.1.

2) (§ 4.1.) Toute fonction réglée sur un segment de **R** est limite uniforme de fonctions en escalier. *De façon générale,* pour qu'une fonction f soit limite uniforme de fonctions prises dans un ensemble donné de fonctions, soit A, il faut et il suffit que, pour tout nombre $\varepsilon > 0$, on puisse trouver une fonction g de A qui approche f uniformément à près, c'est-à-dire telle que

$$\forall x \in X, \|f(x) - g(x)\| \leq \varepsilon .$$

En effet, la condition énoncée est visiblement nécessaire, et si elle est vérifiée on obtient une suite convenable en prenant $\varepsilon = \dfrac{1}{n+1}$. QED.

Application : (Typiques des résultats d'approximation uniforme, et utiles pour la leçon : sous-espaces denses).

1) *Sommes de Riemann.* Soit $\Sigma_p = (\sigma_p, \gamma_p)$ une suite de subdivisions pointées du segment [a,b] de **R** : chaque σ_p est une subdivision $(x_{0,p},\ldots x_{n(p),p})$; γ_p est une suite $(c_{1,p},\ldots,c_{n(p),p})$ et $c_{i,p} \in [x_{i-1,p}, x_{i,p}]$, $i = 1,\ldots,n(p)$. Lorsque f est une fonction réglée de [a,b] dans l'espace de Banach E on pose $S_p(f) = \sum_{k=1}^{n(p)} (x_{i,p} - x_{i-1,p}) f(c_{i,p})$.

Si le pas de σ_p tend vers 0, La suite $S_p(f)$ converge vers $\int_a^b f$

Preuve (grandes lignes) : On remarque tout d'abord que le résultat, s'il est vrai de $f_1,\ldots,f_r$, est vrai de toute combinaison linéaire $\lambda_1 f_1 + \ldots + \lambda_r f_r$. Cela fait

— L'énoncé est vérifié pour toute fonction caractéristique de segment $[\alpha,\beta]$ contenu dans [a,b] : il suffit d'encadrer les extrémités de $[\alpha,\beta]$ par les points proximaux de σ_p.

— L'énoncé est vérifié pour toute fonction en escalier sur [a,b] : par combinaison linéaire.

— La preuve s'achève par approximation : soit $\varepsilon > 0$, choisissons une fonction en escalier ϕ telle que $\|f - \phi\|_\infty \leq \varepsilon$, pour *tout* p de **N** nous disposons des inégalités

$$\left\| S_p(f) - \int_a^b f \right\| \leq \|S_p(f) - S_p(\phi)\| + \left\| S_p(\phi) - \int_a^b \phi \right\| + \left\| \int_a^b \phi - \int_a^b f \right\| .$$

Comme $\|S_p(f) - S_p(\varphi)\| \le (b-a)\|f - \varphi\| \le (b-a)\varepsilon$, $\|\int_a^b \varphi - \int_a^b f\| \le (b-a)\varepsilon$ il vient

$$\forall p \in \mathbb{N} \quad \|S_p(f) - \int_a^b f\| \le 2\varepsilon(b-a) + \|S_p(\varphi) - \int_a^b \varphi\|.$$

C'est à la fin de la preuve que l'on choisit p_ε tel que, pour $p \ge p_\varepsilon$,

$$\|S_p(\varphi) - \int_a^b \varphi\| \le \varepsilon \quad \text{d'où} \quad \forall p \ge p_\varepsilon, \|S_p(f) - \int_a^b f\| \le 2\varepsilon(b-a) + \varepsilon. \quad \text{QED.}$$

2) Théorème de Riemann-Lebesgue : *Soit f une fonction complexe intégrable sur le segment [a,b] de $\mathbf{R}$; la suite $n \to \int_a^b f(t)e^{int}dt$ tend vers 0 lorsque n tend vers $+\infty$*

Commençons par le cas où f est une fonction caractéristique d'un intervalle d'extrémités c et d, avec $c \le d$; un calcul direct donne $\int_a^b f(t)e^{int} = \frac{1}{in}(e^{ind} - e^{inc})$ qui tend vers 0. Par combinaison linéaire, on récupère le cas des fonctions en escalier.

Si f est quelconque, et si l'on se donne un réel $\varepsilon > 0$ puis une fonction en escalier φ telle que, pour tout x de [a,b], $|f(x) - \varphi(x)| \le \varepsilon$; pour *tout* n de $\mathbb{N}$ il vient

$$|\int_a^b f(t)e^{int}dt - \int_a^b \varphi(t)e^{int}dt| \le \int_a^b |f(t) - \varphi(t)|dt \le \varepsilon.$$

Choisissons enfin n_ε tel que, pour tout entier $n \ge n_\varepsilon$, on ait $|\int_a^b \varphi(t)e^{int}dt| \le \varepsilon$, nous obtenons, pour tout entier $n \ge n_\varepsilon$ l'inégalité $|\int_a^b f(t)e^{int}dt| \le 2\varepsilon$.

N.B. : Les deux phénomènes étudiés sont des *processus de diffusion*, il est (intuitivement) naturel que les fonctions en escalier se comportent favorablement dans les deux cas, l'approximation uniforme fait le reste.

18.1.5. Propriétés algébriques (on suppose que E est un evn) :
– Une *combinaison linéaire* de suites uniformément convergentes est uniformément convergente.
– La *multiplication par une fonction scalaire bornée* conserve la convergence uniforme.

18.2. Critères de convergence uniforme
18.2.1. Critères pratiques :
– Il s'agit d'abord de déterminer la *convergence simple* de la suite étudiée. Si l'on connaît la limite f :

– On estime le nombre $\sup_{x \in X} d(f_n(x), f(x)) = m_n$. La convergence est uniforme ssi la suite m_n tend vers 0.

Une *étude de fonctions* permet le plus souvent de trouver m_n.

– Si l'estimation exacte est impossible, on cherche un majorant de m_n, soit s_n ; si la suite s_n tend vers 0 la convergence est encore uniforme.

En général, il ne faut pas aborder ainsi un problème de caractère abstrait ; l'existence de la limite uniforme est souvent prouvée par le critère de Cauchy (construction de nouvelles fonctions).

Négation de la convergence uniforme : pour que f_n ne converge pas uniformément vers f il faut et il suffit qu'il existe $\alpha > 0$ tel que, pour tout N, on puisse trouver $n \geq N$ et x dans X tels que $d(f_n(x), f(x)) \geq \alpha$. Il est donc *suffisant* qu'il existe une suite x_n telle que $d(f_n(x_n), f(x))$ ne tende pas vers 0.

Par exemple, la suite de fonctions $f_n(x) = \dfrac{x}{x+n}$ qui converge simplement vers 0 sur $[0, +\infty[$ ne converge pas uniformément car, pour tout n, $f_n(n) = \dfrac{1}{2}$, la suite $x_n = n$ réalise la condition ci-dessus.

18.2.2. Exemple : Considérons la suite de fonctions définie sur $[0, +\infty[$ par $f_n(x) = n^\alpha x e^{-nx}$. Visiblement la suite f_n converge simplement vers la fonction nulle. Une étude de fonction montre que chaque f_n atteint son maximum en $x = \dfrac{1}{n}$, on évalue $f_n(\dfrac{1}{n}) = \dfrac{n^{\alpha-1}}{e}$. De là,

f_n converge uniformément ssi $\alpha < 1$.

De plus, la suite des maxima tend vers $+\infty$ si $\alpha > 1$. Étudions maintenant le comportement de la suite f_n sur un intervalle $I = [a, +\infty[$, $a > 0$ *fixé* : pour n assez grand, $\dfrac{1}{n} < a$ donc les fonctions f_n sont décroissantes sur I et l'on a pour tout x de I :

$$0 \leq f_n(x) \leq n^\alpha a e^{-na}$$

qui tend vers 0 ; *il y a bien convergence uniforme vers 0*. On a ainsi mis en évidence un phénomène de "bosse glissante"

Figure 14 :

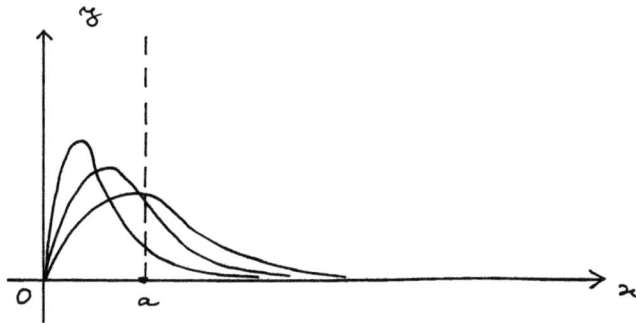

En ajoutant des hypothèses sur la variation des fonctions f_n, on obtient des cas de figure où la convergence simple entraîne la convergence uniforme.

18.2.3. Le théorème de Dini : Soit (f_n) une suite de fonctions numériques *continues* convergeant simplement vers la fonction *continue* f sur le compact X, si la suite f_n *croît*, la convergence est uniforme.

☞ : A l'hypothèse de *continuité* de la limite trop souvent oubliée par les candidats : par exemple la suite de fonctions continues $f_n(x) = 1 - x^n$ croît vers sa limite sur [0,1], mais la convergence n'est pas uniforme car la limite f n'est pas continue :

$$f(x) = 1 \text{ si } x \in [0,1[, \ f(1) = 0.$$

Démonstration : Soit $\varepsilon > 0$. Introduisons les sous-ensembles de X

$$F_n = \{x \in X; f(x) - f_n(x) \geq \varepsilon\}$$

Chaque F_n est fermé car les fonctions f_n *et* f sont continues, d'autre part si x est dans F_{n+1} on a $f_n(x) \leq f_{n+1}(x)$ d' où $f(x) - f_n(x) \geq f(x) - f_{n+1}(x) \geq \varepsilon$, et donc x est dans F_n : la suite F_n est décroissante pour l'inclusion ; enfin l'intersection de la suite F_n est vide par convergence simple de f_n vers f.

Comme X est *compact* il existe n_ε tel que, pour tout $n \geq n_\varepsilon$, $F_n = \emptyset$, ce qui se traduit par

$$\forall n \geq n_\varepsilon \ \forall x \in X \ \ 0 \leq f(x) - f_n(x) < \varepsilon$$

ce qui est bien la convergence uniforme de f_n vers f. QED.

Application : La suite $f_n : x \to (1 - \frac{x}{n})^n \chi_{[0,n]}(x)$ converge uniformément vers e^{-x} sur $\mathbf{R}^+$.

En effet, soit x dans $[0,+\infty[$ et n un entier $\geq x$. En étudiant la fonction

$$t \to (n+1)\text{Log}(1 - \frac{t}{n+1}) - n\text{Log}(1 - \frac{t}{n})$$

on vérifie que $(1 - \frac{x}{n+1})^{n+1} \geq (1 - \frac{x}{n})^n$, de là, facilement la croissance de f_n vers e^{-x}.

L'idée qui amène la conclusion sur $[0,+\infty[$ est que la suite f_n est "coincée" entre la fonction de limite nulle e^{-x} et l'axe Ox. (Faire un dessin !)

Soit ε un réel > 0. Choisissons $A > 0$ tel que $e^{-A} < \varepsilon$. Sur [0,A] le théorème de Dini nous dit que la suite f_n converge uniformément vers e^{-x}, d'où un entier n_ε tel que, pour tout $n \geq n_\varepsilon$ et tout x de [0,A], $|f_n(x) - e^{-x}| \leq \varepsilon$. Mais si $x \in [A,+\infty[$ la croissance de la suite f_n amène $0 \leq f_n(x) \leq e^{-x} \leq e^{-A} \leq \varepsilon$ et de ce fait

$$\forall n \geq n_\varepsilon, \forall x \in [0,+\infty[, 0 \leq e^{-x} - f_n(x) \leq \varepsilon. \text{ QED.}$$

Remarque : en prolongeant les fonctions en jeu par 0 en $+\infty$, on peut appliquer directement Dini au compact $[0,+\infty]$.

18.2.4. Premiers pas vers l'équicontinuité : Soit (f_n) une suite de fonctions lipschitziennes de [a,b] dans $\mathbf{R}$, dont la suite des rapports de Lipschitz est *uniformément bornée*. Si la suite (f_n) converge simplement vers une limite f, la convergence est uniforme.

Démonstration : Soit $M > 0$ un majorant de la famille des rapports de Lipschitz des f_n, par convergence simple f est M-lipschitzienne. Soit $\varepsilon > 0$. Choisissons une subdivision $(x_0,...,x_p)$ de [a,b] de pas $< \frac{\varepsilon}{M}$. La convergence simple fournit un entier N tel que, pour tout $n \geq N$ et tout i de [0,p] on ait $|f_n(x_i) - f(x_i)| \leq \varepsilon$. Soit enfin x dans [a,b]. On choisit i

tel que $x_i \leq x \leq x_{i+1}$, puis l'on estime, pour $n \geq N$, la différence
$$|f(x) - f_n(x)| \leq |f(x) - f(x_i)| + |f(x_i) - f_n(x_i)| + |f_n(x_i) - f(x)|$$
d'où
$$|f(x) - f_n(x)| \leq 2M|x - x_i| + \varepsilon \leq 3\,\varepsilon \text{ . QED.}$$

Visualisez la Preuve : la convergence simple donne l'approximation à ε près sur une subdivision de [a,b] de pas petit ; comme les f_n varient lentement, cette approximation se propage au segment [a,b].

Cas particulier : Soit f_n une suite de fonction dérivables de [a,b] dans **R**, dont la suite des dérivées est *uniformément bornée*. Si la suite f_n converge simplement elle converge uniformément.

Provient du résultat précédent via l'inégalité des accroissements finis.

18.3. Critère de Cauchy

18.3.1. Théorème : *Soit X un ensemble, E un espace métrique, et (f_n) une suite d'applications de X dans E. Une condition nécessaire pour que la suite f_n converge uniformément est que l'on ait :*
$$\forall \varepsilon > 0, \exists\, n_\varepsilon \in N, \forall\, m \geq n_\varepsilon, \forall n \geq n_\varepsilon, \forall x \in X, d(f_n(x), f_m(x)) \leq \varepsilon$$
(critère de Cauchy uniforme) et cette condition est suffisante lorsque l'espace E est supposé complet.

Démonstration : Supposons que la suite f_n converge uniformément vers f. En écrivant la condition de convergence uniforme pour $\varepsilon/2$ puis en usant de l'inégalité triangulaire nous obtenons :
$$\forall\, m \geq n_\varepsilon, \forall n \geq n_\varepsilon, \forall x \in X, d(f_n(x), f_m(x)) \leq d(f(x), f_n(x)) + d(f(x), f_m(x)) \leq \varepsilon$$
la condition est donc nécessaire.

Inversement, partons du critère de Cauchy uniforme. Il apparait tout d'abord que les suites $f_n(x)$ sont de Cauchy, donc convergentes, donc que la suite f_n converge simplement vers une fonction f. On bloque ensuite $n \geq n_\varepsilon$ et x dans X, il vient pour tout $m \geq n_\varepsilon : d(f_n(x), f_m(x)) \leq \varepsilon$; en prenant correctement la limite lorsque m tend vers l'infini :
$$\forall n \geq n_\varepsilon, \forall x \in X, d(f_n(x), f(x)) \leq \varepsilon$$
d'où la convergence uniforme de f_n vers f.

Usage : Ce critère nous sera surtout utile pour la création de nouvelles fonctions, au moyen de séries ou d'approximations successives.

Application : Prolongement de la convergence uniforme à l'adhérence : soit f_n une suite de fonctions continues de C dans C (ou de **R** dans **R** etc.), on suppose que la suite (f_n) est uniformément convergente sur la partie A de C. Alors f_n *converge uniformément sur* $\overline{A}$.

En effet, si l'on se donne $\varepsilon > 0$ le critère de Cauchy nous dit que
$$\exists\, n_\varepsilon \in N, \forall\, m \geq n_\varepsilon, \forall n \geq n_\varepsilon, \forall x \in A, d(f_n(x), f_m(x)) \leq \varepsilon$$
On fixe momentanément m et $n \geq n_\varepsilon$, la continuité des fonctions f_n et f_m fait que

l'inégalité $d(f_n(x),f_m(x)) \leq \varepsilon$ s'étend à $\overline{A}$, donc f_n vérifie le critère de Cauchy uniforme sur $\overline{A}$. Comme **R** (resp. C) est complet, f_n converge uniformément sur $\overline{A}$.

18.4. Interprétation topologique et fonctionnelle

Convergence uniforme : Nous nous intéresserons aux fonctions bornées de l'espace X vers l'espace vectoriel normé E. (Dans le cas où les fonctions ne sont plus nécessairement bornées, il faut introduire des topologies définies par des semi-distances pouvant prendre la valeur +∞, de tels outils sont utiles *à condition d'être employés dans toute leur généralité,* c'est-à-dire par exemple dans le cadre des distributions, ou des variétés différentielles (où la *vraie* topologie efficace est ce que l'on appelle la *topologie de Whitney*)).

La norme de la convergence uniforme gouverne alors la convergence du même nom, c'est-à-dire que, dans l'espace vectoriel normé B(X,E) muni de $\| \ \|_\infty$, où

$$\| f \|_\infty = \sup\{\|f(x)\|; x \in X\}).$$

La suite f_n converge uniformément vers une fonction f ssi $\|f_n - f\|_\infty$ converge vers 0.

Plusieurs des résultats démontrés ont une interprétation simple dans ce contexte, par exemple, le critère de Cauchy uniforme équivaut à dire que (B(X,E), $\| \ \|_\infty$) est *complet* dès que E l'est.

Cas d'espaces de fonctions de dimension finie : Regardons le cas éclairant des polynômes. Pour une suite de $\mathbf{R}_n[X]$ et sur [0,1], *la convergence simple entraîne la convergence uniforme.*

Preuve : Choisissons n+1 points distincts dans [0,1] :
L'application $P \rightarrow |P(a_1)|+...+|P(a_{n+1})|$ est une norme N sur $\mathbf{R}_n[X]$ (un polynôme de degré $\leq$ n qui s'annule en n+1 points est nul). Comme $\mathbf{R}_n[X]$ est de *dimension finie*, N est *équivalente* à la norme de la convergence uniforme, d'où la conclusion.

Bien sûr, ce résultat ne se maintient pas dans **R**[X] (chercher des exemples).

18.5. Convergence des séries de fonctions

18.5.1. Le *but* est ici un espace vectoriel normé, pour que la notion de convergence d'une série ait un sens.

On adapte tout d'abord le vocabulaire relatif aux séries numériques ou vectorielles : sommes partielles, convergence (simple), restes. Les définitions et résultats proviennent alors pour l'essentiel de ceux qui ont été obtenu dans le cas des suites de fonctions : la série de fonctions Σu_n est dite *uniformément convergente* si la suite des ses sommes partielles l'est, on dit alors que la série converge uniformément vers sa somme, cette condition se traduit par :

Une série de fonctions simplement convergente est uniformément convergente ssi son reste converge uniformément vers 0.

Les opérations sur les séries uniformément convergentes sont tirées de celles que l'on connaît pour les suites de fonctions : *combinaison linéaire, multiplication par une fonction bornée.*

18.5.2. Critères de convergence uniforme : *Une condition nécessaire de convergence uniforme est que la suite u_n converge uniformément vers 0* : il suffit d'écrire que
$$u_n = U_{n+1} - U + U - U_n.$$
Le *théorème de Dini* dans le cas des séries de fonctions s'exprime comme suit :
Soit $\sum u_n$ une série de fonctions numériques *continues positives* sur l'espace *compact* X, convergente de somme f *continue*. Alors la convergence est uniforme.

Preuve : Il suffit d'observer que le caractère positif des u_n entraîne que, pour tout x de X, la suite $U_n(x)$ croît vers $f(x)$; les fonctions U_n et f étant continues il est licite d'appliquer le théorème de Dini.

Séries alternées : Moyennant le critère de Leibniz, on obtient une majoration du reste qui permet souvent de montrer la convergence uniforme ; par exemple, la série de fonctions de terme général $x \to \dfrac{(-1)^n}{x+n}$ converge uniformément sur $[0,+\infty[$ car son reste d'ordre n est majoré, uniformément en x, par $\dfrac{1}{n+1}$.

18.5.3. Le *critère de Cauchy uniforme* devient :
une condition nécessaire pour que la série de fonctions $\sum u_n$ de X vers l'espace vectoriel normé E soit uniformément convergente est que l'on ait
$$\forall \varepsilon > 0 \; \exists n_\varepsilon \in \mathbb{N} \; \forall n > m \geq n_\varepsilon \; \forall x \in X \; \Big\| \sum_{k=m+1}^{n} u_k(x) \Big\| < \varepsilon$$
et cette condition est aussi suffisante si l'espace E est complet.

Démonstration : On exprime le critère de Cauchy uniforme relatif aux suites de fonctions en termes de sommes partielles de la série de fonctions $\sum u_n$.

Application : *Prolongement de la convergence uniforme à l'adhérence* : Soit $\sum u_n$ une série de fonctions continues de C dans C (ou de **R** dans **R** etc.), on suppose que la série $\sum u_n$ est uniformément convergente sur la partie A de C. Alors $\sum u_n$ converge uniformément sur $\overline{A}$.

Il suffit d'appliquer le résultat correspondant sur les suites aux sommes partielles, ou encore — c'est un bon exercice — de reproduire la preuve dans le cas des séries en s'appuyant sur le critère de Cauchy uniforme.

Négation du critère de Cauchy uniforme : Celle-ci est particulièrement utile lorsque l'on veut détecter la non-convergence uniforme d'une série de fonctions et s'exprime par :
$$\exists \varepsilon > 0 \; \forall n_\varepsilon \in \mathbb{N} \; \exists n > m > n_\varepsilon \; \exists x \in X \; \Big\| \sum_{k=m+1}^{n} u_k(x) \Big\| \geq \varepsilon$$
Il suffit donc, pour que la série *ne* converge *pas* uniformément de trouver un nombre $\varepsilon > 0$, des suites d'entiers p_n et q_n et une suite x_n dans X telles que
$$\forall n \in \mathbb{N}, \; \Big\| \sum_{k=p_n+1}^{q_n} u_k(x_n) \Big\| \geq \varepsilon$$
Le critère de Cauchy nous permet d'aborder une notion spécifique aux séries de fonctions, qui est celle de la **convergence normale** :

18.5.4. Définition : On dit que la série de fonctions de fonctions $\sum u_n$ de l'ensemble X vers l'espace vectoriel normé E est *normalement convergente* si les fonctions u_n sont bornées à partir d'un certain rang, mettons N, et si la série de terme général $\|u_n\|_\infty = \sup_{x \in X} \|u_n(x)\|$ $n \geq N$, converge.

Pratique : La convergence normale est assurée si l'on trouve une suite de constantes positives telles que pour n assez grand, on ait $\forall x \in x$ $\|u_n(x)\| \leq \alpha_n$ et que la série $\sum \alpha_n$ converge (estimer directement $\|u_n\|_\infty$ est souvent difficile et presque toujours inutile).

18.5.5. Théorème : *Soit $\sum u_n$ une série de fonctions normalement convergente de l'ensemble X vers l'espace vectoriel normé complet E. La série $\sum u_n$ converge uniformément.*

Démonstration : Elle repose sur le critère de Cauchy : soit $\sum \alpha_n$ une série de nombre réels satisfaisant, vis à vis de u_n à la définition de la convergence normale. Soit $\varepsilon > 0$. Choisissons n_ε tel que, pour tout $n > m \geq n_\varepsilon$, on ait $\sum_{k=m+1}^{n} \alpha_k < \varepsilon$, il en résulte que pour tout x de X

$$\| \sum_{k=m+1}^{n} u_k(x) \| < \sum_{k=m+1}^{n} \alpha_k < \varepsilon.$$

Naturellement *la réciproque est fausse* : il suffit de considérer des séries alternées, par exemple $\sum \frac{(-1)^n}{x+n}$ sur $\mathbb{R}^+$, qui converge uniformément par majoration du reste d'une série alternée soit

$$\forall x \geq 0, |R_n(x)| \leq |u_{n+1}(x)| \leq \frac{1}{n+1}$$

mais $\sum |u_n(x)|$ diverge pour tout x ! Pour ne pas prendre le cas trop facile d'une série de signe quelconque considérons la suivante :

On pose $u_n(x) = x|\sin\frac{\pi}{x}|$ pour x dans $[\frac{1}{n+1}, \frac{1}{n}]$ et $u_n(x) = 0$ si $x \in [\frac{1}{n+1}, \frac{1}{n}]$.

– La série $\sum u_n$ converge uniformément sur [0,1] : pour chaque x de [0,1], il y a au plus *un* entier n tel que $u_n(x) \neq 0$, à savoir celui qui vérifie $x \in]\frac{1}{n+1}, \frac{1}{n}[$, donc la série converge simplement sur [0,1]. On voit de même que $R_N(x) = \sum_{k=N+1}^{+\infty} u_n(x)$ converge, et que pour tout x de [0,1] $0 \leq R_N(x) \leq \frac{1}{N+1}$, ce qui assure que le reste tend uniformément vers 0, et donc que la série converge uniformément.

– La série $\sum u_n$ ne converge pas normalement sur [0,1] : pour tout $n \geq 1$,

$$\|u_n\|_\infty \geq u_n(\frac{1}{n+1/2}) = \frac{1}{n+1/2}$$

donc $\sum \|u_n\|_\infty$ diverge.

Ainsi, $\sum u_n$ est une série de fonctions positives continues, uniformément convergente sur le compact [0,1] et qui ne converge *pas* normalement (on peut même vérifier que la convergence uniforme est *commutative*, ou encore que la famille $\sum u_n$ est *sommable* pour $\| \|_\infty$, un phénomène comme celui-là est typique de la dimension infinie).

18.5.6. Interprétation fonctionnelle de la convergence normale : Soit $(E, \|\ \|)$ un espace de Banach. On se place dans l'espace complet $(B(X,E), \|\ \|_\infty)$ des fonctions bornées de X dans E muni de la norme de la convergence uniforme. Dans $(B(X,E), \|\ \|_\infty)$, toute série absolument convergente est convergente, or absolument convergente dans $(B(X,E), \|\ \|_\infty)$ signifie *normalement convergente comme série de fonctions* (attention ! ne pas confondre avec la convergence absolue des séries $\sum \|u_n(x)\|$ pour chaque x de X !).

Une notion sans intérêt : La convergence absolue des séries de fonctions. On dit que la série de fonction $\sum u_n$ *converge absolument* lorsque, pour chaque x de X $\sum \|u_n(x)\|$ converge. Si E est complet, cette propriété donne la convergence simple, et c'est tout.

Le critère de Cauchy uniforme amène immédiatement la *méthode d'Abel* :

18.5.7. Théorème : *Soit ε_n une suite de nombres réels qui décroît vers 0, et $\sum v_n$ une série de fonctions de l'ensemble X dans $\mathbb{C}$ dont les sommes partielles sont uniformément bornées. Alors la série de fonctions $\sum \varepsilon_n v_n$ converge uniformément sur X.*

Démonstration : Elle repose, comme pour les séries, sur la *transformation d'Abel* :
On se donne deux entiers m et n avec n > m, et l'on écrit $v_k = V_k - V_{k-1}$, il vient pour tout x de X :
$$\sum_{k=m}^{n}\varepsilon_k v_k(x) = \sum_{k=m}^{n}\varepsilon_k V_k(x) - \sum_{k=m-1}^{n-1}\varepsilon_{k+1}V_k(x)$$
$$= \varepsilon_n V_n(x) + \varepsilon_m V_{m-1}(x) + \sum_{k=m}^{n-1}(\varepsilon_k - \varepsilon_{k+1})V_k(x) \text{ après réorganisation.}$$

Passons aux majorations. M désignant un majorant *uniforme* de la suite $|V_n(x)|$:
$$|\varepsilon_n V_n + \varepsilon_m V_{m-1}| \leq M(\varepsilon_n + \varepsilon_m) \text{ et } |\sum_{k=m}^{n-1}(\varepsilon_k - \varepsilon_{k+1})V_k| \leq M\sum_{k=m}^{n-1}(\varepsilon_k - \varepsilon_{k+1})$$

(car $\varepsilon_k - \varepsilon_{k+1} \geq 0$), en simplifiant :
$$|\sum_{k=m}^{n}\varepsilon_k v_k| \leq M(\varepsilon_m + \varepsilon_n) + M((\varepsilon_m - \varepsilon_n) \leq 2M\varepsilon_m.$$

Comme par hypothèse la suite ε_n tend vers 0, le critère de Cauchy *uniforme* s'applique, et la série converge uniformément dans l'espace complet $\mathbb{C}$.

Remarque : On peut généraliser en supposant que ε_n est une *suite de fonctions* qui décroît uniformément vers 0 sur X.

Exemples : Considérons les séries de fonctions de la forme $\sum a_n \sin nx$ ou $\sum a_n \cos nx$ avec a_n décroissante de limite nulle.
Ces séries convergent *uniformément* sur les intervalles de la forme $[\alpha, 2\pi - \alpha]$, $\alpha \in]0, \pi[$:
Nous savons déjà que les sommes partielles des séries concernées sont majorées par
$\dfrac{2}{|\sin x/2|} \leq \dfrac{2}{|\sin \alpha/2|}$ sur $[\alpha, 2\pi - \alpha]$ (rappel : ceci provient de l'identité
$$|1 + e^{ix} + \ldots e^{inx}| = |\frac{1 - e^{i(n+1)x}}{1 - e^{ix}}| \leq \frac{2}{|\sin x/2|}).$$

Il y a donc majoration uniforme des sommes partielles sur $[\alpha, 2\pi - \alpha]$, et par suite, selon le théorème d'Abel, converge uniforme.

✋ : Il n'y a pas en général convergence uniforme des séries en jeu sur $[0,2\pi]$:

– Cas de $\sum a_n \cos nx$: il faut que l'on ait la convergence en 0 donc que la série converge en 0, ce qui implique la convergence de la série à termes positifs $\sum a_n$ et de ce fait la convergence normale de $\sum a_n \cos nx$.

Remarque : Parler de convergence uniforme sur $]0,2\pi[$ est sans intérêt, d'après les remarques ci-dessus celle-ci entraîne la convergence sur $[0,2\pi]$.

– Cas de $\sum a_n \sin nx$: la situation est plus compliquée (voir [TI] p10 pour une CNS de convergence uniforme). Il peut y a convergence partout sans qu'elle soit nécessairement uniforme, prenons le cas de $\sum \dfrac{\sin nx}{n}$, posons $x = \dfrac{\pi}{4n}$ on a (variations du sinus)

$\sin(kx) \geq \sin\dfrac{\pi}{4}$ pour $n \leq k \leq 2n$ d'où $\dfrac{\sin nx}{n} + \ldots + \dfrac{\sin 2nx}{2n} \geq \dfrac{\sqrt{2}}{2}(\dfrac{1}{n} + \ldots + \dfrac{1}{2n}) \geq \dfrac{\sqrt{2}}{4}$;

le critère de Cauchy uniforme n'est pas satisfait, la convergence n'est pas uniforme.

EXERCICES

1) Soit f_n une suite de fonctions convexes convergeant simplement vers une fonction (convexe de ce fait) continue f sur l'intervalle I *ouvert*, montrer que la convergence est uniforme sur tout segment inclus dans I (utiliser le théorème de Dini pour les fonctions :

$x \to \dfrac{f(x) - f(x)}{x - a}$ sur $[a, \dfrac{a+b}{2}]$ et $x \to \dfrac{f(x) - f(x)}{x - a}$ sur $[a, \dfrac{a+b}{2}]$ et $x \to \dfrac{f(x) - f(b)}{x - b}$ sur $[\dfrac{a+b}{2}, b]$).

2) Prouver que l'équation $g'(x) = g(x-x^2)$ possède au moins une solution C^∞ sur $[0,1]$ telle que : $g(0) = 1$ (étudier la suite d'applications définies par :

$$g_0(x) = 1, \quad g_{n+1}(x) = 1 + \int_0^x g_n(t-t^2)dt$$

dont on vérifiera qu'elle uniformément sur tout compact de $\mathbf{R}$).

3) Étudier la convergence sur $[0,\pi]$ de la suite de fonctions $f_n(x) = nxe^{-nx}\sin x$.

4) Soit f_n une suite de fonctions réelles C^1 convergeant simplement vers f sur $[a,b]$, on suppose de plus que les moyennes de Césaro de f'_n convergent uniformément vers une fonction g. Montrer que f est dérivable de dérivée g.

5) (**Difficile**) Soit f dans $C(\mathbf{R}^+, \mathbf{R})$. On suppose que $f(x+\lambda) - f(x)$ tend vers 0 en $+\infty$ avec x, pour tout λ réel. Montrer que cette convergence a lieu uniformément dans tout compact de $\mathbf{R}$ (raisonner par l'absurde en construisant, à l'aide des intervalles emboîtés, λ mettant l'hypothèse en défaut). En déduire que $f(x) = o(x)$. retrouver ce résultat avec la seule hypothèse : f continue vérifie $f(x+1) - f(x)$ tend vers 0 en $+\infty$.

19. Approximation par des polynômes

19.1. Polynômes interpolateurs de Lagrange

La tentative la plus courante, en vue d'approcher une fonction f qui n'est connue qu'en un nombre fini n de points par une autre aisément calculable, consiste à introduire un polynôme qui prend les mêmes valeurs que f aux points considérés. Un tel polynôme existe, et est de plus unique si l'on impose deg $P \leq n-1$:

19.1.1. Théorème : *Soient* $a_1,\ldots, a_n$ *n éléments distincts d'un corps infini* **K**, *et soient* $b_1,\ldots b_n$ *n éléments de* **K** ; *il existe un polynôme et un seul P de degré* $\leq n-1$ *tel que* $P(a_i) = b_i, i = 1,\ldots,n$.

Démonstration : Considérons l'application ϕ qui va de $\mathbf{K}_{n-1}[X]$ (polynômes de degré $\leq n-1$) dans $\mathbf{K}^n$ et qui à P associe $(P(a_1),\ldots,P(a_n))$. ϕ est linéaire et si P est dans $\ker(\phi)$, P possède n racines distinctes — les a_i — et de ce fait est le polynôme nul. Donc ϕ est une injection linéaire entre deux espaces vectoriels de même dimension n, c'est un isomorphisme. QED.

19.1.2. Le polynôme P s'appelle le *polynôme interpolateur de Lagrange* relatif à la donnée de $a_1,\ldots, a_n$ et de $b_1,\ldots,b_n$. On peut facilement l'expliciter lorsque car(**K**) = 0 (nous supposerons ici **K** = **R** ou **K** = **C**) :

si $\omega(x) = \prod_{i=1}^{n}(x-a_i)$, on pose $P_k(X) = \dfrac{1}{\omega'(a_k)} \dfrac{\omega(X)}{X-a_k}$, comme $\omega'(a_k) = \prod_{i=1, i\neq k}^{n}(a_k-a_i)$

il vient $P_k(a_k) = 1$ et $P_k(a_i) = 0$ pour $i \neq k$, de ce fait : $P(X) = b_1 P_1(X)+\ldots+b_n P_n(X)$.

Étudions maintenant la qualité de l'approximation obtenue. Commençons par un

19.1.3. Lemme : *Soient g une application de classe* C^n *de l'intervalle I de* **R** *dans* **R**, *et* $a_1 <\ldots< a_n$ *n éléments de I. On suppose que g s'annule en* $a_1,\ldots,a_n$. *Alors si x est dans I, il existe c dans I tel que* : $g(x) = \dfrac{g^{(n)}(c)}{n!} \prod_{i=1}^{n}(x-a_i)$.

Démonstration : Si x est l'un des a_i, tout point c convient. Sinon, on introduit la constante A telle que $g(x) = \dfrac{A}{n!} \prod_{i=1}^{n}(x-a_i)$. La fonction $h : t \to g(t) - \dfrac{A}{n!} \prod_{i=1}^{n}(t-a_i)$ s'annule alors en n+1 points distincts, par applications successives du théorème de Rolle on trouve c dans I tel que
$h^{(n)}(c) = 0$, ce qui se traduit par : $g^{(n)}(c) = A$. QED.

19.1.4. Proposition : *Si la suite des dérivées de f est uniformément bornée, et si l'on fait tendre le nombre de points vers* $+\infty$, *la suite des interpolateurs de Lagrange de f converge uniformément vers f sur tout segment [a,b] inclus dans I lorsque n tend vers* $+\infty$.

Démonstration : C'est une conséquence du lemme. Notons P_n le polynôme interpolateur de Lagrange de f à l'étape n, pris en n points $a_1,\ldots,a_n$ (**N.B.** : les points $a_1,\ldots,a_n$ ne sont pas nécessairement conservés lors du passage du cran n au cran n+1). Soit x dans [a,b], par application du lemme à la fonction $g = f - P_n$ il existe c dans [a,b] tel que

$$P_n(x) - f(x) = \dfrac{f^{(n)}(c)}{n!} \prod_{k=1}^{n}(x-a_i).$$

Si les dérivées de f sont bornées par M > 0, on en déduit $|P_n(x) - f(x)| \leq \frac{M}{n!}(b-a)^n$, cette dernière suite tend vers 0 indépendamment de x, d'où la conclusion.

Remarque : Ce résultat positif n'est, dans la pratique, que de peu d'intérêt. En effet, les fonctions dont la suite des dérivées est uniformément bornée sont rares, et de toute façons développables en série entière à partir de a sur [a,b] : par la formule de Taylor-Lagrange,

$$f(b) = f(a) + \sum_{k=1}^{n} \frac{f^{(k)}(a)}{k!}(x-a)^k + \frac{f^{(n+1)}(c)}{(n+1)!}(x-a)^{n+1}$$

et le reste tend vers 0 uniformément, pour les mêmes raisons que ci-dessus. Le polynôme de Taylor donne aussi une approximation uniforme (théorique) de f. Reste ici l'intérêt de disposer d'algorithmes d'approximation dans le cas de l'interpolation de Lagrange.

Sans hypothèse sur la fonction C^∞ f, et en prenant à chaque étape pour $a_1,...,a_n$ la subdivision régulière, *la suite des polynômes interpolateurs de Lagrange peut diverger*, c'est le phénomène de Runge (voir les exercices). Le choix des points d'interpolation est crucial et peut améliorer la situation, sans jamais garantir la convergence dans tous les cas. Pour obtenir un résultat positif pour les fonctions C^1 sur [-1,1], on prend pour points d'interpolation les racines des polynômes de Tchébychev, et la convergence obtenue est uniforme ! (ref.[DE] p 51).

19.2. Le théorème de Bernstein

19.2.1. Malgré l'échec relatif du procédé de Lagrange, il est vrai que toute fonction continue sur un segment peut être approchée uniformément par des polynômes, et il existe un procédé effectif d'approximation d'une fonction donnée. Avant de décrire l'approximation de Bernstein, montrons que l'idée d'approcher *uniformément* une fonction continue par des polynômes sur un intervalle non borné est dépourvue d'intérêt.

Proposition : *Soit P_n une suite de polynômes convergeant uniformément sur un intervalle non borné I vers une fonction f ; alors f est un polynôme.*

Démonstration : L'idée est d'utiliser le critère de Cauchy. Il existe un entier N tel que, pour tout m ≥ N, n ≥ N on ait $\|P_n - P_m\|_\infty \leq 1$ ($\|\ \|_\infty$ relative à I). Mais un polynôme borné sur un intervalle non borné est une constante, donc pour n ≥ N, $P_n = P_N + a_n$, en appliquant à nouveau le critère de Cauchy à (P_n) nous voyons que la suite (a_n) est de Cauchy et que de ce fait la suite (P_n) converge vers le polynôme $P_N + \lim a_n$. QED.

Application : Soit $\sum a_n x^n$ une série entière réelle de rayon de convergence $+\infty$, et qui converge uniformément sur **R** (ou un intervalle non borné). Alors la suite a_n est nulle à partir d'un certain rang. *En effet,* sa limite est un polynôme, dont les dérivées sont identiquement nulles à partir d'un certain rang (on pouvait aussi reprendre le raisonnement précédent).

Passons maintenant au cas des segments.

19.2.2. Théorème de Bernstein : *Soit f une fonction continue de* [0,1] *dans* C. *La suite de polynômes* $P_n(x) = \sum_{k=0}^{n} C_n^k f(\frac{k}{n}) x^k (1-x)^{n-k}$ *converge uniformément vers* f *sur le segment* [0,1].

Les polynômes $P_n(x) = \sum_{k=0}^{n} C_n^k f(\frac{k}{n}) x^k (1-x)^{n-k}$ s'appellent les *polynômes de Bernstein* associés à la fonction f.

Lemme : On a l'identité $\sum_{k=0}^{n} (k-nx)^2 C_n^k x^k (1-x)^{n-k} = nx(1-x)$.

Preuve : Une méthode simple consiste à introduire la fonction de deux variables
$g(u,v) = \sum_{k=0}^{n} C_n^k u^k v^{n-k} = (u+v)^n$. Notons que, pour tout x, g(x,1-x) = 1.

Une première dérivation par rapport à u donne

$$ug'_u(u,v) = \sum_{k=0}^{n} k\, C_n^k u^k v^{n-k} = nu(u+v)^{n-1}$$

avec u = x et v = 1-x il vient déjà

$$\sum_{k=0}^{n} k\, C_n^k x^k (1-x)^{n-k} = nx$$

puis en dérivant à nouveau $ug'_u(u,v) = nu(u+v)^{n-1}$ par rapport à u et en multipliant par u nous trouvons

$$n(n-1)u^2(u-v)^{n-2} + nu(u+v)^{n-1} = \sum_{k=0}^{n} k^2 C_n^k u^k v^{n-k}$$

avec u = x et v = 1-x nous obtenons :

$$\sum_{k=0}^{n} k^2 C_n^k x^k (1-x)^{n-k} = nx + (n^2 - n)x^2.$$

Comme $(k-nx)^2 = k^2 - 2knx + n^2x^2$ on a bien le résultat annoncé en substituant dans la somme à évaluer les trois identités obtenues.

Démonstration du théorème : Soit $\varepsilon > 0$. L'uniforme continuité de f fournit un $\alpha > 0$ tel que, pour tout (x,y) de $[0,1]^2$, on ait : $|x - y| \leq \alpha \Rightarrow |f(x) - f(y)| \leq \varepsilon$. Soit donc x dans [0,1]. Notons A l'ensemble des entiers k de [0,n] tel que $|x - \frac{k}{n}| \leq \alpha$ et B le complémentaire de A. On écrit

$|P_n(x) - f(x)| = |\sum_{k=0}^{n} C_n^k (f(\frac{k}{n}) - f(x)) x^k (1-x)^{n-k}|$ (car $\sum_{k=0}^{n} C_n^k x^k (1-x)^{n-k} = 1$)

$|P_n(x) - f(x)| \leq |\sum_{k \in A} C_n^k (f(\frac{k}{n}) - f(x)) x^k (1-x)^{n-k}| + |\sum_{k \in B} C_n^k (f(\frac{k}{n}) - f(x)) x^k (1-x)^{n-k}|$

La première somme est majorée par $\varepsilon (\sum_{k \in A} C_n^k x^k (1-x)^{n-k}) \leq \varepsilon (\sum_{k=0}^{n} C_n^k x^k (1-x)^{n-k}) = \varepsilon$

La deuxième est mjorée par à $2\|f\|_\infty \sum_{k \in B} C_n^k x^k (1-x)^{n-k}$

et comme $n^2(x - \frac{k}{n})^2 = (k - nx)^2 \geq n^2\alpha$ pour $k \in B$ la somme indexée par B se majore par

$$\sum_{k \in B} C_n^k x^k (1-x)^{n-k} \leq \frac{1}{n^2\alpha^2} \sum_{k \in B} C_n^k (k-nx)^2 x^k (1-x)^{n-k} \leq \frac{1}{n^2\alpha^2} \sum_{k=0}^{n} (k-nx)^2 C_n^k x^k (1-x)^{n-k}$$

soit

$$\sum_{k \in B} C_n^k x^k (1-x)^{n-k} \leq \frac{1}{n^2\alpha^2} nx(1-x) \leq \frac{1}{4\alpha^2 n}$$

En appliquant le résultat du lemme nous obtenons

$$|P_n(x) - f(x)| \leq \frac{\|f\|_\infty}{2\alpha^2 n} + \varepsilon.$$

Cette majoration est indépendante de x et de n; pour $n \geq N$ convenable nous avons

$$\forall x \in [0,1], \ |P_n(x) - f(x)| \leq \varepsilon + \varepsilon. \text{ QED.}$$

Nous disposons ainsi, moyennant un changement de variable affine, du théorème de Weierstrass d'approximation uniforme par des polynômes d'une fonction continue sur un segment. Pour une variante élémentaire intéressante on peut consulter [AF], tome 2, pp. 669-670. On possède aussi la généralisation suivante (Stone-Weierstrass) :

19.2.3. Généralisation : *Soit X un espace compact, la **R**-algèbre de Banach $A = C(X,\mathbf{R})$ est munie de $\|\ \|_\infty$. On désigne par B une sous-algèbre de A vérifiant les propriétés suivantes :*
a) *Pour tout x de X il existe f dans B telle que $f(x) \neq 0$;*
b) *Si x et y sont deux éléments distincts de X il existe f dans B telle que $f(x) \neq f(y)$.*
Alors B est dense dans A.

Pour la *preuve,* on renvoie à [CH] ou [BU], ou encore aux volumes ultérieurs de cette collection.

19.2.4. Application du théorème de Weierstrass :
1) (Théorème des moments, version élémentaire) : Soit f dans $C([a,b],\mathbf{R})$ telle que :

$$\int_a^b f(t) t^n dt = 0 \text{ pour tout polynôme n de } \mathbf{N}. \text{ Alors f est nulle.}$$

En effet, par combinaison linéaire, on aura $\int_a^b f(t)P(t)dt = 0$ pour tout polynôme P. On choisit alors moyennant le théorème de Weierstrass une suite P_n de polynômes qui converge uniformément vers f sur [a,b], comme f est bornée la suite $f(t)P_n(t)$ converge uniformément vers f^2 sur [a,b], par intégration de la suite uniformément convergente $f(t)P_n(t)$ nous obtenons $\int_a^b f^2(t)dt = 0$; comme f est continue, elle est nulle.

Extension : Par séparation des parties réelles et imaginaires, le résultat ci-dessus reste valable pour les fonctions à but complexe.

2) *Injectivité de la transformation de Laplace* :
Soit f une application continue de $\mathbf{R}^+$ dans $\mathbf{C}$. On supposera pour simplifier que l'intégrale $\int_0^{+\infty} |f(t)|dt$ converge. De là, la fonction de s : $Lf(s) = \int_0^{+\infty} f(t)e^{-st}dt$ (transformée de Laplace de f) est correctement définie pour $s \geq 0$. Supposons maintenant $Lf(s) = 0$ pour tout $s \geq 0$; *alors f est nulle.*

En effet, introduisons $F(x) = \int_0^x f(t)dt$, F est par hypothèse bornée, possède une limite en $+\infty$, d'où en intégrant $\int_0^x f(t)e^{-st}dt$ par parties ($u = e^{-st}$, $dv = f(t)dt$) l'identité :

$Lf(s) = s\int_0^{+\infty} F(t)e^{-st}dt$ pour tout $s \geq 0$. Pour $s = 1, 2,\ldots, n,\ldots$ Faisons le changement de variables $u = e^{-t}$ nous obtenons $\int_0^1 G(u)u^{n-1}du = 0$, où $G(u) = F(-Logu)$. G possède un prolongement continu en 0 ; par une application licite du théorème des moments, G est nulle, donc F aussi, et enfin f par dérivation.

19.3. Approximation en moyenne quadratique

On renvoie au § 28, polynômes orthogonaux, où la description complète de la meilleure approximation quadratique est détaillée (§ 28.2).

19.4. Approximation par des polynômes trigonométriques

La densité de l'espace vectoriel $\mathbf{T}$ polynômes trigonométriques dans $C_{2\pi}(\mathbf{R},\mathbf{C})$ pour la norme uniforme est prouvée dans le § 20, par une méthode de convolution. On peut aussi l'obtenir de façon autonome par les séries de Fourier, cf. § 29 pour les deux résultats que nous utilisons : si $f \in C_{2\pi}(\mathbf{R},\mathbf{C})$ est C^1 par morceaux, le théorème de Dirichlet nous dit que la série de Fourier de f converge simplement vers f, comme nous savons aussi que la série de Fourier de f est normalement convergente, f est limite uniforme des sommes partielles de sa série de Fourier donc est limite uniforme de polynômes trigonométriques. Maintenant une fonction de $C_{2\pi}(\mathbf{R},\mathbf{C})$ peut être appochée uniformément par des fonctions affines par morceaux (cf. § 5, *continuité uniforme*), d'où la densité de $\mathbf{T}$.

Lectures supplémentaires : Excellent chapitre II de Demailly [DE], réalisant, à la suite de Crouzeix et Mignot [CM] une synthèse claire et complète de la question. Si vous n'avez pas (encore) le livre de Demailly, la preuve du phénomène de Runge se trouve dans Dieudonné, Calcul Infinitésimal (appendice du chapitre X). Pour le théorème de

Stone-Weierstrass général, on pourra consulter Choquet [CH]. Des applications intéressantes mais difficiles sont traitées dans [RU2] chap. 5.

EXERCICES

1) Pour t dans [0,1] on pose : $P_0(t) = 0$ et $\forall n \geq 0$, $P_{n+1}(t) = P_n(t) + \frac{1}{2}(t - P_n^2(t))$. Montrer que la suite de converge uniformément vers $\sqrt{t}$ sur [0,1] (montrer que la suite est croissante majorée par $\sqrt{t}$ puis converge simplement vers cette fonction, utiliser alors Dini (§ 18.2.)).

2) Soit]a,b[un intervalle ouvert borné de **R**. Montrer que les fonctions qui sont limites uniforme de polynômes sur]a,b[sont exactement les fonctions uniformément continues sur]a,b[. On admettra bien sûr une des formes du théorème de Weierstrass (indication : que dire d'une fonction UC à but complet définie sur une partie A ?).

3) (Théorème de Korovkin).
a) Soit f une application de [0,1] dans **R**, continue. Montrer que
$$\forall \varepsilon > 0, \exists k > 0, \forall (x,y) \in [0,1]^2, |f(x) - f(y)| \leq \varepsilon + k(x-y)^2.$$
b) Soit B_n une suite d'applications linéaires de $C([0,1],\mathbf{R})$ dans lui-même vérifiant :
i) pour tout n, B_n est positif, c'est-à-dire que, si $f \geq 0$, $B_n(f) \geq 0$.
ii) si f_i est la fonction continue qui à x associe x^i ($i \geq 0$), les suites de fonctions $n \to B_n(f_i)$ convergent uniformément vers f_i pour $i = 0, 1, 2$.
Montrer que, pour tout fonction f de $C([0,1],\mathbf{R})$, la suite $B_n(f)$ converge uniformément vers f c) Vérifier que B_n définie par $B_n(f)(t) = \sum_{k=0}^{n} C_n^k f(\frac{k}{n}) t^k (1-t)^{n-k}$ convient.

Problème : le phénomène de Runge

Il s'agit d'un phénomène de divergence des polynômes interpolateurs de Lagrange.
A) Soient I = [a,b] un segment de **R**, et f une fonction C^∞ de [a,b] dans **R**. Soit n dans **N*** et $a_1 < \ldots < a_n$ une suite de points de [a,b]. On note $\omega_n(X)$ le polynôme $\prod_{j=1}^{n}(X - a_j)$.

1°) (C'est une question de cours !)
a) Montrer qu'il existe un unique polynôme $P_n(X)$ de degré $\leq n-1$ tel que :
$\forall j \in [1,n], P_n(a_j) = f(a_j)$. Cette notation sera conservée dans les questions qui suivent.
b) Montrer que, pour tout x de I il existe c dans I tel que :
$$f(x) = P_n(X) + \frac{1}{n!} f^{(n)}(c) \omega_n(x)$$
c) Si la suite des dérivées de f est bornée, et si l'on prend pour $a_1 < \ldots < a_n$ la subdivision régulière de [a,b], prouver que la suite de polynômes P_n associée converge uniformément vers f.

2°) On prend ici I = [-1,1], et on considère la fraction rationnelle $f(t) = \frac{1}{a^2 + t^2}$, avec a dans **R**$^{+*}$ donné. Pour chaque entier pair $n = 2m \geq 1$ on définit le n-uplet $(a_1, \ldots a_n)$ par $a_k = \frac{2k-1-2m}{2m}$, $n = 2m$, $k \in \{1, \ldots, 2m\}$.

a) Montrer : $f(t) - P_n(t) = \dfrac{\omega_n(t)}{\omega_n(ia).(a^2+t^2)}$.

b) En admettant la formule de Stirling, trouver un équivalent de $\omega_{2m}(1)$ au voisinage de $+\infty$.

c) Montrer que : $\ln((|\omega_{2m}(ia)|)^{\frac{1}{m}}) = \dfrac{1}{m}\sum_{k=0}^{m-1} \ln(a^2+\dfrac{(2k+1)^2}{4m^2}))$. Évaluer explicitement la limite des deux membres de cette égalité lorsque m tend vers $+\infty$.

d) En déduire que, pour a assez petit la suite $P_n(1)$ tend vers $+\infty$ et donc ne tend pas vers $f(1)$.

20. Convolution

Le but de la convolution est d'approcher uniformément (au moins localement) les fonction d'une classe donnée par des fonctions C^∞, en vue d'étendre par densité aux fonctions de la classe des résultats faciles à obtenir dans le cas régulier (des propriétés des transformées de Fourier par exemple).

20.1. Convolution sur la droite réelle

Soit f une fonction numérique définie sur l'espace topologique E. Le support de f est l'adhérence de $\{x \in E | f(x) \neq 0\}$, on note cet ensemble supp(f). La fonction f est dite *à support compact* lorsque supp(f) est compact.

Dans ce qui suit, f et g désigne deux applications continues de **R** dans C (l'extension de la convolution aux fonctions de L^1 se fait à l'aide du théorème de Fubini (§ 39).

20.1.1. Proposition : a) *Si le support de la fonction g est compact, la fonction*
$$h(x) = \int_{-\infty}^{+\infty} f(t)g(x-t)dt \text{ est définie pour tout nombre réel x, et l'on a}$$
$$h(x) = \int_{-\infty}^{+\infty} f(x-t)g(t)dt$$

b) *Si la fonction f est de plus à support compact, h est à support compact.*
c) *La fonction h est continue.*
d) *On suppose la fonction g de classe C^p. Alors h est de classe C^p.*

Démonstration : a) Donnons-nous un réel $a > 0$ tel que le support de g soit contenu dans $[-a,a]$. La fonction $t \to f(t)g(x - t)$ est alors nulle hors de $[x-a,x+a]$, donc h est bien définie, et l'égalité suit par le changement de variable affine de t en x-t.
b) Si le support de f est contenu dans $[-b,b]$, $b > 0$, la fonction $t \to f(t)g(x - t)$ est identiquement nulle lorsque x appartient à $\mathbf{R}\setminus[-a-b,a+b]$; le support de h est donc contenu dans $[-a-b,a+b]$.

c) Partons de l'égalité $h(x) = \int_{-a}^{a} f(x-t)g(t)dt$; la fonction $(x,t) \to f(x-t)g(t)$ est continue et que l'on intègre sur un segment, la fonction h est donc continue (21.3.1.).

d) Fixons un point y de **R**. Lorsque $x \in [y-\alpha, y+\alpha]$ on obtient, en cherchant le support de la fonction intégrée

$$h(x) = \int_{y-a-\alpha}^{y+a+\alpha} f(t)g(x-t)dt .$$

En outre, la fonction $(x,t) \to f(t)g(x-t)$ est continue et possède des dérivées partielles continues juqu'à l'ordre p, donc h est de classe C^p sur $[y-\alpha, y+\alpha]$; la propriété étant locale h est de classe C^p sur **R**.

Vocabulaire, notation : La fonction h introduite dans la proposition ci-dessus est appelée *convolée* de f et de g et notée f * g.

20.1.2. Théorème : *Soit une suite ρ_n de fonctions continues telles que* :

i) *chaque ρ_n est positive* ;

ii) *le support de ρ_n est contenu dans $[-\delta_n, \delta_n]$, où la suite de nombres strictement positifs (δ_n) tend vers 0* ;

iii) $\int_{-\infty}^{+\infty} \rho_n(t)dt = 1$ *pour tout n de* **N**.

Si f est une fonction continue de **R** *dans* **C**, *la suite de fonctions* $f*\rho_n$ *converge uniformément vers f sur tout compact de* **R**, *et converge vers f uniformément sur* **R** *si f est uniformément continue*.

Figure 15 : "La masse se concentre en 0"

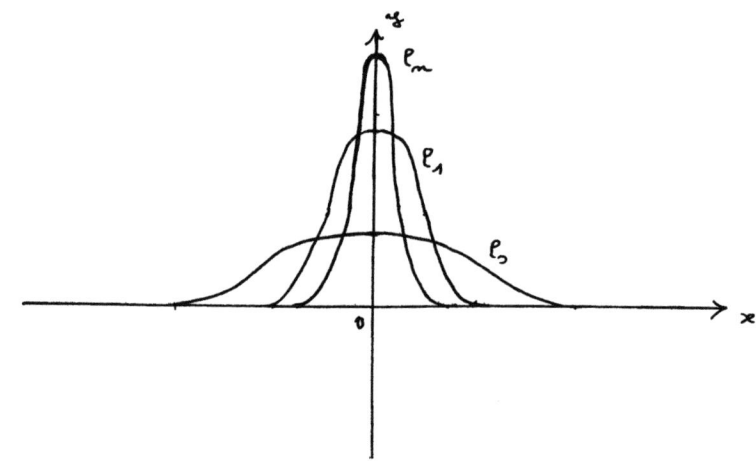

Démonstration : Soit x dans **R**. Avec iii) nous avons $f(x) = \int_{-1}^{1} \rho_n(t) f(x) dt$ d'où

$$f(x) - f*\rho_n(x) = \int_{-\delta_n}^{\delta_n} \rho_n(t)(f(x)-f(x-t))dt$$

Soit $\varepsilon > 0$. Il existe un réel $\alpha > 0$ tel que, pour tout t de $[-\alpha,\alpha]$, $|f(x) - f(x-t)| \le \varepsilon$. On choisit alors N tel que, pour tout $n \ge N$, $\delta_n < \alpha$, ce qui nous donne :

$$|f(x) - f*\rho_n(x)| \le \int_{-\delta_n}^{\delta_n} \rho_n(t)|f(x)-f(x-t)|dt \le \varepsilon \int_{-\delta_n}^{\delta_n} \rho_n(t)dt = \varepsilon.$$

On observe ensuite que la convergence est *uniforme* sur toute partie X de **R** où le réel α peut être choisi indépendamment de x, donc sur **R** si f est uniformément continue.

Soit X un compact de **R**. Nous pouvons supposer que X est contenu dans un segment [c,d]. Soit ε un réel > 0, utilisons l'uniforme continuité de f sur [c-1,d+1] : nous obtenons un réel α dans $]0,1[$ tel que, pour tout (x,y) de $[c-1,d+1]^2$, l'inégalité $|x - y| \le \alpha$ entraîne $|f(x) - f(y)| \le \varepsilon$; si x est dans X, et t dans $[-\delta_n, \delta_n]$, avec $\delta_n < \alpha$, on a $|f(x-t) - f(x)| \le \varepsilon$; on retombe par intégration sur l'inégalité $|f(x) - f*\rho_n(x)| \le \varepsilon$. QED.

Une suite ρ_n vérifiant les conditions i) – ii) – iii) est appelée un noyau de convolution, ou encore une *unité approchée*. Ces suites sont surtout intéressantes lorsque les fonctions considérées sont C^∞ :

20.1.3. Corollaire : *Les fonctions de classe C^∞ à support compact forment un sous-ensemble dense de $C_0(\mathbf{R},\mathbf{C})$ (fonctions continues de limite nulle en $\pm\infty$) pour la topologie de la convergence uniforme.*

Démonstration : La première étape consiste à construire des fonctions C^∞ satisfaisant aux conditions i) – ii) – iii). Pour cela considérons la fonction ϕ définie pour x dans $]-1,1[$ par $\phi(x) = \exp(-\frac{1}{1-x^2})$, et $\phi(x) = 0$ ailleurs. Nous savons (§ 9.7.3.) que ϕ est de classe C^∞. Posons ensuite $\phi_n(x) = \phi(nx)$, le support de ϕ_n est $[-\frac{1}{n}, \frac{1}{n}]$, soient enfin

$$C_n = \int_{-\infty}^{+\infty} \phi_n \text{ et } \rho_n = \frac{1}{C_n} \phi_n.$$

Il est clair que la suite (ρ_n) ainsi construite convient.

Soit f dans $C_0(\mathbf{R},\mathbf{C})$. Appliquons la proposition et le théorème ci-dessus. En premier lieu, les fonctions $f*\rho_n$ sont de classe C^∞. Comme f est continue et possède une limite en $+\infty$, elle est uniformément continue sur **R** (§ 5.4.2.) ; d'après 20.1.2. la suite $f*\rho_n$ converge uniformément vers f. QED.

Remarque : Si f est de classe C^p, les dérivées des convolées de f sont également données par la formule $(f*\rho_n)^{(p)} = f^{(p)}*\rho_n$; ces dérivées convergent donc uniformément vers $f^{(p)}$ sur tout compact de **R**.

20.2. Convolution dans les fonctions périodiques

Pour n dans **N**, introduisons la fonction $D_n(u) = \sum_{k=-n}^{n} e^{iku}$. Visiblement

$$D_n(u)(e^{iu/2} - e^{-iu/2}) = e^{i(n+1/2)u} - e^{-i(n+1/2)u}$$

et donc pour $u \notin 2\pi\mathbf{Z}$, $D_n(u) = \dfrac{\sin(n+1/2)u}{\sin u/2}$, que l'on prolonge par continuité sur $2\pi\mathbf{Z}$.

On pose :

$$K_n(u) = \frac{1}{n+1}(D_0(u) + \ldots + D_n(u)).$$

20.2.1. Proposition : *Pour u dans* **R**, *en prolongeant continûment sur* $2\pi\mathbf{Z}$

$$K_n(u) = \frac{1}{n+1}\left[\frac{\sin(n+1)/2\,u}{\sin u/2}\right]^2$$

De plus, i) K_n *est positif* ii) $\dfrac{1}{2\pi}\displaystyle\int_{-\pi}^{\pi} K_n(x)dx = 1$ *pour tout n*

iii) *pour tout δ de* $]0,\pi[$, *la suite K_n tend uniformément vers 0 sur* $[-\pi,-\delta]\cup[\delta,\pi]$.

Démonstration : La première identité se vérifie par récurrence :
$\sin^2 u/2\,((n+1)K_n - nK_{n-1}) = \sin u/2\,\sin(n+1/2)u$ d'où
$\sin^2 u/2\,(n+1)K_n = n\sin^2 u/2\,K_{n-1} + \sin u/2\,\sin(n+1/2)u$

$$= \sin^2(n-1)u/2 + \sin u/2\,\sin(n+1/2)u = \sin^2\left(\frac{n+1}{2}u\right)$$

d'où le premier point.

i) Est clair ii) Vient de ce que $\displaystyle\int_{-\pi}^{\pi} D_n(u)du = 1$ pour tout n iii) Résulte enfin de la majoration, valable sur $[-\pi,-\delta]\cup[\delta,\pi]$: $0 \leq K_n(u) \leq \dfrac{1}{(n+1)\sin^2 \delta/2}$. QED.

Figure 16 :

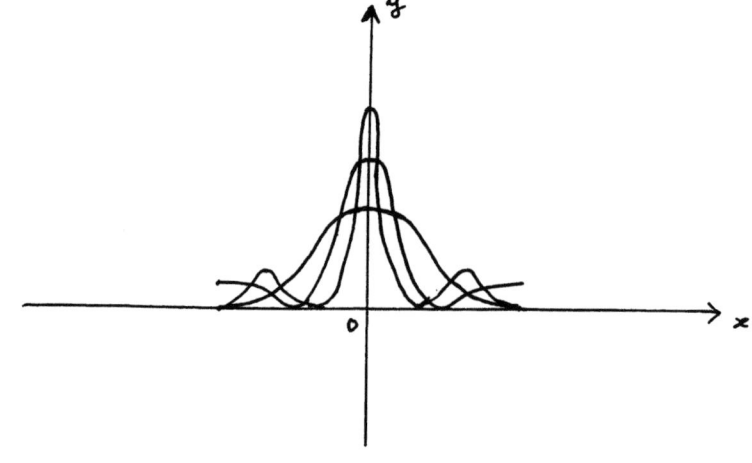

20.2.2. Théorème : *Soit f une fonction continue 2π-périodique de $\mathbf{R}$ dans $\mathbf{C}$. Pour tout n de $\mathbf{N}$, la fonction $\sigma_n(x) = \dfrac{1}{2\pi}\displaystyle\int_{-\pi}^{\pi} K_n(x-t)f(t)dt$ est un polynôme trigonométrique, et la suite σ_n converge uniformément vers f sur $\mathbf{R}$.*

Démonstration : Elle est très proche de celle qui a été donnée pour la convolution sur $\mathbf{R}$, avec une difficulté supplémentaire due au fait que le noyau de convolution n'est pas nul hors de $[-\delta,\delta]$. On observe en premier lieu que l'on a, moyennant la parité de K_n et la périodicité de f et de K_n :

$$\sigma_n(x) = \frac{1}{2\pi}\int_{-\pi}^{\pi} K_n(x-t)f(t)dt = \frac{1}{2\pi}\int_{-\pi}^{\pi} K_n(t)f(x-t)dt$$

(l'intégrale d'une fonction périodique est constante le long d'un intervalle de période). Comme ci-dessus, la différence $f(x) - \sigma_n(x)$ s'écrit avec ii) :

$$f(x) - \sigma_n(x) = \frac{1}{2\pi}\int_{-\pi}^{\pi} K_n(t)f(x)dt - \frac{1}{2\pi}\int_{-\pi}^{\pi} K_n(t)f(x-t)dt = \frac{1}{2\pi}\int_{-\pi}^{\pi} K_n(t)(f(x) - f(x-t))dt$$

Soit ε un réel > 0. Comme f est continue et 2π-périodique elle est uniformément continue sur $\mathbf{R}$ (§ 5.4.2.) d'où un réel $\delta > 0$ tel que, pour tout (x,y) de $\mathbf{R}^2$

$$|x - y| \leq \delta \Rightarrow |f(x) - f(y)| \leq \varepsilon$$

On peut toujours imposer $\delta < \pi$, la découpe de l'intervalle d'intégration donne, Compte tenu du caractère *positif* de K_n :

$$|f(x)-\sigma_n(x)| \leq \frac{1}{2\pi}\left(\int_{-\delta}^{\delta} K_n(t)|f(x)-f(x-t)|dt + \int_{-\pi}^{-\delta} K_n(t)|f(x)-f(x-t)|dt + \int_{\delta}^{\pi} K_n(t)|f(x)-f(x-t)|dt\right)$$

on majore les $|f(x) - f(x-t)|$ de la première intégrale par ε, puis les suivantes par $2\|f\|_\infty$ pour obtenir, pour tout n de $\mathbf{N}$ et tout x réel :

$$|f(x)-\sigma_n(x)| \leq \varepsilon\left(\frac{1}{2\pi}\int_{-\delta}^{\delta} K_n(t)dt\right) + 4\pi\|f\|_\infty M_n$$

où M_n est le sup. de $K_n(t)$ sur $[-\pi,-\delta]\cup[\delta,\pi]$. Mais d'après iii) de 20.2.1. ce sup. tend vers 0 lorsque n tend vers $+\infty$, on choisit ainsi n_ε tel que, pour tout $n \geq n_\varepsilon$,

$4\pi\|f\|_\infty M_n \leq \varepsilon$, comme $\dfrac{1}{2\pi}\displaystyle\int_{-\delta}^{\delta} K_n(t)dt \leq \dfrac{1}{2\pi}\displaystyle\int_{-\pi}^{\pi} K_n(x)dx = 1$ nous obtenons enfin

$$\forall n \geq n_\varepsilon \ \forall x \in \mathbf{R} \ |f(x)-\sigma_n(x)| \leq 2\varepsilon. \text{ QED.}$$

Lectures supplémentaires : Pour l'utilisation de la convolution dans la transformation de Fourier voir [RU] chap. 9. Notons aussi que tout traité (ou presque) exposant la théorie des distributions comprend un exposé de la convolution (l'application de la convolution aux distributions constitue un argument plus convaincant en sa faveur que l'approximation polynômiale, déjà donnée par Bernstein).

EXERCICE

1) Le noyau de poisson (voir par exemple [CA] p. 132 et 133)

a) Montrer, pour $r \in]-1,1[$, l'égalité : $\dfrac{1-r^2}{1-2r\cos\theta+r^2} = 1 + 2\sum_{n=1}^{+\infty} r^n \cos n\theta$

b) Soient (a_n), (b_n) les coefficients de Fourier de $f \in C^1_{2\pi}([0,2\pi],\mathbf{R})$. Montrer que

$\dfrac{a_0}{2} + \sum_{n=1}^{+\infty} (a_n \cos nx + b_n \sin nx) r^n = \dfrac{1}{2\pi}\displaystyle\int_0^{2\pi} \dfrac{(1-r^2)f(t)}{1-2r\cos(x-t)+r^2} dt$ et trouver la limite du membre de droite de cette égalité lorsque r tend vers 1^-. Retrouver ainsi la convergence de la série de Fourier vers f lorsque la série $\sum_{n=0}^{+\infty} |c_n(f)|$ converge.

2) Soit f une fonction continue à support dans $[-1/2, 1/2]$. En utilisant comme noyau de convolution les polynômes $c_n(1-x^2)^n$ (sur $[-1,1]$, 0 ailleurs, c_n constante convenable) montrer que f est limite uniforme de polynômes. Généraliser au cas d'une fonction continue de $[a,b]$ dans $\mathbf{R}$.

Problème : Équirépartition ([KO]).

Si x est un nombre réel, $[x]$ désigne la partie entière de x. Soit α_n une suite à valeurs dans le segment $[0,1]$. Lorsque f est une fonction de $[0,1]$ dans $\mathbf{C}$, on note $\mu_n(f,\alpha)$ le nombre $\dfrac{1}{n}\sum_{j=1}^{n} f(\alpha_j)$. On dit que la suite α_n est **équirépartie** lorsque, pour toute fonction continue par morceaux f, la suite $n \to \mu_n(f,\alpha)$ tend vers $\displaystyle\int_0^1 f$.

1) Montrer l'équivalence des propriétés suivantes :

a) α_n est équirépartie ;

b) pour toute fonction continue f, $\mu_n(f,\alpha)$ tend vers $\displaystyle\int_0^1 f$;

c) pour tout sous-intervalle I de $[0,1]$, χ_I désignant la fonction caractéristique de I, la suite $\mu_n(\chi_I, \alpha)$ tend vers la longueur de I ;

d) pour tout entier p de $\mathbf{Z}^*$, e_p désignant la fonction $t \to \exp(ip\pi t)$, la suite $\mu_n(e_p, \alpha)$ tend vers 0. (*Indications* : pour b) $\Rightarrow$ c) on pourra utiliser un encadrement de χ_I par des fonctions continues affines par morceaux. Pour c) $\Rightarrow$ b) et d)$\Rightarrow$b) il s'agit d'une utilisation correcte de la densité, cf. la preuve du théorème de Riemann-Lebesgue).

2) Soit β un nombre irrationnel.

a) Prouver que le sous-groupe de $\mathbf{R}$ $\mathbf{Z} + \beta\mathbf{Z}$ est dense dans $\mathbf{R}$.

b) Déduire de a) que la suite $\alpha_n = n\beta - [n\beta]$ est équirépartie.

Interversion des limites

21. Fonctions définies par une suite, une série ou par une intégrale

21.1. Propriétés des limites de suites de fonctions

21.1.1. Cas de la convergence simple : Pour des fonctions numériques de variables réelles, on a par convergence simple la conservation des caractères *croissant et convexe*; pour des applications entre espaces métriques, le caractère *lipschitzien* est de même préservé si les rapports de Lipschitz des fonctions de la suite sont *bornés*. (☞ : Ce dernier résultat tombe en défaut si l'on oublie la restriction sur les rapports de Lipschitz, même avec la convergence uniforme : par exemple, la fonction continue $x \to \sqrt{x}$ est limite uniforme sur [0,1] de polynômes, fonctions C^1 donc lipschitziennes).

La préservation de la régularité demande un renforcement des hypothèses de convergence de la suite f_n vers sa limite simple f, comme le montre l'exemple de la suite x^n sur [0,1], qui converge simplement vers une fonction non continue f ; la notion adaptée à la conservation de la continuité est la convergence uniforme (au moins locale). Pour la dérivabilité il faut ajouter la convergence uniforme des dérivées ; de façon plus générale, aux propriétés des fonctions sont associées des topologies naturelles, c'est la convergence pour ces topologie qui conserve les propriétés étudiées.

Continuité d'une limite uniforme de fonctions continues

21.1.2. Théorème : *Soit X un espace topologique, E un espace métrique, et f_n une suite d'applications de X dans E convergeant uniformément vers la fonction f. Si chacune des fonctions f_n est continue au point a de X (resp. sur X), la fonction f est continue au point a (resp. sur X).*

Démonstration : Il suffit de montrer la continuité en un point a. Soit $\varepsilon > 0$. Il existe un entier n_ε tel que, pour tout $n \geq n_\varepsilon$, et tout x de X, on ait $d(f_n(x),f(x)) \leq \varepsilon$. Fixons un entier $n \geq n_\varepsilon$ et partons de la majoration, valable sur X

$$d(f(x), f(a)) \leq d(f(x),f_n(x)) + d(f_n(x),f_n(a)) + d(f_n(a),f(a))$$

la convergence uniforme donne $d(f(x),f_n(x)) < \varepsilon$ et $d(f(a),f_n(a)) < \varepsilon$ ($n \geq n_\varepsilon$). Par hypothèse la fonction f_n est continue en a ; il existe donc un voisinage U de a tel que, pour tout x de U, $d(f_n(x),f_n(a)) < \varepsilon$. De là, par application simultanée des trois inégalités, nous obtenons

$$\forall x \in U, d(f(x), f(a)) < 3\varepsilon$$

ce qui montre la continuité de f au point a. QED.

Interversion des limites

21.1.3. Théorème : *Soit X un espace topologique, A une partie de X, a un point de $\overline{A}$, E un espace métrique, et (f_n) une suite d'applications de A dans E convergeant* uniformément sur A vers la fonction f. *Si chaque f_n possède une limite b_n au point a, et si E est complet, la suite (b_n) converge et la fonction f possède la limite b au point a.*

Démonstration : On reproduit *mutatis mutandis* la preuve donnée pour le prolongement de la convergence uniforme à l'adhérence, l'idée étant de montrer que la suite de fonctions définie par : $g_n(x) = f_n(x)$ si $x \in A$, $f_n(a) = b_n$ est uniformément de Cauchy. La suite f_n est uniformément convergente sur A donc
$$\exists n_\varepsilon \in \mathbb{N}, \forall m \geq n_\varepsilon, \forall n \geq n_\varepsilon, \forall x \in A, d(f_n(x), f_m(x)) \leq \varepsilon$$
On bloque $m \geq n_\varepsilon$ et $n \geq n_\varepsilon$, le passage licite à la limite en a fournit :
$$\forall m \geq n_\varepsilon, \forall n \geq n_\varepsilon \forall x \in A, d(b_n, b_m) \leq \varepsilon$$
donc g_n vérifie le critère de Cauchy uniforme sur $A \cup \{a\}$. Comme E est complet, la suite (g_n) converge uniformément (cela revient en fait à la convergence de (b_n) mettons vers b) ; les fonctions g_n étant continues en a leur limite l'est aussi, ce qui se traduit par le fait que f possède la limite b au point a.

Corollaire : *Une limite uniforme de fonctions réglées est réglée.*

Intégration d'une suite de fonctions uniformément convergente sur un segment

21.1.4. Théorème : *Soit E un espace de Banach, et (f_n) une suite d'applications réglées du segment [a,b] de $\mathbb{R}$ dans E convergeant uniformément vers la fonction f. Alors f est réglée et la suite $\left(\int_a^b f_n \right)$ converge vers $\int_a^b f$.*

Démonstration : Le caractère réglé de f a déjà été prouvé ; la preuve de la convergence de la suite des intégrales est alors immédiate moyennant l'inégalité
$$\left\| \int_a^b f_n - \int_a^b f \right\| \leq (b-a) \|f - f_n\|_\infty .$$

☛ : Le cas où l'on intègre sur un intervalle qui n'est pas un segment est nettement moins trivial, cf. § 21.3.

21.1.5. Dérivation terme à terme d'une suite de fonctions C^1 :

☛ : Une limite uniforme de fonctions C^∞ sur $\mathbb{R}$ peut n'être pas dérivable. Considérons par exemple la suite de fonctions définie par $f_n(x) = \sqrt{x^2 + \frac{1}{n^2}}$, qui converge uniformément vers $|x|$ moyennant l'encadrement :
$$\left| \sqrt{x^2 + \frac{1}{n^2}} - |x| \right| \leq \frac{1}{n} ;$$
la fonction limite n'est pas dérivable en 0. Cet exemple est élémentaire, en fait on a bien mieux, une suite de fonction C^∞ peut converger uniformément vers une fonction nulle part dérivable : nous avons construit une telle fonction f au § 9.2.4., en vertu du théorème de Weierstrass f est limite *uniforme* sur [0,1] de fonctions polynômes, donc de fonctions C^∞.

L'idée géométrique sous-jacente est que la convergence uniforme d'une suite de fonctions f_n ne donne aucun renseignement sur le comportement des pentes des f_n.

21.1.6. Théorème : *Soit E un espace de Banach, et* (f_n) *une suite d'applications de classe* C^1 *du segment* [a,b] *de* **R** *dans E convergeant simplement vers la fonction f. Si la suite des dérivées* (f'_n) *converge uniformément vers une fonction g sur* [a,b], *f est de classe* C^1 *sur le segment* [a,b] *et a pour dérivée g.*

Démonstration : Soit x dans [a,b], par le théorème ci-dessus, la suite $\int_a^x f'_n$ converge vers $\int_a^x g$, comme les fonctions en jeu sont de classe C^1, $f_n(x) - f_n(a)$ converge vers $\int_a^x g$. Par hypothèse f_n converge simplement vers f donc la suite $f_n(x)$ tend vers $f(x)$ et $f_n(a)$ vers $f(a)$, de là, pour tout x de [a,b]

$$f(x) = f(a) + \int_a^x g \quad . \text{ QED.}$$

✋ : Hypothèses ! Ce sont les *dérivées* qui doivent converger uniformément, et non les *fonctions* de départ.

Remarque : On vérifie sans peine *a posteriori*, sous les hypothèses du théorème, que la convergence des f_n vers f est uniforme sur le segment.

Application : Ces résultats nous serviront surtout pour prouver la régularité des fonctions introduites comme *sommes de séries*, c'est-à-dire de *la plupart* des fonctions usuelles.

21.1.7. Localisation : Tous les résultats précédents concernent des propriétés *locales*, déterminées par le comportement des fonctions de la suite au voisinage du point. Les théorèmes précédents 21.1.3,4, 5 sont donc valables sous de simples hypothèses de convergence au voisinage du point considéré.
Notons que la convergence uniforme au voisinage de chaque point équivaut, dans le cas de l'intervalle de **R**, à la convergence uniforme sur tout segment.
En effet, si la convergence uniforme locale est acquise, le fait qu'un segment de **R** soit, en vertu du théorème de Borel-Lebesgue, réunion *finie* de voisinages de convergence uniforme, amène la convergence uniforme sur tout segment. La réciproque est claire puisque tout point de **R** admet une base de voisinages formée de segments.

21.1.8. Interprétation fonctionnelle : La continuité d'une limite uniforme de fonctions continues se traduit par le fait que le sous-espace de $(B(X,E), \| \|_\infty)$ formé des fonctions continues est *fermé* dans $(B(X,E), \| \|_\infty)$.

21.2. Propriétés des fonctions définies par une série

Celles-ci sont directement décalquées des propriétés désormais connues des limites de suites de fonctions.

21.2.1. Théorème : *Soit* $\sum u_n$ *une série uniformément convergente de fonctions de l'espace topologique X vers l'espace vectoriel normé E. Si les fonctions* u_n *sont continues au point* a *de X (resp. sur X) la somme de* $\sum u_n$ *est continue en* a *(resp. sur X).*

Démonstration : Il suffit d'appliquer le résultat obtenu pour les suites de fonctions aux sommes partielles de la série.

Complément : Soit Σu_n une série uniformément convergente de fonctions *croissantes* de l'intervalle I de **R** dans de **R**, uniformément convergente de somme U. L'ensemble des points de discontinuités de la fonction U est la réunion des ensembles de points de discontinuité des u_n.

En effet, si a est un point de continuité de chacune des u_n, la convergence uniforme assure que la somme est continue en a. En sens inverse, s'il existe au moins un entier p tel que la fonction u_p soit discontinue au point a, on aura pour tout $x < a < y$ les inégalités

$$u_p(x) \leq u_p(a-0) < u_p(a+0) \leq u_p(y) \text{ d'où } u_p(x) + \delta \leq u_p(y), \delta > 0 \text{ fixé.}$$

comme de surcroît $u_n(x) \leq u_n(a+0) \leq u_n(y)$ pour tout $n \neq p$ il vient après sommation $U(x) + \delta \leq U(y)$ ce qui montre que U est discontinue en a (on peut même préciser, avec l'interversion des limites, la nature de la discontinuité en a — exercice !).

Application : Étudier la série de fonctions $\sum_{n \geq 1} \dfrac{E(nx)}{n^3}$.

Sur un segment [-M,M], le terme général de la série de fonctions est borné par $\dfrac{M}{n^2}$, il y a donc convergence uniforme. Comme tout point de **R** est intérieur à un tel intervalle, et que les fonctions $x \to E(nx)$ sont croissantes, il est licite d'appliquer le résultat précédent et d'en déduire que la somme f de la série de fonctions a pour points de discontinuité la réunion des ensembles de points de discontinuité des E(nx), c'est-à-dire des ensembles $\dfrac{1}{n}\mathbf{Z}$, ce qui donne **Q**.

21.2.2. Interversion des limites :

Théorème : *Soient Σu_n une série uniformément convergente de fonctions de la partie A de l'espace topologique X vers l'espace vectoriel normé E, et a un point de $\overline{A}$. Si les fonctions u_n sont une limite b_n au point a et si E est complet, la série Σb_n converge et la somme de Σu_n possède en a la limite $\sum_{n=0}^{+\infty} b_n$.*

Démonstration : Directe par application du théorème d'interversion des limites aux sommes partielles de Σu_n.

Corollaire : *La somme uniforme d'une série de fonctions réglées est réglée.*

Intégration terme à terme

21.2.3. Théorème : *Soit Σu_n une série uniformément convergente de fonctions réglées du segment [a,b] de **R** vers l'espace de Banach E. La somme f de Σu_n est réglée, et la série de terme général $\int_a^b u_n$ converge et a pour somme $\int_a^b f$.*

Démonstration : Directe par application du théorème d'intégration terme à terme des suites de fonctions aux sommes partielles de Σu_n.

Exemple : Considérons la série trigonométrique $\Sigma c_n e^{inx}$, avec $\Sigma |c_n| < \infty$. Cette série est normalement convergente, de même que toute série qui s'en déduit par multiplication avec une fonction bornée ; soit f sa somme. Par application du théorème d'intégration terme à terme nous obtenons

$$\int_0^{2\pi} f(t) e^{-int} dt = \sum_{k=0}^{+\infty} c_k \int_0^{2\pi} e^{ikt} e^{-int} dt = c_n$$

relation importante pour l'étude du développement en série de Fourier.

Dérivation terme à terme

21.2.4. Théorème : *Soit Σu_n une série simplement convergente de somme f de fonctions de classe C^1 du segment [a,b] de $\mathbf{R}$ vers l'espace de Banach E. Si la série $\Sigma u'_n$ est uniformément convergente, f est de classe C^1 et sa dérivée est la somme de la série $\Sigma u'_n$.*

Démonstration : Directe par application du théorème de dérivation terme à terme des suites de fonctions aux sommes partielles de Σu_n.

☙ : Hypothèses ! C'est la série des *dérivées* qui doit converger uniformément, et non celle des *fonctions* de départ ; d'ailleurs on vérifie sans peine *a posteriori* que, sous les hypothèses du théorème, la convergence de Σu_n vers f est uniforme sur [a,b].

21.2.5. Exemple : La fonction somme de la série $\sum \frac{1}{n!} \exp(2^n ix)$ est de classe C^∞ sur $\mathbf{R}$.

Il suffit, par application récurrente du théorème de dérivation terme à terme, de montrer que les séries *dérivées terme à terme* convergent uniformément. Le terme général de la série dérivée p-ième de $x \to \frac{1}{n!} \exp(2^n ix)$ est $x \to i^p \frac{2^{np}}{n!} \exp(2^n ix)$, bornée (en module) par $\frac{2^{np}}{n!}$. Cette série à termes positifs converge de somme $\exp(2^p)$. Donc la série dérivée terme à terme est normalement, et par suite uniformément, convergente sur $\mathbf{R}$.

Nous verrons au § 25 que cette fonction f est *nulle part analytique* sur $\mathbf{R}$.

☙ **! Rédactions incorrectes :** Lorsque l'on prouve une convergence uniforme au moyen d'une convergence normale, le symbole Σ n'a pas de raison d'apparaître (surtout lors des preuves de dérivabilité, où il peut faire considérer comme acquises des propriétés à démontrer).

21.2.6. Principe de localisation : La continuité et la dérivabilité sont des propriétés *locales*, déterminées par le comportement des fonctions de la suite au voisinage du point. Les théorèmes de continuité et de dérivabilité sont donc valables sous de simples hypothèses de convergence au voisinage du point considéré ; ou encore, tout point de l'intervalle I étant relativement intérieur à un segment, sous des hypothèses de convergence uniforme sur tout segment.

21.2.7. Exemple : La fonction ζ. On considère la série de fonction de terme général :
$$u_n(x) = \frac{1}{n^x}, \; x \in \mathbf{R}, \; n \in \mathbf{N}^*.$$

a) *La somme de $\sum u_n$ définit une fonction continue sur $]1,+\infty[$, notée ζ.*
Observons pour commencer que la convergence ne saurait être uniforme sur $]1,+\infty[$: sans quoi, par continuité des fonctions en jeu, la convergence s'étendrait à l'adhérence alors que la série diverge en 1. Par contre, si a est un nombre > 1 fixé, l'encadrement :
$0 \leq u_n(x) \leq \frac{1}{n^a}$ valable sur $[a,+\infty[$ donne visiblement la convergence normale donc uniforme de $\sum u_n$ sur $[a,+\infty[$. La fonction ζ est de ce fait continue sur $[a,+\infty[$, comme tout point de $]1,+\infty[$ est intérieur à un tel intervalle, ζ est continue.

b) *ζ est de classe C^∞.*
On reprend, pour $a > 1$ fixé, le raisonnement ci-dessus : pour tout x de $[a,+\infty[$
$$0 \leq |u_n^{(k)}(x)| \leq \frac{(\text{Log} n)^k}{n^a}$$
qui est le terme général d'une série convergente (c'est le cas facile des séries de Bertrand, il se ramène au critère de Riemann) ; de là $\sum u_n^{(k)}$ converge uniformément sur $[a,+\infty[$, et ζ est de classe C^∞ sur $]a,+\infty[$.
Pour $x > 1$, on choisit a tel que $1 < a < x$, ζ est alors C^∞ au voisinage de x.

c) *$\zeta(x)$ tend vers $+\infty$ lorsque x tend vers 1. Equivalent de ζ en 1^+.*
La bonne idée est de comparer à une intégrale, ici $\int_1^{+\infty} \frac{dt}{t^x}$. On part de l'encadrement usuel
(§ 17.1.) $\zeta(x) \geq \int_1^{+\infty} \frac{dt}{t^x} \geq \zeta(x) - 1$ pour obtenir $1 + \frac{1}{x-1} \geq \zeta(x) \geq \frac{1}{x-1}$, donc $\zeta(x) \sim \frac{1}{x-1}$
au point 1.

d) *Extension de la définition et la continuité de ζ sur $\Omega = \{z \in \mathbf{C} \mid \text{Re}(z) > 1\}$.*
On écrit, par définition $n^{-z} = n^{-x}.n^{iy} = n^{-x}\exp(iy\text{Log} n)$ donc pour $\text{Re}(z) > 1$, $|n^{-z}| \leq \frac{1}{n^x}$, on constate alors que la série $\sum \frac{1}{n^z}$ converge normalement donc uniformément sur toute partie de Ω de la forme $\{z; \text{Re}(z) \geq a\}$, avec a fixé > 1.
Si K est un compact de Ω, ζ *converge uniformément sur* K : la projection de K sur l'axe Ox est un compact, donc contient sa borne inférieure $a > 1$; il en résulte que K est contenu dans $\{z; \text{Re}(z) \geq a\}$, d'où la convergence uniforme.
On en déduit que ζ, limite uniforme de fonctions holomorphes sur tout compact, est elle-même *holomorphe* (§ 41).

21.3. Propriétés des fonctions définies par une intégrale
Fonctions définies par une intégrale simple

21.3.1. Théorème : *Soient* U *un ouvert de* $\mathbf{R}^n$, [a,b] *un segment de* $\mathbf{R}$, *et* f *une application continue de* U×[a,b] *dans l'espace de Banach* E.

a) *L'application de* U *dans* E *définie par* $\phi(x) = \int_a^b f(x,t)dt$ *est continue sur* U.

b) *Si* n = 1, *et si* f *admet une dérivée partielle par rapport à* x, *soit* $f'_x(x,t)$, *continue sur* U×[a,b], ϕ *est de classe* C^1 *sur* U *et a pour dérivée* $\phi'(x) = \int_a^b f'_x(x,t)dt$.

Démonstration : a) Soit y un point de U, et V un voisinage compact de y contenu dans U (l'espace ambiant est $\mathbf{R}^n$). Il suffit visiblement de montrer la continuité de ϕ sur V. Comme la fonction f est continue sur le compact V×[a,b], elle y est uniformément continue, et nous pouvons introduire le *module de continuité uniforme* ω de f : au nombre $\alpha > 0$ on associe l'élément de $[0,+\infty]$

$$\omega(\alpha) = \sup\{ \|(f(x,t) - f(y,\tau)\| ; \max(\|x - y\|, |t - \tau|) \leq \alpha \}.$$

On sait alors (§ 5.5) que ω est une fonction décroissante de α, admettant 0 pour limite en 0, et l'on a pour tout x de V, l'inégalité

$$\|\phi(x) - \phi(y)\| \leq \int_a^b \|f(x,t) - f(y,t)\| dt \leq (b-a)\omega(\|x - y\|)$$

qui montre que $\phi(x)$ tend vers $\phi(y)$ lorsque x tend vers y dans V. QED.

b) Soit V un voisinage compact de y. On introduit cette fois la fonction
$$g(x,t) = f(x,t) - f(y,t) - (x-y)f'_x(y,t),$$
dont la dérivée partielle par rapport à x est
$$g'_x(x,t) = f'_x(x,t) - f'_x(y,t) = h(x,t) .$$

Soit ω le module de continuité uniforme de la fonction continue h sur le compact V×[a,b]. Pour tout t de [a,b], h(y,t) = 0 donc
$$\forall x \in V \ \forall t \in [a,b], \ \|h(x,t)\| \leq \omega(\|x - y\|)$$
en appliquant l'inégalité des accroissements finis sur [x,y] à $x \to g(x,t)$ il vient
$$\forall x \in V \ \forall t \in [a,b], \ \|g(x,t)\| = \|g(x,t) - g(y,t)\| \leq |x - y|\omega(\|x - y\|)$$
et après intégration
$$\forall x \in V \ \| \int_a^b g(x,t)dt \| \leq (b-a)|x - y|\omega(\|x - y\|)$$

c'est-à-dire, en revenant à ϕ :

$$\forall x \in V \ \| \phi(x) - \phi(y) - (x-y)\int_a^b f'_x(x,t)dt \| \leq (b-a)|x - y|\omega(\|x - y\|)$$

comme $|x - y|\omega(\|x - y\|) = o(|x - y|)$, la dérivabilité souhaitée est acquise.

Remarques :
1) Il est indispensable, dans ce contexte, que f'$_x$(x,t) soit une fonction continue du *couple* (x,t).
2) Dans le a), on peut remplacer U par un espace localement compact quelconque, par exemple un segment [α,β] de **R**.

21.3.2. Corollaire : *Si* $E = \mathbf{R}^n$, *et si f admet n dérivées partielles par rapport à* $x_1,\ldots,x_n$, *soit* f'$_{xi}$(x,t), *continues sur* U×[a,b], φ *est continûment différentiable sur U et a pour dérivée partielles par rapport à* x_i *les* $\phi'_{xi}(x) = \int_a^b f'_{xi}(x,t)dt$, $i = 1,\ldots,n$.

Preuve : Par application du théorème précédent au fonctions partielles de f. QED.

21.3.3. Application : Division dans les fonctions C^∞ : Soit f une fonction de classe C^∞ d'un intervalle I de **R**, dans un espace de Banach E, et a un point de I tel que f(a) = 0. Il existe alors une fonction C^∞ soit g telle que, pour tout x de I, f(x) = (x-a)g(x).

En effet, on vérifie directement que, pour $x \neq a$, $\dfrac{f(x)}{x-a} = \int_0^1 f'(a+t(x-a))dt$, formule qui demeure vraie pour x = a en prolongeant continûment le quotient par f'(a).

La fonction (x,t) → f'(a+t(x-a)) est C^∞ du couple (x,t), comme composée de fonctions C^∞, par application récurrente du théorème ci-dessus, $g(x) = \int_0^1 f'(a+t(x-a)dt$ est de classe C^∞, et convient.

Généralisation : Soit $f(x_1,\ldots,x_n)$ une fonction C^∞ de l'ouvert convexe U de $\mathbf{R}^n$ dans l'espace de Banach E. On suppose (pour simplifier les notations) que $0 \in U$ et f(0) = 0. Il existe alors n fonctions de classe C^∞, soit $g_1,\ldots,g_n$ telles que, pour tout $(x_1,\ldots,x_n)$ de U on ait :

$$f(x_1,\ldots,x_n) = \sum_{k=1}^n x_k g_k(x_1,\ldots,x_n)$$

En effet, pour $x = (x_1,\ldots,x_n)$ dans U, la "règle de la chaîne" (§ 30.1.7) nous dit que la dérivée de la fonction définie pour t dans [0,1] par g(t) = f(tx) est

$$g'(t) = df(tx).x = \sum_{i=1}^n x_i \frac{\partial f}{\partial x_i}(tx)$$

de là

$$f(x_1,\ldots,x_n) = \sum_{k=1}^n x_k g_k(x_1,\ldots,x_n)$$

où $g_k(x_1,\ldots,x_n) = \int_0^1 \dfrac{\partial f}{\partial x_i}(tx)dt$ est de classe C^∞ par le théorème de dérivation sous le signe somme.

Fonctions définies par une intégrale généralisée

L'idée est, le plus souvent, de ramener l'étude de l'intégrale généralisée à une intégrale simple au moyen de suites de fonctions : si a_n tend vers a et b_n tend vers b, la suite de fonctions

$$\phi_n(x) = \int_{a_n}^{b_n} f(x,t)dt \text{ tend (simplement) vers } \int_a^b f(x,t)dt.$$

On cherche alors à améliorer la connaissance que l'on a de la convergence de la suite ϕ_n pour utiliser les théorèmes précédemment décrits.

21.3.4. Théorème : *Soient* U *un ouvert de* $\mathbf{R}^n$, *]a,b[un intervalle de* $\overline{\mathbf{R}}$, *et* f *une application continue de* U×]a,b[*dans l'espace de Banach* E. *On suppose qu'il existe une fonction numérique positive* g *sur]a,b[possédant une intégrale généralisée sur]a,b[telle que, pour tout (x,t) de* U×]a,b[, $\|f(x,t)\| \le g(t)$. *Alors l'application de* U *dans* E *définie par*

$$\phi(x) = \int_a^b f(x,t)dt$$

est bien définie et continue sur U.

Vocabulaire : Nous dirons qu'une intégrale à paramètre qui vérifie la condition ci-dessus est *normalement convergente*.

Démonstration : E étant complet, ϕ est bien définie par convergence absolue des intégrales en jeu. Pour la continuité, moyennant le théorème de continuité des intégrales simples à paramètre, il suffit de prouver que, si a_n tend vers a et b_n vers b, la suite de fonctions $\phi_n(x) = \int_{a_n}^{b_n} f(x,t)dt$ converge uniformément vers $\int_a^b f(x,t)dt$.

Mais l'on a par hypothèse, pour tout x de U :

$$\| \int_a^b f(x,t)dt - \int_{a_n}^{b_n} f(x,t)dt \| \le \int_a^{a_n} g(t)dt + \int_{b_n}^b g(t)dt$$

où le membre de droite tend vers 0 uniformément par rapport à x, d'où la convergence uniforme. QED.

21.3.5. Théorème : *Soient* U *un ouvert de* $\mathbf{R}$, *]a,b[un intervalle de* $\overline{\mathbf{R}}$, *et* f *une application continue de* U×]a,b[*dans l'espace de Banach* E *admettant une dérivée partielle par rapport à* x, *soit* $f'_x(x,t)$, *continue sur* U×]a,b[. *On suppose que, pour tout* x *de* U, *l'intégrale* $\phi(x) = \int_a^b f(x,t)dt$ *converge et qu'il existe une fonction numérique* *positive g sur]a,b[possèdant une intégrale généralisée sur]a,b[telle que, pour tout (x,t) de U×]a,b[, $\|f'_x(x,t)\| \leq g(t)$.*

Alors ϕ est de classe C^1 sur U et a pour dérivée $\phi'(x) = \displaystyle\int_a^b f'_x(x,t)dt$.

Démonstration : Moyennant le théorème de dérivabilité des intégrales simples à paramètre, il suffit de prouver que si a_n tend vers a et b_n vers b, la suite

$$\psi_n(x) = \int_{a_n}^{b_n} f'_x(x,t)dt \text{ converge uniformément sur U vers } \int_a^b f'_x(x,t)dt$$

ce qui vient comme ci-dessus de l'encadrement :

$$\left\| \int_a^b f'(x,t)dt - \int_{a_n}^{b_n} f'(x,t)dt \right\| \leq \int_a^{a_n} g(t)dt + \int_{b_n}^b g(t)dt$$

Vocabulaire : Nous dirons que l'intégrale dérivée par rapport à x est *normalement convergente*.

Localisation : Les situations qui se présentent dans la pratique permettent rarement l'application directe des théorèmes précédents, on est souvent conduit à *restreindre* l'espace ambiant à un voisinage compact de x, ce qui ne nuit pas aux résultats puisque la continuité et la dérivabilité sont des propriétés locales.

21.3.6. La fonction Γ :

Soit x un nombre réel > 0, l'intégrale $\displaystyle\int_0^{+\infty} t^{x-1}e^{-t}dt$ converge par domination en $+\infty$, et en 0 par l'équivalence $t^{x-1}e^{-t} \sim t^{x-1} > 0$, avec $x-1 > -1$. On note alors $\Gamma(x)$ sa valeur, ce qui définit une fonction Γ de $]0,+\infty[$ dans $\mathbf{R}$.

Équation fonctionnelle : Pour tout x réel > 0, $\Gamma(x+1) = x\Gamma(x)$.

Il suffit d'intégrer par parties. Un calcul déjà effectué (§ 16.5.6.) montre que, pour tout entier n, $\Gamma(n+1) = n!$.

Régularité : *La fonction Γ est de classe C^∞ sur son domaine.*

Il n'y a pas convergence uniforme de l'intégrale sur $]0,+\infty[$, on est amené à travailler sur un segment [a,b] de $]0,+\infty[$: pour $0 < a < 1 < b$ et x dans [a,b] la fonction g définie que $]0,+\infty[$ par $g(t) = |\text{Log}t|^k t^{a-1}$ si $t \leq 1$ et $g(t) = |\text{Log}t|^k e^{-t}t^{b-1}$ si $t > 1$ possède une intégrale généralisée sur [a,b] et l'on a visiblement

$$\forall (x,t) \in [a,b] \times]0,+\infty[, |\text{Log}t|^k e^{-t} t^{x-1} \leq g(t) .$$

On peut de ce fait appliquer de façon récurrente le théorème de dérivation des intégrales généralisées aux dérivées partielles par rapport à x de $e^{-t}t^{x-1}$ (qui sont continues, etc.) d'où la conclusion.

On constate ainsi que $\Gamma''(x) = \int_0^{+\infty} (\text{Log} t)^2 t^{x-1} e^{-t} dt$ est positive, donc que Γ est convexe, en fait Γ est *logarithmiquement convexe* et c'est la seule fonction Log. convexe de $]0,+\infty[$ dans **R** vérifiant l'équation fonctionnelle $\Gamma(x+1) = x\Gamma(x)$ et $\Gamma(1) = 1$ (voir Bourbaki [BFVR] chap. VII).

21.4. Transformées de Laplace

Nous nous intéresserons essentiellement au point de vue du mathématicien : convergence, régularité, laissant au lecteur le soin de se renseigner sur les nombreuses applications mathématiques et extra-mathématiques de la transformation de Laplace.

Soit f une application continue de **R**$^+$ dans **C**. On note C(f) l'ensemble des réels λ tels que l'intégrale :

$$Lf(\lambda) = \int_0^{+\infty} f(t) e^{-\lambda t} dt$$

converge et A(f) l'ensemble des réels λ tels que la même intégrale soit absolument convergente.

1– *Si l'intégrale* $\int_0^{+\infty} f(t) e^{-\lambda t} dt$ *converge,* $\int_0^{+\infty} f(t) e^{-\mu t} dt$ *converge pour tout* $\mu > \lambda$.

Démonstration : Introduisons la fonction F définie sur $[0,+\infty[$ par $F(x) = \int_0^x f(t) e^{-\lambda t} dt$ et effectuons pour $\mu > \lambda$ une intégration par parties : Si $\alpha = \mu - \lambda$ et $x > 0$ on a

$$\int_0^x f(t) e^{-\mu t} dt = \int_0^x f(t) e^{-(\lambda+\alpha)t} dt = \int_0^x F'(t) e^{-\alpha t} dt = [F(t) e^{-\alpha t}]_0^x + \alpha \int_0^x F(t) e^{-\alpha t} dt$$

La fonction F est continue et possède par hypothèses une limite en $+\infty$. Elle est de ce fait bornée, donc le crochet possède la limite 0 en $+\infty$ et l'inégalité $|F(t)e^{-\alpha t}| \leq \|F\|_\infty e^{-\alpha t}$ montre que l'intégrale de droite est absolument convergente. QED.

Une simple domination ($|f(t)| e^{-\mu t} \leq |f(t)| e^{-\mu t}$) donne

1'– *Si l'intégrale* $\int_0^{+\infty} f(t) e^{-\lambda t} dt$ *converge absolument,* $\int_0^{+\infty} f(t) e^{-\mu t} dt$ *converge pour tout* $\mu > \lambda$.

Bien noter la différence : Dans le premier cas on effectue une intégration par parties pour aboutir à une convergence absolue (analogue à la transformation d'Abel), dans le deuxième une inégalité suffit.

2– Conséquence : C(f) *et* A(f) *sont, soit vides, soit* **R**, *soit des intervalles illimités à droite.*

☞ : On note $\gamma(f)$ (resp. $\alpha(f)$) la borne inférieure de C(f) (resp. A(f)) dans $\mathbf{R} \cup \{-\infty\}$. En considérant $f(x) = \exp(ie^{4x})$, on a $\alpha(f) < \gamma(f)$:

Clairement $\alpha(f) = 0$. Pourtant, l'intégrale $\int_0^{+\infty} \exp(ie^{4x}) e^{2x} dx$ converge : on effectue le changement de variable (licite car strictement croissant) $x = \text{Log} t$ l'intégrale devient $\int_1^{+\infty} \exp(it^4) t\, dt$; en posant $u = t^2$, tout revient à déterminer la nature de $\int_1^{+\infty} \exp(iu^2) du$, on vérifie que cette dernière intégrale converge grâce au changement de variable $y = u^2$ suivi d'une intégration parties (§ 16.5 et 16.6.1). Conclusion : $\gamma(f) \leq -2 < 0 = \alpha(f)$.

3– *Soit f une fonction continue bornée de* **R** *dans* **R**. *Alors Lf est une fonction de classe* C^∞ *sur* $\mathbf{R}^{+*}$ *dont la dérivée n-ième est donnée par*

$$Lf^{(n)}(\lambda) = (-1)^n \int_0^{+\infty} t^n f(t) e^{-\lambda t} dt$$

Preuve : Il suffit, par localisation, de travailler sur $[a, +\infty[$, avec a fixé > 0. Sur cet intervalle, la dérivée n-ième par rapport à λ de $f(t)e^{-\lambda t}$ est la fonction continue

$$(\lambda, t) \to (-1)^n t^n f(t) e^{-\lambda t}$$

qui est dominée en module et uniformément par rapport à λ par $\|f\|_\infty t^n e^{-at} = g(t)$. Du fait que $\int_0^{+\infty} g(t) dt$ converge, l'application répétée du théorème de dérivation des intégrales généralisée dont les dérivées convergent normalement donne l'existence et la valeur de $Lf^{(n)}(\lambda)$.

4– *Toujours sous l'hypothèse :* f *bornée, Lf et toutes ses dérivées tendent vers* 0 *lorsque* λ *tend vers* $+\infty$.

Pour tout $\lambda > 0$ $|Lf^{(n)}(\lambda)| = |(-1)^n \int_0^{+\infty} t^n f(t) e^{-\lambda t} dt| \leq \|f\|_\infty \int_0^{+\infty} t^n e^{-\lambda t} dt \leq \dfrac{\|f\|_\infty}{\lambda^{n+1}} \int_0^{+\infty} u^n e^{-u} du$

soit $|Lf^{(n)}(\lambda)| \leq \dfrac{n!}{\lambda^{n+1}} \|f\|_\infty$, d'où le résultat.

5– *On suppose que* $\int_0^{+\infty} f(t) dt$ *converge. Alors* $Lf(\lambda)$ *tend vers* $\int_0^{+\infty} f(t) dt$ *lorsque* λ *tend vers* $0, \lambda > 0$.

Posons pour $x \geq 0$, $F(x) = \int_x^{+\infty} f(t)dt$. La fonction F est bornée sur $[0,+\infty[$, nulle à l'infini, et l'on prouve de même qu'en (1) l'identité :

$$\int_0^{+\infty} f(t)e^{-\lambda t}dt = \int_0^{+\infty} f(t)dt - \lambda \int_0^{+\infty} F(t)e^{-\lambda t}dt.$$

Il reste à montrer que $\lambda \int_0^{+\infty} F(t)e^{-\lambda t}dt$ tend vers 0 avec λ. Utilisons pour cela une méthode de découpe. Soit $\varepsilon > 0$. Il existe un réel $A > 0$ tel que, pour tout $t \geq A$, $|F(t)| \leq \varepsilon$. De là, pour *tout* $\lambda > 0$:

$$|\lambda \int_0^{+\infty} F(t)e^{-\lambda t}dt| \leq \lambda \int_0^A |F(t)|dt + \lambda\varepsilon \int_A^{+\infty} e^{-\lambda t}dt \leq \lambda \int_0^A |F(t)|dt + \varepsilon$$

on fait enfin tendre λ vers 0, pour λ assez petit nous obtenons

$$\lambda \int_0^A |F(t)|dt \leq \varepsilon$$

ce qui achève la preuve.

Application : On se propose de *calculer l'intégrale* $\int_0^{+\infty} \frac{\sin t}{t}dt$ (que l'on sait convergente, cf. § 16.5.). Pour ce faire on introduit pour $\lambda \geq 0$ la transformée de Laplace $F(\lambda) = \int_0^{+\infty} e^{-\lambda t} \frac{\sin t}{t}dt$, qui converge pour tout $\lambda \geq 0$ par (1). Comme la fonction $t \to \frac{\sin t}{t}$ est bornée (par un) sur $[0,+\infty[$, F est de classe C^1 sur $]0,+\infty[$, la dérivée de F étant $F'(\lambda) = \int_0^{+\infty} e^{-\lambda t} \sin t \, dt$. Mais $F'(\lambda)$ s'intègre explicitement: par deux intégrations par parties on obtient $F'(\lambda) = -\frac{1}{1+\lambda^2}$ et de ce fait $F(\lambda) = C - \text{Arctg}\lambda$. Le fait que F tend vers 0 en $+\infty$ amène $C = \frac{\pi}{2}$. Enfin (5) nous dit que F est continue en 0, par un passage à la limite en 0 nous donne enfin $\int_0^{+\infty} \frac{\sin t}{t}dt = F(0) = \frac{\pi}{2}$.

21.5. Transformées de Fourier

On notera $L^1(\mathbf{R})$ l'espace vectoriel des fonctions réglées f de $\mathbf{R}$ dans $\mathbf{C}$ telles que :
$$\int_{-\infty}^{+\infty} |f| \text{ converge.}$$

Définitions et premières propriétés des transformées de Fourier

Si f est une application réglée de $\mathbf{R}$ dans $\mathbf{C}$, on définit, en les points où l'intégrale converge, une fonction $f^\wedge$ de $\mathbf{R}$ dans $\mathbf{C}$ par
$$f^\wedge(x) = \frac{1}{\sqrt{2\pi}} \int_{-\infty}^{+\infty} f(t) e^{-ixt} dt$$

la fonction $f^\wedge$ est appelée la **tranformée de Fourier** de f.

1– *Si f est dans $L^1(\mathbf{R})$, $f^\wedge$ est définie pour tout nombre réel x.*
En effet, l'intégrale est absolument convergente car pour tout x de $\mathbf{R}$ $|f(t)e^{-ixt}| \leq |f(t)|$.

2– *Soit f une fonction continue de $L^1(\mathbf{R})$. La fonction $f^\wedge$ est alors continue.*

Preuve : La fonction $(x,t) \to f(t)e^{-ixt}$ est continue, et l'inégalité précédente montre que l'intégrale est *normalement convergente*, donc fournit une fonction continue.

3– *Si la fonction f est continue et si l'application $t \to t^n f(t)$ est dans $L^1(\mathbf{R})$, $f^\wedge$ est de classe C^n et pour $k \leq n$ sa dérivée k-ième est la transformée de Fourier de $t \to (-it)^k f(t)$.*

Preuves : La fonction dérivée partielle n-ième par rapport à x, soit $(x,t) \to (-i)^k t^k f(t) e^{-ixt}$ est continue, et l'inégalité valable sur $\mathbf{R} \times (\mathbf{R} \setminus [-1,1])$
$$|(-i)^k t^k f(t) e^{-ixt}| \leq |t^n f(t)|$$
montre que les intégrales des dérivées partielles sont normalement convergentes, donc $f^\wedge$ est de classe C^n, et les dérivées sont bien les fonctions annoncées.

4– *On suppose cette fois que f est une fonction de classe C^1 de $L^1(\mathbf{R})$, et que sa dérivée f' est également dans $L^1(\mathbf{R})$. Alors*
a) *f tend vers 0 en $+\infty$.*
b) *On a, pour tout x de $\mathbf{R}$ $(f')^\wedge(x) = ix f^\wedge(x)$.*

Preuve : a) Si f' est dans L^1, l'intégrale $\int_x^{+\infty} f'$ converge donc f possède une limite en $+\infty$, si f est elle-même dans L^1, cette limite est nulle.

b) On intègre maintenant $\frac{1}{\sqrt{2\pi}} \int_{-\infty}^{+\infty} f(t) e^{-ixt} dt$ par parties pour trouver la relation demandée.

Application : Détermination de la transformée de Fourier de la fonction définie sur $\mathbf{R}$ par $f(x) = \exp(-x^2/2)$ ($\to$ Leçon : problèmes conduisant à une équation différentielle).

Les fonctions f et f' sont visiblement dans $L^1(\mathbf{R})$. Par une utilisation correcte de (3) nous voyons donc que $(f')^\wedge(x) = = ixf^\wedge(x)$. D'autre part, pour tout x réel

$$\exists (f^\wedge)'(x) = \frac{-i}{\sqrt{2\pi}} \int_{-\infty}^{+\infty} t\exp(-t^2/2)e^{-ixt}dt$$

il en résulte que la transformée de Fourier y de f vérifie l'équation différentielle
$$y' + xy = 0$$
donc est de la forme $x \to C\exp(-x^2/2)$. Reste à déterminer C, ce que l'on fait en remarquant

$$C = y(0) = \frac{1}{\sqrt{2\pi}} \int_{-\infty}^{+\infty} \exp(-t^2/2)dt = 1$$

et donc
$$f^\wedge = f$$

Lectures supplémentaires : Très nombreuses illustrations du sujet dans les traités classiques : Dieudonné [DCI], Valiron [VA1], Wittaker & Watson, [WW]…

EXERCICES

Séries de fonctions

Problème 1 : Tout fermé de R est l'ensemble des zéros d'une fonction C^∞

Soit F une partie fermée de **R**, de complémentaire l'ouvert Σ, réunion d'intervalles ouverts (non vides) deux à deux disjoints I_n ; leur ensemble est supposé infini en 2°).

1°) Construire, pour chaque entier n, une fonction C^∞ positive bornée et dont toutes les dérivées sont bornées, soit ϕ_n, telle que $I_n = \{x|\phi_n(x) > 0\}$.

2°) On note M_n le maximum des $\|\phi_p^{(k)}\|_\infty$ pour k et p dans [0,n] et $\phi = \sum_{k=0}^{\infty} \frac{\phi_n}{n!M_n}$.

Prouver que ϕ est C^∞.

3°) Vérifier que F est l'ensemble des zéros d'une fonction C^∞. Regarder le résultat obtenu lorsque $F = K_3$ (ensemble de Cantor).

Problème 2 : Séries de Dirichlet

On appelle *série de Dirichlet* toute série de fonctions de la variable complexe z de la forme $S(z) = \sum_{n\geq 1} a_n\exp(-\lambda_n z)$, où $(a_n)_{n\geq 1}$ est une suite complexe quelconque et λ_n une suite de réels positifs strictement croissante non majorée. Dans les questions 1°) et 2°) x est un nombre réel.

1°)a) Déterminer pour chacune des deux séries : $\sum_{n\geq 1} \frac{1}{n^x}$ et $\sum_{n\geq 1} \frac{(-1)^n}{n^x}$ d'une part la borne inférieure σ_c de l'ensemble des réels x pour laquelle elle converge ; d'autre part la borne inférieure σ_a de l'ensemble des réels x pour lesquels elle converge absolument.

* De façon générale, pour une série de Dirichlet $S(x) = \sum_{n\geq 1} a_n \exp(-\lambda_n z)$ on définit l'abscisse de convergence σ_c comme la borne inférieure de l'ensemble C des réels x pour lesquels $\sum_{n\geq 1} a_n \exp(-\lambda_n x)$ converge, et l'abscisse de convergence absolue σ_a comme la borne inférieure de l'ensemble A des réels x pour lesquels $\sum_{n\geq 1} a_n \exp(-\lambda_n x)$ converge absolument *

b) Dans cette question I-1°b) seulement, on suppose que $\lambda_n = \text{Log} n$, c'est-à-dire $a_n \exp(-\lambda_n z) = \frac{a_n}{n^z}$. Montrer dans ce cas les inégalités $\sigma_c \leq \sigma_a \leq \sigma_c + 1$, et donner un exemple pour chacun des deux cas extrêmes $\sigma_a = \sigma_c$ et $\sigma_a = \sigma_c + 1$. Examiner en particulier les cas $a_n = n!$, $\frac{1}{n!}$, $\frac{1}{\ln^2 n}$.

c) Montrer que S(x) converge pour tout $x > \sigma_c$ (resp. converge absolument pour tout $x > \sigma_a$). C est -il nécessairement un intervalle ouvert ? fermé ? mêmes questions pour A.

2°a) Montrer que la fonction somme de S(x), soit f, est continue sur A.

b) Soit a dans C. Prouver, en utilisant une transformation d'Abel avec reste, que S(x) converge uniformément sur $[a,+\infty[$. En déduire la continuité de f sur C.

c) Montrer que f est C^∞ sur l'intérieur de A.

d) Déterminer la limite de f en $+\infty$.

* Pour ϕ dans $]0,\pi/2[$ et x_0 réel on désignera par $D(\phi)$ l'ensemble des nombres complexes de la forme $re^{i\theta}$ avec $r \geq 0$ et $|\theta| \leq \phi$, et par $D_{x_0}(\phi)$ l'ensemble $x_0 + D(\phi)$ *

3°)a) Montrer, pour tout z de $D(\phi)$ et tout n de N :
$$|\exp(-\lambda_n z) - \exp(-\lambda_{n+1} z)| \leq \frac{1}{\cos\phi}(\exp(-\lambda_n \text{Re}(z)) - \exp(-\lambda_{n+1}\text{Re}(z)))$$
(utiliser une intégrale).

b) Montrer que, si x_0 est dans C, S(z) converge uniformément sur $D_{x_0}(\phi)$.

Fonctions définies par une intégrale

Problème 1 : Espace de Schwartz, inversion de la transformée de Fourier
A– L'espace S de Schwartz

On note S l'espace vectoriel des fonction de classe C^∞ de **R** dans **C** vérifiant : Pour toute fonction polynôme P de **R** dans **R** et tout entier n de **N**, la fonction $t \to f^{(n)}(t)P(t)$ tend vers 0 en $+\infty$.

1°) Montrer que les propriétés suivantes de la fonction $f \in C^\infty(\mathbf{R},\mathbf{C})$ sont équivalentes :
(1) $f \in S$.
(2) Pour tout P de **R**[x] et tout entier n de **N**, $t \to f^{(n)}(t)P(t)$ est bornée.
(3) Pour tout P de **R**[x] et tout entier n de **N**, $t \to f^{(n)}(t)P(t)$ est absolument intégrable sur **R**.

2°) Dans cette question, on fixe une fonction f dans S.

a) Soit T un nombre réel > 0. Montrer que la série de fonction de terme général
$$x \to f(x + kT), \text{ k décrivant } \mathbf{Z}$$
converge uniformément sur tout segment de $\mathbf{R}$, et que sa somme
$$g_T(x) = \sum_{k=-\infty}^{+\infty} f(x + kT)$$
est une fonction continue T-périodique de $\mathbf{R}$ dans $\mathbf{C}$.

b) Monter que la fonction g_T définie en a) est de classe C^1 sur $\mathbf{R}$.

B— Inversion de la transformation de Fourier dans S

On conserve les notations de la partie II.

1°) Montrer que la transformée de Fourier d'une fonction de S est de classe C^∞.

2°) Montrer que la transformée de Fourier d'un élément de S est dans S.

3°) Soit f dans S et T dans $]0,+\infty[$. Montrer que les coefficients de Fourier
$$c_p = \frac{1}{T}\int_0^T g_T(x)\exp(-2i\pi px/T)dx \text{ de } g_T \text{ sont donnés par } \frac{1}{\sqrt{2\pi}}c_p = \frac{1}{T}f^\wedge(\frac{2p\pi}{T}).$$

En déduire, sur $\mathbf{R}$, l'égalité
$$\frac{1}{\sqrt{2\pi}}g_T(x) = \frac{1}{T}\sum_{p=-\infty}^{+\infty} f^\wedge(\frac{2p\pi}{T})\exp(\frac{2ip\pi x}{T}).$$

4°) Si ϕ est une fonction de S, et h une fonction continue bornée de $\mathbf{R}$ dans $\mathbf{C}$, vérifier que la série $\sum_{k=-\infty}^{+\infty}\phi(k\alpha)h(k\alpha)$ converge pour tout nombre $\alpha > 0$ et que sa somme $S(\alpha)$ vérifie
$$\lim_{\alpha \to 0} \alpha S(\alpha) = \int_{-\infty}^{+\infty}\phi(t)h(t)dt .$$

5°) Soit f un élément de S. Montrer que, pour tout nombre réel x,
$$(x) = \frac{1}{\sqrt{2\pi}}\int_{-\infty}^{+\infty} f^\wedge(t)\exp(ixt)dt$$

Problème 2 : Théorème de Tauber sur les transformées de Laplace

Les notations sont celles de 21.4. On suppose cette fois que $Lf(\lambda)$ possède une limite α en 0.

1) Comparer $1 - e^{-x}$ et x sur $[0,+\infty[$.

2) Montrer en considérant $f(t) = \cos(t)$ que l'intégrale $\int_0^{+\infty} f(t)dt$ n'est pas nécessairement convergente.

3) On fait désormais l'hypothèse : $f(t) = o(\frac{1}{t})$. Montrer que $\int_0^{+\infty} f(t)dt$ converge. On pourra considérer l'inégalité $|\alpha - \int_0^A f(t)dt| \leq |\int_A^{+\infty} f(t)e^{-\lambda t}dt| + |\int_0^A f(t)(1 - e^{-\lambda t})dt| + |Lf(\lambda) - \alpha|$ et prendre $\lambda = \frac{1}{A}$.

22. Interversion d'une limite et d'une série ou une intégrale

22.1. Généralités

Nous avons déjà rencontré, lors de la recherche des propriétés des limites de suites de fonctions, un théorème portant explicitement le nom d'*interversion des limites*. En fait *tous* les résultats du chapitre précédent peuvent s'interpréter comme une interversion de limites. De façon plus précise, soit f_n une suite de fonctions de l'intervalle I de **R** dans l'espace de Banach E convergeant simplement vers a fonction f. La continuité éventuelle de f s'exprime par

$$\exists \lim_{x \to a} (\lim_{n \to \infty} f_n(x)) = \lim_{n \to \infty} (\lim_{x \to a} f_n(x))$$

et la dérivabilité par

$$\exists \lim_{\substack{x \to a \\ x \neq a}} (\lim_{n \to \infty} \frac{f_n(x)-f_n(a)}{x-a}) = \lim_{n \to \infty} (\lim_{\substack{x \to a \\ x \neq a}} \frac{f_n(x)-f_n(a)}{x-a})$$

Le cas des intégrales est un peu plus difficile à traduire ; $\int_a^b f_n(t)dt$ ou $\int_a^b f(x,t)dt$ est la limite des *sommes de Riemann* $S_\sigma(f_n)$ attachées aux subdivisions σ de [a,b] lorsque le module (ou pas) de σ tend vers 0, et les théorèmes d'interversion s'expriment par

$$\exists \lim_{n \to \infty} (\lim_{|\sigma| \to 0} (S_\sigma(f_n))) = \lim_{|\sigma| \to 0} (S_\sigma(\lim_{n \to \infty} f_n))$$

et

$$\exists \lim_{x \to a} (\lim_{|\sigma| \to 0} (S_\sigma(f(x,t)))) = \lim_{|\sigma| \to 0} (S_\sigma(\lim_{x \to a} f(x,t)))$$

(Les sommes de Riemann étant relatives à la variable t).

Les hypothéses retenues pour démontrer l'existence des limites sont toujours de *convergence uniforme*.

Dans le cas des séries de fonctions et des intégrales généralisées, entre *d'abord* en jeu un processus sommatoire : simple dans le cas de la somme partielle de la série (addition récurrente), déjà fondé sur l'existence d'une limite dans le cas de l'intégrale ; on utilise *ensuite* une convergence uniforme et en général l'un des principes suivants :

1) Ce que nous appelerons le *principe de Weierstrass* qui consiste à dominer globalement un processus *localement uniformément convergent* par une série ou une fonction positive elle-même sommable.

2) Une *méthode abélienne* de contrôle du reste (transformation d'Abel pour les séries, règle d'Abel ou intégration par parties pour les intégrales, cf. par exemple les transformées de Laplace non absolument convergentes).

22.2. Autres applications du principe de Weierstrass
A– Le cas des séries

22.2.1. *Soit* (a_{pn}) *une suite double d'un espace de Banach* $(E, \|\ \|)$. *On suppose qu'il existe une série convergente de terme général* $\alpha_n > 0$ *telle que* $\forall n \forall p\ \|a_{pn}\| \leq \alpha_n$ *vérifiant : pour tout n fixé, la suite* $p \to a_{pn}$ *converge vers un nombre* a_n.

Alors la série Σa_n *converge et la suite* $p \to \sum_{n=0}^{+\infty} a_{pn}$ *tend, lorsque p tend vers* $+\infty$, *vers* $\sum_{n=0}^{+\infty} a_n$.

Démonstration : On reproduit directement la preuve de l'interversion des limites (il est possible d'introduire l'espace topologique $E = \mathbb{N} \cup \{\infty\}$ et d'appliquer directement le résultat général, mais une démarche aussi abstraite nuit à l'intuition).

En premier lieu, la série Σa_n converge puisque par passage à la limite $\|a_n\| \leq \alpha_n$.

Soit $\varepsilon > 0$. Choisissons *une bonne fois pour toutes* un entier n_ε tel que

$$\sum_{n_\varepsilon+1}^{+\infty} \alpha_k < \varepsilon .$$

L'hypothèse fait que, pour *tout* p de $\mathbb{N}$ $\|\sum_{n_\varepsilon}^{+\infty} a_{pn}\| \leq \varepsilon$ et aussi $\|\sum_{n_\varepsilon}^{+\infty} a_n\| \leq \varepsilon$.

En outre, la somme finie $\sum_{k=0}^{n_\varepsilon} a_{pn}$ tend vers $\sum_{k=0}^{n_\varepsilon} a_n$, on peut donc choisir (*en dernier lieu*) un entier p_ε tel que, pour tout $p \geq p_\varepsilon$, $\|\sum_{k=0}^{n_\varepsilon} a_{pn} - \sum_{k=0}^{n_\varepsilon} a_n\| \leq \varepsilon$.

Il résulte de l'ensemble des estimations obtenues que, pour tout $p \geq p_\varepsilon$:

$$\|\sum_{n=0}^{+\infty} a_{pn} - \sum_{n=0}^{+\infty} a_n\| \leq \|\sum_{k=0}^{n_\varepsilon} a_{pn} - \sum_{k=0}^{n_\varepsilon} a_n\| + \|\sum_{n_\varepsilon}^{+\infty} a_{pn}\| + \|\sum_{n_\varepsilon}^{+\infty} a_n\| \leq 3\varepsilon .$$

22.2.2. Application : Pour tout a élément d'une algèbre de Banach

$$\exists \lim \left(1 + \frac{a}{n}\right)^n = \sum_{n=0}^{+\infty} \frac{a^n}{n!}$$

En effet, pour tout n de $\mathbb{N}$, $\left(1 + \frac{a}{n}\right)^n$ se développe en $\sum_{k=0}^{n} C_n^k \frac{a^k}{n^k}$.

De $\frac{1}{n^k} C_n^k = \frac{n\ldots(n-k+1)}{n^k k!}$ on déduit le fait que $\frac{1}{n^k} C_n^k$ tend vers $\frac{1}{k!}$, puis la majoration

$$\forall (k,n) \in \mathbb{N}^2, \, \| C_n^k \frac{a^k}{n^k} \| \le \frac{\|a\|^k}{k!} = \alpha_k \text{ (notation)}.$$

Le principe de Weierstrass s'applique directement et fournit la relation souhaitée.

Remarque : Le lecteur se persuadera, en reprenant la preuve de 22.2.1. du fait que la convergence de la suite ci-dessus est uniforme sur les parties bornées.

B− Le cas des intégrales

22.2.3. *Commençons par une question* : soit f_n une suite de fonctions continues de $[0,+\infty[$ dans $\mathbb{R}$, convergeant uniformément vers une fonction f sur $[0,+\infty[$. On suppose que toutes les intégrales

$$I_n = \int_0^{+\infty} f_n(t)dt \text{ et } I = \int_0^{+\infty} f(t)dt \text{ convergent}.$$

La suite I_n converge-t-elle vers I ?

La réponse est contrairement à l'intuition immédiate, négative. Examinons une tentative de preuve possible : soit A dans $[0,+\infty[$ et soit $\varepsilon > 0$, écrivons

$$I_n - I = \int_0^{+\infty} f_n(t)dt - \int_0^{+\infty} f(t)dt$$

$$= \int_0^A f_n(t)dt - \int_0^A f(t)dt + \int_A^{+\infty} f_n(t)dt - \int_A^{+\infty} f(t)dt.$$

On peut fixer A pour que $|\int_A^{+\infty} f(t)dt| < \varepsilon$; et lorsque A est fixé, la première différence tend vers 0 par convergence uniforme, *mais* on ne peut pas contrôler, sous les hypothèses faites, la suite $u_{n,A} = \int_A^{+\infty} f_n(t)dt$ (il y a en fait une *dépendance cachée* de A vis à vis de n qui interdit d'utiliser la convergence uniforme sur $[0,A]$: imposer $u_{n,A} \le \varepsilon$ revient ici à choisir A *en fonction de* n, pour chaque n).

Par exemple, si $f = 0$, $f_n(t) = \frac{1}{n}$ sur $[0,n]$ f_n affine sur $[n,n+1]$ et $[n+1,\infty[$, nulle sur $[n+1,+\infty[$, toutes les hypothèses sont vérifiées, mais I_n tend vers 1 alors que $I = 0$. *Pire*, dans le cas étudié à l'instant, la suite I_n converge aussi, sans converger vers I !

Il faut encore ajouter une *domination uniforme* pour conclure, ce qui nous amène au principe de Weierstrass pour les intégrales.

Un résultat positif

22.2.4. *Soit (f_n) une suite de fonctions réglées de $[0,+\infty[$ dans $\mathbb{R}$, convergeant uniformément vers une fonction f sur tout segment $[a,b]$ de $[0,+\infty[$. On suppose cette* *fois qu'il existe une fonction réglée g telle que* $\int_0^{+\infty} g(t)dt$ *converge et que, pour tout* n *et tout nombre* $t \geq 0$, $|f_n(t)| \leq g(t)$. *Alors la suite* I_n *converge vers* I.

Démonstration : On reprend la méthode de découpe précédente, ayant préalablement choisi A de sorte que $\int_A^{+\infty} g(t)dt < \varepsilon$.

Figure 17 :

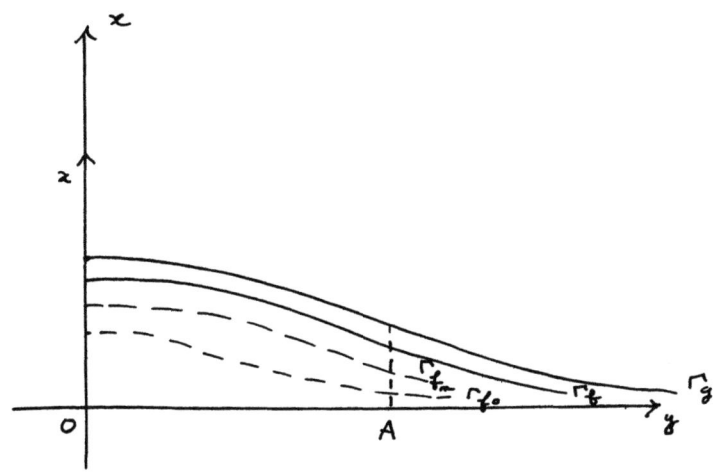

$$I_n - I = \int_0^A (f_n(t) - f(t)dt) + \int_A^{+\infty} f_n(t)dt - \int_A^{+\infty} f(t)dt$$

les deux dernières intégrales sont bornées *indépendamment de* n par $\int_A^{+\infty} g(t)dt$. Choisissons enfin, moyennant la convergence uniforme, n_ε dans N tel que pour tout $n \geq n_\varepsilon$

$$|\int_0^A (f_n(t) - f(t))dt| \leq \varepsilon \ ,$$

il vient, par application simultanée de toutes les estimations obtenues

$$\forall n \in \mathbf{N}, n \geq n_\varepsilon \Rightarrow |\int_0^{+\infty} f_n(t)dt - \int_0^{+\infty} f(t)dt| \leq 3\varepsilon$$

Extension : Nous avons travaillé sur $[0,+\infty[$ pour des raisons de commodité, mais il est clair que le théorème reste vrai si l'on transpose *mutatis mutandis* la situation à un intervalle $]a,b[$ de $\overline{\mathbf{R}}$.

22.2.5. Exemple : *Formule d'Euler pour la fonction* Γ :

Rappel : La suite de fonctions $f_n : t \to (1 - \frac{t}{n})^n \chi_{[0,n]}(t)$ converge uniformément vers e^{-t} sur $\mathbf{R}^+$ (§ 18.2.3.). Fixons alors $x > 0$. Vérifions en premier lieu que la suite
$$\int_0^{+\infty} t^{x-1} f_n(t) dt \text{ converge vers } \int_0^{+\infty} t^{x-1} e^{-t} dt :$$

En effet, pour tout t de $]0,+\infty[$ $0 \le t^{x-1} f_n(t) \le t^{x-1} e^{-t}$ fonction qui possède une intégrale convergente sur $]0,+\infty[$, et la suite de fonctions $n \to (t \to t^{x-1} f_n(t))$ converge uniformément vers la fonction $t \to t^{x-1} e^{-t}$ sur les compacts de l'intervalle $]0,+\infty[$ (ici *ouvert* en 0), le principe de Weierstrass 22.2.4. permet de conclure.

Calculons maintenant $I_n = \int_0^{+\infty} t^{x-1} f_n(t) dt$: en posant $t = nu$ nous obtenons
$$I_n = \int_0^n (1 - \frac{t}{n})^n t^{x-1} dt = n^x \int_0^1 (1-u)^n u^{x-1} du$$

Avec $\alpha = (1-u)^n$ et $\beta' = u^{x-1}$ et une intégration par parties il vient pour $n \ge 1$
$$\int_0^1 (1-u)^n u^{x-1} du = \frac{n}{x} \int_0^1 (1-u)^{n-1} u^x du \quad \text{(le crochet est nul)}$$

puis, par une récurrence facile
$$\int_0^1 (1-u)^n u^{x-1} du = \frac{n}{x} \frac{n-1}{x+1} \cdots \frac{1}{x+n-1} \int_0^1 (1-u)^0 u^{x+n-1} du = \frac{n!}{x(x+1)\ldots(x+n)}$$

Finalement nous trouvons la *formule d'Euler* :
$$\Gamma(x) = \lim_{n \to \infty} \frac{n! n^x}{x(x+1)\ldots(x+n)}$$

C– Un théorème du type "Beppo-Levi"

22.2.6. *Soient a un nombre réel, $I = [a,b[$ un intervalle de $\overline{\mathbf{R}}$, (s_n) une suite croissante d'applications réglées positives de I dans $\mathbf{R}$, convergeant uniformément vers la fonction réglée S sur tout segment $[a,c]$, avec $a \le c < b$. On fait les hypothèses*:
(i) *chaque s_n possède une intégrale généralisée sur $[a,b[$;*
(ii) *la suite* $\int_a^b s_n$ *converge.*

Alors : (1) *S possède une intégrale généralisée sur $[a,b[$;*
(2) *la suite* $\int_a^b s_n$ *converge vers* $\int_a^b S$.

N.B. : Ce résultat *ne demande pas de connaître à l'avance la convergence de l'intégrale de la limite,* il y a donc une différence nette, du moins au départ, avec l'énoncé précédent.

Preuve : Soit I la limite de la suite croissante $\int_a^b s_n$.

Pour tout c de [a,b[, la convergence uniforme de s_n vers S sur [a,c] entraîne la convergence de $\int_a^c s_n$ vers $\int_a^c S$. Comme les fonctions s_n sont positives nous obtenons

$$\int_a^c S = \lim \int_a^c s_n \leq \lim \int_a^b s_n = I$$

Cette inégalité montre que la fonction positive S admet une intégrale généralisée sur [a,b[. La suite s_n croît vers S, on dispose donc des inégalités $0 \leq s_n \leq S$ sur [a,b[, la convergence de $\int_a^b S$ nous autorise à appliquer le principe de Weierstrass (22.2.4) ce qui donne la conclusion souhaitée.

Exercice : Si Σa_n est une série réelle positive convergente de somme s, montrer que la série de fonctions $\sum \frac{a_n x^n}{n!}$ converge uniformément sur tout compact de **R** et que l'on a

$$\exists \int_0^{+\infty} \sum_{n \geq 0} \frac{a_n x^n}{n!} e^{-x} dx = s.$$

La *preuve* dans le cas général de ce résultat dû à Borel est donnée plus loin, le cas positif tombe tout seul avec le résultat ci-dessus.

Suites de formes linéaires

L'étude de la convergence de suites de formes linéaires amène souvent à effectuer des preuves par densité dont les idées sont proches de celles que nous venons d'étudier. Par exemple :

22.2.7. *Soit u_n une suite de formes linéaires sur un evn* (E, || ||). *Si la suite* |||u_n||| *est bornée, et si la suite* (u_n) *tend vers 0 sur une partie dense A de E, la suite $u_n(x)$ tend vers 0 pour tout x de E.*

En effet, par hypothèse les u_n sont uniformément bornées sur la boule unité fermée, mettons par M. Si x est fixé dans E, et si l'on se donne un réel $\varepsilon > 0$, il existe a dans A tel que $\|x - a\| \leq \varepsilon$; pour tout n de **N** il vient :

$$\|u_n(x)\| \leq \|u_n(x-a)\| + \|u_n(a)\| \leq M\varepsilon + \|u_n(a)\|.$$

Comme la suite $u_n(a)$ tend vers 0, on peut choisir n_ε dans **N** tel que, pour tout $n \geq n_\varepsilon$, $\|u_n(x)\| \leq M\varepsilon + \varepsilon$. QED.

Remarque : Le lecteur aura tout intérêt à reprendre, de ce point de vue, les preuves de la convergence des sommes de Riemann et du lemme de Riemann-Lebesgue : § 18.1.4.

22.2.8. Application : *Généralisation du lemme de Riemann-Lebesgue* :

Soit f une fonction localement intégrable de **R** dans C, si $\int_{-\infty}^{+\infty} |f(t)|dt$ converge, la suite $\int_{-\infty}^{+\infty} f(t)e^{int}dt$ tend vers 0.

On se place dans $L^1(\mathbf{R})$ (fonctions de **R** dans C, réglées si l'on veut, telles que $\int_{-\infty}^{+\infty} |f(t)|dt$ converge) muni de la norme $\| f \|_1 = \int_{-\infty}^{+\infty} |f(t)|dt$, et l'on prend pour u_n la forme linéaire : $f \to \int_{-\infty}^{+\infty} f(t)e^{int}dt$ u_n est correctement définie car l'intégrale converge absolument. Pour tout n, $\|\|u_n\|\| \le 1$ car $|u_n(f)| \le \int_{-\infty}^{+\infty} |f(t)|dt$. D'autre part, la preuve du lemme de Riemann-Lebesgue dans le cas d'un segment (§ 18.1) montre que u_n tend vers 0 sur l'espace A des fonctions de L^1 à support compact. Il nous suffit donc de montrer que A est dense dans L^1 pour conclure, mais si f est dans L^1 la suite f_n de fonctions de A : $t \to \chi_{[-n,n]}(t)f(t)$ converge vers f puisque

$$\|f - f_n\|_1 \le \int_n^{+\infty} |f| + \int_{-\infty}^{-n} |f|$$

où le membre de droite tend vers 0. QED.

22.3. Méthodes abéliennes

22.3.1. A– Cas des séries :
nous en avons déjà vu divers exemples lors de l'étude des fonctions définies par une série, on en trouvera bien d'autres au § 26 : problèmes de convergence radiale.

22.3.2. B– Cas des intégrales :
L'étude des tranformées de Laplace non absolument convergentes (§ 21) relève de cette idée. Nous nous contenterons ici de l'étude d'un autre exemple classique, l'intégration par parties de la fin tenant lieu de transformation d'Abel.

Théorème de Borel

Soit u_n une suite réelle. On pose, lorsque la série converge : $B_u(t) = \sum_{n=0}^{+\infty} \frac{u_n}{n!} t^n$.

1– Si la suite u_n est bornée, la série définissant $B_u(t)$ converge uniformément sur tout segment $[0,a]$ de $\mathbf{R}$.

Immédiat car, pour tout t de $[0,a]$ $|\frac{u_n}{n!} t^n| \le M\frac{a^n}{n!}$ où M est un majorant de la suite $|u_n|$.

2– *Si la suite* (u_n) *converge vers une limite* l, *la fonction* $B_u(t)e^{-t}$ *tend vers* l *lorsque* t *tend vers* $+\infty$.

Preuve : Lorsque l'on remplace u_n par $u_n + c$, B_u devient $B_{u+c} : t \to B_u(t) + ce^t$. Il suffit donc de prouver le résultat demandé lorsque l = 0. On choisit dans ce but un nombre $\varepsilon > 0$ puis un entier $p \geq 1$ tel que, pour $n \geq p$, $|u_n| \leq \varepsilon$. En coupant à p, il vient pour tout $t \geq 0$:

$$|B_u(t)| \leq |\sum_{n=0}^{p-1} \frac{u_n}{n!} t^n| + |\sum_{n=p}^{+\infty} \frac{u_n}{n!} t^n| \leq |\sum_{n=0}^{p-1} \frac{u_n}{n!} t^n| + \varepsilon \sum_{n=p}^{+\infty} \frac{t^n}{n!}$$

donc, pour *tout* nombre $t \geq 0$

$$|B_u(t)e^{-t}| \leq e^{-t} |\sum_{n=0}^{p-1} \frac{u_n}{n!} t^n| + \varepsilon$$

L'intervention d'un passage à la limite en $+\infty$ est la dernière étape qui mène à la conclusion ; en effet, la fonction $e^{-t} |\sum_{n=0}^{p-1} \frac{u_n}{n!} t^n|$ tend vers 0 en $+\infty$ (exponentielle-polynôme) d'où l'existence de $A \geq 0$ tel que, pour tout $t \geq A$, $|B_u(t)e^{-t}| \leq 2\varepsilon$. QED.

3– Soit a_n le terme général d'une série réelle convergente de somme S, A_n la suite $a_0+...+a_{n-1}$ avec $A_0 = 0$. On se propose de prouver que *l'intégrale* $\int_0^{+\infty} e^{-t}B_a(t)dt$ *)converge, de valeur* S.

Soient $f(x) = B_a(x)$ et $F(x) = B_A(x)$. On a tout d'abord $\int_0^x e^{-t}B_a(t)dt = e^{-x}F(x)$

En effet, $(e^{-x}F(x))' = e^{-x}(F'(x) - F(x)) = e^{-x}(\sum_{n=0}^{+\infty} \frac{A_{n+1}}{n!} t^n - \sum_{n=0}^{+\infty} \frac{A_n}{n!} t^n) = e^{-x}f(x)$

d'où

$$\int_0^x e^{-t}f(t)dt = e^{-x}F(x) - F(0) = e^{-x}F(x).$$

Le -2- nous dit que $e^{-x}F(x)$ a pour limite en $+\infty$ la somme S de la série Σa_n, d'où la conclusion souhaitée.

22.4. Le point de vue de la théorie de la mesure

Le cadre Lebesguien, ou plus généralement de la théorie de la mesure, permet de s'affranchir de l'hypothèse de convergence uniforme locale dans les problèmes de passage à la limite sous un signe somme. La condition de domination doit par contre être conservée, comme le montre le contre-exemple de 22.2.3... On retrouve alors immédiatement tous les résultats du type de Weierstrass, au prix d'un effort de construction assez important au départ.

22.4.1. Interversion $\int$ et $\int$, $\sum$ et $\sum$: *Théorèmes de Fubini.*

De façon générale, ces théorèmes expriment, dans le cas d'une mesure σ-finie et de l'absolue convergence, la possibilité d'intervenir deux sommations. Selon la mesure utilisée : continue, discrète... les résultats se traduisent en termes d'intégrales ou de sommes de séries.

22.4.2. Cas des intégrales :
La situation est décrite, dans le cadre de l'intégrale de Lebesgue au § 39. Pour les fonctions numériques de plusieurs variables, l'intégrale de Lebesgue est le contexte naturel dans lequel les résultats s'expriment bien. (Généraliser l'intégrale de Riemann est à peu près aussi lourd et couteux que construire une théorie de la mesure efficace, nous ne ferons donc pas de construction de l'intégrale de Riemann à plusieurs variables).

22.4.3. Cas des séries :
Le théorème ci-dessous est une conséquence immédiate du théorème de Fubini général ; pour que l'exposé soit complet, nous en donnerons une preuve élémentaire et autonome.

Théorème : *Soit (a_{mn}) une suite double de nombres réels. On suppose que la série de terme général $s_n = \sum_{m=0}^{+\infty} |a_{mn}|$ converge. Alors les séries*

$$\sum_{n=0}^{+\infty} \sum_{m=0}^{+\infty} a_{mn} \text{ et } \sum_{m=0}^{+\infty} \sum_{n=0}^{+\infty} a_{mn}$$

sont bien définies, convergentes et de même somme

Démonstration : Commençons par établir le résultat lorsque $a_{mn} \geq 0$. Une méthode de limite monotone bien comprise y suffit : en premier lieu, les inégalités $0 \leq a_{mn} \leq s_n$ montrent que les séries $\sum_{n=0}^{+\infty} a_{mn}$ sont convergentes. Soit ensuite N dans $\mathbb{N}$. On a par sommation finie

$$\sum_{m=0}^{M} \sum_{n=0}^{+\infty} a_{mn} = \sum_{n=0}^{+\infty} \sum_{m=0}^{M} a_{mn} \leq \sum_{n=0}^{+\infty} s_n = \sum_{n=0}^{+\infty} \sum_{m=0}^{+\infty} a_{mn}$$

donc *les sommes partielles de la série de terme général $\sum_{n=0}^{+\infty} a_{mn}$ sont majorées*

par $\sum_{n=0}^{+\infty} \sum_{m=0}^{+\infty} a_{mn}$: la série converge et $\sum_{m=0}^{N} \sum_{n=0}^{+\infty} a_{mn} \leq \sum_{n=0}^{+\infty} \sum_{m=0}^{+\infty} a_{mn}$

La conclusion vient par symétrie des rôles.

Dans le cas où a_{mn} est une suite complexe, on écrit

$$a_{mn} = u_{mn} + i v_{mn} = u_{mn}^+ - u_{mn}^- + i(v_{mn}^+ - v_{mn}^-)$$

et l'on applique ce qui précède aux suites positives u_{mn}^+, u_{mn}^-, v_{mn}^+, v_{mn}^-.

Variante utile : *Soit (a_{mn}) une suite double de nombres réels. On suppose que la série de terme général $v_n = \sum_{k+l=n} |a_{k,l}|$ converge. Si $u_n = \sum_{k+l=n} a_{k,l}$ les séries Σu_n,*

$$\sum_{n=0}^{+\infty} \sum_{m=0}^{+\infty} a_{mn} \text{ et } \sum_{m=0}^{+\infty} \sum_{n=0}^{+\infty} a_{mn}$$

sont convergentes et de même somme.

Démonstration : Comme ci-dessus, on se ramène au cas où les termes employés sont positifs. Notons U la somme de Σu_n (ici $u_n = v_n$) et donnons-nous deux entiers N et M. De l'inégalité

$$\sum_{m=0}^{M} \sum_{n=0}^{N} a_{mn} \le \sum_{k=0}^{N+M} u_k \le U .$$

nous déduisons d'abord, N étant fixé, que la série à termes positifs $\sum \sum_{n=0}^{N} a_{mn}$ converge,

soit

$$\forall N \in \mathbb{N}, \sum_{m=0}^{+\infty} \sum_{n=0}^{N} a_{mn} \le U$$

Par interversion finie il vient

$$\sum_{m=0}^{N} \sum_{n=0}^{+\infty} a_{mn} \le U .$$

On fait alors tendre N vers $+\infty$ pour obtenir la convergence de la série et l'inégalité

$$\sum_{n=0}^{+\infty} \sum_{m=0}^{+\infty} a_{mn} \le U .$$

En sens inverse, il suffit de partir de l'inégalité

$$\sum_{k=0}^{N+M} u_k \le U \le \sum_{m=0}^{M} \sum a_{mn}$$

la preuve se reproduit sans difficultés. QED.

Applications : L'analyticité des séries entières, et divers développements en série entière relèvent de ce principe, voir les § 24 et 25.

EXERCICES

1) Calculer $\int_0^1 \frac{\ln t \, dt}{1-t}$ (effectuer un DL de $\frac{1}{1-t}$ avec reste explicite).

2) On considère la série de fonctions : $S = \sum_{n=0}^{+\infty} \frac{(-1)^n}{n+x}$.

a) Montrer que la somme f de S est C^∞ sur $\mathbb{R}^{+*}$.

b) Prouver l'égalité : $\forall\, x > 0$, $f(x) = \int_0^{+\infty} \dfrac{e^{-\lambda x}}{e^{-\lambda}+1}\, d\lambda$ (faire à nouveau un DL de $\dfrac{1}{1+u}$ avec reste explicite).

c) Montrer que f possède un DA à tous ordres en $+\infty$.

3) Soit a_n une suite croissante, tendant vers $+\infty$, montrer que :

$$\int_0^{+\infty} \left(\sum_0^{\infty} (-1)^n e^{-a_n x}\right) dx = \sum_0^{\infty} \dfrac{(-1)^n}{a_n}$$

Travaux dirigés : un théorème de Perron

Soit ϕ_n une suite de fonctions réelles satisfaisant au trois hypothèses suivantes : ϕ_0 est bornée, et

(H$_1$) $\lim\limits_{x\to +\infty} \phi_n(x) = 1$ et (H$_2$) $\sum\limits_{n=0}^{+\infty} |\phi_n(x) - \phi_{n+1}(x)| \le M$, où M est indépendant de x.

Préliminaire : Montrer que la suite ϕ_n est uniformément bornée et converge simplement vers une fonction notée ϕ.

1°) Soit Σa_n une série convergente de somme A.

a) Montrer que, pour tout x réel, la série $\sum\limits_{n=0}^{+\infty} a_n \phi_n(x)$ converge, la somme étant notée S(x) ; et vérifier : $S(x) = \sum\limits_{n=0}^{+\infty} A_n(\phi_n(x) - \phi_{n+1}(x)) + A\phi(x)$.

b) Prouver que S(x) tend vers A lorsque x tend vers $+\infty$ (commencer par le cas où A = 0).

2°) Soit Σa_n une série convergente de somme A et t dans [0,1[. Montrer que la série $\Sigma a_n t^n$ converge, sa somme étant notée f(t). En posant : $\phi_n(x) = \left(\dfrac{x}{x+1}\right)^n$, montrer qu'il existe $\lim\limits_{x\to 1^-} f(t) = A$.

(**Bibliographie :** E. Borel, séries divergentes, [BO]).

Séries entières

23. Rayon de convergence des séries entières

23.1. Définition, domaine et rayon de convergence

23.1.1. Une *série entière* est une *série de fonctions de la variable complexe* z dont le terme d'ordre n est le *monôme* $a_n z^n$, on la note aussi $\sum a_n z^n$; la suite (a_n) est appelée *suite des coefficients* de la série entière.

On appelle *domaine de convergence* de la série entière l'ensemble des nombres complexes z tels que la série $\sum a_n z^n$ converge.

Rayon de convergence

23 1.2. Lemme d'Abel : *Soit z_0 un nombre complexe tel que la suite $(a_n z_0^n)$ soit bornée. Pour tout z de $\mathbb{C}$ tel que $|z| < |z_0|$ la série $\sum a_n z^n$ est absolument convergente.*

Démonstration : Posons $M = \sup |a_n z_0^n|$, et écrivons pour $0 < |z| < |z_0|$:

$$|a_n z^n| = |(a_n z_0^n)(\frac{z}{z_0})^n| \le M|\frac{z}{z_0}|^n \text{ avec } |\frac{z}{z_0}| < 1$$

l'encadrement donne la convergence par domination.

23.1.3. Définition : On appelle *rayon de convergence* de la série entière $\sum a_n z^n$ la borne supérieure dans $[0,+\infty]$ de l'ensemble des nombres $r \ge 0$ tels que la suite $a_n z^n$ soit bornée.

Notation : Nous écrirons, R désignant le rayon de convergence : $R = \rho(\sum a_n z^n)$.

23.1.4. Théorème : *Soit $\sum a_n z^n$ une série entière de rayon de convergence R. Pour tout z de $\mathbb{C}$ tel que $|z| < R$ la série $\sum a_n z^n$ est absolument convergente; et pour tout z de $\mathbb{C}$ tel que $|z| > R$ la suite $(a_n z^n)$ est non bornée.*

Démonstration : Soit d'abord z tel que $|z| < R$. D'après les propriétés caractéristiques des bornes supérieures, il existe un réel positif r tel que $(a_n r^n)$ est bornée, et $|z| < r \le R$. Du lemme d'Abel nous déduisons que la série $\sum a_n z^n$ converge absolument.
Si maintenant $|z| > R$, la suite $(a_n z^n)$ ne peut être bornée, sans quoi $r = |z|$ serait un réel $> R$ tel que $a_n r^n$ soit bornée, contradiction. QED.

Le disque *ouvert* $D(0,R)$ s'appelle le *disque de convergence* de $\sum a_n z^n$, il est égal à $\mathbb{C}$ lorsque $R = +\infty$. Lorsque $R < +\infty$, le cercle $C(0,R)$ s'appelle le *cercle d'incertitude* de la série entière.

Les exemples donnés tout au long du texte montrent que sans étude *ad hoc* on ne peut rien dire du comportement d'une série entière sur son cercle d'incertitude. Étudions comme premier cas celui de $\sum \frac{z^n}{n}$: pour $|z| > 1$ la suite $\frac{z^n}{n}$ n'est pas bornée, et pour $|z| < 1$ elle est dominée par la série géométrique $|z|^n$ donc elle converge; il en résulte que $R = 1$. Sur le cercle de convergence, on distingue deux cas :

Premier cas : $z \neq 1$. Les sommes partielles de $\sum z^n$ sont bornées, la méthode d'Abel pour les séries numériques s'applique, la série converge.

Deuxième cas : $z = 1$. Il s'agit de la série harmonique, qui diverge. La série étudiée converge donc partout sur son cercle d'incertitude, sauf en un point ; notons que l'on peut aussi obtenir le comportement inverse, à savoir la divergence en tout point sauf 1 ! (Ce qui est loin d'être trivial).

23.1.5. Théorème : *Soit $\sum a_n z^n$ une série entière de rayon de convergence R. La série $\sum a_n z^n$ converge normalement, donc uniformément, sur tout compact contenu dans son disque (ouvert) de convergence ; en particulier dans tous les disques de rayon strictement inférieur à R.*

Démonstration : Soit K un tel compact (non vide). Posons $r = \sup\{|z| \,;\, z \in K\}$. Comme K est compact, il existe z_0 dans K tel que $|z_0| = r$. K étant contenu dans $D(0,R)$, nous constatons que $r < R$; la série $\sum |a_n| r^n$ est alors convergente et, pour tout z de K, $|a_n z^n| \leq |a_n| r^n$, ce qui donne la convergence normale sur K. QED.

Ainsi, lorsque $R = +\infty$, la série entière $\sum a_n z^n$ converge normalement, donc uniformément, sur tout les compacts de $\mathbf{C}$.

✽ : Si R est fini, il n'y a pas en général convergence uniforme sur le disque *ouvert* $D(0,R)$: nous savons en effet qu'une telle convergence uniforme entraîne moyennant la continuité des $(a_n z^n)$ la convergence uniforme sur $\overline{D}(0,R)$ (c'est une application du critère de Cauchy, cf.§ 18.3.1.). Par exemple, la série $\sum \dfrac{z^n}{n}$ ne converge pas uniformément sur $D(0,1)$ car $\sum \dfrac{z^n}{n}$ diverge pour $z = 1$.

✽ : Si R est infini, il n'y a pas en général convergence uniforme sur $\mathbf{C}$, la condition nécesssaire et suffisante pour qu'il en soit ainsi est que la suite $a_n z^n$ soit nulle à partir d'un certain rang : *en effet,* une condition nécessaire pour que la convergence uniforme ait lieu est que $a_n z^n$ tende uniformément vers 0; or $a_n z^n$ n'est bornée sur $\mathbf{C}$ pour $n \geq 1$ qu'avec $a_n = 0$.

Figure 18 : (Résumé de la situation, pour $R < \infty$, à retenir!)

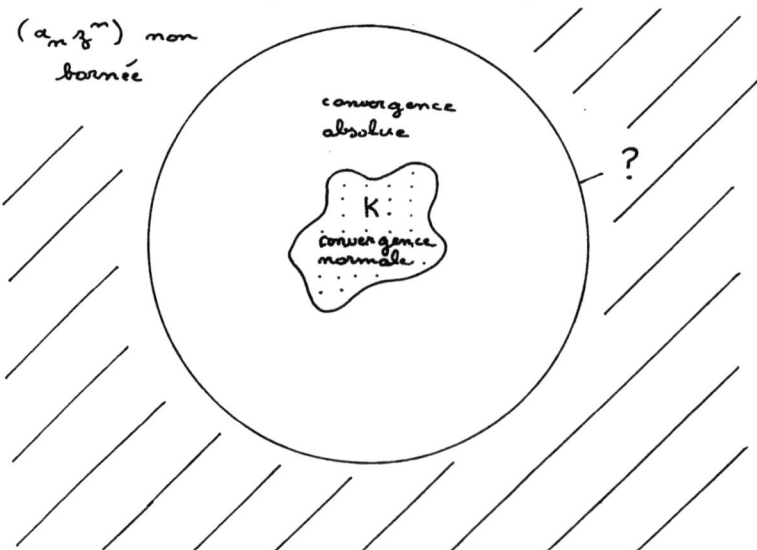

23.2. Méthodes de détermination du rayon de convergence
23.2.1. Méthodes directes :
1) *Comparaison des fonctions* :
On étudie directement les suites $|a_n|r^n$ selon la valeur de r, l'idée essentielle étant de placer la suite a_n sur l'échelle $(\text{Log} n)^\alpha n^\beta e^{-\lambda n}$. Considérons, entre autres, la série entière $\Sigma(1-\text{th}n)z^n$, on a $(1-\text{th}n) = 1 - \frac{1-e^{-2n}}{1+e^{-2n}} \sim 2e^{-2n}$ terme > 0 et la série de terme général $e^{-2n}r^n = (re^{-2})^n$ converge ssi $r < e^2$; le rayon cherché est donc e^2. L'étude directe est aussi conseillée dans le cas de séries irrégulières : par exemple si l'on veut le rayon de convergence de $\Sigma a_n z^n$, où a_n est la n-ième décimale de $\sqrt{2}$, on dit que la suite a_n ne tend pas vers 0, (sinon la dite suite, formée d'entiers, stationne à 0 et et $\sqrt{2}$ est rationnel) de là $R \leq 1$; et (a_n) est bornée donc $a_n r^n$ converge absolument si $0 \leq r < 1$: $R = 1$.

2) *Utilisation de la frontière du disque de convergence* :
Si, en un point z_0, la série $\Sigma a_n z_0^n$ est semi-convergente, le point z_0 est sur la frontière du disque de convergence : pour illustrer la situation considérons $\Sigma \frac{\sin n}{n} z^n$; on a moyennant le théorème d'Abel la convergence en $z = 1$ mais
$$|\frac{\sin n}{n}| \geq \frac{\sin^2 n}{n} = \frac{1}{2n} - \frac{\cos 2n}{2n}$$
qui diverge comme somme d'une série divergente et d'une série convergente, donc $R = 1$.

23.2.2. Formule d'Hadamard : Soit $\Sigma a_n z^n$ une série entière de rayon R.
Si $L = \limsup |a_n|^{1/n}$, *on a* $R = \frac{1}{L}$ ($R = +\infty$ si $L = 0$, 0 si $L = +\infty$)

Preuve : Supposons par exemple $0 < L < +\infty$.
Si $|z| < R$, on a $\limsup |a_n z^n|^{1/n} = L|z| < 1$; la règle de Cauchy s'applique : la série $\Sigma a_n z^n$ est absolument convergente.
Si $|z| > R$ la suite $a_n z^n$ ne tend pas vers 0 (sinon $|a_n z^n|^{1/n} \leq 1$ à partir d'un certain rang).

Exemple : Rayon de convergence de la série $\Sigma (\text{ch}\frac{1}{n})^{n^\alpha}$

Avec la formule d'Hadamard, tout se ramène à l'étude de $(\text{ch}\frac{1}{n})^{n^{\alpha-1}}$, pour laquelle on effectue un passage à l'exponentielle suivi d'un développement limité :
$$(\text{ch}\frac{1}{n})^{n^{\alpha-1}} = \exp(n^{\alpha-1}\text{Log}(1+\frac{1}{2n^2} + O(\frac{1}{n^3}))) = \exp(\frac{1}{2} n^{\alpha-3} + o(n^{\alpha-3}))$$
le rayon est donc 1 si $\alpha < 3$, $\sqrt{e}$ si $\alpha = 3$, et 0 si $\alpha > 3$.

23.2.3. Règle de d'Alembert : *Soit $\Sigma a_n z^n$ une série entière à coefficients $\neq 0$, de rayon de convergence R. On suppose qu'il existe* $\lim \frac{|a_{n+1}|}{|a_n|} = k$. *Alors* $R = \frac{1}{k}$.

Démonstration : Cela peut se voir de deux façons :
1) il s'agit une conséquence de "d'Alembert implique Cauchy" du § 13 -2 (Césaro) ;
2) directement en appliquant le critère de d'Alembert à $\Sigma a_n z^n$.

Exemple : Cherchons le rayon de convergence de $\sum \frac{n^n}{n!} z^n$:

$\frac{|a_{n+1}|}{|a_n|} = (1 + \frac{1}{n})^n$ et cette suite tend vers e, le rayon cherché est donc $\frac{1}{e}$.

EXERCICES

1) Soit $f = \sum a_n z^n$ une série entière telle qu'il existe un réel β vérifiant : $a_n = O(n^\beta)$. Montrer que $\rho(f) \geq 1$.

2) Déterminer les rayons de convergence des séries suivantes : $\sum \text{th} n z^n$, $\sum (1 - \text{th} n) z^n$, $\sum 3^n z^{2n}$, $\sum (1 + (-1)^n) a^n z^n$ ($a \in \mathbf{C}$), $\sum n! z^n$, $\sum \cos n z^n$, $\sum \frac{n^n}{n!} z^n$, $\sum \frac{z^n}{\sin n}$.

3) Trouver le rayon de convergence de $\sum a_n z^n$ sachant que $\sum a_{2n} z^{2n}$ a pour rayon de convergence R_1 et $\sum a_{2n+1} z^{2n+1}$ pour rayon de convergence R_2.

4) Montrer que, si $\sum a_n z^n$ a un rayon de convergence > 0, $\sum \frac{a_n}{n!} z^n$ a un rayon de convergence infini.

5) Rayon de convergence de $\sum a_n z^n$, où : a_n est le nombre de chiffres de 2^{2^n} en base 10 ; a_n est la n-ième décimale de π.

6) Montrer que, si $\sum a_n z^n$ a un rayon de convergence $R > 0$, $\sum n^b a_n z^n$ a pour rayon de convergence R.

7) Soit a_n une suite dans $\mathbf{R}^{+*}$ telle que : $\lim_{n \to +\infty} \frac{a_{n+2}}{a_n} = 3$. Prouver correctement que le rayon de convergence de $\sum a_n z^n$ est $\frac{1}{\sqrt{3}}$.

24. Fonctions définies par une série entière

24.1. Continuité

24.1.1. Théorème : *Soit $\sum a_n z^n$ une série entière de rayon de convergence R. La somme f de $\sum a_n z^n$ est continue sur le disque ouvert de convergence.*

Démonstration : Pour chaque $r < R$ la fonction f est somme d'une série normalement convergente de fonctions continues sur le disque $D(0,r)$. Pour tout choix de $r < R$, f est donc continue sur $D(0,r)$. Comme tout point de $D(0,R)$ est intérieur à un tel disque, f est continue sur le dit.

☠ : Même si la série entière converge sur le disque fermé $\overline{D}(0,R)$, sa somme f n'y est pas nécessairement continue. Les contre-exemples sont assez délicats (cf. Tome 2).

Conséquence : Pour tout n, f admet au voisinage de 0 le développement limité
$$f(z) = a_0 + a_1 z + \ldots a_n z^n + O(z^{n+1})$$

En effet, $f(z) - (a_0 + a_1 z + \ldots a_n z^n) = \sum_{k=n+1}^{+\infty} a_k x^k = z^{n+1} (\sum_{k=0}^{+\infty} a_{k+n+1} z^k)$

La série *entière* entre parenthèses converge au voisinage de 0, donc définit une fonction continue en 0.

24.1.2. Approximation par des polynômes :

✋ : Le théorème de Weierstrass ne s'applique pas aux fonctions à but complexe : par exemple, la fonction $f : z \to \bar{z}$ n'est pas limite uniforme de polynômes sur le cercle unité sans quoi

$$\int_0^{2\pi} f(e^{i\theta})e^{i\theta}d\theta \text{ est limite d'une suite } \int_0^{2\pi} P_n(e^{i\theta})e^{i\theta}d\theta, P_n \in \mathbb{C}[z] \ .$$

Mais l'intégrale de gauche vaut 2π, et puisque les P_n sont des polynômes, toutes les intégrales de droite sont nulles, ce qui est absurde. (Avec des connaissances sur les fonctions analytiques, tout d'éclaire : une limite uniforme de fonctions polynômes sur un compact K du plan complexe possède un prolongement holomorphe sur toute composante connexe bornée du complémentaire de K, et a de plus une intégrale nulle sur tout lacet fermé contenu dans K — voir [RU] chap. 20 — donc f ne peut être limite uniforme de polynômes sur S^1, son intégrale sur le lacet S^1 étant non nulle).

Voyons aussi ce que donne l'approximation de Lagrange : prenons pour subdivision les racines n-ièmes de l'unité, soit ζ l'une d'entre elle; ζ est envoyée par $z \to \bar{z}$ sur son inverse c'est-à-dire sur ζ^{n-1} : le polynôme d'interpolation de Lagrange est donc z^{n-1}. Mais la borne supérieure σ de la fonction $z \to |z^{n-1} - \bar{z}|$ sur S^1 est 2 : du fait que les nombres considérés sont de module 1, $\sigma \leq 2$; et si z est une racine n-ième de -1, $|z^{n-1} - \bar{z}| = 2$. L'approximation obtenue ne saurait être plus mauvaise !

Dans le cas des série entières, on dispose de 23.1.5. et du résultat suivant, premier pas vers le théorème de Mergelyan ([RU] chap. 20) (Nous nous plaçons pour simplifier dans le cas où le rayon de convergence de la série entière $\Sigma a_n z^n$ est R = 1, f désigne alors sa somme sur D(0,1)) :

24.1.3. Théorème : *Pour tout nombre r tel que $0 < r < 1$, f est limite uniforme d'une suite de polynômes sur $\overline{D}(0,r)$. On a de plus l'équivalence entre*

(1) *f admet un prolongement continu au disque fermé $\overline{D}(0,1)$;*

et (2) *f est limite uniforme de polynômes sur le disque fermé $\overline{D}(0,1)$.*

Démonstration : Le premier point est immédiat par convergence uniforme des sommes partielles de $\Sigma a_n z^n$ vers f sur $\overline{D}(0,r)$.

(1) $\Rightarrow$ (2) est également clair.

Pour (2) $\Rightarrow$ (1), renotons f le prolongement continu de la somme de la série entière considérée à $\overline{D}(0,1)$. Soit $\varepsilon > 0$ (*Il s'agit donc d'un raisonnement direct d'approximation*). La fonction f est *uniformément continue* sur $\overline{D}(0,1)$, d'où l'existence d'un réel $\alpha > 0$ tel que, pour tout (z,z') de $\overline{D}(0,1)$,

$$|z - z'| \leq \alpha \Rightarrow |f(z) - f(z')| \leq \varepsilon \ . \text{ QED.}$$

Introduisons ensuite la *fonction auxiliaire* $g : z \to f(\frac{z}{1+\alpha})$; g est visiblement développable en série entière sur le disque $D(0, 1+\alpha)$, et comme $1 < 1+\alpha$ il existe en vertu de 23.1.5. un polynôme P, issu du DSE de g, tel que, pour tout z de $\overline{D}(0,1)$, $|P(z) - g(z)| \leq \varepsilon$.

Maintenant si $z \in \overline{D}(0,1)$, $|z - \frac{z}{1+\alpha}| = |\frac{\alpha z}{1+\alpha}| \leq \alpha$ donc
$$|f(z) - g(z)| = |f(z) - f(\frac{z}{1+\alpha})| \leq \varepsilon$$
et l'on a bien, pour tout z de $\overline{D}(0,1)$,
$$|f(z) - P(z)| \leq |f(z) - g(z)| + |f(z) - g(z)| \leq 2\varepsilon. \text{ QED.}$$

☙ : Les polynômes qui approchent f à ε près sur $\overline{D}(0,1)$ ne sont pas en général des sommes partielles de la série entière qui définit f.

24.2. Série dérivée, analyticité des fonctions définies par une série entière

24.2.1. Théorème : *Soit* $\sum a_n z^n$ *une série entière de rayon de convergence* R, *soit* p *dans* **N**, *la série dérivée d'ordre* p, *soit* $\sum (n+p)...(n+1) a_{n+p} z^n$, *a le même rayon de convergence* R *que* f.

Démonstration : Il suffit, par une récurrence simple, de montrer le résultat annoncé pour $p = 1$. Comme $|a_{n+1}| \leq (n+1)|a_{n+1}|$ le rayon de convergence R' de la série dérivée terme à terme est $\leq R$.

En sens inverse, si l'on se donne un réel r, $0 < r < R$ il est possible de choisir r' tel que $r < r' < R$ et l'on a, pour tout n de **N** $(n+1)|a_{n+1}|r^n \leq |a_{n+1}|r'^n(n+1)(\frac{r}{r'})^n$

Le choix de r' fait que la suite $|a_{n+1}|r'^n$ est bornée; de plus, la série de terme général $(n+1)(\frac{r}{r'})^n$ converge (moyennant d'Alembert), par domination $\sum (n+1)|a_n|r^n$ converge. QED, par comparaison.

Conséquence : Si $R > 0$ et si $f^{(n)}$ désigne la somme de la série dérivée d'ordre n, on a
$$\boxed{a_n = \frac{f^{(n)}(0)}{n!}.}$$

24.2.2. Définition : Ici **K** désigne l'un des corps, **R** ou **C**. On dit que la fonction f de l'ouvert Ω de **K** dans **K** est *développable en série entière au voisinage du point* a de Ω s'il existe une série entière $\sum a_n z^n$ et un nombre $r > 0$ tels que, pour tout z de $D(a,r)$,
$$f(z) = \sum_{k=0}^{+\infty} a_k (z-a)^k$$
La fonction f est dite *analytique* sur Ω si elle est développable en série entière en chaque point de Ω. Les points au voisinage desquels f est développable en série entière sont appelés *points d'analycité* de la fonction f.

24.2.3. Théorème : *Soit $\sum a_n z^n$ une série entière de rayon de convergence R. La somme f de $\sum a_n z^n$ est analytique sur D(0,R). Plus précisément, soit z_0 un nombre complexe tel que $|z_0| < R$. Alors la série entière*

$$\sum \frac{f^{(n)}(z_0)}{n!} z^n$$

a un rayon de convergence $\geq R - |z_0|$ et l'on a, pour $|z - z_0| < R - |z_0|$,

$$f(z) = \sum_{n=0}^{+\infty} \frac{f^{(n)}(z_0)}{n!} (z - z_0)^n$$

Démonstration : Elle repose sur la possibilité d'intervertir des sommations absolument convergentes (§ 22.4.3.). On pose $\alpha_n = |a_n|$ et l'on écrit

$$f^{(n)}(z_0) = \sum_{k=0}^{+\infty} \frac{(k+n)!}{k!} a_{k+n} z_0^n \text{ de ce fait } |f^{(n)}(z_0)| \leq \sum_{k=0}^{+\infty} \frac{(k+n)!}{k!} \alpha_{k+n} |z_0|^n$$

Pour $|z_0| \leq r < R$ on a

$$\sum_{n=0}^{+\infty} |\frac{f^{(n)}(z_0)}{n!}|(r - |z_0|)^n \leq \sum_{k,n} \frac{(k+n)!}{k!n!} \alpha_{k+n} |z_0|^k (r - |z_0|)^n$$

où la série du membre de droite converge car pour tout N

$$\sum_{k \leq N, n \leq N} \frac{(k+n)!}{k!n!} \alpha_{k+n} |z_0|^n (r - |z_0|)^n \leq \sum_m \alpha_m \left(\sum_{0 \leq p \leq m} \frac{m!p!}{(m-p)!} |z_0|^p (r - |z_0|)^{m-p} \right)$$

$$= \sum_m \alpha_m r^m < +\infty$$

Toujours avec 22.4.3. on peut regrouper les termes de $\sum_{n=0}^{+\infty} \frac{f^{(n)}(z_0)}{n!} (z - z_0)^n$ et obtenir

$$\sum_{n=0}^{+\infty} \frac{f^{(n)}(z_0)}{n!} (z - z_0)^n = \sum_{k,n} \frac{(k+n)!}{k!n!} a_{k+n} z_0^k (z - z_0)^n = \sum_m a_m \left(\sum_{0 \leq p \leq m} \frac{m!p!}{(m-p)!} z_0^p (z - z_0)^m \right)$$

$$= \sum_m a_m z^m \text{ QED.}$$

24.2.4. Corollaire : *L'ensemble des points d'analyticité d'une fonction de Ω dans $\mathbb{C}$ est ouvert.*

Preuve : Si a est un point d'analycité de f sur Ω, la fonction $g : h \to f(a+h)$ est développable en série entière sur un disque $D(0,r)$, avec $r > 0$; de là, tout point de $D(0,r)$ est d'analycité pour g, et par suite f est développable en série entière sur $D(a,r)$.

24.3. Utilisation des séries de Fourier

24.3.1. Théorème : *Soit f une fonction développable en série entière $\sum a_n z^n$ sur un voisinage $D(a,R)$ du point a. Pour tout nombre $r < R$ on a*

$$\frac{1}{2\pi} \int_0^{2\pi} |f(a+re^{it})|^2 dt = \sum_m |a_m|^2 r^{2m} .$$

Démonstration : La série trigonométrique $\sum a_n r^n e^{int}$ converge normalement vers sa somme $f(a+re^{it})$ sur **R**. La série trigonométrique $\sum a_n r^n e^{int}$ est donc la série de Fourier de $t \to f(a+re^{it})$, il suffit pour conclure d'appliquer l'égalité de Parseval. QED.

Inégalités de Cauchy

24.3.2. Théorème : *Soit f une fonction développable en série entière $\sum a_n z^n$ sur le disque ouvert* $D(0,R)$, $R > 0$. *Si $|f|$ est majorée par M sur le disque $D(0,r)$, $r < R$ on a, pour tout* n

$$|a_n| \leq \frac{M}{r^n} .$$

Démonstration : Par le théorème ci-dessus

$$|a_n|^2 r^{2n} \leq \frac{1}{2\pi} \int_0^{2\pi} |f(a+re^{it})|^2 dt \leq M^2 . \text{ QED.}$$

24.3.3. Théorème de Liouville : On appelle *fonction entière* toute fonction développable en série entière dont le domaine de convergence est **C** (nous verrons qu'une fonction *holomorphe* définie sur **C** est entière). Le théorème annoncé affirme que

Toute fonction entière bornée est constante.

En effet, les inégalités de Cauchy : $|a_n| \leq \frac{M}{r^n}$ sont, sous les hypothèses faites, valables pour tout $r > 0$; on en déduit que $a_n = 0$ pour tout entier $n \geq 1$. QED.

24.4. Cas des fonctions d'une variable réelle

Dérivation terme à terme

24.4.1. Théorème : *Soit $\sum a_n x^n$ une série entière de la variable réelle x de rayon de convergence R et de somme f; f est de classe C^∞ sur $]-R,R[$ et pour tout p de **N** $f^{(p)}$ est la somme de la série dérivée d'ordre p, soit*

$$f^{(p)}(x) = \sum_{n=0}^{+\infty} (n+p)\ldots(n+1) a_{n+p} x^n .$$

Démonstration : Nous savons déjà que les séries dérivées terme à terme ont pour rayon de convergence R, et convergent normalement sur tout segment de $]-R,R[$. L'application répétée du théorème de dérivation des séries de fonctions donne alors le résultat.

24.4.2. Intégration : La convergence uniforme de la série entière sur les compacts du disque ouvert de convergence $D(0,R)$ fait que l'on peut l'intégrer terme à terme sur les segments inclus dans l'intervalle ouvert de convergence.

24.4.3. Un contre-exemple : Toute fonction analytique réelle est, en vertu de ce qui vient d'être établi, de classe C^∞. Mais, à la différence du cas complexe, il existe des fonctions C^∞ réelles qui ne sont pas analytiques — pire : *la fonction somme de la série* $\sum \frac{1}{n!} \exp(2^n ix)$ *est de classe C^∞ sur **R**, et n'est nulle part analytique.*

Étudions d'abord la série de Taylor de f en 0 : son p-ième coefficient est

$$a_p = \frac{1}{p!} f^{(p)}(0) = \frac{1}{p!} \sum_{n=0}^{+\infty} \frac{2^{pn}}{n!} = \frac{1}{p!} \exp(2^p)$$

et

$$\frac{a_{p+1}}{a_p} = \frac{\exp(2^{p+1}-2^p)}{p+1} = \frac{\exp(2^p)}{p+1}$$

qui tend vers 0 lorsque p tend vers $+\infty$: le rayon de convergence de la série évoquée est donc nul.

Si maintenant $x = \frac{r}{2^s}$ $r \in \mathbf{Z}$, $s \in \mathbf{N}^*$ on a pour tout h réel et tout $n \geq s$

$$\exp(2^n i(x+h)) = \exp(2^n ih)$$

La fonction $g(h) = f(x+h)$ s'écrit alors sous la forme $f(h) + S(h)$, où S est une somme finie de fonctions du type $\frac{1}{n!}\exp(2^n ix)$. S est donc analytique. On en déduit que g ne peut être développable en série entière en 0 — sans quoi f le serait — et x n'est pas un point d'analycité de f.

Nous avons donc mis en évidence un ensemble *dense* de points de non-analycité de f, à savoir les rationnels de la forme $x = \frac{r}{2^s}$ $r \in \mathbf{Z}$, $s \in \mathbf{N}^*$ (rationnels dyadiques) ; comme l'ensemble des points d'analycité de f est ouvert, il ne peut être que vide.

Lectures supplémentaires : L'étude des fonctions définies par une série entière sur le disque unité a été poussée très loin. Pour se faire une première idée, lire Rudin [RU1] chap. 16-17 puis Hoffman [HO] etc. L'étude des *fonctions entières* est assez spécialisée [VA2], [BO2].

EXERCICES

1) Soit a_n une suite complexe telle que le rayon de convergence de $\sum a_n z^n$ soit infini. On pose, pour r réel > 0, $M(r) = \sup|f(z)| : |z| = r$ (justifier). On suppose qu'il existe des nombres réels R et $k > 0$ tel que, pour tout $r \geq R$, $M(r) \leq e^{kr}$. Montrer qu'il existe un entier N tel que, pour tout $n \geq N$, $|a_n|^{1/n} \leq 2\pi ke/n$ (utiliser Fourier, cf.24.4.1).

2) Soit $f_n(z)$ une suite de fonctions séries entières, $f_n(z) = \sum a_k(n) z^k$ supposées convergentes sur $\mathbf{C}$, On suppose que la suite (f_n) converge uniformément sur les compacts de $\mathbf{C}$ vers une fonction continue f.

a) Montrer qu'alors chacune des suites $n \to a_k(n)$ converge vers $a_k \in \mathbf{C}$.

b) On suppose de plus qu'il existe une suite a_k telle que $|a_k(n)| \leq a_k$ pour tout (k,n) de $\mathbf{N}^2$, le rayon de convergence de $\sum a_k z^k$ étant infini. Montrer que $f(z) = \sum a_k z^k$ pour tout z de $\mathbf{C}$.

25. Opérations sur les séries entières, développement en série entière

25.1. Opérations sur les séries entières

25.1.1. Combinaisons linéaires : *Soient $\sum a_n z^n$ et $\sum b_n z^n$ deux séries entières de rayons de convergence R et R' respectivement. Alors $\sum (a_n+b_n) z^n$ a un rayon de convergence $\geq \min(R,R')$ et égal à $\min(R,R')$ si $R \neq R'$.*

En effet, $\sum(a_n+b_n)z^n$ converge pour tout z tel que $|z| < \min(R,R')$. Si $R < R'$ par exemple, on choisit un réel r tel que $R < r < R'$. La suite $a_n r^n$ n'est pas bornée tandis que $b_n r^n$ tend vers 0, donc $\sum(a_n+b_n)r^n$ diverge, ce qui montre que le rayon de la dite série est inférieur ou égal à $\min(R,R')$, d'où l'égalité.

25.1.2. Produit de convolution : *Soient $\sum a_n z^n$ et $\sum b_n z^n$ deux séries entières de rayon de convergence R et R', et soit (c_n) la suite convolée de (a_n) et (b_n)*

$$c_n = a_0 b_n + a_1 b_{n-1} + \ldots a_n b_0 = \sum_{k=0}^{n} a_k b_{n-k}$$

Alors $\sum c_n z^n$ a un rayon de convergence $\geq \min(R,R')$ et l'on a, pour tout nombre z tel que $|z| < \min(R,R')$:

$$\left(\sum_{n=0}^{+\infty} a_n z^n\right) \left(\sum_{n=0}^{+\infty} b_n z^n\right) = \sum_{n=0}^{+\infty} c_n z^n$$

En effet, pour $|z| < \min(R,R')$ les séries $\sum a_n z^n$ et $\sum b_n z^n$ sont absolument convergentes ce qui permet d'effectuer leur produit de convolution, et d'affirmer que sa somme est le produit des sommes de $\sum a_n z^n$ et $\sum b_n z^n$.

Cette égalité est source d'innombrables identités remarquables, par exemple :

Application : Soit $\sum a_n z^n$ une série entière de rayon de convergence $R > 0$. Pour $|z| < \min(1,R)$ on a $\sum_{n=0}^{+\infty} A_n z^n = \frac{1}{1-z} \left(\sum_{n=0}^{+\infty} a_n z^n \right)$, où $A_n = a_0 + \ldots + a_n$.

En effet, $\sum A_n z^n$ est la convolée de $\sum z^n$ et de $\sum a_n z^n$, et ces deux séries convergent absolument pour $|z| < \min(1,R)$.

25.1.3. Intégration et dérivation : Nous avons vu que ces deux opérations conservaient le rayon de convergence. Elles nous serviront pour déterminer de nombreux développements usuels.

25.1.4. Quotient, composition, réciproque : *La lecture de ce qui suit demande quelques connaissances de base sur les fonctions holomorphes telles qu'elles sont rappelées au § 41. Les candidats à l'agrégation interne pourront admettre les résultats énoncés.*

Ces opérations sont difficiles à exprimer directement sur les séries elles-mêmes, voir [AF tome 3] pour un traitement complet du point de vue algébrique des séries formelles (on y trouve la preuve de quelques formules remarquables dues à Schur, Lagrange...).

Le plus simple, au niveau de l'agrégation, est de s'appuyer sur la notion de *fonction holomorphe, c'est-à-dire dérivable au sens complexe* : toute fonction analytique est holomorphe, et *réciproquement...* De plus, si f est holomorphe dans un disque $D(a,r)$, la formule de Cauchy montre que la série entière qui définit f au voisinage de a possède un rayon de convergence ≥ r ; et le principe du prolongement analytique montre que f et la somme de la série entière qui définit f au voisinage de a *coïncident* sur l'intersection de leurs domaines (ouverts). Il en résulte les propriétés suivantes :

1– *Si f et g sont deux fonctions admettant des développements en série entière en 0 de rayons respectifs R et R' > 0, et si $g(0) \neq 0$, le quotient $\frac{f}{g}$ est développable en série entière en 0 ; si $\frac{f}{g}$ possède au moins un pôle dans son $D(0,\text{Min}(R,R'))$ son rayon de convergence est le module r du plus petit pôle de la fonction $\frac{f}{g}$.*

En effet, g est continue en 0 donc ne s'annule pas au voisinage de 0. De ce fait la fonction $\frac{f}{g}$ est définie au voisinage de 0, et holomorphe par quotient (les opérations sur les fonctions **C**-dérivables sont les mêmes que celles que l'on pratique sur les fonctions d'une variable réelle). Elle est donc développable en série entière en 0.

Pour ce qui est du rayon, il est clair que $\frac{f}{g}$ est holomorphe dans $D(0,r)$, donc que le rayon de convergence du DSE est ≥ r, et que $\frac{f}{g}$ n'est pas bornée au voisinage du cercle $C(0,r)$ à cause de la présence d'un pôle, d'où la conclusion.

2– *Si f et g sont deux fonctions admettant des développements en série entière en 0 de rayons respectifs R et R' > 0, et si $g(0) = 0$, la composée fog est développable en série entière en 0.*

A nouveau ceci résulte de l'holomorphie de fog.

3– *Si f est une fonctions admettant un développements en série entière en 0 et si $f(0) = 0$, $f'(0) \neq 0$, f possède un inverse développable en série entière au voisinage de 0.*
En effet, f est analytique donc de classe C^1, et sa différentielle en 0 est $h \to hf'(0)$ qui est par hypothèse inversible. L'inversion locale s'applique, on en déduit que f possède une réciproque de classe C^1, définie au voisinage de 0. Cette réciproque est holomorphe : sa différentielle est, en chaque point f(z), l'inverse d'une similitude directe (la différentielle de f en z) et par suite est aussi une similitude directe, donc f^{-1} est **C**-dérivable en tout point.

25.2. Développements en série entière

25.2.1. DSE d'une fonction de variable réelle par une formule de Taylor :
Une condition *nécessaire* pour qu'une fonction de variable réelle admette un développement en série entière au voisinage de 0 est qu'elle soit de classe C^∞. La dite condition n'est pas suffisante comme nous l'avons vu au § 24.5.3, la CNS étant qu'en tout point d'un intervalle]-r,r[le reste de Taylor tende vers 0. Nous renvoyons au § 11 pour diverses illustrations de l'emploi direct du reste de Taylor.

☛ : Il faut être très prudent avec les fonctions de variable réelle : même si la série de Taylor converge partout, elle peut ne pas converger vers la fonction dont elle est issue.

Ainsi, il est facile de trouver deux fonctions admettant le même développement convergeant en série de Taylor en 0, et qui diffèrent partout sur $\mathbb{R}^*$:

Posons pour x réel $\neq 0$ $f(x) = \exp(-\frac{1}{x^2})$, $g(x) = 2f(x)$, et $f(0) = g(0) = 0$. Les fonctions f et g ont pour série de Taylor la série nulle, qui converge partout, et pourtant f et g diffèrent pour tout $x \neq 0$.

25.2.2. DSE de fonctions usuelles :
Dans ce qui suit, z désigne une variable complexe et x une variable réelle. Les DSE sont étudiés au voisinage de 0.

1er groupe : les fonctions $\frac{1}{1+z}$ et $\frac{1}{1-z}$, Log(1-x) et Log(1+x), Arctgx, $\frac{1}{(1-z)^{p+1}}$.

La pierre angulaire est ici le développement, valable pour $|z| < 1$

$$\frac{1}{1-z} = 1 + z + z^2 + z^3 + \ldots + z^n + \ldots = \sum_{n=0}^{+\infty} z^n$$

d'où l'on tire

$$\frac{1}{1+z} = 1 - z + z^2 - z^3 + \ldots + (-1)^n z^n + \ldots = \sum_{n=0}^{+\infty} (-1)^n z^n$$

Les formules concernant le Log viennent par intégration sur le segment [0,x], $|x| < 1$:

$$\text{Log}(1-x) = -\sum_{n=1}^{+\infty} \frac{x^n}{n} \text{ et Log}(1+x) = \sum_{n=1}^{+\infty} (-1)^{n-1} \frac{x^n}{n}$$

Quant au DSE d'Arctgx, il suit en substituant x^2 à x dans $\frac{1}{1+x}$: pour $|x| < 1$ on a l'égalité

$$\frac{1}{1+x^2} = \sum_{n=0}^{+\infty} (-1)^n x^{2n}$$

et par intégration, tenant compte du fait que Arctg(0) = 0

$$\text{Arctg}(x) = \sum_{n=0}^{+\infty} (-1)^n \frac{x^{2n+1}}{2n+1}.$$

Enfin, après p dérivation complexes consécutives

$$\frac{p!}{(1-z)^{p+1}} = \sum_{n=0}^{+\infty} (n+p)\ldots(n+1) z^n$$

d'où en divisant par p !

$$\frac{1}{(1-z)^{p+1}} = \sum_{n=0}^{+\infty} C_{n+p}^{p} z^n$$

Nous disposons ainsi de la *série génératrice de la suite* $n \to C_{n+p}^{p}$.

Application : DSE d'une fraction rationnelle : *Soit F(z) une fraction rationnelle de pôles (complexes) $z_1, \ldots, z_n$. Si 0 n'est pas un pôle de F, la fonction F admet un développement en série entière au voisinage de 0, et le rayon de convergence de ce* *dernier est* $R = \min\{|z_i|; i=1,\ldots,n\}$. *En effet* la décomposition de F en éléments simples réduit la preuve au cas où $F(z) = \dfrac{1}{(z-a)^p}$. Dans ce cas, pour $|z| < |a|$

$$\frac{1}{(z-a)^p} = \frac{(-1)^p}{a^p}\frac{1}{(1-z/a)^p} = \frac{(-1)^p}{a^p} \sum_{n=0}^{+\infty} C_{n+p-1}^{p-1} \left(\frac{z}{a}\right)^n$$

ce qui donne immédiatement le développement annoncé de F sur D(0,R). Le rayon de la série entière ainsi obtenue ne peut-être $\geq R$ car la fonction |F| tend vers $+\infty$ en chacun des pôles. QED.

Exercice : Montrer directement, c'est-à-dire sans recours aux fonctions holomorphes, que le rayon de convergence de F est bien R.

2e groupe : $(1+x)^\alpha$, $\sqrt{1+x}$, $\sqrt{1-x^2}$, $\sqrt{1+x^2}$, Arcsinx, Argshx
Tout repose cette fois sur le développement de $(1+x)^a$ lorsque $|x| < 1$:

$$(1+x)^\alpha = 1 + \alpha x + \sum_{n=2}^{+\infty} \frac{\alpha(\alpha-1)\ldots(\alpha-n+1)}{n!} x^n$$

Preuve : Il est possible de montrer directement que le reste intégral de la formule de Taylor pour $(1+x)^\alpha$ tend vers 0 si $|x| < 1$, cf.[VA] ou [RDO tome 3]. Toutefois une identification directe usant d'une équation différentielle donne rapidement le résultat : On suppose α non entier, sans quoi la formule est celle du binôme. Moyennant le théorème de d'Alembert, la série entière $1+ \alpha x +\sum_{n=2}^{+\infty} \dfrac{\alpha(\alpha-1)\ldots(\alpha-n+1)}{n!} x^n$ a pour rayon de convergence 1. Sa fonction somme f est donc dérivable sur]-1,1[et la dérivation terme à terme sur cet intervalle donne

$$(1+x)f'(x) = (1+x)\left(\alpha + \sum_{n=1}^{+\infty} \frac{\alpha(\alpha-1)\ldots(\alpha-n)}{(n+1)!} x^n\right) = \alpha(1+x)\left(1 + \sum_{n=1}^{+\infty} \frac{(\alpha-1)\ldots(\alpha-n)}{(n+1)!} x^n\right)$$

que l'on réorganise selon les puissances de x en

$$(1+x)f'(x) = \alpha\left[1+ x+ (\alpha-1)x + \sum_{n=2}^{+\infty} \left[\frac{(\alpha-1)\ldots(\alpha-n)}{(n+1)!} + \frac{(\alpha-1)\ldots(\alpha-n+1)}{n!}\right] x^n\right)$$

Soit

$$(1+x)f'(x) = \alpha\left(1 + \alpha x + \sum_{n=2}^{+\infty} \frac{\alpha(\alpha-1)\ldots(\alpha-n+1)}{n!} x^n\right) = \alpha f(x).$$

Mais *la* solution de l'équation $(1+x)y' = \alpha y$ sur]-1,1[prenant la valeur 1 en 0 est la fonction $x \to (1+x)^\alpha$ (l'équation étant linéaire d'ordre 1, on peut se passer de Cauchy-Lipschitz, voir le § 36.1.). Cette unicité impose
$$\forall x \in]-1,1[, f(x) = (1+x)^\alpha. \text{ QED.}$$

($\to$ leçon : problèmes conduisant à une équation différentielle).

Diverses valeurs de α et substitutions donnent alors les séries suivantes. Par exemple

$$\sqrt{1-x^2} = 1 - x^2 - \sum_{n=2}^{+\infty} \frac{1}{n!} (\frac{1}{2}\frac{1}{2}\cdots\frac{2n-3}{2})x^{2n}$$

et

$$\frac{1}{n!}(\frac{1}{2}\cdots\frac{2n-3}{2}) = \frac{1}{n!}\frac{1}{2^n}\frac{1.2.3\ldots(2n-2)}{2\ldots 2(n-1)} = \frac{1}{n\, 2^{2n-1}}\frac{(2n-2)!}{(n-1)!^2} = \frac{1}{n\, 2^{2n-1}} C_{2n-2}^{n-1}.$$

3e groupe : e^z, chz, shz, cosz, sinz : nous renvoyons au § 40 pour la construction et la description de ces fonctions, la série de base est ici l'*exponentielle complexe*.

25.3. Quelques applications des développements en série entière

25.3.1. Solutions d'équations fonctionnelles :
Voici une illustration classique des idées usuellement en jeu.

Soit f une fonction continue de $\mathbf{R}$ dans $\mathbf{R}$ telle qu'il existe un nombre réel q vérifiant $|q| < 1$ et $\forall x \in \mathbf{R}, f(x) = (1-qx)f(qx)$. Alors f se développe en série entière de rayon de convergence $+\infty$.

Commençons par montrer que deux solutions continues f et g de l'équation fonctionnelle

$$(G) \quad \forall x \in \mathbf{R}, f(x) = (1-qx)f(qx)$$

qui coïncident en 0 sont égales sur $\mathbf{R}$. Pour ce faire introduisons la fonction $h = f - g$ qui visiblement est aussi solution de (G); par récurrence sur n il vient

$$\forall x \in \mathbf{R}, \forall n \in \mathbf{N}, h(x) = (1-qx)\ldots(1-q^n x)h(q^n x)$$

La fonction h est nulle en 0 et continue, donc pour tout x de $\mathbf{R}$ la suite $n \to h(q^n x)$ tend vers 0. Pour montrer que h est *identiquement nulle* il suffit de prouver que le produit

$$\pi_n = (1-qx)\ldots(1-q^n x)$$

tend vers une limite finie. Dans ce but choisissons — c'est possible — un entier N tel que, pour tout $n \geq N$, $|q^n x| < 1$. lorsque $n \geq N$ tend vers $+\infty$ on a l'équivalence

$$\text{Log}(1 - q^n x) = q^n x + o(q^n x)$$

Celle-ci montre la convergence de la série $\sum \text{Log}(1-q^n x)$, et donc celle du produit π_n. De là, h est nulle et $f = g$.

Raisonnons maintenant par analyse et synthèse :

Analyse : Si f se développe en une série entière de rayon de convergence $+\infty$, soit

$f(x) = \sum_{k=0}^{+\infty} a_k x^k$, l'équation fonctionnelle (G) se traduit par

$$\sum_{k=0}^{+\infty} a_k x^k = (1 - qx) \sum_{k=0}^{+\infty} a_k q^k x^k,$$

soit

$$\sum_{k=0}^{+\infty} a_k x^k = a_0 + \sum_{k=1}^{+\infty} (a_k - a_{k-1}) q^k x^k,$$

d'où l'on tire la relation de récurrence portant sur les (a_n)

$$a_{k+1} = \frac{q^k}{q^k - 1} a_k \quad (R).$$

Synthèse : On part, $a_0 = f(0)$ étant donné, de la relation de récurrence (R). Le quotient $\frac{a_{k+1}}{a_k}$ tend vers 0, donc la série entière $\sum_{k=0}^{+\infty} a_k x^k$ a un rayon de convergence $+\infty$, et la relation (R) exprime exactement que sa somme f est solution de (G). Pour établir que $f = g$, il nous suffit en vertu des préliminaires de montrer que f et g coïncident en 0, mais a_0 est choisit pour cela. QED.

25.3.2. Solution d'équations différentielles :
Nombreuses sont les équations différentielles, linéaires du second ordre surtout (ce n'est pas un hasard) où l'on passe par un développement en série entière pour recueillir des informations capitales sur la structure des solutions. En particulier, dans l'étude, depuis longtemps approfondie des équations différentielles linéaires de degré 2. Soit
$$a(x)y'' + b(x)y' + c(x)y = d(x) \quad a, b, c, d \text{ continues,}$$
une telle équation, et appelons *point singulier* de l'équation tout point d'annulation de la fonction a. Les séries entières permettent dans certains cas fondamentaux d'étudier la structure des solutions au voisinage de ces points où, rappelons-le, le théorème de Cauchy ne s'*applique pas*. Pour de nombreux résultats (mais hélas peu de preuves) on pourra consulter l'intéressant ouvrage de Bender et Orszag, [BO].

Donnons en exemple *l'équation de Bessel* :
$$x^2 y'' + xy' + (x^2 - \nu^2)y = 0$$
pour laquelle le point 0 est clairement singulier. Nous supposerons $\nu \notin \mathbb{N}$. On en recherche les solutions sous la forme $x^\lambda \sum_{n=0}^{+\infty} a_n x^n$ où $\lambda \in \mathbb{C}$, la série entière $\sum a_n x^n$ ayant un rayon de convergence > 0 (raisonnement par analyse-synthèse). On impose de plus $a_0 \neq 0$ (la puissance de x est intégrée à x^λ). Remplaçant dans l'équation différentielle, nous obtenons les relations
$$(\lambda^2 - \nu^2)a_0 = 0 \text{ d'où } \lambda = \nu \text{ ou } \lambda = -\nu$$
$$[(\lambda+1)^2 - \nu^2]a_1 = 0$$
pour $n \geq 2$:
$$[(n+\lambda)^2 - \nu^2]a_n + a_{n-2} = 0$$

Traitons le cas où : $\lambda = \nu$.
Il vient alors $a_1 = 0$ et donc
tous les termes impairs sont nuls.
pour n pair = 2p, une récurrence facile montre alors que
$$a_{2p} = \frac{(-1)^p}{2^{2p} p!(\lambda+1)\ldots(\lambda+p)}$$
On traite de même le cas où $\lambda = -\nu$ (sauf si $\lambda = -\nu = \frac{1}{2}$, cas évoqué plus loin). Il résulte alors de tout cela que les séries entières paires de rayon convergence $+\infty$ (d'Alembert pour $\sum a_{2p} z^p$)
$$S^+(x) = 1 + \sum_{n=0}^{+\infty} \frac{(-1)^p}{2^{2p} p!(\nu+1)\ldots(\nu+p)} x^{2p}$$
$$S^-(x) = 1 + \sum_{n=0}^{+\infty} \frac{(-1)^p}{2^{2p} p!(1-\nu)\ldots(p-\nu)} x^{2p}$$

fournissent deux solutions $x \to x^\nu S^+(x)$ et $x \to x^{-\nu} S^-(x)$ de l'équation différentielle de départ.

Cas particulier : Si $\nu = 1/2$ et $\lambda = -1/2$ on peut imposer $a_1 = $ et construire de plus une série entière impaire $T(x)$ telle que $x \to x^{-1/2} T(x)$ soit solution de l'équation de Bessel malheureusement $T(x) = xS(x)$ (à un scalaire près) et l'on retrouve la solution $x^{1/2} S(x)$.

25.3.3. Application aux problèmes de dénombrement : Nous nous contenterons de donner un exemple significatif, en étudiant le nombre de relations d'équivalences (partitions) d'un ensemble. D'autres exemples classiques sont donnés en exercice, on pourra aussi consulter le très riche livre de Louis Comtet [CO]. L'idée générale est d'étudier une suite numérique (u_n), en général issue d'un problème combinatoire, à travers les propriétés de la série entière $\sum u_n z^n$ que l'on appelle *série génératrice* de la suite (u_n) (on utilise aussi la *série génératrice exponentielle* $\sum \frac{u_n}{n!} z^n$). Les relations, le plus souvent récurrentes, que l'on connaît des (u_n) amènent $\sum u_n z^n$ à vérifier des identités fonctionnelles-différentielles, d'où l'on déduit diverses propriétés de la somme qui se répercutent à leur tour sur la suite (u_n) etc. l'idéal étant la description de $\sum u_n z^n$ à l'aide des fonctions usuelles.

Nombre de partitions

A titre d'illustration, étudions ce que l'on appelle les *nombres de Stirling*. Vérifions en premier lieu que

– *La série* $\displaystyle\sum_{k=0}^{+\infty} \frac{k^n}{k!}$ *converge pour tout entier* n.

En effet, le quotient de deux termes consécutifs est $\frac{1}{k+1}(1+\frac{1}{k})^n$ qui tend manifestement vers 0, le critère de d'Alembert amène une conclusion immédiate.

On pose désormais
$$p_n = \frac{1}{e} \sum_{k=0}^{+\infty} \frac{k^n}{k!} \text{ (n-ième nombre de Stirling)}$$

– Pour tout x réel, posons $f(x) = \exp(e^x - 1)$. Alors *la fonction f est développable en série entière* : $f(x) = \displaystyle\sum_{k=0}^{+\infty} d_k x^k$ *de rayon de convergence* $+\infty$, *où* $d_k = \frac{p_k}{k!}$, *et f vérifie l'équation différentielle* $y' = e^x y$ *En effet,* pour $x > 0$ on dispose des séries convergentes

$$\sum_{n=0}^{+\infty} \frac{(e^x-1)^n}{n!} = \exp(e^x - 1) = \frac{1}{e} \sum_{n=0}^{+\infty} \frac{e^{nx}}{n!} = \frac{1}{e} \sum_{n=0}^{+\infty} (\sum_{m=0}^{+\infty} \frac{n^m x^m}{n! m!}).$$

Les termes des séries en jeu sont tous positifs, il est de ce fait possible d'intervertir l'ordre des sommations (22.4.3.) pour obtenir

$$\exp(e^x - 1) = \frac{1}{e} \sum_{m=0}^{+\infty} (\frac{1}{m!} \sum_{n=0}^{+\infty} \frac{n^m}{n!}) x^m$$

Pour $x < 0$, le résultat est le même par application de ce qui précède à $|x|$. L'expression ci-dessus montre bien que $f(x)$ se développe en série entière sur $\mathbf{R}$, les coefficients en sont les nombres $\frac{1}{m!} \displaystyle\sum_{n=0}^{+\infty} \frac{n^m}{n!}$ c'est-à-dire exactement les $\frac{p_m}{m!}$. La fonction $\exp(e^x - 1)$ est donc la *série génératrice exponentielle* de la suite (p_m) des nombres de Stirling. L'équation différentielle vient ensuite par dérivation directe.

On note q_n le nombre de partitions d'un ensemble à n éléments (ici, une *partition* d'un ensemble à n éléments E est un *sous-ensemble* de $P(E)\backslash\{\emptyset\}$ dont E est la réunion disjointe). Le but final est d'identifier p_n et q_n. L'idée est de montrer que ces nombres satisfont à la même définition récurrente; pour q_n, la preuve est combinatoire, pour p_n elle provient de la fonction génératrice.

a) *Pour tout* n *de* $\mathbf{N}^*$, $q_{n+1} = 1 + \sum_{k=1}^{n} C_n^k q_k$

Soit $E = (a_1,\ldots,a_{n+1})$ un ensemble de n+1 éléments, et soit r_k le nombre de partitions R de E telles que a_{n+1} appartienne à un ensemble A_k pris dans R et possèdant k+1 éléments exactement.

Comme $r_{n+1} = 1$, il vient : $q_{n+1} = 1 + \sum_{k=0}^{n-1} r_k$.

Identifions r_k : il y a C_n^k choix possibles pour A_k, correspondant à la selection de k éléments dans $(a_1,\ldots,a_n)$. A_k étant fixé, il reste à choisir une partition quelconque de $E\backslash A_k$ pour obtenir une partition de E, par définition, cela fait q_{n-k} choix possibles.

Donc $r_k = C_n^k q_{n-k}$. Finalement :

$$q_{n+1} = 1 + \sum_{k=0}^{n-1} C_n^k q_{n-k} = 1 + \sum_{k=1}^{n} C_n^k q_k$$

b) $p_n = q_n$ *pour tout* n *de* $\mathbf{N}^*$.

On a visiblement $p_1 = q_1 = 1$, pour conclure il suffit de montrer que, pour tout $n \geq 1$,

$$p_{n+1} = 1 + \sum_{k=1}^{n} C_n^k p_k \quad (*)$$

Partons de l'équation différentielle $y' = e^x y$, nous en tirons par passage aux séries entières

$$\sum_{n=0}^{+\infty}(n+1)d_n x^n = \left(\sum_{n=0}^{+\infty} \frac{x^n}{n!}\right)\left(\sum_{n=0}^{+\infty} d_n x^n\right).$$

L'identification des coefficients obtenus après produit de convolution fournit

$$(n+1)d_{n+1} = \sum_{k=0}^{n} \frac{d_k}{(n-k)!}$$

Compte tenu de $d_k = \frac{p_k}{k!}$, nous trouvons

$$\frac{(n+1)p_{n+1}}{(n+1)!} = \sum_{k=0}^{n} \frac{p_k}{k!(n-k)!} = \frac{1}{n!}\sum_{k=0}^{n} C_n^k p_k$$

d'où (*) après simplification.

Lectures supplémentaires : Très nombreuses illustrations du sujet dans les traités classiques : Dieudonné [DCI], Valiron [VA], Wittaker & Watson, [WW]… Pour les séries génératrices, on renvoie à nouveau à Comtet [CO].

EXERCICES

1) Donner un DSE en 0 des fonctions suivantes : $g(x) = \int_0^{\pi/2} e^{x\sin t} dt$, $(x+\sqrt{1+x^2})^p$ (utiliser une équation différentielle linéaire du *second* ordre à coefficients polynômiaux), $\dfrac{1}{1+x+...x^p}$, $\ln(a+x)$ $(a>0)$ $x+\dfrac{x}{\sqrt{1+x^2}}$, $\dfrac{\text{Ln}(1-x^2)}{1+x}$, $\sqrt{\dfrac{1-x}{1+x}}$, $\text{Arctg}(\dfrac{1-x}{1+x})$, $\cos x e^{-x}$.

2) Montrer que $\tg x$ admet un DSE en 0. En utilisant le théorème de Cauchy-Lipschitz, montrer que le rayon de convergence de la série entière ainsi obtenue est $\pi/2$ (On peut aussi utiliser Bernstein, cf. le § 11.3).

Suites récurrentes linéaires

3) On rappelle le fait que les suites récurrentes linéaires complexes satisfaisant à la relation : $u_{n+p} = a_{p-1} u_{n+p-1} + a_{p-2} u_{n+p-2} +...+ a_0 u_n$ (E) forment un C-ev S de dimension finie p, on veut retrouver lorsque $a_0 \neq 0$ le *théorème de structure* : soient $\lambda_1,...,\lambda_\rho$ les racines de l'équation caractéristique $z^{n+p} - a_{p-1} z^{n+p-1} - a_{p-2} z^{n+p-2} -...- a_0 = 0$ associée à (E) et $a_1,...,a_r$ leurs multiplicités respectives. Les p suites :
$$\lambda_1^n,...,n^{a_1-1}\lambda_1^n,..., \lambda_r^n,...,n^{a_r-1}\lambda_r^n$$
forment une base de S. Soit donc (u_n) une suite vérifiant (E). Montrer qu'il existe $M>0$ tel que $|u_n|$ soit majorée par la suite M^n. En déduire que le rayon de convergence de $f(z) = \sum u_n z^n$ est >0. En développant le produit $f(z)(z^{n+p} - a_{p-1} z^{n+p-1} - a_{p-2} z^{n+p-2} -...- a_0)$ montrer que f est une fraction rationnelle. Développer alors f en série entière par décomposition et conclure.

Dénombrements

4) Soit n dans $\mathbb{N}^*$. Si $r \in \mathbb{N}^*$, on appelle r-partition de n toute suite décroissante d'entiers $x_1,...,x_r$ telle que $x_1+...+x_r = n$. a) Montrer que le nombre $p_r(n)$ de r-partitions de n est égal au nombre de solutions entières de $y+2y_2+...+ry_r = n$ b) Montrer que $p_r(n)$ est le coefficient de z^n dans le DSE de $1/P(z)$, avec $P(z) = (1-z)...(1-z^r)$
c) Trouver le nombre de 3-partitions de n.

5) Soit a_n la suite récurrente telle que : $a_1 = 1$ et $a_{n+1} = a_1 a_n +...+a_n a_1$. Déterminer la suite a_n (introduire $\sum a_n x^n$ et raisonner par analyse-synthèse).

26. Problèmes au bord du disque de convergence

On se donne, pour tout ce paragraphe, une suite complexe (a_n). Dès que nécessaire, on suppose que la série entière $\sum a_n z^n$ a un rayon de convergence ≥ 1.

26.1. Comportement au bord lorsque $\sum a_n$ converge

Le **théorème d'Abel** est le suivant :

26.1.1. *Soit $\sum a_n z^n$ une série entière telle que la série $\sum a_n$ converge. La série entière $\sum a_n x^n$ est alors convergente sur [0,1] et sa somme f possède selon [0,1] une limite en 1 égale à la somme de $\sum a_n$.*

La preuve en est donnée comme application de 3); avant de l'aborder, il convient de préciser quelques propriétés élémentaires. Soit $\sum a_n z^n$ une série entière telle que $\sum a_n$ converge.

26.1.2. *Le rayon de convergence de cette série est* ≤ 1 : *En effet*, la suite $a_n 1^n$ est bornée et le lemme d'Abel entraîne que $\sum a_n z^n$ est absolument convergente lorsque $|z| < 1$.

26.1.3. *Si $\sum a_n$ est absolument convergente, ou est une série alternée, $\sum a_n x^n$ converge uniformément sur le segment* $[0,1]$.

Dans le premier cas on a, pour tout z de $\overline{D}(0,1)$, l'inégalité $|a_n z^n| \leq |a_n|$ qui amène la convergence normale, et par suite uniforme, de la série entière sur $\overline{D}(0,1)$; *a fortiori* sur $[0,1]$.

Dans le deuxième cas, on observe que, pour x dans $[0,1]$, la suite $a_n x^n$ est de signes alternés et décroît vers 0. La série $\sum a_n x^n$ satisfait donc au critère des séries alternées, son reste d'ordre n-1 est par suite majoré par $|a_n x^n| \leq |a_n|$, ce qui montre à nouveau la convergence uniforme.

On obtient alors *directement* le théorème d'Abel en observant que la somme $f(x)$ de $\sum a_n x^n$, limite uniforme de fonctions continues, l'est aussi sur $[0,1]$. Lorsque x tend vers 1, $f(x)$ tend donc vers $f(1) = \sum_{n=0}^{+\infty} a_n$.

26.1.4. Premières applications : On a les égalités

$$\sum_{n=1}^{+\infty} \frac{(-1)^{n-1}}{n} = \ln 2 \quad \sum_{n=0}^{+\infty} \frac{(-1)^n}{2n+1} = \frac{\pi}{4}$$

qui proviennent immédiatement, par application du théorème d'Abel, des développements en série entière de $\ln(1+x)$ et $\text{Arctg} x$ sur $]-1,1[$.

Le cas général est donné par le résultat suivant :

26.1.5. Théorème : *Si la série $\sum a_n$ est convergente, la série entière $\sum a_n x^n$ converge uniformément sur le segment* $[0,1]$.

Démonstration : C'est une application du critère de Cauchy, qui repose de plus sur une transformation d'Abel avec reste.

On écrit *ici* $a_n = R_{n-1} - R_n$ où R_n est le reste d'ordre n de la série $\sum a_n$. Il vient alors pour n et p dans $\mathbb{N}$:

$$\sum_{k=n}^{n+p} a_k x^k = \sum_{k=n}^{n+p}(R_{k-1} - R_k) x^k = \sum_{k=n}^{n+p-1} R_k(x^{k+1} - x^k) + R_{n-1} x^n - R_{n+p} x^{n+p}$$

Soit ε un nombre > 0, choisissons un entier N tel que $|R_n| \leq \varepsilon$ pour $n \geq N$.

Il vient, pour tout $n \geq N$ et tout $p \geq 0$

$$\left| \sum_{k=n}^{n+p} a_k x^k \right| \leq \left| \sum_{k=n}^{n+p-1} R_k(x^{k+1} - x^k) \right| + |R_{n-1} x^n| + |R_{n+p} x^{n+p}|$$

$$\leq \varepsilon \sum_{k=n}^{n+p-1} (x^k - x^{k+1}) + \varepsilon(x^n + x^{n+p}) \text{ (car } x^k - x^{k+1} \geq 0)$$

$$\leq 2\varepsilon x^n \leq 2\varepsilon$$

et le critère de Cauchy uniforme est vérifié.

Le théorème d'Abel suit alors immédiatement : la somme $f(x)$ de $\sum a_n x^n$ est continue sur le segment $[0,1]$, $f(x)$ tend donc vers la valeur $f(1) = \sum_{n=0}^{+\infty} a_n$ lorsque x tend vers 1.

26.1.6. Application : Soient $\sum u_n$, $\sum v_n$ et $\sum w_n$ trois séries convergentes de sommes respectives U, V et W, la dernière des séries étant le produit de convolution (de Cauchy) des deux précédentes. On a

$$W = UV.$$

Preuve : Considérons les fonctions séries entières :

$$f(x) = \sum_{n=0}^{+\infty} u_n x^n, \quad g(x) = \sum_{n=0}^{+\infty} v_n x^n \text{ et } h(x) = \sum_{n=0}^{+\infty} w_n x^n$$

Ces fonctions sont par hypothèse correctement définies sur $[0,1]$. De surcroît, la convergence absolue des séries sur $]0,1[$ entraîne que :

$$\forall x \in\,]0,1[,\ h(x) = f(x)g(x).$$

Appliquons maintenant le théorème d'Abel : f tend vers U en 1^-, g vers V et h vers W, donc

$$W = UV.$$

26.1.7. Extension au domaine complexe (théorème de Stolz) : Soit $\sum a_n z^n$ une série entière telle que $\sum a_n$ converge. Soit α dans $]0,\pi/2[$. On pose

$$D = \{z \mid |z| < 1 \text{ et } \text{Arg}(1-z) \in [-\alpha, \alpha]\}.$$

Le but est d'*étendre le théorème d'Abel au domaine* D : *la limite de f en 1 selon D est $f(1)$*. On montre d'abord, en utilisant les coordonnées polaires, qu'il existe $r > 0$ tel que le rapport $\dfrac{|1 - z|}{1 - |z|}$ soit borné sur $B(1,r) \cap D$ (faire une figure du tout) :

Écrivons $1 - z = \rho e^{i\theta}$ où $-\alpha < \theta < \alpha$ et $\rho \geq 0$. Pour $\rho < \dfrac{1}{\cos\alpha}$, z est dans $\overline{D}(0,1)$ en effet

$$|z|^2 = (1 - \rho\cos\theta)^2 + \rho^2 \sin^2\theta = 1 - 2\rho\cos\theta + \rho^2 \leq 1 - 2\rho\cos\alpha + \rho^2 \leq 1 - \rho(\rho - 2\cos\alpha)$$

Majorons ensuite, toujours avec $\rho < \dfrac{1}{\cos\alpha}$, le rapport qui nous occupe :

$$\frac{|1 - z|}{1 - |z|} \leq \frac{|1 - z||1 + z|}{1 - |z|^2} \leq \frac{2\rho}{1 - (1 - 2\rho\cos\theta + \rho^2)} < \frac{2}{2\cos\alpha - \rho} < \frac{2}{\cos\alpha}$$

Vérifions qu'il existe $\lim_{z \to 1, z \in D} f(z) = \sum_{n=0}^{+\infty} a_n$.

On reprend dans ce but la transformation d'Abel avec reste
$$\sum_{k=n}^{n+p} a_k z^k = \sum_{k=n}^{n+p-1} R_k(z^{k+1} - z^k) + R_{n-1}z^n - R_{n+p}z^{n+p}.$$
Soit ε un nombre > 0, choisissons un entier N tel que $|R_n| \leq \varepsilon$ pour $n \geq N$, il vient
$$|\sum_{k=n}^{n+p} a_k x^{nk}| \leq \varepsilon \sum_{k=n}^{n+p-1} |z^{k+1} - z^k| + \varepsilon(|z|^n + |z|^{n+p})$$
Exploitons enfin, pour z convenable, les inégalités précédentes en écrivant
$$|z^k - z^{k+1}| = |1 - z||z|^k \leq C(1 - ||z|)|z|^k \leq C(|z|^k - |z|^{k+1})$$
nous obtenons
$$\varepsilon \sum_{k=n}^{n+p-1} |z^k - z^{k+1}| + \varepsilon(|z|^n + |z|^{n+p}) \leq C\varepsilon \sum_{k=n}^{n+p-1} (|z|^k - |z|^{k+1}) + \varepsilon(|z|^n + |z|^{n+p})$$
$$\leq C\varepsilon(|z|^n + |z|^n) \leq 2C\varepsilon$$
ce qui assure à nouveau la convergence uniforme au voisinage de 1 dans D et donc l'existence, par interversion des limites, de la limite angulaire. QED.

☙ : f(z) ne tend pas nécessairement vers f(1) lorsque z complexe tend vers 1 dans $\overline{D}(0,1)$: il y a des contre-exemples, cf. par exemple le problème de Centrale 89, où, pour des exemples plus simples, un article à paraître dans la Revue de Mathématiques Spéciales de 1993-1994 ([EP]).

26.2. Estimations asymptotiques

26.2.1. Proposition : *Soit $\sum a_n$ une série à termes > 0, divergente et telle que $\rho(\sum a_n x^n) = 1$. La somme f de $\sum a_n x^n$ tend vers $+\infty$ en 1^-.*

L'idée est ici celle de la limite monotone : f est limite simple de fonctions croissantes donc croît. Elle possède de ce fait une limite l en 1^-, éventuellement infinie. Si l'on fixe un entier $N \geq 0$, on a pour tout x de [0,1[
$$\sum_{n=0}^{N} a_n x^n \leq f(x) \text{ donc par passage à la limite} \sum_{n=0}^{N} a_n \leq l$$
La divergence de la série entraîne alors que $l = +\infty$.

26.2.2. Théorème : *Soit f la somme de $\sum a_n x^n$. Si b_n est une suite négligeable devant a_n et si g est la somme de la série entière $\sum b_n x^n$ (qui est avec l'hypothèse définie sur [0,1[) on a*
$$\lim_{1^-} \frac{g}{f} = 0.$$

Démonstration : On utilise une méthode "à la Césaro" : soit ε un nombre > 0. Il existe un entier N tel que, pour tout $n \geq N$ on ait $|b_n| \leq \varepsilon a_n$. La découpe s'effectue comme suit, pour x dans [0,1[
$$\frac{g(x)}{f(x)} = (\sum_{n=0}^{N} b_n x^n) / (\sum_{n=0}^{+\infty} a_n x^n) + (\sum_{n=N+1}^{+\infty} b_n x^n) / (\sum_{n=0}^{+\infty} a_n x^n)$$
Le deuxième terme du membre de gauche est, pour tout x de [0,1[, majoré par ε. Le premier terme h(x) du membre de gauche est le quotient d'une fonction bornée par f(x),

mais f(x) tend vers $+\infty$ en 1 selon [0,1[d'après 1). On peut de ce fait trouver α dans [0,1[tel que, pour tout x de $[\alpha,1[$, $|h(x)| < \varepsilon$. De là, pour tout x de $[\alpha,1[$:

$$\left|\frac{f(x)}{g(x)}\right| < 2\varepsilon$$

d'où la conclusion.

On en déduit le résultat suivant, concernant les suites positives équivalentes :

26.2.3. Corollaire : *Si $\sum a_n$ est une série à termes > 0, divergente et telle que $\rho(\sum a_n x^n) = 1$, si b_n est une suite réelle équivalente à a_n on a, au voisinage de 1^-0*

$$\sum_{n=0}^{+\infty} a_n x^n \sim \sum_{n=0}^{+\infty} b_n x^n$$

Il suffit en effet d'appliquer 2) à la différence des deux membres (notons que l'équivalence assure que le rayon de convergence de $\sum b_n x^n$ est 1).

Ce résultat permet de trouver de nombreux équivalents en vertu de la règle que nous avons déjà exprimé : pour obtenir un équivalent, on remplace un objet "non calculable" — au sens des fonctions usuelles — par un autre qui l'est, par exemple :

26.2.4. *Si $a_0 + \ldots + a_n \sim n$ alors $f(x) \sim_1 \dfrac{1}{1-x}$.*

Preuve : Visiblement $a_n = O(n)$, donc le rayon de convergence de $\sum a_n x^n$ est ≥ 1 (en fait égal à 1 par divergence en 1), ce qui justifie l'étude de f en 1^-0 et l'identité de convolution, valable pour $|x| < 1$

$$\sum_{n=0}^{+\infty} A_n x^n = \frac{1}{1-x}\left(\sum_{n=0}^{+\infty} a_n x^n\right), \text{ où } A_n = a_0 + \ldots + a_n.$$

Comme par hypothèse $A_n \sim n$, une application licite de 26.2.3. montre que, au voisinage de 1

$$\sum_{n=0}^{+\infty} A_n x^n \sim \sum_{n=0}^{+\infty} n x^n \sim \sum_{n=0}^{+\infty} (n+1) x^n = \frac{1}{(1-x)^2}$$

de là, par simple remplacement

$$\frac{1}{1-x}\left(\sum_{n=0}^{+\infty} a_n x^n\right) \sim \frac{1}{(1-x)^2}$$

d'où la conclusion.

Les résultats de 2) et 3) se généralisent au cas où le rayon de convergence de $\sum a_n x^n$ est $+\infty$, nous les laissons au lecteur, afin qu'il puisse tester sa compréhension des preuves. (Il faudra prouver de plus le fait qu'un polynôme est négligeable devant f(x)).

EXERCICE

1) Montrer que la série entière $\sum \left(1+\dfrac{1}{n}\right)^{n^2} \dfrac{z^n}{n!}$ a un rayon de convergence infini, soit f sa somme. Trouver la partie principale de f(x) lorsque x réel tend vers $+\infty$.

Problème 1 : Étude élémentaire de la réciproque du théorème d'Abel

1°) Montrer qu'en général, la fonction f définie sur [0,1] par $f(x) = \sum a_n x^n$ peut posséder une limite au point 1^- sans que la série $\sum a_n$ converge. On va donc faire des hypothèses supplémentaires sur a_n pour obtenir des réciproques partielles du théorème de convergence radiale.

2°) Prouver que la réciproque du théorème d'Abel est vraie lorsque la suite a_n prend ses valeurs dans $[0,+\infty[$.

3°) (Assez difficile, théorème de Tauber). Soit $\sum a_n z^n$ une série entière de rayon de convergence ≥ 1, dont la somme f possède une limite en 1^- (sur [0,1]). On suppose que $a_n = o(\frac{1}{n})$; montrer que $\sum a_n$ converge (on coupera à $N_x = E(\frac{1}{x})$ et on fera $x \to 1$ puis Césaro).

Problème 2 : Texte de révision

1°)a) Étudier la convergence de la suite $(z^{2^n})_{n \geq 0}$, puis la série entière $\sum z^{2^n}$, on notera F sa somme sur le disque de convergence.

b) Montrer que F n'a pas de limite radiale en tout point de la forme $\exp(i\pi \frac{p}{2^n})$.

c) Prouver qu'il n'existe pas d'ouvert connexe Ω contenant strictement $D(0;1)$ sur lequel F admet un prolongement continu.

2°) On pose $a_p = 1$ si p est de la forme 2^n, $a_p = 0$ sinon. Calculer $\sum_{p=0}^{n} a_p$ en fonction de Logn.

3°) Développer en série entière $\frac{F(x)}{1-x}$ et $\frac{F(x)-x}{1-x}$. En déduire qu'il existe une constante K que l'on calculera telle que, lorsque x tend vers 1 : $| F(x) - x - K(1-x)\sum_{n=2}^{+\infty} x^n \text{Log} n | \leq x^2$.

4°) Donner un équivalent de F en 1-0. Peut-on améliorer (sur une échelle usuelle) ?

Analyse hilbertienne

27. Espaces préhilbertiens, théorème de Riesz

27.1. Espaces préhilbertiens réels ou complexes

Nous traiterons pour l'essentiel du cas des espaces préhilbertiens complexes, en précisant, chaque fois que cela sera nécessaire, les différences d'avec le cas réel.

Rappelons qu'un *espace préhilbertien complexe* est un couple (E,(|)) où E est un espace vectoriel complexe et (|) une forme hermitienne définie positive sur E (produit scalaire sur E). La convention est que (|) est semi-linéaire à gauche et linéaire à droite. On a donc l'égalité

$$(x+y \mid x+y) = (x \mid x) + 2\mathrm{Re}(x \mid y) + (y \mid y).$$

27.1.1. Exemples usuels :

$\mathbf{C}^n$ muni du produit scalaire hermitien $((z_1,\ldots,z_n) \mid (z'_1,\ldots,z'_n)) = \sum_{i=1}^{n} \overline{z_i}\, z'_i$.

$l^2(\mathbf{N},\mathbf{C})$ muni du produit scalaire $((z_n) \mid (z'_n)) = \sum_{k=0}^{+\infty} \overline{z_k}\, z'_k$.

$\mathbf{D}_{2\pi}(\mathbf{R},\mathbf{C})$, espace vectoriel des fonctions continues par morceaux 2π-périodiques, dont la valeur en chaque point est la demi-somme des limites à droite et à gauche munies du produit scalaire

$$(f \mid g) = \frac{1}{2\pi} \int_0^{2\pi} \overline{f}\, g \ .$$

Il s'agit bien d'un produit scalaire car $(f \mid f) = 0$ entraîne la nullité de f en tous ses points de continuité, et donc partout moyennant un passage à la limite.

27.1.2. Premières propriétés : (qui définissent une géométrie d'evn particulière).

On pose, pour x dans E, $\|x\|_2 = \sqrt{(x \mid x)}$.

Inégalité de Schwarz

Si x *et* y *sont dans* E *on a* $|(x \mid y)| \leq \|x\|_2 \|y\|_2$.

Attention: dans la preuve complexe on se ramène au cas où $(x \mid y)$ est réel en changeant y en $e^{i\theta}y$ puis on considère, pour $y \neq 0$, le trinôme $t \to (x+ty \mid x+ty)$ toujours positif, donc de discriminant négatif.

Le *cas d'égalité* est celui où (x,y) est lié.

Inégalité de Minkowski

Si x *et* y *sont dans* E *on a* $\|x + y\|_2 \leq \|x\|_2 + \|y\|_2$.

C'est une conséquence directe de l'inégalité de Schwarz. Le *cas d'égalité* est celui où (x,y) sont sur une même demi-droite vectorielle.

Norme sur un espace préhilbertien

Ce qui précède nous autorise à munir E de la norme $\|\ \|_2$, dite *norme préhilbertienne* sur E. On dit que E est un *espace de Hilbert* si $(E, \|\ \|_2)$ est un espace *complet*. Par exemple, pour les produits scalaires évoqués, $l^2(\mathbf{N},\mathbf{C})$ est complet mais $\mathbf{D}_{2\pi}(\mathbf{R},\mathbf{C})$ ne l'est pas (son complété est $L^2([0,2\pi])$, cf : § 38).

Nous noterons désormais $\|\ \|$ au lieu de $\|\ \|_2$.

Théorème de Pythagore

Si x *et* y *sont deux vecteurs orthogonaux de* E, *on a* $\|x + y\|^2 = \|x\|^2 + \|y\|^2$.

La réciproque est vraie dans le cas réel, mais sur $\mathbf{C}$ on obtient seulement $\mathrm{Re}(x|y) = 0$.

Égalité de la médiane

Si x *et* y *sont deux vecteurs de* E *on a*
$$\left\|\frac{x+y}{2}\right\|^2 + \left\|\frac{x-y}{2}\right\|^2 = \frac{1}{2}(\|x\|^2 + \|y\|^2).$$

Il suffit de développer.

27.2. Projecteurs orthogonaux

27.2.1. Rappelons qu'un projecteur d'un espace préhilbertien E est dit *orthogonal* lorsque, pour tout x de E, $x - p(x)$ est orthogonal à F. En dimension infinie, l'existence de projecteurs orthogonaux est un problème non trivial qui n'admet pas toujours une réponse positive.

27.2.2. Proposition : *Soit* F *un sev d'un espace préhilbertien* E. *Les propriétés suivantes sont équivalentes* :
1) F *et son orthogonal* $F^\perp$ *sont supplémentaires;*
2) *il existe un projecteur orthogonal de* E *sur* F.

Démonstration : 1) $\Rightarrow$ 2) Si $F \oplus F^\perp = E$, le projecteur p de de E sur F de direction $F^\perp$ convient car pour x dans E, $x - p(x)$ est dans $F^\perp$.

2) $\Rightarrow$ 1) On pose $G = \ker p$, si x est dans G par définition $x = x - p(x)$ est dans $F^\perp$ donc $F^\perp$ contient G, comme $F \oplus G = E$ et $F \cap F^\perp = \{0\}$ on a $F \oplus F^\perp = E$.

Conséquence de la preuve : s'il y a un projecteur orthogonal de E sur F, ce dernier est le projecteur orthogonal de E sur F de direction $F^\perp$ et de ce fait est unique.

Application : *distance à un sev admettant une projection orthogonale.*
Si p est un projecteur orthogonal de E sur un sev F, pour tout x de E et tout y de F, on a moyennant Pythagore
$$\|x - y\|^2 = \|x - p(x) + p(x) - y\|^2 = \|x - p(x)\|^2 + \|y - p(x)\|^2$$
car $p(x) - y$ est dans F et $x - p(x)$ dans $F^\perp$; donc
$$d(x,F) = \|x - p(x)\|, \textit{ atteinte au seul point } p(x) \textit{ de } F.$$

Projection orthogonale sur un sous-espace de dimension finie

27.2.3. Théorème : *Soit* F *un sous-espace vectoriel de dimension finie de l'espace préhilbertien* $(E, (\ |\ ))$. *Il existe un (et un seul) projecteur orthogonal* p *de* E *sur* F ; *si* $(e_1, \ldots, e_n)$ *est une base orthonormée de* F *celui-ci est donné par*
$$p(x) = \sum_{i=1}^{n} (e_i|x) e_i.$$

Démonstration : On exploite bien sûr directement la formule finale pour obtenir un projecteur orthogonal sur F. L'application p est visiblement **C** - linéaire et d'image incluse dans F. Pour vérifier qu'il s'agit d'un projecteur (i.e. pop = p) il suffit de montrer que, pour x dans F, p(x) = x, ce qui se ramène par linéarité à $p(e_k) = e_k$, k = 1,...,n mais

$$p(e_k) = \sum_{i=1}^{n} (e_i|e_k)e_i = e_k$$

puisque la base est orthonormée. QED.

N.B. : Bien réfléchir au déroulement de la preuve ci-dessus, on peut facilement y être maladroit, par exemple en calculant directement p(p(x)).

Pour améliorer nos résultats, il faut passer par les projections sur les convexes complets. Pour les § 27.2.4 à 6 seulement, nous prendrons **R** comme corps de base (pour dégager les idées essentielles sans ajouter de difficultés techniques).

27.2.4. Théorème de Riesz : *Soit C un convexe complet non vide de l'espace préhilbertien E.*

a) *Pour tout a de E il existe un unique élément* p(a) *de C tel que :* ||a-p(a)|| = d(a,C).
b) *Pour tout u de* C : (a-p(a)|u-p(a)) ≤ 0. *Enfin,* a→ p(a) *est 1-lipschitzienne.*

Démonstration : a) Rappelons qu'en dimension finie il y a une preuve simple de l'existence d'un point réalisant la plus courte distance fondée sur la compacité locale (§ 4 et 33.1). Dans le cas général, *l'idée* est de montrer, grâce à l'égalité de la médiane, qu'une suite (x_n) de C qui approche la distance de a à C est de Cauchy. On choisit donc une suite x_n dans C telle que, pour tout n, $d^2(a,x_n) \leq d^2(a,C) + \frac{1}{n+1}$ (c'est plus commode techniquement). L'égalité de la médiane appliquée à x_n - a et x_m - a fournit

$$\|\frac{x_n+x_m}{2} - a\|^2 + \|\frac{x_n-x_m}{2}\|^2 = \frac{1}{2}(\|x_m-a\|^2 + \|x_m-a\|^2)$$

Comme $\frac{x_n+x_m}{2}$ est dans le convexe C, $d^2(a,C) \leq \|\frac{x_n+x_m}{2} - a\|^2$ et avec le choix de x_n

$$d^2(a,C) + \|\frac{x_n-x_m}{2}\|^2 \leq \frac{1}{2}(d^2(a,C) + \frac{1}{n+1} + d^2(a,C) + \frac{1}{m+1})$$

soit

$$\|\frac{x_n-x_m}{2}\|^2 \leq \frac{1}{n+1} + \frac{1}{m+1}$$

ce qui montre que la suite (x_n) est bien de Cauchy. Si x est sa limite, la continuité de la norme amène d(a,C) = ||a - p(a)||, d'où le premier point.
Pour l'unicité, on écrit à nouveau l'égalité de la médiane pour x - a et x' - a : si x et x' réalisent le minimum

$$\|\frac{x+x'}{2} - a\|^2 + \|\frac{x-x'}{2}\|^2 = \frac{1}{2}(\|x - a\|^2 + \|x'- a\|^2)$$

en simplifiant à l'aide de d(a,x) = d(a,x') = d(a,C)

$$\|\frac{x-x'}{2}\|^2 \leq 0$$

d'où x = x'.
b) L'idée est d'utiliser une *méthode variationnelle* : on se ramène d'abord par translation du tout, au cas où p(a) = 0. Soit u dans C. Si t∈]0,1], tu = (1-t)0 + tu est dans le convexe C.

La définition même de p(a) nous donne alors
$$\forall t \in]0,1], \|a - 0\|^2 \leq \|a - tu\|^2$$
par développement et simplification il vient
$$\forall t \in]0,1], 2t(a|u) \leq t^2\|u\|^2$$
après simplification légitime par t et en faisant tendre t vers 0 nous obtenons : $(a|u) \leq 0$.

Il nous reste enfin à montrer que $a \to p(a)$ est 1-lipschitzienne : on écrit pour cela que
$$(a-p(a)|p(b) - p(a)) \leq 0 \quad (b-p(b)|p(a) - p(b)) \leq 0$$
après sommation et développement partiel
$$(a - b|p(a) - p(b)) + (p(b) - p(a)|p(b) - p(a)) \leq 0$$
d'où
$$\|p(b) - p(a)\|^2 \leq (b - a|p(a) - p(b)) \leq \|p(b) - p(a)\|.\|b-a\|$$
par Cauchy-Schwarz et après simplification légitime il reste
$$\|p(b) - \|p(a)\| \leq \|b - a\| . \text{ QED.}$$

Figure 19 :

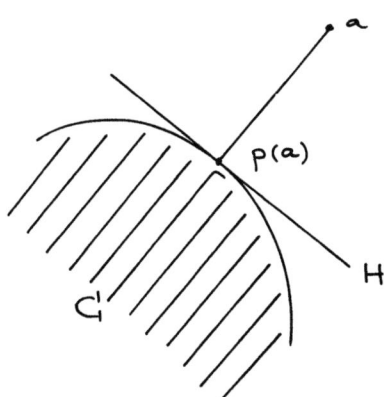

Les vecteurs $a - p(a)$ et $u - p(a)$ font un angle obtus. Si $a \notin C$, l'hyperplan orthogonal à $a-p(a)$ et passant par $p(a)$ laisse C du côté opposé à a, il s'agit d'un hyperplan d'appui.

27.2.5. Corollaire : *Tout sous-espace vectoriel complet F d'un espace préhilbertien E possède un supplémentaire orthogonal.*

Démonstration : F est visiblement convexe, complet et non vide, on dispose donc d'une application p, "projection de Riesz" de E sur F. Soit x dans E. On a pour tout u de F
$$(x - p(x)|u - p(x)) \leq 0$$
Comme F est un sous-espace vectoriel il est invariant par ses translations et de ce fait
$$\forall y \in F, (x - p(x)|y) \leq 0$$
En changeant y en -y on constate que $(x - p(x)|y)$ est aussi positif et de ce fait orthogonal à tous les vecteurs de E. L'égalité $x = x - p(x) + x$ montre alors que $F \oplus F^\perp = E$. P est ainsi le projecteur orthogonal de E sur F.

Remarques :
1) Rappelons qu'un sous-espace fermé d'un espace complet est complet; si E est un espace de Hilbert, on dispose donc d'une projection sur tout convexe fermé, et d'une projection orthogonale sur tout sous-espace vectoriel fermé.
2) Tout sev de dimension finie un evn étant complet, le cas de la dimension finie est une conséquence du cas complet.

✋ : **Contre-exemple :** Lorsque l'on omet l'hypothèse : F complet. Il suffit de considérer l'espace vectoriel F des polynômes dans $C([0,1],\mathbf{R})$ muni du produit scalaire $\int_0^1 fg$: le théorème des moments (voir le § 19.2.) nous dit que $F^\perp$ est nul, et comme $F \neq F^\perp$ (prendre une fonction continue non dérivable : $t \to |t - 1/2|$ par exemple) on a $F \oplus F^\perp \neq E$.

27.2.6. Théorème : *Soient E un espace de Hilbert, et ϕ une forme linéaire continue sur E. Il existe un unique a de E tel que : $\phi = (a \mid)$.*

Démonstration : On écarte le cas trivial où $\phi = 0$. $H = \ker\phi$ est un hyperplan de E, et H est fermé puisque ϕ est continue. Comme E est complet, H est complet et possède de ce fait un supplémentaire orthogonal, qui est une droite $\mathbf{C}e$ de E. Les formes linéaires ϕ et $(a \mid)$ ont alors même noyau, donc sont proportionnelles :

$$\phi = \lambda(e \mid) = (\overline{\lambda} e \mid)$$

le vecteur $a = \overline{\lambda} e$ convient.

27.3. Inégalité de Bessel

27.3.1. Théorème : *Soit $(e_n)_{n \in \mathbf{N}}$ une famille orthonormée d'un espace préhilbertien E. Pour tout x de E, la série de terme général $|(e_n|x)|^2$ converge et $\sum_{n=0}^{+\infty} |(e_n|x)|^2 \leq \|x\|^2$.*

Démonstration : Soit x_n la projection orthogonale de x sur $\text{vect}(e_0,\ldots,e_n)$. On sait que $p(x) = \sum_{i=1}^{n} (e_i|x)e_i$ et $\|x - p(x)\|^2 + \|p(x)\|^2 = \|x\|^2$, donc $\|p(x)\|^2 \leq \|x\|^2$, ce qui se traduit par

$$\sum_{n=0}^{n} |(e_n|x)|^2 \leq \|x\|_2 . \text{ QED.}$$

On a donc affaire à une série à termes positifs dont les sommes partielles sont majorées.

27.3.2. Familles totales : Soit $(e_n)_{n \in \mathbf{N}}$ une famille d'un espace préhilbertien E. On dit que $(e_n)_{n \in \mathbf{N}}$ est *totale* lorsque $F = \text{vect}((e_n)_{n \in \mathbf{N}})$ est dense dans E. Une telle famille, lorsqu'elle est orthonormée, est souvent appelée base *hilbertienne* de E mais ✋ : il ne s'agit pas d'une base au sens ordinaire du terme!

27.3.3. Théorème : *Soit $(e_n)_{n \in \mathbf{N}}$ une famille orthonormée d'un espace préhilbertien E, et soit x dans E. Alors x est dans l'adhérence de $F = \text{vect}((e_n)_{n \in \mathbf{N}})$ ssi*

$$\|x\|^2 = \sum_{n=0}^{+\infty} |(e_n|x)|^2$$

(égalité de Parseval).

Démonstration : La convergence de la série et l'inégalité $\|x\|^2 \geq \ldots$ sont acquises moyennant Bessel. Si x est dans l'adhérence de F, vérifions que

$$\text{la suite } \sum_{i=0}^{n} (e_i|x)e_i \text{ converge vers } x \text{ pour } \|\ \|_2.$$

Soit $\varepsilon > 0$, il existe par hypothèse y dans F tel que $\|x - y\| \leq \varepsilon$. Le vecteur y est une combinaison linéaire *finie* des (e_n) d'où p tel que $y \in \text{vect}(e_0,\ldots,e_p)$. Pour tout $n \geq p$, $y \in \text{vect}(e_0,\ldots,e_n)$ et si l'on note x_n la projection orthogonale de x sur $\text{vect}(e_0,\ldots,e_n)$, il vient

$$\forall\, n \geq p,\ \|x - x_n\| \leq \|x - y\| \leq \varepsilon.$$

L'expression de x_n comme projection orthogonale amène le résultat annoncé. La convergence de la suite (x_n) vers x et la continuité de la norme donnent alors l'égalité souhaitée. QED.

27.3.4. Théorème : *Soit $(e_n)_{n \in \mathbb{N}}$ une famille orthonormée d'un espace préhilbertien E. Les propriétés suivantes sont équivalentes* :
1) *La famille $(e_n)_{n \in \mathbb{N}}$ est totale;*
2) *Pour tout x de E, $\|x\|^2 = \sum_{n=0}^{+\infty} |(e_n|x)|^2$* ;
3) *Pour tout (x,y) de E^2, la série de terme général $\overline{(e_n|x)}\,(e_n|y)$ converge et l'on a*

$$(x|y) = \sum_{n=0}^{+\infty} \overline{(e_n|x)}\,(e_n|y).$$

Démonstration : L'équivalence de (1) et de (2) résulte directement du théorème précédent,
3) $\Rightarrow$ 2) vient avec $x = y$ et pour 2) $\Rightarrow$ 3) on utilise l'*identité de polarisation hermitienne* :

$$(x|y) = \frac{1}{4}(\|x+y\|^2 - \|x-y\|^2 + i\|x-iy\|^2 - i\|x+iy\|^2).$$

27.4. Appendice : compacité faible

Soit H un espace de Hilbert. Une suite (a_n) de H est dite *faiblement convergente* s'il existe a dans H tel que, pour tout x de H, la suite $n \to (x|a_n)$ converge dans K vers $(x|a)$.

Si (a_n) converge vers a *au sens de la norme de* H, l'inégalité de Schwarz :
$$|(x|a - a_n)| \leq \|x\|.\|a - a_n\|$$
montre que la suite (a_n) converge faiblement vers a. La réciproque est fausse en général comme le montre l'exemple 2) ci-dessous.

Exemples :
1) En *dimension finie,* la convergence faible équivaut à la convergence. Soit en effet $(e_1,\ldots,e_p)$ une base orthonormée de H, si (a_n) converge faiblement vers a, les suites $(e_i|a_n)$ convergent par hypothèses, mais ces suites sont les *suites coordonnées* de (a_n) dans la base $(e_1,\ldots,e_p)$, donc la suite (a_n) converge.

2) Soit (e_n) une suite orthonormée de H (il y en a dès que H est de dimension infinie, par le procédé de Schmidt, voir pour s'en convaincre les *polynômes orthogonaux*). La suite (e_n) converge faiblement vers 0.

En effet, si x est donné dans H, l'inégalité de Bessel :

$$\|x\|^2 \geq \sum_{n=0}^{+\infty} |(e_n|x)|^2$$

montre que la série de terme général $|(e_n|x)|^2$ converge donc que la suite $((e_n|x))$ tend vers 0. On observe alors que la suite (e_n) diverge pour $\|\ \|$, car $\|e_n - e_m\| = \sqrt{2}$, bien qu'elle converge faiblement vers 0.

Nous admettrons le

Théorème : *Soit* H *un espace de Hilbert, et soit* (a_n) *une suite bornée de* H. *On peut extraire de* (a_n) *une suite faiblement convergente.*

En dimension finie, il est possible d'effectuer une extraction convergente pour $\|\ \|$, en dimension infinie, seule subsiste *a priori* l'extraction faiblement convergente

Les applications en sont nombreuses, mais non triviales, par exemple à la théorie de la mesure, aux fonctions analytiques et harmoniques etc. cf.[RU] ou [BR].

Lectures supplémentaires : [BU], [BR, [SC], de façon générale tout livre contenant des renseignements non triviaux sur les *opérateurs compacts*. Voir aussi l'application la notion d'opérateur compact aux problèmes du type de Sturm -Liouville, cf. [DEA1] chap 11, ou encore le célèbre ouvrage de Courant et Hilbert, remarquable de clarté : [C-H].

EXERCICES

1) Dans l'espace préhilbertien réel $(E,<\ |\ >)$, montrer que les points extrémaux de la boule unité fermée sont les points de la sphère unité; ce résultat subsiste-t-il dans un evn quelconque ?

2) Soit p un projecteur $\neq 0$ de l'espace vectoriel euclidien E. Montrer que p est orthogonal ssi p est de norme 1 (pour la norme sur L(E) associée à la norme euclidienne sur E). *Indication* : dans le sens difficile utiliser l'inégalité, valable pour x dans Imp et y dans kerp : $\|x\|^2 \leq \|x + ty\|^2$ et faire tendre t vers 0 pour obtenir $(x|y) = 0$).

Déterminant de Gram

3) Soit $x_1,\ldots,x_p$ p vecteurs d'un espace préhilbertien E. On appele déterminant de gram de $(x_1,\ldots,x_p)$ le nombre réel noté $DG(x_1,\ldots,x_p)$ déterminant de la matrice $G(x_1,\ldots,x_p) = (<x_i|x_j>)_{1 \leq i,j \leq p}$. Montrer que $DG(x_1,\ldots,x_p)$ est positif, et qu'il est nul ssi $(x_1,\ldots,x_p)$ est liée. Retrouver alors l'inégalité de Schwarz.

Calcul de la distance par Gram : Si F est un sev de dimension finie de E, et a$\in$E, montrer :

$$d^2(a,F) = \frac{G(a,e_1,\ldots,e_p)}{G(e_1,\ldots,e_p)}.$$

28. Polynômes orthogonaux

28.1. Le procédé de Schmidt

Précisons en préliminaire le fonctionnement du procédé d'orthogonalisation de Schmidt : ce dernier est souvent décrit de façon algorithmique, ce qui entraîne l'usage de notations lourdes et une présentation touffue. La méthode géométrique est pourtant beaucoup plus simple, et éclaircit les résultats d'unicité.

28.1.1. Théorème-Définition : *Soit* $(e_1,\ldots,e_n)$ *une famille libre prise dans un espace préhilbertien* $(E, (\,|\,))$. *Il existe alors une famille orthogonale* $(\varepsilon_1,\ldots,\varepsilon_n)$ *telle que*
$$\forall i \in [1,n], \text{vect}(\varepsilon_1,\ldots,\varepsilon_i) = \text{vect}(e_1,\ldots,e_i) \quad (S) .$$
Si $(\delta_1,\ldots,\delta_n)$ *est une famille de* E *vérifiant la même propriété* (S), *il existe des scalaires non nuls* $\lambda_1,\ldots,\lambda_n$ *tels que* $\delta_1 = \lambda_1 \varepsilon_1,\ldots, \delta_n = \lambda_n \varepsilon_n$.

Vocabulaire : Une famille $(\varepsilon_1,\ldots,\varepsilon_i)$ vérifiant la propriété (S) est appelé une *orthogonalisée de Schmidt* de $(e_1,\ldots,e_n)$.

Démonstration : On construit $(\varepsilon_1,\ldots,\varepsilon_n)$ par récurrence sur n. Pour n = 1, il suffit de choisir un vecteur proportionnel à e_1. Supposant le résultat vrai de n, on regarde comment on peut — et doit — choisir ε_n. Le vecteur ε_n doit appartenir à F = vect$(e_1,\ldots,e_n)$, et aussi être choisi dans l'orthogonal de vect$(\varepsilon_1,\ldots,\varepsilon_{n-1})$ dans F. Mais par hypothèse de récurrence vect$(\varepsilon_1,\ldots,\varepsilon_{n-1})$ = vect$(e_1,\ldots,e_{n-1})$ est un hyperplan de F, on prend donc ε_n sur la normale de cet hyperplan dans F; le vecteur ε_n ainsi construit convient. La deuxième propriété suit immédiatement, par récurrence, de la preuve ci-dessus.

On recopie *mutatis mutandi* l'énoncé ci-dessus dans le cas des systèmes orthonormaux.

28.1.2. Corollaire : *Soit* $(e_1,\ldots,e_n)$ *une famille libre prise dans un espace préhilbertien* $(E, (\,|\,))$. *Il existe alors une famille orthonormale* $(\varepsilon_1,\ldots,\varepsilon_n)$ *telle que*
$$\forall i \in [1,n], \text{vect}(\varepsilon_1,\ldots,\varepsilon_i) = \text{vect}(e_1,\ldots,e_i) \quad (S).$$
Si $(\delta_1,\ldots,\delta_n)$ *est une famille de* E *vérifiant la même propriété* (S), *il existe des scalaires de* $\{-1,1\}$ *soit* $\lambda_1,\ldots,\lambda_n$ *tels que* $\delta_1 = \lambda_1 \varepsilon_1,\ldots, \delta_n = \lambda_n \varepsilon_n$. *La famille* $(\varepsilon_1,\ldots,\varepsilon_n)$ *est de plus unique si l'on impose que* $(e_i | \varepsilon_i) > 0$ *pour* i = 1,...,n.

Démonstration : Immédiate avec le théorème ci-avant, pour l'unicité on remarque que la condition $(e_n | \varepsilon_n) > 0$ fixe l'orientation à choisir sur la normale de vect$(e_1,\ldots,e_{n-1})$ et donc le vecteur normé correspondant.

28.2. Construction des polynômes orthogonaux

28.2.1. Définitions : Soient I un intervalle de **R**, d'intérieur non vide, et ω une fonction continue, strictement positive sur I (sauf peut-être aux extrémités). On note E l'espace vectoriel des fonctions numériques continues sur I telles que la fonction $t \to f^2(t)\omega(t)$

soit intégrable sur I. On suppose que $\mathbf{R}[t]$ est inclus dans E, ce qui revient à dire que, pour tout n de $\mathbf{N}$ l'intégrale

$$\int_I t^n \omega(t) dt$$

est absolument convergente (la suffisance de cette dernière condition est claire; pour montrer qu'elle est nécessaire on utilise l'inégalité $|t^n| \leq (1+t^2)^n$).

Rappelons que $(f|g) = \int_I f(t)g(t)\omega(t)dt$ est un produit scalaire sur E. On notera $E(I,\omega)$ l'espace préhilbertien ainsi obtenu.

Dans toute la suite (P_n) désigne la suite de polynômes obtenus par application du procédé *d'orthonormalisation de Gram-schmidt* à la suite (t^n) dans E, fixée par $(t^n|P_n) > 0$ (on fixe parfois une autre suite de polynômes orthogonaux, avec un coefficient dominant > 0). La suite (P_n) est appelée *suite des polynômes orthonormaux associés au poids ω sur I*. Une famille de polynômes non nuls proportionnelle à (P_n) est appelée famille de *polynômes orthogonaux*.

28.2.2. Premières propriétés :

1) *Chaque polynôme P_n est de degré n*.
Par construction : $P_n \in \text{vect}(1,t,\dots t^n)$ et $P_n \notin \text{vect}(1,t,\dots t^{n-1})$ d'où la conclusion.

2) *Soit P un polynôme de degré n. P est proportionnel à P_n ssi P est orthogonal à tous les polynômes de degré $\leq$ n-1*.
En effet, P_n dirige la normale à $\text{vect}(P_0,P_1,\dots,P_{n-1}) = \text{vect}(1,\dots,t^{n-1})$ dans $\text{vect}(1,t,\dots t^n)$.

3) *Toute famille orthogonale (Q_n) de polynômes degrés échelonnés dans $E(I,\omega)$ est telle que, pour tout n de $\mathbf{N}$, $Q_n = \lambda_n P_n$, $\lambda_n \in \mathbf{R}^*$*.

C'est une traduction directe des propriétés établies lors de la mise au point du procédé de Schmidt.

28.2.3. Théorème : *Chaque polynôme P_n possède n racines réelles distinctes dans l'intérieur de l'intervalle I.*

Démonstration :
1) *Cas compact.* En fait on dispose du résultat plus général suivant :

"Soient n dans $\mathbf{N}$ et f une application continue de [a,b] dans $\mathbf{R}$ telle que $\int_a^b f(t)t^k dt = 0$ pour tout k de [0,n]. Alors f s'annule au moins $m \geq n+1$ fois dans]a,b[, et si m est fini, n+1 au moins des zéros de f présentent un changement de signe".

Par l'absurde, on suppose que f s'annule moins de n fois dans [a,b]. On note alors $t_1,\dots t_p$ les zéros de f où il y changement de signe (correct, puisque f ne possède qu'un nombre fini de zéros). La fonction

$$t \to g(t) \prod_{i=1}^{p} (X - t_i) f(t)$$

est alors continue et de signe constant sur [a,b] (les changements de signe de f sont compensés par ceux du produit) et ne s'annule qu'en $t_1,\ldots,t_p$. Son intégrale sur [a,b] est donc strictement positive, ou strictement négative. Mais l'hypothèse fait, par combinaison linéaire, que

$$\int_a^b f(t)P(t)dt = 0$$

Pour tout polynôme de degré $\leq n$, ce qui amène une contradiction en considérant

$$P(t) = \prod_{i=1}^{p}(X - t_i) \ .$$

Il y a donc plus de m zéros; si ceux-ci sont en nombre fini (ce qui est toujours le cas avec $P_n(t)$) on peut évoquer les changements de signe; en reproduisant la preuve ci-dessus, tout est démontré.

2) *Cas non compact.* Même principe, avec des intégrales généralisées convergentes.

28.2.4. Proposition : *Lorsque l'intervalle I est compact*
a) *la suite P_n est totale dans E* ;

b) *si* $f \in E$, $\int_I f^2(x)\omega(x)dx = \sum_{n=0}^{+\infty} c_n(f)^2$ où $c_n(f) = \int_I f(x)P_n(x)\omega(x)dx$.

Preuve : a) Comme $1 \in E$ l'intégrale $\int_I \omega(t)dt$ converge. Pour toute f de E on aura donc

$$(f \mid f) \leq \| f \|_\infty^2 \int_I \omega(t)dt$$

ce qui montre que la convergence pour la norme $\| \ \|_\infty$ entraîne la convergence pour la norme euclidienne de E; comme les polynômes sont denses dans C([a,b],**R**) moyennant le théorème de Bernstein, la densité pour $\| \ \|_2$ est acquise.

b) N'est autre que l'égalité de Parseval dans E, licite d'après a).

Le problème de savoir si la suite des polynômes orthonormaux est totale ou non lorsque I n'est plus supposé compact est délicat, dans le cas des polynômes de Laguerre, on peut le traiter à l'aide des transformées de Laplace (pour un cas où la réponse est négative, voir l'exercice 4)). *Dans tous les cas de figure* on conserve *l'inégalité de Bessel*.

28.2.5. Interprétation en termes de polynômes de meilleure approximation :

Si $c_n(f) = \int_I f(x)P_n(x)\omega(x)dx$, la projection orthogonale de la fonction f (pour le produit scalaire défini par ω) n'est autre que $\sum_{k=0}^{n} c_k(f)P_k$ (projection sur un sev de dimension finie dans un espace préhilbertien). Il s'agit donc *du* polynôme P de $\mathbf{R}_n[X]$ qui minimise la quantité $\| f - P \|_\omega$.

On renote maintenant P_n la suite des polynômes *normalisés* associée aux polynômes orthogonaux de $E(I,\omega)$ (Il ne s'agit donc pas nécessairement d'une famille orthonormée).

28.2.6. Proposition : *Les polynômes P_n vérifient une relation de récurrence linéaire d'ordre* 2
$$P_n = (x+\lambda_n)P_{n-1} - \mu_n P_{n-2} .$$

Démonstration : le polynôme $Q = P_n - xP_{n-1}$ est degré $\leq n-1$ donc orthogonal à P_n, donc Q est une combinaison linéaire de $P_0,\ldots P_{n-1}$ soit
$$Q = \lambda_0 P_0 + \ldots + \lambda_{n-1}P_{n-1}$$
On observe ensuite que, par définition du produit scalaire sur E, on a (f|gh) = (fg|h), donc $(xP_{n-1}|P_k) = (P_{n-1}|xP_k)$ qui est nul pour $k \leq n-3$ car P_{n-1} est orthogonal aux polynômes de degré $\leq n-2$ (donc à xP_k). Comme P_n est orthogonal à $P_0,\ldots,P_{n-1}$ il vient $\lambda_i = 0$ pour $i = 0,\ldots, n-3$, soit finalement $P_n - xP_{n-1} = \lambda_n P_{n-1} - \mu_n P_{n-2}$.

28.2.7. Exemples :
1) Polynômes de Laguerre :
On suppose $I = [0,+\infty[$ et $\omega(t) = e^{-t}$. Vérifions qu'une suite de polynômes orthonormaux est ici :
$$P_n(t) = e^t \frac{1}{n!}(e^{-t}t^n)^{(n)}$$
L'idée est souvent d'intégrer par parties, mais il y a *plusieurs* façon de le faire : on peut soit calculer un produit $(P_n|P_m)$ soit $(P_n|t^k)$ avec $k \leq n-1$. C'est ici ce deuxième point de vue qui est le plus agréable. On explicite, pour $k \leq n$:
$$\int_0^{+\infty} t^k e^t (e^{-t}t^n)^{(n)} e^{-t} dt = \int_0^{+\infty} t^k (e^{-t}t^n)^{(n)} dt$$
on intègre la dernière intégrale partie en primitivant $(e^{-t}t^n)^{(n)}$ et en dérivant t^k il vient
$$n!(P_n|t^k) = -k \int_0^{+\infty} t^{k-1}(e^{-t}t^n)^{(n-1)} dt .$$
Les fonctions sont nulles aux bornes. Après k intégrations
$$n!(P_n|t^k) = (-1)^k k! \int_0^{+\infty} e^{-t}t^{n-k} dt$$
Si $k \leq n-1$ la dernière intégrale donne 0,
et si $k = n$
$$n!(P_n|t^n) = (-1)^n n!$$
Comme $P_n = \frac{(-1)^n}{n!} t^n +$ (termes de degré $\leq n-1$) et que l'on déjà prouvé que P_n était orthogonal aux polynômes degré $\leq n-1$, il reste $(P_n|P_n) = 1$.

On renotera L_n la suite des polynômes de Laguerre.

Remarque : On peut prouver directement que chaque L_n possède n racines distinctes dans $[0,+\infty[$: comme la fonction $e^{-t}t^n$ possède un zéro d'ordre ses dérivées s'annulent jusqu'à l'ordre n en 0 (formules de Taylor), n applications répétées du théorème de Rolle à distance finie et infinie montrent alors que L_n possède n racines distinctes dans $]0,+\infty[$.

Exercices sur les polynômes de Laguerre

1) Expliciter L_n (utiliser la formule de Leibniz). Prouver que les L_n vérifient la relation de récurrence :
$$(n+1)L_{n+1}(x) = (2n+1-x)L_n(x) - nL_{n-1}(x).$$

2) Prouver les relations suivantes :
$$L'_n(x) = -\sum_{k=0}^{n-1} L_k(x) \quad xL'_n(x) = n(L_n(x) - L_{n-1}(x))$$
$$xL''_n(x) + (1-x)L'_n(x) + nL_n(x) = 0.$$

2) Polynômes de Legendre :

Par définition, il s'agit des polynômes $P_n = \dfrac{1}{2^n n!}\dfrac{d^n}{dx^n}[(X^2-1)^n]$. Chaque P_n est de degré n par dérivation; vérifions que $\displaystyle\int_{-1}^{1} P_m P_n = 0$ pour $m \neq n$.

Rappelons tout d'abord que, si a est une racine d'ordre m d'un polynôme P, et si $k \leq m$, a est racine d'ordre m-k de $P^{(k)}$ (la preuve est simple par récurrence sur k, ou par une formule de Taylor). De là, les polynômes $[(X^2-1)^n]^{(k)}$ s'annulent en 1 et en -1 pour tout entier $k \leq n-1$.

Supposons maintenant $m \leq n$, en intégrant $[(x^2-1)^n]^{(n)}$, dérivant $[(x^2-1)^m]^{(m+1)}$ nous trouvons après intégration parties, le crochet étant nul
$$\int_{-1}^{1}[(x^2-1)^n]^{(n)}[(x^2-1)^m]^{(m)}dx = \int_{-1}^{1}[(x^2-1)^n]^{(n-1)}[(x^2-1)^m]^{(m+1)}dx$$

Recommençons m fois de suite, il vient finalement :
$$\int_{-1}^{1}[(x^2-1)^n]^{(n)}[(x^2-1)^m]^{(m)}dx = \int_{-1}^{1}[(x^2-1)^n]^{(n-m)}[(x^2-1)^m]^{(2m)}dx$$

Si $m < n$, il vient
$$\int_{-1}^{1}[(x^2-1)^n]^{(n)}[(x^2-1)^m]^{(m)}dx = (2m)!\int_{-1}^{1}[(x^2-1)^n]^{(n-m)}dx$$
$$= (2m)![[(x^2-1)^n]^{(n-m)}]_{1}^{-1} = 0$$

et si $m = n$, en posant $x = \sin t$, $dx = \cos t$
$$\int_{-1}^{1}[[(x^2-1)^n]^{(n)}]^2 dx = (2n)!\int_{-1}^{1}(x^2-1)^n dx = 2(2n)!I_{4n+1}$$

où I_m est la m-ième intégrale de Wallis.

Lectures supplémentaires : D'abord ce qui concerne les applications, par exemple à l'analyse numérique cf. [DE] pour les méthodes du type Legendre-Gauss (II-3). On pourra ensuite consulter des ouvrages plus spécialisés, par exemple [LE], aux éditions Mir ; enfin le traité (une somme!) de Szego sur le sujet [SZ].

EXERCICES

1) Montrer que Chaque L_n vaut 1 au point 1, et possède n racines simples $r_1,\ldots,r_n$ dans l'intervalle $]-1,1[$.

2) On considère la fonction f définie sur $\mathbf{R}^+$ par $f(x) = \exp(-x^{\frac{1}{4}})\sin(x^{\frac{1}{4}})$. Montrer que, pour tout n dans $\mathbf{N}$ $\int_0^{+\infty} f(x)x^n dx = 0$ (poser $u = x^{\frac{1}{4}}$ puis calculer par récurrence).

En conclure que la fonction $\sin(x^{\frac{1}{4}})$ est orthogonale à $\mathbf{R}[x]$ dans l'espace E asocié au poids $\omega(x) = \exp(-x^{\frac{1}{4}})$ sur $[0,+\infty]$, et que de ce fait les polynômes orthogonaux ne forme pas une famille totale dans E.

Problème : Complément sur les polynômes orthogonaux

(P_n) désigne la suite de polynômes orthonormaux de $E = E(I,\omega)$, et $\|\ \|$ la norme sur E donnée par le poids ω. Les notations et définitions entre * * sont supposées acquises pour tout la suite; on garde dans ce problème celles qui sont déjà utilisées dans ce livre.

* On note k_n le coefficient dominant de P_n, et l'on introduit la fonction

$$K_n(x,y) = \sum_{k=0}^{n} P_k(x)P_k(y) .*$$

A– Utilisation d'un noyau

1°) Montrer que, pour tout couple (x,y) de $\mathbf{R}^2$, $x \neq y$:

$$K_n(x,y) = \frac{k_n}{k_{n+1}} \cdot \frac{P_n(y)P_{n+1}(x) - P_n(x)P_{n+1}(y)}{x-y}.$$

(On utilisera une récurrence et la relation 28.2.5). Que devient cette égalité lorsque $y = x$?

2°) Soit y dans I. Parmi tous les polynômes de degré n et de norme $\|P\| = 1$, celui qui rend maximum la quantité $|P(y)|$ est $P(x) = \pm a^{-1/2} K_n(x,y)$, où $a = K_n(y,y)$.

3°) Montrer que les zéros de P_n séparent strictement ceux de P_{n+1}.

B– Problèmes d'approximation

1°) Soit f un élément de E. Montrer qu'il existe un unique polynôme Q rendant minimum $\| f - P \|$ lorsque P décrit $\mathbf{R}_n[X]$. Prouver que $f(x) - P(x)$ change de signe au moins n+1 fois sur I.

2°) Soit n dans $\mathbf{N}^*$. On note $x_1,\ldots,x_n$ les zéros de P_n et $\pi_k(x)$ le k-ième interpolateur de Lagrange associé à $(x_1,\ldots x_n)$. On pose $\lambda_n = \int_a^b \pi_k(x)p(x)dx$. 1°) Rappeler la méthode de Gauss pour le calcul de $\int_a^b f(x)p(x)dx$.

3°) Montrer, en utilisant correctement $K_n(x,x_k)$, que $\lambda_n = (\sum_{j=0}^{n-1} P_j(x_k)^2)^{-1}$.

4°) On suppose ici a et b réels, et I = [a,b]. Si $a < \alpha < \beta < b$, montrer que P_n s'annule dans $[\alpha,\beta]$ pour n assez grand.

C– Un complément sur les polynômes de Laguerre

1°) Pour n entier ≥ 1, on considère la fonction $\phi_n : \mathbf{R}^+ \to \mathbf{R}$, $x \to e^{-2x} - e^{-x} \left(\sum_{k=0}^{n} \frac{(-1)^k x^k}{k!} \right)$

Montrer que la suite ϕ_n converge uniformément vers 0 sur $\mathbf{R}^+$.

2°) Montrer que, pour tout entier $p \geq 1$, la fonction $x \to e^{-px}$ est limite uniforme sur $\mathbf{R}^+$ d'une suite de fonctions de la forme $P_n(x)e^{-x}$, avec $P_n \in \mathbf{R}[x]$. Indication : raisonner par récurrence sur p, en remplaçant x par $px/2$ dans le résultat de B-1°), et utiliser l'hypothèse de récurrence appliquée à $e^{-(p-1)x/2}$.

3°) Prouver que l'ensemble des fonctions de la forme $x \to P(x)e^{-x}$, où $P \in \mathbf{R}[x]$, est dense pour la norme de la convergence uniforme sur $\mathbf{R}^+$ dans l'algèbre C_0 des fonctions continues de $\mathbf{R}^+$ dans $\mathbf{R}$ tendant vers 0 en $+\infty$. En déduire, pour tout fonction continue f de $\mathbf{R}^+$ dans $\mathbf{R}$ telle que $f^2(t)e^{-t}$ admette une intégrale convergente sur $I = [0,+\infty[$, que l'on a, L_n désignant la suite des polynômes de Laguerre :

$$\int_I f^2(x)\exp(-x)dx = \sum_{n=0}^{+\infty} c_n(f)^2 \text{ où } c_n(f) = \int_I f(x)L_n(x)\exp(-x)dx .$$

29. Séries de Fourier, théorème de Parseval

29.1. Les coefficients de Fourier comme réponse à un problème de meilleure approximation L^2

Soit f une fonction de $E = \mathbf{D}_{2\pi}(\mathbf{R},\mathbf{C})$, espace vectoriel des fonctions continues par morceaux 2π-périodiques, dont la valeur en chaque point est la demi-somme des limites à droite et à gauche. On rappelle que le produit scalaire $(f|g) = \frac{1}{2\pi}\int_0^{2\pi} \overline{f} g$ fait de E un espace préhilbertien.

Visiblement, la famille (e_k), $k \in \mathbf{Z}$, où $e_k(x) = \exp(ikx)$, est une famille orthonormée de E. Nous désignerons par T_n le sous-espace vectoriel de E engendré par les fonctions e_k, $k = -n,\ldots,n$ (T_n est aussi l'espace vectoriel complexe engendré par les fonctions $(1,\cos x,\ldots,\cos nx,\sin x,\ldots,\sin nx)$.

Cherchons, pour la norme $\| \|_2$ associée au produit scalaire $(|)$, la meilleure approximation de f par un élément de T_n : d'après 27.2.2 *application* celle-ci est donnée par la *projection orthogonale* de la fonction f sur T_n; comme T_n est de dimension finie et possède la base orthonormée $(e_{-n},\ldots 1,\ldots,e_n)$, nous voyons que *la meilleure approximation pour $\| \|_2$ de f par un polynôme trigonométrique de degré $\leq n$ est*

$$S_n(f) = \sum_{k=-n}^{n} c_k(f)e_k, \text{ où } c_k(f) = (e_k|f) = \frac{1}{2\pi}\int_0^{2\pi} e^{-ikx}f(x)dx .$$

$c_k(f)$ s'appelle le k-ième *coefficient de Fourier* de f.

29.2. Égalités de Parseval

29.2.1. Théorème : *Les polynômes trigonométriques forment un sous-espace vectoriel dense de* $D_{2\pi}(R,C)$ *pour* $\|\ \|_2$.

Démonstration : Nous savons déjà (§ 20.2. : convolution) que l'espace vectoriel F des polynômes trigonométriques est dense dans l'espace $C_{2\pi}(R,C)$ pour $\|\ \|_\infty$. Comme $\|\ \|_2 \leq \|\ \|_\infty$, F est *a fortiori* dense dans $C_{2\pi}(R,C)$ pour $\|\ \|_2$. Mais si f est dans $D_{2\pi}(R,C)$, on peut approcher f au sens $\|\ \|_2$ par une fonction continue :

Figure 20 :

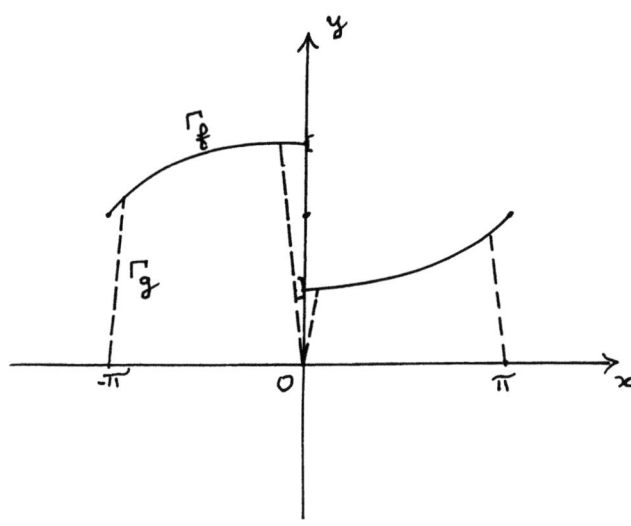

Achevons correctement la preuve avec un nombre $\varepsilon > 0$: Si f est dans $D_{2\pi}(R,C)$, on choisit g dans $C_{2\pi}(R,C)$ telle que $\|f - g\|_2 \leq \varepsilon$ puis un polynôme trigonométrique P tel que $\|g - P\|_2 \leq \varepsilon$; il vient alors

$$\|f - P\|_2 \leq \|f - g\|_2 + \|g - P\|_2 \leq 2\varepsilon$$

29.2.2. Théorème : *Soient f et g dans* $D_{2\pi}(R,C)$. *Les séries de terme général* $|c_k(f)|^2$ *et* $\overline{c_k(f)}\, c_k(g)$ *sont convergentes et l'on a*

$$\sum_{k=-\infty}^{+\infty} |c_n(f)|^2 = \frac{1}{2\pi}\int_0^{2\pi} |f(x)|^2 dx \quad et \quad \sum_{k=-\infty}^{+\infty} \overline{c_k(f)}\, c_k(g) = \frac{1}{2\pi}\int_0^{2\pi} \overline{f}\, g$$

Démonstration : Précisons que les sommes indexées par Z s'effectuent de façon *symétrique*, c'est-à-dire de -n à n. Dans le cas des séries à termes positifs, ou plus généralement absolument convergentes, toutes les permutations sont autorisées (§ 15.3.3.), on peut donc réindexer par N si nécessaire.

Nous pouvons ainsi appliquer les résultats obtenus dans le cadre des espaces préhilbertiens (§ 27...) : la famille $(e_n)_{n \in Z}$ est totale dans $D_{2\pi}(R,C)$ donc les égalités de Parseval s'appliquent et donnent, dans le présent contexte, les égalités annoncées...

Remarque : On récupère ainsi le "lemme de Riemann-Lebesgue" qui dit que les coefficients de Fourier tendent vers 0 (notons que l'inégalité de Bessel suffit à assurer ce résultat).

Exemple : Nous allons vérifier que $\sum_{n=1}^{+\infty} \frac{1}{n^2} = \frac{\pi^2}{6}$.

Pour cela, on évalue les coefficients de Fourier de la fonction f: $x \to x$ sur $]-\pi,\pi[$, de valeur 0 aux bornes. Par définition, pour $k \neq 0$,

$$c_k(f) = \frac{1}{2\pi} \int_{-\pi}^{\pi} xe^{-ikx}dx = \frac{1}{2\pi}[\frac{i}{k}xe^{-ikx}]_{-\pi}^{\pi} - \frac{i}{k}\int_{-\pi}^{\pi} e^{-ikx}dx = \frac{i}{2k\pi}[2\pi(-1)^k] = i\frac{(-1)^k}{k}$$

et $c_0(f) = 0$ d'où $|c_k(f)|^2 = \frac{1}{k^2}$ pour $k \neq 0$; l'égalité de Parseval donne alors

$$\frac{\pi^2}{3} = 2\sum_{n=1}^{+\infty}\frac{1}{n^2}$$

où le facteur 2 vient de la sommation de $-\infty$ à $+\infty$, d'où la conclusion.

29.2.3. Extension au cas de l'espace $L^2([0,2\pi], dx)$: On se place dans $L^2([0,2\pi], dx)$ muni du même produit scalaire; les relations de Parseval restent valables pourvu que l'on prouve que les polynômes trigonométriques forment une partie dense de $L^2([0,2\pi], dx)$; il suffit moyennant la preuve du cas de $D_{2\pi}(R,C)$ de montrer que les fonctions continues forment une partie dense, ce qui est vrai dans tout $L^p(I,dx)$, $p \neq \infty$ (théorème de Vitali-Hahn-Saks).

Généralisation des coefficients de Fourier : Lorsque f est dans $L^1([0,2\pi],dx)$, la fonction $x \to f(x)e^{ikx}$ est mesurable, et son module est dans L^1; on définit donc correctement les coefficients de Fourier $c_k(f)$ par $c_k(f) = \frac{1}{2\pi}\int_{-\pi}^{\pi} f(x)e^{-ikx}dx$; ce cas inclus celui des fonctions de L^p, $p > 1$ car l'inégalité $|f| \leq 1 + |f|^p$ montre qu'une fonction de L^p est dans L^1. (**N.B. :** Ce résultat reste valable sur tout espace de *mesure finie*). Par une adaptation de la preuve du lemme de Riemann-Lebesgue donné dans le § 21, on montre alors que les $c_k(f)$ tendent vers 0.

29.3. Séries trigonométriques, séries de Fourier

29.3.1. Définition : On appelle *série trigonométrique* toute série de fonctions dont le terme général est de la forme $u_n(x) = a_n \cos nx + b_n \sin nx$, a_n et b_n étant deux suites complexes. Pour des raisons relatives aux séries de Fourier, nous conviendrons que

$$b_0 = 0 \text{ et } u_0 = \frac{1}{2}a_0.$$

Autres écritures : $u_n(x) = c_n e^{inx} + c_{-n} e^{inx}$ où $c_n = \frac{a_n - ib_n}{2}$ et $c_{-n} = \frac{a_n + ib_n}{2}$

et si les coefficients sont réels :

$u_n(x) = \rho_n \cos(nx+\phi_n)$ où $\rho_n = \sqrt{a_n^2 + b_n^2}$, ϕ_n convenable.

(cette dernière notation est commode pour l'étude des *ensembles de convergence*)

29.3.2. Définition : Soit f une fonction de $D_{2\pi}(R,C)$, on appelle *série de Fourier* de f la série de fonctions de terme général : $u_0 = c_0(f)$, $u_n(x) = c_n(f)e^{inx} + c_{-n}(f)e^{-inx}$ pour $n \geq 1$.

Autre écriture : on a aussi, par les formules de Moivre, les égalités
$$u_0 = \frac{1}{2} a_0 \text{ et } u_n(x) = a_n \cos nx + b_n \sin nx,$$
où $a_n(f) = \dfrac{1}{\pi} \displaystyle\int_0^{2\pi} f(x) \cos nx\, dx$ $(n \geq 0)$ et $b_n(f) = \dfrac{1}{\pi} \displaystyle\int_0^{2\pi} f(x) \sin nx\, dx$ $(n \geq 1)$

N.B. : Les suites a_n et b_n sont *réelles* dès que la fonction considérée est *réelle*. Lorsque f est réelle, la première relation de Parseval s'exprime par
$$\frac{1}{4} a_0^2 + \frac{1}{2} \sum_{n=1}^{+\infty} a_n^2 + b_n^2 = \frac{1}{2\pi} \int_0^{2\pi} |f(x)|^2 dx$$

Moyennant l'identité de polarisation réelle ($4(f|g) = \|f+g\|^2 - \|f-g\|^2$) l'expression du produit scalaire devient
$$\frac{1}{2\pi} \int_0^{2\pi} fg = \frac{1}{4} a_0(f) a_0(g) + \frac{1}{2} \sum_{n=1}^{+\infty} (a_n(f) a_n(g) + b_n(f) b_n(g))$$

Exemple : *Convergence et calcul de* $\sum \dfrac{b_n}{n}$.

Soit f dans $\mathbf{D}_{2\pi}(\mathbf{R},\mathbf{C})$, prenons pour g la fonction 2π-périodique définie par
$$g(x) = \pi - x \text{ sur }]0, 2\pi[,\ g(0) = 0$$
g est manifestement impaire, et une intégration par parties montre que, pour tout $n \geq 1$
$$b_n(g) = \frac{2}{n}.$$
La formule de Parseval qui donne le produit scalaire fournit
$$\frac{1}{2\pi} \int_0^{2\pi} fg = \frac{1}{2\pi} \int_0^{2\pi} f(x)(\pi - x) dx = \sum_{n=1}^{+\infty} \frac{b_n}{n}.$$

29.3.3. Théorème : *Soit* $a_0/2 + \sum_{n \geq 1} a_n \cos nx + b_n \sin nx$ *une série trigonométrique uniformément convergente, et soit f sa somme. La série de Fourier de f coïncide alors avec* $a_0/2 + \sum_{n \geq 1} a_n \cos nx + b_n \sin nx$.

Démonstration : Rappelons d'abord que la multiplication par une fonction bornée conserve la convergence uniforme (§ 18). Ainsi, la série $\sum (a_n \cos nx + b_n \sin nx) \cos px$ converge uniformément sur le segment $[0, 2\pi]$. Dans le calcul de a_p (ci-dessous pour $p \geq 1$) on peut intervertir les signes $\int$ et $\sum$ et obtenir :
$$a_p(f) = \frac{1}{\pi} \int_0^{2\pi} f(x) \cos nx\, dx = \frac{1}{\pi} \sum_{n=0}^{+\infty} \int_0^{2\pi} (a_n \cos nx \cos px + b_n \sin nx \sin px) dx.$$
comme :
$$\cos nx \cos px = \frac{1}{2}[\cos(n+p)x + \cos(n-p)x] \text{ et } \sin nx \sin px = \frac{1}{2}[\sin(n+p)x + \sin(n-p)x]$$
on trouve finalement $a_p(f) = \dfrac{1}{\pi} \displaystyle\int_0^{2\pi} \dfrac{1}{2} [\cos(2px) + 1] = a_p$, de même pour a_0 et b_p, $p \geq 1$.

QED.

29.3.4. Remarque : les généralisations de ce résultat sont toutes difficiles, même si l'on suppose par exemple que la série trigonométrique étudiée converge de somme f continue (sans supposer la convergence uniforme!). Le résultat reste vrai dans ce cas, mais sa preuve devient délicate.

29.4. Convergence des séries de Fourier

Convergence L^2

29.4.1. Théorème : *Soit f une fonction de $\mathbf{D}_{2\pi}(\mathbf{R},\mathbf{C})$, la série de Fourier de f converge vers f pour la norme préhilbertienne sur E.*

Démonstration : C'est une conséquence immédiate du fait que la famille (e_n) est ici totale (cf. 27.3).

Corollaire : *Si deux fonctions de $\mathbf{D}_{2\pi}(\mathbf{R},\mathbf{C})$ ont même série de Fourier elles sont égales partout.*

En effet, la norme $\|f - g\|_2$ est alors nulle par convergence de la série de Fourier vers f et g. (Si les fonctions sont seulement supposées mesurables on ne récupère que l'égalité presque partout).

29.4.2. Convergence ponctuelle : Avant de prouver quoi que ce soit, il faut savoir et retenir qu'il existe des séries de Fourier qui divergent sur un ensemble dense.

Supposons maintenant (*) que la série de Fourier de f, élément de $\mathbf{C}_{2\pi}(\mathbf{R},\mathbf{C})$, converge vers une fonction g du même espace. Alors la *première égalité de Parseval* montre que f = g. Mais si la série de Fourier de f converge seulement en *un point particulier* a, que dire de sa somme ? Pour le moment, rien. De même, si la dite série converge partout, on ne peut *rien* en déduire *a priori*, car on ne peut, vu ce que nous connaissons pour l'instant sur les séries de Fourier, préjuger quoi que ce soit des qualités de la somme d'une série trigonométrique simplement convergente. Si f est suffisamment régulière, un premier élément de réponse est donné par le théorème de Dirichlet ci-dessous.

29.4.3. Les identités de Dirichlet :

A– *Calcul de* $D_n(u) = \sum_{k=-n}^{n} e^{iku}$: on a visiblement

$$D_n(u)(e^{iu/2} - e^{-iu/2}) = e^{i(n+1/2)u} - e^{-i(n+1/2)u}$$

donc pour $u \notin 2\pi\mathbf{Z}$, $D_n(u) = \dfrac{\sin(n+1/2)u}{\sin u/2}$, que l'on prolonge par continuité sur $2\pi\mathbf{Z}$.

B– *Formule de Dirichlet* : Soit f une fonction de $\mathbf{D}_{2\pi}(\mathbf{R},\mathbf{C})$. On désigne par $S_n(x)$ les sommes partielles de la série de Fourier de f. Alors, pour tout (x,n) de $\mathbf{R}\times\mathbf{N}$:

$$S_n(x) = \frac{1}{\pi} \int_0^{\pi} \frac{\sin(n+1/2)u}{\sin u/2} \left[\frac{f(x+u)+f(x-u)}{2}\right] du \ .$$

Démonstration : On écrit $S_n(x) = \sum_{k=-n}^{n} c_k(f)e^{ikx} = \frac{1}{2\pi}\sum_{k=-n}^{n}\left(\int_0^{2\pi} e^{-ikt}f(t)dt\right)e^{ikx}$

soit, en échangeant $\int$ et $\sum$: $S_n(x) = \frac{1}{2\pi}\int_0^{2\pi}\left(\sum_{k=-n}^{n} e^{ik(x-t)}\right)f(t)dt = \frac{1}{2\pi}\int_0^{2\pi} D_n(x-t)f(t)dt$.

L'intégrale d'une fonction continue et 2π-périodique le long d'un segment de longueur 2π est constante; en posant $u = x-t$ il vient

$$S_n(x) = \frac{1}{2\pi}\int_0^{2\pi} D_n(u)f(x-u)du .$$

On coupe ensuite l'intégrale en 0, ce qui conduit à intégrer sur $[-\pi,0]$ et $[0,\pi]$, et l'on change enfin u en $-u$ dans l'intégrale sur $[-\pi,0]$ pour obtenir l'identité annoncée moyennant la parité de D_n. QED.

Application : Évaluation de $\int_0^{+\infty}\frac{\sin t}{t}dt$.

En appliquant la formule de Dirichlet avec $f = 1$ il vient après simplification

$$\forall n\in \mathbb{N}^*, \int_0^{\pi}\frac{\sin(n+1/2)t}{2\sin t/2}dt = \frac{\pi}{2} .$$

On écrit ensuite

$$\frac{\pi}{2} = \int_0^{\pi}\left(\frac{1}{2\sin(1/2t)} - \frac{1}{t}\right)\sin(n+1/2)t\,dt + \int_0^{\pi}\frac{\sin(n+1/2)t}{t}dt$$

et

$$\int_0^{\pi}\frac{\sin(n+1/2)t}{t}dt = \int_0^{(n+1/2)\pi}\frac{\sin u}{u}du .$$

La fonction $t \to \frac{1}{2\sin(1/2t)} - \frac{1}{t}$ admet par développement limité un prolongement continu en 0; par le lemme de Riemann-Lebesgue la première des intégales ci-dessus tend vers 0. Avec l'égalité de droite la deuxième intégrale tend vers $\int_0^{+\infty}\frac{\sin t}{t}dt$ qui vaut de ce fait $\frac{\pi}{2}$.

Le théorème de convergence de Dirichlet

29.4.4. Théorème : *Si f est une fonction 2π-périodique C^1 par morceaux, $S_n(x)$ converge vers la demi-somme des limites à droites et à gauche de f en x.*

Démonstration : Si C est une constante, elle est égale à la somme de sa série de Fourier donc

$$(1)\ C = \frac{1}{\pi}\int_0^\pi \frac{\sin(n+1/2)u}{\sin u/2} C\, du$$

On prend pour C la demi-somme des limites à gauche et à droite en a
$$C = \frac{f(a+0)+f(a-0)}{2},$$
en retirant (1) à la formule de Dirichlet nous trouvons :

$$S_n(x) - \frac{f(a+0)+f(a-0)}{2} = \frac{1}{\pi}\int_0^\pi \sin(n+1/2)u\left[\frac{f(a+u)-f(a+0)+f(a-u)-f(a-0)}{2\sin u/2}\right]du$$

Appelons g(u) la fonction entre crochets; g possède, puisque f est C^1 par morceaux, une limite finie en 0. Nous pouvons donc la prolonger en une fonction continue de $[0,\pi]$ dans $\mathbf{C}$, que l'on renote g. On peut alors écrire correctement, en isolant le terme $\sin(n+1/2)u$

$$S_n(x) - \frac{f(a+0)+f(a-0)}{2} = \frac{1}{\pi}\int_0^\pi g(u)\sin(n+1/2)u\, du$$

et le membre de droite tend vers 0 par le lemme de Riemann-Lebesgue. QED.

Remarque : Ce résultat se généralise sans peine au cas où l'on ne suppose plus que f est C^1 par morceaux, mais que f est dans **D** et que le rapport $\dfrac{f(x+u)-f(a+0)+f(x-u)-f(a-0)}{u}$ possède une limite finie en 0. (**N.B.** : Cette généralisation ne permet toujours pas de répondre à la question (∗) posée en début de paragraphe, où f est simplement supposée continue).

29.4.5. Corollaire : *Si* f *est une fonction* 2π-*périodique continue et* C^1 *par morceaux de* **R** *vers* **C**, *la série de Fourier de* f *converge normalement vers* f.

Démonstration : Soit g la fonction sur $[0,2\pi]$ par $g(x) = f'(x)$ aux points de dérivabilité de f, et par la demi-somme des limites de f' à droite et à gauche ailleurs. Comme f est 2π-périodique continue et C^1 par morceaux, on peut intégrer par parties et obtenir : $c_k(f) = \frac{1}{ik} c_k(g)$. (Il suffit de découper $[0,2\pi]$ en intervalles sur lesquels f a un prolongement C^1 et de noter qu'une intégrale ne change pas si l'intégrande est modifiée en un nombre fini de points).

☙ : Il faut que les crochets se compensent, ce qui provient du caractère continu de f — *bien y réfléchir*.

De (∗) l'on déduit $|c_k(f)| = |\frac{1}{k}||c_k(g)| \le \frac{1}{2}(\frac{1}{k^2} + |c_k(g)|^2)$.

Moyennant Parseval, les deux séries du membre de droite sont absolument convergentes, donc $\Sigma|c_k(f)|$ converge et par suite la série de Fourier de f est normalement convergente. Sa somme est f par application du théorème de convergence (simple) de Dirichlet. QED.

Remarque : Si f est de classe C^p, une intégration par parties montre que
$$c_k(f) = (\frac{1}{ik})^p c_k(f^{(p)}).$$
donc $c_k(f) = o(\frac{1}{k^p})$. En particulier, si f est de classe C$^\infty$, les dérivées terme à terme de la série de Fourier de f sont toutes normalement convergentes.

29.4.6. Une application des développement en série de Fourier :
Soit $P(t) = \sum_{k=-n}^{n} a_k e^{i\lambda_k t}$ un polynôme trigonométrique généralisé, où les λ_k sont des nombres réels, et soit $\Lambda = \max_{-n \leq k \leq n} |\lambda_k|$. Alors $\|P'\|_\infty \leq \Lambda \|P\|_\infty$.

On se ramène tout d'abord au cas où $\Lambda = \frac{\pi}{2}$ en remplaçant au besoin les nombres λ_k par $\alpha \lambda_k$, avec α convenable dans $]0,+\infty[$. On introduit ensuite la fonction numérique ϕ qui vaut t sur $[-\frac{\pi}{2},\frac{\pi}{2}]$, $\pi - t$ sur $[\frac{\pi}{2},\frac{3\pi}{2}]$, et qui est prolongée par 2π-périodicité sur **R** tout entier. Cherchons la série de Fourier de ϕ : ϕ est impaire, continue, C^1 par morceaux donc ϕ est la somme uniforme de sa série de Fourier $\sum b_p \sin(px)$, la série $\sum b_p$ étant absolument convergente. Un calcul facile montre que
$$\forall l \in \mathbf{N}, b_{2l} = 0 \text{ et } b_{2l+1} = \frac{4}{\pi} \frac{(-1)^l}{(2l+1)^2}$$
On écrit ensuite, de façon licite puisque $\Lambda \leq \frac{\pi}{2}$,
$$P'(t) = \sum_{k=-n}^{n} a_k \phi(\lambda_k) e^{i\lambda_k t}$$
en développant ϕ en série de Fourier
$$P'(t) = \frac{2}{\pi} \sum_{k=-n}^{n} a_k \{ \sum_{l=0}^{+\infty} (\frac{(-1)^l}{(2l+1)^2} e^{i(2l+1)\lambda_k} - \frac{(-1)^l}{(2l+1)^2} e^{-i(2l+1)\lambda_k}) \} e^{i\lambda_k t}$$
soit
$$P'(t) = \frac{2}{\pi} \sum_{l=0}^{+\infty} \frac{(-1)^l}{(2l+1)^2} \{ \sum_{k=-n}^{n} a_k e^{i(t+2l+1)\lambda_k} - \sum_{k=-n}^{n} a_k e^{i(t-2l-1)\lambda_k} \}.$$
De là, facilement
$$(1) \quad \|P'\|_\infty \leq \frac{2}{\pi} \cdot 2 \cdot (\sum_{l=0}^{+\infty} \frac{1}{(2l+1)^2}) \|P\|_\infty .$$
Comme $\frac{\pi^2}{6} = \sum_{l=1}^{+\infty} \frac{1}{l^2}$ on trouve par séparation en termes pairs et impairs
$$\sum_{l=0}^{+\infty} \frac{1}{(2l+1)^2} = \frac{\pi^2}{6} - \frac{\pi^2}{24} = \frac{\pi^2}{8}.$$
En remplaçant dans l'inégalité (*) il vient
$$\|P'\|_\infty \leq \frac{2}{\pi} \cdot 2 \cdot \frac{\pi^2}{8} \|P\|_\infty \text{ soit } \|P'\|_\infty \leq \frac{\pi}{2} \cdot \|P\|_\infty \text{ QED}.$$

Convergence en moyenne de Césaro

29.4.7. Théorème : *Si f est une fonction 2π-périodique continue de $\mathbf{R}$ vers $\mathbf{C}$, les moyennes de Césaro de la série de Fourier de f convergent uniformément vers f.*

Démonstration : Il faut revoir 20-2. Nous allons simplement vérifier que les moyennes de Césaro des sommes partielles sont des convolées de f et du noyau de Fejer :
La n-ième moyenne de Césaro de la série de Fourier de f est donnée par

$$\sigma_n(x) = \frac{1}{n+1}(S_0(x)+\ldots+S_n(x)) \text{ , avec } S_n(x) = \frac{1}{2\pi}\int_0^{2\pi} D_n(u)f(x-u)du$$

donc

$$\sigma_n(x) = \frac{1}{2\pi}\int_0^{2\pi}\frac{1}{n+1}(D_0(u)+\ldots+D_n(u))f(x-u)du = \frac{1}{2\pi}\int_{-\pi}^{\pi} K_n(u)f(x-u)dt$$

avec $K_n(u) = \frac{1}{n+1}[\frac{\sin(n+1)/2 u}{\sin u/2}]^2$. On retrouve bien le noyau de convolution de Fejer utilisé au § 20.2. Il en résulte que la suite σ_n converge uniformément vers f sur $\mathbf{R}$.

N.B. : La différence essentielle entre le noyau de Dirichlet et celui de Féjer est la caractère *positif* de ce dernier. Si l'on tente de reproduire dans le cas de Dirichlet la preuve qui fait que les convolées du noyau de Féjer et de f convergent uniformément vers f, on est bloqué par la majoration d'intégrales du genre $\int_{-\delta}^{\delta}|D_n(t)|$ qui ne sont pas bornées par un (en fait elles tendent vers $+\infty$).

Réponse à la question (∗) de 29.4.2. : Si la série de Fourier de la fonction continue f converge, mettons vers s, la suite σ_n des moyennes de Césaro de ladite série converge aussi vers s, donc $s = f(x)$. Enfin!

Lectures supplémentaires : Pas d'ouvrage *généraliste* en français sur les séries de Fourier pour l'instant. En anglais on dispose du traité de Edwards, Fourier series [ED], assez abordable, et du classique traité de Zygmund, [Z], de lecture assez pénible (il faut être patient pour en extraire des énoncés utilisables). Voir aussi l'excellent Körner, [KO].

EXERCICES

Développements en série de Fourier

1) Prouver que, pour tout x de $[0,\pi[, \sum_{n=1}^{+\infty} \frac{\sin n\theta}{n} = \frac{\pi-\theta}{2}$. (On pourra calculer correctement les coefficients de Fourier de la fonction de droite, convenablement prolongée à $\mathbf{R}$.)

2) Étude de la série de fonctions : $\sum_{n=1}^{+\infty} \frac{1}{2\pi n^2}(1-\cos 2\pi nx)$, en trouver la somme.

3) Montrer, pour x dans **R**, $|\sin x| = \dfrac{8}{\pi} \sum_{n=1}^{+\infty} \dfrac{\sin^2 nx}{4n^2-1}$.

4) $\sum \dfrac{\sin nx}{\text{Log} n}$ est-elle la série de Fourier d'un élément de D ?

Séries de Fourier et fonctions série entière

6) Les deux questions ci-dessous se résolvent en utilisant le fait que, si $\sum a_n z^n$ est une série entière de rayon de convergence R > 0, $\sum a_n r^n e^{in\theta}$ est une série trigonométrique normalement convergente (ainsi que ses séries dérivées terme à terme), à laquelle on peut appliquer les théorèmes de Bessel, Parseval, etc.

a) Soit $\sum a_n z^n$ est une série entière de rayon de convergence $R \geq 1$, de somme f sur son domaine. Si : $|f(z)| \leq 1$ pour tout z de D(0,1), établir l'inégalité : $\sum_{n=0}^{+\infty} |a_n|^2 \leq 1$.

b) Soit $\sum a_n z^n$ est une série entière de rayon $+\infty$, de somme f sur **C**. Si f est bornée, montrer que f est constante.

7) Équation de la chaleur (pour un anneau). Soit f une application 2π-périodique de classe C^3. Chercher les F: $\mathbf{R}^2 \to \mathbf{R}$ de classe C^3 vérifiant les trois conditions :
1) $\dfrac{\partial F}{\partial t} = a\dfrac{\partial^2 F}{\partial^2 x^2}$ 2) $\forall (x,t)\in \mathbf{R}^2$, $F(x+2\pi,t) = F(x,t)$ 3) $\forall x\in \mathbf{R}$ $F(x,0) = f(x)$.

8) Séries de Fourier et convolution : soient f et g deux fonctions continues de **R** dans **C**, 2π-périodiques.

a) Vérifier que la fonction $h : x \to \displaystyle\int_0^{2\pi} f(t)g(x-t)dt$ est continue, 2π périodique, et que si l'une des fonctions f, g est de classe C^p, h l'est aussi.

b) Calculer les coefficients de Fourier de h en fonction de ceux de f et g (utiliser Fubini).

9) Un problème isopérimétrique : Soit F une application 2π- périodique de classe C^2 de **R** dans $\mathbf{R}^2$ de composantes x(t) et y(t) et telle que $\forall t$, $\|F'(t)\| = 1$. On pose $S = \displaystyle\int_0^{2\pi} xdy$.

Montrer que $S \leq \pi$. Dans quel cas a-t-on égalité ?

Fonctions de plusieurs variables

30. Différentiabilité

30.1. Définitions et premières propriétés

Dans tout ce qui suit, $(E, \|\ \|_E)$ et $(F, \|\ \|_F)$ désignent des espaces vectoriels normés, les notations sont celles introduites dans le cours de topologie. L'espace $L_c(E,F)$ est muni de la norme associée aux normes choisies sur E et F; on la note $\|\|\ \|\|$ quand il s'agit de la distinguer nettement des normes vectorielles, par exemple dans l'expression du théorème des accroissements finis. On a donc pour (u,x) dans $E \times L_c(E,F)$

$$\|u(x)\| \leq \|\|u\|\| . \|x\| .$$

Afin d'obtenir une définition correcte de la différentiabilité des fonctions dont la variable est élément d'un evn, on est amené à remplacer la notion de *limite d'un quotient* par celle *d'approximation linéaire* :

30.1.1. Définition : Soient Ω un ouvert de E et f une application de Ω dans F. On dit que f est *différentiable* au point a de Ω s'il existe une application linéaire continue ϕ de E dans F telle que, pour x dans Ω,

$$f(x) = f(a) + \phi(x - a) + o(x - a) .$$

30.1.2. Remarques :
— Il est impératif que les fonctions soient définies sur des ouverts; contrairement au cas de **R** où le passage à l'intervalle fermé est trivial, l'utilisation de fermés en calcul différentiel soulève des problèmes délicats (l'usage de variétés à bord n'est qu'une première étape).
— La définition est *locale*; pour étudier la différentiabilité d'une application on peut donc se placer sur voisinage "favorable" du point.
— On a intérêt à utiliser diverses écritures pour se familiariser avec la notion de différentiabilté :

$$f(x) = f(a) + \phi(x - a) + \|x - a\| \, \varepsilon(x - a) \text{ où } \lim_{x \to a} \varepsilon(x - a) = 0$$

ou encore

$$f(a + h) = f(a) + \phi(h) + o(h)$$

Naturellement, on dira que f est *différentiable sur* Ω si elle est différentiable en tout point de Ω.

30.1.3. Proposition : *Si f est différentiable au point a la fonction linéaire continue ϕ satisfaisant à* $f(x) = f(a) + \phi(x - a) + \|x - a\| \, \varepsilon(x - a)$ *est unique.*

Démonstration : Soit en effet ψ une deuxième application linéaire continue de E dans F vérifiant

$$f(x) = f(a) + \psi(x - a) + \|x - a\| \, \varepsilon(x - a)$$

Par différence entre les deux expressions de la différentiabilité il vient, pour $r > 0$ assez petit et $h = x - a$ (x dans $B(a,r)$)
$$(\phi - \psi)(h) = \|h\|\varepsilon(h).$$
Remplaçons h par th, $t \in]0,1]$, et divisons par t nous obtenons :
$$(\phi - \psi)(h) = \|h\|\varepsilon(th).$$
En faisant tendre t vers 0, on constate que $(\phi - \psi)(h) = 0$. Donc $\phi - \psi$ est nulle sur la boule $B(a,r)$ et, par homothétie et linéarité, sur E.

Ce résultat nous autorise à appeler ϕ *la* différentielle de f au point a, les notations pour ϕ sont variées : $Df(a)$, $f'(a)$, etc. Nous adopterons d'abord df_a, puis $df(a)$ lorsqu'il s'agira d'étudier la fonction $a \to df(a)$.

Premières propriétés (évidentes) :
− Toute fonction *différentiable* en a est *continue* en a.
− Une *combinaison linéaire* de fonctions différentiables en a est différentiable en a et sa différentielle est la combinaison linéaire correspondante des différentielles.

30.1.4. Définition : Si f est différentiable en tout point de Ω, l'application de Ω dans $L_c(E,F)$ qui au point a de Ω associe la différentielle de f en a est appelée *application différentielle* de f (ou encore différentielle de f), et notée df.
Si, $L_c(E,F)$ étant muni de la norme associée aux normes de E et de F, df existe et est continue, on dit que f est *continûment différentiable,* ou encore *de classe* C^1.

☞ : Le vocabulaire employé induit facilement en erreur, on se gardera de confondre
− la différentielle de f au point a, qui est une application linéaire, *fixée* dès que a est fixé, définie sur E *tout entier* ;
− la différentielle df de f qui est une application de Ω dans $L_c(E,F)$; en dimension finie et en présence de bases, df fait correspondre une *matrice* à un *point*.

30.1.5. Exemples :
1) Différentielle d'une application linéaire continue :
Soit u une application linéaire continue. Il est clair, moyennant l'unicité, que u est sa propre différentielle en tout point a de E: $du_a = u$; et du est l'application *constante* $a \to u$. L'abus courant qui consiste à écrire que $du = u$ est le même que celui qui identifie une fonction constante et la valeur qu'elle prend.
Si $E = \mathbf{R}^n$ et si u est la i-ème forme cordonnée $(x_1,\ldots,x_n) \to x_i$, on note dx_i sa différentielle; en chaque point a de $\mathbf{R}^n$ on a, pour tout h de $\mathbf{R}^n$ $dx_i(a)(h) = h_i$.

Nous rencontrons dès maintenant deux des grandes difficultés du calcul différentiel :
− pratique d'abord : il convient d'être très minutieux et de respecter avec soin les définitions, sous peine de d'erreur immédiate;
− intrinsèque ensuite : le fait que l'on désigne par la même lettre la fonction $x \to x$ et la variable x, qui sont deux objets différents, est source de nombreuses confusions.

2) On s'intéresse à la différentiation dans $L_c(E)$ de $u \to u^{-1}$; les résultats obtenus ici nous serviront lors de la preuve du théorème d'inversion locale. Soit E un espace de Banach. Montrons d'abord que
$GL_c(E)$ *est ouvert et l'application* $u \to u^{-1}$, $GL_c(E) \to GL_c(E)$ *est continue.*

Première étape : La boule $B(Id,1)$ est contenue dans $GL_c(E)$.

Comme E est complet — cette hypothèse est ici indispensable — $L_c(E,E)$ est aussi complet et toute série absolument convergente de $L_c(E,E)$ converge. On en déduit, en notant $\|\ \|$ la norme subordonnée sur $L_c(E,E)$ que pour tout v de $L_c(E)$ tel que $\|v\| < 1$ la série
$$Id - v + v^2 - v^3 + \ldots$$
est convergente : comme $\|\ \|$ est d'algèbre on a $\|v^k\| \leq \|v\|^k$ avec $\|v\| < 1$, d'où la convergence absolue de la série. On constate ensuite que
$$(Id - v + v^2 - v^3 + \ldots + (-1)^n v^n)(Id + v) = Id + (-1)^{n+1} v^{n+1}$$
tend vers Id en $+\infty$ donc la somme w de la série étudiée est un inverse à gauche pour $id + v$; on vérifie de même qu'il s'agit aussi d'un inverse à droite. Ainsi, tout élément de $B(Id,1)$ est inversible.

Deuxième étape : Si $a \in GL_c(E)$, la boule $B(a, \frac{1}{\|a^{-1}\|})$ est contenue dans $GL_c(E)$.

Soit $h \in L_c(E,F)$, avec $\|h\| < \frac{1}{\|a^{-1}\|}$, comme a est inversible, on factorise
$$a + h = a\,(Id + a^{-1}h) \text{ avec } \|a^{-1}h\| \leq \|a^{-1}\|\,\|h\| < 1$$
selon la première étape $Id + a^{-1}h$ est inversible, comme a l'est aussi, le produit $a+h$ est dans $GL_c(E)$.

Troisième étape : continuité de l'application $u \to u^{-1}$.

Reprenons le calcul précédent, en posant $v = a^{-1}h$ il vient
$$(a+h)^{-1} - a^{-1} = (Id + a^{-1}h)a^{-1} - a^{-1} = ((Id+v)^{-1} - Id)a^{-1}$$
Mais
$$\|(Id+v)^{-1} - Id\| = \|v - v^2 + v^3 - \ldots\| \leq \|v\| + \|v\|^2 + \|v\|^3 + \ldots = \frac{\|v\|}{1 - \|v\|}$$
donc
$$\|(a+h)^{-1} - a^{-1}\| \leq \|a^{-1}\| \frac{\|a^{-1}h\|}{1 - \|a^{-1}h\|}$$
où le membre de droite tend vers 0 avec h.

L'application $u \to u^{-1}$ est continûment différentiable.

Le calcul ci-dessus montrer que la différentielle de $u \to u^{-1}$ est issue du terme en h de la série $v - v^2 + v^3 - \ldots$ de façon plus précise :
$$\|(a+h)^{-1} - a^{-1} + a^{-1}ha^{-1}\| \leq \|a^{-1}\|.\|v^2 - v^3 + v^4 - \ldots\|$$
$$\leq \|a^{-1}\|.(\|v\|^2 + \|v\|^3 + \|v\|^4 + \ldots) = \|a^{-1}\|.\frac{\|v\|^2}{1 - \|v\|}$$

Dès que $\|a^{-1}h\| < 1/2$ on aura
$$\|(a+h)^{-1} - a^{-1} - a^{-1}ha^{-1}\| \leq 2\|a^{-1}\|^3\|h\|^2 \text{ de là } (a+h)^{-1} - a^{-1} - a^{-1}ha^{-1} = o(h)$$
ce qui achève la preuve de la différentiabilité. Enfin, comme $a \to a^{-1}$ est continue on vérifie directement que l'application différentielle :
$$GL_c(E) \to L(L_c(E)),\ a \to (h \to a^{-1}ha^{-1})$$
est continue.

3) Applications multilinéaires continues :

Soit $E_1 \times E_2 \times \ldots \times E_n$ un produit d'evn, et p une application multilinéaire continue de $E_1 \times E_2 \times \ldots \times E_n$ dans l'evn F. Alors p est différentiable en tout point $(x_1, \ldots, x_n)$ et sa

différentielle u en ce point donnée par
$$u(h_1,\ldots,h_n) = \sum_{k=1}^{n} p(x_1,\ldots,x_{k-1},h_k,x_{k+1},\ldots,x_n) .$$
Il suffit en fait d'évaluer la différence :
$$\Delta = p(x_1+h_1,\ldots,x_n+h_n) - p(x_1,\ldots,x_n)$$
On a
$$\Delta = \sum_{k=1}^{n} p(x_1,\ldots,x_{k-1},h_k,x_{k+1},\ldots,x_n)) + \delta$$
où δ est une somme ne comportant que des termes de la forme $p(\ldots,h_k,\ldots,h_l,\ldots)$, où deux au moins des h_i apparaissent; cette somme est, en norme, majorée par
$$M 2^n \|h\|^2 (\|x\|^2 + \|h\|^2)^{n-2} = o(h)$$
où $M = \sup\{\|p(x_1,\ldots,x_n)\| ; \|x_i\| \le 1\}$ et où l'on a pris la norme sup. sur le produit (se persuader de ces affirmations sur les cas $n = 2$, $n = 3$, qui éclairent fort bien le cas général), d'où la différentiabilité annoncée.

4) Applications dérivables :

Rappelons que la dérivabilité d'une application de l'intervalle I de **R** dans au point a de I l'evn E s'exprime aussi par une identité
$$f(a+h) = f(a) + h\lambda + o(h)$$
où λ est le vecteur dérivé.

Cette définition donne immédiatement la différentiabilité de f, la différentielle de f en a étant l'application $h \to h\lambda$.

En sens inverse, si ϕ est une application linéaire de **R** dans l'evn E, et si $\lambda = u(1)$, on a pour tout h de **R** $u(h) = h\lambda$; et de ce fait, si f est différentiable, il vient avec $\lambda = df_a(1)$
$$f(a+h) = f(a) + h\lambda + o(h)$$
égalité qui amène après division par λ la dérivabilité au point a, le vecteur dérivé étant λ.

Composition des différentielles

30.1.6. Théorème : *Soient* E, F *et* G *trois evn,* f *une fonction de* E *dans* F *différentiable en* a *et* g *une fonction de* F *dans* G *différentiable en* b = f(a) *; la fonction* gof *est alors différentiable en* a *de différentielle* $dg_b \circ df_a$.

Démonstration : Posons $\phi = df_a$, $\psi = dg_b$; par hypothèse :
$$f(x) = f(a) + \phi(x - a) + \|x - a\| \varepsilon(x - a) \text{ où } \lim_{x \to a} \varepsilon(x - a) = 0$$
$$g(y) = g(b) + \psi(y - b) + \|y - b\| \alpha(y - b) \text{ où } \lim_{y \to b} \alpha(y - b) = 0$$
Posons $y = f(x)$, nous avons tout d'abord
$$\|y - b\| = \|\phi(x - a)\| + \|x - a\| \|\varepsilon(x - a)\| \le (L+1)\|x - a\|$$
où $L = |||\phi|||$ (norme d'application linéaire), puis par substitution
$$g(f(x)) = g(f(a)) + \psi(\phi(x - a)) + \|x - a\|\psi(\varepsilon(x - a)) + \|y - b\|\alpha(y - b)$$
$\psi(\varepsilon(x - a))$ tend vers 0 en a par continuité de ψ, et
$$\|y - b\| \|\alpha(y - b)\| \le (L+1)\|x - a\| \|\alpha(y - b)\|$$
où $\|\alpha(y - b)\|$ tend vers 0 en a, on a donc bien
$$g(f(x)) = g(f(a)) + \psi(\phi(x - a)) + o(x-a) . \text{ QED.}$$

30.1.7. Applications :

1) Dérivation de la composée d'une application dérivable et d'une application différentiable :

Soit α une application de l'intervalle I de **R** dans l'ouvert Ω de E dérivable au point t_0, soit f une application de Ω dans F, différentiable au point $a = f(t_0)$.

La fonction foα est dérivable en t_0, de dérivée $df_a(\alpha'(t_0))$ (différentielle de f en $a = f(t_0)$ appliquée au vecteur $\alpha'(t_0)$).

En effet, α est différentiable en t_0 et sa différentielle est l'application linéaire $h \to h\alpha'(t_0)$. Moyennant le théorème de composition, foα est différentiable en t_0, et sa différentielle est la composée des différentielles de f et de α soit
$$h \to df_a(h\alpha'(t_0)) = h \cdot df_a(\alpha'(t_0))$$

On interprète maintenant ce fait comme la dérivabilité de foα en t_0, le vecteur dérivé étant $df_a(\alpha'(t_0))$.

Retenir cette règle, fondamentale en calcul différentiel.

Illustration : Si $E \neq \{0\}$, une norme N n'est jamais différentiable en 0. Sinon, on choisit $a \neq 0$ et $t \to ta$ est alors dérivable en 0, donc aussi $t \to N(ta) = |t|N(a)$: non !

2) Calculs de différentielles :
Si v est une fonction dérivable de variable réelle et f une application différentiable de Ω dans **R**, vof est différentiable et sa différentielle est donnée par
$$d(vof)_a(h) = v'(f(a)) \cdot df_a(h).$$

Par exemple, si f est > 0 et si $v(x) = \sqrt{x}$ la différentielle de $\sqrt{f}$ en a est la forme linéaire sur E $h \to \dfrac{1}{2\sqrt{f(a)}} df_a(h)$.

Inversion d'une application différentiable

30.1.8. Théorème : *Soient Ω un ouvert de E et f une application de Ω dans F et a dans Ω. On suppose que f est un homéomorphisme de Ω sur un ouvert Ω' de F, de réciproque g.*

i) *Si f et g sont différentiables aux points a et $b = f(a)$ respectivement, $\phi = df_a$ et $\psi = dg_b$ sont deux isomorphismes d'evn inverses l'un de l'autre.*

ii) *Si f est différentiable en a, et si $\phi = df_a$ est un isomorphisme d'evn, g est différentiable en $b = f(a)$ de différentielle $\psi = \phi^{-1}$.*

Ce théorème montre que
– l'inversibilité de la différentielle est une condition nécessaire de différentiabilité d'un éventuel inverse;
– pour prouver la différentiabilité d'un inverse *dont l'existence est acquise*, il suffit de montrer qu'il est continu et que df_a est inversible.

Démonstration : i) Vient immédiatement si l'on différentie $gof = id_\Omega$ et $fog = id_{\Omega'}$:
$$dg_b \circ df_a = Id_E \text{ et } df_a \circ dg_b = Id_F.$$

ii) Prouvons d'abord l'existence d'un nombre $\lambda > 0$ et d'un voisinage U de a tels que
$$\forall x \in U \ \|f(x) - f(a)\| \geq \lambda \|x - a\|.$$

Partons de l'identité de la différentielle
$$f(x) = f(a) + \phi(x - a) + \|x - a\| \varepsilon(x - a) \text{ où } \lim_{x \to a} \varepsilon(x - a) = 0$$
on écrit
$$\|x - a\| = \|\phi^{-1}(\phi(x - a))\| \leq \|\phi^{-1}\|.\|\phi(x) - \phi(a)\|$$
Puis l'on exprime que f et ϕ ont proches au voisinage de a, en choisissant U de sorte que
$$\forall x, x \in U \Rightarrow \|\varepsilon(x-a)\| \leq \frac{1}{2} \|\phi^{-1}\|^{-1}$$
Il vient alors
$$\|f(x) - f(a)\| \geq \|\phi(x) - \phi(a)\| - \|x - a\|.\|\varepsilon(x - a)\| \geq (\|\phi^{-1}\|^{-1} - \frac{1}{2}\|\phi^{-1}\|^{-1})\|x - a\|$$
d'où le résultat avec $\lambda = \frac{1}{2} \|\phi^{-1}\|^{-1}$

On veut maintenant une identité
$$g(y) = g(b) + \psi(y - b) + \|y - b\|\alpha(y - b) \text{ où } \lim_{y \to b} \alpha(y - b) = 0 \quad (?)$$
Soit $V = f(U)$, par hypothèse V est un voisinage de b. Lorsque $y = f(x)$ est dans V, et $x = g(y)$ dans U, l'égalité de la différentielle pour f devient
$$y - b = \phi(g(y) - g(b)) + \|x - a\|\varepsilon(g(y) - g(b))$$
en composant par l'application linéaire continue $\psi = \phi^{-1}$
$$g(y) - g(b) = \psi(y - b) - \|x - a\|\alpha(y - b) \text{ où}$$
$$\alpha(y - b) = \psi(\varepsilon(g(y) - g(b))) \text{ tend vers 0 lorsque y tend vers b.}$$
Avec le résultat préliminaire
$$\|x - a\| \leq \lambda^{-1} \|y - b\|$$
donc
$$\|x - a\|\alpha(y - b) = o(y - b) . \text{ QED}$$

✋ : Ne pas confondre ce théorème avec celui d'inversion locale; où l'on montre l'*existence* d'un inverse.

30.2. Inégalité des accroissements finis

Si f est une application de Ω dans F différentiable en a et si h et dans E, la *dérivée de* f *selon le vecteur* h est le vecteur $df_a(h)$, il s'agit de la dérivée en 0 de l'application (définie au voisinage de 0 dans **R**) $t \to f(a + th)$.

✋ : Nous noterons ici $df(x)$ la différentielle de f en x.

30.2.1. Théorème : *Soit f une application de classe* C^1 *de l'ouvert* Ω *de E dans F. Soient* a *et* b *deux point de* Ω *tels que le segment* [a,b] *soit contenu dans* Ω. *On a l'inégalité :*
$$\|f(b) - f(a)\| \leq \sup_{t \in [0,1]} \||df((1-t)a+tb)\||.\|b - a\| .$$

Démonstration : Introduisons la fonction auxiliaire
$$\alpha : t \to f((1-t)a+tb) = f(a + t(b-a))$$
correctement définie puisque [a,b] est contenu dans Ω. La fonction α est par composition dérivable et sa dérivée en t est
$$\alpha'(t) = df((1-t)a+tb).(b-a)$$

30.3. Espaces produit

Soient $E_1,\ldots,E_p$ p espaces vectoriels normés, on munit le produit $E_1\times E_2\times\ldots\times E_p$ de sa structure d'evn produit. On dispose alors des deux théorèmes suivants :

30.3.1. Théorème : *Soit* $f = (f_1,\ldots,f_p)$ *une application de l'ouvert* Ω *de* E *dans* $E_1\times E_2\times\ldots\times E_p$. *Alors* f *est différentiable au point* a *ssi ses composantes* $f_1,\ldots,f_p$ *le sont ; et dans ce cas la différentielle est donnée pour* h *dans* E *par*
$$df_a(h) = (df_{1a}(h),\ldots,df_{pa}(h)).$$

Démonstration : La condition est nécessaire : si f est différentiable, la i-ème projection p_i étant différentiable, $f_i = p_i \circ f$ l'est aussi. Lorsque les f_i sont différentiables on vérifie directement, par écriture de la définition (dans l'evn produit), le caractère différentiable de f et l'égalité annoncée.

Extension : Ce résultat montre que f est C^1 ssi ses composantes $f_1,\ldots,f_p$ le sont.

Important : *En dimension finie*, la donnée d'une base $(\varepsilon_1,\ldots,\varepsilon_p)$ du but F permet d'identifer ce dernier à un espace produit : on muni F de la norme
$$\|y_1\varepsilon_1+\ldots+y_p\varepsilon_p\| = \max(|y_1|,\ldots,|y_p|)$$
qui est, du fait de la dimension finie, équivalente à la norme de départ; l'application de F dans K^p définie par $y_1\varepsilon_1+\ldots+y_p\varepsilon_p \to (y_1,\ldots,y_p)$ est alors une bijection isométrique de F sur l'espace produit K^p. Nous pouvons écrire
$$f(x) = f_1(x)\varepsilon_1+\ldots+f_p(x)\varepsilon_p$$
ce qui identifie f et l'application de composantes $(f_1,\ldots,f_p)$ de E dans K^p ; le théorème de différentiabilité donné ci-dessus s'applique immédiatement : f est différentiable au point a ssi ses composantes $f_1,\ldots,f_p$ le sont.

Différentielles et dérivées partielles

30.3.2. Théorème : *Soit* U *un ouvert de l'evn produit* $E_1\times E_2\times\ldots\times E_p$, f *une application de* U *dans* F. *Si* f *est différentiable au point* $a = (a_1,\ldots,a_p)$ *de* U, *les applications partielles* $f_{a,i}$
$$E_i \to F \quad x \to f(a_1,\ldots,a_{i-1},x,a_{i+1},\ldots,a_p)$$
définies au voisinage de a_i, *sont différentiables en* a_i. *Si* $df_{a,i}$ *est la différentielle de* $f_{a,i}$ *en* a_i, *on a pour tout* $(h_1,\ldots,h_p)$ *de* $E_1\times E_2\times\ldots\times E_p$
$$df_a(h_1,\ldots,h_p) = \sum_{i=1}^{p} df_{a,i}(h_i).$$

Démonstration : Soit ρ_i l'application affine
$$E_i \to F \quad x \to (a_1,\ldots,a_{i-1},x,a_{i+1},\ldots,a_p)$$
$f_{a,i}$ est la composée de f et de ρ_i et ρ_i est différentiable de différentielle
$$h \to (0,\ldots,h,0,\ldots,0).$$
La règle de composition s'applique : $f_{a,i}$ est différentiable en a_i de différentielle
$$h \to df_a(0,\ldots,h,0,\ldots,0)$$
En écrivant $(h_1,\ldots,h_p) = (h_1,0,\ldots,0) + (0,h_2,0,\ldots,0) + (0,\ldots,0,h_p)$ et usant de la linéarité de df_a la formule annoncée vient. QED.

30.3.4. Cas de $\mathbf{R}^n$: On suppose cette fois que l'ouvert de départ U est contenu dans $\mathbf{R}^n$, dont on note $(e_1,\ldots,e_n)$ la base canonique. Les applications partielles de f au point a sont alors des fonctions vectorielles de la variable réelle x. On peut envisager de les dériver, au sens ordinaire du terme, obtenant alors l'usuelle dérivée partielle de f au point a, notée $\frac{\partial f}{\partial x_i}(a)$. Quel est le lien avec une éventuelle *différentielle partielle* de f ? Il suffit pour l'obtenir de se souvenir du fait que la différentielle d'une application dérivable α en t_0 est l'application linéaire de $\mathbf{R}$ dans F $h \to h\alpha'(t_0)$, ici $h \to h\frac{\partial f}{\partial x_i}(a)$; la formule donnant la différentielle devient

$$df_a(h_1,\ldots,h_n) = \sum_{i=1}^{n} h_i \frac{\partial f}{\partial x_i}(a).$$

On retrouve ceci directement si l'on observe que, par définition, la différentielle partielle $\frac{\partial f}{\partial x_i}(a)$ est la dérivée en 0 de la fonction $t \to f(a + te_i)$ (expliciter la fonction de t grâce aux coordonnées), c'est-à-dire la dérivée de f selon e_i soit $\frac{\partial f}{\partial x_i}(a) = df_a(e_i)$. Comme df_a est linéaire

$$df_a(h_1,\ldots,h_n) = df_a(h_1e_1+\ldots+h_ne_n) = \sum_{i=1}^{n} h_i df_a(e_i) = \sum_{i=1}^{n} h_i \frac{\partial f}{\partial x_i}(a).$$

☝! Comme toujours, lorsque l'on use d'applications partielles, il n'a pas équivalence entre la régularité de la fonction et celle de ses fonctions partielles. C'est bien normal si l'on considère que la connaissance des fonctions partielles de f en un point ne donne d'informations sur le comportement de f que sur une *très petite partie* de l'espace global (les axes).

Il convient de bien distinguer ce cas de celui où le *but* est un espace produit, la variable source étant considérée dans sa globalité, qui ne pose aucun problème.

Un *exemple "pathologique"* : considérons le cas de la fonction f définie sur $\mathbf{R}^2$ par

$$f(x,y) = \frac{x^2 y}{x^4 + y^2} \text{ pour } (x,y) \neq (0,0) \text{ et } f(0,0) = 0.$$

La fonction possède en $(0,0)$ une dérivée dans toutes le directions; en effet, $f(0,y)$ est toujours nul et si $y = px$, $p \neq 0$, nous obtenons

$$f(x,px) = \frac{px}{x^2 + p^2}$$

qui tend vers 0 en 0.

La fonction f n'est pas continue en 0 : l'idée géométrique est d'approcher $(0,0)$ "en tournant", de façon plus précise, le long de la parabole $y = x^2$;
en effet

$$f(x,x^2) = \frac{x^4}{x^4 + x^4} = \frac{1}{2}$$

qui ne tend pas vers $f(0,0) = 0$ lorsque x tend vers 0.

Le bon théorème est le suivant :

30.3.5. Théorème : *Soit f une application de l'ouvert U de $\mathbf{R}^n$ dans l'espace vectoriel normé F, possèdant n dérivées partielles sur U. Si ces dérivées partielles sont continues au point a de U, f est différentiable au point a de U et sa différentielle est donnée par*

$$df_a(h_1,\ldots,h_n) = \sum_{i=1}^{n} h_i \frac{\partial f}{\partial x_i}(a) .$$

Démonstration : On écrit
$f(a_1+h_1,\ldots,a_n+h_n) - f(a_1,\ldots,a_n) = f(a_1+h_1,\ldots,a_n+h_n) - f(a_1,a_2+h_2,\ldots,a_n+h_n)$
$+ f(a_1,a_2+h_2,\ldots,a_n+h_n) - f(a_1,a_2,a_3+h_3,\ldots,a_n+h_n) + \ldots + f(a_1,\ldots,a_{n-1},a_n+h_n) - f(a_1,\ldots a_n)$

Nous allons montrer que chaque différence, moins le $h_i \frac{\partial f}{\partial x_i}(a)$ correspondant, est négligeable devant $\max(|h_1|,\ldots,|h_n|)$. Pour la première, considérons la fonction auxiliaire $\alpha(t)$ définie pour $t \in [0,1]$ par

$$t \to f(a_1+th_1,\ldots,a_n+h_n) - f(a_1,a_2+h_2,\ldots,a_n+h_n) - t\, h_1 \frac{\partial f}{\partial x_1}(a_1,\ldots,a_n),$$

sa dérivée est $\alpha'(t) = h_1 \frac{\partial f}{\partial x_1}(a_1+th_1,\ldots,a_n+h_n) - h_1 \frac{\partial f}{\partial x_1}(a_1,\ldots,a_n)$.

A $\varepsilon > 0$ donné, la continuité des dérivées partielles en a nous permet de trouver un réel $r_1 > 0$ tel que, pour $\max(|h_1|,\ldots,|h_n|) < r_1$, on ait

$$\|\frac{\partial f}{\partial x_1}(a_1+th_1,\ldots,a_n+h_n) - \frac{\partial f}{\partial x_1}(a_1,\ldots,a_n)\| < \varepsilon .$$

Par application de l'inégalité des accroissements finis
$$\|\alpha(1) - \alpha(0)\| \leq \varepsilon \max(|h_1|,\ldots,|h_n|).$$

soit
$$\|f(a_1+h_1,\ldots,a_n+h_n) - f(a_1,a_2+h_2,\ldots,a_n+h_n) - h_1 \frac{\partial f}{\partial x_1}(a_1,\ldots,a_n)\| \leq \varepsilon \max(|h_1|,\ldots,|h_n|)$$

(à nouveau, c'est une application de IAF'). On reprend le même raisonnement pour $i = 2,\ldots,n$, de là, pour

$$\max(|h_1|,\ldots,|h_n|) < \min(r_1,\ldots r_n)$$

il vient

$$\| f(a_1+h_1,\ldots,a_n+h_n) - f(a_1,\ldots,a_n) - \sum_{i=1}^{n} h_i \frac{\partial f}{\partial x_i}(a) \| \leq \varepsilon n.\max(|h_1|,\ldots,|h_n|)$$

30.3.6. Théorème : *Soit f une application de l'ouvert U de $\mathbf{R}^n$ dans l'espace vectoriel normé F, possèdant n dérivées partielles sur U ; la fonction f est de classe C^1 si et seulement si ses dérivées partielles sont continues sur U.*

Démonstration : Si f est de classsse C^1, on écrit pour a et b dans U

$$\|\frac{\partial f}{\partial x_i}(a) - \frac{\partial f}{\partial x_i}(b)\| = \|df_a(e_i) - df_b(e_i)\| \leq \|\|df_a - df_b\|\|.\|e_i\|$$

le membre de droite tend vers 0 donc les dérivées partielles sont continues. En sens inverse, si les dérivées partielles de f sont continues sur U, f y est différentiable et

$$\|(df_a - df_b)(h)\| \leq \sum_{i=1}^{n} |h_i|.\|\frac{\partial f}{\partial x_i}(a) - \frac{\partial f}{\partial x_i}(b)\|$$

il vient en normant $\mathbf{R}^n$ par N_∞

$$|||df_a - df_b||| \leq \sum_{i=1}^{n} \|\frac{\partial f}{\partial x_i}(a) - \frac{\partial f}{\partial x_i}(b)\|.$$

Si b tend vers a, le membre de droite tend vers 0 donc aussi celui de gauche. QED.

Remarque : Tous ces résultats se transposent immédiatement au cas où la source E est de dimension finie car la donnée d'une base $(e_1,\ldots,e_n)$ de E permet d'identifier algébriquement et topologiquement E à $\mathbf{R}^n$. Les dérivées partielles obtenues moyennant cette identification s'appellent les *dérivées partielles de f dans la base* $(e_1,\ldots,e_n)$.

Application : Toutes les fractions rationnelles sont de classe C^1 sur leur domaine de définition. A titre *d'exemple* important, calculons la *différentielle du déterminant* : l'idée est de procéder avec les dérivées partielles. Pour calculer la dérivée partielle en A, $A = [a_{ij}]$, par rapport à a_{ij}, on développe detA par rapport à la i-ème colonne

$$\det A = \sum_{k=1}^{n} a_{kj}(-1)^{k+j}C_{kj} \text{ où } C_{kj} \text{ est le cofacteur correspondant à } a_{kj}.$$

Observons — c'est essentiel — que C_{kj} ne fait intervenir *aucun* des termes a_{kj} de la j-ème colonne, donc si l'on dérive le membre de droite de l'égalité ci-dessus par rapport à a_{kj} les C_{kj} doivent être considérés comme des constantes, il reste ainsi

$$\frac{\partial \det A}{\partial a_{kj}} = (-1)^{k+j}C_{kj}$$

Par suite

$$d(\det A)(H) = \sum_{k=1}^{n} (-1)^{k+j}C_{kj}h_{kj} = \mathrm{tr}({}^t\mathrm{com}(A).H)$$

où tr. est la trace et ${}^t\mathrm{com}(A)$ la transposée de la comatrice $[(-1)^{k+j}C_{kj}]$.

Gradient dans un espace euclidien

30.3.7. Théorème-Définition : *Soit E un espace vectoriel euclidien, et soit f une application de l'ouvert Ω de E dans $\mathbf{R}$, différentiable au point a de Ω. Il existe un vecteur et un seul de E tel que, pour tout h de E, $df_a(h) = \langle u|h\rangle$. Le vecteur u s'appelle le gradient de f au point a et se note* $\mathrm{grad}f_a$, *ou* ∇f_a (*ou* $\nabla f(a)$ *etc.*).

Démonstration : On sait (cf. mathématiques générales) que l'application $x \to \langle x|.\rangle$ est un isomorphisme de E sur son dual. Il existe de ce fait un unique u de E tel que la forme linéaire $\langle u|.\rangle$ soit df_a.

Coordonnées en base orthonormée : Si $(e_1,\ldots,e_n)$ est une base orthonormée de E, et si l'on prend les dérivées partielles de f dans cette base, la différentielle de f se calcule par l'identité

$$\langle \nabla f(a) | h_1 e_1+\ldots+h_n e_n\rangle = df_a(h_1 e_1+\ldots+h_n e_n) = \sum_{i=1}^{n} h_i \frac{\partial f}{\partial x_i}(a).$$

Identifions, il vient :

$$\nabla f(a) = \sum_{i=1}^{n} \frac{\partial f}{\partial x_i}(a)e_i,$$

en particulier, dans $\mathbf{R}^n$ canonique
$$\nabla f(a) = {}^t(\frac{\partial f}{\partial x_1}(a),\ldots,\frac{\partial f}{\partial x_n}(a)) \text{ (vecteur colonne)}.$$

Exemple : Cherchons le gradient
a) de l'application de l'eve E dans $\mathbf{R}$: $x \to \|x\|^2$;
b) de $x \to \|x\|$
c) de $M \to AM$ dans un espace affine euclidien.

a°) On peut le faire en b.o.n. avec les coordonnées, mais aussi directement :
$$\|x+h\|^2 - \|x\|^2 = 2\langle x|h\rangle + \|h\|^2 \text{ , } \|h\|^2 = o(\|h\|)$$
donc la différentielle de $x \to \|x\|^2$ est $h \to 2\langle x|h\rangle$ et le gradient $2x$.
b°) On utilise l'exemple de composition d'applications dérivable et différentiable donné au § 30.1.7.
La norme $\|\ \|$ n'est pas différentiable en 0, mais pour $x \neq 0$ il s'agit de la composée de $\sqrt{\ }$. et de $\|\ \|^2$, elle est de ce fait différentiable et sa différentielle est donnée par
$$h \to \frac{\langle x|h\rangle}{\|x\|}.$$
c°) Il suffit de vectorialiser l'espace en A : le gradient est alors le vecteur $\frac{AM}{\|AM\|}$.

30.4. Matrice jacobienne et jacobien

30.4.1. Théorème-Définition : *Soit f une application de l'ouvert U de $\mathbf{R}^n$ dans $\mathbf{R}^p$, différentiable au point a de U, de composantes $(f_1,\ldots,f_p)$. La matrice $J_f(a)$ de la différentielle de f en a dans les bases canoniques de $\mathbf{R}^n$ et $\mathbf{R}^p$ est appelée matrice jacobienne de f en a, et l'on a*

$$J_f(a) = \begin{pmatrix} \frac{\partial f_1}{\partial x_1}(a) & \frac{\partial f_1}{\partial x_n}(a) \\ \frac{\partial f_p}{\partial x_1}(a) & \frac{\partial f_p}{\partial x_n}(a) \end{pmatrix}$$

Il faut retenir que *les différentielles des composantes sont placées en ligne*, et que chaque colonne correspond à une différentiation partielle par rapport à une variable.

Démonstration : On sait que, pour tout $h = {}^t(h_1,\ldots h_n)$ de $\mathbf{R}^n$,
$$df_a(h_1,\ldots h_n) = (df_{1a}(h),\ldots,df_{pa}(h))$$
avec
$$df_{ka}(h_1,\ldots,h_n) = \sum_{i=1}^n h_i \frac{\partial f_k}{\partial x_i}(a)$$
on a donc bien
$$df_a(h) = \times J_f(a)h . \text{ QED.}$$

30.4.2. Définition : Avec les notations et hypothèses précédentes, lorsque $n = p$, le déterminant de $J_f(a)$ s'appelle le *jacobien* de f en a et se note $DJ_f(a)$.

Le jacobien joue un grand rôle dans les problèmes de changement de variables, cf. le § 32 : Inversion locale.

Composition des dérivées partielles

30.4.3. Théorème : *Soit f une application différentiable de l'ouvert U de $\mathbf{R}^n$ dans $\mathbf{R}^p$, soit g une application différentiable de l'ouvert V de $\mathbf{R}^p$ dans $\mathbf{R}^q$, avec f(U) contenu dans V. Si $a \in U$ et $b = f(a)$ la dérivée partielle d'indice $(i,j) \in [1,n] \times [1,p]$ de gof en a est donnée par*

$$\sum_{k=1}^{p} \frac{\partial g_i}{\partial y_k}(b) \frac{\partial f_k}{\partial x_j}(a)$$

Démonstration : Il suffit de regarder les matrices jacobiennes : la différentielle de gof en a est $dg_b \circ df_a$, donc la matrice jacobienne de gof en a est le produit des matrices jacobiennes de g et de f en b et a respectivement, on effectue enfin le classique produit "ligne par colonne". QED.

S'exercer avec des fonctions de deux et de trois variables, des coordonnées polaires...

EXERCICES

1) Soit $f :]a,b] \to E$ evn, continue et $g = \|f\|$. Montrer que g dérivable à droite si f dérivable à droite (utiliser la convexité de la norme et les propriétés des fonctions convexes d'une variable).

2) Soient U un ouvert connexe de l'evn E, et f une application différentiable de U dans F de différentielle constante. Montrer que f est la restriction à U d'une application affine de U dans F.

3) Soit f une application C^1 de l'intervalle I de $\mathbf{R}$ dans l'evn E et g :
$$I \times I \to E, \; g(x,y) = \frac{f(x) - f(y)}{x-y}.$$

a) Montrer que g est continue.

b) Prouver que g est différentiable en (x_0, x_0) si $\exists f''(x_0)$.

4) Continuité et différentiabilité sur $\mathbf{R}^2$ de la somme de la série de terme général
$$u_n(x,y) = \frac{\cos nx \cdot y^n}{n!}.$$

5) Trouver la différentielle de l'application $\phi_p : M_n(\mathbf{R}) \to \mathbf{R}$, $A \to \mathrm{tr}(A^p)$. Lorsque A est nilpotente de rang n-1, montrer que les différentielles des ϕ_p en A sont indépendantes, $p = 1,\ldots,n-1$.

31. Différentielles d'ordre supérieur

Soit Ω un ouvert de $\mathbf{R}^n$, et soit f une fonction de Ω dans un evn $(F, \|\ \|_F)$. S'il est facile de définir par récurrence (lorsqu'elles existent) les dérivées partielles successives de f, soit $\frac{\partial^2 f}{\partial x_j \partial x_i} = \frac{\partial f}{\partial x_j}(\frac{\partial f}{\partial x_i}(a))$ etc. la description des *différentielles successives* est nettement plus délicate : dans le cas des dérivées partielles, le but reste le même, ici F; dans le cas des différentielles la première application différentielle va déjà de Ω dans $L(\mathbf{R}^n, F)$, donc la deuxième va de Ω dans $L(\mathbf{R}^n,L(\mathbf{R}^n,F))$, et ainsi de suite, ce qui complique la situation. Pour familiariser le lecteur avec les problèmes de différentiabilité d'ordre ≥ 2, nous allons commencer par une étude détaillée du cas de la différentiation à l'ordre 2, qui est dans la pratique immédiate plus important (penser aux fonctions harmoniques, au problème de Dirichlet, à la théorie du potentiel; ou encore à la théorie de Morse).

Dans tout ce qui suit, $(E,\|\ \|_E)$ et $(F,\|\ \|_F)$ sont deux evn notés plus brièvement E et F; lorsque cela n'entraîne pas de confusion, les normes sur E et sur F seront écrites de la même façon $\|\ \|$, la notation $\|\|\ \|\|$ étant réservée aux normes d'opérateur. Enfin $L_c(E,F)$ désigne l'espace vectoriel des applications linéaires continues de E dans F muni de la norme d'opérateur associée aux normes de E et F.

31.1. Préliminaire algébrique

L'identification suivante est lourde mais incontournable :

31.1.1. Théorème : *Soient* E *et* F *deux evn. On munit l'espace* $B_{2c}(E,F)$ *des applications bilinéaires continues de la norme* $\|B\| = \sup \{\|B(x,y)\|_F; \|x\|_E \leq 1, \|y\|_E \leq 1\}$ *et l'espace* $L_c(E,L_c(E,F))$ *de la norme associée aux normes de* E *et* $L_c(E,F)$. *Les application canoniques*

$$\Phi : L_c(E,L_c(E,F)) \to B_{2c}(E,F) , \phi \to ((x,y) \to \phi(x)(y))$$

et

$$\Psi : B_{2c}(E,F) \to L_c(E,L_c(E,F)) , B \to (x \to B(x,.))$$

sont deux isométries bijectives.

Démonstration : Bien regarder, une fois encore, où sont les objets! le fait que Φ et Ψ soient des bijections réciproques l'une de l'autre se fait directement par vérification des identités $\Phi \circ \Psi = \mathrm{Id}$ et $\Psi \circ \Phi = \mathrm{Id}$; pour le caractère isométrique on écrit, pour Φ par exemple

$$\sup_{\|x\|\leq 1} \|\|B(x,.)\|\| = \sup_{\|x\|\leq 1} (\sup_{\|y\|\leq 1} \|B(x,y)\|) = \|B\|.$$

31.2. Étude de la différentielle seconde

31.2.1. Définition : On dit que l'application f de l'ouvert Ω de E dans F est *deux fois différentiable* au point a si f est différentiable sur un voisinage U de a et si l'application différentielle $df : U \to L_c(E,F)$ est différentiable en a; sa différentielle est alors appelée *différentielle seconde* de f en et notée d^2f_a. On dit que f est *deux fois différentiable* sur Ω si f est deux fois différentiable en tout point de Ω, et *de classe* C^2 si la différentielle de df, soit $a \to d^2f_a$ est de plus *continue*.

Qu'est-ce que la différentielle seconde de f en un point a ? comme df applique Ω dans l'evn $L_c(E,F)$, d^2f_a est une application linéaire de E dans $L_c(E,F)$. Avec ce qui précède on l'identifie algébriquement et topologiquement à une application *bilinéaire* de E^2 dans F

$$(h,k) \to d^2f_a(h)(k)$$

— on écrira donc désormais $d^2f_a(h,k)$; $a \to d^2f_a$ est ainsi une application de Ω dans l'espace $B_2(E;F)$ des application bilinéaires continues de E^2 dans F.

Il est clair qu'une *combinaison linéaire* d'applications deux fois différentiables l'est aussi, la différentielle seconde étant donnée par la même opération.

31.2.2. Composition : Avec les hypothèses et notations habituelles, *la composée de deux applications f, g deux fois différentiable en a et b = f(a) resp. est deux fois différentiable.*

En effet, gof est différentiable au voisinage de a et sa différentielle est l'application
$$x \to dg(f(x)) \circ df(x)$$

Expression de la différentielle : (Le calcul effectué ci-dessous ne sert qu'aux futurs géomètres différentiels, ou presque, nous le retrouverons plus loin, en usant, pour les fonctions C^2, de dérivées partielles). Pour y voir clair, il faut encore une fois faire le détail minutieux des opérations. Nous noterons u.h au lieu de u(h) l'action d'une application linéaire u sur le vecteur h. On obtient d(gof) en composant les applications
$x \to (dg(f(x)), df(x))$ et "loi o" $L(E,F) \times L(F,G) \to L(E,F)$, $(u,v) \to u \circ v$
$x \to dg(f(x))$ est composée des applications différentiables dg et f ;
$x \to f(x)$ est par hypothèse différentiable en a ;
$(u,v) \to u \circ v$ est bilinéaire continue donc différentiable.

La différentielle de $x \to (dg(f(x)), df(x))$ en a est ici $h \to (d^2g_b[df(a)(h)], d^2f_a(h))$
et celle de o en (ϕ, ψ) : $(u,v) \to \phi \circ v + u \circ \psi$, en composant à nouveau, avec
$$\phi = d^2g(b)(h) , v = df(a) , u = dg(b), v = d^2f(a)(h)$$
$$d^2(gof)(a)(h) = (d^2g(b).(df(a).h)) \circ df(a) + dg(b) \circ (d^2f(a).h)$$

Il est conseillé de faire des diagrammes pour voir où vont les différentes applications linéaires en jeu; finalement, *avec les identifications de* 31.1.1.
$$d^2(gof)(a)(h,k) = (d^2g(b).(df(a).h, df(a).k) + dg(b)(d^2f(a)(h,k))$$

formule utile pour les changements de variable aux points critiques.

31.2.3. Cas où la source est de dimension finie : Nous supposerons désormais que E est de dimension finie et identifié à $\mathbf{R}^n$, la base canonique en est notée $(e_1,\ldots,e_n)$. Une application bilinéaire B de $\mathbf{R}^n \times \mathbf{R}^n$ dans F est déterminée par la donnée des n^2 vecteurs $B(e_i, e_j)$:

$$B(h_1e_1+\ldots+h_ne_n, k_1e_1+\ldots+k_ne_n) = \sum_{1 \leq i,j \leq n} h_i k_j B(e_i, e_j)$$

dans le cas de d^2f_a

$$d^2f_a(h_1e_1+\ldots+h_ne_n, k_1e_1+\ldots+k_ne_n) = \sum_{1 \leq i,j \leq n} h_i k_j d^2f_a(e_i, e_j) .$$

31.2.4. Proposition : *Si f est deux fois différentiable au point* a, *f possède des dérivées partielles jusqu'à l'ordre* 2 *et l'on a*
$$\forall (i,j) \in [1,n]^2, \frac{\partial^2 f}{\partial x_i \partial x_j} = d^2f_a(e_i, e_j) .$$

Démonstration : Notons a_{ij} le vecteur $d^2f_a(e_i,e_j)$ et soit $h = h_1e_1+\ldots+h_ne_n$. On rappelle d'abord que les dérivées partielles de f en a sont données par

$$\frac{\partial f}{\partial x_i}(a) = df(a)(e_i) \qquad i = 1,\ldots,n \quad (1)$$

et que l'on a par hypothèse :

$$df(a+h) - df(a) = d^2f_a(h) + o(h) \text{ (où } o(h) \in L(\mathbf{R}^n, F))$$

d'où

$$df(a+h)(e_j) - df(a)(e_j) = d^2f_a(h)(e_j) + o(h) \quad (2)$$

mais

$$d^2f_a(h)(e_j) = d^2f_a(h,e_j) = \sum_{i=1}^n h_i d^2f_a(e_i,e_j) \quad (3)$$

Il reste donc, en substituant (1) et (3) dans (2)

$$\frac{\partial f}{\partial x_j}(a+h) - \frac{\partial f}{\partial x_j}(a) = \sum_{i=1}^n h_i d^2f_a(e_i,e_j) + o(h)$$

ce qui signifie exactement que les fonctions $\frac{\partial f}{\partial x_j}(a)$ sont différentiables en a, et de plus possèdent les dérivées partielles $\frac{\partial^2 f}{\partial x_i \partial x_j} = d^2f_a(e_i,e_j)$. QED.

On constate en sens inverse que

31.2.5. Proposition : *L'existence et la continuité des dérivées partielles secondes de f entraîne le caractère C^2 de f.*

Preuve : Notant $(e_1^*,\ldots,e_n^*)$ la base duale de $\mathbf{R}^n$, on a

$$df(a) = \sum_{i=1}^n e_i^* \frac{\partial f}{\partial x_i}(a) \text{ (ce qui signifie que } df(a)(h) = \sum_{i=1}^n e_i^*(h) \frac{\partial f}{\partial x_i}(a)).$$

Si les fonctions $\frac{\partial f}{\partial x_j}(a)$ sont différentiables par rapport à a, df(a) aussi, or la différentiabilité des $\frac{\partial f}{\partial x_j}(a)$ vient de la continuité des différentielles secondes.

Variante importante de la preuve ci-dessus : Les dérivées partielles $\frac{\partial f}{\partial x_i}(a)$ de f sont les *composantes* de la différentielle de f dans $L(\mathbf{R}^n,F)$, espace identifié algébriquement et topologiquement à F^n de la façon classique suivante : si ϕ est une application linéaire de $\mathbf{R}^n$ dans F, on lui associe l'élément $(\phi(e_1),\ldots,\phi(e_n))$ de F^n.
Comme le caractère différentiable d'une application équivaut à celui de ses composantes, df est continûment différentiable ssi les *applications dérivées partielles*

$$(x_1,\ldots,x_n) \to \frac{\partial f}{\partial x_j}(x_1,\ldots,x_n)$$

le sont, c'est-à-dire ssi ces applications possèdent elle-même des dérivées partielles continues, ce qui revient enfin à dire que f possède des dérivées partielles secondes continues.

⚠ : Ne pas confondre les applications partielles de f (qui sont des fonctions *d'une variable*) avec les applications dérivées partielles ci-dessus (qui sont des fonctions de *n* variables).

Résumons les résultats obtenus : si une fonction f est deux fois différentiable en un point a, elle admet des dérivées partielles secondes en ce point et la différentielle seconde est donnée par

$$d^2f_a(h_1e_1+\ldots+h_ne_n, k_1e_1+\ldots+k_ne_n) = \sum_{1\leq i,j\leq n} h_i k_j \frac{\partial^2 f}{\partial x_i \partial x_j}(a) \quad (a)$$

Réciproquement, si f admet sur l'ouvert Ω des dérivées partielles continues jusqu'à l'ordre 2, f est de classe C^2.

Cas des fonctions de R^n dans R : Si f est une telle fonction sa différentielle seconde est est une *forme* bilinéaire qui a pour matrice dans les bases canoniques la *matrice hessienne*

$$H_f(x) = [\frac{\partial^2 f}{\partial x_i \partial x_j}]_{1\leq i,j\leq n}.$$

31.2.6. Théorème de Schwarz : *Soit f une application de classe C^2 de l'ouvert Ω de R^n dans l'evn F. Pour tout a de Ω la différentielle seconde est une application bilinéaire symétrique sur R^n.*

Démonstration : Il suffit moyennant 31.2.3. de traiter le cas de deux variables (n = 2) ; celui-ci acquis, la matrice hessienne est symétrique, et donc d^2f_a aussi. On suppose donc que f va d'un ouvert de R^2 dans un evn F. Une translation ramène au cas où a = (0, 0). L'idée est de montrer que la fonction

$$\Delta_1(x,y) = f(x,y) - f(x,0) - f(0,y) - f(0,0) - xy\frac{\partial^2 f}{\partial x \partial y}(0,0)$$

est négligeable devant xy, la "symétrie" de l'expression en (x,y) permettant également de prouver que

$$\Delta_2(x,y) = f(x,y) - f(x,0) - f(0,y) - f(0,0) - xy\frac{\partial^2 f}{\partial y \partial x}(0,0)$$

est aussi négligeable devant xy et donc que

$$xy\frac{\partial^2 f}{\partial x \partial y}(0,0) - xy\frac{\partial^2 f}{\partial y \partial x}(0,0) = o(xy)$$

ce qui entraîne $\frac{\partial^2 f}{\partial x \partial y} = \frac{\partial^2 f}{\partial y \partial x}$.

Pour obtenir ces estimations, on utilise le théorème des accroissements finis. Soit $\varepsilon > 0$, par continuité des dérivées partielles il existe $\eta > 0$ tel que pour $|x| \leq \eta$ et $|y| \leq \eta$ on ait

$$\|\frac{\partial^2 f}{\partial x \partial y}(x,y) - \frac{\partial^2 f}{\partial x \partial y}(0,0)\| \leq \varepsilon \quad (1).$$

On applique pour chaque y, $|y| \leq \eta$, l'IAF sur [0,x] à la fonction

$$x \to \frac{\partial f}{\partial y}(x,y) - x\frac{\partial^2 f}{\partial x \partial y}(0,0)$$

dont la dérivée est précisément la quantité majorée dans (1) pour obtenir

$$\|\frac{\partial f}{\partial y}(x,y) - x\frac{\partial^2 f}{\partial x \partial y}(0,0) - \frac{\partial f}{\partial y}(0,y)\| \leq \varepsilon \quad (2).$$

L'application de la même méthode à [0,y] et la fonction
$$y \to f(x,y) - f(0,y) - xy\frac{\partial^2 f}{\partial y \partial x}(0,0)$$
fournit avec (2)
$$\| f(x,y) - f(x,0) - f(0,y) - f(0,0) - xy\frac{\partial^2 f}{\partial x \partial y}(0,0) \| \le \varepsilon |xy|.$$
On trouve la même estimation avec Δ_2 (s'en persuader pour mémoriser la preuve) d'où la conclusion.

Remarque : dans le cas d'une fonction f de classe C^2 d'un evn E dans F, on fixe h et k dans E et l'on introduit la fonction de $\mathbf{R}^2$ dans F définie au voisinage de (0,0) par $\phi(x,y) = f(a+xh+yk)$; il vient sans difficultés :
$$\frac{\partial^2 f}{\partial y \partial x}(0,0) = d^2 f_a(h,k) \text{ et } \frac{\partial^2 f}{\partial x \partial y}(0,0) = d^2 f_a(k,h)$$
d'où la symétrie de $d^2 f_a$.

31.2.7. Formule de Taylor à l'ordre deux : On calcule d'abord, lorsque f est une application deux fois différentiable de l'ouvert Ω de $\mathbf{R}^n$ dans F et α une application deux fois dérivable de l'intervalle I de $\mathbf{R}$ dans Ω, la dérivée seconde de $f \circ \alpha$. En premier lieu, par la règle de dérivation des fonctions composées (§ 30.1.7 - (1)) :
$$(f \circ \alpha)'(t) = df(\alpha(t)).(\alpha'(t)) = \sum_{i=1}^{n} \alpha'_i(t)\frac{\partial f}{\partial x_i}(\alpha(t))$$
d'où en dérivant une deuxième fois
$$(f \circ \alpha)''(t) = \sum_{i=1}^{n} \alpha''_i(t)\frac{\partial f}{\partial x_i}(\alpha(t)) + \sum_{i=1}^{n}\sum_{j=1}^{n} \alpha'_i(t)\alpha'_j(t)\frac{\partial^2 f}{\partial x_i \partial x_j}(\alpha(t)$$
Soit $(f \circ \alpha)''(t) = df(\alpha(t)).(\alpha''(t)) + d^2 f(\alpha(t))(\alpha'(t),\alpha'(t))$.

Théorème : *Si f est une application de $\mathbf{R}^n$ dans l'evn F de classe C^2 au voisinage de a, on dispose des deux formules*
$$f(a+h) = f(a) + df(a)(h) + \int_0^1 (1-t)^2 d^2 f(a+th).(h,h) dt \quad . \text{ (1)}$$
et
$$f(a+h) = f(a) + df(a)(h) + \frac{1}{2} d^2 f(a).(h,h) + o(\|h\|^2) \quad . \text{ (2)}$$

Démonstration : La preuve s'appuie sur les fonctions d'une variable réelle : introduisons la fonction auxiliaire $\beta : t \to f(a+th)$ sur $[0,1]$ dont les dérivées premières et secondes sont $df(a+th)(h)$ et $d^2 f_a(a+th)(h,h)$ respectivement (on le voit soit directement, en faisant un accroissement, soit en appliquant la formule de dérivation composée, soit par les dérivées partielles : faites ce qui vous réussi !). La formule de Taylor avec reste intégral donne alors
$$\beta(1) - \beta(0) = \beta'(0) + \int_0^1 (1-t)^2 \beta''(t) dt \quad \text{d' où (1)}.$$

Pour obtenir (2) effectuons la différence

$$\int_0^1 (1-t)^2 d^2f(a+th).(h,h)dt - \frac{1}{2}d^2f(a).(h,h) = \int_0^1 (1-t)^2(d^2f(a+th) - d^2f(a)).(h,h)dt$$

le membre de droite est un $o(\|h\|^2)$ par continuité de $a \to d^2f(a)$.

Remarque : Dans le cas où f est un polynôme de degré ≤ 2, on a l'égalité dans (2), car la différence des deux membres est un polynôme de degré ≤ 2 en les coordonnées de h, et aussi un $o(\|h\|^2)$, donc est nulle. Ce résultat est particulièrement utile pour l'étude des quadriques : plan tangent, point singulier, etc.

Application : L'application la plus importante est donnée en 33.3.1; à consulter, donc.

31.3. Différentielles d'ordre ≥ 3

31.3.1. Comme annoncé, nous nous bornerons à l'essentiel; en particulier, les evn concernés seront supposés être de dimensions finies, ce qui fait que toutes les applications p-linéaires évoquées seront continues, et les normes équivalentes.

La différentielle d'ordre $p \geq 3$ se définit par récurrence sur p à partir de

$$d^p f(x) = d(d^{p-1}f)$$

étant entendu que $d^{p-1}f$ applique E dans un evn; le fait que, pour chaque x de E, $d^p f(x)$ est un élément de $L(E,L(E,\ldots,L(E,F)\ldots))$ fait partie de de la récurrence.

La différentiation p-ième respecte bien sûr les combinaisons linéaires, et l'on a, lorsque les différentielles existent, $d^{p+q}f = d^p(d^q f)$.

Pour abréger, nous identifierons l'espace $L(E,L(E,\ldots,L(E,F)\ldots))$ et l'espace des applications p-linéaires de E dans F (noté $L_p(E,F)$) en posant, pour Λ dans $L(E,L(E,\ldots,L(E,F)\ldots))$

$$\Lambda(h_1,\ldots,h_p) = \Lambda(h_1)(h_2)(h_3)\ldots(h_p).$$

31.3.2. Lemme : *Soient $h_2,\ldots,h_p$ dans E. Si f est p fois différentiable sur Ω et si*

$$g(x) = d^p f(x)(h_2,\ldots,h_p),$$

g est différentiable sur Ω et l'on a, pour tout h de E, $dg(x)(h) = d^p f(h,h_2,\ldots,h_p)$.

Démonstration : L'application g est composée des applications $d^{p-1}f$ et

$$u : L^{p-1}(E,F) , \phi \to \phi(h_2,\ldots,h_p).$$

u est linéaire donc $du = u$ et la différentielle de g est de ce fait

$$dg(x)(h) = (u \circ d^{p-1}f)(h) = d^p f(h,h_2,\ldots,h_p).$$

Évaluation par les dérivées partielles

Comme E et F sont de dimension finie, il suffit moyennant la donnée d'une base d'étudier le cas où $E = \mathbf{R}^n$ et où le but réel, cas auquel nous nous restreindrons désormais.

31.3.3. Théorème : *Soit f une application de Ω dans F, possédant des dérivées partielles continues jusqu'à l'ordre p. Pour tout a de Ω et toute permutation σ de $[1,p]$ on a*

$$\frac{\partial^p f}{\partial x_{i_1}\ldots \partial x_{i_p}} = \frac{\partial^p f}{\partial x_{i_{\sigma(1)}}\ldots \partial x_{i_{\sigma(p)}}}.$$

Démonstration : Elle est fondée sur le cas de n=2, et sur le fait que le groupe symétrique est engendré par les transpositions de deux indices consécutifs. Pour intervertir les dérivations relatives à deux indices consécutifs i_k et i_l, on "remonte les dérivations" jusqu'à ce que la première dérivée partielle soit prise par rapport à x_{i_k} ; le théorème de Schwarz nous autorise alors à intervertir les dérivations par rapport à x_{i_k} et x_{i_l} ; on dérive à nouveau l'égalité obtenue pour retomber sur la dérivée partielle que l'on voulait obtenir.

Structure de l'espace vectoriel des formes p-linéaires

Une forme p-linéaire sur $\mathbb{R}^n$ est un polynôme homogène de degré p; la base canonique de l'espace des formes p-linéaires consiste donc en les polynômes

$$x(\alpha) = x_1^{\alpha_1}\ldots x_n^{\alpha_n}$$

où $\alpha_1+\ldots+\alpha_n = p$.

31.3.4. Théorème : *Soit f une application de Ω dans F; f est de classe C^p ssi f possède des dérivées partielles continues jusqu'à l'ordre p. Les dérivées*

$$\frac{\partial^p f}{\partial x_{i_1}\ldots \partial x_{i_p}}(a)$$

sont les composantes de $d^p f(a)$ dans la base canonique de $L^p(E,F)$, et $d^p f$ est une application p-linéaire symétrique.

Démonstration : Le premier point vient par récurence sur p à l'aide de 31.1.3 et 31.3.3, on montre de même que

$$d^p f(a)(h_1,\ldots,h_p) = \sum \frac{\partial^p f}{\partial x_{i_1}\ldots \partial x_{i_p}}(a) h_{i_1,1}\ldots h_{i_p,p}$$

où la somme est étendue à toutes les listes $(h_{i_1,1},\ldots,h_{i_p,p})$ de composantes de vecteurs $(h_1,\ldots,h_p)$ (on choisit pour chaque produit une composante $h_{i_1,1}$ de $h_1,\ldots$, une composante $h_{i_p,p}$ de h_p). L'extension du théorème de Schwarz (31.3.4.) donne la symétrie de la forme $d^p f(a)$. QED.

31.3.5. Formule de Taylor : On peut généraliser à l'aide de cette formule les résultats donnés dans le § 33 (problèmes d'extremum); en réalité cette généralisation est presque dénuée d'intérêt; il est en effet possible de *prouver*, au moyen de la notion de généricité, que le cas de n = 2 recouvre la plupart des situations qui se présentent naturellement. La formule générale s'écrit, lorsque f est de classe C^{p+1} :

$$f(a+h) = f(a) + \frac{df(a).h}{1!} + \ldots + \frac{d^p f(a)(h,\ldots,h)}{p!} + R_p$$

où

$$R_p = \frac{1}{p!}\int_0^1 (1-t)^{p+1} d^p f(a+th)(h,\ldots,h) dt .$$

N.B. : h...h est répété q fois si la forme linéaire est d'ordre q.

Démonstration : L'idée est d'utiliser la formule de Taylor avec reste intégral à une variable pour la fonction $\phi : h \to f(a+th)$, le seul problème étant de calculer correcte-

ment les dérivées de ϕ, plus exactement de montrer que $\phi^{(p)}(t) = d^p f(a+th)(h,\ldots,h)$: il résulte du lemme que la différentielle de $g : x \to d^p f(x)(h,\ldots,h)$ est l'application
$$k \to d^{p+1}f(x)(k,h,\ldots,h) .$$
En appliquant la règle de composition d'une application différentiable et d'une application dérivable nous obtenons
$$\phi^{(p+1)}(t) = dg(a+th).h = d^{p+1}f(a+th)(h,h,\ldots,h).$$
Une fois les dérivées de ϕ calculées, la formule évoquée vient immédiatement de la formule de Taylor donnée en 11.3.1. QED.

APPENDICE : Formes différentielles

Généralités

Dans tout ce qui suit, E désigne un **R**-espace vectoriel de dimension finie, et E* son dual. L'un et l'autre sont munis de leur topologie d'espace vectoriel normé de dimension finie.

Définition : Soit Ω un ouvert de E. On appelle *forme différentielle de degré* 1 sur E toute application ω de Ω dans E*. La forme différentielle ω est dite *de classe* C^p si elle est de classe C^p en tant qu'application de l'ouvert Ω dans un espace vectoriel normé E*.

Les formes différentielles de degré 1 et de classe C^m constituent visiblement un espace vectoriel pour les lois naturelles.

Exemple : Soit F une application de classe C^p, $p \geq 1$, de l'ouvert Ω de E dans **R**. La différentielle de F, soit $dF : E \to E^*$, $a \to dF(a)$ est une forme différentielle de classe C^{p-1}.

Soit $(e_1,\ldots,e_n)$ une base de E; on note $(x_1,\ldots,x_n)$ les coordonnées d'un vecteur x de E dans cette base. La *base duale* de $(e_1,\ldots,e_n)$ est alors formée par les différentielles $dx_1,\ldots,dx_n$ des formes coordonnées $x_1,\ldots,x_n$.

Soit ω une forme différentielle sur l'ouvert Ω de E. Pour chaque x de Ω, $\omega(x)$ est un élément de E*, et si $a_1(x),\ldots,a_n(x)$ désignent ses coordonnées dans la base duale de $(e_1,\ldots,e_n)$ on peut écrire :
$$\omega(x) = a_1(x)dx_1+\ldots+a_n(x)dx_n .$$
Alors

La forme différentielle ω est de classe C^p ssi les fonctions $a_1(x),\ldots,a_n(x)$ le sont.

Il faut savoir appliquer sans hésitation l'écriture ci-dessus; les définitions donnent, pour tout choix de $(h_1,\ldots,h_n)$ dans $\mathbf{R}^n$:
$$\omega(x).(h_1e_1+\ldots+h_ne_n) = a_1(x)h_1+\ldots+a_n(x)h_n .$$

Nous choisirons désormais une base $(e_1,\ldots,e_n)$ *de* E.

Intégrales curvilignes

Soit $\Gamma = ([a,b],f)$ un arc C^1, dont le support (l'image) est contenue dans Ω, et ω une forme différentielle continue sur Ω. La fonction $t \to \omega(f(t)).f'(t)$ est bien définie : pour

chaque réel t, on applique la forme linéaire ω(f(t)) au vecteur f'(t), et continue par morceaux car si l'on désigne par $f_1,\ldots,f_n$ les coordonnées de f dans la base $(e_1,\ldots,e_n)$ de E
$$\omega(f(t)).f'(t) = a_1(f(t))f'_1(t)+\ldots+a_n(f(t))f'_n(t).$$
Comme Γ est continu, toutes les fonctions du membre de droite sont continues.

Définition : On appelle *intégrale curviligne* de la forme différentielle ω le long de l'arc Γ le nombre $\int_a^b \omega(f(t)).f'(t)dt = \int_a^b (a_1(f(t))f'_1(t)+\ldots+a_n(f(t))f'_n(t))dt$ (*).

Notation : $\int_\Gamma \omega$.

Extension : La définition s'étend sans peine par découpe aux arcs continus et C^1 par morceaux c'est-à-dire aux chemins...

Théorème 1 : *Soit* Γ = ([a,b],f) *un arc de classe* C^1, *dont le support est contenu dans* Ω, *et* ω *une forme différentielle continue sur* Ω. *L'intégrale de* ω *le long de* Γ *est invariante par les C^1-reparamétrage croissants de* Γ, *et changée en son opposé par les C^1-reparamétrage décroissants.*

Démonstration : Soit φ : [c,d] un C^1 reparamétrage croissant de l'arc Γ. L'intégrale de ω sur l'arc Λ = ([c,d], f∘φ) est par définition égale à
$$\int_c^d \omega(f\circ\phi(t)).(f\circ\phi)'(t)dt = \int_{\phi(c)}^{\phi(b)} \omega(f(t)).f'(t)dt$$
par le théorème de changement de variables appliqué à la définition (∗). La croissance de φ impose φ(c) = a et φ(d) = b, on retombe bien sur l'intégrale initiale $\int_\Gamma \omega$.

Si φ est décroissante, les valeurs de φ(c) et de φ(d) sont échangées et les intégrales obtenues sont opposées.

Extension : En découpant convenablement l'intervalle de définition, le résultat ci-dessus s'étend sans peine au cas des arcs continus et C^1 par morceaux.

Formes exactes, fermées

Définition : La forme différentielle ω sur l'ouvert Ω est dite *exacte* s'il existe une fonction F de classe C^p, $p \geq 1$ telle que dF = ω .

Théorème 2 : *L'intégrale d'un forme exacte* ω = dF *le long d'un arc* C^1 Γ *d'extrémités* A *et* B *vaut* F(B) - F(A) .

Preuve : Comme ω = dF, $\omega(f(t)).f'(t) = DF(f(t)).f'(t) = (F\circ f)'(t)$ donc
$$\int_\Gamma \omega = \int_a^b (F\circ f)'(t)dt = F(f(b)) - F(f(b)) . \text{ QED.}$$

On constate lorsque ω est exacte que la valeur de $\int_\Gamma \omega$ ne dépend que des extrémités de Γ, et que l'intégrale d'une telle forme est *nulle* sur tout arc C^1 fermé.

Extension : En découpant convenablement l'intervalle de définition, le résultat ci-dessus s'étend à nouveau au cas des arcs continus et C^1 par morceaux.

Condition nécessaire d'exactitude

Proposition 1 : *Soit $\omega(x) = a_1(x)dx_1+\ldots+a_n(x)dx_n$ une forme différentielle de classe C^1 sur l'ouvert Ω. Une condition nécessaire pour que ω soit exacte est que l'on ait, pour tout x de Ω et tout (i,j) de $[1,n]^2$:*
$$\frac{\partial a_i}{\partial x_j}(x) = \frac{\partial a_j}{\partial x_i}(x)$$

Preuve : Si, avec des notations évidentes, $\omega = dF$, on a
$$a_i = \frac{\partial F}{\partial x_j}(a), \quad a_j = \frac{\partial F}{\partial x_j}(a)$$
Comme ω est de classe C^1, les dérivées partielles de F sont de classe C^1, donc F est de classe C^2, et l'on peut appliquer à F le théorème de Schwarz d'interversion des dérivations
$$\frac{\partial^2 F}{\partial x_i \partial x_j} = \frac{\partial^2 F}{\partial x_j \partial x_i}.$$
En revenant à ω, la relation demandée est prouvée. QED.

Définition : Une forme différentielle $\omega(x) = a_1(x)dx_1+\ldots+a_n(x)dx_n$ de classe C^1 vérifiant pour tout x de Ω et tout (i,j) de $[1,n]^2$
$$\frac{\partial a_i}{\partial x_j}(x) = \frac{\partial a_j}{\partial x_i}(x)$$
est dite *fermée*.

Traduction en dimension 3 euclidienne : (i,j,k) désignant une base orthonormée directe de l'espace, la forme différentielle $Pdx+Qdy+Ddz$ est fermée ssi le rotationnel du champ de vecteurs $B = Pi + Qj + Rk$, où (i,j,k) est une base orthonormée directe de E, est nul; on sait que cette condition est nécessaire, mais non suffisante, pour que le champ B soit un champ de gradients.

Il est donc indispensable que la forme différentielle ω soit fermée pour qu'elle soit exacte,
mais ce n'est pas une condition suffisante comme le montre l'*exemple* ci-dessous.

On considère sur $\mathbb{R}^2 \setminus \{(0,0)\}$ la forme différentielle définie par
$$\omega(x,y) = \frac{xdy - ydx}{x^2+y^2}$$
dont nous calculons l'intégrale curviligne sur le cercle unité Γ paramétré par
$$t \to (\cos t, \sin t)$$
ce qui nous donne
$$\int_\Gamma \omega = \int_0^{2\pi} (\cos^2 t + \sin^2 t)dt = 2\pi$$

On voit déjà que ω n'est pas exacte, mais ω est bien fermée puisque
$$P(x,y) = -\frac{y}{x^2+y^2}, \ Q(x,y) = \frac{x}{x^2+y^2} \text{ et } \frac{\partial P}{\partial y} = \frac{\partial Q}{\partial x}$$
Le défaut est la structure topologique de l'ouvert **C** * (le choix de ω n'est pas fortuit, il s'agit de Im($\frac{dz}{z}$)). On peut y remédier en ajoutant la condition simple suivante :

Définition : L'ouvert Ω *de* E *est dit étoilé s'il existe un point* O *de* Ω *(point étoile) tel que, pour tout* M *de* Ω, *le segment* [O,M] *soit contenu dans* Ω.

Théorème de Poincaré 3 : *Soit* $\omega(x) = a_1(x)dx_1+...+a_n(x)dx_n$ *une forme différentielle de classe* C^1 *sur l'ouvert* Ω. *Si* Ω *est étoilé, le fait que* ω *soit fermée entraîne que* ω *est exacte.*

Démonstration : Elle repose sur une intégration le long des segments issus de O, jointe à une dérivation sous le signe somme. Nous pouvons par translation supposer que 0 est un point-étoile de Ω. Pour $x = (x_1,...,x_n)$ dans Ω, posons
$$F(x) = \int_0^1 (a_1(tx)x_1+...+a_n(tx)x_n)dt$$

(à nouveau, ce n'est pas fortuit : il s'agit de l'intégrale de ω(x)dx sur [0,x]; l'étude des fonctions holomorphes du plan, par exemple dans [LE] ou [RU] chap. X éclaire la situation).

Les hypothèses du théorème de dérivation sous le signe somme sont réunies, la fonction F est donc (§ 21.3.1.) de classe C^1 et l'on a, pour tout x de Ω et tout i de [1,n] :
$$\frac{\partial F}{\partial x_i}(a) = \int_0^1 (\frac{\partial a_1(tx)}{\partial x_i}tx_1+...+\frac{\partial a_n(tx)}{\partial x_i}tx_n)dt$$

Par hypothèse, $\frac{\partial a_i}{\partial x_j}(x) = \frac{\partial a_j}{\partial x_i}(x)$, $j = 1,..., n$ d'où
$$\int_0^1 (\frac{\partial a_1(tx)}{\partial x_i}tx_1+...+\frac{\partial a_n(tx)}{\partial x_i}tx_n)dt = \int_0^1 (\frac{\partial a_i(tx)}{\partial x_1}tx_1+...+\frac{\partial a_i(tx)}{\partial x_n}tx_n)dt$$

que l'on intègre par parties en posant $u(t) = a_i(tx)$, $u'(t) = \sum_{k=1}^{n} \frac{\partial a_i(tx)}{\partial x_j} x_j$, $v(t) = t$ d'où
$$\frac{\partial F}{\partial x_i}(a) = \int_0^1 (\frac{\partial a_i(tx)}{\partial x_1}tx_1+...+\frac{\partial a_i(tx)}{\partial x_n}tx_n)dt = [a_i(tx)]_0^1 = a_i(x) . \text{ QED.}$$

Corollaire : *L'espace ambiant est* $\mathbf{R}^3$ *euclidien. Si le champ de vecteurs*
$$B = Pi + Qj + Rk$$
où (i,j,k) *est une base orthonormée directe de* E, *est de rotationnel nul sur l'ouvert étoilé* Ω, *c'est un champ de gradients.*

Preuve : Il s'agit, correctement interprétée, d'une application directe du théorème de Poincarré .

Lectures supplémentaires : [CA2] chap. 1 ou [HOR] chap. 1 (très concis) exposent utilement le calcul différentiel d'ordre ≥ 3. [DFA] chap. 8, 9 et 10 est complet, parfois touffu, mais toujours juste.

EXERCICES

Calculs sur les dérivées partielles

1) Calculer le Laplacien en coordonnées polaires.

2) Soit f de classe C^2 de $\mathbf{R}^2$ dans $\mathbf{R}$ vérifiant : $\frac{\partial^2 f}{\partial x^2} - \frac{\partial^2 f}{\partial y^2} = 0$. Par le changement de variable : $u = x+y$, $v = x-y$, déterminer la forme de f.

32. Inversion locale, fonctions implicites

L'ordre dans lequel sont présentés les théorèmes d'inversion locale et des fonctions implicites dépend de la formation initiale de l'auteur : fonctions implicites d'abord pour ceux qui ont été élevés dans l'esprit des courbes et des surfaces; inversion locale pour les générations qui ont été plutôt influencées par la topologie et les applications étales. J'ai choisi de présenter les théorèmes de paramétrisation locale en m'appuyant l'inversion locale. Les théorèmes sont présentés en dimension quelconque; contrairement à une opinion à la mode, c'est une généralisation *utile* (et qui ne coûte rien), ne serait-ce que par les preuves simple d'existence de "boîtes de flot" pour les champs de vecteurs qu'elle fournit.

Notations : Dans tout ce qui suit, E et F sont deux espaces vectoriels normés.

32.1. Généralités

32.1.1. Définition : On dit que l'application f de l'ouvert Ω de E sur l'ouvert Ω' de F est un C^1-*difféomorphisme* si f est une bijection de Ω sur Ω' différentiable ainsi que sa réciproque. On dit que l'application f de l'ouvert Ω de E sur l'ouvert Ω' de F est un C^1-*difféomorphisme local* si, pour tout point a de Ω, il existe des voisinages ouvert U de a et V de f(a) tels que f(U) = V et f induise un C^1-difféomorphisme de U sur V.

Bien entendu, les C^1-difféomorphismes se *composent* et *s'inversent*. Si l'un des evn E ou F est de dimension finie, l'existence d'un C^1-difféomorphisme d'un ouvert (non vide) de E sur un ouvert de F impose dimE = dimF, car pour chaque a de Ω, df_a est un isomorphisme d'espaces vectoriels.

32.1.2. Exemples :
1) Une application de classe C^1 d'un intervalle I de $\mathbf{R}$ dans $\mathbf{R}$ est un C^1 difféomorphisme de I sur son image ssi sa dérivée ne s'annule pas (le vérifier).
2) Une application linéaire continue u de E dans F est un C^1-difféomorphisme ssi u est un isomorphisme d'evn (u et u^{-1} sont continues).

32.2. Inversion locale

Nous allons fournir un critère remarquable de simplicité, le *théorème d'inversion locale* permettant de savoir si une application C^1 est, au voisinage d'un point, un C^1-difféomorphisme. Ce critère exprime *grosso modo* que la fonction se comporte, sous des hypothèses convenables, "comme sa différentielle" lorsque l'on est proche du point considéré. La preuve du théorème d'inversion locale est délicate parce qu'elle met en jeu des notions qui ne ressortent pas toutes du calcul différentiel: idées métriques, opératorielles... Il faut séparer soigneusement leurs interventions si l'on veut faire apparaître l'articulation de la démonstration.

32.2.1. Préliminaire : *Soit a un point d'un espace de Banach E, et g une application k-lipschitzienne définie sur la boule B(a,r), nulle au point a. Si k < 1 il existe un ouvert U contenu dans B(a,r) tel que l'application* $f : x \to x + g(x)$ *induise un homéomorphisme de U sur B(a,(1-k)r).*

Démonstration : Comme souvent, le résultat difficile est l'obtention de la surjectivité. Soit y dans B(a,(1-k)r). Pour trouver x dans B(a,r) tel que f(x) = y l'idée est de transformer cette équation en
$$x = h(x) \text{ où } h(x) = y - g(x)$$
(ceci est typique des méthodes "d'approximation successive" du § 44). La fonction h est, comme g, k-lipschitzienne. L'idée est alors de construire une suite x_n en posant $x_0 = a$ et, tant que x_n est dans B(a,r), $x_{n+1} = h(x_n)$. Partons donc de x_0 et de la dite relation de récurrence, et montrons par récurrence sur n que
$$x_0,\ldots,x_n \in B(a,r) \text{ et } \|x_n - x_{n-1}\| < k^{n-1}(1-k)r :$$
Le résultat est clair pour n = 0, et s'il est vrai de n on a
$$\|x_{n+1} - x_n\| \le k\|x_n - x_{n-1}\| < k.k^{n-1}(1-k)r = k^n(1-k)r$$
et comme
$$\|x_{n+1} - x_0\| \le \|x_{n+1} - x_n\| + \|x_n - x_{n-1}\| + \ldots + \|x_1 - x_0\|$$
il vient
$$\|x_{n+1} - x_0\| < (k^n(1-k) + k^{n-1}(1-k) + \ldots + (1-k))r = (1-k^{n+1})r < r$$
ce qui achève la récurrence. De l'inégalité
$$\|x_{n+1} - x_n\| < k^n(1-k)r$$
il découle que la série $\sum (x_{n+1} - x_n)$ est absolument convergente de somme des normes < r de ce fait la suite (x_n) converge vers un x de B(a,r) ; ce x vérifie h(x) = x d'où f(x) = y ; l'image par f de B(a,r) contient B(a,(1-k)r). On désigne alors par U l'image réciproque de B(a,(1-k)r) par f : f est une surjection de U sur B(a,(1-k)r) et si x, x' ∈ U, y = f(x) et y' = f(x') on a
$$\|y - y'\| = \|(x - x') - (g(x) - g(x'))\| \ge \|x - x'\| - \|g(x) - g(x')\| \ge (1-k) \|x - x'\|$$
ce qui montre que f est bijective et que sa réciproque est $(1-k)^{-1}$-lipschitzienne. QED.

32.2.2. Théorème : *Soit Ω un ouvert de l'espace de Banach E, f une application de classe C^1 de Ω dans l'espace de Banach F, et soit a ∈ Ω. Pour qu'il existe un voisinage ouvert U de a et un voisinage ouvert V de b = f(a) tels que f soit un C^1-difféomorphisme de U sur V, il faut et il suffit que df_a soit un isomorphisme d'evn.*

Démonstration : La condition énoncée est évidemment nécessaire (voir 30.1.7); le sens difficile est donc le suivant : si df_a est un isomorphisme d'espaces de Banach de E sur F, il existe un voisinage ouvert U de a et un voisinage ouvert V de b = f(a) tels que f induise un C^1-difféomorphisme de U sur V.

Revoyons dans le § 30.1.8. l'inversion des applications différentiables : pour que f soit un C^1-difféomorphisme, il suffit de montrer que f est un homéomorphisme de U sur V et que df_x est inversible en tout point x de U (Il faut aussi revoir, la suite l'utilise, l'étude de l'application $u \to u^{-1}$ dans $Gl_c(E)$ du § 30.1).

Supposons donc que df_a soit un isomorphisme d'evn. On vérifie immédiatement, avec les notations antérieures, que f est un C^1-difféomorphisme de U sur V ssi $\phi = df_a^{-1} \circ f$ en est un, de U sur l'ouvert $\phi^{-1}(V)$. On se ramène donc au cas où f va de E dans E et où la différentielle de f en a est l'identité (appliquer la règle de composition des applications différentiables). Une translation réduit enfin la preuve au cas où f(a) = a.

Montrons d'abord qu'il existe une boule B(a,r) telle que, pour tout x,x' de B(a,r), on ait

$$\| (f(x) - x) - (f(x') - x') \| \leq \frac{1}{2} \|x - x'\| :$$

On introduit *moyennant le caractère C^1 de* f une boule B(a,r) telle que, pour tout z de B(a,r), $\|\|df(z) - Id\|\| \leq \frac{1}{2}$; si $\alpha(t) = f(tx + (1-t)x') - (tx + (1-t)x')$ la dérivée de α est

$\alpha'(t) = (df(tx + (1-t)x') - Id).(x - x')$ de norme $\leq \frac{1}{2} \|x - x'\|$ donc

$$\|\alpha(1) - \alpha(0)\| \leq \frac{1}{2} \|x - x'\|$$

et la conclusion suit. (**N.B.** : C'est encore une application de l'estimation (IAF)' de 30.2.1.

$\|f(x) - f(x') - L(x - x')\| \leq \sup\|\|df(tx + (1-t)x') - L\|\| .\|x - x'\|$

avec L = Id).

La fonction définie pour $x \in B(a,r)$ par $g(x) = f(x) - x$ est donc $\frac{1}{2}$-lipschitzienne, et le préliminaire topologique nous donne alors un voisinage ouvert U de a tel que l'application $x \to x + g(x) = f(x)$ *induise un homéomorphisme* de U sur $B(a, \frac{1}{2}r)$; soit f^{-1} sa réciproque. Il reste à montrer que f^{-1} est de classe C^1 sur $B(a, \frac{1}{2}r)$.

Pour tout x de U, on a $\|\|df(x) - Id\|\| \leq \frac{1}{2}$; d'après le § 30.1.5.(4) ceci entraîne que, pour chaque x, l'application $df(x)$ est continûment inversible, donc que f^{-1} est différentiable (30.1.7.) ; enfin $y \to df(f^{-1}(y))^{-1}$ est continue par composition d'applications continues ($u \to u^{-1}$ est continue dans $GL_c(E)$), donc f^{-1} est de classe C^1.

Remarque pratique (oral) : Proposer pour l'exposé toute la preuve du théorème d'inversion locale est possible mais long : on peut en séparer le développement du théorème d'inversion des applications différentiables, qui fait une proposition en soi.

Cas de la dimension finie : La preuve est simplifiée en dimension finie où la continuité de $u \to u^{-1}$ est immédiate (fonction fraction rationnelle). De plus, l'hypothèse d'inversibilité de la différentielle est simplement équivalente au fait que

le jacobien de f ne s'annule pas en a.

On a par exemple le théorème suivant (image ouverte) :

32.2.3. Théorème : *Soit Ω un ouvert de $\mathbf{R}^n$, f une application de classe C^1 de Ω dans $\mathbf{R}^n$, si le jacobien de f ne s'annule pas, f est un C^1-difféomorphisme local de Ω dans $\mathbf{R}^n$ et l'image $f(\Omega)$ est ouverte*

La démonstration en est immédiate par le théorème d'inversion locale, l'image $f(\Omega)$ étant voisinage de chacun de ses points.

N.B. : Un C^1-difféomorphisme local n'est pas (sauf dans le cas des intervalles de $\mathbf{R}$) en général un C^1-difféomorphisme global, de Ω sur son image, il faut pour cela qu'il soit injectif — voir entre autre le cas des coordonnées polaires —, le lecteur s'en persuadera aisément sur le dessin suivant :

Figure 21 :

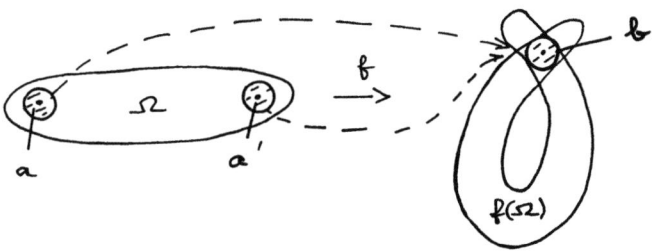

Le point b est image de deux point distincts a et a' par le difféomorphisme f qui a "replié" l'ouvert de départ. Lorsque l'on parle de réciproque locale de f au voisinage de b il faut préciser laquelle : celle qui envoie b sur a, ou sur a' ?

Le théorème d'inversion locale permet de justifier l'emploi de changements de variable (*à placer dans la leçon correspondante*, comme ce qui suit), pour les calculs d'intégrales par exemple.

32.3. Changements de variable

(Revoir la formation des matrices jacobiennes si nécessaire.)

32.3.1. Coordonnées polaires : Considérons l'ouvert de $\mathbf{R}^2$ $\Omega =]0,+\infty[\times\mathbf{R}$, et l'application f de Ω dans $\mathbf{R}^2\setminus\{0\}$ qui à (r,θ) associe $(r\cos\theta, r\sin\theta)$. f est surjective : cela provient de la surjectivité de l'application de $\mathbf{R}$ dans S^1 : $\theta \to \exp(i\theta)$ (voir le § 40). Sa matrice jacobienne au point courant est

$$J(r,\theta) = \begin{pmatrix} \cos\theta & -r\sin\theta \\ \sin\theta & r\cos\theta \end{pmatrix}$$

d'où le Jacobien (à connaître) $DJ(r,\theta) = r^2$, et le fait que les coordonnées polaires réalisent un C^∞-difféomorphisme local de Ω sur $\mathbf{R}^2\setminus\{0\}$. Pour que les coordonnées polaires réalisent un C^∞-difféomorphisme *global*, il faut *restreindre* le départ et l'arrivée, en retirant par exemple à $\mathbf{R}^2\setminus\{0\}$ la demi-droite $]-\infty,0[\times\{0\}$ (demi-axe réel négatif) et en prenant comme ouvert de départ $]0,+\infty[\times]-\pi,\pi[$ (illustrer par un dessin).

32.3.2. Coordonnées cylindriques : Il suffit d'ajouter la variable z aux coordonnées polaires : On considére l'ouvert de $\mathbf{R}^3$ $\Omega =]0,+\infty[\times\mathbf{R}\times\mathbf{R}$, et l'application F de Ω dans $\mathbf{R}^2\setminus\{0z\}$ qui à (r,θ,z) associe $(r\cos\theta, r\sin\theta, z)$. Comme pour les coordonnées polaires, on vérifie que l'application F est surjective, est un C^1-difféomorphisme local, et qu'il faut en restreindre l'image et le but pour faire un C^1-difféomorphisme global. Les détails, le choix des bons ouverts, le calcul du jacobien etc. sont laissés au lecteur qui s'inspirera des coordonnées polaires.

32.3.3. Coordonnées sphériques :
Figure 22 :

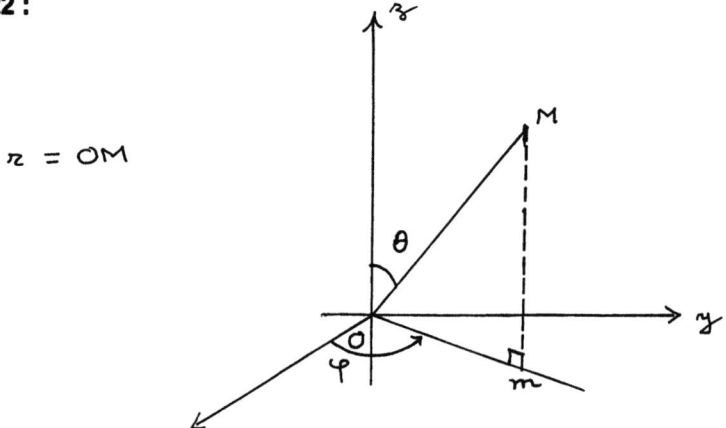

On introduit cette fois l'application Φ $(r,\theta,\phi) \to (r\sin\theta\cos\phi, r\sin\theta\sin\phi, r\cos\theta)$, Φ est de classe C^1 car ses dérivées partielles sont continues et la matrice jacobiennne de Φ est :

$$\begin{pmatrix} \sin\theta\cos\phi & r\cos\theta\cos\phi & -r\sin\theta\cos\phi \\ \sin\theta\sin\phi & r\cos\theta\sin\phi & r\sin\theta\cos\phi \\ \cos\theta & -r\sin\theta & 0 \end{pmatrix}.$$

Le déterminant jacobien en est $r^2\sin\theta$, pour (r,θ,ϕ) dans $\Delta =]0,+\infty[\times]0,\pi[\times]-\pi,\pi[$ Φ est donc un C^1-difféormorphisme local. On vérifie par un calcul direct que Φ est aussi une bijection de Δ sur l'ouvert $\Omega = \mathbf{R}^3\setminus\Pi$, où Π est le demi plan x'Oz ; Φ est de ce fait un difféomorphisme de Δ sur Ω.

32.3.4. Changement de variable dans les intégrales multiples :
Le théorème essentiel (admis) est le suivant :

Théorème : *On munit $\mathbf{R}^n$ de la mesure de Lebesgue notée dx. Soient U et V deux ouverts de $\mathbf{R}^n$, ϕ un C^1-difféomorphisme de U sur V, f une fonction intégrable de V dans $\mathbf{R}$. Alors la fonction $y \to f\circ\phi(y)|DJ\phi(y)|$ est intégrable sur U et les intégrales*

$$\int_V f(x)dx \text{ et } \int_U f\circ\phi(y)|DJ\phi(y)|dy$$

sont égales.

Remarque : dans l'application de ce théorème, le fait d'enlever de U des parties fermées de mesure nulle, par exemple des morceaux d'arcs ou de surface C^1 en nombre fini, ne change rien à la valeur des intégrales, et peut se révéler indispensable pour que f soit effectivement un C^1-difféomorphisme entre les ouverts considérés.

On a $DJf(r,\theta) = r^2$ dans le cas des coordonnées polaires, ce que l'on résume par la formule de changement de variables $dxdy = rdrd\theta$, et dans le cas des coordonnées sphériques : $dxdydz = r^2\sin\theta drd\theta d\phi$.

32.3.5. Exemple (essentiel) Calcul de l'intégrale de Gauss : On considère l'intégrale

$$I = \int_0^{+\infty} e^{-x^2} dx .$$

Il est possible de prouver que la fonction $x \to e^{-x^2}$ ne possède pas de primitive "s'exprimant" à l'aide des fonctions usuelles. Le calcul de l'intégrale doit donc faire appel à d'autres méthodes que la primitivation. Il en est une qui passe par un usage judicieux des coordonnées polaires. D'abord, par application licite du théorème de Fubini (voir le § 39), on a

$$I \times I = \left(\int_0^{+\infty} e^{-x^2} dx\right)\left(\int_0^{+\infty} e^{-y^2} dy\right) = \int_\Pi e^{-(x^2+y^2)} dx dy$$

Π est le quart de plan $x > 0$, $y > 0$. on pose $x = r\cos\theta$ $y = r\sin\theta$ où $0 < r < \infty$ et $0 < \theta < \pi/2$, avec $\Delta = \{(r,\theta); 0 < r < \infty, 0 < \theta < \pi/2\}$ et $dxdy = rdrd\theta$ nous trouvons

$$\int_0^{+\infty} e^{-(x^2+y^2)} dxdy = \int_\Delta e^{-r^2} rdrd\theta = \left(\int_0^{+\infty} e^{-r^2} rdr\right)\left(\int_0^{\pi/2} d\theta\right)$$

par un nouveau Fubini, la première intégrale se calcule grâce au changement de variable $u = r^2$, il reste donc :

$$I \times I = \frac{\pi}{4} \text{ et de ce fait } I = \frac{\sqrt{\pi}}{2}.$$

32.4. Fonctions implicites

Pour bien saisir les limites des théorèmes de fonctions implicites il convient de revoir la notion de *graphe fonctionnel* : un sous-ensemble Γ de $E \times F$ est un graphe fonctionnel si, pour tout x de la première projection de Γ sur E, l'égalité $(x,y) = (x,y')$ entraîne $y = y'$. Le but du présent paragraphe est de donner, à l'aide du calcul différentiel, des conditions pour que des ensembles définis par une équation $f(x,y) = 0$ soient localement des graphes fonctionnels.

Examinons le cas du cercle $x^2 + y^2 = 1$. Si la tangente en (a,b) n'est pas verticale, il est possible de paramétrer le cercle par $x \to \varepsilon\sqrt{1-x^2}$, $\varepsilon \in \{-1,1\}$, fixé au voisinage de (a,b) ; or le fait que la tangente d'équation $\frac{\partial f}{\partial x}(X-a) + \frac{\partial f}{\partial y}(Y-b) = 0$ soit verticale est équivalent à $\frac{\partial f}{\partial y} = 0$. On trouve donc de façon naturelle une condition différentielle pour que $f(x,y)$ définisse au voisinage de (a,b) un graphe fonctionnel en y. Nous reviendrons sur cette condition après l'étude du théorème général.

Si $f(x,y)$ est une fonction de deux variables $x \in E$, $y \in F$ on notera $f'_x(a,b)$ la différentielle partielle de f en (a,b) c'est-à-dire celle de $x \to f(x,b)$ en a, et de même $f'_y(a,b)$ la différentielle de $y \to f(a,y)$ en b.

32.4.1. Théorème : *Soient* E, F *et* G *trois espaces de Banach,* Ω *un ouvert de l'evn produit* ExF, *et* f *une application de classe* C^1 *de* ExF *dans* G. *On suppose que le point* (a,b) *de* Ω *vérifie*

$$f(a,b) = 0 \text{ et } f'_y(a,b) \text{ est un isomorphisme de F sur G.}$$

Il existe alors des voisinages ouverts V *de* a, W *de* (a,b) *contenu dans* Ω, *et une application de classe* C^1 *notée* g *de* V *vers* F *tels que*

$$\forall x \in V, f(x,g(x)) = 0 \text{ et et } \forall (x,y) \in W, f(x,y) = 0 \Leftrightarrow y = g(x).$$

De plus, la différentielle de g *en* a *est* $dg(a) = f'_y(a,b)^{-1} \circ f'_x(a,b)$.

Démonstration : Nous nous appuyerons sur le théorème d'inversion locale. On introduit l'application F de ExF dans ExG, $x \to (x, f(x,y))$ dont la différentielle au point (a,b) est

$$\phi : (h,k) \to (h, f'_x(a,b)(h) + f'_y(a,b)(k)).$$

On vérifie directement (injectivité, surjectivité) que ϕ est un isomorphisme d'espaces de Banach, d'inverse continu. (**N.B. :** Un théorème non trivial affirme que toute bijection linéaire continue entre espaces de Banach a un inverse continu). Par une application licite de l'inversion locale, il existe un voisinage ouvert W de (a,b) et un voisinage ouvert W' de F(a,b) = (a,0) tels que F induise un C^1-difféomorphisme de W sur W'. On peut supposer, sans nuire à la généralité, que W' est un produit VxV', où V est un voisinage ouvert de a. Soit G l'inverse de F décrit par G(u,v) = (u,h(u,v)). On pose pour x dans V

$$g(x) = h(x,0).$$

Par définition des applications en jeu, pour tout x de V :

$$(x, f(x, g(x))) = F(G(x,0)) = (x,0)$$

donc $f(x,g(x)) = 0$ sur V, et si (x,y) de W vérifie $f(x,y) = 0$ on a

$$F(x,y) = (x,0) \text{ et } (x,y) = G(x,0) = (x, h(x,0)) = (x, g(x)) \text{ soit } y = g(x),$$

ce qui achève la preuve de l'existence de g.
Le calcul de la différentielle est immédiat par dérivation composée : la fonction $f(x,g(x))$ est nulle sur V d'où par composition des différentielles l'égalité

$$f'_x(a,b)(h) + f'_y(a,b)(dg_a(h)) = 0$$

valable pour tout h de E. Le calcul de $dg_a(h)$ vient alors en inversant $f'_y(a,b)$. QED.

Cette preuve n'a qu'un défaut : elle n'est pas très intuitive pour un lecteur qui ne serait pas familier de la géométrie différentielle (redressements de champs de vecteurs...).

Cas des fonctions définies sur $\mathbf{R}^2$ *ou* $\mathbf{R}^3$.

Avant de faire le lien avec les théorèmes habituels, on doit comprendre le rapport qui s'établit entre une différentielle partielle et une dérivée partielle. Si f est définie sur $\mathbf{R}^n$ la différentielle partielle de f par rapport à x_i n'est autre que la *multiplication* par la dérivée partielle : $h \to h\dfrac{\partial f}{\partial x_i}(a)$; si le but est aussi $\mathbf{R}$ (qui sera ici le G du théorème) cette multiplication est un isomorphisme ssi $\dfrac{\partial f}{\partial x_i}(a) \neq 0$. Passons aux illustrations.

32.4.2. La fonction f va de $\mathbf{R}^2$ dans R : On garde bien sûr les hypothèses : f est définie sur un ouvert, C^1,..., etc. qui sont indispensables. Le théorème des fonctions implicites devient ici :

Si $\frac{\partial f}{\partial y}(a,b) \neq 0$, il existe alors des voisinages ouvert V de a, W de (a,b) contenu dans Ω et une application de classe C^1 notée g de V vers F tels que
$$\forall x \in V, f(x,g(x)) = 0 \text{ et } \forall (x,y) \in W, f(x,y) = 0 \Leftrightarrow y = g(x).$$

Remarque : si $\frac{\partial f}{\partial x}(a,b) \neq 0$ on peut définir localement x comme une fonction C^1 de y.

Donc si $\nabla f(a,b) \neq (0,0)$, l'ensemble des zéros de f est, au voisinage de (a,b), *un arc paramétré cartésien donc régulier.*

32.4.3. La fonction f va de $\mathbf{R}^3$ dans R

f est toujours de classe C^1, et le théorème s'énonce :

Si $\frac{\partial f}{\partial z}(a,b,c) \neq 0$, il existe alors des voisinages ouvert V de (a,b), W de (a,b,c) contenu dans Ω, et une application de classe C^1 notée g de V vers F tels que
$$\forall x \in V, f(x,y,g(x,y)) = 0 \text{ et } \forall (x,y,z) \in W, f(x,y,z) = 0 \Leftrightarrow z = g(x,y).$$

Remarque : si $\frac{\partial f}{\partial x}(a,b,c) \neq 0$ on peut définir localement x comme une fonction C^1 de (y,z), de même avec y. Donc si $\nabla f(a,b,c) \neq (0,0)$, l'ensemble des zéros de f est, au voisinage de (a,b,c), *une nappe paramétrée cartésienne donc régulière.*

32.5. Extension

Tous les résultats obtenus s'étendent aux fonctions de classe C^p, $p \geq 2$, ou C^∞ : il suffit de remplacer "C^1" par "C^p" (ou C^∞) dans les énoncés. La preuve s'effectue par récurrence sur p, en usant des formules de composition et d'inversion. En dimension finie, il est plus simple de raisonner sur les dérivées partielles, en exploitant correctement la formule d'inversion des matrices carrées.

Travaux dirigés :

a) Montrer que l'équation : $x^y = y^x$, $(x,y) \in]1,+\infty[^2$ définit une fonction continue $y = f(x)$ telle que $y \neq x$ si $x = e$ (on ramènera l'équation à $\frac{\text{Log} x}{x} = \frac{\text{Log} y}{y}$).

b) Étudier la dérivabilité de cette fonction en $x = e$.

c) Si g est une fonction C^∞ sur IxI; mettre $\frac{g(x) - g(y)}{x - y}$ sous forme intégrale. Vérifier que la fonction obtenue admet un prolongement C^∞ à IxI. (Voir le § : intégrales à paramètre)

d) En usant de c) pour la fonction $\frac{\text{Log} x}{x}$ prouver que f est C^∞.

Solution :

1) Définition, continuité et unicité de la fonction f.

On note tout d'abord que, si $\phi(x) = \frac{\ln x}{x}$, ϕ possède le graphe

Figure 23 :

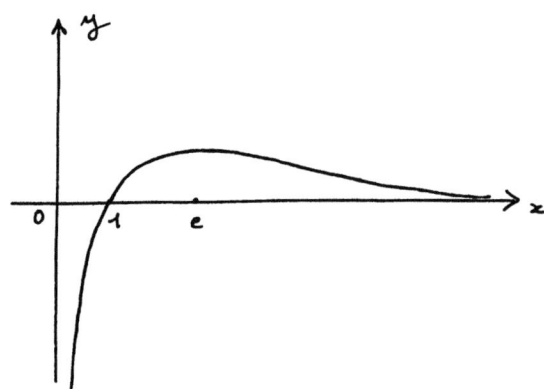

Ce qui montre que, si $x \in]1,+\infty[$, il existe un unique y du même tel que $\phi(x) = \phi(y)$ et $y \neq x$. La fonction ϕ est donc unique.

Pour la continuité, on note que la restriction de ϕ à $]1,e]$ est une bijection continue de $]1,e]$ sur $]0,1]$, dont on note η_1 la réciproque, et que la restriction de ϕ à $[e,+\infty[$ est une bijection continue décroissante de $[e,+\infty[$ sur $]0,1]$, dont on note η_2 la réciproque. f est alors visiblement donnée par $f(x) = \eta_2^{-1} \circ \eta_1$ si x est dans $]0,e]$, et $f(x) = \eta_1^{-1} \circ \eta_2$ si x est dans $[e,+\infty[$ d'où la continuité de f.

2) Le caractère C^∞ de f est plus délicat au point $x = e$. En dehors de $x = e$, les fonctions η_i sont C^∞ et leurs dérivées ne s'annulent pas donc f est C^∞ sur $]1,e[$ et $]e, +\infty[$. Posons, lorsque $(x,y) \in]1,+\infty[^2$, $F(x,y) = x\ln y - y\ln x$. Il est clair l'équation $F(x,y) = 0$ équivaut, dans $]1,+\infty[^2$, à $x = y$ ou $y = f(x)$. L'idée naturelle est alors d'appliquer le théorème des fonctions implicites à F, malheureusement, ce dernier tombe en défaut au point (e,e), où l'on a une "branche"

Figure 24 :

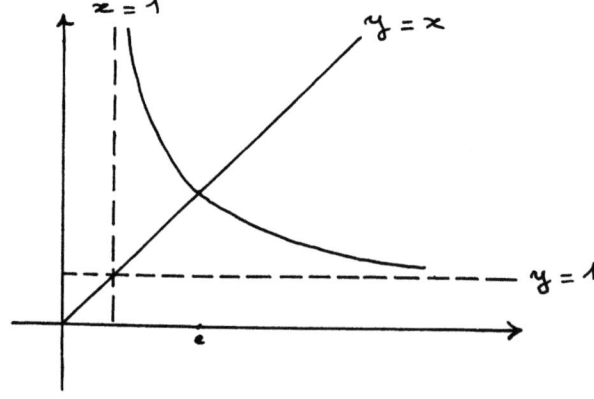

Nous allons donc éliminer la branche parasite $y = x$ à l'aide d'une "division dans les germes C^∞" basée selon l'usage sur le

Lemme : Si h est une fonction C^∞ sur l'intervalle ouvert I de $\mathbf{R}$, l'application H définie sur I×I par $H(x,y) = \dfrac{h(x) - h(y)}{x - y}$ est de classe C^∞.

Preuve : On montre simplement que, pour tout (x,y) de I×I, $H(x,y) = \int_0^1 h'(x+t(y-x))dt$

(distinguer les cas : y=x, y≠x), comme h' est C^∞, l'application qui a (x,y,t) associe h'(x+t(y-x)) aussi ar composition et l'intégration sur le segment [0,1] fournit donc une fonction C^∞ de (x,y). Considérons maintenant l'application définie par

$$G(x,y) = \frac{F(x,y)}{x-y} \text{ pour } y \neq x, x > 1 \text{ et } y > 1.$$

Avec le calcul précédent nous trouvons

$$G(x,y) = \frac{x\ln y - y\ln x}{x-y} = \ln y - y\frac{\ln y - \ln x}{y-x} = \ln y - y\left(\int_0^1 \frac{dt}{x+t(y-x)}\right).$$

On montre alors sans peine que G admet un prolongement C^∞ sur $]1,+\infty[^2$ donné par le membre de droite et que G(x,y) = 0 ssi y = f(x), y compris au point (e,e). Comme $\frac{\partial G}{\partial y}(e,e) = \frac{-1}{2e} \neq 0$, le théorème des fonctions implicites s'applique à G et f au point (e,e) ce qui achève la preuve de **f est C^∞**.

Lectures supplémentaires : Essentiellement dirigées vers la géométrie différentielle : On trouvera la preuve du théorème du rang (qui amène la structure locale des immersions et submersions) dans [AF] et [DEA1] chap. X. Sinon, tout bon traité de géométrie différentielle convient.

EXERCICES

Inversion locale

1) Soit f l'application de $\mathbf{R}^2$ dans $\mathbf{R}^2$ définie par f(x,y) = (x+y,xy). Étudier la différentiabilité de f, donner sa matrice jacobienne, son jacobien, et l'ensemble des points critiques (33.2). Montrer que la restriction de f à l'ouvert U = (x,y)| x < |y| } est un C^1-difféomorphisme sur son image.

2) Soit f une application de $\mathbf{R}^3$ dans $\mathbf{R}^3$ de composantes $e^{2x}+e^{2z}$, $e^{2x} - e^{2z}$, x-y. Montrer que f est un C^∞-difféomorphisme de $\mathbf{R}^3$ de sur un ouvert V à préciser.

3) Montrer qu'il existe un voisinage U de I_n dans $M_n(\mathbf{C})$ et une fonction continue f : U → V voisinage de I telle que : $\forall A \in U$, $f(A)^2 = A$.

4) Soit k une constante de]0,1[, et f une application de classe C^1 de $\mathbf{R}$ dans $\mathbf{R}$, k-lipschitzienne. Montrer que l'application ϕ de $\mathbf{R}^2$ dans $\mathbf{R}^2$ définie par

$$\phi(x,y) = (x+f(y),y+f(x))$$

est un C^1 - difféomorphisme de $\mathbf{R}^2$.
(on donnera plusieurs méthodes : 1) f est un C^1-difféo. local injectif d'image fermée 2) même début, puis application judicieuse du théorème du point fixe).

5) Soit f une application de $\mathbf{R}^n$ dans $\mathbf{R}^n$. On suppose que f est de classe C^1, et que la différentielle de f est, en tout point, une isométrie. Montrer que f est une isométrie (on commencera par le prouver localement).

Fonctions implicites

6) On définit au voisinage du point (1,2) une fonction $y = \phi(x)$ par l'équation $x\ln y + y\ln x = \ln 2$ et $\phi(1) = 2$ (justifier). Trouver, avec justification, un DL de ϕ à l'ordre 3 en 1.

7) Montrer que l'intersection des surfaces $x^2+y^2+z^2 = 3$ et $x^2+y^2 - z^2 = 1$ est, au voisinage du point (1,1,1) un arc de classe C^∞. Courbure et torsion de cet arc.

Problème : Le *but du problème* est d'étudier la *méthode de Newton* pour les fonctions de plusieurs variables (cf. [SB]). Dans ce qui suit, on se donne une application de classe C^1 de l'ouvert convexe Ω de $\mathbf{R}^n$ dans $\mathbf{R}^n$. Soient $x_0 \in \Omega$, et $r > 0$ tels que $B_f(x_0,r)$ soit inclus dans Ω et $df(x_0)$ soit inversible. On pose, tant que x_k est dans Ω et $df(x_k)$ inversible: $x_{k+1} = x_k - df(x_k)^{-1}.f(x_k)$.

1°) On suppose, ici et dans la suite, que $x \to df(x)$ est γ lipschitzienne (γ réel > 0).

Montrer, pour tout (x,y) de Ω^2 : $\| f(x) - f(y) - df(y).(x-y) \| \leq \frac{\gamma}{2} \|x - y\|^2$.

2°a) Montrer que, quitte à restreindre Ω, on peut supposer $df(x)$ inversible pour tout x de Ω.

On suppose désormais qu'il existe deux réels > 0 α et β tels que

$$\| df(x_0)^{-1} (f(x_0)\| \leq \alpha \,,\, \|| df(x)^{-1}\|| \leq \beta \text{ sur } \Omega, \, h = \frac{\alpha\beta\gamma}{2} < 1 \text{ et } r \geq \frac{\alpha}{1-h}.$$

b) Vérifier que : $x_1 \in \Omega$; $\|x_{k+1} - x_k\| \leq \alpha h^{2^k-1}$ lorsque x_k et x_{k+1} existent ; puis que x_k est définie pour tout entier k.

3°) Montrer que la suite x_k converge vers un élément ζ de Ω.

4°) Prouver que $f(\zeta) = 0$. Résumer le résultat obtenu dans un Théorème :

5°) On souhaite appliquer la méthode précédente à la résolution d'équations :
$P(x) = a_0x^n+\ldots+a_{n-1}x+a_n = 0$, $P \in \mathbf{R}[x]$. Pour ce faire on divise P par $x^2 - rx - q$:
$P(x) = (x^2 - rx - q)P_1(x) + A(r,q)x + B(r,q)$, où r et q doivent être choisis de sorte que $A(r,q)=B(r,q)=0$.
On applique donc ce qui précède à $f : (r,q) \to (A(r,q),B(r,q))$.

a) Montrer que f est de classe C^1.

b) Soient x_0 et x_1 les racines de $x^2 - rx - q$. En divisant P_1 par $x^2 - rx - q$:
$$P_1(x) = (x^2 - rx - q)P_2(x) + A_1(r,q)x + B_1(r,q),$$
calculer les dérivées partielles de A et B par rapport à r et q.

c) Décrire une méthode itérative permettant le calcul de deux racines de P. En donner une programmation en Turbo-Pascal.

33. Problèmes d'extremum

33.1. Compacité et problèmes d'extremum

Du fait qu'un fonction continue sur un compact non vide est bornée et atteint ses bornes, la compacité joue un rôle majeur dans les preuves d'existence de point maximisant ou minimisant une fonction à valeurs réelles, sans donner en soi d'indication sur les moyens qui permettent de localiser les points qui réalisent les extrema. Le calcul différentiel pourvoit dans le cas général à ces manques, mais il existe souvent des propriétés *ad hoc* qui permettent de résoudre le problème; on peut user des symétries, d'inégalités variées : Schwarz, Holder, arithmético-géométrique etc. voir par exemple le § 12 ou le § 33.3.

Quelques applications des extrema atteints sur un compact ont déjà été passées en revue lors de l'étude des fonctions de variable réelle : théorème de Rolle, fini ou à l'infini; ou encore le point fixe compact du § 8. Le but ici est plutôt d'étudier des problèmes relatifs aux fonctions de plusieurs variables. Nous commençerons par passer du cas compact au cas localement compact.

33.1.1. Proposition : *Soient* E *un evn de dimension finie, et* f *une application continue de* E *dans* **R**, *telle que* $\lim_{\|x\| \to +\infty} f(x) = +\infty$. *Alors* f *est minorée et atteint son minimum.*

Démonstration : Sur une représentation graphique du phénomène, on voit que la fonction f "part vers +∞" et que de ce fait on peut se ramener à une boule fermée.

Figure 25 :

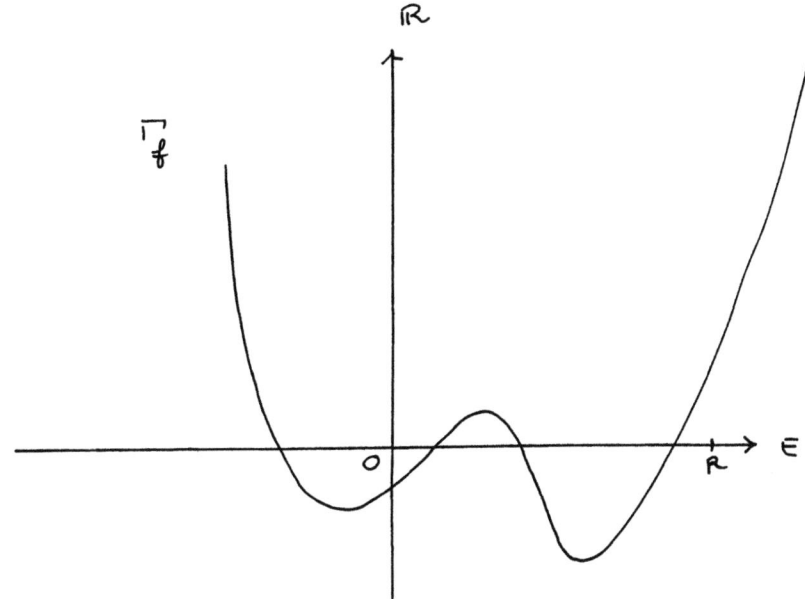

Formalisons cette constatation : soit $\overline{B}(0,r)$ une boule fermée telle que, pour tout x de norme ≥ r, on ait $f(x) \geq |f(0)|$. La fonction continue f atteint son minimum en un point a du compact $\overline{B}(0,r)$ (nous sommes en dimension finie). Vérifions que a est un minimum global de f :

– si $x \in \overline{B}(0,r)$, $f(a) \leq f(x)$ par choix de a ;
– si $x \notin \overline{B}(0,r)$, on a les inégalités $f(a) \leq f(0) \leq f(x)$;

d'où la conclusion. Le lecteur se persuadera de la nécessité d'introduire une valeur pivot, ici f(0).

Ce résultat se généralise immédiatement au cas où f est définie sur un fermé (non vide) d'un evn de dimension finie et tend vers +∞ en +∞.

33.1.2. Applications :

1) *Distance atteintes* : Le fait que la distance d'un point a à une partie fermée non vide F d'un evn de dimension finie soit atteinte est une application directe de la proposition via la fonction $x \to d(x,a)$.

2) *Polynômes de meilleure approximation* : On fixe un entier $n \geq 1$. Soit f une application continue de [0,1] dans **R**. *Il existe un polynôme P, de degré $\leq n$, tel que* $\|f - P\|_\infty$ *soit la borne inférieure des nombres de la forme* $\|f - Q\|_\infty$, *où Q décrit l'espace vectoriel* E_n *des polynômes réels de degré $\leq n$. En effet*, La fonction ϕ définie sur E_n par $Q \to \|f - Q\|_\infty$ tend vers $+\infty$ lorsque $\|Q\|_\infty$ tend vers $+\infty$ puisque $\|f - Q\|_\infty \geq \|Q\|_\infty - \|f\|_\infty$, comme ϕ est continue — plus précisément, 1-lipschitzienne — elle atteint bien son minimum en un point P de E_n.

On obtient par une étude directe (et délicate) du phénomène le fait remarquable que, si $f \notin E_n$, f - P s'annule n fois en changeant de signe, ce qui aide parfois à repérer P.

3) *Théorème de D'Alembert-Gauss :* Soit P un polynôme complexe non constant; en considérant la fonction $z \to |P(z)|$, qui tend vers $+\infty$ en $+\infty$ (§ 14.2.3 - 3), on constate que $|P(z)|$ atteint son minimum m en un point a de **C**. Montrons que *ce minimum est nul, donc que* P *admet au moins une racine complexe*. Pour cela nous raisonnerons par l'absurde en supposant m > 0. Commençons par effectuer diverses réductions (sans lesquelles les notations sont très pénibles). Par une translation sur la variable, nous pouvons supposer que a = 0; une homothétie ramène ensuite au cas où P(0) = 1 = m. Après factorisation de la plus petite puissance ≥ 1 de z dans P, celui-ci s'écrit
$$P(z) = 1 + \alpha z^p(1 + o(z)), \alpha \neq 0.$$
Posons $\rho = |\alpha|$ et $z = re^{it}$, où r > 0 et où t est fixé de sorte que $\alpha e^{ipt} = -\rho$. Nous obtenons
$$P(re^{it}) = 1 - \rho r^p(1 + \varepsilon(z) + i\eta(z))$$
où les fonctions ε et η sont réelles, et tendent vers 0 en 0. Par un calcul direct :
$$|P(re^{it})|^2 = (1 - \rho r^p(1 + \varepsilon(z)))^2 + (\rho r^p \eta(z))^2 = 1 - 2\rho r^p + o(r^p)$$
quantité strictement inférieure à 1 pour r > 0 assez petit, contrairement au fait que m = 1. QED.

33.1.3. Une *idée force* est la suivante : sachant qu'un extremum est atteint en un point a, on obtient des renseignements supplémentaires sur ce dernier en faisant "varier les paramètres" autour de a. Cette idée conduit tout droit au calcul variationnel et aux conditions différentielles exposée plus loin; mais tous les problèmes ne relèvent pas du calcul différentiel, par exemple :

Soit C un cercle de **R**^{2}. On veut montrer *qu'il existe un triangle d'aire maximum inscrit dans C, puis qu'un tel triangle est nécessairement équilatéral.*

Notation : MN désigne le vecteur d'extrémités ordonnées M et N, et $\| \ \|$ la norme euclidienne. La fonction "aire d'un triangle (A,B,C)" est continue des sommets du triangle, puisqu'il s'agit de la moitié de $|[AB,AC]|$ ([AB,AC] est le produit mixte). Elle atteint donc son maximum sur le compact C^3 en un triangle T = (A,B,C). Fixons A et B, désignons par H la projection orthogonale de C sur [A,B] et faisons varier C : l'aire de T, égale à $\frac{1}{2}$ AB.CH, est maximale lorsque $\|CH\|$ est maximal; or CH a un maximum strict lorsque C est sur la médiatrice de [A,B]

Figure 26 :

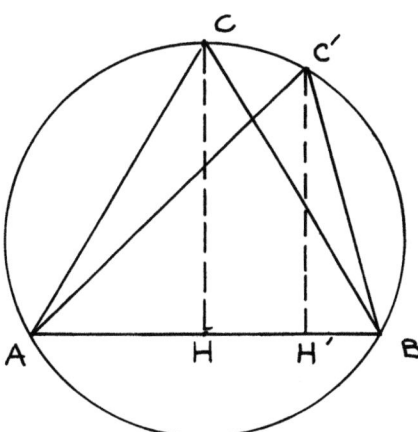

Si T est d'aire maximum, le point C est donc placé sur la médiatrice de [A,B] et T est isocèle en C. Par symétrie des rôles, il l'est aussi en A, B, et C donc T est équilatéral.

N.B. : Pour que le raisonnement que nous avons tenu soit valide, il fallait par avance être certain de posséder un triangle (A,B,C) réalisant le maximum.

33.2. Application du calcul différentiel à la recherche d'extrema locaux

Avant de se lancer dans une étude différentielle de la question, il faut dire que certains cas fréquents ne peuvent pas être traités par ce dernier, tout simplement parce que les fonctions en jeu *ne* sont *pas* différentiables aux points où les extrema sont atteints ! c'est le cas par exemple de la recherche du minimum d'une fonction affine par morceaux convexe dès que le minimum est strict (regardez !). Il convient aussi de garder à l'esprit le fait que l'on ne différentie les fonctions que sur des *ouverts*; pour étudier entre autre une fonction sur une boule fermée il faut considérer *séparément* le cas de l'intérieur (la boule ouverte) de celui de la frontière (la sphère).

33.2.1. Définition : Soit f une application différentiable de l'ouvert Ω de l'evn E dans **R**. On dit que le point a de Ω est un *point critique* de f lorsque la différentielle de f en a est nulle.

N.B. : Si df(a), qui est une forme linéaire continue sur E, n'est pas nulle, elle est surjective.

33.2.2. Théorème : *Soit f une application différentiable de l'ouvert Ω de l'espace vectoriel normé E dans* **R**. *Si f présente un extremum local au point* a, a *est un point critique de* f.

Démonstration : Soit h un vecteur de E. La fonction numérique $\alpha : t \to f(a+th)$ est définie au voisinage de 0 et présente, Compte tenu de l'hypothèse faite sur f, un extremum local en 0. de là, $\alpha'(t) = df(a)(h) = 0$. QED.

Cas où $E = \mathbf{R}^n$: la condition nécessaire pour que a soit un point critique est
$$\frac{\partial f}{\partial x_i}(a) = 0 \ (i = 1,\ldots,n.)$$

⚡ : Tous les points critiques en sont pas en général des extrema locaux de f, tant s'en faut ! Divers exemples issus de l'étude de "formes normales" des surfaces sont donnés plus loin, qui illustrent les situations courantes ; mais déjà, dans **R**, $f(x) = x^3$ possède l'unique point critique 0, et aucun extremum local.

Exemple : Soit U un ouvert relativement compact de $\mathbf{R}^n$, f une application continue de $\overline{U}$ dans **R**, nulle sur Fr(U) différentiable sur U. Il existe un point a de U en lequel la différentielle de f est nulle.

En effet, la fonction continue f du compact $\overline{U}$ dans **R** atteint son minimum en un point a et son maximum en un point b. Si f(a) = f(b) la fonction f est constante donc nulle (hypothèse *sur la frontière*) et tout point de U convient. Sinon, l'un de f(a), f(b) est ≠ 0 et par suite a ou b est dans U *ouvert*, ce qui donne df(a) = ou df(b) = 0.

33.3. Conditions d'ordre deux

On se place désormais en dimension finie et l'on identifie l'espace ambiant à $\mathbf{R}^n$ au moyen d'une base.

33.3.1. Théorème : *Soit f une application de classe* C^2 *de l'ouvert* Ω *de* $\mathbf{R}^n$ *dans* **R**.
a) *Si f présente un minimum local au point* a *de* Ω, a *est un point critique de f et la différentielle seconde de f en* a *est une forme bilinéaire symétrique positive.*
b) *Si* a *est un point critique de f et si la différentielle seconde de f en* a *est une forme bilinéaire symétrique définie positive,* a *est un minimum local strict de f.*

Démonstration : L'outil essentiel de la preuve est la *formule de Taylor à l'ordre deux*.
a) Nous savons déjà que a est un point critique, la formule de Taylor à l'ordre deux en a s'écrit donc

$$f(a+h) - f(a) = \frac{1}{2} d^2 f_a(h,h) + o(\|h\|^2)$$

et donc, pour $\|h\| \leq r$ convenable

$$0 \leq \frac{1}{2} d^2 f_a(h,h) + o(\|h\|^2)$$

L'idée est classsique, dans les preuves variationnelles, de remplacer h par th, t > 0, puis de faire tendre t vers 0 (cf. 27.2.4.b); on a ici

$$0 \leq \frac{1}{2} d^2 f_a(th,th) + \|th\|^2 \varepsilon(th) ,$$

où ε tend vers 0 en 0; en divisant par t^2, Compte tenu du fait que $d^2 f_a(h,h)$ est une forme quadratique il vient

$$0 \leq \frac{1}{2} d^2 f_a(h,h)$$

b) Il s'agit de trouver r > 0 tel que, pour $0 < \|h\| < r$ on ait $0 < f(a+h) - f(a)$. Nous sommes en dimension finie, où toutes les normes sont équivalentes. Le choix de la norme $\|\ \|$ est donc libre : Comme par hypothèse $h \to d^2 f_a(h,h)$ est une forme quadratique définie positive, on peut prendre pour norme $\|h\| = \sqrt{d^2 f_a(h,h)}$ et la formule de Taylor s'écrit, puisque a est un point critique

$$f(a+h) - f(a) = \frac{1}{2} \|h\|^2 + \|h\|^2 \varepsilon(h) ,$$

où ε tend vers 0 en 0. Il suffit alors de choisir $r > 0$ de sorte que $B(a,r)$ soit contenue dans Ω et $\|h\| < r \Rightarrow |\varepsilon(h)| < \frac{1}{2}$.

✋ : Bien distinguer les conditions nécessaires données en a) des conditions suffisantes de b), plus restrictives : par exemple, la fonction définie sur $\mathbf{R}^2$ par $f(x,y) = x^4 + y^4$ présente un minimum global strict en 0, et sa différentielle seconde en ce point est nulle.

Bien entendu, on a un résultat analogue pour les maxima locaux.

33.3.2. Cas de l'ordre deux, notations de Monge :
Soit f une fonction de classe C^2 de l'ouvert Ω de $\mathbf{R}^2$ dans $\mathbf{R}$. On pose
$$p = \frac{\partial f}{\partial x} \quad q = \frac{\partial f}{\partial y} \quad r = \frac{\partial^2 f}{\partial x^2} \quad s = \frac{\partial^2 f}{\partial x \partial y} \quad t = \frac{\partial^2 f}{\partial y^2}$$
Les *conditions nécessaires* pour qu'il y ait un extremum local sont alors
i) a *est un point critique soit* $p = q = 0$;
ii) *la matrice hessienne de* f *en* a, *soit* $H = \begin{pmatrix} r & s \\ s & t \end{pmatrix}$ *est positive où négative...*

Le caractère positif de H entraîne $r \geq 0$, $s \geq 0$, et $rt - s^2 \geq 0$ (cf. mathématiques générales).

Les *conditions suffisantes* sont
i) a *est un point critique, soit* $p = q = 0$;
ii) *La matrice hessienne de* f *en* a, *soit* $H = \begin{pmatrix} r & s \\ s & t \end{pmatrix}$, *est définie positive ou définie négative.*

Dans le cas des matrices de taille 2, H *est définie positive si, et seulement si* $r > 0$ *et* $rt - s^2 > 0$.

En effet, si H est définie positve, le nombre $(1\ 0)H\binom{1}{0}$ est > 0, donc r est > 0 et le produit des valeurs propres de H, c'est-à-dire le déterminant $rt - s^2$, est > 0.

En sens inverse, si $rt - s^2 > 0$ les valeurs propres de H sont non nulles et de même signe, donc H est définie; et H ne peut être négative car $r > 0$.

Exemple : On s'intéresse aux formes quadratiques *non dégénérées* sur un espace vectoriel réel E de dimension 2. Soit q une telle forme. Il existe une base (e_1, e_2) de E qui réduit q à $q(xe_1 + ye_2) = \alpha x^2 + \beta y^2$, α et β sont dans $\{-1, 1\}$. Dans cette base
$$\nabla q(x,y) = 2\alpha x e_1 + 2\beta y e_2$$
donc le seul point critique de q est l'origine.

Si α et β sont de même signe, q est
– définie positive si $\alpha, \beta > 0$, $(0,0)$ est un minimum strict ;
– définie négative si $\alpha < 0$ et $\beta < 0$ $(0,0)$ est un maximum strict.

La forme q présente un *point-col* lorsque $\alpha\beta < 0$. La surface $z = \alpha x^2 + \beta y^2$ est alors un paraboloïde hyerbolique dont l'allure est celle d'une "selle de cheval", typique des point critiques dont la hessienne n'est pas singulière, et qui *ne sont pas* des extrema locaux.

Lectures supplémentaires : Elles sont assez spécialisées (problèmes d'optimisation, linéaires et non linéaires). Faites plutôt les exercices, ou le problème d'analyse numérique de l'agrégation (externe) de 1992, qui possède une remarquable partie I (le reste est également intéressant).

EXERCICES

1) Extrema de $x^4+y^4-2(x-y)^2$ sur $\mathbf{R}^2$. (On commencera par montrer que f possède un minimum global sur $\mathbf{R}^2$.)

2) Montrer que la restriction de fonction f de classe C^1 de $\mathbf{R}^n$ dans $\mathbf{R}^n$ à la boule unité présente au moins deux extrema. Prouver qu'aux points où le maximum est atteint, le gradient de f est soit nul soit sortant (interpréter).

3) Étudier les extrema de $(x,y) \to \int_0^\pi [\sin t - xt - yt^2]^2 dt$

Problème : Fonctions convexes

Soit Ω un ouvert convexe de $\mathbf{R}^n$ et f une application de $\mathbf{R}^n$ dans $\mathbf{R}$. On dit que f est **convexe** si elle vérifie

$$\forall (x,y)\in \Omega\times\Omega, \forall \lambda \in [0,1], f(\lambda x + (1-\lambda)y) \leq \lambda f(x) + (1-\lambda)f(y)$$

1)a) Montrer que f est convexe ssi, pour tout (x,y) de $\Omega \times \Omega$, l'application de $[0,1]$ dans $\mathbf{R}$: $t \to f(tx+(1-t)y)$ est convexe.

b) Montrer que, si f présente un minimu relatif en a, elle atteint en fait son minimum absolu en a.

2) On suppose f convexe et C^1.

a) Montrer que $\forall (x,y)\in \Omega\times\Omega$, $f(y) \geq f(x) + \langle \mathrm{grad} f(x) | y - x\rangle$ (i)
et $\langle \mathrm{graf}(x) - \mathrm{grad} f(y) | x - y \rangle \geq 0$ (ii)

b) Prouver que (i) ou (ii) entraîne que f est convexe.

c) En déduire :
– que $\mathrm{grad} f(a) = 0$ entraîne que f atteint son minimum absolu en a;
– l'existence de fonctions affines qui minorent f.

d) **Application** : Si $\Omega = \mathbf{R}^n$, montrer que, pour tout $\varepsilon > 0$ et tout a de $\mathbf{R}^n$, la fonction $x \to f(x) + \varepsilon\|x-a\|^2$ possède un minimum absolu sur $\mathbf{R}^n$ (utiliser 33.1.3). Etablir alors que l'application $x \to \mathrm{grad} f(x) + 2\varepsilon x$ est un homéomorphisme de $\mathbf{R}^n$ sur $\mathbf{R}^n$.

3) On suppose f convexe et C^2. Montrer que, pour tout x de Ω, la matrice Hessienne de f en x est symétrique et positive. Réciproque ?

Équations différentielles

34. Équations non linéaires ordinaires

34.1. Solution d'une équation différentielle

Notation : Dans tout ce qui suit, E désigne un espace de Banach.

34.1.1. Définition : Soient U un ouvert de $\mathbf{R} \times E$, et f une application continue de U dans E. On appelle *solution* de l'équation différentielle (E) $y' = f(x,y)$ tout couple (I, ϕ) tel que
– I est un *intervalle ouvert* de $\mathbf{R}$, et ϕ une application *de classe* C^1 de I dans E ;
– pour tout x de I, $(x, \phi(x)) \in U$ et $\phi'(x) = f(x, \phi(x))$.

Ainsi, une solution est un *couple*, on autorise donc l'intervalle de définition I à varier. On dit que la solution (I, ϕ) de (E) *passe par le point* (x_0, y_0) de U lorsque $x_0 \in I$ et $\phi(x) = y_0$ (l'emploi de ce terme sera justifié par l'introduction de la notion de *courbe intégrale*).

Notations variées : On rencontre $y' = f(x,y)$, $y' = f(t,y)$, $x' = f(t,x)$ (surtout dans le cas des équations du type $x' = f(x)$ issues de la mécanique).

34.1.2. Les premiers problèmes qui se posent sont les suivants :
1) Existence de solutions.
2) Existence de solutions passant par un point donné (problème de Cauchy).
3) Existence de solutions définies sur un intervalle donné inclus dans la projection de U sur $\mathbf{R}$.
4) Unicité de telles solutions (à I fixé).

Sans hypothèses sur f autres que la continuité, il peut se faire que (1) ait une réponse négative : l'étude s'arrête là! Il faut donc des hypothèses additionnelles pour fonder une théorie raisonnable. Le théorème d'existence que nous allons démontrer, même s'il n'est pas le plus général possible, suffira à nos besoins.

34.2. Le théorème de Cauchy-Lipschitz

34.2.1. Définition : Soient U un ouvert de l'espace vectoriel normé X, et soit f une application de U dans l'espace vectoriel normé F. On dit que f est *localement lipschitzienne* si, pour tout x de U, il existe un voisinage V de x tel que la restriction de f à V soit lipschitzienne.

La proposition ci-dessous fournit un *critère pratique* pour déterminer si une application donnée est localement lipschitzienne.

34.2.2. Proposition : *Si f est de classe* C^1, *elle est localement lipschitzienne.*

Démonstration : Soit a dans U; il existe, par continuité de df, un réel $r > 0$ tel que
(1) la boule $B(a,r)$ soit contenue dans U ;
(2) la fonction $x \to |||df(x)|||$ soit majorée par $K = |||df(a)||| + 1$ sur $B(a,r)$.

Comme $B(a,r)$ est convexe, nous pouvons appliquer à f l'inégalité des accroissements finis sur cet ouvert : f est de ce fait K-lipschitzienne sur le voisinage $B(a,r)$ de a. QED.

(Nul besoin de dimension finie! une application continue est toujours localement bornée.)

34.2.3. Théorème de Cauchy-Lipschitz : *Soit f une application localement lipschi-tzienne de l'ouvert U de l'espace produit* **R**x**E** *dans* **E**, *et soit* (x_0,y_0) *un point de U i) il existe une solution* (I,ϕ) *de l'équation différentielle* (E) $y' = f(x,y)$ *telle que* $x_0 \in I$ *et* $\phi(x_0) = y_0$; *ii) si* (J,ψ) *est une solution de* (E) *telle que* $x_0 \in J$ *et* $\psi(x_0) = y_0$ *il existe un voisinage* V *de* x_0 *dans* $I \cap J$ *tel que, pour tout x de* V, $\phi(x) = \psi(x)$.

Démonstration : La preuve procède en plusieurs étapes, qu'il convient d'articuler correctement.
A− Existence
1) *Localisation* :
Nous fixons pour commencer un réel $r > 0$ tel que le produit $P = [x_0-r,x_0+r] \times \overline{B}(y_0,r)$ soit contenu dans U, f étant en outre bornée par M et K-lipschitzienne sur P.

2) *Mise sous forme intégrale* :
Comme une solution ϕ est de fait C^1, ϕ vérifie (E) avec $\phi(x_0) = y_0$ ssi

$$\forall x \in I, \phi(x) = y_0 + \int_{x_0}^{x} f(t,\phi(t))dt \ .$$

3) *Choix d'un domaine stable* :
Soit α un réel, $0 < \alpha < r$. Introduisons l'espace $A(\alpha) = C([x_0-\alpha,x_0+\alpha], \overline{B}(y_0,r))$ puis l'application F de $A(\alpha)$ dans $C([x_0-\alpha,x_0+\alpha],E))$ qui à ϕ de $A(\alpha)$ associe la fonction

$$F(\phi) : t \to y_0 + \int_{x_0}^{x} f(t,\phi(t))dt \ .$$

Le problème est ici de rendre $A(\alpha)$ stable par F. Pour cela il faut assurer que l'intégrale de droite est "petite". Il y a ici deux moyens de contrôler la taille d'une intégrale : en agissant sur l'intégrande, ou sur la longueur de l'intervalle. Pour ce qui est de l'intégrande, on sait déjà que $\|f\|$ est bornée par M, et il est difficile de faire mieux (à cause de la contrainte $f(x_0) = y_0$). Il faut donc agir sur α : pour tout t de I, $\|f(t,\phi(t))\| \le M$ donc

$$\|F(\phi)(t) - y_0\| \le |x - x_0| M \le \alpha M \ .$$

Par suite, si $\alpha M < r$ *le domaine* $A(\alpha)$ *est stable par* F.

4) *Détermination d'un domaine de contraction* :
Ici, $A(\alpha)$ est normé par la norme sup. notée $\| \ \|_\infty$. On suppose aussi que $A(\alpha)$ est stable ce qui est assuré par $\alpha M < r$, et l'on veut faire de F une contraction stricte.

Soient ϕ et ψ dans $A(\alpha)$, par définition, pour tout x de I

$$\|(F(\phi) - F(\psi))(x)\| = \|\int_{x_0}^{x} f(t,\phi(t)) - f(t,\psi(t))dt\| \leq K|x - x_0| \|\phi - \psi\|_\infty \leq K\alpha\|\phi - \psi\|_\infty$$

car f est K-lipschitzienne. On choisit désormais α tel que $K\alpha < 1$ et $M\alpha < r$.

5) *Preuve de* i) : L'application F est par choix de α une contraction stricte de $(A(\alpha),\|\ \|_\infty)$ dans lui-même. Le fermé $\overline{B}(y_0,r)$ de l'espace de Banach E est complet, par suite $(A(\alpha),\|\ \|_\infty)$ l'est aussi, F possède donc un point fixe ϕ dans $A(\alpha)$. ϕ est alors de classe C^1, $\phi(x_0) = y_0$ et par dérivation ϕ est une solution de (E).

B– Unicité locale

Soit (J,ψ) une autre solution de (E) passant par le point (x_0,y_0). Il existe $\beta > 0$ tel que
$$\beta M < \rho, \beta K < 1, \text{ et } [x_0-\beta, x_0+\beta] \text{ contenu dans } I\cap J.$$
F induit alors une contraction stricte G de $A(\beta)$, et les restrictions de ϕ et ψ à $[x_0-\beta, x_0+\beta]$ sont des points fixes de G; ϕ et ψ coïncident donc sur $[x_0-\beta, x_0+\beta]$.
QED.

N.B. : Le théorème n'exprime qu'une existence et une unicité *locales* des solutions, il ne dit pour l'instant rien sur leur comportement *global*. Celui-ci sera précisé, d'abord par l'étude des solutions maximales, puis par les théorèmes de prolongement, et illustré enfin par les exemples de fin de chapitre.

☠ : Les théorèmes du cours ne s'appliquent qu'aux ED "résolues en y'"; les utiliser pour des ED de la forme $f(x,y,y') = 0$ conduit immédiatement à des horreurs : existence de solutions alors qu'il n'y en a pas ; au contraire, unicité déplacée...

34.2.4. Donnons un *contre-exemple* pour une ED résolue en y ' si l'on omet l'hypothèse : f est lipschitzienne. Il suffit de considérer l'équation différentielle
$$y' = \sqrt{|y|}$$
La fonction $(x,y) \to \sqrt{|y|}$ est définie et continue sur l'ouvert $\mathbf{R}^2$. Pourtant, le théorème de Cauchy ne s'applique pas : les solutions définies par $y(x) = 0$ pour tout x, et $z(x) = \frac{1}{4}(x - a)^2$ pour $x \geq a$, $z(x) = 0$ pour $x \leq a$ sont toutes deux de classe C^1 et passent par le même point $(a,0)$.

Exercice : Compléter le tableau des courbes intégrales de cette équation. On constatera qu'il y a une infinité de solutions passant par un point quelconque de $\mathbf{R}^2$.

34.3. Ordre sur les solutions, solutions maximales

Existence et unicité de solutions maximales pour le problème de Cauchy

34.3.1. Théorème : *Soit f une application de localement lipschitzienne de l'ouvert U de l'espace produit $E \times \mathbf{R}$ dans E, et soit (x_0,y_0) un point de U.*
Il existe une solution (I,ϕ) de l'équation différentielle (E) $y' = f(x,y)$
et une seule telle que (1) $x_0 \in I$ *et* $\phi(x_0) = y_0$ (2) *Si* (J,ψ) *est une solution de* (E) *telle que* $x_0 \in J$ *et* $\psi(x_0) = y_0$ *l'intervalle I contient J et la restriction de ϕ à l'intervalle J est ψ.*

Démonstration : Soit $\mathcal{C}$ l'ensemble des solutions (J,ψ) passant par (x_0,y_0). $\mathcal{C}$ est non vide, désignons par I la réunion des intervalles de définition des solutions de (E) appartenant à $\mathcal{C}$. Soient x un point de I, (J,ψ) et (K,θ) deux éléments de $\mathcal{C}$ tels que $x \in J \cap K$. Comme par hypothèse ψ et θ coïncident en x_0, le théorème de Cauchy-Lipschitz nous dit que ψ et θ sont égales sur $J \cap K$, en particulier $\psi(x) = \theta(x)$.

On définit donc *correctement* une application ϕ de l'intervalle I dans E en posant, lorsque x est dans I, $\phi(x) = \psi(x)$, où ψ est l'une quelconque des solutions de (E) passant par x. Montrons que ϕ *est solution de* (E). Si $x \in I$, il existe une solution (J,ψ) appartenant à $\mathcal{C}$ telle que $x \in J$, Compte tenu des définitions $\phi(t) = \psi(t)$ pour tout t de J, donc ϕ est dérivable sur J, et l'on a en particulier $\phi'(x) = \psi'(x) = (x,\psi(x)) = f(x,\phi(x))$, ce qui donne le résultat annoncé.

Prouvons enfin (2). Si (J,ψ) est une solution de (E) passant par (x_0,y_0), J est par définition de I contenu dans I et par construction ϕ prolonge ψ. QED.

34.3.2. Définition : La solution de l'équation différentielle (E) vérifiant (1) et (2) est appelée *solution maximale* de (E) passant par (x_0,y_0).

Il est clair — modulons les hypothèses de Cauchy-Lipschitz, toujours présentes — qu'une solution maximale est caractérisée par le fait qu'elle est *non-prolongeable*.

Courbes intégrales d'une E.D.O.

34.3.3. Définition : Les graphes des solutions maximales de l'équation différentielle (E) sont appelées *courbes intégrales* de (E).

Traduction géométrique : Sous les hypothèses du théorème de Cauchy-lipschitz, les courbes intégrales de (E) réalisent une *partition* de l'ouvert U. Par exemple, dans $\mathbf{R}^2$, en un point (x,y) la pente de la tangente à une courbe intégrale de l'équation différentielle en un point (x,y) est déterminée par la valeur de la fonction f au point considéré, soit $f(x,y)$.

34.4. Prolongement

A nouveau, l'énoncé que nous allons démontrer n'est pas le plus général possible, tant s'en faut, mais il est bien suffisant pour les applications que nous avons en vue.

34.4.1. Théorème : *Soit f une application localement lipschitzienne de l'ouvert U de l'espace produit $\mathbf{R} \times E$ dans E, et soit $(]a,b[,\phi)$ une solution de l'équation différentielle* (E) $y' = f(x,y)$ *avec* $b < \infty$. *S'il existe un nombre* $\varepsilon > 0$ *tel que l'ensemble*
$$\{(x,\phi(x)) \, ; \, x \in \,]b-\varepsilon,b[\}$$
soit contenu dans un compact X de U, on peut trouver un nombre $c > b$ *tel que ϕ se prolonge en une solution de* (E) *sur* $]a,c[$.

Démonstration : En conservant les notations du théorème, introduisons le réel
$$K = \sup\{\|f(x,y)\| \, ; \, (x,y) \in X\}.$$

Du fait que φ est solution de l'équation différentielle étudiée, la fonction ‖φ'‖ est majorée par K sur]b-ε,b[, ce qui implique que φ est K-lipschtzienne, donc uniformément continue sur]b-ε,b[. Le critère de Cauchy nous dit alors que φ possède une limite l en b-0; de plus, le couple (b,l) appartient au fermé X donc à U.

Soit (]a',c[, ψ) une solution de (E) passant par (b,l), et posons θ(x) = φ(x) si x∈]a,b[, θ(x) = ψ(x) si b ≤ x < c. θ est visiblement dérivable sur]a,b[∪]b,c[; en outre, le choix de ψ fait que θ est continue en b.

Comme par construction θ'(x) = f(x,θ(x)) sur]a,b[∪]b,c[, la fonction θ' possède en b la limite f(b,l), ce qui achève de prouver que (]a,c[,θ) est une solution de (E) prolongeant strictement (I,φ) en b. QED.

Remarque : On dispose *mutatis mutandis* d'un énoncé analogue au point a.

34.4.2. Variante importante : *Si f est définie sur* **R**×E, *et bornée sur les "bandes"* [a,b]×E, (*a fortiori si f est bornée sur le tout*), *toute solution maximale de* (E) *est définie sur* **R**.

On peut montrer ce résultat directement, en reprenant les idées ci-dessus: soit (]a,b[,φ) une solution de (E) avec b < ∞, f est bornée sur]b-ε,b[×E, donc φ'(x) = f(x,φ(x)) est bornée sur]b-ε,b[, ce qui entraîne que φ est lipschitzienne donc uniformément continue sur]b-ε,b[. Moyennant le critère de Cauchy φ admet une limite l en b-0; on reprend alors sans modification la preuve de l'existence d'un prolongement pour φ en b

N.B. : Il faut impérativement maîtriser le raisonnement du théorème ci-dessus ; il s'agit de l'un des "gestes de base" de l'analyse (au même titre que les preuves du type de Césaro, les transformations d'Abel, etc.) indispensable ici à l'étude des équations non linéaires.

34.5. Exemple : Équations autonomes

34.5.1. Généralités : On appelle *équation autonome* une équation différentielle de la forme (E) y' = f(y), où f est une application de l'ouvert U l'espace de Banach E dans E. (Les problèmes de physique qui ne dépendent pas explicitement du temps conduisent à de telles équations)

Si (I,φ) est une solution de l'équation autonome (E), pour tout a de **R** la translatée
x → φ(x+a), définie sur l'intervalle I \ {a}, est aussi solution de (E).

34.5.2. Classification (élémentaire) : Soit f une application de classe C^1 de l'ouvert Ω de $\mathbf{R}^n$ dans $\mathbf{R}^n$, et y une solution sur I (intervalle de **R**) de l'équation différentielle autonome (E) y' = f(y).
a) S'il existe t_1 et $t_2 > t_1$ dans I tels que $y(t_1) = y(t_2)$, x admet un prolongement périodique à **R** tout entier.
b) Les solutions de (E) sont : des arcs-points, des arcs réguliers injectifs ou des arcs de Jordan, ces derniers correspondants aux solutions périodiques non triviales.

Preuve : Posons $T = t_2 - t_1$. On définit une fonction ψ sur $J = [t_1+T, t_2+T]$ en posant : $\psi(t) = \phi(t - T)$. La fonction ψ est de classe C^1 sur J, et sa dérivée est donnée par
$$\psi'(t) = \phi'(t-T) = f(\phi(t-T)) = f(\psi(t))$$
donc ψ est solution de (E). Définissons alors une fonction θ sur $[t_1, t_2 + T]$ en posant : $\phi(t) = \phi(t)$ sur $[t_1, t_2[$, $\theta(t) = \psi(t)$ sur $[t_2, t_2+T]$. Par hypothèse
$$\psi(t_2) = \phi(t_1) = \phi(t_2)$$
donc θ est continue en t_2, dérivable sur $[t_1, t_2 + T] \setminus \{t_2\}$, admet $\phi'(t_2)$ pour dérivée à droite en t_2 et $\phi'(t_1)$ pour dérivée à gauche en t_2. Comme ϕ est solution de (E)
$$\phi'(t_1) = f(\phi(t_1)) = f(\phi(t_2)) = \phi'(t_2)$$
ce qui montre que θ est dérivable en t_2, de dérivée $\theta'(t_2)) = f(\theta(t_2))$. Le fait que ϕ et ψ soient solutions de (E) entraîne que θ vérifie (E) sur $[t_1, t_2 + T] \setminus \{t_2\}$, ce qui montre que θ est un prolongement de ϕ à $[t_1, t_2 + T]$.

On poursuit, avec les mêmes idées, le processus pour obtenir un prolongement périodique θ de ϕ à la source $\mathbf{R}$. Enfin θ et ϕ coïncident sur $\mathbf{R}$ puisqu'elles sont égales au point t_2. QED.

☛ : Ne pas confondre la *courbe intégrale* qui est toujours un arc injectif de $\mathbf{R} \times E$, soit $x \to (x, \phi(x))$, et la *trajectoire* qui est la courbe de E soit $x \to \phi(x)$. Par exemple, si $E = \mathbf{R}$ la trajectoire est contenue dans un intervalle de $\mathbf{R}$.

34.5.3. Étude du cas de la dimension 1 : Nous étudierons quelques cas particuliers représentatifs.

1) Soit f une application C^1 croissante de $\mathbf{R}$ dans $\mathbf{R}$. On suppose que f possède un unique zéro a. Étudier les courbes intégrales de $y' = f(y)$.

Premières observations : Le théorème de Cauchy-Lipschitz s'applique car f est de classe C^1. D'autre part les courbes intégrales sont invariantes par translation, comme dans toute équation autonome. Il est conseillé dès maintenant de consulter la figure finale.

Régionnement : La fonction constante $y = a$ est une solution maximale de (E) puisque $f(a) = 0$. De là, si le graphe d'une solution rencontre la droite $y = a$, une utilisation licite du théorème de Cauchy montre que ladite solution est constante. Les graphes des solutions maximales non constantes sont donc contenues dans l'un des demi-plan
$$\prod{}^+ = \{(x,y) \in \mathbf{R}^2, y > a\} \text{ et } \prod{}^- = \{(x,y) \in \mathbf{R}^2, y < a\}.$$

Étudions tout d'abord une solution maximale (I, ϕ) dont le graphe est contenu dans $\prod^+$. Comme f croît, et ne s'annule qu'au point a, on a $f(y) > 0$ pour tout $y > a$, donc la fonction ϕ est strictement croissante, mieux, ϕ est un C^1-difféomorphisme croissant de $I =]\alpha, \beta[$ sur son image. On observe alors que ϕ est bornée sur tout intervalle $]\alpha, \gamma]$, $\gamma \in]\alpha, \beta[$. Si α est fini, l'image de $]\alpha, \gamma]$ par ϕ est contenue dans le compact
$$K = [\alpha, \gamma] \times [a, \phi(\gamma)]$$
sur lequel $(x, y) \to f(y)$ est C^1 et bornée; le théorème 34.3.1. s'applique, et ϕ se prolonge sur un intervalle $]\alpha-\varepsilon, \beta[$, contrairement à son caractère maximal (ceci peut se vérifier directement : la fonction ϕ, croissante et minorée, admet une limite en α, on reproduit

alors la preuve de 34.4.1.). Donc $\alpha = -\infty$: toute solution maximale de (E) dont le graphe est dans Π^+ est définie sur un intervalle de la forme $]-\infty, \beta[$.

Pour la borne β, le raisonnement est un peu plus subtil. On montre d'abord que la limite de la fonction croissante ϕ en β est infinie, *sinon*

– dans le cas où $\beta < \infty$ la fonction croissante ϕ possède une limite réelle en β, donc un plongement, etc. ;

– dans le cas où $\beta = \infty$, la fonction $\phi'(x) = f(\phi(x))$ croît comme composée de deux fonctions croissantes, donc ϕ est convexe; si γ est fixé dans I, il vient pour tout $x \geq \gamma$

$$\phi(x) \geq \phi(\gamma) + \phi'(\gamma)(x-\gamma)$$

avec $\phi'(\gamma) > 0$ ce qui donne à nouveau la limite $+\infty$ pour ϕ en $+\infty$.

Le critère final est alors le suivant :

Le nombre β est fini si, et seulement si, l'intégrale $\int^{+\infty} \dfrac{du}{f(u)}$ converge.

Posons par commodité $y = \phi$, l'équation différentielle s'écrit aussi

$$\frac{dy}{f(y)} = dx$$

Il faut comprendre que l'intégrale du membre de gauche est en fait

$$\int_{x_0}^{x} \frac{dy}{f(y)} = \int_{x_0}^{x} \frac{y'(x)}{f(y(x))} dx$$

dans laquelle on effectue le changement de variable $u = y(x)$, ce qui nous donne

$$\int_{y(x_0)}^{y(x)} \frac{du}{f(u)} = x - x_0 \, .$$

Comme y est un C^1-difféomorphisme croissant, possèdant la limite $+\infty$ en β, nous voyons que β est fini ssi l'intégrale converge.

Figure 27 :

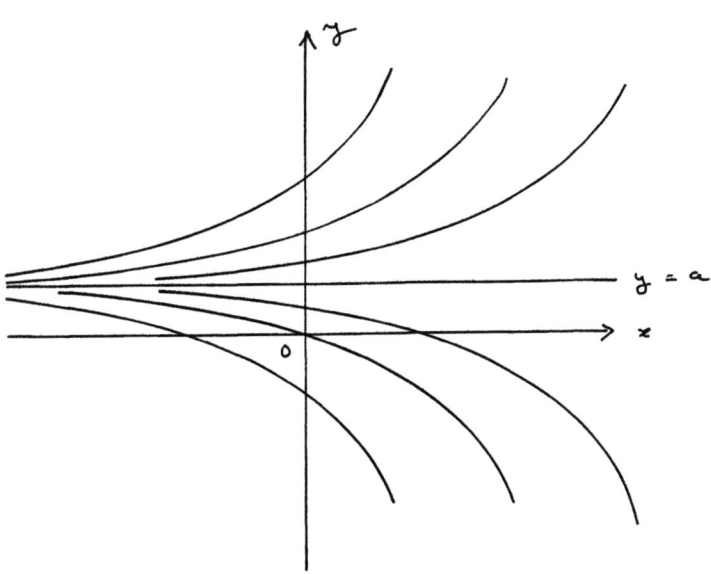

Complément : Si F est une fonction continue qui ne s'annulle pas sur l'intervalle ouvert réel I et $y_0 \in I$ il existe une solution et une seule f de l'équation différentielle (1) $y' = F(y)$, définie sur l'intervalle ouvert J décrit plus loin, et telle que $f(0) = x_0$; f est l'inverse de l'application ϕ qui au nombre x de I associe $\int_{x_0}^{x} \frac{dt}{F(t)}$ et J est l'image de I par Φ.

Preuve : Supposons par exemple $F > 0$. ϕ est de classe C^1 sur I et admet pour dérivée
$$\phi'(x) = \frac{1}{F(x)} > 0$$
donc la réciproque f de ϕ est une application de classe C^1 de J sur I qui satisfait à
$$\forall x \in J, \ f'(x) = \frac{1}{\phi'(\phi^{-1}(x))} = F(\phi^{-1}(x)) = F(f(x)),$$
et f est bien une solution de (1) définie sur J.

Pour montrer l'unicité, on se donne une autre solution g de (1) sur J, vérifiant $g(0) = x_0$. Puisque F est > 0, g est un C^1-difféomorphisme de J sur g(J) contenu dans I. Soit φ la réciproque de g, on calcule pour x dans g(J)
$$\varphi'(x) = \frac{1}{g'(\varphi(x))} = \frac{1}{F(g(\varphi(x)))} = \frac{1}{F(x)}$$
comme $\varphi(x_0) = 0$ on a bien $\varphi(x) = \int_{x_0}^{x} \frac{dt}{F(t)}$ sur g(J). Nous aurons aussi $\varphi(g(J)) = J$, donc $g(J) = I$ et $g = f$. QED.

2) Un autre exemple : Courbes intégrales de l'équation $y' = \sin y$.

La fonction $\sin y$ est C^∞ donc le théorème de Cauchy s'applique, elle est de plus bornée et ce qui fait (34.4.2.) que toutes les solutions maximales sont définies sur $\mathbf{R}$. Soit (I, ϕ) une telle solution.

Si ϕ prend la valeur $k\pi$ en un point x_0 de $\mathbf{R}$, ϕ coïncide avec la solution constante $x \to k\pi$ en x_0, donc sur $\mathbf{R}$ par le théorème de Cauchy. Nous pouvons ainsi supposer que l'image de ϕ — qui est un intervalle — est contenue dans un ouvert $]k\pi, (k+1)\pi[$. Traitons par exemple le cas où ϕ prend ses valeurs dans $]0, \pi[$, les autres se résolvant de façon similaire.

Pour tout x, $\phi'(x) = \sin\phi(x)$ donc la fonction ϕ est strictement croissante. Elle admet de ce fait une limite en $+\infty$ et $-\infty$, il en est donc de même pour ϕ'. Les limites de ϕ' en $-\infty$ et $+\infty$ sont nécessairement nulles: en effet, de l'égalité des accroissements finis
$$\phi(n+1) - \phi(n) = \phi'(c_n) \quad n < c_n < n+1$$
on tire une suite c_n qui tend vers $+\infty$ et dont l'image par ϕ' tend vers 0, ce qui montre que la limite de ϕ' en $+\infty$ est nulle. On reproduit *mutatis mutandis* la preuve en $-\infty$.

Il résulte enfin de l'égalité $\phi' = \sin\phi$ que les limites en $-\infty$ et $+\infty$ de la fonction strictement croissante ϕ, soit l et l', satisfont à $\sin l = \sin l' = 0$; comme l et l' sont dans $[0, \pi]$ il reste $l = 0$, $l' = \pi$.

Figure 28 :

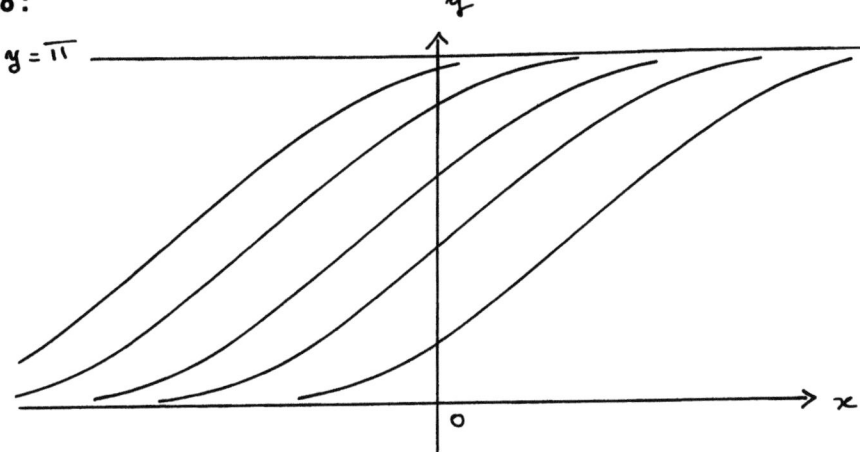

Remarques :
1) Les familles de courbes intégrales d'équations générales y' = f(x,y) sont plus délicates à étudier. Le candidat à l'agrégation — tant interne qu'externe — s'exercera utilement sur le problème d'analyse de l'agrégation interne de 1990, qui donne une description quasi-complète des courbes intégrales de $y = y^2 + x$. Le *tracé sur ordinateur* d'un portrait de phase est recommandé (c'est certainement une des meilleures motivations de l'étude de l'analyse numérique et de l'informatique, voir [DE] pour les méthodes usuelles).

2) Dans les leçons sur les équations non linéaires, on tâchera de ne pas omettre les problèmes issus de la géométrie : courbes déterminées par des conditions portant sur leurs tangentes, normales et autres rayons de courbure.

34.6. Équations non linéaires du second ordre

34.6.1. Généralités : Soit U un ouvert de $\mathbf{R} \times E \times E$, et soit f une application continue de U dans E. On appelle *solution* de l'équation différentielle (E") y" = f(x,y,y') tout couple (I, ϕ) tel que

– I est un *intervalle ouvert* de $\mathbf{R}$, et ϕ une application *de classe* C^2 de I dans E;
– pour tout x de I, $(x, \phi(x), \phi'(x)) \in U$ et $\phi''(x) = f(x, \phi(x), \phi'(x))$.

Les définitions sont analogues à celles qui ont été données dans le cas de l'ordre 1 ; on définit de même une donnée de Cauchy en fixant un x_0 dans la première projection de U, puis des vecteurs y_0, y'_0, une solution du problème de Cauchy pour (E") étant une solution (I, ϕ) de (E") telle que $\phi(x_0) = y_0$, $\phi'(x_0) = y'_0$.

Il se trouve fort heureusement qu'il n'est pas nécessaire de reprendre la preuve du théorème de Cauchy Lipschitz dans le cas présent, une simple transformation ramène en fait aux équations différentielles d'ordre un.

34.6.2. Transformation du problème : *L'idée* est de transformer l'équation y" = f(x,y,y') en introduisant la variable auxiliaire z = y', (E") se ramène alors à $(y,z)' = (z, f(x,y))$.

Nous désignerons par F l'espace de Banach produit E×E, et par g l'application de l'ouvert U de **R**×F dans F définie par $g(x,y,z) = (z,f(x,y,z))$. Soit (E') l'équation différentielle à valeurs dans F
$$Y' = g(x,Y)$$
Il est alors clair que g est localement lipschitzienne dès que f l'est, et que (I,ϕ) est une solution de (E") ssi $(I,(\phi,\phi'))$ est une solution de (E'), les caractères maximaux étant convervés. On obtient donc moyennant l'énoncé classique de Cauchy-Lipschitz le résultat suivant :

34.6.3. Théorème : *Si f est localement lipschitzienne, l'équation différentielle*
$$(E") \quad y" = f(x,y,y')$$
possède, pour tout choix de (x_0,y_0,y'_0) dans U, une solution maximale (I,ϕ) et une seule telle que $\phi(x_0) = y_0$ et $\phi'(x_0) = y'_0$.

☞ : Dans le cas par exemple où $E = \mathbf{R}$, et où l'on représente les solutions par leurs graphes dans $\mathbf{R}^2$, les courbes intégrales de (E") ainsi obtenues n'ont rien en commun avec celles d'une équation de la forme $y' = f(x,y)$: par chaque point de $\mathbf{R}^2$ passe une infinité de solutions, déterminées par leurs pentes (la donnée de x_0, y_0 et y'_0 détermine uniquement la solution).

Figure 29 :

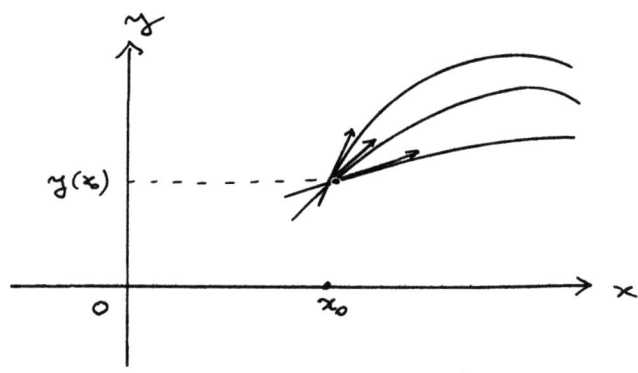

34.6.4. Équations de Newton :
A– Généralités
Il s'agit des équations différentielles de la forme
$$(E) \quad y" = f(y)$$
ou f est une application continue de l'intervalle J de **R** dans **R**. Nous supposerons de plus que J est ouvert et f localement lipschitzienne sur J, de sorte que le théorème de Cauchy-Lipschitz s'applique.

Symétries : Si y est solution et $a \in \mathbf{R}$, les fonctions $x \to y(x+a)$ et $x \to y(2a-x)$ sont aussi solutions (sur les domaines correspondants)

Intégrale première : Soit F une primitive de f sur J, et y une solution de (E) sur I. De identité $y"y = f(y)y'$ on déduit que la dérivée de $\frac{1}{2}y'^2 - F(y)$ est nulle donc que cette fonction est une constante, en d'autres termes il existe une constante C telle que, pour tout x de I
$$(E_1) \quad y'^2 = 2F(y) + C.$$

Réciproquement, si y est une solution de (E_1), sur tout intervalle où la dérivée en s'annule pas, y est par dérivation une solution de (E).

Plaçons-nous désormais dans le cas où y' est sans zéros sur I : il existe alors une constante ε dans $\{-1,1\}$ telle que, pour tout x de I,
$$y'(x) = \varepsilon\sqrt{2F(x) + C}.$$
Nous pouvons *séparer les variables* de cette nouvelle équation et obtenir la *définition implicite* des solutions
$$x = x_0 + \varepsilon \int_{y_0}^{y} \frac{du}{\sqrt{2F(u) + C}}.$$

Il est alors possible (et fort long...) de décrire assez complètement les solutions selon les données initiales, en particulier de donner des conditions pour qu'il existe des solutions périodiques. L'exemple ci-dessous illustre bien les raisonnements employés.

B– Étude d'un exemple

On se propose d'étudier les solutions de l'équation différentielle :
$$y'' + 2y^3 = 0 \quad (E)$$
et de montrer en particulier que celles-ci sont définies sur **R**, possèdent une infinité de zéros et sont périodiques.

Dans ce qui suit, y désigne une solution maximale non nulle de (E) (les raisonnements doivent être suivis avec des dessins, nombreux et variés).

Intégrale première : En multipliant l'équation donnée par y' puis en intégrant, nous constatons que la fonction $y'^2 + y^4$ est une constante $C \geq 0$. Il en résulte que toute solution est bornée ainsi que sa dérivée ; le théorème de prolongement 34.4.1. s'applique au système $y' = z$ et $z' = -2y^3$ donc les solutions sont définies sur **R** (on peut reprendre les idées de 34.4. et faire un raisonnement direct).

Les zéros de y sont isolés : Si $y(a) = 0$, nécessairement $y'(a) \neq 0$ (sans quoi y est la solution nulle) et le développement limité à l'ordre un $y(a+h) = (y'(a) + o(1))h$ montre que y ne s'annule pas pour $h \neq 0$ assez petit.

La fonction y s'annule au moins une fois : Raisonnons par l'absurde ; quitte à changer y en -y (qui est encore une solution) nous pouvons supposer que y est strictement négative. L'égalité $y'' = -2y^3$ montre alors que y est strictement convexe, mais une fonction strictement convexe définie sur **R** ne peut être bornée (utiliser par exemple une droite d'appui).

La fonction y ne possède pas de plus grand zéro : Si y possède un plus grand zéro a, y garde un signe constant pour $x > a$; quitte à changer y en -y nous pouvons supposer que y est strictement positive, et donc $y'' < 0$, y strictement concave et y' strictement décroissante. Comme y' est de plus bornée elle tend vers une limite finie positive l' en $+\infty$. Si $l' \neq 0$, l'intégrale de y' en $+\infty$ diverge vers l'infini, et y n'est pas bornée, ce qui est exclu, donc $l' = 0$. Comme y' décroît, elle est positive et y est croissante. Il en résulte que y tend vers une limite > 0, soit l, en $+\infty$; et donc que y'' tend vers $-2l^3 < 0$ en $+\infty$. Mais ce dernier résultat entraîne que l'intégrale de y'', soit y', diverge en $+\infty$, contradiction et résultat.

La fonction y est périodique : De ce qui précède il résulte que y possède au moins trois zéros consécutifs a,b, et c; y est par exemple positive sur]a,b[, négative sur]b,c[donc

$y'(a) > 0$, $y'(c) > 0$, comme $y'^2(a) = C = y'^2(c)$ nous obtenons $y'(a) = y'(c)$. Considérons maintenant (cf. les équations autonomes) le nombre $T = c-a$ et la fonction z définie sur **R** par $z(x) = y(x+T)$. Les fonctions y et z sont solutions de la même équation d'ordre 2 ; en outre $z(a) = y(c) = 0 = y(a)$ et $z'(a) = y'(c) = y'(a)$. Le théorème de Cauchy-Lipschitz montre alors que y et z sont égales, ce qui prouve la T-périodicité de y.

Memento : *Méthodes de résolution d'équations différentielles non linéaires.*

De façon générale, en posant $y' = \frac{dy}{dx}$, on écrira une équation non linéaire $\phi(x,y,y') = 0$ sous la forme : $\Phi(x,y,dx,dy) = 0$. Les solutions seront données sous l'une des trois formes suivantes :
1) des fonctions cartésiennes $y = f(x)$ ou $x = g(y)$
2) des arcs C^1 $t \to (x(t), y(t))$ satisfaisant en tous leurs points à
$$\Phi(x(t), y(t), x'(t), y'(t)) = 0$$
3) des courbes définies implicitement par une équation $F(x,y) = $ Cste.

☛ : Le théorème de Cauchy-Lipschitz ne s'applique qu'aux équations de la forme $y' = f(x,y)$, avec f localement lipschitzienne.

☛ : Les méthodes données ci-dessous sont purement formelles et calculatoires ; la description rigoureuse d'un portrait de phase attaché à une équation de l'un des types évoqués demande un effort supplémentaire important : distinction entre conditions nécessaires et suffisantes, passage du local au global etc.

I. Les équations du programme officiel

a) Les équations à variables séparées :
Ce sont des équations de la forme $f(x)dx = g(y)dy$. Si F est une primitive de f et G une primitive de g, les courbes intégrales sont données implicitement par $F(x) = G(y) + C$.

b) Les équations homogènes :
Ici ϕ est supposée homogène pour les variables x et y (le terme en y' est affecté du degré 0), c'est-à-dire qu'il existe p tel que, pour tout réel t : $\phi(tx, ty, z) = t^p \phi(x,y,z)$.
La famille des courbes intégrales est invariante par le groupe des homothéties de centre 0. Après recherche des solutions $y = ax$, on distingue les cas :

α) On peut résoudre en y' : $y' = f(\frac{y}{x})$, on pose $\frac{y}{x} = t$ (variante : passer en polaires)

β) On peut résoudre en $\frac{y}{x}$ soit $\frac{y}{x} = g(y')$; on pose $y' = \frac{dy}{dx} = t$ et l'on cherche une solution sous forme d'arc paramétré à l'aide de $dy = tdx$ et $y = g(t)x$
par différenciation $dy = g'(t)xdt + g(t)dx = tdx$, on en tire $x(t)$ puis $y(t)$.

γ) On ne peut pas résoudre : on cherche à paramétrer la courbe $f(y', \frac{y}{x}) = 0$ en $(u(t), v(t))$ d'où $\frac{dy}{dx} = u(t)$, $\frac{y}{x} = v(t)$.

II. Quelques équations diférentielles classiques

a) Équations incomplètes :
1) $f(y, y') = 0$ Les courbes intégrales sont invariantes par le groupe des translations // Ox.
— on peut résoudre en $y' = \frac{dy}{dx} = h(y)$: variables séparées.

— on peut résoudre en $y = h(y')$ on pose $y' = t$ (cf. les équations homogènes cas b)).
— sinon on paramètre $f(y,y') = 0$ en $y = u(t), \frac{dy}{dx} = v(t)$ etc. (cf. équations homogènes cas c)).

2) $f(x,y') = 0$ Les courbes intégrales sont invariantes par le groupe des translations // Oy
— si $y' = h(x)$, quadrature - si $x = h(y')$ on pose $y' = t$ d'où $dy = tdx = t\,h'(t)dt$ ce qui donne y et x.
— sinon ; on paramètre la courbe $f(x,y') = 0$ d'où $x = u(t)$, $\frac{dy}{dx} = v(t)$ et $dy = v(t)u'(t)dt$ etc.

3) Il manque y'. Ce n'est pas une équation différentielle.

b) *Équation de Bernoulli* :
$A(x)y' + B(x)y + C(x)y^m = 0$. On divise par y^m puis l'on pose $z = y^{1-m}$, ce qui ramène à une EDL (affine).

c) *Équation de Ricatti* :
$y' = A(x)y^2 + B(x)y + C(x)$. Il faut connaître une solution particulière u. Cela fait, on pose $y = u + \frac{1}{z}$ pour obtenir une équation affine d'ordre un.

c) *Utilisation des coordonnées polaires* :
Lorsqu'apparaissent dans une équations différentielle les groupes x^2+y^2, $xdy - ydx$, ou $xdx + ydy$, on a souvent intérêt à passer en coordonnées polaires, en utilisant les identités différentielles polaires :

$$xdx + ydy = rdr \quad xdy - ydx = r^2 d\theta.$$

III. Autres équations du premier ordre

a) *Équation de Lagrange* :
$y' = xf(y') + g(y')$ Après recherche des solutions $y = ax$, on pose $y' = t$.

b) *Équation de Clairaut* :
$y' = xy' + g(y')$. C'est un cas particulier de la précédente : après recherche des solutions $y = ax$, on pose aussi $y' = t$.

IV. Équations différentielles du second ordre

Ce qui concerne les EDLS est traité dans le § 36.

a) *Équation de la forme* $f(y,y'y'') = 0$:
On recherche d'abord les solutions $y = y_0$, puis l'on pose $y' = p(y)$.

de là : $y'' = \frac{d}{dx}(\frac{dy}{dx}) = \frac{d}{dy}(p(y))\frac{dy}{dx} = p'(y)p(y)$, l'équation devient : $f(y,p,p\frac{dp}{dy}) = 0$ où y est la variable et p la fonction inconnue. On en déduit alors $p(y)$ puis l'on résoud $\frac{dy}{dx} = p(y)$ (variables séparées).

Variante $f(y,y'^2,y'') = 0$. On pose plutôt : $y'^2 = q(y)$.

Lectures supplémentaires : Le lecteur trouvera de nombreux exemples traités en détail dans [AF] tome 3, bien suffisants pour illustrer toutes les leçons sur le sujet (le cours est par contre assez touffu; il est souhaitable de dominer ce chapitre avant de s'y lancer, surtout les paragraphes en petits caractères). Pour des compléments on recommande la lecture de Hirsch et Smale [HS], qui donne les grandes lignes de la théorie non linéaire en des termes précis et justes; la lecture de la partie ED non linéaires est nettement plus délicate que celle qui concerne les ED linéaires. On peut aussi consulter Arnold [AR] pour se faire un idée sur le point de vue géométrique.

EXERCICES

1) Étudier les courbes intégrales maximales du champ de vecteurs de $\mathbf{R}^2$:
$X(x,y) = (-y + x\sqrt{x^2+y^2-a^2}, -x + y\sqrt{x^2+y^2-a^2})$.

2) Soit f une application de classe C^1 de $\mathbf{R}$ dans $\mathbf{R}$ et α une racine isolée de $f(x) = x$. Soit l'équation différentielle (E) $y' = f(\frac{y}{t})$ a) Si $f'(\alpha) < 1$, aucune solution de (E) n'est tangente à la droite $y = \alpha t$ en (0,0). b) Si $f'(\alpha) > 1$, il existe une infinité de solutions de (E) tangentes à la droite $y = \alpha t$ en (0,0).

35. Équations différentielles linéaires vectorielles

Dans ce qui suit, $\mathbf{K} = \mathbf{R}$ ou $\mathbf{K} = \mathbf{C}$, et $(E, \|\ \|)$ désigne un espace de Banach sur $\mathbf{K}$. $L_c(E)$ est muni de la norme d'opérateur associée à la norme $\|\ \|$ de E.

35.1. Généralités, structure de l'ensemble des solutions

On s'intéresse à l'équation différentielle
$$(E)\ Y'(t) = A(t)\ Y(t) + B(t),\ t \in I$$
où I est un intervalle de $\mathbf{R}$, A une application continue de I dans $L_c(E)$, et B une application continue de I dans E.

L'étude de telles équations appelées *linéaires* relève d'un théorème spécifique dit "de Cauchy" et prouvé plus loin qui montre que la forme particulière de l'application définissant le second membre permet de construire, sous la seule hypothèse de continuité de A et de B, des solutions sur I tout entier. Commençons par décrire la structure algébrique de l'ensemble des solutions.

On dit que l'équation (E) est *homogène* lorsque la fonction B est nulle. Les solutions de (E) forment alors un *espace vectoriel*.

Dans le cas où l'équation n'est pas homogène, la connaissance *d'une* solution particulière Y_0 de (E) permet par différence de se ramener au cas de l'équation homogène, la solution générale est de la forme $Y_0 + Y_H$, où Y_H est solution de
$$Y'(t) = A(t)Y(t)\ (E_H)$$
Les solutions de (E) forment donc un *espace affine*, dirigé par l'espace des solutions du système homogène associé.

Remarque : Si l'on connaît une solution Y_i de chacune des EDL
$$(E_i)\ Y'(t) = A(t)\ Y(t) + B_i(t),\ t \in I,\ i=1,\ldots,p$$
la fonction $\lambda_1 Y_1 + \ldots + \lambda_p Y_p$ est solution de
$$(E)\ Y'(t) = A(t)\ Y(t) + B(t),\ t \in I$$
où $B = \lambda_1 B_1 + \ldots + \lambda_p B_p$.

35.2. Le théorème de Cauchy

35.2.1. Théorème : *Soient* I *un intervalle de* **R**, A *une application continue de* I *dans* L(E), B *une application continue de* I *dans* E. *Pour tout choix de* (t_0, y_0) *dans* IxE, *il existe une solution et une seule de l'équation différentielle*

$$(E) \quad Y'(t) = A(t) Y(t) + B(t)$$

définie sur I *et telle que* $Y(t_0) = y_0$.

Bien noter les *différences* d'avec le cas non linéaire : les données sont seulement supposées continues, et surtout les solutions sont toujours définies sur l'intervalle de définition de A et B.

☛ : Comme toujours, il s'agit d'un énoncé concernant les équations *résolues* en Y'.

Démonstration :

A– Existence

L'idée est analogue à celle de la preuve de Cauchy-Lipschitz : on écrit d'abord l'équation différentielle sous la forme équivalente

$$Y(t) = y_0 + \int_{t_0}^{t} (A(t).Y(t) + B(t)) dt \quad (*)$$

et l'on introduit la suite de fonctions définie par récurrence par $Y_0(t) = y_0$ et

$$Y_{n+1}(t) = y_0 + \int_{t_0}^{t} (A(t).Y_n(t) + B(t)) dt$$

(ici, pas de difficultés pour la définition, les opérateurs A(t) sont définis sur E tout entier). Distinguons deux cas :

Premier cas : *I est compact*. Soit L la longueur de I, α le sup. de la fonction continue $t \to |||A(t)|||$ sur le compact I, et β le sup. de la fonction continue $\|B(t)\|$ sur le compact I. Montrons par récurrence que, pour tout entier $n \geq 1$ et tout t de I

$$\|Y_n(t) - Y_{n-1}(t)\| \leq (\alpha\|y_0\| + \beta) \frac{\alpha^{n-1}|t-t_0|^n}{n!}$$

Le résultat est clairement vrai de $n = 1$, et s'il est vérifié pour $n \geq 1$ on aura pour $t \geq t_0$:

$$\|Y_{n+1}(t) - Y_n(t)\| = \| \int_{t_0}^{t} A(u).(Y_n(u) - Y_{n-1}(u)) du \| \leq \alpha \int_{t_0}^{t} (\alpha\|y_0\| + \beta) \frac{\alpha^{n-1}|u-t_0|^n}{n!} du$$

d'où

$$\|Y_{n+1}(t) - Y_n(t)\| \leq (\alpha\|y_0\| + \beta) \frac{\alpha^n|t-t_0|^{n+1}}{(n+1)!}$$

on procède de même pout $t \leq t_0$.

Il en résulte que la série de fonctions $\sum(Y_n(t) - Y_{n-1}(t))$ dont le terme général est majoré uniformément par le terme de la série numérique convergente $(\alpha\|y_0\| + \beta)\frac{\alpha^{n-1}L^n}{n!}$ est normalement convergente. Comme E est *complet*, la série $\sum Y_n(t) - Y_{n-1}(t)$ est uniformément convergente, donc la *suite* Y_n converge uniformément sur I vers une fonction continue Y. Par convergence uniforme sur un intervalle compact, il est possible de passer à la limite dans l'intégrale de la définition (*) de la suite récurrente Y_n, d'où :

$$\forall t \in I \ Y(t) = y_0 + \int_{t_0}^{t} (A(t).Y(t) + B(t))dt$$

et comme Y est continue, elle est C^1 et solution de (E).

Deuxième cas : *I est quelconque*. En reprenant la preuve ci-dessus on constate que la suite Y_n converge uniformément sur tout segment de I vers une fonction Y qui est, sur ces segments, solution de (E). Comme tout point de I est (relativement) intérieur à un tel segment, Y est C^1 et solution de (E). QED.

B– Unicité

On se ramène facilement au cas où I est compact. Soient Y et Z deux solutions de (E) sur I telles que $Y(t_0) = y_0 = Z(t_0)$, par récurrence sur l'entier n on montre comme ci-dessus que, pour tout t de I

$$\|Y(t) - Z(t)\| \leq \frac{\alpha^n |t-t_0|^n}{n!} \|Y - Z\|_\infty$$

La suite de droite tend vers 0 (la série correspondante converge) donc Y = Z. QED.

Cas des systèmes homogènes

Soit S_H l'espace vectoriel des solutions de l'équation homogène (E_H) asssociée à (E) soit $Y(t) = A(t)Y(t)$. S_H est un sous-espace vectoriel de l'espace vectoriel $C^1(I,E)$. Le théorème de Cauchy se traduit, dans le cas de (E_H), par le

35.2.2. Théorème : *Pour chaque t_0 fixé dans I, l'application qui à la fonction Y de S_H associe le vecteur $Y(t_0)$ est un isomorphisme d'espaces vectoriels de S_H sur E.*

Nous noterons l'isomorphisme évoqué ci-dessus ϕ_{t_0}.

35.2.3. Corollaire : *Si E est de dimension finie n, S_H est un **K**-espace vectoriel de dimension finie n.*

35.2.4. Corollaire : *Soient $Y_1,...,Y_p$ p fonctions de S_H. Les propriétés suivantes sont équivalentes :*
(1) *La famille $(Y_1,...,Y_p)$ est libre dans $C^1(I,E)$;*
(2) *Il existe un nombre t_0 dans I tel que la famille de vecteurs $(Y_1(t_0),...,Y_p(t_0))$ soit libre dans E ;*
(3) *Pour tout t de I, la famille de vecteurs $(Y_1(t),...,Y_p(t))$ est libre dans E.*

Démonstration : Elle est immédiate compte tenu du fait que, pour tout t de I, ϕ_t est un isomorphisme d'espaces vectoriels, donc conserve la liberté.

☙ : L'implication (1) ⇒ (2) est en général fausse : prenons l'exemple des fonctions cosinus et sinus. Ces fonctions forment visiblement un système libre de $C^1(\mathbf{R},\mathbf{R})$; malgré cela, pour tout réel x, les vecteurs cosx et sinx de la droite réelle sont liés. Les espaces de solutions d'équations différentielles linéaires sont donc exceptionnels parmi les sev de $C^1(I,E)$.

On peut se demander quels sont les rapports qu'entretiennent entre eux les isomorphismes ϕ_t, $t \in I$; la réponse vient si l'on introduit la notion de résolvante, cf. 35.3. La résolvante fournit aussi une occasion de comprendre *comment* sont construits les espaces S_H.

Jusqu'au 35.2.7. E est supposé de dimension finie n. On ramène l'étude des systèmes différentiels linéaires aux équations vectorielles en introduisant $E = \mathbf{K}^n$, puis en identifiant la matrice du système étudié à un opérateur de E.

35.2.5. Définition : Un *système fondamental* de solutions de (E_H) est une famille $(Y_1,\ldots,Y_n)$ de n fonctions indépendantes choisies dans S_H.

D'après ce qui précède, *un tel système est une base de S_H et toute solution de S_H est combinaison linéaire des fonctions du système*. Nous allons partir d'un système fondamental de solutions de l'équation homogène pour décrire une méthode permettant d'obtenir une solution particulière de l'équation avec second membre avec n quadratures.

35.2.6. Méthode de variation des constantes : Soit $(Y_1,\ldots,Y_n)$ un système fondamental de solutions de (E_H). Nous cherchons une solution de l'équation avec second membre (E) sous la forme
$$Y(t) = \lambda_1(t)Y_1(t)+\ldots+\lambda_n(t)Y_n(t) .$$
Par commodité l'espace de dimension finie E est identifié à $\mathbf{K}^n$ au moyen d'une base ; les vecteurs $(Y_1(t),\ldots,Y_n(t))$ forment alors, pour tout t de I, une matrice R(t) de rang n donc inversible. On vérifie ensuite que Y est solution de (E) ssi
$$\lambda'_1(t)Y_1(t)+\ldots+\lambda'_n(t)Y_n(t) = B(t)$$
soit
$$R(t)\Lambda'(t) = B(t)$$
où $\Lambda(t)$ est le vecteur colonne ${}^t(\lambda_1(t),\ldots,\lambda_n(t))$. De ce fait, Λ est donné par
$$\Lambda'(t) = R(t)^{-1}B(t)$$
ce qui détermine les fonctions $\lambda'_1(t),\ldots, \lambda'_n(t)$ à une constante près. En petites dimensions, le calcul explicite s'effectue avec les formules de Cramer.

35.2.7. Wronskien, expression à l'aide d'une exponentielle : Soit $(Y_1,\ldots Y_n)$ un système de n solutions de (E_H). Il existe une méthode élémentaire amenant à comprendre pourquoi la liberté de $(Y_1(t),\ldots,Y_n(t))$ en un point t_0 entraîne la liberté de $(Y_1(t),\ldots,Y_n(t))$ en tout point t de I.

Reprenons la matrice R ci-dessus, et introduisons son déterminant W(t). La règle de dérivation des déterminants conduit à
$$W'(t) = \sum_{k=1}^{n} \det(Y_1(t),\ldots,Y'_k(t),\ldots,Y_n(t)) = \sum_{k=1}^{n} \det(Y_1(t),\ldots,A(t)Y_k(t),\ldots,Y_n(t))$$
d'où (voir plus bas)
$$W'(t) = \operatorname{tr}(A(t)) W(t)$$
Si $\alpha(t)$ est une primitive de la fonction continue $t \to \operatorname{tr}(A(t))$, il existe une constante C telle que, pour tout de I, $W(t) = C\exp(\alpha(t))$ (résolution des EDLS d'ordre 1).

Donc W(t) est identiquement nul, ou ne s'annule pas, on retrouve l'équivalence de (2) et (3) de 35.2 lorsque p = n.

35.3. Résolvante

A toute EDL $Y'(t) = A(t)Y(t) + B(t)$ est associée de façon canonique une équation *à valeurs dans* $L_c(E)$, appelée *équation résolvante* de (E) :
$$U'(t) = A(t) \circ U(t) \quad (R)$$
dont les solutions sont des applications de classe C^1 de l'intervalle I de **R** dans L(E). Le point de départ étant l'application à l'équation résolvante du théorème de Cauchy, nous aurons besoin du

35.3.1. Lemme : *L'application de* I *dans* $(L_c(L_c(E)), ||| \; |||)$ *qui au nombre réel t associe l'opérateur* $\Lambda(t) : L_c(E) \to L_c(E)$, $U \to A(t) \circ U$ *est continue.*

Preuve : Pour tout application linéaire (continue) U de E dans lui-même de norme $|||U||| \leq 1$ et tout couple (t,t') de I^2,
$$|||A(t) \circ U - A(t') \circ U||| \leq |||A(t) - A(t')|||.|||U||| \leq |||A(t) - A(t')|||$$
donc la norme de $\Lambda(t) - \Lambda(t')$ (comme opérateur de $L_c(E)$ dans $L_c(E)$) est plus petite que celle de $A(t) - A(t')$ (comme opérateur de E dans E). Comme A est continue, Λ l'est aussi. QED.

35.3.2. Théorème-Définition : *Pour tout t_0 de* I *il existe, et de façon unique, une solution*
$$t \to R(t,t_0)$$
de l'équation différentielle (R) *définie sur* I *et telle que* $R(t_0,t_0) = \text{Id}_E$; *cette solution est appelée résolvante de l'équation différentielle* (E) *d'origine* t_0.

Démonstration : Compte tenu du lemme préalable, le théorème de Cauchy s'applique à l'équation (R), d'où l'existence et l'unicité de la solution $t \to R(t,t_0)$.

Propriétés de la résolvante

Nous désignerons par S l'espace vectoriel des solutions de (E_H) et, pour t dans I, par Φ_t l'isomorphisme de S dans E donné par $\Phi_t(Y) = Y(t)$.

(a) *La solution* Y *de* (E_H) *satisfaisant à* $Y(t_0) = y_0$ *est donnée par*
$$Y(t) = R(t,t_0).y_0 \;.$$

(b) *Pour tout couple* (t_0,t_1) *de* IxI,
$$R(t,t_0) \circ R(t_0,t_1) = R(t,t_1).$$

(c) *Pour tout couple* (t_0,t_1) *de* IxI, $R(t_0,t_1) \in GL(E)$ *et* $\Phi_{t_1} \circ \Phi_{t_0}^{-1} = R(t_1,t_0)$ *et Le diagramme suivant est commutatif* :

Figure 30 :

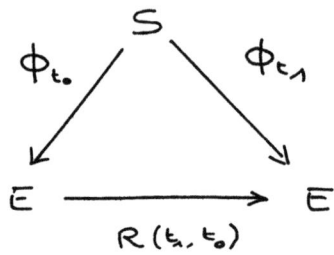

(d) *La solution particulière de* (E) *nulle en* t_0 *est donnée par*
$$Y_P(t) = \int_{t_0}^{t} R(t_0,u)B(u)du \ .$$

Démonstration :
a) La vérification est immédiate : pour t dans I,
$$Y'(t) = R'(t,t_0).y_0 = (A(t)oR(t,t_0)).y_0 = A(t).Y(t)$$
pour conclure, il suffit de voir que
$$Y(t_0) = R(t_0,t_0).y_0 = y_0.$$

b) L'idée est usuelle, dans les problèmes d'équations différentielles, d'identifier divers objets grâce au théorème de Cauchy : la fonction $R(t,t_0)oR(t_0,t_1)$ admet pour dérivée
$$R'(t,t_0)oR(t_0,t_1) = A(t)o(\ R(t,t_0)oR(t_0,t_1)).$$
Comme
$$R(t_0,t_0)oR(t_0,t_1) = IdoR(t,t_1) = R(t_0,t_1)$$
$R(t,t_0)oR(t_0,t_1)$ et $R(t,t_1)$ sont deux solutions de l'équation résolvante qui coïncident en $t = t_0$, elles sont donc identiquement égales.

c) *Conséquence de* (b): $R(t_1,t_0)oR(t_0,t_1) = R(t_1,t_1) = Id$, et de même à droite
donc $R(t,t_0)$ est toujours inversible.
Si y_0 est dans E, $\Phi_{t_0}^{-1}(Y)$ est la solution Y de (E) telle que $Y(t_0) = y_0$ soit
$Y(t) = R(t,t_0).y_0$, et $\Phi_{t_1}o\Phi_{t_0}^{-1}(y_0) = \Phi_{t_1}(Y) = R(t_1,t_0).y_0$. QED.

d) On cherche la solution particulière sous la forme $R(t,t_0).C(t)$ — ce qui est exactement une méthode de variation des constantes (l'explication est donnée plus loin).
La dérivation de Y(t), puis le remplacement dans l'équation avec second membre conduit à
$$C'(t).R(t,t_0) = B(t)$$
Compte tenu du fait que l'on veut $Y(t_0) = 0$, et de l'identité d'inversion de la résolvante nous trouvons bien :
$$Y_P(t) = \int_{t_0}^{t} R(t_0,u)B(u)du \ .\text{QED}.$$

Lien avec les systèmes fondamentaux de solution.

Nous supposerons ici que $E = K^n$. Soit $(Y_1,...,Y_n)$ un système fondamental de solutions de (E_H). Nous désignerons par R(t) la matrice $(Y_1(t),...,Y_n(t))$.
S'il existe t_0 *dans* I *tel que* $R(t_0) = I_n$, *la résolvante* $R(t,t_0)$ *n'est autre que* R(t).
Par unicité de la solution du problème de Cauchy, il suffit de montrer que R(t) satisfait a la même équation que $R(t,t_0)$ avec la même condition initiale.
Par hypothèse $R(t_0) = I_n = R(t,t_0)$, d'où le deuxième point; pour obtenir le premier il suffit d'observer que
$$R'(t) = (Y'_1(t),...,Y'_n(t)) = (A(t)Y_1(t),...,A(t)Y_n(t)) = A(t). (Y_1(t),...,Y_n(t))$$
et, par définition,
$$R'(t,t_0) = A(t).R(t,t_0) \ . \text{QED}.$$

35.4. EDL à coefficients constants

Soit E un espace de Banach. Nous allons étendre aux endomorphismes de E la notion de fonction exponentielle ; cette extension nous donnera une description complète des solutions des systèmes différentiels homogènes à coefficients constants.

35.4.1. Théorème-Définition : *Soit E un espace de Banach, et a un endomorphisme continu de E. La série de terme général $\frac{a^n}{n!}$ converge uniformément sur les parties bornées de E; sa somme est appelée exponentielle de l'endomorphisme a et notée* $\exp(a)$ *ou* e^a.

Démonstration : Par définition des parties bornées, il suffit de travailler sur une boule fermée $\overline{B}(0,R)$. Pour tout a de ladite boule, nous disposons de l'inégalité

$$\|\frac{a^n}{n!}\| \leq \frac{R^n}{n!}$$

qui montre, Compte tenu de la convergence de l'exponentielle réelle, que la série étudiée converge normalement sur $\overline{B}(0,R)$ d'où la conclusion puisque $L_c(E)$ est complet.

Dérivation de exp(ta)

35.4.2. Théorème : *Soit E un espace de Banach, et a un endomorphisme continu de E. La fonction définie sur* $\mathbf{R}$ *par* $\phi(t) = \exp(ta)$ *est de classe* C^∞ *sur* $\mathbf{R}$, *et l'on a pour tout de* $\mathbf{R}$: $\phi'(t) = a \circ \exp(ta) = \exp(ta) \circ a$.

Démonstration : La convergence simple étant acquise grâce au résultat précédent, il suffit de montrer la convergence uniforme de la série dérivée terme à terme sur les parties bornées de $\mathbf{R}$. Soit r un réel > 0, on a pour tout t de [-r,r]

$$(\frac{t^n a^n}{n!})' = a \circ \frac{t^{n-1} a^{n-1}}{(n-1)!} = \frac{t^{n-1} a^{n-1}}{(n-1)!} \circ a$$

d'où l'on déduit en premier lieu les inégalités

$$\|(\frac{t^n a^n}{n!})'\| \leq \|a\|.\frac{r^{n-1}}{(n-1)!}$$

qui assurent la convergence normale donc uniforme de la série dérivée sur [-r,r], puis, en utilisant la continuité des applications $x \to a \circ x$ et $x \to x \circ a$ dans $L_c(E)$

$$\phi'(t) = \lim \sum_{k=1}^{n} (a \circ \frac{t^{k-1} a^{k-1}}{(k-1)!}) = \lim a \circ (\sum_{k=1}^{n} \frac{t^{k-1} a^{k-1}}{(k-1)!}) = a \circ \exp(ta) ;$$

on fait de même à droite. QED.

35.4.3. Théorème : *Soit E un espace de Banach, et a un endomorphisme continu de E. La solution de l'équation différentielle*

$$Y'(t) = a(Y(t))$$

passant par le point (t_0, y_0) *est la fonction définie sur* $\mathbf{R}$ *par* $\phi(t) = \exp((t-t_0)a).y_0$.

Démonstration : La fonction ϕ est de classe C^1 par composition et
$\phi(t_0) = \exp(0).y_0 = y_0$, enfin le théorème de dérivation des exponentielles donne

$$\phi'(t) = (a \circ \exp((t-t_0)a))(y_0) = a(\phi(t)).$$

Le théorème de Cauchy, qui affirme l'unicité des solutions passant par un point donné, montre alors que φ est bien la solution cherchée.

Description des solutions lorsque a est diagonalisable

35.4.4. Théorème : *Si E est de dimension finie* n, *et si l'application linéaire* a *est diagonalisable, les solutions de* Y' = aY *sont les combinaisons linéaires des fonctions*
$Y_i : t \to \exp(\lambda_i t)v_i$, $i = 1,\ldots,n$ *où* $(v_1,\ldots,v_n)$ *est une base de diagonalisation de* a *et* $a(v_i) = \lambda_i v_i$, $i = 1,\ldots,n$.

Démonstration : Du fait que chaque v_i est un vecteur propre nous obtenons, pour tout t de **R**
$$\exp(ta)(v_i) = \exp(\lambda_i t)v_i$$
les fonctions introduites sont bien des solutions de l'équation Y' = a(Y). En outre, $(Y_1(0),\ldots,Y_n(0)) = (v_1,\ldots,v_n)$ est une base de E, ce qui montre que $(Y_1(0),\ldots,Y_n(0))$ est un système fondamental de solutions. QED.

On comprend maintenant pourquoi la variation des constantes en termes de résolvantes ou de système fondamental de solutions sont si proches.

Lien avec la résolvante

35.4.5. Proposition : *La résolvante de l'équation différentielle à coefficients constants* Y' = a.Y *est donnée par* $R(t,t_0) = \exp(t-t_0)a$.

Preuve : Comme toujours, il suffit moyennant le théorème de Cauchy de montrer que $\exp(t-t_0)a$ vérifie l'équation résolvante, puisqu'alors les deux fonctions coïncident en t_0 donc partout ; mais ceci vient directement de la dérivation de l'exponentielle. QED.

🌵 : Dans le cas des sytèmes à coeffients variables, il est en général faux que la résolvante soit donnée par $R(t,t_0) = \exp(\alpha(t))$ où α est une primitive convenable de A(t) : la dérivation de $\exp(\alpha(t))$ *ne* donne *pas* $\alpha'(t)\exp(\alpha(t))$ *sauf si les* α'(t) *et* α(t) *commutent*t ce qui n'a rien d'automatique (la différentielle de l'exponentielle en A *n'est pas* en général H → expA.H).

Cas de l'équation avec second membre

Reprenons dans ce cas particulier (les calculs sont plus simples) l'idée déjà utilisée lors de l'étude de la résolvante : on cherche une solution sous la forme exp(ta).C(t), où C(t) est de classe C^1, ce qui conduit à l'équation
$$\exp(ta).C'(t) = B(t)$$
La solution particulière prenant la valeur 0 en t_0 est de ce fait
$$Y(t) = \exp(ta).\int_{t_0}^{t} \exp(-ua).B(u)du = \int_{t_0}^{t} \exp((t-u)a).B(u)du .$$

Application : Groupes à un paramètre. Soit f un homomorphisme continu de (**R**,+) dans $GL_n(K)$, **K** = **R** ou **C**. Nous allons montrer qu'*il existe* A *dans* $M_n(R)$ *telle que, pour tout* t *réel,* $f(t) = \exp(tA)$. Supposons tout d'abord φ *dérivable* et dérivons alors par rapport à s l'identité
$$\phi(s+t) = \phi(s)\phi(t)$$

nous obtenons $\phi'(s+t) = \phi'(s)\phi(t)$, en prenant $s = 0$ il vient $\phi'(t) = \phi'(0)\phi(t)$, de ce fait ϕ est solution de l'équation matricielle $Y' = AY$, où $A = \phi'(0)$, comme $\phi(0) = I_n$, ce qui précède montre que, pour tout réel t, $\phi(t) = \exp(tA)$.

Il reste à prouver la dérivabilité de ϕ, pour cela on part de $\phi(s+t) = \phi(s)\phi(t)$ que l'on intègre par rapport à s pour obtenir

$$\int_0^x \phi(s+t)ds = \phi(t) \int_0^x \phi(s)ds \text{ soit } \int_t^{x+t} \phi(u)du = \phi(t) \int_0^x \phi(s)ds$$

$\psi(x) = \displaystyle\int_0^x \phi(s)ds$ est inversible pour x assez petit $\neq 0$ car au voisinage de 0

$\psi(x) = x(I_n + o(1))$ (identité de la dérivée). Fixons alors x de sorte que $\psi(x) = B$ soit inversible, il reste

$$\phi(t) = \left(\int_t^{x+t} \phi(u)du\right) B^{-1}$$

le membre de droite est de classe C^1, et l'on retombe sur le premier cas. QED

Lectures supplémentaires : On ne saurait trop recommander l'étude du livre de Roseau [EDO] ; les deux premiers chapitres (dont sont tirés le problème proposé ci-dessous) permettent déjà de construire une leçon éblouissante. En anglais, l'ouvrage de Hirsh et Smale [HS] est un classique, exemplaire de clarté (NDLR : surtout dans la littérature sur les équations différentielles).

EXERCICE

Si A et B sont deux éléments de $M_n(\mathbb{C})$ commutent,
$$\exp(A+B) = \exp(A).\exp(B).$$
(vérifier que $\exp(t(A+B))$ et $\exp(tA).\exp(tB)$ sont toutes deux solutions de l'équation matricielle $Y'(t) = (A+B).Y(t)$)

Problème

N.B. : *Certaines parties du problème reprennent les notions du cours qui ne figurent pas en détail dans le programme officiel, comme ce serait le cas un jour d'écrit.*

Les parties placées entre * * introduisent des notations utilisées dans toute la suite du problème.

* n désigne un entier ≥ 2, $\mathbf{M}$ est l'espace vectoriel $M_{n,n}(\mathbb{C})$ des matrices carrées de taille n à coefficients complexes, $t \to A(t)$ est une application continue de $\mathbb{R}$ dans $\mathbf{M}$ et $t \to B(t)$ une application continue de $\mathbb{R}$ dans $\mathbb{C}^n$; $\mathbb{C}^n$ est usuellement identifié à $M_{n,1}(\mathbb{C})$. On note $\| \ \|_\infty$ la norme sur $\mathbb{C}^n$: $\|x\|_\infty = \max(|x_1|,\ldots,|x_n|)$. Enfin e^A désigne, lorsque A est dans $\mathbf{M}$, l'exponentielle de la matrice A *

Préliminaires

1°) Soit A une matrice de $M_{2,2}(\mathbf{R})$. On suppose $P_A(X)$ scindé sur $\mathbf{R}$. Montrer que A est semblable dans $M_{2,2}(\mathbf{R})$ à une matrice de l'un des types suivants :

$$\begin{pmatrix} \lambda & 0 \\ 0 & \mu \end{pmatrix}, \begin{pmatrix} \lambda & 1 \\ 0 & \lambda \end{pmatrix} (\lambda, \mu) \in \mathbf{R}^2.$$

2°)a) Soit A et B deux éléments de $M_n(\mathbf{R})$, semblables dans $M_n(\mathbf{C})$, il existe donc une matrice P inversible dans **M** telle que $AP = PB$. On pose $P = Q + iR$ où Q et R sont deux matrices réelles, et $f(\lambda) = \det(Q + \lambda R)$. Montrer que f n'est pas le polynôme nul, en déduire l'existence de λ réel tel que $f(\lambda) \neq 0$, puis que A et B sont semblables dans $M_n(\mathbf{R})$.

b) Soit A une matrice de $M_{2,2}(\mathbf{R})$. On examine maintenant le cas où $P_A(X)$ est sans racines réelles. Montrer que A est semblable à une matrice de la forme : $\begin{pmatrix} a & -b \\ b & a \end{pmatrix}$, $(a,b) \in \mathbf{R}^2$.

* Lorsque A est dans **M**, spec(A) désigne l'ensemble des valeurs propres de A ; on admettra dans le 3°) et le 4°) que, si deux matrices X et Y permutent, $e^{(X+Y)} = e^X \cdot e^Y$ (ce résultat sera prouvé dans la partie I) *

3°) Soit A dans **M**. On suppose dans cette question qu'il existe un réel $a > 0$ tel que, pour tout λ de spec(A), $\mathrm{Re}(\lambda) \leq -a$, et l'on se donne un réel α tel que : $0 < \alpha < a$.

a) Vérifier que l'application qui à une matrice $X = [x_{ij}]$ associe

$$|||X||| = \max_{1 \leq i \leq n} \left(\sum_{j=1}^{n} |x_{ij}| \right)$$

est la norme d'algèbre sur **M** associée à $\|\ \|_\infty$.

b) On rappelle que toute matrice A de **M** s'écrit sous la forme $A = D + N$, avec D diagonalisable, N nilpotente et $DN = ND$. Montrer qu'il existe un polynôme réel Q, à coefficients réels positifs, tel que, pour tout réel $t \geq 0$, on ait : $|||e^{tA}||| \leq Q(t) \cdot |||e^{tD}|||$.

c) Prouver qu'il existe une constante $C > 0$ telle que, pour tout réel $t \geq 0$,
$|||e^{tA}||| \leq C\exp(-\alpha t)$ (on commencera par trouver $K > 0$ tel que, pour tout $t \geq 0$,
$|||e^{tA}||| \leq K \cdot Q(t)\exp(-at)$).

4°) Le but de cette question est de montrer que, pour toute matrice inversible M de **M**, il existe L dans **M** telle que $e^L = M$. Soit M une matrice inversible de **M**, que l'on décompose à nouveau sous la forme $M = D + N$, avec D diagonalisable, N nilpotente et $DN = ND$.

a) Vérifier que D est inversible et qu'il existe une matrice C telle que $e^C = D$. Prouver que l'on peut prendre pour C un polynôme en D.

b) Soient $l(x) = \sum_{k=1}^{n} \frac{(-1)^{k-1}}{k} x^k$ et $e(x) = \sum_{k=0}^{n} \frac{x^k}{k!}$. En utilisant $\exp(l(x))$ et un développement limité, vérifier que $e(l(x)) - x - 1$ est un polynôme de valuation $\geq n$.

c) On pose $U = D^{-1}N$. Montrer que $\exp(l(U)) = e(l(U)) = I_n + U$. Conclure à l'existence de L telle que $e^L = M$.

I. Étude de la résolvante

* on considère dans cette partie l'équation différentielle (E) : $X'(t) = A(t).X(t)$, où X est une application de classe C^1 de **R** *dans* **M** *

A– Solution générale des EDL

1°) Montrer que l'application de **R** dans $L(\mathbf{M},\mathbf{M})$ qui au réel t associe l'endomorphisme $\mathcal{A}(t) : X \to A(t)X$, $\mathbf{M} \to \mathbf{M}$ est une application continue.

2°)a) En déduire l'existence et l'unicité de la solution $R(t)$ de E telle que $R(0) = I_n$. La notation $R(t)$ sera conservée dans la suite.

b) Prouver que, pour tout t réel : $\frac{d}{dt}(\det R(t)) = (\operatorname{tr} A(t)).\det R(t)$ et en déduire que $R(t)$ n'est jamais singulière (rappel : singulière = non inversible).

3°)a) Vérifier que, si $A(t)$ est une matrice constante A, on a $R(t) = e^{tA}$ ($t \in \mathbf{R}$).

b) Déduire de ce qui précède et du théorème d'unicité des solutions d'une EDL que, si A et B sont deux matrices permutables dans **M**, $e^{(A+B)} = e^A.e^B$.

* On considère désormais les équations différentielles : (E) $x'(t) = A(t).x(t) + B(t)$, $x \in C^1(\mathbf{R},\mathbf{C}^n)$, et (E_H) $x'(t) = A(t).x(t)$ $x \in C^1(\mathbf{R},\mathbf{C}^n)$ *

4°) Soit c dans $\mathbf{C}^n$. Montrer que la solution x de (E_H) satisfaisant à la condition initiale : $x(0) = c$ est $x(t) = R(t).c$.

5°) En utilisant une méthode de variation des constantes : $x(t) = R(t).c(t)$, $c \in C^1(\mathbf{R},\mathbf{C}^n)$, montrer que la solution de (E) avec la condition initiale $x(0) = c$ est

$$x(t) = R(t).c + \int_0^t R(t)R(s)^{-1}B(s)ds.$$ Expliciter lorsque $A(t)$ est une matrice constante A.

B– La théorie de Floquet sur les EDL à coefficients périodiques

* Dans la partie I-B, la fonction $t \to A(t)$ est supposée périodique de période $T > 0$ *

1°)a) Montrer qu'une solution x de (E_H) est périodique de période T ssi $x(0) = x(T)$.

b) Montrer que, pour tout réel t, $R(t+T) = R(t)R(T)$.

2°)a) Soit L_0 une matrice de **M** telle que $e^{L_0} = R(T)$ (justifier) et $L = \frac{1}{T}L_0$, vérifier que $Y(t) = R(t).e^{-tL}$ est T-périodique.

b) Avec les notations de a), montrer que (E_H) admet une solution (non nulle) périodique de période T ssi 1 est valeur propre de e^{TL}, ou encore ssi $\frac{2i\pi k}{T}$ est valeur propre de L pour un k de **Z** au moins.

3°) On suppose dans cette question $B(t)$ périodique de période T.

a) En utilisant I-A-5°), prouver que, si l'équation (E_H) n'a pas de solution périodique (non nulle) de période T, l'équation (E) a une solution T-périodique unique. Dans ce dernier cas, montrer qu'il existe un réel $\gamma > 0$ indépendant de B tel que, x étant la solution T-périodique de (E) :

$$\sup_{t \in \mathbf{R}} \|x(t)\| \leq \gamma \sup_{t \in \mathbf{R}} \|B(t)\|.$$

II. Perturbation des systèmes linéaires

* on suppose, dans le II, A(t) constante égale à une matrice A de **M** *

1°) Prouver le lemme de Gronwall : si u(t), v(t) sont des fonctions continues de $t \geq 0$, avec $u \geq 0$, et k une constante positive, telles que :

$$\forall t \in \mathbf{R}^+, \ v(t) \leq k + \int_0^t u(s)v(s)ds, \text{ montrer que, pour tout } t \geq 0, \ v(t) \leq k\exp\left(\int_0^t u(s)ds\right).$$

Indications : a) Première approche : Soit ϕ une application de classe C^1 de $[0,+\infty[$ dans telle que, pour tout $x \geq 0$: $\phi'(x) \leq a\phi(x)$, où a est une constante réelle. Montrer par dérivation de $e^{-ax}f(x)$ que $\phi(x) \leq \phi(0)e^{ax}$ pour tout $x \geq 0$. b) se ramener au cas précédent après multiplication par u.

2°) Prouver que les solutions de (E_H) tendent toutes vers 0 lorsque t tend vers $+\infty$ ssi toutes les valeurs propres de A ont une partie réelle < 0.

* On suppose désormais 1) qu'il existe un réel $a > 0$ tel que, pour tout λ de spec(A), $\text{Re}(\lambda) \leq -a$, et l'on se donne un réel α tel que : $0 < \alpha < a$ 2) que B(t) est une application à valeurs dans **M** 3) que (E) est l'équation $x(t) = (A + B(t))x(t)$, $x \in C^1(\mathbf{R},\mathbf{C}^n)$ *

3°) Dans cette question, B vérifie : $\int_0^{+\infty} |||B(t)||| dt$ converge, et l'on se donne une solution quelconque x de (E_H).

a) Montrer qu'il existe K réel > 0, pour tout réel $t \geq 0$:

$$e^{\alpha t}\|x(t)\| \leq K + K\int_0^t \|B(s)\|e^{\alpha s}\|x(s)\|ds$$

(on pourra interpréter x comme solution de l'ED avec second membre :
$x'(t) = Ax(t) + B(t)x(t)$ et appliquer la variation des constantes).

b) Montrer que toutes les solutions de (E) tendent vers 0 lorsque t tend vers $+\infty$.

4°) On suppose cette fois $|||B(t)|||$ bornée par un réel $\eta > 0$ pour $t \geq 0$. Soit x une solution de (E).

a) Montrer qu'il existe des constantes K, $c > 0$ telles que, pour tout réel $t \geq 0$:

$$e^{\alpha t}\|x(t)\| \leq Kc + K\eta \int_0^t e^{\alpha s}\|x(s)\|ds .$$

b) En déduire l'existence d'un réel β tel que, si $\eta < \beta$, toutes les solutions de (E) tendent vers 0 en $+\infty$.

5°) Déterminer des conditions sur les réels p et q pour que toutes les solutions de l'équation différentielle :

$$y''' + py' + \left(q + \frac{1}{t^2+1}\right)y = 0$$

tendent vers 0 lorsque t tend vers $+\infty$.

36. Équations différentielles linéaires scalaires

36.1. Révision des EDL d'ordre 1 à valeurs dans K, K = R ou C

Soient a et b deux fonctions continues de l'intervalle I de **R** dans **K**. Soit (E) l'équation résolue en y'

$$y' = a(t)y + b(t)$$

et (E_H) l'équation homogène associée $y' = a(t)y$.

Le théorème général sur les équations différentielles linéaires (ordinaires) donne, dans ce contexte :

36.1.1. Théorème : *Les solutions de* (E_H) *forment un sous-espace vectoriel* S_H *de* $C^1(I,K)$ *de dimension 1, et les solutions de* (E) *forment un sous-espace affine de* $C^1(I,K)$ *dirigé par S.*

Ce fait se retrouve sans peine, directement, par quadrature (*résoudre par quadrature* signifie ramener le problème à un calcul de primitives). C'est d'ailleurs, pour les EDLS, le seul cas où la solution générale s'exprime par quadrature. Lorsque l'EDLS est de degré 2, déjà, il faut en connaître une solution particulière pour ramener son intégration à un calcul de primitives.

a) Si α est une primitive de a sur I, la solution de (E_H) prenant la valeur y_0 au point t_0 de I est la fonction ϕ définie sur I par $\phi(t) = y_0 \exp(\int_{t_0}^{t} a(t)dt)$.

Preuve : Supposons que ϕ soit solution de (E_H), posons $\psi(t) = \exp(-\int_{t_0}^{t} a(t)dt)$; l'idée est classique de dériver sur I

$$(\phi(t)\psi(t))' = \phi'(t)\psi(t) + \phi(t)\psi'(t) = a(t)\phi(t)\psi(t) + \phi(t)[-a(t)\psi(t)] = 0$$

ce qui montre que la fonction $t \to \phi(t)\psi(t)$ est constante de valeur mettons c. Si l'on impose à ϕ de vérifier $\phi(t_0) = y_0$ il vient $C = \phi(t_0)\psi(t_0) = y_0$, finalement

$$\forall t \in I, \phi(t) = y_0 \psi(t)^{-1} = y_0 \exp(\int_{t_0}^{t} a(t)dt).$$

b) Recherche de la solution générale : nous la chercherons par variation des constantes sous la forme de $\phi : t \to C(t)\exp(\int_{t_0}^{t} a(t)dt)$. La fonction ϕ vérifie (E) ssi, pour tout t de I

$$C'(t)\exp(\int_{t_0}^{t} a(t)dt) + C(t)a(t)\exp(\int_{t_0}^{t} a(t)dt) = a(t)C(t)\exp(\int_{t_0}^{t} a(t)dt + b(t))$$

soit
$$C'(t) = b(t)\exp(-\int_{t_0}^{t} a(t)dt)$$

La solution particulière de (E) qui s'annule en t_0 est donc donnée par
$$\phi_0(t) = (\int_{t_0}^{t} [B(u)\exp(-\int_{t_0}^{u} a(\tau)d\tau]du)\exp(\int_{t_0}^{t} a(t)dt)$$

et la solution générale de l'équation est
$$\phi(t) = (C + \int_{t_0}^{t} [B(u)\exp(-\int_{t_0}^{u} a(\tau)d\tau]du)\exp(\int_{t_0}^{t} a(t)dt).$$

♥ : Encore une fois, il s'agit de résultats particuliers aux équations résolues en y'. Considérons par exemple l'équation différentielle définie sur **R** par
$$(E) \sin^3 x.y' + \cos x.y = 0$$
sur chaque intervalle $]k\pi(k+1)\pi[$, (E) admet pour ensemble de solutions
$$C_k \exp(-\frac{1}{\sin^2 x})$$

où C_k est une constante réelle.

Pout toute famille $(C_k)_{k \in \mathbb{Z}}$ de $\mathbb{R}^{\mathbb{Z}}$ on définit une fonction f de **R** dans **R** par
$$f(x) = C_k \exp(-\frac{1}{\sin^2 x})$$
sur $]k\pi(k+1)\pi[$, et $f(k\pi) = 0$. A l'aide de 9.7.3. on montre sans peine que f est de classe C^∞ sur **R** et toutes ses dérivées sont nulles aux points $k\pi$, $k \in \mathbb{Z}$, ce qui montre que f *est une solution de* (E) *sur* **R**.

Cette construction montre que l'espace des solutions de (E) sur **R** est un **R**-espace vectoriel de dimension *infinie* (en fait non dénombrable).

36.1.2. Applications :

1) Soit f une application de classe C^1 de $[0,+\infty[$ dans **C** telle que f+f' admette la limite 0 en $+\infty$. Alors f tend vers 0 en $+\infty$.

L'idée est d'utiliser la méthode de variation des constantes pour une EDL scalaire d'ordre 1 convenable. On traduit l'hypothèse sur f en termes d'équation différentielle
$$f(x) + f'(x) = \varepsilon(x)$$
où $\varepsilon(x)$ tend vers 0 en $+\infty$; la méthode variation des constantes conduit à écrire
$$f(x) = g(x)e^{-x} \text{ d'où } e^{-x}g'(x) = \varepsilon(x)$$
et finalement
$$f(x) = e^{-x}\int_0^x \varepsilon(t)e^t dt + Ce^{-x}.$$

La fonction $\varepsilon(t)e^t$ est négligeable devant la fonction positive e^t, et l'intégrale de cette dernière diverge en $+\infty$, donc (§ 14.4)

$$\int_0^x \varepsilon(t)e^t dt = 0 \quad (\int_0^x e^t dt) = o(e^x)$$

ce qui montre que f tend vers 0 en $+\infty$.

2) Lemme de Gronwall :
Soient I *un intervalle de* **R**, I = [a,b[, a < b ≤ +∞. *Soient* u *et* v *dans* C(I,**R**), *avec* u *positive, vérifiant* :

$$\exists \lambda \in \mathbf{R}, \forall x \in I, v(x) \leq \lambda + \int_a^x u(t)v(t)dt.$$

On va montrer que, *pour tout x de* I, $v(x) \leq \lambda \exp(\int_a^x u(t)dt)$.

Soit $f(x) = \int_a^x u(t)v(t)dt$. Après multiplication de l'inégalité donnée par la fonction positive u, l'hypothèse donne l'inéquation différentielle

$$f'(x) - u(x)f(x) \leq \lambda u(x)$$

où w est une fonction continue positive sur I. L'idée est de suivre la méthode variation des constantes en remplaçant = par ≤ ; pour la mettre en oeuvre introduisons

$U(x) = \int_a^x u(t)dt$ et $g(x) = f(x)\exp(-U(x))$, par dérivation nous obtenons

$$g'(x) \leq \lambda u(x)\exp(-U(x)) = -\lambda \exp(-U(x))'$$

après intégration de a à x, Compte tenu du fait que g(a) = 0

$$g(x) \leq -\lambda[\exp(-U(x)) - \exp(-U(a))] = \lambda - \lambda\exp(-U(x))$$

en réorganisant

$$\lambda + f(x) \leq \exp(U(x))$$

mais $v(x) \leq \lambda + f(x)$, et la preuve est achevée !

36.2. Application du théorème de Cauchy aux EDLS d'ordre n.

36.2.1. Théorème : *Soient* I *un intervalle de* **R**, $a_0,\ldots,a_{n-1}$ *et* b *n+1 fonctions scalaires de* I *dans* **K** *et* (E) *l'équation différentielle*

$$y^{(n)} + a_{n-1}y^{(n-1)} + \ldots + a_1 y' + a_0 y = b(x)$$

Pour tout x_0 *de* I *et tout n-uple* $(y_0,\ldots,y_{n-1})$ *de* $\mathbf{K}^n$, *il existe une solution et une seule de* (E), *soit* y, *définie sur* I *et telle que*

$$y(x_0) = y_0, \ldots, y^{(n-1)}(x_0) = y_{n-1}.$$

Démonstration : La méthode consiste à ramener l'équation différentielle scalaire d'ordre n à un système différentiel à valeurs dans $\mathbf{K}^n$ en posant

$$y_1 = y, y_2 = y', \ldots, y_n = y^{(n-1)}$$

le système en question est

$$(S) \ y'_1 = y_2, \ldots, y_{n-1}' = y_n, y_n' = -a_{n-1}y_{n-1} + \ldots - a_1 y_1 - a_0 y_1 + b(x).$$

De la correspondance bijective entre les solutions de (S) et celles de (E) il résulte que, pour tout choix de données initiales dans K^n soit $(y_0,\ldots,y_{n-1})$, il existe une solution et une seule de (S) telle que $y_1(x_0) = y_0,\ldots,y_n(x_0) = y_n$ ce qui, traduit en termes de l'équation (E), donne exactement le théorème annoncé.

Ce résultat fournit immédiatement la dimension n de l'espace vectoriel (pour les lois naturelles) des solutions (S_H) de l'équation homogène

$$(E_H)\ y^{(n)} + a_{n-1}y^{(n-1)}+\ldots+a_1y'+a_0y = 0.$$

36.2.2. Théorème : *Pour tout choix de x_0 dans I, l'application qui à la solution y de (E_H) associe l'élément $(y(x_0),y'(x_0),\ldots y^{(n-1)}(x_0))$ de K^n est un isomorphisme d'espace vectoriel.*

Démonstration : L'application étudiée est visiblement linéaire, son caractère bijectif vient immédiatement du théorème de Cauchy pour les EDLS.

36.2.3. Corollaire : *L'espace des solutions (S) de l'équation avec second membre (E) est un espace affine de dimension n.*

Preuve : Si y_p est une solution particulière de l'équation avec second membre (E), on a (S) = y_p + (S_H), d'où la conclusion.

36.3. Cas des équations linéaires scalaires d'ordre deux

Nous allons étudier en détail le cas de l'équation d'ordre deux *résolue*

$$y'' + a(x)y' + b(x)y = c(x)$$

où a, b, c sont des fonctions continues de l'intervalle I de $\mathbf{R}$ dans $\mathbf{K}$.

Le premier théorème, fondamental, est une simple adaptation des résultats établis dans le cas général.

36.3.1. Théorème : *L'espace vectoriel des solutions à valeurs dans $\mathbf{K}$ de l'équation homogène*

$$y'' + a(x)y' + b(x)y = 0$$

est un $\mathbf{K}$-espace vectoriel S_H de dimension 2, et pour tout x_0 de I, l'application de S_H dans $\mathbf{K}^2$ qui à la fonction y associe le couple $(y(x_0),y'(x_0))$ est un isomorphisme de $\mathbf{K}$-espaces vectoriels.

36.3.2. Corollaire : *L'espace des solutions à valeurs dans $\mathbf{K}$ de l'équation*

$$y'' + a(x)y' + b(x)y = c(x)$$

est un sous-espace affine de $C^2(I,\mathbf{K})$ de dimension 2.

36.3.3. Méthode de variation des constantes pour les équations d'ordre deux : De façon générale, il est possible, connaissant n solutions linéairement indépendantes de l'équation

$$y^{(n)} + a_{n-1}(x)y^{(n-1)}+\ldots+a_1(x)y'+a_0(x)y = 0$$

d'en déduire un système fondamental de solutions du système linéaire homogène associé, puis une solution particulière du système avec second membre moyennant la variation des constantes. Nous allons détailler le processus dans le cas des équations linéaires d'ordre deux :

Soit (ϕ, ψ) une base de l'espace des solutions de $y'' + a(x)y' + b(x)y = 0$. La transformation de l'EDLS d'ordre 2 en une EDL vectorielle à valeur dans $\mathbf{K}^2$ montre que le couple $((\phi,\phi'),(\psi,\psi'))$ est une base de solution du système
$$(E_V)\ y' = z \text{ et } z' = -a(x)z - b(x)y$$
La méthode de variation des constantes consiste à rechercher une solution de (E_V) sous la forme $(y_1,y_2) = (\lambda\phi+\mu\psi, \lambda\phi'+\mu\psi')$ ce qui conduit droit aux équations
$$\lambda'\phi+\mu'\psi = 0 \quad \lambda'\phi'+\mu'\psi' = c(x)$$
pour tout x de I, $((\phi(x),\phi'(x)),(\psi(x),\psi'(x)))$ est une base de $\mathbf{K}^2$, on résout donc le système de Cramer ainsi obtenu, puis l'on intègre λ', μ' pour retomber sur une solution du système (à une solution de l'équation homogène près).

On retient : les inconnues sont λ' et μ', et le déterminant du système en λ', μ' le Wronskien de la base choisie (voir plus loin).

Exemple : Considérons l'équation différentielle réelle
$$y'' + y = \operatorname{tg} x.$$
Sur un intervalle $]k\pi,(k+1)\pi[$ la solution générale de l'équation homogène associée est $\lambda\cos x + \mu\sin x$; la variation des constantes amène
$$\cos x.\lambda' + \sin x.\mu' = 0 \quad -\sin x.\lambda' + \sin x.\mu' = \operatorname{tg} x$$
La matrice du système est orthogonale donc s'inverse par transposition, et l'on obtient
$$\begin{pmatrix}\lambda'\\ \mu'\end{pmatrix} = \begin{pmatrix}\cos x & -\sin x\\ \sin x & \cos x\end{pmatrix}\begin{pmatrix}0\\ \operatorname{tg} x\end{pmatrix} = \begin{pmatrix}\cos x - 1/\cos x\\ \sin x\end{pmatrix}$$
d'où l'on tire par intégration de λ' et μ' la solution particulière
$$y_p = -\cos x \operatorname{Log}|\operatorname{tg}(x/2 + \pi/4)|$$
La solution générale est donc
$$y = \lambda\cos x + \mu\sin x - \cos \operatorname{Log}|\operatorname{tg}(x/2 + \pi/4)|$$
où λ et μ sont des constantes réelles.

36.3.4. Méthode de Liouville : Lorsque l'on connaît une solution de l'équation *sans second membre*, soit u, la résolution de l'équation $y'' + a(x)y' + b(x)y = c(x)$ se ramène à une équation du premier ordre sur tout intervalle J où u ne s'annule pas. L'idée est de chercher la deuxième solution sous la forme $y = uz$, où z est une fonction de classe C^2 ; on calcule donc
$$y' = u'z + uz' \quad y'' = u''z + 2u'z' + uz''$$
le remplacement dans l'équation différentielle donne
$$uz'' + (2bu' + au)z' + (u'' + au' + bu)z = c$$
comme u est solution de l'équation homogène il reste
$$uz'' + (2u' + au)z' = c \quad (*)$$
que l'on ramène à une équation du premier ordre en posant $v = z'$. L'intégration de cette équation donne *toutes* les solutions de (E) sur J.

Exemple : L'équation $(x+1)y'' - y' - xy = 0$ possède la solution particulière $u = e^x$. En posant $y(x) = e^x z$, on est ramené à l'équation
$$(x+1)z'' + (2x+1)z' = 0$$

L'intégration en z' fournit sur I =]-1,+∞[la solution $z'(x) = A(x+1)e^{-2x}$; finalement, la solution générale de l'équation sur I est
$$y(x) = Be^x + C(2x+3)e^{-x}.$$

36.3.5. Wronskien de deux solutions : Soient u et v deux solutions de l'équation homogène $y'' + a(x)y' + b(x)y = 0$; nous définissons le Wronskien de u et de v par
$$W(x) = u(x)v'(x) - u'(x)v(x).$$
(Ce qui est cohérent avec le passage aux systèmes différentiels.)

Pour évaluer W, on peut revenir au système associé à (E_H); en fait la dérivation de W fournit directement le résultat cherché :
$$W'(x) = u(x)v''(x) - u''(x)v(x) = -u(x)(a(x)v'(x) + b(x)v(x)) + v(x)(a(x)u'(x) + b(x)u(x))$$
et W vérifie l'équation différentielle
$$W'(x) = -a(x)W(x)$$
donc $W(x) = C\exp(-\int_{x_0}^{x} a(t)dt)$, avec $C = W(x_0)$.

On constate à nouveau que W est identiquement nul, ou bien ne s'annule pas.

36.3.6. Retour sur la méthode de Liouville : Si u est la solution particulière donnée, et si $v(x) = z(x)u(x)$ est une deuxième solution calculée à l'aide de la méthode de Liouville le wronskien W(x) est égal à $u(z'u + zu') - zuu' = z'u^2$. On dispose donc de la solution particulière
$$v(x) = u(x)\exp\left(\int_{x_0}^{x} \frac{W(t)}{u^2(t)} dt \right).$$

36.3.7. Cas général : *Ne pas oublier les développements en série entière* qui fournissent souvent une solution étudiable, voire même calculable, en particulier au voisinage des points singuliers. (§ 25).

36.3.8. Étude des zéros des solutions des ED scalaires homogènes d'ordre deux : Soit (E) une équation différentielle de la forme
$$y'' + a(x)y' + b(x)y = 0$$
définie sur l'intervalle I de **R**, ϕ et ψ deux solutions à but réel non (identiquement) nulles de (E). Alors

1) *Les zéros de ϕ sont isolés, et tout segment de I n'en contient qu'un nombre fini.*

2) *Si ϕ et ψ ont un zéro commun, elles sont proportionnelles ; sinon, entre deux zéros de ϕ il y en a toujours au moins un de ψ.*

Preuves : 1) Soit a un zéro de ϕ. Si $\phi'(a)$ est nul, ϕ est la solution nulle par unicité de la solution du problème de Cauchy. Comme ce cas est par hypothèse exclu, $\phi'(a) \neq 0$, donc au voisinage de a $\phi(x) \sim \phi'(a)(x-a)$ ce qui montre que $\phi(x)$ et $\phi'(a)(x-a)$ sont de même signe sur un intervalle $]a-\alpha, a+\alpha[$, $\alpha > 0$ convenable ; sur ce voisinage de a ϕ ne s'annule qu'en a.

Si J est un segment contenu dans I, l'ensemble X des zéros de la fonction continue ϕ dans J est un sous-ensemble fermé de J dont tous les points sont isolés. La compacité de J impose donc à X d'être fini.

2) Soit a un zéro commun des solutions ϕ et ψ. Du fait que $\phi'(a) \neq 0$ on peut trouver un nombre λ vérifiant $\psi'(a) = \lambda f'(a)$, la solution $\phi - \lambda\psi$ de (E) est alors nulle ainsi que sa dérivée au point a, c'est donc la solution nulle : ϕ et ψ sont proportionnelles.

Par suite, si ϕ et ψ ne sont pas proportionnelles, elles ne possèdent pas de zéro commun. Soient alors a et b deux zéros de ϕ, nous savons déjà que $\psi(\alpha) \neq 0$ et $\psi(\beta) \neq 0$. On veut montrer qu'entre a et b il y a au moins un zéro de ψ. Comme ϕ ne possède qu'un nombre fini de zéros dans [a,b], nous supposerons que a et b sont consécutifs. Si ψ ne s'annule pas dans]a,b[, le quotient $f = \dfrac{\phi}{\psi}$ a pour dérivée $-\dfrac{W(\phi,\psi)}{\psi^2}$. Le wronskien $W(\phi,\psi)$ ne s'annule pas, donc garde un signe constant que [a,b], ce qui fait que f est strictement monotone sur [a,b]. La contradiction souhaitée vient alors de ce que $f(a) = f(b) = 0$.

36.3.9. Étude d'un exemple : Considérons l'équation différentielle

$$(E)\ y'' + e^{x^2} y = 0$$

Nous allons montrer que *toute solution de* (E) *est bornée et s'annule au moins une fois dans tout intervalle de la forme*]a,a+2π[, a∈ **R**.

Pour démontrer la première assertion, on considère une fonction que l'on pourrait appeler "énergie" de l'équation différentielle (voir les équations de Newton pour une démarche proche de celle qui est suivie ici) déduite de ce que l'on obtiendrait en intégrant

$$0 = (e^{-x^2} y'' + y) y'$$

soit

$$E = y'^2 + e^{-x^2} y^2$$

dont la dérivation donne

$$E'(x) = -2x e^{-x^2}$$

négative pour $x \geq 0$, positive pour $x \leq 0$; le tableau de variation montre alors que la fonction positive E croît sur]-∞,0], décroît sur [0,+∞[donc est bornée par E(0), ce qui implique évidemment que y est bornée.

Pour la deuxième assertion, nous allons utiliser une comparaison des solutions de (E) avec celles d'une autre équation différentielle dont les solutions sont connues, basée sur une méthode que l'on pourrait appeler "de Wronskien mixte".

Soit ϕ une solution de (E), et soit $f(x) = \sin(x-a)$, solution de $y'' + y = 0$ s'annulant en a Introduisons la fonction auxiliaire $W(x) = f(x)\phi'(x) - \phi(x)f'(x)$. La dérivée de W est

$$f''(x)\phi(x) - \phi''(x)f(x) = -f(x)\phi(x) + e^{x^2}\phi(x)f(x) = f(x)\phi(x)[e^{x^2} - 1]$$

Si ϕ ne s'annule pas dans]a,a+2π[W'(x) garde un signe constant strict dans]a,a+2π[donc W est strictement monotone sur [a,a+2π], ce qui est impossible puisqu'elle s'annule aux bornes : contradiction et résultat.

36.4. Équations différentielles linéaires à coefficients constants

On s'intéresse à l'espace vectoriel S des solutions complexes de l'équation différentielle
$$y^{(n)} + a_{n-1}y^{(n-1)} + \ldots + a_1 y' + a_0 y = 0 \quad (E)$$
où $a_0, \ldots a_{n-1}$ sont fixés dans $\mathbf{C}$. S est visiblement un sous-espace vectoriel de
$\Phi = C^\infty(\mathbf{R},\mathbf{C})$.

A l'équation (E) nous associons son *équation caractéristique*
$$C(\lambda) = 0, \lambda \in \mathbf{C}$$
$C(\lambda)$ désigne ici le polynôme $\lambda^n + a_{n-1}\lambda^{n-1} + \ldots + a_1\lambda + a_0$.

Nous introduisons aussi l'opérateur de dérivation D qui à la fonction f de Φ associe $D(f) = f'$. Lorsque P est un polynôme complexe soit $P(X) = b_m X^m + \ldots + b_1 X + b_0$ et $u \in L(\Phi)$, P(u) désigne l'élément $b_m u^m + \ldots + b_1 u + b_0 \text{Id}$ de $L(\Phi)$ ($u^m = u \circ \ldots \circ u$).

36.4.1. Lemme : *Pour tout P de* $\mathbf{C}[X]$, *et toute fonction f de* Φ *on a*
$$P(D)(e^{\lambda t}f(t)) = e^{\lambda t}P(D+\lambda I)f(t).$$

Démonstration : Par combinaison linéaire, on se ramène au cas où P est un monôme X^n. Le résultat provient alors de la formule de Leibniz : d'une part, moyennant celle-ci
$$D^n[e^{\lambda t}y(t)] = \sum_{k=0}^{n} C_n^k \lambda^k e^{\lambda t} y^{(n-k)}(t)$$

d'autre part, directement
$$(D+\lambda I)^n f(t) = \sum_{k=0}^{n} \lambda^k C_n^k D^{n-k}.f(t) = \sum_{k=0}^{n} C_n^k \lambda^k e^{\lambda t} y^{(n-k)}(t)$$

d'où la conclusion.

Structure de S

Factorisons C sous la forme $C(X) = \prod_{i=1}^{r}(X - \lambda_i)^{\alpha_i}$, où $\lambda_1, \ldots, \lambda_r$ sont deux à deux distincts, et $\alpha_1 + \ldots + \alpha_r = n$. Nous pouvons alors énoncer le

36.4.2. Théorème : *L'espace vectoriel S des solutions de* (E) *admet pour base la famille de fonctions* $(t^{\beta_{ij}}e^{\lambda_j t})$, $j=1,\ldots,r$; $0 \leq \beta_{ij} \leq \alpha_j - 1$.
Les solutions de (E) sont donc *exactement* les fonctions de la forme
$$\sum_{j=1}^{r} Q_j(t) e^{\lambda_j t}$$
où Q_j est un polynôme de degré $\leq \alpha_j - 1$.

Démonstration : Rappelons (§ 36.1.) que l'espace vectoriel S est de dimension finie n. L'idée est maintenant d'appliquer le théorème de *décomposition des noyaux* à l'opérateur D. Visiblement D applique S dans S (il suffit pour le voir de dériver l'équation homogène (E)). De plus, la définition de l'opérateur C(D) montre que la fonction y de Φ est solution de (E) si et seulement si, $C(D).f = 0$. Comme les polynômes $(X - \lambda_j)^{\alpha_j}$ sont deux à deux premiers entre eux, nous obtenons :

$$S = \ker C(D) = \ker \prod_{i=1}^{r}(D - \lambda_i \text{Id})^{\alpha_i} = \ker(D - \lambda_1 \text{Id})^{\alpha_1} \oplus \ldots \oplus \ker(D - \lambda_r \text{Id})^{\alpha_r}.$$

Il nous reste maintenant à décrire les $\ker(D - \lambda_j \text{Id})^{\alpha_j}$, $j = 1,\ldots,r$.

– Si Q est un polynôme degré $\leq \alpha_j - 1$, l'application du lemme ci-dessus donne les identités

$$(D - \lambda_j \text{Id})^{\alpha_j}(Q(t)e^{\lambda_j t}) = e^{\lambda_j t}(D - \lambda_j I + \lambda_j I)^{\alpha_j}Q(t) = e^{\lambda_j t}D^{\alpha_j}Q(t) = 0$$

car $\deg Q < \alpha_j$.

– Pour conclure, on montre que la famille $(t^{\beta_{ij}}e^{\lambda_j t})$ est *libre* : l'annulation d'une combinaison linéaire s'exprime par une égalité

$$\sum_{j=1}^{r} Q_j(t)e^{\lambda_j t} = 0 , \deg Q_j < \alpha_j$$

du fait que la somme $\ker(D - \lambda_1 \text{Id})^{\alpha_1} \oplus \ldots \oplus \ker(D - \lambda_r \text{Id})^{\alpha_r}$ est *directe* chacun des termes $Q_j(t)e^{\lambda_j t}$ est nul, donc $Q_j = 0$, $j = 1,\ldots,r$, d'où la liberté de ladite famille.

$(t^{\beta_{ij}}e^{\lambda_j t})$ est donc une famille de n vecteurs indépendants dans l'espace vectoriel S de dimension n, il s'agit bien d'une base de S.

Recherche de solutions particulières

Nous traitons le cas où le second membre est une exponentielle polynôme $P(t)e^{\mu t}$, $P \in \mathbb{C}[X]$; le cas des second membres de la forme $P(t)\text{ch}t$, $P(t)\cos t$, etc. s'y ramène par combinaison linéaire.

36.4.3. Lemme : *Si R est un polynôme non nul, et si r désigne la multiplicité — éventuellement nulle — de 0 comme racine de R, à tout polynôme P de $\mathbb{C}[X]$ on peut faire correspondre un polynôme Q du même tel que*

$$R(D).Q = P \text{ et } \deg Q = \deg P + r.$$

Preuve : Si $R(X) = a_r X^r + \ldots + a_s X^s$, avec $a_r \neq 0$, $R(D) = a_r D^r + \ldots + a_s D^s$ et l'on constate pour $m \geq r$ que :

– les polynômes $1,\ldots,X^{r-1}$ sont envoyés sur 0 ;
– la suite $R(D)X^r,\ldots, R(D)X^m$ est envoyée sur une suite de polynômes degré échelonnés de 0 à $m-r$.

Il en résulte, en regardant l'image de la base canonique, que l'espace $\mathbb{C}_m[X]$ des polynômes de degré $\leq m$ est envoyé par $R(D)$ sur $\mathbb{C}_{m-r}[X]$, le résultat est alors immédiat.

36.4.4. Théorème : *Si μ est racine de $\mathbb{C}[X]$ de multiplicité r, l'équation*

$$y^{(n)} + a_{n-1}y^{(n-1)} + \ldots + a_1 y' + a_0 y = P(t)e^{\mu t}$$

possède une solution particulière de la forme $Q(t)e^{\mu t}$, où $\deg Q \leq \deg P + r$.

Démonstration : Lorsque Q est dans $\mathbb{C}[X]$, le lemme montre qu'affirmer que la fonction $Q(t)e^{\mu t}$, est solution de (E) se traduit par

$$C(Q(t)e^{\mu t}) = e^{\mu t}C(D + \mu \text{Id})Q(t) = P(t)e^{\mu t},$$

la CNS pour qu'il en soit ainsi est donc

$$C(D + \mu \text{Id}).Q(t) = P(t) .$$

L'application du lemme précédent au polynôme $R(X) = C(X + \mu)$ permet alors de conclure.

Lectures supplémentaires : Pour les problèmes de Stum-Liouville voir Dieudonné [DEA1] chap. XI. Sur le sujet, les ouvrages en anglais sont nombreux et souvent excellents ; l'ancien Courant et Hilbert : Methods of Mathematical Physics [CH] demeure l'une des références indispensables du mathématicien. Rappelons aussi l'utilité du livre de Bender et Orszag [BO], essentiellement axé sur l'analyse asymptotique des solutions.

EXERCICES

1) On considère pour $t > 0$: $f_1(t) = \int_0^{+\infty} \frac{e^{-ut}}{1+u^2} du$ et $f_2(t) = \int_0^{+\infty} \frac{\sin u}{t+u} du$. Montrer avec le plus grand soin que f_1, f_2 sont bien définies et de classe C^2 sur $\mathbf{R}^{+*}$, et vérifient l'équation différentielle : $y'' + y = \frac{1}{x}$. Déterminer les limites de f_1 et f_2 en $+\infty$, puis comparer f_1 et f_2.

2) Soit $q \in C(\mathbf{R}^{+*}, \mathbf{R})$ telle que $\int_0^{+\infty} |q(x)| dx$ converge, et soit y une solution bornée de $y'' + q(x)y = 0$ (E). a) Montrer que y' admet une limite en $+\infty$ et déterminer celle-ci.
b) En utilisant convenablement le Wronskien montrer que (E) possède des solutions non bornées.

3) Rechercher une solution développable en série entière de l'équation $xy'' + y' - y = 0$. On voit ainsi que l'ED admet une solution définie sur $\mathbf{R}$ tout entier, était-ce évident *a priori* ?

4) **Méthode variationnelle :** Soit (a,b,α,β) dans $\mathbf{R}^4$, $a < b$. On note E l'ensemble des applications continûment dérivables de $\mathbf{R}$ dans $\mathbf{R}$ prenant les valeurs α et β aux points a et b respectivement, et ϕ l'application de E dans $\mathbf{R}$ définie par $\phi(f) = \int_a^b (f^2(t)+f'^2(t))dt$.

1°) Montrer que la partie $\phi(E)$ de $\mathbf{R}$ n'est pas majorée.

2°) Montrer que $\phi(E)$ admet une borne inférieure, et que celle-ci est atteinte en un unique élément de E, solution d'une équation différentielle à déterminer (ajouter une fonction h à f réalisant le minimum, écrire que $\phi(f+h) - \phi(f)$ est ≥ 0, remplacer h par th et faire tendre t vers 0 ; vérifier que la fonction f déterminée convient.)

Problème

I. On considère la série $\sum_{n \geq 0} (-1)^n \frac{x^n}{(n!)^2}$, $x \in \mathbf{R}$.

1°) Pour quelles valeurs de x converge-t-elle ? soit f sa somme.

2°) Montrer qu'il existe $x_0 > 0$ tel que $f(x_0) = 0$ et $f(x) > 0$ pour x dans $[0, x_0[$.

3°) Prouver que $x_0 > \sqrt{2}$, et trouver une valeur approchée de x_0 à 10^{-3} près. On décrira avec soin la méthode utilisée en justifiant la précision obtenue.

II. On considère cette fois l'équation différentielle $z'' + e^t z = 0$ **(E)**.

1°) Montrer que, si z est une solution non nulle de (E), tout intervalle $[a,b]$ de $\mathbf{R}$ ne contient qu'un nombre fini de zéros de z.

2°) Soient $a < b$ deux réels > 0, z_1 une solution de (E) > 0 sur $[a,b]$, z_2 la solution de $z'' + e^a z = 0$ telle que $z_1(a) = z_2(a)$, $z_1'(a) = z_2'(a)$. De l'étude de $\dfrac{z_1}{z_2}$ déduire que, pour tout t de $[a,b]$, $z_1(t) \leq z_2(t)$.

3°) Montrer que toute solution non identiquement nulle de (E) possède une racine dans tout intervalle $]t_0, t_0 + \dfrac{\pi}{\sqrt{e^{t_0}}}[$.

4°) Si α et β sont deux zéros consécutifs d'une solution non nulle z de (E), on a $\beta - \alpha > \dfrac{\pi}{\sqrt{e^{\beta}}}$

III. On considère la série : $\sum_{n \geq 0} (-1)^n \dfrac{e^{nt}}{(n!)^2}$.

1°) Montrer que la somme de cette série définit une fonction C^∞ ϕ sur $\mathbf{R}$.

2°) Montrer que ϕ est solution de (E). Montrer que l'ensemble des points où ϕ s'annule est une suite $t_1 < t_2 < \ldots < t_n < \ldots$ elle que $t_1 \geq \dfrac{1}{2}\mathrm{Log}\, 2$; $\lim t_n = +\infty$, $\lim(t_{n+1} - t_n) = 0$.

3°) Montrer que $\lim \sqrt{\exp(t_{n+1})} - \sqrt{\exp(t_n)} = \dfrac{\pi}{2}$.

4°) En déduire que l'on a : $\lim(t_n - \mathrm{Log}\dfrac{n^2 \pi^2}{4}) = 0$.

Intégration

Il s'agit ici d'un résumé du cours de théorie élémentaire de la mesure, comportant très peu de démonstrations. Les théorèmes dont la connaissance est exigée à l'écrit de l'agrégation externe sont donnés avec les plus classiques de leurs applications, afin d'épargner à l'étudiant de trop nombreuses recherches bibliographiques ; ces énoncés ont, en outre, l'avantage d'éclairer certains points du programme d'oral. La référence que nous prendrons sera ici le livre de Rudin [RU1].

37. Fonctions mesurables, théorèmes de convergence

37.1. Fonctions mesurables

Par *fonction numérique* nous entendrons ici fonction à valeur dans $\mathbf{R} \cup \{-\infty, \infty\}$.

37.1.1. Fonctions boréliennes : Soit E un espace topologique. Les ouverts (ou les fermés) de E engendrent une tribu, appelée *tribu borélienne* de E, notée $\mathcal{B}(E)$. Il s'agit donc de la plus petite famille T, contenant les ouverts de E, stable par réunion dénombrable et complémentation ; ses éléments sont appelés boréliens de E. Si E et F sont deux espaces topologiques, nous appellerons *fonctions boréliennes* de E vers F les fonctions f telles que, pour tout borélien B de F, $f^{-1}(B)$ soit un borélien de E.
Notons qu'il suffit de vérifier que l'image réciproque par f des ouverts (ou des fermés) de F sont des boréliens de E : l'ensemble des parties Y de F telles que $f^{-1}(Y) \in \mathcal{B}(E)$ est, Compte tenu des propriétés des applications ensemblistes réciproques, une tribu de Y ; si celle-là contient les ouverts de F, elle contient aussi la tribu engendrée par ceux-ci, c'est-à-dire $\mathcal{B}(F)$.

N.B. : Un tel raisonnement est typique des preuves élémentaires de mesurabilité. A titre d'exercice, le lecteur pourra prouver qu'une application f de $\mathbf{R}^n$ dans $\mathbf{R}^n$, telle que l'image réciproque par f de tout compact est un borélien, est borélienne.

Par exemple, une fonction réglée est borélienne; une fonction simple, c'est-à-dire une combinaison linéaire de fonctions caractéristiques de boréliens est borélienne. Ainsi, la fonction caractéristique de $\mathbf{Q}$ est borélienne.

Propriétés : *Une limite supérieure, inférieure, simple d'une suite de fonctions boréliennes est borélienne.*

Les espaces mesurables que nous considérerons seront toujours des espaces topologiques munis de leurs tribus boréliennes. Un espace mesuré est alors un triplet $(E, \mathcal{B}, \mu)$ *où E est un espace topologique,* $\mathcal{B}$ *la tribu borélienne sur E et* μ *une mesure sur* $\mathcal{B}$.

37.1.2. Fonctions mesurables : Examinons la notion de *fonction mesurable* au sens de la mesure *complétée* ([RU] Chap. 1) d'une mesure μ donnée au départ sur les boréliens d'un espace topologique E. Celle-ci est en général définie de la façon suivante (cf. Rudin, real and complex analysis, etc.) : une fonction numérique f est dite *mesurable* si elle coïncide presque partout avec une fonction borélienne. On peut aussi la caractériser par le fait qu'il existe un borélien de mesure nulle X, fixé par f, tel que pour tout borélien B l'ensemble $f^{-1}(B)$ soit la réunion d'un borélien Y et d'un sous-ensemble de X. L'intégration relativement à une mesure étant invariante par modification presque partout, c'est-à-dire sur un ensemble de mesure nulle, on étend immédiatement aux fonctions mesurables les résultats d'intégration prouvés pour des fonctions boréliennes. Le passage aux fonctions complexes s'effectue en considérant les fonctions finies presque partout, et l'intégrale (éventuelle) s'obtient alors par passage aux parties réelles et imaginaires.

❦ : Il est illusoire de vouloir caractériser les fonctions mesurables par les images réciproques de parties *mesurables* : un ensemble de mesure nulle au sens de la mesure de Lebesgue complétée est simplement une partie de **R** contenue dans un borélien de mesure nulle, ce qui n'entraîne rien sur sa "régularité". En utilisant par exemple les sous-ensembles de l'ensemble de Cantor on peut mettre en évidence un homéomorphisme f de [0,1] sur [0,1] et un ensemble de mesure nulle X tel que $f^{-1}(X)$ *ne soit pas* mesurable. (cf.[GO]).

Théorème de Lusin

Pour simplifier, nous supposerons que E est un espace métrique localement compact séparable (ce qui est le cas d'un ouvert ou d'un fermé de $\mathbf{R}^n$) ce qui recouvre la plupart des cas rencontrés dans les problèmes d'écrit ; et que μ est une mesure borélienne sur E finie sur les compacts de E (ce qui est le cas par exemple de la mesure de Lebesgue $d\lambda$, ou des mesures $fd\lambda$, avec f localement dans L^p).

37.1.3. Théorème : *Soit f une fonction mesurable sur* E, *à valeurs complexes, nulle en dehors d'un sous-ensemble* A *de* E *de mesure finie. Pour tout nombre* $\varepsilon > 0$, *il existe une fonction continue* g *à support compact telle que* $\mu(\{x \in E \mid f(x) \neq g(x)\}) < \varepsilon$, *on peut en outre imposer à* g *de vérifier* $\sup_{x \in E} |g(x)| \leq \sup_{x \in E} |f(x)|$.

Ce résultat est particulièrement utile pour tous les problèmes de densité, voir par exemple [RU] chap. 4.

37.2. Convergences de suites d'intégrales

Convergence monotone

(E, B, μ) est un espace mesuré que l'on désignera plus simplement par E.

37.2.1. Théorème : *Soit* f_n *une suite de fonctions numériques mesurables positives sur* E. *On suppose que pour tout* x *de* E, *la suite* $f_n(x)$ *croît et l'on note* f(x) *la limite de la suite croissante ainsi obtenue. La fonction* f *est alors une fonction mesurable et la suite*

$$\int_E f_n d\mu \quad \textit{croît vers} \quad \int_E f d\mu \; .$$

Extension : Le théorème vaut si l'on ajoute *"presque partout"* à chacune des hypothèses faites.

Lemme de Fatou

37.2.2. Théorème : *Soit f_n une suite de fonctions numériques mesurables positives sur E. La fonction* lim inf f_n *est alors mesurable et l'on a*

$$\int_E \liminf f_n d\mu \leq \liminf \int_E f_n d\mu \ .$$

Convergence dominée

37.2.3. Théorème : *Soit f_n une suite de fonctions mesurables de E vers R. On suppose*
(1) *que la suite f_n est simplement convergente, soit f sa limite ;*
(2) *qu'il existe une fonction g positive d'intégrale finie sur E, telle que, pour tout n de N et tout x de E, $|f_n(x)| \leq g(x)$.*

Alors f est absolument intégrable sur E et la suite $\int_E f_n d\mu$ *converge vers* $\int_E f d\mu$.

A nouveau, on peut remplacer E par E\N où N est une partie μ-négligeable, et parler de *convergence presque partout.*

Ce théorème amène directement la continuité sous le signe somme :

Continuité sous le signe somme

37.2.4. Théorème : *Soient X un espace métrique, a un point de I, E un ensemble muni d'une mesure $d\mu$ et f une application de I×E dans R vérifiant les conditions suivantes :*
i) *Pour presque tout x de X, la fonction* $t \to f(x,t)$ *est μ-intégrable ;*
ii) *Pour presque tout t de E, la fonction f est partiellement continue en a par rapport à x.*

Alors la fonction $F(x) = \int_E f(x,t) d\mu(t)$ *est continue au point* a.

37.3. Dérivation sous le signe somme

Ce théorème ne figure pas dans la référence que nous avons décidé de prendre pour base, c'est-à-dire l'ouvrage de Rudin [RU]. Aussi en donnerons-nous une preuve complète.

37.3.1. Théorème : *Soient I un intervalle ouvert de R, a un point de I, E un ensemble muni d'une mesure $d\mu$ et f une application de I×E dans R vérifiant les conditions suivantes :*
i) *Pour presque tout x de I, la fonction* $t \to f(x,t)$ *est μ-intégrable.*
ii) *Pour presque tout t de E, la fonction f admet sur I une dérivée partielle par rapport à x soit* $\frac{\partial f}{\partial x}(x,t)$ *vérifiant une inégalité* $|\frac{\partial f}{\partial x}(x,t)| \leq g(t)$, *où g est une fonction intégrable sur E. Alors, pour tout a de I la dérivée partielle* $t \to \frac{\partial f}{\partial x}(a,t)$ *est intégrable, la fonction* $F(x) = \int_E f(x,t) d\mu(t)$ *est dérivable au point* a *et l'on a*

$$F'(a) = \int_E \frac{\partial f}{\partial x}(a,t) d\mu(t) \ .$$

Démonstration : Commençons par remplacer n E par E\N où N est une partie μ-négligeable, de sorte que la fonction f soit, pour tout t de E\N, dérivable par rapport à x et $|\frac{\partial f}{\partial x}(x,t)|$ majorée par g(t).

Compte tenu de la majoration de $\frac{\partial f}{\partial x}(x,t)$ par g(t) il suffit pour obtenir le premier résultat de montrer que, pour tout x de I, la fonction $t \to \frac{\partial f}{\partial x}(x,t)$ est mesurable. L'idée est de considérer la suite de fonctions $f_n : t \to n[f(x+\frac{1}{n},t) - f(t)]$; ces fonctions sont mesurables pour tout n de $\mathbf{N}^*$ et tendent simplement vers $\frac{\partial f}{\partial x}(x,t)$, d'où la conclusion souhaitée.

Le deuxième résultat vient du théorème de convergence dominée. Pour obtenir l'existence d'une limite du quotient $\frac{F(a+h) - F(a)}{h}$ en 0, il suffit de montrer que ce dernier admet une limite lorsque l'on remplace h par une suite h_n de limite nulle. Une telle suite étant fixée, on obtient pour tout t de E, moyennant l'égalité des accroissements finis

$$\frac{f(a+h_n,t) - f(a,t)}{h_n} = \frac{\partial f}{\partial x}(a+k_n,t) , \ 0 < |k_n| < |h_n|$$

ce qui montre que la suite $|\frac{f(a+h_n,t) - f(a,t)}{h_n}|$ est majorée par g(t), indépendamment de n. En outre, $\frac{f(a+h_n,t) - f(a,t)}{h_n}$ tend simplement, pour tout t de E, vers $\frac{\partial f}{\partial x}(a,t)$. Une application correcte du théorème de convergence dominée montre alors que

$$\frac{1}{h_n}\left(\int_E f(a+h_n,t)d\mu(t) - \int_E f(a,t)d\mu(t)\right) \text{ tend vers } \int_E \frac{\partial f}{\partial x}(a,t)dt$$

ce qui, traduit en termes de F, est exactement le résultat demandé.

Remarque pratique importante : On dispose rarement d'une fonction g vérifiant la majoration de (ii) sur I tout entier ; du fait que la dérivabilité est une notion locale, il suffit de satisfaire aux hypothèses du théorème sur un voisinage de a pour conclure. La démarche suivie est alors proche de celle qui a été adoptée lors de l'étude des intégrales généralisée à paramètre (§ 21).

Cas des fonctions holomorphes

37.3.2. Théorème : *Soient Ω un ouvert de $\mathbf{C}$, E un ensemble muni d'une mesure dμ et h une application de IxE dans $\mathbf{R}$ vérifiant les conditions suivantes :*
a) *Pour tout z de Ω, la fonction $t \to h(z,t)$ est μ-intégrable.*
b) *Pour tout t de E, la fonction $z \to h(z,t)$ est holomorphe.*
c) *Pour tout compact K de Ω il existe une constante C_K telle que, pour tout z de K*

$$\int_E |h(z,t)|d\mu(t) \le C_K .$$

Alors la fonction $F(z) = \int_E h(z,t)d\mu(t)$ *est holomorphe sur* Ω *et l'on a au point* a

$$F'(a) = \int_E \frac{\partial h}{\partial z}(a,t)dt \, .$$

Démonstration : Nous montrerons avec le théorème de Fubini (§ 39) que F est holomorphe, et admettrons la dérivation par rapport à z sous le signe somme.

37.3.3. Application aux transformées de Fourier : On peut désormais obtenir rapidement les propriétés des transformées de Fourier des fonctions de $L^1(\mathbf{R})$, sans l'hypothèse additionnelle de continuité, très contraignante en pratique.

1- *Si f est dans* $L^1(\mathbf{R})$, $f^\wedge$ *est définie pour tout nombre réel* x.
En effet, la fonction intégrée est mesurable (remplacer f p.p. par une fonction borélienne et observer que le produit de deux fonctions boréliennes l'est), on vérifie ensuite l'intégrale est absolument convergente car pour tout x de $\mathbf{R}$ $|f(t)e^{-ixt}| \leq |f(t)|$.

2- *Soit f une fonction* $L^1(\mathbf{R})$, *la fonction* $f^\wedge$ *est alors continue.*
Preuve : Soit x un point de $\mathbf{R}$, et soit (x_n) une suite de nombres réels de limite x. La suite de fonction $f_n : t \to f(t)e^{-ix_n t}$ est majorée en module par $|f(t)|$ et converge simplement vers $t \to e^{-ixt}f(t)$ partout où la fonction est finie, c'est-à-dire presque partout; le théorème de convergence dominée montre alors que $f^\wedge(x_n)$ tend vers f(x).

3- *Si l'application* $t \to t^n f(t)$ *est dans* $L^1(\mathbf{R})$, $f^\wedge$ *est de classe* C^n *et pour* $k \leq n$ *sa dérivée k-ième est la transformée de Fourier de* $t \to (-it)^k f(t)$.
Pour tout k de [1,n] l'inégalité valable pour tout choix de (x,t)

$$|(-it)^k e^{-ixt} f(t)| \leq |t|^k f(t)$$

montre que le théorème de dérivation sous le signe somme s'applique et fournit la dérivabilité demandée.

Le lecteur verra par lui-même ce qu'il en est des transformées de Laplace ; on montre par exemple simplement par convergence dominée que la transformée de Laplace d'une fonction de L^1 tend vers 0 en $+\infty$. (Exercice, prendre des suites λ_n tendant vers $+\infty$ pour se ramener à l'énoncé 37.2.)

Il convient de répéter une fois encore que les théorèmes de Lebesgue ne s'appliquent pas aux intégrales généralisées qui ne sont pas absolument convergentes, et il y en a dans ce cas !

38. Espaces L^p

38.1. Construction

Dans ce qui suit, (E,B,μ) est un espace mesuré que l'on désignera plus simplement par E, et p est un nombre réel > 0. On désigne alors par $L^p(E,\mu)$ l'ensemble des fonctions complexes définies presque partout sur E et telles que $\int_E |f|^p d\mu$ converge.

38.1.1. Rappelons les inégalité de Holder et de Minkowski pour les intégrales : soit p et q deux nombres réels > 1 satisfaisant à $\frac{1}{p} + \frac{1}{q} = 1$. Soient f et g deux fonctions mesurables de E dans $[0,+\infty]$. Alors

$$\int_E fg\,d\mu \leq \left(\int_E |f|^p d\mu\right)^{1/p} \left(\int_E |g|^q d\mu\right)^{1/q} \quad \text{(Holdër)}$$

$$\text{et } \left(\int_E (f+g)^p d\mu\right)^{1/p} \leq \left(\int_E |f|^p d\mu\right)^{1/p} + \left(\int_E |g|^p d\mu\right)^{1/p} \quad \text{(Minkowski)}$$

De ces résultats on déduit le

38.1.2. Théorème : *Pour* $p > 1$, $L^p(E,\mu)$ *est un espace vectoriel et l'application définie pour f dans* $L^p(E,\mu)$ *par*

$$\|f\|_p = \left(\int_E |f|^p d\mu\right)^{1/p}$$

est une semi-norme sur $L^p(E)$.

On définit alors $L^p(E,\mu)$ comme le quotient de $L^p(E)$ par le noyau de la semi-norme $\|\ \|_p$, qui consiste exactement en les fonctions nulles presque partout. $L^p(E,\mu)$ est donc un espace de classe de fonctions pour la relation d'équivalence

"f et g coïncident presque partout"

sur lequel $\|\ \|_p$ est une norme.

On ajoute aux espaces $L^p(E,\mu)$ l'espace $L^\infty(E,\mu)$ des fonctions bornées sur le complémentaire d'un ensemble de mesure nulle ; L^∞ est muni de la semi-norme

$$\|f\|_\infty = \inf\{a \in [0,+\infty[\mid \mu(\{x \mid |f(x)| > a\}) = 0\}$$

(réfléchir au sens de la définition : si $\alpha < \|f\|_\infty$, et $\mu(E) > 0$, la mesure de $\{x \in E \mid |f(x)| > \alpha\}$ est > 0).

Comme ci-dessus, le noyau de $\|\ \|_\infty$ est l'espace vectoriel des fonctions nulles presque partout, et le quotient de $L^\infty(E,\mu)$ par la relation d'équivalence " f et g coïncident presque partout" est un espace normé par $\|\ \|_\infty$ et noté $L^\infty(E,\mu)$.

38.2. Propriétés

Les principaux résultats (en vue de l'écrit du concours externe) concernant les espaces L^p sont :

38.2.1. Théorème : *Si* $1 \leq p \leq \infty$, *l'espace vectoriel normé* $(L^p(E,\mu), \|\ \|_p)$ *est complet.*
En particulier, $L^2([0,2\pi],dx)$, dont la norme est issue du produit scalaire

$$(f|g) = \frac{1}{2\pi} \int_0^{2\pi} \overline{f}$$

est un espace de Hilbert, on peut donc lui appliquer les résultats du § 27. Noter que l'intégrale intervenant dans l'expression de (f|g) est bien définie car $\overline{f} g$ est mesurable par égalité presque partout avec une fonction borélienne, et intégrable puisque
$$|\overline{f} g| \leq |f|^2 + |g|^2.$$

Nous supposerons ensuite que E est un espace métrique localement compact séparable, (par exemple $\mathbf{R}^n$, ou un ouvert, ou un fermé de $\mathbf{R}^n$), et que μ est une mesure borélienne sur E, finie sur les compacts de E (ce qui est le cas par exemple de la mesure de Lebesgue dλ). Sous ces hypothèses, on dispose du

38.2.2. Théorème : *Pour $1 \leq p < +\infty$, l'espace $C_c(E)$ des fonctions complexes à support compact est dense dans $L^p(E,\mu)$.*

C'est une conséquence du théorème de Lusin (37.1.3.).

☡ : Ce résultat tombe en général en défaut pour L^∞. Considérons par exemple le cas de [0,1] muni de la mesure de Lebesgue; soit A une partie d'intérieur vide (donc de complémentaire dense) de [0,1], de mesure $\alpha \in]0,1[$ (il en existe, on peut même les choisir compactes, en construisant par exemple les ensembles de Cantor généralisé) et soit f la fonction caractéristique de A.

Il n'existe pas de fonction continue f telle $\|f - g\|_\infty < \beta = \inf(\alpha/2,(1-\alpha)/2)$: sinon l'on pourrait trouver un ensemble négligeable N tel que, pour tout x de [0,1]\N, $|f(x)| < \beta$ ou $|f(x)| > 1-\beta$. L'*ouvert* $\{x \in [0,1] \mid \beta < f(x) < 1-\beta\}$ est alors de mesure nulle donc *vide* : puisque l'image de [0,1] par f est un intervalle, elle est contenue dans $]-\infty,\beta]$ ou $[\beta,+\infty[$ ce qui est impossible par construction de g et de f.

39. Le théorème de Fubini

39.1. Le théorème de Fubini

Celui-ci affirme que l'on peut échanger l'ordre des intégrations pour une fonction de plusieurs variables, sous certaines hypothèses de convergence partielle. Il s'agit donc essentiellement d'un théorème d'interversion des limites.

Dans tout ce qui suit, nous supposerons pour simplifier que les espaces mesurés sont munis de leurs tribus boréliennes.

39.1.1. Mesure produit : Soient (E,B,λ) et (F,C,μ) deux espaces mesurés. On désigne par $B \times C$ la tribu engendrée sur $E \times F$ par les ensembles de la forme $P \times Q$, où $P \in B$ et $Q \in C$. Lorsque T appartient à la tribu produit $B \times C$ les ensembles
$$T_x = \{y \mid (x,y) \in T\} \text{ et } T_y = \{x \mid (x,y) \in T\}$$
sont mesurables dans F et E respectivement.

On vérifie alors que si f est une fonction mesurable de $E \times F$ vers $\mathbf{R}$ les applications partielles associées $f(x,.)$ et $f(.,y)$ sont des fonctions mesurables.

39.1.2. Construction de la mesure produit : Un espace mesuré (E,B,λ) est dit *σ-fini* lorsqu'il est réunion dénombrable de parties mesurables de mesure λ-finie (on parle aussi de mesure σ-finie sur (E, B) ; c'est toujours le cas d'un espace métrique localement compact séparable et d'une mesure borélienne finie sur les compacts, cas auquel nous nous restreignons.

39.1.3. Théorème : *Soient* (E,B,λ) *et* (F,C,μ) *deux espaces mesurés σ-finis,* T *dans la tribu produit* BXC. *Pour tout* (x,y) *de* T *on pose* $\phi(x) = \mu(T_x)$ *et* $\psi(y) = \mu(T_y)$. *Alors la fonction* ϕ *est* μ-*mesurable, la fonction* ψ *est* λ - *mesurable, et l'on a*

$$\nu(T) = \int_E \phi d\lambda = \int_F \psi d\mu .$$

L'application qui associe à T *le nombre* ν(T) *est une mesure* σ - *finie sur* (ExF, BXC).

Vocabulaire : ν s'appelle le *produit* des mesures λ et μ et se note λ⊗μ.

39.1.4. Théorème : *Soient* (E,B,λ) *et* (F,C,μ) *deux espaces mesurés* σ - *finis, soit* f *une fonction* BXC-*mesurable de* ExF *dans* **C**.

a) *Si* f *est positive et si l'on pose* $\phi(x) = \int_E f(x,y)d\mu$ *et* $\psi(y) = \int_F f(x,y)d\lambda(x)$. **(1)**

la fonction ϕ *est* B-*mesurable, la fonction* ψ *est* C- *mesurable et l'on a*

$$\int_E \phi d\lambda = \int_E f(x,y)d(\lambda\otimes\mu) = \int_F \psi d\mu . \textbf{(2)}$$

b) *Si* f *est à valeurs complexe et si*

$$\phi^*(x) = \int_F |f(x,y)|d\mu \text{ et } \int_E \phi^* d\lambda < \infty . \textbf{(3)}$$

la fonction |f| *est intégrable sur* ExF *pour* λ⊗μ.

c) *Si* f *est intégrable sur* ExF *pour* λ⊗μ, *les fonctions partielles* f(x,.) *et* f(.,y) *sont intégrables pour presque tout* x *et presque tout* y *respectivement, les fonctions définies presque partout par les relations* (1) *sont alors intégrables sur leurs sources respectives et vérifient la relation* (2).

La forme utile du théorème est souvent la suivante :
Si f est mesurable relativement à BXC et si

$$\int_E d\lambda(x) \ (\int_E |f(x,y)|d\mu(\psi) < \infty \ ).$$

Alors les deux intégrales suivantes sont finies et égales

$$\int_E d\lambda(x) \ (\int_E f(x,y)d\mu(y) \ )= \int_E d\mu(y) \ (\int_E f(x,y)d\mu(x) \ ) .$$

39.2. Applications
39.2.1. Convolution :
a) *De deux fonctions de* L^1
La mesure utilisée est la mesure de Lebesgue. Le résultat est le suivant :

Soient f et g *dans* $L^1(\mathbf{R})$; *pour presque tout* x *de* $\mathbf{R}$, *la fonction* $y \to f(y)g(x-y)$ *est intégrable; si* $h(x)$ *désigne* $\int_{-\infty}^{+\infty} f(y)g(x-y)dy$, h *est une fonction de* $L^1(\mathbf{R})$ *et l'on a*, (avec les notations du § 38) $\|h\|_1 \le \|f\|_1 \|g\|_1$. (voir [RU1] p. 140).

b) *Coefficients de Fourier des convolées* :
Soient f et g deux fonctions de $C_{2\pi}(\mathbf{R},\mathbf{C})$. La fonction h définie par

$$x \to \frac{1}{2\pi} \int_0^{2\pi} f(y)g(x-y)dy$$

est 2π-périodique et continue par le théorème classique de continuité des intégrales à paramètre; calculons ses coefficients de Fourier :

$$2\pi \int_0^{2\pi} h(x)e^{-inx}dx = \int_0^{2\pi} (\int_0^{2\pi} f(y)g(x-y)dy)e^{-in(x-y)}e^{-iny} dx.$$

La fonction intégrée est bornée sur une partie de mesure finie, on peut donc appliquer le théorème de Fubini pour réorganiser l'intégrale et obtenir

$$2\pi \int_0^{2\pi} h(x)e^{-inx}dx = \int_0^{2} (\int_0^{2\pi} g(x-y)e^{-in(x-y)}dx)f(y)e^{-iny} dx = 2\pi c_n(g)\int_0^{2\pi} f(y)e^{-inx}dy$$

finalement

$$c_n(h) = c_n(f)c_n(g).$$

39.2.2. Intégrales holomorphes dépendant d'un paramètre : Nous nous plaçons dans les hypothèses de 37.2.3. : $F(z) = \int_E h(z,t)d\mu(t)$ *est holomorphe*. Soit en effet Δ le bord d'un triangle T contenu dans Ω, paramétré par $s \to z(s)$ sur $[0,1]$. Pour appliquer correctement le théorème de Fubini, on introduit la constante C_Δ de l'énoncé et l'on vérifie

$$\int_0^1 (\int_E |h(z(s),t)|d\mu(t)) |z'(s)|ds \le C_\Delta \int_0^1 |z'(s)|ds < +\infty$$

ce qui permet d'intervertir les intégrations dans

$$\int_0^1 (\int_E h(z(s),t)d\mu(t))z'(s)ds = \int_E (\int_0^1 h(z(s),t)z'(s)ds) d\mu(t) = 0$$

puisque l'intégrale centrale est nulle presque partout (par holomorphie de l'application $z \to h(z,t)$. Le théorème de Morera (41.2.2) montre alors que F est holomorphe.

39.2.3. Calculs d'intégrales multiples : Le théorème de Fubini donne immédiatement les différentes formules d'intégration variable par variable, par couches, etc. voir [AF] tome 3 pour de nombreuses applications.

Fonctions analytiques

Le § 40 décrit les fonctions complexes issues de l'exponentielle, son étude est indispensable aux candidats des agrégations interne et externe ; les connaissances requises sur les fonctions holomorphes dans le § 40, décrites en 41.1, se réduisent pratiquement à la Définition : A partir du § 41.2, l'exposé donne les principales propriétés des fonctions holomorphes en vue de l'écrit de l'agrégation externe ; comme pour l'intégration, il s'agit d'un résumé de cours et la plupart des preuves sont admises, le but étant d'éviter à l'étudiant la dispersion de son travail lors de la résolution d'un problème d'écrit. La référence que nous prendrons ici sera le livre de Cartan [CA2] ; on recommande le petit livre de Leborgne [LE].

40. Fonctions complexes usuelles

40.1. Exponentielle complexe

40.1.1. Le but de ce paragraphe est d'établir les propriétés les plus importantes de la fonction exponentielle dans le plan complexe. Pour z dans **C**, elle est définie comme la somme de la série entière

$$\exp(z) = \sum_{n=0}^{+\infty} \frac{z^n}{n!}$$

dont la convergence absolue est donnée par le critère de d'Alembert. Il s'agit donc d'une fonction entière, et l'on dispose déjà pour exp(z) de toutes les propriétés des fonctions de cette classe : convergence normale donc uniforme sur tout compact, continuité, dérivation terme à terme de la série, caractères analytique, holomorphe et C^∞ réel.

La première particularité, la plus importante peut-être de l'exponentielle est donnée par son équation fonctionnelle :

40.1.2. Théorème : *La fonction exponentielle est un homomorphisme analytique du groupes* $(\mathbf{C},+)$ *dans le groupe* $(\mathbf{C},*)$.

Démonstration : La convergence absolue de la série justifie l'emploi du produit de convolution dans le calcul suivant :

$$\exp(z)\exp(z') = \sum_{m=0}^{+\infty} \frac{z^m}{m!} \sum_{p=0}^{+\infty} \frac{z'^p}{p!} \sum_{n=0}^{+\infty} \frac{1}{n!} \sum_{k=0}^{n} \frac{n!}{k!(n-k)!} z^k z'^{n-k} = \sum_{n=0}^{+\infty} \frac{(z+z')^n}{n!} = \exp(z+z')$$

d'où le fait que l'exponentielle est un morphisme, le reste est déjà acquis. QED.

40.1.3. Premières conséquences :
a) *Pour tout nombre complexe z,* $\exp(z) \neq 0$.
b) *La fonction exponentielle est sa propre dérivée* : $\exp'(z) = \exp(z)$.
c) *La restriction de exp à la droite réelle est une fonction strictement positive, strictement croissante, tendant vers* $+\infty$ *en* $+\infty$ *et vers* 0 *en* $-\infty$.

Démonstration : a) L'équation fonctionnelle que nous venons d'établir nous dit que, pour tout nombre complexe z, $\exp(z)\exp(-z) = \exp(0) = 1$, d'où le premier point.

b) Résulte immédiatement de la règle de dérivation terme à terme d'une série entière, que l'on a détaillée pour les fonctions réelles et pour les fonctions complexes.

c) L'exponentielle réelle est une fonction C^∞ qui ne s'annule pas, elle garde donc un signe constant, nécessairement > 0 puisque exp(0) = 1. Il s'agit donc d'une bijection strictement croissante de **R** sur un certain intervalle I à déterminer. Pour décrire I, nous regarderons les limites à l'infini :

– en +∞, l'inégalité provenant du développement en série entière, soit
$$\exp x \geq 1 + x$$
montre que la limite cherchée est +∞ ;

– en -∞, l'identité exp(-x) = exp(x)$^{-1}$ prouve ensuite que la limite cherchée est nulle . QED.

40.1.4. Théorème : *L'application exponentielle est surjective.*

Démonstration : L'image de exp est un sous-groupe H de (**C***,X). Montrons pour commencer que *H est ouvert* : exp(z) est une fonction de classe C^1 dont la différentielle en 0 est la multiplication par exp(0) = 1, c'est-à-dire l'identité (voir le début du § 41.1). Le théorème d'inversion locale fournit alors des voisinages ouverts U et V de 0 et 1 respectivement tels que exp(U) = V. V est ainsi contenu dans H, et le fait que H est un groupe multiplicatif entraîne que, pour tout a de H, le voisinage aU de a est inclus dans H, donc H est ouvert. *Le complémentaire de H est ouvert* : comme H est un sous-groupe de **C***, son complémentaire est constitué de classes bH selon H avec b ≠ 0. Chacune de ces classes est *ouverte* comme image d'un ouvert par l'homéomorphisme z → bz; par réunion, **C***\H est ouvert. Du fait que **C*** est *connexe*, l'un de H, **C***\H est vide ; comme H ne l'est pas, il est égal à **C***. QED.

40.1.5. Théorème :

a) *Pour tout nombre complexe z, exp(iz) est de module un ssi z est réel.*

b) *L'application* x→ exp(ix) *réalise un morphisme surjectif de* **R** *sur le groupe* S^1 *des nombres complexes de module un, dont le noyau est de la forme* a**Z**.

Démonstration : a) En premier lieu, si z est réel exp(-iz) est le conjugué de exp(iz) puisque les coefficients de la série exponentielle sont réels; l'égalité
$$\exp(iz)\exp(-iz) = \exp 0 = 1$$
montre alors que |exp(iz)| = 1.

Pour la réciproque, décomposons le nombre z sous la forme z = x + iy, avec x et y réels, ce qui amène
$$\exp(iz) = \exp(i(x+iy)) = \exp(-y)\exp(ix)$$
le début de la preuve nous dit que
$$|\exp(iz)| = \exp(-y)$$
donc |exp(iz)| = 1 ⇔ exp(-y) = 1 ⇔ y = 0 grâce à l'étude de l'exponentielle réelle.

b) L'exponentielle est surjective, donc aussi z → exp(iz) et tout élément de S^1 possède un antécédent par cette application ; le a) nous dit que ces antécédents sont tous réels, donc exp(i**R**) = S^1.

Par restriction, φ(x) = exp(ix) est un morphisme de (**R**,+) dans (S^1,X), son noyau est de ce fait un sous-groupe additif de **R**, distinct de **R** et fermé par continuité de φ. Les résultats établis dans le § 1.6 montrent que kerφ est de la forme a**Z**, avec a > 0. QED.

Visiblement, aZ est le groupe des périodes de z → exp(iz).

40.1.6. Définition : Le nombre réel $\frac{a}{2}$ sera désormais appelé π.

40.1.7. L'application ϕ réalise donc un *isomorphisme* du groupe additif des classes réelles modulo 2π sur S^1, chaque classe modulo 2π possèdant un représentant et un seul dans $[\pi,\pi[$, ϕ est une *bijection continue de* $[-\pi,\pi[$ sur S^1 (et plus généralement de tout intervalle $[a,a+2\pi[$ sur S^1).

👋 : La réciproque de ϕ n'est pas continue au point -1 (2.8.8. donne une généralisation de ce phénomène).

40.2. Fonctions trigonométriques réelles

40.2.1. Nous *définirons* les fonctions numériques cosx et sinx du nombre réel x en posant
$$\exp(ix) = \cos x + i\sin x$$
ou encore, directement, du fait que $\exp(-ix) = (\exp(ix))^{-1} = \overline{\exp(ix)}$
$$\cos x = \frac{1}{2}(e^{ix} + e^{-ix}) = \text{et } \sin x = \frac{1}{2i}(e^{ix} - e^{-ix}).$$

40.2.2. Premières propriétés :
1) Pour tout x de **R**, $\cos^2 x + \sin^2 x = 1$.
2) Pour tout couple (x,y) de **R**^{2} on a
$$\cos(x+y) = \cos x \cos y - \sin x \sin y \text{ et } \sin(x+y) = \sin x \cos y + \sin y \cos x.$$
3) Les fonctions cosinus et sinus sont respectivement paires et impaires, 2π-périodiques, de classe C^∞ et l'on a, pour tout x réel
$$\cos' x = -\sin x \text{ et } \sin' x = \cos x.$$

Preuve : 1) le module de exp(ix) est égal à 1.
2) Résulte par identification du fait que exp est un morphisme de groupe :
$$\exp(i(x+y)) = \exp(ix)\exp(iy).$$
3) Le premier point est donné par la définition, le deuxième vient cette fois du caractère C^∞ de l'exponentielle et du fait que
$$\exp'(ix) = i\exp(ix).$$

Rappelons que *toutes* les relations trigonométriques remarquables viennent de 1) et 2).

40.2.3. Variation de cosx et sinx : Nous allons retrouver les représentations graphiques usuelles des fonctions cos et sin; pour ce faire nous aurons besoin de la valeur de $\exp(i\pi) : (\exp i\pi)^2 = \exp(0) = 1$, l'injectivité de l'exponentielle complexe sur $[0,2\pi[$ fait que $\exp(i\pi) \neq 1$, il nous reste donc
$$\exp(i\pi) = -1.$$
Ainsi $\cos\pi = -1$, $\sin\pi = 0$ et donc la fonction continue cosx possède un plus petit zéro dans l'intervalle $[0,\pi[$; notons-le b provisoirement. La fonction sinx croît sur $[0,b]$, de ce fait
$$\sin b > 0 \text{ et } 1 = \cos^2 b + \sin^2 b = \sin^2 b$$

par suite
$$\sin b = 1,\ \exp(ib) = i,\ \exp(2ib) = i^2 = -1 = \exp(i\pi)$$
et comme $2b$ est dans $[0,2\pi[$ il faut $2b = \pi$ soit $b = \dfrac{\pi}{2}$.

En rassemblant les informations obtenues, on retrouve déjà le tableau de variation usuel de cos et sin sur $[0\dfrac{\pi}{2}]$ ainsi que les identités $\cos(x+\dfrac{\pi}{2}) = -\sin x$ et $\sin(x+\dfrac{\pi}{2}) = \cos x$. De ces deux dernières relations on déduit les tableaux de variation consécutifs de cos et sin sur $[\dfrac{\pi}{2},\pi]$ etc. les détails manquants sont laissés au lecteur.

Argument d'un nombre complexe

40.2.4. Théorème : *L'application* Θ *de* $S^1\setminus\{-1\}$ *dans* $]-\pi,\pi[$ *qui au nombre complexe de module 1, soit* $z = x+iy$, $x\in \mathbf{R}\setminus\{-1\}$, $y\in \mathbf{R}$ *associe*
$$\theta = 2\mathrm{Arctg}\left(\dfrac{y}{x+1}\right)$$
est une bijection continue vérifiant $\exp(i\Theta(z)) = z$ *pour tout* z *de* $S^1\setminus\{-1\}$.

Démonstration : Par composition d'une fonction continue réelle et d'une fonction rationnelle, $\Theta(z)$ est continue de z. Reste à vérifer l'identité $\exp(i\Theta(z)) = z$. Soit $\theta=\Theta(z)$. Tout d'abord $\mathrm{tg}\left(\dfrac{\theta}{2}\right) = \dfrac{y}{x+1}$; de là
$$\cos\theta = \dfrac{1-\mathrm{tg}^2(\theta/2)}{1+\mathrm{tg}^2(\theta/2)} = \dfrac{(x+1)^2 - y^2}{(x+1)^2 + y^2}$$
ce qui donne, Compte tenu du fait que $z = x+iy$ est dans S^1
$$\cos\theta = \dfrac{2x^2+2x}{2x+1} = x$$
Ensuite, par un calcul en tous points similaire
$$\sin\theta = \dfrac{2\mathrm{tg}(\theta/2)}{1+\mathrm{tg}^2(\theta/2)} = y.$$
Selon le théorème 40.1.7 et $\exp(i\pi) = -1$, l'exponentielle $t \to \exp(it)$ réalise une bijection de $]-\pi,\pi[$ sur $S^1\setminus\{-1\}$, l'application Θ en est donc la bijection réciproque, ce qui achève la preuve.

Relire, (enfin!!) le § 2.8.8. sur les injections de S^1 dans lui-même. Il faut donc être ici particulièrement prudent; il n'y a pas, rappelons-le, de bijection continue de S^1 sur une partie de $\mathbf{R}$, le résultat obtenu est donc optimal.

40.2.5. Définition : l'application $z \to \Theta\left(\dfrac{z}{|z|}\right)$ est appelée *détermination principale de l'argument sur* $\mathbf{C}^*$.

Notation : On écrit $\Theta\left(\dfrac{z}{|z|}\right) = \mathrm{Arg}(z)$.

☙ : L'identité $\mathrm{Arg}(zz') = \mathrm{Arg}(z) + \mathrm{Arg}(z')$ n'est valable qu'à la condition
$$-\pi < \mathrm{Arg}(z) + \mathrm{Arg}(z') < \pi$$
si cette dernière n'est pas réalisée, l'égalité ci-dessus reste valable *modulo* 2π.

40.3. Détermination principale du logarithme complexe

40.3.1. Théorème : *Soit Ω l'ouvert du plan complexe obtenu en retirant à $\mathbf{C}$ le demi-axe réel négatif. L'application définie sur Ω par*
$$L(z) = \ln(|z|) + i\mathrm{Arg}(z)$$
est une bijection holomorphe de Ω sur $U = \{x+iy \mid x\in \mathbf{R}, -\pi < y < \pi\}$ dont la réciproque est l'exponentielle.

La fonction L est appelée *détermination principale du logarithme complexe*.

Démonstration : Notre application est bien définie. Il est clair que $\ln|z|$ prend toutes les valeurs réelles ; à $|z|$ fixé $\frac{z}{|z|}$ décrit $S^1\setminus\{-1\}$ donc $\mathrm{Arg}(z)$ prend toutes les valeurs de $]-\pi,\pi[$, ce qui montre déjà que L est une surjection de Ω sur U. Ensuite, pour z dans Ω
$$\exp(L(z)) = \exp(\ln|z|).\exp(i\mathrm{Arg}(z)) = |z|.\frac{z}{|z|} = z$$
et si $z' = x+iy$ est dans U
$$L(\exp(z)) = L(\exp(x)\exp(iy)) = \ln(\exp(x)) + i\mathrm{Arg}(e^{iy}) = x+iy .$$
L et exp sont donc, sur les domaines considérés, des bijections réciproques l'une de l'autre. On en déduit que L est holomorphe : exp est un C^∞-difféomorphisme local (par l'inversion locale) et une bijection de U sur Ω, donc est un C^∞-difféomorphisme de U sur Ω, dont la réciproque est L. De là, déjà, L est C^∞. Pour établir que L est holomorphe il faut étudier les différentielles : la différentielle de exp est, en tout point, une similitude directe, donc celle de L aussi par inversion. On en déduit que L est holomorphe (§ 41.1.), ce qui achève la preuve.

☛ : La propriété fonctionnelle classique du logarithme réel sur $]0,+\infty[$, soit
$$\mathrm{Log}(xx') = \mathrm{Log}(x) + \mathrm{Log}(x')$$
n'est pas conservée ici. Par contre si z et z' de Ω satisfont à
$-\pi < \mathrm{Arg}z + \mathrm{Arg}z' < \pi$, on a $\mathrm{Arg}(zz') = \mathrm{Arg}(z) + \mathrm{Arg}(z')$ et de ce fait $\mathrm{Log}(zz') = \mathrm{Log}z + \mathrm{Log}z'$.

Développement en série

40.3.2. Théorème : *Pout tout de $D(0,1)$, $\mathrm{Log}(1+z) = \sum_{n=1}^{+\infty} (-1)^{n-1}\frac{z^n}{n}$*

Démonstration : Les fonctions définies sur $D(0,1)$ par les expressions de droite et de gauche sont holomorphes. De plus, elles coïncident sur l'ensemble $]-1,1[$. Une application licite du principe du prolongement analytique montre alors que $\mathrm{Log}z$ et $\sum_{n=1}^{+\infty} (-1)^{n-1}\frac{z^n}{n}$ sont égales sur l'ouvert connexe $D(0,1)$.

40.3.3. Fonctions puissances complexes
Pour α dans $\mathbf{C}$ et z dans l'ouvert $\Omega = \mathbf{C}\setminus\{x;\ x\in \mathbf{R}$ et $x \leq 0\ \}$, nous poserons :
$$z^\alpha = \exp(\alpha \mathrm{Log}z)$$

La fonction puissance ainsi déterminée étend bien à Ω la fonction correspondante définie pour α réel et x réel > 0, en effet, pour tout $x > 0$, $x^\alpha = \exp(\alpha \text{Log} x)$. Il convient toutefois de *redoubler de prudence dans l'emploi des fonctions puissances complexes* : les propriétés usuelles des fonctions puissance réelles, par exemple $(xx')^\alpha = x^\alpha x'^\alpha$ et $(x^\alpha)^\beta = x^{\alpha\beta}$ ne s'étendent pas au cas complexe.

On peut cependant conserver, pour z et z' dans Ω, l'égalité $(zz')^\alpha = z^\alpha z'^\alpha$, *à condition d'imposer* les inégalités $-\pi < \text{Arg} z + \text{Arg} z' < \pi$, puisque dans ce cas
$$\text{Log}(zz') = \text{Log} z + \text{Log} z'.$$

40.4. Fonctions trigonométriques complexes

40.4.1. On étend de façon naturelle la définition des fonctions trigonométriques réelles au moyen de l'exponentielle en posant pour z dans $\mathbb{C}$
$$\cos z = \frac{e^{iz} + e^{-iz}}{2} \quad \sin z = \frac{e^{iz} - e^{-iz}}{2i}$$
$$\text{ch} z = \frac{e^z + e^{-z}}{2} \quad \text{sh} z = \frac{e^z - e^{-z}}{2}$$

ce qui donne directement les développements en série entière :
$$\cos z = \sum_{p=0}^{+\infty} (-1)^p \frac{z^{2p}}{(2p)!} \quad \sin z = \sum_{p=0}^{+\infty} (-1)^p \frac{z^{2p+1}}{(2p+1)!} \quad \text{et}$$
$$\text{ch} z = \sum_{p=0}^{+\infty} \frac{z^{2p}}{(2p)!} \quad \text{sh} z = \sum_{p=0}^{+\infty} \frac{z^{2p+1}}{(2p+1)!}$$

Les propriétés fonctionnelles sont conservées (vérification directe à partir de l'exponentielle), et l'on a $\cos(iz) = \text{ch} z$, $\sin(iz) = i\text{sh} z$. Notons aussi que l'on peut expliciter ces fonctions à l'aide des fonction réelles par décomposition en parties réelles et imaginaires : si $z = x+iy$ on a, en utilisant les formules de duplication
$$\cos z = \cos x . \text{ch} y - i \sin x . \text{sh} y$$
$$\sin z = \sin x . \text{ch} y + i \cos x . \text{sh} y.$$

Il en résulte déjà que l'ensembles de zéros de $\cos z$ est $\frac{\pi}{2} + \pi \mathbb{Z}$ et celui de $\sin z$ est $\pi \mathbb{Z}$.

Les égalités $\cos z = \cos z'$, $\sin z = \sin z'$ se traduisent respectivement par
$$2\sin(\frac{z-z'}{2})\sin(\frac{z+z'}{2}) = 0$$
$$2\sin(\frac{z-z'}{2})\cos(\frac{z+z'}{2}) = 0$$

donc : $\cos z = \cos z' \Leftrightarrow (z' = z + 2k\pi \text{ où } z' = -z + 2k\pi)$

$\sin z = \sin z' \Leftrightarrow (z' = z + 2k\pi \text{ où } z' = \pi - z + 2k\pi)$.

On en déduit sans peine que le groupe des période de $\cos z$, ou de $\sin z$ est $2\pi \mathbb{Z}$.

Par d'autres caractères, les fonctions trigonométriques complexes diffèrent profondément des fonctions réelles.

Image du sinus complexe, application

40.4.2. Théorème : *L'application $\sin z$ est surjective.*

Preuve : Soient z et Z deux nombres complexes, dire que $\sin z = Z$ équivaut à dire que
$$\text{(E)} \quad e^{2z} - 2Ze^z + 1 = 0$$

On introduit alors l'inconnue auxiliaire $X = e^z$. L'équation (E) devient $X^2 - 2ZX + 1 = 0$ qui possède deux racines complexes non nulles (distinctes ou non), soit X_0 l'une d'entre elles. Nous avons établi en 40.1.3. que l'exponentielle est une surjection de $\mathbf{C}$ sur $\mathbf{C}^*$, on peut donc trouver un nombre complexe z tel que $e^z = X$; ce nombre z vérifie par construction sinz = Z. QED.

On montre de même que

l'application cosz est surjective.

40.4.3. Application géométrique :
La différentielle d'une fonction holomorphe dont la dérivée ne s'annule pas est, en tout point, une similitude et donc conserve les angles. On en déduit que, si deux arcs réguliers γ_1 et γ_2 se coupent selon un angle θ au point z_0, les arcs $f\circ\gamma_1$, $f\circ\gamma_2$ se coupent selons le même angle θ : en effet, les tangentes des arcs $f\circ\gamma_1$, $f\circ\gamma_2$ en $f(z_0)$ sont dirigées par les vecteurs $df(z0).\gamma'(t_1)$ et $df(z0)\gamma'(t_2)$ qui font le même angle entre eux que les vecteurs Dans le cas particulier du sinus complexe (en faisant une étude "ad hoc" aux points qui annulent la dérivée cosz) les images des droites parallèles aux axes sont deux familles de courbes orthogonales l'une à l'autre (la deuxième est l'ensemble des "trajectoires orthogonales " de la première). Précisons la nature de ces courbes, comme

$$\sin(x+iy) = \sin x \cdot \operatorname{ch} y + i \cos x \cdot \operatorname{sh} y$$

nous constatons que

– à y fixé $\neq 0$, l'image de la parallèle à Ox d'ordonnée y est l'ellipse d'équation

$$\frac{X^2}{\operatorname{ch}^2 y} + \frac{Y^2}{\operatorname{sh}^2 y} = 1$$

– à x fixé l'image de la paralèlle à Oy d'abscisse x est, pour $\sin x \cos x \neq 0$, une des branches de l'hyperbole d'équation

$$\frac{X^2}{\sin^2 x} - \frac{Y^2}{\cos^2 x} = 1$$

l'autre est obtenue en changeant x en π-x. Si x annule cosx ou sinx, la branche dégénère en l'une des deux demi-droites $]-\infty, 1]$ ou $[1, +\infty[$.

Il s'agit ici d'un exemple type de famille de *coniques homofocales* (faire un dessin).

Problème

On désigne par S^1 le groupe multiplicatif des nombres complexes de module 1.

a) Soit θ un morphisme continu de $(\mathbf{R},+)$ dans $(S^1,\times)$.

i) Montrer que θ est dérivable (**intégrer** pour **dériver**).

ii) Prouver qu'il existe a dans $\mathbf{R}$ tel que, pour tout nombre réel t, $\theta(t) = \exp(iat)$.

Soit α un morphisme continu de $\mathbf{C}^*$ dans $\mathbf{C}^*$.

b) Vérifier que l'application ρ qui à ζ de S^1 associe $|\alpha(\zeta)|$ est un morphisme multiplicatif continu de S^1 dans $\mathbf{R}^{+*}$. Prouver que ρ est constant sur l'ensemble des racines de l'unité. En déduire que ρ est constant sur S^1.

c) Montrer que α envoie S^1 dans S^1, puis qu'il existe n dans $\mathbf{Z}$ tel que, pour tout ζ de S^1, $\alpha(\zeta) = \zeta^n$. On pourra considérer l'application θ de $\mathbf{R}$ dans S^1 définie par $\theta(t) = \alpha(\exp(it))$.

d) Prouver que l'application qui au réel x > 0 associe $\phi(x) = |\alpha(x)|$ est un morphisme muliplicatif continu de $\mathbf{R}^{+*}$ dans lui-même, en déduire l'existence d'un nombre réel β tel que, pour tout x de $]0,+\infty[$ $\phi(x) = x^\beta$.

e) Étudier de même l'application définie sur $]0,+\infty[$ par $x \to \alpha(x)/|\alpha(x)|$. En déduire qu'il existe un nombre réel γ tel que pour tout z de $\mathbf{C}^*$, $\alpha(z) = (\frac{z}{|z|})^n |z|^{\beta+i\gamma}$.

41. Fonctions holomorphes ; théorème de Cauchy

La connaissances des notions évoquées dans ce paragraphe est indispensable à l'écrit de l'agrégation externe; en revanche il n'y a que très peu de leçons d'oral qui font appel de façon directe aux fonctions analytiques.

41.1. Dérivabilité complexe

41.1.1. Définition : Soient Ω un ouvert de $\mathbf{C}$. La fonction f de Ω dans $\mathbf{C}$ est dite *C-dérivable* au point a si le rapport $\dfrac{f(z) - f(a)}{z - a}$ possède une limite au point a selon $\Omega \backslash \{a\}$, limite alors notée f'(a).

L'existence de f'(a) s'exprime aussi par une identité
$$f(z) - f(a) = f'(a)(z - a) + o(z - a)$$
qui montre immédiatement que f est $\mathbf{C}$-dérivable au point a si et seulement elle y est différentiable en tant que fonction du $\mathbf{R}$-ev $\mathbf{C}$ dans lui-même, sa différentielle étant une similitude directe.

41.1.2. On obtient alors les *équation de Cauchy-Riemann* :
Soit $f(x+iy) = P(x,y) + iQ(x,y)$ une fonction complexe différentiable au sens réel en $x + iy$, la différentielle de f a pour matrice jacobienne dans la base canonique $\begin{pmatrix} \frac{\partial P}{\partial x} & \frac{\partial P}{\partial y} \\ \frac{\partial Q}{\partial x} & \frac{\partial Q}{\partial y} \end{pmatrix}$.

C'est une matrice de similitude directe ssi on a
$$\frac{\partial P}{\partial x} = \frac{\partial Q}{\partial y} \; ; \; \frac{\partial P}{\partial y} = -\frac{\partial Q}{\partial x}$$
Ces égalités sont appelées *équations de Cauchy-Riemann*.
Si la fonction considérée f est de classe C^2 on déduit immédiatement de ces équations que P et Q sont des fonctions *harmoniques*, c'est-à-dire que
$$\frac{\partial^2 P}{\partial x^2} + \frac{\partial^2 P}{\partial y^2} = 0 \text{ et } \frac{\partial^2 Q}{\partial x^2} + \frac{\partial^2 Q}{\partial y^2} = 0 .$$

41.1.3. Terminologie : On dit qu'une fonction f de l'ouvert Ω de $\mathbf{C}$ dans $\mathbf{C}$ est *holomorphe* si elle est $\mathbf{C}$ - dérivable sur Ω.

Rappelons qu'une fonction *analytique* de Ω dans $\mathbf{C}$ est une fonction développable en série entière au voisinage de chaque point de Ω. La première relation entre les deux notions introduites est simple à établir :

41.1.4. Théorème : *Toute fonction analytique sur Ω est holomorphe sur Ω.*

Démonstration : Soit a un point de Ω. En remplaçant f par $z \to f(a+z)$, on peut supposer que a = 0. f possède alors par hypothèse un développement en série entière en 0 soit $\sum a_n z^n$, convergeant sur un disque D(0,r). Sur le disque D(0,r/2) la suite des différentielles de $a_n z^n$, qui sont les applications linéaires $h \to (n+1)a_n z^n h$, donne une série qui converge uniformément (pour la norme usuelle des application **R**-linéaires de **C** dans **C**, mais la norme de la multiplication par α est justement $|\alpha|$). Le théorème de différentiabilité des limites uniformes entraîne alors que f est différentiable sa différentielle étant la multiplication par le nombre $\sum_{n=0}^{+\infty}(n+1)a_{n+1}z^n$, d'où le caractère holomorphe. QED.

41.1.5. Remarque : La **C**-dérivée d'une fonction analytique est, en vertu de ce qui précède, elle-même analytique. Il en résulte qu'une fonction analytique est *indéfiniment différentiable* (au sens réel *et* complexe) sur **C**.

41.2. Intégrale sur un chemin, théorème de Morera et de Cauchy

41.2.1. Nous appellerons *chemin* tout arc continu et C^1 par morceaux $\gamma : [a,b] \to \mathbf{C}$ où [a,b] est un segment de **R**. La fonction γ a pour dérivée une fonction γ' définie sur [a,b] privé d'un ensemble fini P, et admettant sur [a,b] un prolongement continu par morceaux. Si f est une fonction holomorphe de l'ouvert Ω de **C** dans **C**, et si Ω contient le support $\gamma([a,b])$, on définit correctement l'intégrale de f le long de γ comme le nombre complexe

$$\int_a^b f(\gamma(t))\gamma'(t)dt \text{ notée } \int_\Gamma f(z)dz$$

qui ne dépend pas du prolongement effectué pour γ' (on ne modifie pas la valeur d'une intégrale en changeant l'intégrande en un nombre fini de points).

Exemple : Nous appellerons *triangle* l'enveloppe convexe de trois points a,b,c tels que (b-,c-a) soit un repère direct du plan, et *bord orienté* de ce triangle l'arc C^1 par morceaux obtenu en envoyant affinement les segments orientés [0,1/3] sur [a,b], [1/3,1] sur [b,c], et [2/3,1] sur [c,a].
On définit de façon analogue l'intégrale de f sur le *bord orienté d'un pavé* [a,b]x[c,d].

41.2.2. Théorème de Morera : *Soit f une application continue de l'ouvert Ω de **C** dans **C**. Alors f est holomorphe sur Ω ssi, pour tout triangle Δ inclus dans Ω, l'intégrale de f sur le bord de Δ, soit $\int_{\partial\Delta} f$, est nulle.* ([RU1] chap. 10).

Ce théorème permet de vérifier très simplement l'holomorphie de fonctions définies par une intégrale (39.3.) ou de prouver l'existence de primitives locales pour une fonction holomorphe.

41.2.3. Interprétation en termes de formes différentielles : Nous supposerons que la dérivée f de classe C^2. Écrivons $f(x+iy) = P(x,y) + iQ(x,y)$ où P et Q sont des fonctions réelles. On constate, moyennant les équations de Cauchy-Riemann, que la forme différentielle
$$f(z)dz = (P(x,y) + iQ(x,y))(dx + idy) = Pdx - Qdy + i(Pdy + Qdx)$$
est de parties réelles et imaginaires *fermée* (notons que l'on a identifié **C** à $\mathbf{R}^2$ moyennant la base (1,i)). Le théorème de Poincaré (appendice du chapitre 31) montre alors que ces formes différentielles sont exactes sur tout ouvert convexe inclus dans Ω, donc que leur intégrale est nulle sur le bord de tout compact convexe C^1 par morceaux inclus dans Ω.

41.2.4. Corollaire : *Si f_n est une suite de fonctions holomorphes sur l'ouvert Ω convergeant uniformément sur les compacts de Ω, la limite f de la suite f_n est holomorphe sur Ω.*

Démonstration : T étant un triangle de Ω, il suffit par convergence uniforme de passer à la limite dans les intégrales $\int_{\partial\Delta} f_n$ pour obtenir $\int_{\partial\Delta} f = 0$; on applique pour conclure le théorème de Morera.

Ainsi, la somme d'une série de fonctions holomorphes localement uniformément convergente, le produit infini de fonctions holomorphes localement uniformément convergeant, sont holomorphes.

41.2.5. Théorème de Cauchy : *Soit f une application holomorphe de l'ouvert Ω de **C** dans **C**. Alors, pour tout a de Ω et tout nombre $r > 0$ tels que le disque $\overline{D}(a,r)$ soit contenu dans Ω on a, pour tout z de D(a,r) en désignant par Γ le bord orienté du disque*
$$f(z) = \frac{1}{2\pi i} \int_\Gamma \frac{f(u)du}{u - z}$$

et la fonction f est analytique.

Preuve : Nous admettrons la formule de Cauchy, mais prouverons le caractère analytique de f par une méthode simple et qu'il est nécessaire de connaître. Le nombre z étant fixé dans D(a,r) la fonction
$$t \to \frac{f(a+re^{it})ire^{it}dt}{a+re^{it} - z}$$
se développe en série uniformément convergente sur $[0,2\pi]$ en écrivant
$$\frac{1}{a+re^{it}-z} = \frac{1}{re^{it}-(z-a)} = \frac{1}{re^{it}} \frac{1}{1-e^{-it}(z-a)/r} = \sum_{n=0}^{+\infty} \frac{(z-a)^n}{r^{n+1}} e^{-i(n+1)t}$$
la série du membre de droite converge normalement sur $[0,2\pi]$ puisque le rapport $|\frac{z-a}{r}|$ est par hypothèse fixe et < 1; la multiplication par la fonction bornée $f(a+re^{it})e^{it}$ n'altère pas la convergence.

Nous pouvons maintenant remplacer l'intégrande de la formule de Cauchy par son développement en série uniformément convergente et obtenir

$$f(z) = \sum_{n=0}^{+\infty} a_n(z-a)^n \text{ où } a_n = \frac{1}{2\pi} \int_0^{2\pi} f(a+re^{it})r^{-n}e^{-nit}$$

ce qui montre bien le caractère analytique de f.

Conséquence : Désormais, les mots "analytique" et "holomorphe" désignent les mêmes objets. Nous emploierons l'un plutôt que l'autre dans les énoncés selon que l'une ou l'autre des propriétés : dérivabilité, analyticité se révèle prépondérante lors de la démonstration.

41.2.6. Corollaire 1 : (Théorème de d'Alembert-Gauss) : *Tout polynôme complexe est scindé.*

Preuve : Il suffit de démontrer qu'un polynôme non constant, soit P, possède au moins une racine. Si P ne s'annule pas la fonction $f = \frac{1}{P}$ est une fonction holomorphe de **C** dans **C**, donc est développable en série entière sur **C**, c'est-à-dire est une fonction entière. D'autre part, |P(z)| tend vers +∞ lorsque |z| tend vers +∞ (14.1.), la fonction continue f tend donc vers 0 à l'infini, par compacité des boules, il en résulte que f est bornée. Le théorème de Liouville nous dit alors que f est constante, donc P aussi, contradiction et résultat.

41.2.7. Corollaire 2 : *Soit f_n une suite de fonctions holomorphes de l'ouvert Ω de **C** dans **C**, convergeant uniformément sur tout compact de Ω vers la fonction holomorphe f. Alors la suite f'_n converge uniformément vers f ' sur les compacts de Ω.*

Preuve : Il suffit de montrer que, pour tout a de Ω, il existe un nombre $\rho > 0$ tel que la suite f'_n converge vers f' sur Ω. Soit donc a dans Ω et r un réel > 0 tel que D(a,r) soit contenu dans Ω. La formule intégrale de Cauchy jointe à une dérivation sous le signe d'intégration nous dit que, pour tout z de D(a,r)

$$f'_n(z) = -\frac{1}{2\pi i}\int_\Gamma \frac{f_n(u)du}{(u-z)^2} \text{ et } f'(z) = -\frac{1}{2\pi i}\int_\Gamma \frac{f(u)du}{(u-z)^2}$$

Par intégration, on obtient la convergence uniforme de f'_n vers f' sur D(a,r/2) (les dénominateurs sont uniformément minorés sur D(a,r/2)). QED.

Lectures supplémentaires : Excellent chapitre 10 de Rudin [RU1], contenant à peu près tout ce qu'il faut savoir sur les fonctions holomorphes pour aborder l'écrit dans de bonnes conditions (restent à voir les développements de Laurent et le théorème des résidus). [LE] complète utilement cette lecture par un point de vue un peu différent.

42. Le prolongement analytique

Ce principe est, par essence, un résultat de passage du local au global. Il permet entre autres d'étendre aux ouverts de **C** des identités démontrées sur **R** pour des fonctions holomorphes.

42.1. Zéros isolés, prolongement analytique

Principe des zéros isolés

42.1.1. Théorème : *Soit f une fonction analytique non constante sur l'ouvert connexe Ω. Les zéros de f forment un ensemble de points isolés.*

Démonstration : Soit au contraire a un point d'accumulation de l'ensemble des zéros de f. La fonction est développable en série entière au voisinage de a (§ 24.2) et f(a) = 0 par continuité; d'où un réel r > 0 tel que pour |z - a| < r on ait

$$f(z) = \sum_{n=1}^{+\infty} a_k(z-a)^n \quad (*).$$

Si l'un des coefficients a_p, $p \geq 1$, est non nul on peut intoduire n, plus des indices p tels que $a_p \neq 0$ (n est la *multiplicité de* a comme zéro de f) et effectuer un développement limité au voisinage de a soit

$$f(z) = a_n(z-a)^n + \varepsilon(z)(z-a)^n$$

où $\varepsilon(z)$ tend vers 0 lorsque z tend vers a. Si |z-a| est assez petit, $|\varepsilon(z)| < |a_n|$ et f(z) est non nul : a ne peut être un point d'accumulation des zéros de f. Donc la série entière du membre de droite de (*) est identiquement nulle, ce qui montre déjà que f est constante au voisinage de a.

Pour conclure, on introduit l'ensemble A des points z au voisinage desquels la fonction f est nulle. A est ouvert par définition, d'autre part si a est adhérent à A, a est un point d'accumulation de l'ensemble des zéros de f donc appartient à A. Donc A est ouvert et fermé dans l'ouvert connexe Ω; par connexité A est vide ou égal à Ω, comme f est supposée non constante, A est vide et tout zéro de f est isolé. QED.

Prolongement analytique

42.1.2. Corollaire : *Soient f et g deux fonctions analytiques définies sur l'ouvert connexe Ω. Si l'ensemble des points a tels que f(a) = g(a) possède un point d'accumulation dans Ω, les fonctions f et g coïncident sur Ω.*

Preuve : En effet, la fonction analytique f-g s'annule sur un ensemble possédant un point d'accumulation dans Ω, la conclusion vient du théorème ci-dessus.

☞ : L'ensemble des zéros d'une fonction analytique sur Ω peut fort bien posséder des points d'accumulation *dans la frontière de* Ω, sans que pour autant la fonction soit nulle.

42.2. Applications

42.2.1. Présence de singularités essentielles au bord : Soit $\Sigma a_n z^n$ une série entière de rayon de convergence fini, mettons 1 pour fixer les idées. La fonction f, somme de $\Sigma a_n z^n$ dans D(0,1), est analytique dans D(0,1). On dit que le point a de S^1 est un *point régulier* de f s'il existe un disque D(a,r) tel que f admette un prolongement analytique sur D(0,1)$\cup$D(a,r) ; dans le cas contraire on dit que le point a est une *singularité essentielle* de la série entière $\Sigma a_n z^n$. Nous allons montrer que

la fonction f possède au moins une singularité essentielle sur S^1.

Par l'absurde, nous supposerons que tous les points de S^1 sont réguliers pour f. La compacité de S^1 nous permet alors de trouver n disques $D(a_i,r_i)$ centrés en les points $a_1,\ldots,a_n$ de S^1 et tels que :

i) pour $i = 1,\ldots,n$ f admet un prolongement analytique f_i à $D(0,1) \cup D(a_i,r_i)$;

ii) S^1 est contenue dans $D(a_1,r_1) \cup D(a_2,r_2) \cup \ldots \cup D(a_n,r_n)$.

On ordonne alors par récurrence la suite des disques $D_i = D(a_i,r_i)$ de sorte que $D_i \cap D_{i+1}$ soit toujours non vide. L'intersection des trois disques $D(0,1)$, D_i, D_{i+1} est alors un ouvert non vide Ω sur lequel les fonctions analytiques f, f_i et f_{i+1} sont égales. Le principe du prolongement analytique nous dit alors que f_i et f_{i+1} coïncident sur le connexe (car convexe) $D_i \cap D_{i+1}$. On peut donc prolonger f en une fonction analytique g définie sur la réunion U de $D(0,1)$ et des disques D_i, $i = 1,\ldots,n$.

U est un ouvert contenant $\overline{D}(0,1)$, en considérant la distance de 0 au complémentaire de U, nous obtenons un nombre réel $r > 1$ tel que $\overline{D}(0,r)$ soit contenu dans U. La formule de Cauchy et l'unicité du DSE montrent alors que f se développe en série entière sur $D(0,r)$; par unicité, le rayon de convergence de la série initiale est > 1, contradiction et résultat.

Figure 31 :

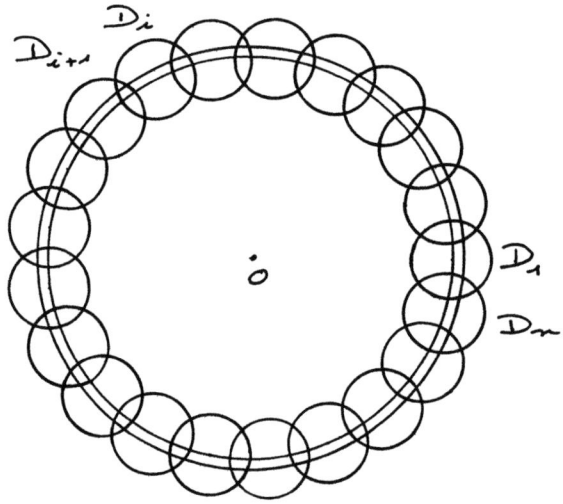

42.2.2. Théorème : *Soit f une fonction analytique définie sur l'ouvert connexe Ω de $\mathbf{C}$. Si |f| présente un maximum local dans Ω, f est constante.*

Démonstration : Reprenons la preuve du théorème de Liouville : si f est développable en série entière sur $D(a,R)$ on a pour $r < R$

$$\frac{1}{2\pi} \int_0^{2\pi} |f(a+re^{it})|^2 dt = \sum_m |a_m|^2 r^{2m}$$

donc si f présente un maximum en a, tous les coefficients d'ordre ≥ 1 du membre de droite sont nuls, ce qui montre que f est constante sur $D(a,R)$. Le principe du prolongement analytique nous dit alors que f est constante sur Ω. QED.

Application : Théorème de Schwarz

Soit f une fonction holomorphe du disque $D(0,1)$. *Supposons* $f(0) = 0$, $|f(z)| < 1$ *sur* $D(0,1)$, *alors*

i) *pour tout z de* $D(0,1)$, *on a* $|f(z)| \le |z|$;

ii) *Si, pour un nombre* z_0 *de* $D(0,1)$, *l'égalité* $|f(z_0)| = |z_0|$ *est réalisée il existe un nombre complexe* λ *tel que, pour tout z de* $D(0,1)$, $f(z) = \lambda z$.

Preuve : Développons f en série de Taylor à l'origine soit $\sum_{n=0}^{+\infty} a_n x^n$; du fait que $f(0) = 0$ on a $a_0 = 0$ et par division l'on constate que la fonction $g(z) = f(z)/z$ est holomorphe sur $D(0,1)$. Fixons maintenant un réel r dans $]0,1[$. De l'inégalité $|f(z)| < 1$, valable sur $D(0,1)$, on tire en particulier que $|\frac{f(z)}{z}| < \frac{1}{r}$ pour $|z| = r$. Cette inégalité se prolonge aussi à $D(0,r)$ moyennant le principe du maximum; si l'on se donne z dans $D(0,1)$, on a de ce fait pour tout r compris entre $|z|$ et 1 l'inégalité $|f(z)| < \frac{|z|}{r}$, en prenant la limite de cette inégalité lorsque r tend vers 1 on obtient (i).

Sous l'hypothèse de (ii) la fonction analytique g atteint son maximum en un point de l'ouvert $D(0,1)$, donc est constante sur $D(0,1)$, la fin est asinitrottante. QED

Cas des fonctions harmoniques

Les fonctions harmoniques (à but réel) satisfont aussi au principe du maximum, la preuve repose sur leur représentation intégrale, voir [CA] p127 ou [RU1] chap. 11.

43. Le théorème des résidus

43.1. Singularités des fonctions holomorphes

43.1.1. Définition : Soient Ω un ouvert de $\mathbf{C}$, f une fonction holomorphe de Ω dans $\mathbf{C}$, z_0 un point de $\mathbf{C}\setminus\Omega$ et $r > 0$ tel que $D(z_0,r)\setminus\{z_0\}$ soit contenu dans Ω. Si f se prolonge en une fonction holomorphe sur $D(z_0,r)$ on dit que z_0 est une *singularité artificielle* de f, sinon z_0 est appelé (vraie) *singularité isolée* de f.

Un théorème célèbre exprime, dans la situation de la définition, que le caractère borné de f au voisinage de z_0 entraîne la possibilité de prolonger f en une fonction holomorphe en z_0 (théorème des singularités escamotables de Riemann).

Développement de Laurent au voisinage d'une singularité isolée.

Nous garderons les notations de la définition ci-dessus. Soit z_0 une singularité isolée de la fonction f. Le comportement de f au voisinage de z_0 est alors réglé par le résultat suivant :

43.1.2. Théorème : *Il existe une fonction entière g unique, nulle à l'origine, telle que* z_0 *soit une singularité artificielle de la fonction* $\delta : z \to f(z) - g(\frac{1}{z-z_0})$ *(en d'autres termes, la fonction* δ *admet un prolongement holomorphe en* z_0 ; *ou encore,* z_0 *est un point régulier de* δ).

Lorsque la fonction g est un *polynôme*, on dit que f est *méromorphe* en z_0.

43.1.3. Définition : Soit, avec les notations et hypothèse antérieures, z_0 une singularité de f; on appelle *résidu* de f au point z_0 le premier coefficient du développement en série entière de g à l'origine.

Traduisons : si $g(\frac{1}{z-z_0}) = \frac{a_1}{z-z_0} + \frac{a_2}{(z-z_0)^2} + \ldots$ pour $z-z_0$ assez petit, le résidu de f en z_0 est le nombre a_1.

Notation : $a_1 = \text{Res}(f, z_0)$.

Calcul pratique du résidu

Le plus souvent, f se présente comme quotient de deux fonctions holomorphes p et q ; on effectue alors un *développement limité* de $\frac{p(z_0+h)}{q(z_0+h)}$ au voisinage de 0, afin de déterminer le coefficient de $\frac{1}{h}$, qui est le résidu cherché.

Observons, dans le *cas d'un pôle simple* (zéro a de q tel que $q'(a) \neq 0$) que le résidu est donné par $R(f,a) = \frac{p(a)}{q'(a)}$.

43.2. Théorème des résidus

Il en existe de nombreuses variantes. Nous en donnerons en premier lieu un énoncé simple et accessible à tous.

Soit f une fonction holomorphe de l'ouvert Ω de $\mathbb{C}$ dans $\mathbb{C}$, et S un ensemble de singularités isolées de f. On vérifie sans peine que la réunion U de Ω et S est un ouvert.

43.2.1. Théorème : *Si P est un pavé contenu dans l'ouvert* U, *et si le bord* ∂P *de P ne rencontre pas* S, *on a la formule dite "des résidus"* :

$$\boxed{\int_{\partial P} f(z) dz = 2i\pi \sum_{s \in S \cap P} \text{Res}(f,s)\,.}$$

43.2.2. Application aux calculs d'intégrales : Soient P et Q deux polynômes réels, on suppose que Q ne s'annule pas sur l'axe réel et que $\deg Q \geq \deg P + 2$. Soit, pour z dans $\mathbb{C}$ tel que $Q(z) \neq 0$, $f(z) = \frac{P(z)}{Q(z)}$. f est holomorphe sur $\mathbb{C}$ sauf peut-être sur un ensemble fini, et l'ensemble S est ici constitué par les pôles de f.

L'intégrale $\int_{-\infty}^{+\infty} f(x) dx$ converge par recherche d'équivalents en $-\infty$ et $+\infty$. Vérifions que

$$\int_{-\infty}^{+\infty} f(x) d = 2i\pi \sum_{s \in S \cap \Pi} \text{Res}(f,s)$$

où Π est le demi-plan supérieur.

Dans ce but, considérons le pavé de sommets $-R, R, R+iR, -R+iR$ (faire un dessin). vérifions tout d'abord que l'intégrale de f sur les côtés verticaux et horizontaux supérieur *tend vers* 0. Pour cela, mettons la fraction rationnelle sous la forme

$$f(z) = az^{-p} \frac{1+b(z)}{1+c(z)}$$

où a est une constante, p est un entier ≥ 2 et les fonctions b et c tendent vers 0 lorsque |z| tend vers l'infini (il suffit pour cela de factoriser les coefficients dominants de P et Q). Il en résulte que l'intégrale sur le côté vertical d'abscisse -R est majorée par

$$R|a|R^{-p}\sup \{|\frac{1+b(z)}{1+c(z)}| \ ; \ z \in [-R,-R+iR]\}$$

quantité qui tend vers 0 puisque $p \geq 2$. On montre de même que les autres intégrales tendent vers 0, lorsque R tend vers $+\infty$, l'intégrale sur ∂P tend donc vers $\int_{-\infty}^{+\infty} f(x)dx$, par le théorème des résidus, elle est égale, pour R assez grand, à la somme de droite.

Pour une grande variété de calculs d'intégrales par les résidus, on pourra consulter [CA] p. 95 à 109.

43.2.3. Application aux zéros des fonctions holomorphes : Soit f une fonction holomorphe non nulle; on sait alors que les zéros de f sont isolés, soit z_0 l'un d'entre eux. Observons d'abord que

La multiplicité de a en tant que zéro de f est égale au résidu de la fonction méromorphe $\frac{f'}{f}$ au point z_0.

Vérification : Si p est l'ordre du zéro de f on a par définition $f(z) = (z-z_0)^p g(z)$, où la fonction g est holomorphe et non nulle au voisinage de z_0 de là, au voisinage de z_0

$$\frac{f'(z)}{f(z)} = \frac{p}{z-z_0} + \frac{g'(z)}{g(z)}$$

comme la dernière fonction est holomorphe, le résidu de f est bien p.

Cela fait, nous obtenons le

43.2.4. Théorème (Hurwicz) : *Soit f_n une suite de fonctions holomorphes de l'ouvert Ω de $\mathbb{C}$ dans $\mathbb{C}$, convergeant uniformément sur tout compact de Ω vers la fonction holomorphe f. Soit z_0 un zéro de f de multiplicité m. Pour tout disque $D(z_0,\varepsilon)$ contenu dans U, ne contenant pas d'autre zéro de f que z_0, il existe un rang n_0 tel que, pour $n \geq n_0$, les fonctions f_n aient chacune m zéros comptés avec leurs mutiplicités dans $D(z_0,\varepsilon)$.*

Démonstration : Soit P un pavé contenu dans $D(z_0,\varepsilon)$ dont z_0 est un point intérieur; f ne s'annule pas sur le bord de P, donc la borne inférieure de la fonction continue f sur ∂P est un réel $r > 0$. La convergence uniforme de la suite f_n sur le compact P nous permet de trouver un entier n_0 tel que, pour tout $n \geq n_0$ et tout z de P on ait $|f_n(z) - f(z)| \leq r/2$. On en déduit que, pour $n \geq n_0$, f_n ne s'annule pas sur ∂P. Le théorème des résidus nous dit alors que, pour $n \geq n_0$, l'intégrale

$$\int_{\partial P} \frac{f'_n(z)}{f_n(z)} dz \quad (\text{resp.} \int_{\partial P} \frac{f'(z)}{f(z)} dz \ )$$

est égale au nombre N(n) de zéros de f_n dans P (resp. à m). Mais la suite de fonctions $\frac{f'_n(z)}{f_n(z)}$ converge uniformément vers $\frac{f'(z)}{f(z)}$ sur ∂P (corollaire 2 de la formule de Cauchy 41.2.7). Il en résulte par intégration que N(n) tend vers m, donc pour n assez grand, N(n) est constante de valeur m.

Extension du théorème des résidus

Soit f une fonction holomorphe de l'ouvert Ω de $\mathbf{C}$ dans $\mathbf{C}$, et S un ensemble de singularités isolées de f. La réunion U de Ω et S est un ouvert U. Dans ces conditions

43.2.5. Théorème : *Si Γ est le bord orienté d'un compact K contenu dans U, et si le bord ∂K de K ne rencontre pas S on a*

$$\int_\Gamma f(z)dz = 2i\pi \sum_{s\in S\cap K} \text{Res}(f,s)$$

Lectures supplémentaires : Très complet chapitre III du livre de H.Cartan, Fonctions Analytiques ([CA2] p. 80 à 120). Voir aussi la fin de [LE].

Analyse numérique

Ce chapitre ne contient que quelques rudiments du le sujet, seule la recherche des solutions de f(x) = 0 en dimension 1 a été étudiée un peu plus en détail ; il nous a semblé en effet important que de futurs professeurs de l'enseignement secondaire possèdent de solides connaissances sur ce thème. Pour en savoir plus, on lira d'abord l'agréable [BAR] puis [DE].

44. Résolution approchée des équations F(x) = 0

Remarque préliminaire : Ce chapitre permet de compléter les leçons : "calcul approché des racines de f(x) = 0...", "rapidité de convergence d'une suite réelle..." pour lesquels divers éléments ont déjà été donnés aux § 1.2.2, 8, 9, 12, 14. Les résultats ici fournis peuvent également enrichir d'autres leçons non spécialisées, comme "différentes formules de Taylor", "suites récurrentes réelles" etc. Au lecteur de les ventiler d'après la liste de leçons donnée au début du livre.

Dans tout ce qui suit, f désigne une fonction numérique de variable réelle.

44.1. La dichotomie

C'est sans doute la méthode la plus rudimentaire de recherche d'une racine d'une équation f(x) = 0, mais elle n'est pas dénuée d'intérêt, ne serait-ce que pour donner une première estimation de la racine approchée.

Rappelons que la clé de la dichotomie est le théorème des valeurs intermédiaires : une fonction continue sur l'intervalle I prenant aux points a et b de I des valeurs de signes opposés possède nécessairement un zéro entre a et b. Ayant isolé un zéro α de f entre deux points a et b, on considère le milieu c de [a,b]; si f(a)f(c) > 0, α est dans [c,b] sinon α est dans [a,c]. On recommence alors en remplaçant [a,b] par celui des intervalles [a,c], [c,b] qui contient α, etc. Une récurrence facile montre qu'à la n-ième étape α est approché avec une erreur $\leq \frac{b-a}{2^n}$. Notons aussi que le procédé est algorithmique c'est-à-dire suceptible d'une programmation (exercice : le faire en PASCAL standard).

44.2. Les méthodes itératives

Celles-ci consistent à transformer l'équation F(x) = 0 en f(x) = x, où f est une fonction convenable (x - F(x) et x+F(x) conviennent entre autres) puis, partant d'un point x_0, à étudier la suite $x_{n+1} = f(x_n)$. Si f est continue et si la suite (x_n) converge vers a, ce nombre est une solution de l'équation f(x) = 0. *Attention* : le choix de x_0 est parfois délicat, il convient d'assurer en effet, même si la suite (x_n) converge, que sa limite est bien la solution cherchée, et non une autre.

Méthode du point fixe

Il est souhaitable de revoir ce qui concerne le théorème du point fixe contractant dans les § 8 et 14. Le théorème ci-dessous affine les estimations déjà fournies :

44.2.1. Théorème : *Soient I un intervalle compact de* **R** *et f une application de classe* C^2 *de I dans I. On suppose qu'il existe un nombre réel k dans* $]0,1[$ *tel que, pour tout x de I, $|f'(x)| \le k$.*

a) *f possède un point fixe unique* λ, *et toute suite récurrente donnée par* $x_0 = a \in I$ *et* $x_{n+1} = f(x_n)$ *converge vers* λ.

b) *On suppose* $K = f'(\lambda) > 0$ *et* $x_n > \lambda$ *pour n assez grand. Il existe alors un réel* $C > 0$ *tel que* $x_n - \lambda \sim cK^n$.

Notons que les conditions de b) sont satisfaites si f est strictement croissante sur I et $x_0 > \lambda$.

Démonstration : a) Provient immédiatement du théorème du point fixe. Rappelons aussi les majorations $|x_n - \lambda| \le \dfrac{k^n}{1-k}|x_0 - \lambda|$.

b) On veut donc montrer que la suite $u_n = \text{Log}(\dfrac{x_n - \lambda}{K^n})$ converge dans **R***. Pour cela, il suffit d'établir que la *série* de terme général $v_n = u_{n+1} - u_n$ converge. Mais
$$v_n = \text{Log}(\dfrac{x_{n+1} - \lambda}{K(x_n - \lambda)})$$
avec les définitions et Taylor-Lagrange nous obtenons
$$x_{n+1} - \lambda = f(x_n) - f(\lambda) = K(x_n - \lambda) + \dfrac{1}{2}(x_n - \lambda)^2 f''(c_n).$$
Soit $M = \|f''\|_\infty$, il vient
$$v_n = \text{Log}(1 + \dfrac{1}{2}\dfrac{f''(c_n)}{K}(x_n - \lambda)).$$
Posons $w_n = \dfrac{f''(c_n)}{K}(x_n - \lambda)$, nous avons $|w_n| \le \dfrac{M}{K}\dfrac{k^n}{1-k}|x_0 - \lambda|$ ce qui prouve que la série $\sum w_n$ est absolument convergente, donc aussi la série $\sum v_n$. QED.

Remarque : un test d'arrêt de la forme $|x_{n+1} - x_n| < \delta$ peut conduire à de mauvais résultats si la convergence est trop lente. Reprenons l'exemple de la suite $x_{n+1} = \sin x_n$ du § 12 (Césaro) : on sait que $x_n \sim \sqrt{\dfrac{3}{n}}$ mais de $|\sin x - x| < \dfrac{x^3}{6}$ pour $x > 0$ on déduit que
$$|x_{n+1} - x_n| < \dfrac{x_n^3}{6} = \dfrac{1}{6}n^{-3/2}$$
négligeable devant x_n. L'erreur x_n est prépondérante sur la constante d'arrêt du test. Ce n'est pas le cas sous les hypothèses de 44.2.2. où l'on constate que
$$x_{n+1} - x_n = x_{n+1} - \lambda - (x_n - \lambda) = K(x_n - \lambda) + \dfrac{1}{2}(x_n - \lambda)^2 f''(c_n) - (x_n - \lambda)$$
soit
$$x_{n+1} - x_n = (x_n - \lambda)(K - 1 + o(1))$$
avec $K-1 \ne 0$, ce qui montre que $x_{n+1} - x_n$ et l'approximation obtenue de la racine sont du même ordre de grandeur.

44.2.2. Accélération de la convergence : le Δ^2 d'Aitken. Nous poserons $\Delta = x_{n+1} - x_n$, d'où $\Delta^2 x_n = x_{n+2} - 2x_{n+1} + x_n$ et $e_n = x_n - \lambda$; la suite x_n est supposée non stationnaire, elle est de ce fait injective (il s'agit d'une suite récurrente).

Alors la suite $x'_n = x_n - \dfrac{(\Delta x_n)^2}{\Delta^2 x_n}$ converge vers λ, et l'on a $\lim \dfrac{x'_n - \lambda}{x_n - \lambda} = 0$. (Ainsi, la suite Δ^2 tend plus vite vers 0 que la suite x_n. Pour savoir d'où sort cette suite, voir [BAR] p. 22).

Démonstration : Le théorème de Rolle nous dit qu'il existe une suite (c_n), $\lambda < c_n < x_n$ telle que $e_{n+1} = x_{n+1} - \lambda = f'(c_n)(x_n - \lambda) = f'(c_n)e_n$. Écrivons ensuite par continuité de f' $f'(c_n) = K + \varepsilon_n$, nous obtenons successivement :
$$e_{n+2} = (K+\varepsilon_{n+1})(K+\varepsilon_n)e_n = (K^2 + (\varepsilon_{n+1} + \varepsilon_n)K + \varepsilon_n\varepsilon_{n+1}))e_n$$
d'où
$$\Delta^2 x_n = \Delta^2 e_n = (K-1)^2 e_n + \varepsilon'_n e_n \text{ où } \varepsilon'_n = K(\varepsilon_n + \varepsilon_{n+1}) - 2\varepsilon_n + \varepsilon_n\varepsilon_{n+1}$$
ε'_n tend vers 0 donc $\Delta^2 x_n = ((K-1)^2 + \varepsilon'_n)e_n$ est non nul pour n assez grand.
On calcule ensuite
$$\Delta x_n = \Delta e_n = (K-1)e_n + \varepsilon_n e_n$$
d'où
$$x'_n - \lambda = x_n - \lambda - \frac{((K-1)e_n + \varepsilon_n e_n)^2}{((K-1)^2 + \varepsilon'_n)e_n} = e_n - \frac{(K-1)+\alpha_n}{(K-1)+\alpha'_n} e_n = e_n\left(1 - \frac{(K-1)+\alpha_n}{(K-1)+\alpha'_n}\right)$$
où α_n, α'_n tendent vers 0, et le facteur de e_n tend vers 0.

Descriptif de la méthode de Stefensen

Remplacer tous les x_n par les x'_n conduit certainement à une amélioration des approximations obtenues. Mais il est plus efficace — et plus pertinent — de procéder ainsi :
On calcule x_1 et x_2 puis x'_0 par le Δ^2 d'Aitken, puis l' *on repart de* x'_0 pour calculer deux itérés x'_1, x'_2, d'où l'on déduit un x''_0 par le Δ^2, etc. L'algorithme ainsi obtenu est celui de Stefensen, dont la rapidité de convergence est voisine de celle de la méthode de Newton.

44.2.3. Méthode de Newton
L'idée de base est *grosso modo* de remplacer la courbe par sa tangente.

Figure 32 :

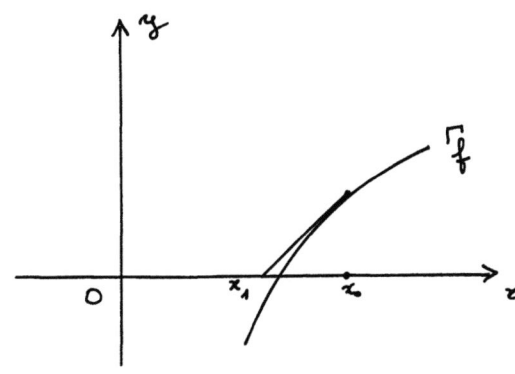

L'équation de la tangente est $Y - f(x) = f'(x)(X - x)$ d'où pour $f'(x) \neq 0$ la racine :
$$x' = x - \frac{f(x)}{f'(x)}$$

Théorème : *Soit (x_0,c) dans $R \times]0,+\infty[$, et soit f une application de classe C^1 de $I = [x_0 - c, x_0 + c]$ dans R. On suppose qu'il existe un nombre réel $m > 0$ tel que*
i) $|f(x_0)| \leq cm$.
ii) *Pour tout (y,z) de I^2, $|f'(y)| \geq 2m$ et $|f'(y) - f'(z)| \leq m$.*
Alors f possède un unique racine α dans I et la suite x_n définie par la donnée de x_0 et la relation de récurrence $x_{n+1} = x - \frac{f(x_n)}{f'(x_n)}$ converge vers α.

La condition (i) signifie que l'on doit se placer près de la racine, et (ii) que $|f'(\alpha)| > 0$ et que l'on est assez proche de α pour que la dérivée varie peu.

Démonstration : Montrons par récurrence (faible) que, pour tout n de N^* :
$$|x_n - x_{n-1}| \leq \frac{c}{2^n}, x_n \in I \text{ et } |f(x_n)| \leq \frac{cm}{2^n}.$$

D'abord pour $n = 1$: $|x_1 - x_0| = |\frac{f(x_0)}{f'(x_0)}| \leq \frac{cm}{2m} = \frac{c}{2}$. Donc $x_1 \in I$ et

$$f(x_1) = f(x_1) - 0 = f(x_1) - f(x_0) - (x_1 - x_0)f'(x_0) = (f'(c) - f'(x_0))(x_1 - x_0) \text{ (Rolle)}.$$

Mais $|f'(c) - f'(x_0)| \leq m$ et $|x_1 - x_0| \leq \frac{c}{2}$ d'où $|f(x_1)| \leq \frac{cm}{2}$.

On suppose maintenant le résultat vrai de $n \geq 1$ et l'on reprend les idées précédentes :
$$|x_{n+1} - x_n| = |\frac{f(x_n)}{f'(x_n)}| \leq \frac{cm}{2^n}(2m)^{-1} = \frac{c}{2^{n+1}}$$

puis $|x_{n+1} - x_0| \leq |x_{n+1} - x_n| + |x_n - x_{n-1}| + \ldots |x_1 - x_0| \leq c(\frac{1}{2^{n+1}} + \frac{1}{2^n} + \ldots + \frac{1}{2}) < c$.

Ensuite
$$f(x_{n+1}) = f(x_{n+1}) - 0 = f(x_{n+1}) - f(x_n) - (x_{n+1} - x_n)f'(x_n) = (f'(c) - f'(x_n))(x_{n+1} - x_n) \text{ (Rolle)}$$
de $|f'(c) - f'(x_n)| \leq m$ et $|x_{n+1} - x_n| \leq \frac{c}{2^{n+1}}$ on tire enfin l'inégalité $|f(x_{n+1})| \leq \frac{cm}{2^{n+1}}$.

On dispose maintenant d'une suite (x_n) telle que $\sum(x_{n+1} - x_n)$ converge absolument, la suite (x_n) converge donc, et l'inégalité $|f(x_n)| \leq \frac{cm}{2^n}$ entraîne que sa limite α est un zéro de la fonction continue f. Comme f' ne s'annule pas, le théorème de Rolle impose à f d'être injective ce qui prouve que α est l'unique racine de f dans I.

44.2.4. Estimation de la convergence :
Elle est en fait bien meilleure que celle que donne la méthode du point fixe. Faisons l'hypothèse supplémentaire : f est de classe C^2, $|f''| \leq M$ sur I par exemple. On a
$$|x_{n+1} - \alpha| = |\frac{1}{f'(x_n)}(f(\alpha) - f(x_n) - f'(x_n)(\alpha - x_n))| = |\frac{1}{f'(x_n)}||\frac{1}{2}(\alpha - x_n)^2 f''(d)|$$
et de ce fait
$$|x_{n+1} - \alpha| \leq \frac{M}{2m}|\alpha - x_n|^2.$$

On pose alors $q = \frac{M}{2m}$. Du fait que $|x_0 - \alpha| \leq c$ il vient par récurrence sur n
$$|x_n - \alpha| \leq \frac{1}{q}(cq)^{2^n}$$

Si l'on est, au départ proche de la racine, $cq < 1$ et la convergence est très rapide.
A titre d'exemple, comparer les rapidité de convergence des méthode de Newton et du point fixe pour le calcul de la racine de $\cos x = x$.

Exemple : Calcul approché des racines carrées. Soit a un nombre > 0. L'application de la méthode de Newton pour la résolution de l'équation $x^2 = a$ conduit à considérer la suite récurrente de premier terme $u_0 > 0$, et telle que, pour tout n de N, $u_{n+1} = \frac{1}{2}(u_n + \frac{a}{u_n})$.

La suite (u_n) converge vers $\sqrt{a}$: d'abord si la suite converge, ce ne peut être que vers $\sqrt{a}$. Pour montrer la convergence de u_n, on peut procéder directement, en effectuant la représentation graphique de $g : x \to \frac{1}{2}(x+\frac{1}{x})$, ou encore choisir $u_0 > \sqrt{a}$, obtenir par les accroissements finis

$$u_{n+1} - \sqrt{a} = g(u_n) - g(\sqrt{a}) = \frac{1}{2}(1-\frac{1}{c^2})(u_n - \sqrt{a})$$

et en déduire que u_n décroît vers un point fixe de g qui ne peut être que $\sqrt{a}$.
On prend ensuite $u_0 > \sqrt{a}$. Si $e_n = (u_n - \sqrt{a})$, par un calcul direct

$$e_{n+1} = \frac{e_n^2}{2u_n} \leq \frac{e_n^2}{2\sqrt{a}}$$

et de ce fait $e_{n+1} < b(\frac{e_1}{b})^{2^n}$ où $b = 2\sqrt{a}$, ce qui assure une convergence très rapide si au départ $e_1 < b$.

Contre-exemple : Considérons $f(x) = \text{Arctg} x$. La solution de $f(x) = 0$ est $x = 0$. Par définition, et après calcul, la récurrence donnée par la méthode de Newton pour f est

$$x_{n+1} = x_n - (1+x_n^2)\text{Arctg}(x_n)$$

supposons que l'on ait choisi x_0 de sorte que $\text{Arctg}|x_0| > \frac{2|x_0|}{1+x_0^2}$. Une récurrence simple montre que la suite $|x_n|$ croît strictement, et donc que (x_n) diverge.

(**Questions :** Le théorème du point fixe contractant s'applique-t-il ici ? sinon, quel résultat employer ? peut-on donner un équivalent de x_n pour la suite $x_{n+1} = f(x_n)$?).

Le problème de la méthode de Newton est le caractère contraignant des conditions de convergence, qui demandent déjà une bonne première approximation de la racine. Dans le cas des polynômes réels scindés, on dispose de la propriété suivante, permettant un large choix de valeur initiales :

44.2.5. Proposition : *Soit P un polynôme réel scindé de racines $\alpha_1 < \alpha_2 < ... < \alpha_p$. Pour tout choix de $x_0 > \alpha_p$, la méthode de Newton pour $f = P$ de valeur initiale x_0 converge vers α_p.*

Démonstration : P sera supposé normalisé.

Lemme : Pour tout entier $k \leq p$, $P^{(k)} > 0$ sur $[\alpha_p, +\infty[$.

En effet, le coefficient dominant de $P^{(k)}$ est strictement positif, et si $P^{(k)}$ n'est pas constant ($k < p$) il est scindé et toutes ses racines sont $< \alpha_p$ par 9.3.2.

Preuve de la proposition : On introduit la fonction définie pour $x > \alpha_p$ par $g(x) = x - \dfrac{P(x)}{P'(x)}$ et $g(\alpha_p) = \alpha_p$, et la suite (x_n) définie par : $x_{n+1} = f(x_n)$ tant que $x_n \in]\alpha_p, +\infty[$. Montrons :
$$\alpha_p < n \Rightarrow \alpha_p < x_{n+1} < x_n$$
(ce qui prouve que x_n est correctement définie). D'abord $x_{n+1} < x_n$ car $\dfrac{P(x_n)}{P'(x_n)} > 0$. On calcule ensuite $f'(x) = \dfrac{P(x)P''(x)}{P'^2(x)}$ qui est > 0 sur $]\alpha_p,+\infty[$, f est de ce fait strictement croissante et l'inégalité $\alpha_p < x_n$ entraîne $f(\alpha_p) < f(x_n) = x_{n+1}$, d'où les inégalités annoncées.

En conclusion, la suite (x_n) est décroissante minorée et converge vers un point fixe l de la fonction continue f, le réel l est alors une racine de P supérieure ou égale à α_p donc $l = \alpha_p$: la suite x_n converge vers α_p. QED.

Remarques :
1) Pour n assez grand, (x_n) est proche de P et les conditions du théorème de convergence 44.3.1. assurent une approximation rapide.
2) Les estimation données dans le problème du § 9 : régionnement des zéros d'un polynôme permettent de déterminer en fonction des coefficients de P un majorant de α_p.

Poursuite du processus : déflation

Une racine α ayant été calculée, l'idée naturelle pour trouver les racines restantes de P (bien que discutable du point de vue de la stabilité des algorithmes) est de diviser $P(X)$ par $X - \alpha$, ce qui laisse un polynôme scindé à racines simples réelles, puis d'appliquer à nouveau la méthode de Newton au polynôme ainsi obtenu. Pour davantage de détails voir [MO] P 90/91.

Exercice : Calculer les racines des polynômes de Legendre et de Laguerre de degré 3.

44.3. La méthode de la fausse position

Soit [a,b], $a < b$ un segment de $\mathbf{R}$, soit f une application de classe C^2 de [a,b] dans $\mathbf{R}$. On suppose i) que $f(a)f(b) < 0$ ii) qu'il existe des constantes $m > 0$, $M > 0$ telles que, pour tout x de [a,b], $|f'(x)| \geq m$ et $|f''(x)| \leq M$.

Sous ces hypothèses, la fonction f *possède une racine unique* α *dans* [a,b] *et l'on a, en désignant par* β *la racine de la fonction affine*
$$L(x) = \frac{f(b)(x-a) - f(a)(x-a)}{b - a}$$
la majoration
$$|\alpha - \beta| \leq \frac{M}{2m}|\beta - a||\beta - b|.$$

Démonstration : Le premier point est clair. On remarque que L est un polynôme interpolateur de Lagrange de f de degré 1. Nous disposons alors de la formule démontrée en 19.1.

"Soit f une application de classe C^n de l'intervalle I de **R** dans **R**, et $a_1 < ... < a_n$ n éléments de I. On suppose que f s'annule en $a_1,...,a_n$. Si x est dans I et distinct des a_i, il existe c dans I tel que : $f(x) = \dfrac{f^{(n)}(c)}{n!} \prod_{i=1}^{n}(x-a_i)$ "

(il est conseillé de refaire la preuve dans ce cas particulier). Dans la situation présente, nous obtenons pour x dans [a,b] un point c de [a,b] tel que

$$f(x) - L(x) = \frac{1}{2} f''(c)(x - a)(x - b).$$

Prenons $x = \beta$, il vient : $f(\beta) = \dfrac{1}{2} f''(c)(\beta - a)(\beta - b)$. D'autre part, il existe $d \in [a,b]$ tel que $f(\beta) = f(\beta) - f(\alpha) = (\beta - \alpha) f'(d)$. Nous trouvons donc c et d tels que

$$(\beta - \alpha) = \frac{f''(c)}{2f'(d)} (\beta - a)(\beta - b)$$

d'où la conclusion.

L'itération de ce processus, correctement menée, conduit à des résultats proche de la méthode Newton.

Figure 33 :

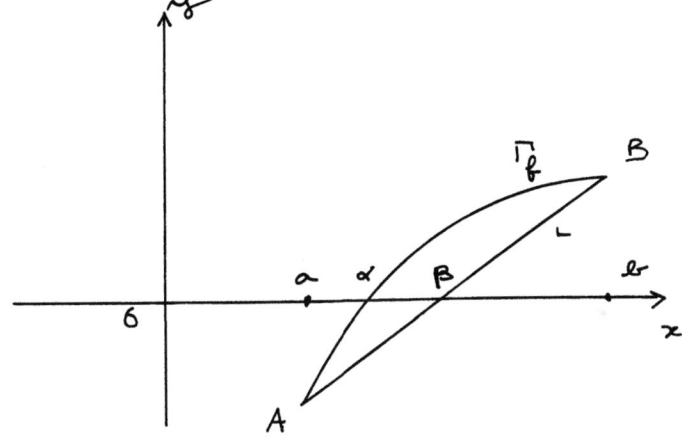

45. Calculs approchés d'intégrales

Dans tout ce qui suit, f désigne une fonction de classe C^∞, du segment [a,b] de **R** dans **R**. Pour i dans N, on désignera par M_i le nombre $\sup_{t \in [a,b]} |f^{(i)}(t)|$.

Les méthodes présentées ici sont pour l'essentiel des méthodes de Newton-Cotes : On effectue une subdivision du segment [a,b], puis sur chaque segment I de la subdivision on remplace f par un polynôme qui prend les mêmes valeurs que f en des points de I.

Selon le degré n du polynôme on peut imposer n+1 valeurs (cf. interpolation de Lagrange). Nous traiterons les cas des degrés 0, 1, 2. Les subdivisions choisies seront régulières de taille n ($n \geq 1$) et l'on posera $h = \dfrac{b - a}{n}$, $a_i = a+ih$, $i = 0,...,n$.

I. Approximation par des sommes de Riemann

Avec la formule de la moyenne, pour tout i de [0,n-1]

$$\exists c_i \in [a_i, a_{i+1}], \quad \int_{a_i}^{a_{i+1}} f(t)dt = hf(c_i) \ .$$

Le nombre c_i étant *a priori* inconnu, on le remplace par un nombre proche pris dans $[a_i, a_{i+1}]$ (Compte tenu de l'uniforme continuité de f, les différences tendent vers 0 uniformément avec h).

Premier choix : On remplace c_i par a_i (ou a_{i+1}). La valeur approchée de l'intégrale est donc

$$\int_a^b f(t)dt \approx h(f(a) + f(a+h) + \ldots + f(a+(n-1)h))$$

(ou la même, décalée d'un cran).

Estimation de l'erreur : Par Taylor-Lagrange à l'ordre un (AF!) on obtient

$$f(t) = f(a_i) + (t - a_i)f'(c_t) \quad c_t \in \,]a_i, a_{i+1}[$$

d'où

$$\left| \int_{a_i}^{a_{i+1}} f(t)dt - hf(a_i) \right| = \left| \int_{a_i}^{a_{i+1}} (t-a_i)f'(c_t)dt \right| \leq M_1 \frac{h^2}{2}$$

et après sommation

$$\left| \int_a^b f(t)dt - h(f(a) + f(a+h) + \ldots + f(a+(n-1)h) \right| \leq M_1 \frac{(b-a)^2}{2n} \ .$$

On a en fait bien mieux en choisissant le point milieu (c'est assez intuitif, de plus la formule obtenue est exacte lorsque f est affine sur les segments de la subdivision, ce qui n'est pas le cas de la précédente).

Deuxième choix : On remplace c_i par $\frac{a_i + a_{i+1}}{2}$. La formule donnant l'approximation est alors

$$\int_a^b f(t)dt \approx h \sum_{k=0}^{n-1} f(a + kh + h/2)$$

Majoration de l'erreur : On pose $\phi(x) = \int_{a_i}^{a_i + h/2 + x} f(t)dt$ fonction que l'on étudie sur $[-h/2, h/2]$. Deux applications de la formule de Taylor-Lagrange à l'ordre 3 en 0 fournissent

$$\phi(h/2) = \phi(0) + \frac{h}{2} f(a_i + h/2) + \frac{h^2}{8} f'(a_i + h/2) + \frac{h^3}{48} f''(a_i + c_i)$$

$$\phi(-h/2) = \phi(0) - \frac{h}{2} f(a_i - h/2) + \frac{h^2}{8} f'(a_i + h/2) + \frac{h^3}{48} f''(a_i + d_i)$$

par différence

$$\int_{a_i}^{a_{i+1}} f(t)dt - hf(a_i + h/2) = \frac{h^3}{48}(f''(a_i + c_i) - f''(a_i + d_i))$$

et de ce fait

$$\left| \int_{a_i}^{a_{i+1}} f(t)dt - hf(a_i + h/2) \right| \leq M_2 \frac{h^3}{24}$$

après sommation :

$$\left| \int_a^b f(t)dt - h \sum_{k=0}^{n-1} f(a + kh + h/2) \right| \leq M_2 \frac{(b-a)^3}{24n^2}$$

ce qui est plus satisfaisant.

II. Méthode des trapèzes

On interpole cette fois f sur $[a_i, a_{i+1}]$ par la fonction affine qui prend la même valeur que f en a_i et a_{i+1}, fonction que nous noterons P_i. La formule donnant l'aire d'un trapèze montre que :

$$\int_{a_i}^{a_{i+1}} P_i(t)dt = h \frac{f(a_i) + f(a_{i-1})}{2}$$

d'où la valeur approchée :

$$\int_a^b f(t)dt \approx h(\frac{f(a)}{2} + f(a+h) + \ldots + f(a+(n-1)h) + \frac{f(b)}{2})$$

Majoration de l'erreur :

On doit estimer $\int_{a_i}^{a_{i+1}} (f(t) - P_i(t))dt$. Posons $h(t) = f(t) - P_i(t)$. Le plus simple est de partir

de l'intégrale $I = \int_{a_i}^{a_{i+1}} (a_{i+1} - t)(t - a_i)h''(t)dt$ et d'intégrer par parties ce qui donne

$$I = -\int_{a_i}^{a_{i+1}} (a_{i+1} + a_i - 2t)h'(t)dt = 2\int_{a_i}^{a_{i+1}} h(t)dt$$

et de là

$$\left| \int_{a_i}^{a_{i+1}} h(t)dt \right| \leq \frac{M_2}{2} \int_{a_i}^{a_{i+1}} (a_{i+1} - t)(t - a_i)dt = \frac{M_2 h^3}{12}$$

après sommation :

$$\left| \int_a^b f(t)dt - h(\frac{f(a)}{2} + f(a+h) + \ldots + f(a+(n-1)h) + \frac{f(b)}{2}) \right| \leq \frac{M_2(b-a)^3}{12n^2}$$

III. Méthode de Simpson

Aux points a_i, $\dfrac{a_i + a_{i+1}}{2}$, a_{i+1} on interpole f par un polynôme du second degré

$$P_i(t) = At^2 + Bt + C$$

(interpolation de Lagrange, donnée par divers déterminants de Van der Monde, cf. Mathématiques générales).

Par un calcul classique $\displaystyle\int_{a_i}^{a_{i+1}} P_i(t)dt = \dfrac{h}{6}(f(a_i) + 4f(a_i + h/2) + f(a_i+h))$

d'où la valeur approchée de I

$$\int_a^b wf(t)dt \approx \dfrac{h}{6}\left(f(a) + 2\sum_{k=1}^{n-1} f(a+kh) + 2\sum_{k=1}^{n-1} f(a+(k+1/2)h) + f(b)\right)$$

Majoration de l'erreur : La fonction f est supposée de classe C^4, et l'on désigne par M un majorant de $f^{(4)}$ sur [a,b]. On doit majorer $\displaystyle\int_{a_i}^{a_{i+1}}(f(t) - P_i(t))dt$. Introduisons

$h(t) = f(t) - P_i(t)$; h est nulle en a_i et a_{i+1}, et comme $P^{(4)} = 0$, M est encore un majorant de $h^{(4)}$. Par des intégrations par parties successives

$$\int_{a_i}^{a_{i+1}} (a_{i+1}-t)^2(t-a_i)^2 h^{(4)}(t)dt = \int_{a_i}^{a_{i+1}} (-(a_{i+1}-t)(t-a_i)^2 + (a_{i+1}-t)^2(t-a_i))h^{(3)}(t)dt$$

$$= 2\int_{a_i}^{a_{i+1}} ((t-a_i)^2 - 4(a_{i+1}-t)(t-a_i) + (a_{i+1}-t)^2)h^{(2)}(t)dt$$

$$= 12\int_{a_i}^{a_{i+1}} (a_{i+1} + a_i - 2t)h'(t)dt$$

$$= 24\int_{a_i}^{a_{i+1}} g(t)dt.$$

Nous en déduisons l'inégalité

$$\left|\int_{a_i}^{a_{i+1}} g(t)dt\right| \leq \dfrac{M}{24}\int_{a_i}^{a_{i+1}} (a_{i+1}-t)^2(t-a_i)^2 dt$$

$$\int_{a_i}^{a_{i+1}} (a_{i+1}-t)^2(t-a_i)^2 dt = \int_{a_i}^{a_{i+1}} ((a_i-t)^4 + h^2(a_i-t) + 2h(a_i-t)^3)dt = \dfrac{h^5}{5!}$$

Après sommation, en notant $\overline{I}$ la valeur approchée de

$$|I - \overline{I}| \leq M\dfrac{(b-a)^5}{2880 n^4}.$$

46. Approximation de la somme d'une série

L'approximation de la somme d'une série se fait en général en deux étapes : lors de la première, on fixe l'approximation souhaitée puis, grâce à une estimation du reste, le nombre de termes N qu'il s'agit de sommer. La deuxième étape, de nature algorithmique, est consacrée au calcul effectif de la somme des N premiers termes de la série étudiée. N'oublions pas l'existence de sommations explicites, obtenues par exemple à l'aide de séries entières ou de relations fonctionnelles, et qui donnent grâce à des constantes connues la valeur de la série à estimer.

46.1. Estimations du reste

46.1.1. Encadrement par des suites adjacentes :
Rappelons que l'encadrement

$$1 + \frac{1}{1!} + \frac{1}{2!} + \ldots + \frac{1}{n!} < e < 1 + \frac{1}{1!} + \frac{1}{2!} + \ldots + \frac{1}{n!} + \frac{1}{nn!}$$

permet d'obtenir immédiatement l'approximation de e à $\frac{1}{nn!}$ près, puis son irrationalité.

(Il ne s'agit pas seulement d'une astuce locale mais d'un technique généralisable qui fournit plusieurs résultats d'irrationalité).

46.1.2. Estimation du reste par comparaison à une intégrale :
Nous utiliserons les résultats suivants, prouvés dans le § 17 :

Si f est une fonction décroissante positive sur $[a,+\infty[$, et si la série $\sum f(k)$ converge, l'intégrale aussi ; on dispose de plus de l'encadrement :

$$\int_n^{+\infty} f(t)dt \geq R_n \geq \int_{n+1}^{+\infty} f(t)dt$$

Lorsque f possède une primitive effectivement calculable, ces inégalités fournissent une estimation du reste.

Prenons l'exemple de $\sum_{n=1}^{+\infty} \frac{1}{n^2}$, dont la somme $S = \frac{\pi^2}{6}$ a été déterminée au § 29.1. En appliquant l'inégalité précédente à la fonction $f(x) = \frac{1}{x^2}$ nous constatons que le reste est de l'ordre de $\frac{1}{n}$; pour une précision de 10^{-2} il nous faut calculer 100 termes, ce qui est très peu efficace.

Pour améliorer ce résultat à peu de frais, nous allons appliquer une méthode d'accélération de la convergence, aisément généralisable, due à Kummer. On effectue un développement

$$\frac{1}{n^2} = \frac{a_1}{n(n+1)} + \frac{a_2}{n(n+1)(n+2)} + v_n \quad v_n = O(\frac{1}{n^4})$$

a_1 s'obtient avec la passage à la limite dans l'expression obtenue par multiplication par $n(n+1)$ d'où $a_1 = 1$. On trouve ensuite a_2 en évaluant

$$a_2 = \lim n^3 [\frac{1}{n^2} - \frac{1}{n(n+1)}] = 1$$

Par un calcul facile $v_n = \frac{2}{n^2(n+1)(n+2)} \leq \frac{2}{n^4}$

L'intérêt de séries $\sum \frac{1}{n(n+1)}$, $\sum \frac{1}{n(n+1)(n+2)}$ réside dans le fait que leurs sommes se calculent explicitement : pour la première on écrit
$$\frac{1}{n} - \frac{1}{n+1} = \frac{1}{n(n+1)}$$
d'où la somme, égale à 1, et
$$\frac{1}{n(n+1)} - \frac{1}{(n+1)(n+2)} = \frac{2}{n(n+1)(n+2)}$$
donc la deuxième série a pour somme $\frac{1}{2}$.

De là $S - 1 - \frac{1}{2} = \sum_{n=1}^{+\infty} v_n$. Le reste d'ordre n de v_n est majoré par $\frac{2}{3n^3}$, et 10 termes suffisent pour avoir une précision de 10^{-3}.

46.1.3. Restes de séries de type géométrique :
Soit u_n une suite > 0 telle que la suite $\frac{u_{n+1}}{u_n}$ tend vers k, avec k < 1, on sait qu'alors (critère de d'Alembert) la série $\sum u_n$ converge. Pour estimer le reste, on choisit q tel que k < q < 1, l'hypothèse faite sur u_n entraîne $\frac{u_{n+1}}{u_n} \leq q$ pour $n \geq n_0$ convenable d' où l'on déduit par récurrence $u_n \leq u_{n_0} q^{n-n_0}$ ce qui fournit l'encadrement du reste, valable pour $n \geq n_0$
$$0 \leq R_n \leq \frac{u_{n_0} q^{n-n_0}}{1-q}.$$
Le lecteur pourra retrouver ainsi la majoration de 46.1. Cette méthode s'applique assez bien aux séries issues de séries entières.

46.1.4. Séries Alternées :
Rappelons le résultat essentiel suivant :
Soit (a_n) une suite réelle positive. Si la suite (a_n) est décroissante et tend vers 0, la série de terme général $u_n = (-1)^n a_n$ converge, la somme U de $\sum u_n$ vérifie, pour tout p de N, l'encadrement $U_{2p+1} \leq U \leq U_{2p}$ et le reste d'ordre n de la série est majoré par $|u_{n+1}|$.

La majoration obtenue est explicite et très simple. Nous l'avons déjà utilisée en 15.5. pour le calcul de π par la formule de Machin.

Comme autre illustration classique, nous allons vérifier que la fonction cosinus donnée par son développement en série entière, soit
$$\cos x = \sum_{p=0}^{+\infty} (-1)^p \frac{x^{2p}}{(2p)!}$$
s'annule dans [0,2], ce qui ouvre une autre voie pour l'étude des fonctions trigonométriques, cf. [LFA] 2 chap. 9. Il suffit moyennant la continuité de cos de vérifier que cos 2 < 0, l'idée étant d'encadrer la valeur de cos 2 grâce au théorème des séries alternées. *Il convient ici d'être très prudent*; les termes successifs de la série sont en valeur absolue
$$1, 2, \frac{2}{3}, \frac{4}{45}$$
La série *ne* vérifie *pas* le critère des séries alternées, du moins au départ. Le quotient (en valeur absolue) de deux termes consécutifs est $\frac{4}{(2n+1)(2n+2)}$, plus petit que 1 pour

$n \geq 1$, donc la série est alternée à partir du rang 1, ce qui nous autorise à dire que
$$\cos 2 = 1 - 2 + \frac{2}{3} + R$$
où $|R| < \frac{4}{45}$ et donc $\cos 2 < -\frac{1}{3} + \frac{4}{45} < 0$. QED.

46.2. Calcul de la somme partielle

Commençons par un calcul d'erreur : On notera $\Delta(a)$ l'erreur d'arrondi commise sur le calcul de la quantité a, et ε la précision relative du calcul. Si deux réels x et y sont représentés sans erreur nous aurons
$$\Delta(x+y) \leq \varepsilon(|x| + |y|)$$
et dans le cas où x et y ne sont eux-mêmes connus que par des valeurs approchées x' et y' avec des erreurs respectives $\Delta x = |x' - x|$, $\Delta y = |y' - y|$, nous aurons
$$\Delta(x' + y') \leq (|x'| + |y'|) \leq \varepsilon (|x| + |y| + \Delta x + \Delta y)$$
erreur que l'on doit ajouter à la précédente.

Comme Δx et Δy sont en général de l'ordre de ε, on néglige les termes en Δx et Δy pour obtenir
$$\Delta(x+y) \leq \Delta x + \Delta y + \varepsilon(|x| + |y|)$$
Appliquons ceci au calcul d'une somme $v_1+\ldots+v_n$ de nombres réels positifs : on calcule les sommes partielles $s_k = v_1+\ldots+v_k$ par récurrence
$$s_0 = 0 \quad s = s_{k-1} + v_k$$
Supposons les réels v_k connus exactement, on aura sur les sommes partielles les erreurs
$$\Delta s_k \leq \Delta s_{k-1} + \varepsilon(s_{k-1} + u_k) = \Delta s_{k-1} + \varepsilon s_k$$
L'erreur finale est donc estimée par
$$\Delta s_n \leq \varepsilon(s_1+\ldots+s_n)$$
ce qui donne
$$\Delta s_n \leq \varepsilon(u_n + 2u_{n-1} + 3u_{n-2}+\ldots+(n-2)u_2 + (n-1)u_1)$$
Les premiers termes sommés sont affectés des coefficients les plus importants, il faut donc *commencer la sommation par les termes de plus petites valeurs absolues, c'est-à-dire en général commencer par la fin*.

Lectures supplémentaires : Tout approfondissement du sujet passe par la formule d'Euler-Mac Laurin, voir [DE].

47. Résolution approchée d'équations différentielles

47.1. La méthode d'Euler

On part d'une équation différentielle (E) $y' = f(x;y)$ définie sur un ouvert de $\mathbf{R}^2$ de la forme $I \times \mathbf{R}$, où I est un intervalle de $\mathbf{R}$. Nous supposerons f k-lipschitzienne (globalement d'abord puis localement). Le théorème de Cauchy-Lipschitz s'applique : par un point (x_0, y_0) de $I \times \mathbf{R}$ il passe une solution maximale de (E) et une seule.

Description : L'idée de la méthode d'Euler est de remplacer localement la courbe par sa tangente. La pente de la tangente en (x_0, y_0) d'une solution de (E) est donnée par la valeur $f(x_0, y_0)$ de f au point considéré. On espère alors que l'on obtient une

approximation de la solution passant en posant $y_1 = y(x_0+h) = y_0 + hf(x_0,y_0)$. Partant du point (x_1,y_1), avec $x_1 = x_0+h$; on définit une récurrence, correctement construite tant que x_i est dans I :
$$x_{i+1} = x_i + h \text{ et } y_{i+1} = y_i + hf(x_i,y_i)$$

Nous allons montrer, sous de bonnes hypothèses, que la méthode décrite converge effectivement.

47.1.2. Théorème : *On suppose de plus f de classe C^1. Soit [a,b] un segment contenu dans $I \times \mathbf{R}$, et y une solution de classe C^2 de (E) définie sur le segment [a,b]. Si $h = \dfrac{b-a}{N}$ et $e_n = y_n - y(x_n)$ on a pour tout n de [0,N]*
$$|e_n| \leq \frac{1}{k}(e^{k(b-a)} - 1)\frac{M}{2}h$$
où $M = \sup\{|f''(t)|; t \in [a,b]\}$. (Notons que y est C^2 puisque f est C^1).

Démonstration : Nous commencerons par un

47.1.3. Lemme : *Soit ε_n, $n = 0,\ldots,N$, une suite finie de nombres positifs vérifiant $\varepsilon_{n+1} \leq c\varepsilon_n + d$, où c et d sont des constantes ≥ 0. Alors*
$$\varepsilon_n \leq \varepsilon_0 c^n + d\frac{c^n - 1}{c-1} \quad n = 0,\ldots, N.$$

Preuve du lemme : Immédiate par récurrence.

Retournons au théorème : Pour évaluer la différence $y(x_{n+1}) - y(x_n)$, on utilise la formule de Taylor :
$$y(x_{n+1}) = y(x_n) + hf(x_n,y(x_n)) + \frac{1}{2}h^2 y''(\theta_n)$$
retirons cette égalité à $y_{n+1} = y_n + hf(x_n,y_n)$ nous obtenons
$$e_{n+1} = e_n + h[f(x_n,y_n) - f(x_n)] - \frac{h^2}{2} y''(\theta_n)$$
avec les hypothèses faites
$$|e_{n+1}| \leq |e_n|(1 + kh) + \frac{h^2}{2} M.$$
Appliquons alors le lemme avec $c = 1 + kh$ et $d = \dfrac{h^2}{2} M$, il vient :
$$|e_n| \leq |e_0|(1 + kh)^n + \frac{h^2}{2} M \frac{(1 + kh)^n - 1}{kh} = \frac{h}{2} M \frac{(1 + kh)^n - 1}{k}$$
car $e_0 = 0$. Mais
$$(1 + kh)^n \leq e^{knh} \quad (1+u \leq e^u) \text{ et } nh \leq b - a,$$
ce qui amène l'inégalité souhaitée. QED.

47.1.4. Corollaire : *Sous les mêmes hypothèses, la suite ϕ_N de fonctions affines par morceaux définie sur [b - a] par $\phi_N(x_n) = y_n$ et ϕ_N affine sur $[x_n,x_{n+1}]$, $n = 0,\ldots, N$ converge uniformément vers y.*

Démonstration : Soit $\varepsilon > 0$. Avec le théorème ci-dessus, nous pouvons choisir N_0 tel que pour tout $N \geq N_0$ on ait $|\phi_N(x_n) - y(x_n)| \leq \varepsilon$. D'autre part, y est uniformément continue, nous pouvons donc trouver h tel que l'inégalité $|x - x'| \leq h$ entraîne $|y(x) - y(x')| \leq \varepsilon$. Si $N \geq N_0$ et $x \in [x_n, x_{n+1}]$ on a

$$|y(x) - \phi_N(x)| \leq |\phi_N(x) - \phi_N(x_n)| + |\phi_N(x_n) - y(x_n)| + |y(x_n) - y(x)|$$

Comme ϕ_N est affine sur $[x_n, x_{n+1}]$ il vient

$$|\phi_N(x) - \phi_N(x_n)| \leq |\phi_N(x_{n+1}) - \phi_N(x_n)|$$

et enfin

$$|\phi_N(x_{n+1}) - \phi_N(x_n)| = |y_{n+1} - y_n| \leq |y_{n+1} - y(x_{n+1})| + |y(x_{n+1}) - y(x_n)| + |y_n - y(x_n)| \leq 3\varepsilon$$

Résumons : $\forall N \geq N_0 \; \forall x \in [a,b], \; |y(x) - \phi_N(x)| \leq 6\varepsilon$.

Remarque : La méthode d'Euler prouve — dans le cas où f est de classe C^2 — le résultat d'unicité dans le théorème de Cauchy-Lipschitz.

Estimation de l'erreur : Nous avons pu constater que l'erreur relative au pas h faite dans la méthode d'Euler était majorée par Ch, où C est une constante. Rien ne dit *a priori* que ce résultat ne peut être amélioré, mais ceci est en fait dans la nature des choses : considérons l'équation $y' = y$, avec $x_0 = 0$ et $y_0 = 1$. La solution exacte est $y(x) = e^x$. En appliquant la méthode d'Euler sur $[0,1]$ avec $h = \frac{1}{N}$ nous obtenons facilement :

$$y_N = (1 + \frac{1}{N})^N.$$

Or $e - (1 + \frac{1}{N})^N = e - \exp(N \operatorname{Log}(1 + \frac{1}{N})) = e - \exp(1 - \frac{1}{2N} + O(\frac{1}{N^2})) = \frac{1}{2N} + O(\frac{1}{N^2})$

et l'erreur en h est intrinsèque à la méthode utilisée.

Pour finir, évoquons quelques résultats généraux sur les méthodes d'approximation des équations différentielles.

47.1.5. Méthode du point milieu : L'idée est d'approcher la pente de la corde qui joint les points $(t, y(t))$ et $(t+h, y(t+h))$ par le nombre $y'(t+ h/2)$, qui fournit certainement une meilleure approximation en moyenne que $y'(t)$.

Le calcul (approché) de $y'(t+ h/2)$ s'effectue par $y(t + h/2) \approx y(t) + y'(t)h/2$ ce qui conduit à une erreur finale en $O(h^2)$, donc bien meilleure que celle de la méthode d'Euler.

47.1.6. Généralités sur les méthodes à un pas : Une telle méthode est définie par une relation de récurrence de la forme

$$y_{n+1} = y_n + h\psi(x_n, y_n, h)$$

où ψ est une fonction continue de $[a,b] \times \mathbb{R} \times [0, h_0]$, K-lipschitzienne en y uniformément par rapport à x et à h.

Le théorème suivant règle la convergence des méthodes à un pas.

47.1.7. Théorème : *Soit une méthode à un pas définie par (*) et telle que, pour toute solution de (E) avec f de classe C^p, on ait $\left| \frac{y(x+h) - y(x)}{h} - \phi(x, y(x), h) \right| \leq Kh^p$. Alors, avec les notations antérieures, l'erreur $e_n = y_n$ est majorée par*

$$|e_n| \leq K_1 h^p$$

où la constante K_1 ne dépend que de ψ.

Lectures supplémentaires : Pour un texte élémentaire (ce qui ne veut dire ni vide, ni trivial), on consultera avec profit l'ouvrage de Baranger [BA]. Pour en savoir (beaucoup) plus, Demailly [DE] est idéal ; enfin ceux qui souhaitent vraiment aller très loin (dans un but de programmation par exemple) pourront lire Crouzeix et Mignot [CM].

Bibliographie

[AC] F. Acton : *Numerical Methods That (usually) Works* (Mathematical Association of America, 1990).
[AF] J.M. Arnaudiès, A. Fraisse : *Cours de Mathématiques*, tomes 2 et 3 (Dunod, 1988).
[AR] V.I. Arnold : *Équations différentielles ordinaires* (Mir, 1974).
[BA] E. Baker : *Introduction to Number Theory* (Cambridge University Press 1977).
[BAR] J. Baranger : *Introduction à l'analyse numérique* (Hermann, 1977).
[BB] E. Bechenbach, R. Bellman : *Inequalities* (Springer, 1971).
[BO] E. Bender, F. Orszag : *Advanced Mathematical Methods for Scientist and Ingeneers* (Mac-Graw Hill, 1987).
[BOA] R. Boas : *Entiere Functions* (Academic Press, 1954).
[BTG] N. Bourbaki : *Topologie générale* (Hermann, 1971).
[BFVR] N. Bourbaki : *Fonctions de variables réelles* (Hermann, 1976).
[BO] E. Borel : *Leçons sur les séries divergentes* (Jacques Gabay, 1990).
[BR] De Bruijn : *Asymptotic Methods in Analysis* (Dover, 1958).
[BR] H.Brezis : *Analyse fonctionnelle appliquée* (Masson, 1982).
[BU] H. Buchwalter : *Variations sur l'analyse* (Ellipses, 1992).
[CA1] H. Cartan : *Calcul différentiel* (Hermann, 1967).
[CA2] H. Cartan : *Fonctions analytiques* (Hermann, 1961).
[CH] R. Courant, D. Hilbert : *Methods of Mathematical Physics* (Wiley, 1re éd. : 1930, rééd. : 1990).
[CHE] S. Cheney : *Polynomials Approximation* (Chelsea, 1958).
[CHO] G. Choquet : *Topologie* (Masson, 1973).
[CO] L. Comtet : *Analyse combinatoire,* deux volumes (collection sup. PUF, 1978).
[CR] J. Crouzeix, Mignot : *Analyse numériques des équations différentielles* (Masson, 1986).
[DCI] J. Dieudonné : *Calcul infinitésimal,* (Hermann, 1954).
[DEA1] J. Dieudonné : *Éléments d'analyse* , tome 1 (Gauthiers-Villars, 1970).
[DE] J.P. Demailly : *Analyse numérique et Équations différentielles* (PUG, 1991).
[DEM] B. Demidovitch, I.Marron : *Calcul numérique* (Mir, 1952).
[DES] R. Descombes : *Intégration* (Hermann, 1972).
[ER] Erdelyi : *Asymptotic Expansions* (Dover, 1955).
[EM] J.M. Exbrayat, P. Mazet : *Analyse* , deux volumes (Hatier, 1973).
[GO] Gelbaum, Olmsted : *Counter-examples in Analysis* (Holden Day, 1964).
[HAL] P. Halmos : *Measure Theory* (G.T.M. Springer, 1970).
[HA] G. Hardy : *Divergent Series* (Oxford, 1953).
[HLP] G. Hardy, J.E. Littlewood, G. Polya : *Inequalities* (Cambridge University Press, 1951).
[HO] K. Hoffman : *Banach Spaces of Analytic Functions* (Prentice-Hall, 1962).
[HOR] L. Hormander : *Analysis of Partial Differential Operators*, tome 1 (Springer, 1983).
[HS] M. Hirsch, S. Smale : *Differential Equations, Dynamical Systems and Linear Algebra* (Academic Press, 1974).
[HW] G. Hardy, E. Wright : *Introduction to the Theory of Numbers* (Oxford, 1re éd. : 1938, rééd. : 1959).
[KO] W. Körner : *Fourier Analysis* , (Cambridge University Press, 1988).
[LA] S. Lang : *Analysis 1* (Addison-Wesley, 1968).

[LAU]	P.J. Laurent : *Approximation et Optimisation*, (Hermann, 1972).
[LE]	H. Leborgne : *Calcul différentiel complexe* (collection "Que sais-je ?" PUF, 1990).
[LFA]	J. Lelong-ferrrand, J.M. Arnaudiès : *Cours de Mathématiques*, volumes 2 et 3 (Dunod, 1974).
[MO]	D. Monasse : *Mathématiques et Informatique*, (Vuibert, 1987).
[MT]	R. Mneïmné, F. Testard : *Groupes de Lie Classiques* (Hermann, 1986).
[PSZ]	G. Polya, G. Szego : *Problems and Theorems in Analysis*, deux volumes (Springer, 1976).
[RDO]	E. Ramis, C. Deschamps, Odoux : *Cours de Mathématiques*, volumes 2 et 3 (Masson, 1975).
[RN]	F. Riesz, B. Nagy : *Analyse fonctionnelle* (Gauthier-Villars, 1948).
[ROB]	W. Roberts : *Convex Functions* (Academic Press, 1974).
[RO]	M. Roseau : *Équations différentielles* (Masson, 1975).
[RU1]	W. Rudin : *Analyse réelle et complexe* (Masson, 1975).
[RU2]	W. Rudin : *Functionnal Analysis* (Mac-Graw Hill, 1973).
[SB]	J. Stoër, R. Burlich : *Numerical Analysis* (Springer, 1980).
[SC]	L. Schwartz : *Topologie et analyse fonctionnelle* (Hermann, 1970).
[SZ]	G. Szégö : *Orthogonal Polynomials* (AMS, vol. 23, 1939).
[TI]	E. Titchmach : *Theory of Functions* (Oxford, 1934).
[VA1]	G. Valiron : *Théorie des fonctions 1* (Gauthiers-Villars, 1977).
[VA2]	G. Valiron : *Fonctions entières* (Chelsea, 1939).
[WW]	E. Wittaker, G. Watson : *Theory of Function* (Cambridge University Press, 1re éd. : 1901, rééd. : 1927).
[ZY]	A. Zygmund : *Trigonometric Series* (Cambridge University Press, 1re éd. : 1928, rééd. : 1968).

Index

A
Abel (Lemme d') : 215
Abel (transformation de) : 142
Abel (convergence des séries) : 142
Abel (convergence des séries de fonctions) : 173
Abel (convergence radiale) : 232
Absolument convergente (série) : 135
Absolument convergente (intégrale) : 149
Accroissements finis (plusieurs variables) : 266
d'Alembert (règle de) : 138
d'Alembert-Gauss (théorème de) : 296
Analytique (fonction) : 353
Approximation successive (méthode) : 363
Arithmético-géométrique (inégalité) : 108

B
Bernstein (polynômes de) : 177
Bernstein (théorème de) : 103
Bertrand (séries de) : 157
Bessel (équation de) : 229
Bessel (inégalité de) : 242
Borel-Lebesgue : 51
Bolzano-Weierstrass : 53
Borne supérieure : 16
Bornés (sous-espaces) : 30

C
Cauchy (conditions de) : 301
Cauchy (critère de)
 – Intégrales : 149
 – Suites : 15, 33
 – Séries : 135
 – Suites de fonctions : 169
 – Séries de fonctions : 171
Cauchy (formule de) : 355
Cauchy (inégalité de) : 222
Cauchy (règle de) : 138
Cauchy (théorème de) : 315
Cauchy-Lipschitz (théorème de) : 301
Chemin : 354
Connexe par arcs : 73
Constante d'Euler : 159
Continue par morceaux : 82
Convergence simple : 164
Convergence uniforme
 – Suites de fonctions : 164
 – Séries de fonctions : 169
Convolution (séries) : 144
Courbes intégrales : 304
Critique (point) : 297

D
Dérivable, dérivée : 84
Dérivation des sommes de séries : 191
Dérivation sous le signe somme : 193
Détermination principale du logarithme : 350
Développement limité, asymptotique : 122, 123
Différentielle : 262
Différentielle seconde : 273
Disque de convergence : 215
Dirichlet (théorème de) : 256

E
Équation caractéristique : 333
Équivalents
 – Intégraux : 125, 126
 – Sommes de séries : 124
Équivalentes (fonctions) : 119
Essentiel (point singulier) : 357
Étoilé (ouvert) : 283

F
Féjer (sommes de) : 185, 259
Fourier (transformées de) : 200

G
Gamma (fonctions) : 196
Gauss (intégrale de) : 289
Gronwall (inégalité de) : 328

H
Hadamard (formule d') : 217
Heine (théorème de) : 57
Hölder (inégalité de) : 109
Homéomorphismes : 41

I
Intégrale de Riemann : 49
Intégrales à paramètre : 193
Interpolation de Lagrange, d'Hermite : 174
Itération : 363

J
Jacobien : 271
Jensen (inégalité de) : 112

L
Laplace (transformées de) : 197
Liouville (méthode de) : 330
Liouville (théorème de) : 222

M
Minkowski (inégalité de) : 109, 238
Monge (notations et conditions de) : 299

N
Newton (méthode de) : 365
Normalement convergente (série) : 172

P
Parseval (égalité de) : 242, 252
Poincaré (théorème de) : 283
Pôle d'une fonction méromorphe : 360
Point frontière, intérieur, isolé, d'accumulation : 33
Principe des zéros isolés : 357
Prolongement des fonctions uniformément continues : 48

R
Raabe-Duhamel (règle de) : 139
Rolle : 85

S
Semi-convergentes (séries) : 140
Semi-convergentes (intégrales) : 150
Stirling (formule de) : 140
Stirling (nombres de) : 230
Sous-groupes additifs de $\mathbf{R}$: 23

V
Variation des constantes : 317

W
Weierstrass (méthode de) : 205

Z
Zêta (fonction) : 192
Zéro d'une fonction (C^∞) : 105

Dépôt légal mars 1997